科学简史

[英] W.C.丹皮尔◎著 柏林◎译

A BRIEF
HISTORY OF
SCIENCE

中国华侨出版社

·北京·

图书在版编目（CIP）数据

科学简史／（英）W. C. 丹皮尔著；柏林译. —北京：中国华侨出版社，2021.1（2024.10 重印）

ISBN 978-7-5113-7990-0

Ⅰ.①科… Ⅱ.①W… ②柏… Ⅲ.①自然科学史—世界 Ⅳ.①N091

中国版本图书馆 CIP 数据核字（2019）第 189267 号

科学简史

著　　者：［英］W. C. 丹皮尔
译　　者：柏　林
责任编辑：姜薇薇　桑梦娟
策　　划：周耿茜
封面设计：胡椒设计
经　　销：新华书店
开　　本：710 毫米×1000 毫米　1/16 开　印张：30　字数：537 千字
印　　刷：三河市华润印刷有限公司
版　　次：2021 年 1 月第 1 版
印　　次：2024 年 10 月第 4 次印刷
书　　号：ISBN 978-7-5113-7990-0
定　　价：108.00 元

中国华侨出版社　北京市朝阳区西坝河东里 77 号楼底商 5 号　邮编：100028
发行部：(010) 64443051　　传　真：(010) 64439708
网　址：www.oveaschin.com　　E-mail：oveaschin@sina.com

如果发现印装质量问题，影响阅读，请与印刷厂联系调换。

出版说明

W. C. 丹皮尔(1867—1952),英国人,曾在相当长一段时间内担任大学物理学讲师,后工作于农业部,晚年获爵士封号。这本科学史是他的代表作,也是 20 世纪 30 年代以来在西方最为风靡的一本中型科学通史。

作者秉承批判和实证精神深入剖析了科学思想发展史,并取得了卓越的成就,著有《物理科学的发展近况》《剑桥现代史》中的"科学时代"部分、《大英百科全书》第十一版中的《科学》一文、《现代科学的诞生》等文章,在现代科学史研究体系的确立和发展上添上了浓墨重彩的一笔。在当代学术研究过程中,《科学简史》已经成为一本必须研读的科学史经典名著。

本书主要讲述的是在人类历史发展长河中,科学、哲学和宗教各自的发展历程,以及在各个阶段,它们之间的关联。作者围绕科学技术发展这一核心,辅以哲学和宗教的研究,将一幅人类科学技术发展和人文景观并驾齐驱、共同发展的美好画卷呈现在读者眼前。

在作者的笔下,科学的发展就如同一部浪漫史,那些在历史的滚滚洪流中不断精进,付出无数心血和汗水的先贤们只是想看得更高、更远。和钱穆的《国史大纲》,斯塔夫里阿诺斯的《全球通史》以及所有大师级的通史著作一样,丹皮尔的《科学简史》关键的地方就在于把历史事实背后所隐藏的思想和文化流动的气息抓住,而不只是和现代流行的某些教科书一样,把关注点放在一小部分物质的变化上。

人类历史的谱写者是人类,它的轨迹是活跃的,而更吸引人的则是那些历史背后所隐藏的东西。

"如若无法去证明自然，那便无法去征服自然①。"

起初，人类想要凭借咒语
让土地得以丰收富饶，
让家中禽畜免遭踩蹋，
让幼童得以安然降生。

随后，人类转而向阴晴不定的神明祈祷，
希望烈火与山洪的灾祸不要降临；
他们的献祭被浓烟和火焰环绕，
在被血染红的祭台上熊熊燃烧。

然后出现了勇敢的哲人和贤者，
做出了一个不会变更的计划，
企图通过思想或者神圣的书籍
去证明大自然应当是什么样的。

然而大自然在笑——带着一个斯芬克斯式的笑容②。
静静地看着那些笑不了多久的哲人和贤者，

---

① 原文是拉丁语："Natura enim non nisi parendo vincitur"。——译者注
② 斯芬克斯（Sphinx），希腊神话中的狮身人面兽。传说她曾经在古埃及城池底比斯（Thebes）城郊的路上拦截行人，让他们猜一个谜语，猜不出就会被吃掉。在西方文学中，斯芬克斯常用来表示难解的谜题。——译者注

她耐着性子等待一下——
那些计划就都化为泡影了。

之后一些热心的人出现,他们身份卑微,
没能力做出一个完备的计划,
跑跑龙套就已经心满意足,
单纯地看看。空想并验证。

此后,一片混沌里面,
一点点出现了字谜画的碎片;
人类看清了大自然的秉性,
对它顺从的同时,也进行掌控。

在遥远的彼方,字谜画面不断变化,光芒闪烁,
然而纵使画面有千万种变化,
也没能让人看出那些碎片的含义,
更不用说那字谜画的意思了。

大自然在笑——
却没有透露出一丝心底的隐秘;
她难以想象地守护着
难解的斯芬克斯之谜。

1929 年 9 月
于多塞特郡希尔费尔德

目 录
Contents

原　序

　　人类心灵所取得的最宏伟的成就,应该是将现代科学这座巨型大厦建了起来。可是,人们却鲜少知道它的发展经历,而且在一般文献中,我们也几乎找不到它的踪迹。历史学家所描述的通常是战争、政治和经济,对原子秘密进行揭示,让我们了解空间深度等活动,尽管这些举动引发了哲学思想上的变革,并让我们的物质生活水平得到了很大的提升,可是大部分历史学家却从来没有提到过,或者极少提到这些活动的发展过程。

　　希腊人觉得哲学和科学是一回事儿,到了中世纪,二者和神学又合并到一起。直到文艺复兴以后,在对自然进行研究时运用到了实验方法,哲学和科学才分离开来。因为一开始,自然哲学建立的基础是牛顿动力学,而唯心主义哲学则在追随康德和黑格尔的人的带领下和当代的科学分了家,而且没过多久,当代的科学也不理睬形而上学了。可是,进化论的生物学与现代数学和物理学却在让科学思想越来越深刻的同时,又让哲学家迫不得已开始关注科学,因为如今对于哲学、神学和宗教来说,科学又有了非常重大的价值。而物理学原本一直都在寻找,且找到了所观察到的现象的机械模型,这时却好像终于和一些新观念有了接触,机械模型在这些观念里是毫无意义的,同时好像也终于和一些本质上的东西有了接触,牛顿曾说这些东西一定不是机械的。

　　一直以来,很多科学家都觉得他们就是在对终极的实在进行处理,如今,他们自身的工作属性,科学家们看得更透彻。主要采用的是分析性的科学方法,在解释现象时,要尽量用数学的方式,并以物理学的概念为依据。可是,如今我们知道了,来源于我们心灵的一些抽象的概念,其实就是物理科学的基本概念,就是为了让看上去一团乱的现象变得有秩序,也变得更简单。所以,从科学这条路向实在走去,就不可能得到实在本身,只能得到实在的几个不同层面、被简化了的线条所描绘成的画面。可是,尽管话是这样说,包括哲学家在内,如今也才清楚地知道,在将形而上学的方法派上用场,来对实在进行研究时,已有的最好的证据其实就是科学的方法和成果,而假如有可能的话,必须将这些科学的方法和成果利用起来,才能建立一种新的实在论。

就在这时,人们再次开始关注科学,以及科学同其他思想形式的彼此作用的历史。1913 年,期刊《爱西斯》(*Isis*) 在比利时开始发行,后来,一个国际性组织科学史学会成立,总部设在美国。这些都代表着这个问题发展到了一个新时期。也许哲学的复兴和历史研究的复兴是有关联的,因为数学家或实验家在对某个具体问题进行处理时,只需要对他的直接前辈的工作加以了解就足矣,而对一般科学的更深刻的意义以及科学和其他思想领域的关系进行研究的人们,却必须对科学发展到现在的历史有所了解。

如今,距离惠威尔(Whewell)将对科学的历史和哲学进行总结的著作写出来已经有将近一个世纪的时间了。直到现在,他的周密判断依然是有意义的。在惠威尔的时代以后,不仅科学知识取得了突飞猛进的发展,就连过去的历史也更清晰地呈现在了人们眼前,这都要感谢很多专门的研究。现在已经到了模仿惠威尔再次创作一部普通科学史的时候了。它需要的是科学思想发展的完美结构,而不是有关某一时期或某一问题的仔细研究。在科学自身的内在含义和科学与哲学及宗教的关系问题上,我相信这样一部科学史必定会让人受益匪浅。

不仅仅是因为语言和文学,还因为和自然界相关的更好知识可以在希腊哲学家的著作中找到,所以文艺复兴时期的人文主义者再次对希腊文展开了研究。因此,所有自然知识就都囊括在了当时的古典教育中。如今情况早已不同了,所以,假如有一种文化是以两千年前的语言为基础建立起来的,它就不可能是真正的希腊精神的象征,只有一个例外,那就是它既对曾经的科学的方法和成就以及现在的科学方法和成就进行研究,也非常乐观地看待自然知识在将来的持续发展。

这本书总的纲目的基础是我和我的妻子所写的一份和这个问题相关的纲要。1912 年,朗曼斯公司(Messrs Longmans)出版了那份题为《科学与人的心灵》(*Science and the Human Mind*)的纲要。我还将我在其他几部著作中提出的观点派上了用场,并予以发挥,尤其是下面几种著作:《物理科学的发展近况》(*The Recent Development of Physical Science*,莫雷公司出版,共五版,1904—1924);《剑桥现代史》(*Cambridge Modern History*,1910)第十二卷中论述《科学时代》(*The Scientific Age*)的一章;《大英百科全书》(1911)第十一版中的《科学》(*Science*)一文;《剑桥科学文献选》(*Cambridge Readings in the Literature of Science*)1924—1929 年的一卷中收集的科学经典文章;1927 年德文郡学会(Devonshire Association)会长发表的和牛顿时代相关的演讲;以及哈姆斯华思公司(Harmsworth)出版的《世界史》(*Universal History*,1928)中论述《现代科学的诞生》(*The Birth of Modern Science*)的一章。我应该好好谢谢上面各著作的发行人。

我不可能把本书各章的材料来源逐个指出来。可是,我一定得指出,我有很多材料来自萨尔顿博士(Dr. George Sarton)的历史著作和好友怀德海博士(Dr. A. N. Whitehead)及爱丁顿教授(Professor Eddington)的科学和哲学著作。1927 年,萨尔顿博士的永恒著作《科学史导论》(*Introduction to the History of Science*)第一卷出版,所以,在对古代和中古时代早期的情况进行描述时,我将他所搜集的珍贵材料引用了过来。我们非常期待他的这部著作其他各卷的出版。

对本书原稿或清样的各部分,很多朋友都提出了应该改进的地方,我对此深表感谢。罗伯逊教授(Professor D. S. Robertson)对"古代世界的科学"这一章进行了审核探讨;斯特沃特博士(Dr. H. F. Stewart)对"中世纪"这一章进行了审核探讨;卢瑟福爵士(Sir Ernest Rutherford)(后来成为勋爵)对"物理学进入新时代"这一章进行了审核探讨;爱丁顿教授对相对论和天体物理学的几节和"科学的哲学与愿景"这一章进行了审核探讨,而我的女儿玛格丽特(Margaret),也就是安德森(Bruce Anderson)夫人对生物学的部分和绪论部分进行了审核探讨。埃利奥特(Christine Elliott)小姐完成了不少文书工作,她不止五次抄录手稿,并提出了不少更正性意见。我的妹妹和我的女儿伊迪丝(Edith)包揽了编制索引的复杂工作。我非常衷心地谢谢他们,假如这本书有价值可言的话,他们做出了很大的贡献。

我起初开始研究时,是想梳理一下我自己对本书所探讨的非常重要的问题的观点,结果这本书就写成了。我主要是因为个人兴趣,才写了这本书,可是我也希望一部分读者能从中受益。

丹皮尔 – 惠商

1929 年 8 月于剑桥

第二版序

才短短几个月，本书就需要再版，充分表明不仅科学家对其所探讨的问题感兴趣，而且广大读者也对此有兴趣。

最有魅力的故事莫过于科学思想发展的故事——这是人类世代以来尽力对他们居住的世界加以认识的故事。不仅如此，现在，这个故事还特别有意思，因为我们眼前正呈现出极具历史价值的知识的大汇总之一，我们正站在重大事件的前列，这是我们可以感知到的。科学是历史的合适题材，也是文学的根基，这点我深信不疑。如果我可以让别人也能拥有这个信念，我将非常知足。

对于第一版中的具体问题，很多书评作家和记者都提出了非常中肯的意见。我愿意感谢他们。假如我没能采纳他们的所有意见，最起码，我认真思考过他们的意见。对于我的朋友秦斯爵士（Sir James Jeans）和阿德里安教授（Professor E. D. Adrian），我要表示最衷心的感谢，感谢他们给我提供的帮助。

丹皮尔－惠商

1930 年 3 月于剑桥

第三版序

印行第三版时,距离第二版的印行已经过去了十一年,有一段时间还绝了版。因为第二次世界大战爆发前后要完成太多紧急工作,所以耽误了第三版的发行。

从1930年开始的十年间,科学研究的步伐并没有停止,还取得了不少令人瞩目的成绩。而且,科学史自身在那期间也成了一门得到大家认可的专门学科。过去的情况也因为这方面的系统性研究而变得更加清晰。出现了大批量的新文献,在对一般科学史的著作进行探讨时,提到下面几种就足矣:希思爵士(Sir Thomas Heath)的《希腊数学》(*Greek Mathematics*,1931)和《希腊天文学》(*Greek Astronomy*,1932);萨尔顿博士的《科学史导论》(1931)的第二卷的两册,这两册对直到13世纪末期的情况都进行了描述;沃尔夫教授(Professor A. Wolf)的《科学、工艺和哲学的历史》(*History of Science, Technology and Philosophy*,1934,1938),这部著作对16世纪、17世纪和18世纪的情况都进行了描述;霍格本教授(Professor L. Hogben)的《大众数学》(*Mathematics for the Million*,1937)和《市民科学》(*Science for the Citizen*,1940);剑桥讲演集中题为《现代科学的背景》(*The Background to Modern Science*,1938)的一卷;普莱奇(H. T. Pledge)先生的《1500年以来的科学》(*Science since 1500*,1939)。专门对科学史进行探讨的刊物《爱西斯》持续按期出版,成为绵绵不断的史料珍藏馆。所以,大幅度修改旧版就显得非常有必要了,我还要加一章进去,以对近十年来的发展过程进行描述。最后结果却是,一本新书得以问世。

我要真诚地向朋友们表示感谢,因为他们再次给我提供了他们的专门知识。康福德教授(Professor Cornford)对原稿中探讨"古代世界的科学"一章进行了审核,并提出了不少修改建议。以下几位在最近的新材料方面给我提供了宝贵的意见:物理学方面——阿斯顿博士(Dr. Aston)和费瑟博士(Dr. Feather);化学方面——曼博士(Dr. Mann);地质学方面——埃尔斯博士(Dr. Elles);动物学方面——潘廷博士（Dr. Pantin）。我的女儿玛格丽特写作了和生物化学相关的章节，而她的丈夫安德森博士写了和免疫有关的章节。埃利奥特小姐非常辛苦地对我过于潦草的手稿进行辨认，并打印出来。我的妹妹丹皮尔小姐增补了索引。剑桥大学出版社更是秉承他们一直以来的善良，精美地排印了本书。

丹皮尔 - 惠商
1941 年 8 月于剑桥

第四版序

原本"1930 年到 1940 年"一章里所探讨的很多问题,在第四版完成时,都分别进入了前面各章。为了解决战时的各个问题,世界各国,特别是英美两国,都完成了一些新任务。因为这种任务,科学知识也跟着进步了不少。所以,我也试着阐述已经揭示的比较重要的发现。

第三版序中所列的书目,应该增加以下几种:贝里(A. J. Berry)先生的《现代化学》(*Modern Chemistry*),汤姆森爵士(Sir George Thomson)的《原子》的第三版;安德雷德教授(Professor Andrade)的《原子与其能量》(*The Atom and its Energy*)。

第三版发行以后,我要深深感激曾经在某些阶段给过我帮助,让我完成本书的三位友人,他们分别是:卢瑟福勋爵、爱丁顿爵士和秦斯爵士,遗憾的是,他们已先后辞世。

丹皮尔 - 惠商
1947 年 1 月于剑桥

绪论

从广义上讲,拉丁语词汇"Scientia(Scire,学或知)"的意思是知识或者学问。但是在英语中"science"表示的是 natural science(自然科学)的简称,尽管与其含义最为相近的德语词汇"Wissenschaft"的含义仍然是系统化知识的总称,也就是我们所说的 science(科学)以及除此之外的历史、哲学和语言等都包含在内。于是,我们口中的科学,表示的就是与自然现象有关的条理性知识,也可以表示关于自然现象的各种概念之间彼此关系的描述的客观探索。

物理学的开端,可以追溯到凭借肉眼能够进行观测的天体运动等自然现象的观察,以及人类对于一些能够提升自身生活安全性和舒适度的一些简单工具的发明。同理,生物学也肯定起源于对动植物的观察和原始医学及外科治疗。

然而,在开始的时候,几乎所有人都误入歧途了。他们相信同种事物能够凭借互相感应而存在,于是就想通过交感巫术的仪式,在这过程中对大自然进行模仿,从而祈求降水、阳光,期望土地变得丰饶。其中一些人对于现阶段的成果并不满意,于是就进入了另外一个阶段——神灵崇拜。这些人相信自然界的事物是由各种神明掌控的,它们像人类一样捉摸不定,然而力量却更强大。太阳是菲巴斯①乘坐的火焰车,闪电是宙斯②和索尔③手中的武器。所以,人们采用和原始时期别无二致的,或者是从中演变而来的仪式,向众神示好。还有一些人注意到天体在空中不断变换位置,而行星的运动则有一定的规律可循,就相信人类的命运肯定是掌握在一位永恒的命运之神手中。如果我们要研究科学的起源,就肯定要研究巫术、占

---

① 菲巴斯即阿波罗,希腊神话中的太阳神。——译者注
② 希腊神话中的雷神,众神的统治者。——译者注
③ 北欧神话中的雷神。——译者注

卜和宗教的起源，尽管我们还不清楚科学在历史上同它们有什么样的关系，而它们彼此之间又有怎样的牵连。

经验知识的条理性，在古埃及和古巴比伦的记载中已经初见端倪，例如测量单位和规则，简单的运算，历法，对天体运行乃至日食月食的知识。不过，最早对这些知识进行理性观察并研究各种知识彼此间的因果关系的应该是古希腊爱奥尼亚(Ionia)的自然哲学家，实际上也是科学最早的创立者。在所有这些活动当中，发起最早的也是发展最成功的，就是把大部分来自古埃及的土地测量的经验规则，转变成为一门被我们称为几何学的演绎科学。传说这门学科的创始人是米利都的泰勒斯(Thales of Miletus)和萨摩斯的毕达哥拉斯(Pythagoras of Samos)。此后300年，才由亚历山大里亚的欧几里得(Euclid of Alexandria)对古代几何学进行最终的系统化归纳。

随着这些自然哲学家不断在物质中探寻实在，有关基本元素的学说也逐步建立，其中留基伯(Leucippus)和德谟克利特(Democritus)的原子论则可称为最优秀的理论成果。而在另一边，位于意大利南部的神秘主义色彩较浓的毕达哥拉斯学派则认为实在存在于形式与数中，而非存在于物质中。这个学派中的学者们曾发现正方形的一边与其对角线没有公约数，然而这一观点同整数是存在的基本实体这一观点，却存在着不小的矛盾。不过，这并不妨碍这一观点经常在各个时代反复被提起和复活。

自苏格拉底与柏拉图的雅典学派兴起后，爱奥尼亚的自然哲学就被形而上学取代了。希腊学者们沉迷于自己的内心，放弃对大自然的研究，转而将探索的目光投向自己。毕达哥拉斯学派的学说在他们这里被延伸，得出唯有理念或"理式"才具备充分实在性，而感官对象则不具备充分实在性这一理论。尽管在生物学研究上，亚里士多德重拾了实验法和观察法，然而在物理学和天文学研究上，他仍旧热衷于老师柏拉图的内省法。

亚历山大大帝东征的脚步将希腊文明也一起带到了东方，并在亚历山大城造就了一个新的文化中心。而一种新的研究方法，就在这座城以及西西里岛和意大利南部产生了。创建一个完整的哲学体系并不是阿里斯塔克(Aristarchus)、阿基米德(Archimedes)和喜帕恰斯(Hipparchus)的选择，他们选择在一定的范围内提出某些具体问题并加以解决，而且他们运用的科学方法与现在科学方法很接近。天文学也在这里产生了改变。古代埃及人和巴比伦人相信宇宙是一个箱子，而大地则是它的底板。爱奥尼亚人认为大地是自由飘浮在空间内的，毕达哥拉斯学派则认为大地是一个围绕中心火运行的球。阿里斯塔克将地球和太阳月球作为一个明确的几何学问题进行研究,并且认为,如果将中心看作太阳,这个问题会更为简化。他甚至运用了自己的几何学估算出太阳的大小。不过,他的这一学说并没有被众人接纳。喜帕恰斯则继续坚持地心学说,认为其他的天体都是遵循均轮和本轮的复杂体系围绕地球运行的。这一理论被托勒密(Ptolemy)发表在他的天文学著作中,直到中世纪仍旧广为流传。

虽然罗马人在军事、律法和行政方面都能力卓绝,却缺乏在哲学领域的创造天赋。罗马城还没有被攻陷,科学前进的脚步就已经停下。恰在此时,早期教会的教士将基督教教义、新柏拉图主义哲学以及东方祭仪宗教的要素进行重组,第一次基督教义的大融合由此产生。在这个过程中,占据主导地位的是柏拉图与奥古斯丁的哲学。整个黑暗时代里,生活在西方的人对于希腊学术的认识,仅仅来源于提要及注释中的只言片语,尽管在希腊文明中得到启示的阿拉伯学派兴起后,也丰富了一点儿对于自然的认识。

直到13世纪,亚里士多德的著作完整地重现于世,并被译成拉丁语文献,最初版本来自阿拉伯语的译本,后面则是从希腊语版本直译。圣托马斯·阿奎那①(St Thomas Aquinas)的经院哲学又将其进行了一种全新的融合。他将基督教教义与亚里士多德的哲学及科学综合成为一个完整的理性知识体系,尽管这个任务十分艰难,但是他完成得却相当高明。

就像罗马的法律在整个混乱时代和中世纪都能让秩序这一理想拥有崇高地位那样,经院哲学肯定了上帝以及宇宙都是人类的内心能够掌握的,甚至还能够理解其中的一部分,这就长久地保证了理性的不可撼动的权威。由此一来,科学的发展之路也就变得平坦了很多,因为一定要假设自然是能够被理解的,这一点对科学而言必不可少。现代科学在文艺复兴时期被建立起来,那些创建者们也应当对经院派哲学做出的这一假设表示感谢。

但在本质上,新的试验方法已经与全然的理性体系脱离,转而投向对客观事实的判定,而且这里的事实并不与当时可能存在的任何综合性哲学体系产生关联。在进行有关自然科学的探索过程中,可以运用演绎推理的方法,其主要方式是归纳推理,不过因为科学的经验性特点占据了主要地位,所以最终仍要回归到观察和实验上;这与中世纪时期的经院哲学单纯通过权威而接纳某一哲学体系,并以此来证实各种事物应当如何发展演变的方式是有区别的。偶尔会有人觉得中世纪时期的

---

① 托马斯·阿奎那(约1225—1274年)是中世纪经院哲学的哲学家和神学家,自然神学最早的提倡者之一,他创立了托马斯哲学学派。——译者注

哲学与神学并非完全依靠理性,但事实却并非如此。这些体系都是人们通过逻辑推理,并在一个被公认为权威和确定的前提中,通过演绎推理得出的结论。教会宣讲的《圣经》、柏拉图和亚里士多德的著作,则是被公认为权威和确定的前提。此外,科学研究运用的方法则与填字谜画运用的方法相同,完全凭借经验。对于一些确定的问题,科学也会运用理性方法来寻求一个唯一可行的,并且是有限的综合性学说作为答案;然而,研究始于观察或实验,也终将再次经由此法做出最终判定。

中世纪时期被巫术、占星术以及多数由异教残留下来的迷信搞得乌烟瘴气,不过在它们蛊惑众人的时候,托马斯·阿奎那阐述的经院哲学则将有关自然界的,能够为人所理解的信仰保留了下来。不幸的是,这其中还有托勒密的地心说天文学以及亚里士多德的拟人观物理学和其他诸多谬误观点,例如只有不断施加外力才能维持物体运动,物体重量由其本质决定,并能自主寻找其自然位置等。所以经院派哲学家们会对哥白尼的学说进行否定,并且拒绝使用伽利略的望远镜,即使在西蒙·斯特芬[①](Simon Stevin)、德·格鲁特(de Groot)和伽利略通过实验证明了质量不同的物体能够以相同速度落到地面以后,仍然拒绝承认这一结论。

上述不同观点的背后隐藏着更为深刻的不同。阿奎那和他所在时代的人都秉持着与亚里士多德相同的观点,认为客观世界是能够通过感官来发现的:客观世界是由色彩、声音和热构成的;是由真、善、美或者其对立面假、恶、丑构成的。而伽利略通过分析得出的结论是:色彩、声音和热仅仅是一种感觉,客观世界则仅仅是运动状态下的物质微粒,从表面上看,与真、善、美或是假、恶、丑都没有任何关联。就这样,一个史无前例的认识论难题首次出现在人们面前:人的内心是非物质的,并且不具备延展性,那么它要怎样才能了解运动状态下的物质?

这项研究工作从伽利略开始,直到牛顿那里才取得了重大成就,他证明了太阳系中发生的所有严肃的运动都可以通过物体之间的相互引力这一假说来解释。就这样,尽管牛顿也表明万有引力定律产生的原因尚不明确,但是物理学上的首次整合依旧由此而产生。然而他的追随者们,特别是18世纪的法国哲学家,将他睿智严谨的科学精神抛诸脑后,将牛顿的科学完全变为机械论哲学。而这种哲学认为,在理论上,过去和未来的整体都是能够通过计算得出来的;根据这种学说,人也成了一部机器。

一部分逻辑清楚的人已经意识到科学不一定能够解释客观实在。另外一些实用主义的支持者在认可了决定论可以被当作便于从事科学研究工作的假说,其实

---

① 西蒙·斯特芬(1548—1620年)荷兰文艺复兴时期力学家、数学家和工程学家。——译者注

也是当时仅有的能够行得通的一种假说的同时；又将人类看成一个自由并且具备责任感的主体，并仍然笃信宗教，不为外物所动。全部的存在过于庞大，人们不可能通过对它的一部分进行研究，来获得关于整体的真相。还有一个可以让人远离机械论的学说，是信仰康德和黑格尔者所追求的哲学。他们创建了德国唯心主义学说，如果追本溯源的话，这一学说其实来源于柏拉图哲学，而且它几乎与当代科学完全脱节了。

不过这些反动思潮的出现，都没有影响到牛顿力学对朴素唯物主义以及决定论哲学的强化作用。对某些人而言，如果他具备逻辑思维却不能进行深入探索的话，那么由科学而得到哲学就几乎成了一种必然。并且随着物理学的不断发展，这种倾向变得更加明显。拉瓦锡（Lavoisier）证明了物质不灭的理论并将其推广普及到了化学变化中，道尔顿（Dalton）最终创立了原子说，焦耳（Joule）则证明了能量守恒定律。诚然，单一分子的运动是不可预测的，然而统计学中，我们可以计算和预测构成一定量物质的成千上万个分子的整体运动。

到19世纪下半叶的时候，有人认为这种机械论可以推广到生物学领域。达尔文对地质学和生物变异的各种证据进行整合，得出了自然选择学说，让原本的进化论更加深入人心。于是，曾经地位崇高的仅次于天使的造物人类，本应该站在曾被认为是宇宙中心的地球上俯视一切的；而现在，地球变成了一颗偶然存在的小行星，它围绕着无数颗恒星中的一颗运转，地球上的人类则变成了这颗小行星上有机进化的一个环节。人类成了一种渺小的生物，他们被一种无目的的不可抗力玩弄于股掌，这股强大的力量却无关他们的理想和幸福。

生理学的研究领域也开始逐步扩张，认为物理和化学原理可以用来阐释生命有机体的各项功能。在研究一部分生物学问题的时候，有机体必须被看成一个整体，这一事实具有重要的哲学意义。然而从本质上来说，科学是一门抽象的分析性学说，它必然要尽可能地用物理学语言来对相关知识进行表述，因为在所有的自然科学当中，物理学是最基本的也是最抽象的一门。而随着人们越来越多地用物理学语言来阐释各种事物，他们对这种方法就越发深信不疑，于是渐渐形成了一种近乎确定的观点：他们相信可以用物理和机械的理论来解释全部的存在，理论上讲这是具备充分可能性的。

这样一来，一些物理学概念就变得非常重要，无论何时，它们都会是所能得出的最根本的概念，然而这些概念之于哲学家而言却总是姗姗来迟。19世纪时期，德国的唯物主义哲学是在力与物质的基础上建立的，但同时期的物理学家却已经发现力仅仅是质量加速度的一种拟人观形式，对于物质的认识也有了进一步发展，不再是德谟克利特和牛顿认为的那种坚硬的质量微粒,而是一种旋涡状的原子或者说是以太介质中的颗粒。对于光的认识也不再停留在杨(Young)和菲涅尔(Fresnel)所描述的那种半刚性与物质性以太中间存在的机械波上,麦克斯韦将其解释为某种存在于未知物质中的电磁波。在数学家看来,问题经由这些人的解释变得更易懂,然而实验学家们却觉得无法理解。

抛开前面的各种现象不提,彼时的大部分科学家,特别是生物学家并没有远离常识性的唯物主义,他们仍旧认为通过物理学研究能够发现事物的本质。他们不曾接触过唯心主义哲学,也就不存在被这种学说蛊惑的可能性。不过马赫(Mach)却在1887年的时候,把旧时的学说用科学家们熟知的方式复述了一次,这种学说告诉我们,科学仅仅能向我们反馈人可以感知到的各种现象,人类的智力并不能够让我们理解客观实在的本质。另外一些观点则认为,依据目前科学能够验证的结论,人类似乎真的要止步于现象论,然而无论如何,科学还是实现了从自然现象到一个前后一致的模型这一整合过程,它足以构成一个形而上学的有力证据,向我们表明这后面隐藏着一种与科学模型一致的实在。遗憾的是所有科学都好像是一个能够作为模型构成依据的平面图,用一个具体的例子来说明,就好比力学为我们揭示的决定论仅仅是通过我们的推演方式以及构成这门学科的各种基本概念推理出来的。质量守恒与能量守恒定律也不例外,由于需要从各种杂乱无章的现象中整合出自然科学,心灵就为自己创造了一种便利,在它还没有意识到的时候,就把一些恒定不变的量提取出来,并以此为中心来构建自己的模型。最终,实验学家们费了九牛二虎之力,才将这些恒量又找了出来。

但是在19世纪时期,不管是马赫还是其他哲学体系,都鲜少能让科学家感兴趣。多数科学家都认为自己正在研究的对象是事物的本质,并且早就已经被设定好了一个不可变更的科学研究框架。似乎物理学家的工作只是在测量精度上进行不断的提高,以及创造一些简单易懂的方式来阐述传光以太的性质。

此外,达尔文的自然选择学说也被生物学界认可,能够作为物种起源的充分说明,这个问题从此就不再是生物学关注的焦点。不过等到1900年时,孟德尔(Mendel)被遗忘的研究成果再次被发现时,这一问题重新回到人们的视线,达尔文的试验方法也再次被运用到研究过程中。尽管自然选择能够充分解释过往的地质年代中,一些与进化有关的明确事实,仍不乏出现一些人对自然选择可以作为新物种形成的充分原因这一结论持保留态度,原因则是这一理论现在仅仅是作用于一些微小的变异上。

时间来到1895年以后,物理学研究中的一个新进展引起了人们更深入的思考。汤姆生(J. J. Thomson)把原子分成了更小的质点,而这些质点可以进一步被分解为带电的单元,质点所具备的质量只是电磁运动中的一个因子。似乎物理学中的所有现象,都可以用"电"来作为最终的和最充分的解答。卢瑟福将放射现象理解为一种原子分裂过程,他假设原子是由一个带正电荷的原子核,以及围绕原子核运行的若干带有负电荷的电子构成的。物质不再是某种密实充盈的结构,而是一种中间存在很大空间的结构。而原子当中的质点,也就是作为原子中正电荷的那一部分,它的体积要远远小于原子内部存在的运动空间。此外,物理学家们还发现了原子分裂的统计原理,可以由此计算出在一毫克镭当中,每秒爆炸多少原子。不过我们仍旧无从得知某一刻原子的衰变要到什么时间才会停止。

假如光具备电的属性,那么它们就必然产生于运动中的电荷,乍一看,只要我们能够发现电子的运动方式遵循牛顿力学定律,似乎就能够得出一个让人满意的结论,物质来源于电。可假如电子是围绕原子核运动的,与行星围绕太阳运动的方式相同,那么这些电子就应该可以放出各种波长的辐射,其能量随波长缩短而增加,这一过程是可以进行计算的。然而事实并非如此,普朗克(Planck)尝试对这一现象做出解释,他假设辐射是以确定单位——量子向外发出和向内吸收的,每一个量子代表了一定量的"作用",这个量可以通过能量与时间的乘积计算得出。这一学说在其起源之外的物理学研究领域获得了很大成功并且名声大噪,然而在解释光的衍射现象以及由光的干涉导致的其他现象时,这一学说与古典的连续波动说一样遇到了阻碍。尽管两种理论看似互相矛盾,但是我们在解释一些现象的时候需要用到古典理论,而另外一些现象却需要量子论的解释;这样中庸的方式很少会在物理学家的身上出现,因为物理学曾经一直是所有实验科学中最能够做到观点的完全绝对性和无懈可击的。

另外一个难题是这样的,无论观测者的运动状态是怎样的,他测量光速得到的量都是固定的。这一难题最终被爱因斯坦的相对论解决了。相对论告诉我们,时间和空间都不是一个绝对的量,而是与测量者存在相对关系。从爱因斯坦的相对论出发所得出的一切结论,不仅仅颠覆了现有的物理学理论,甚至还颠覆了早期物理学思想中包含的所有设定。相对论认为物质及万有引力都是四维时空连续区里,与曲率类似的某种事物的确定产物。这种曲率还能够界定空间;如果光一直保持一个方向不停向前运动,那么它会在亿万年之后返回原点。

有质量的坚硬质点的存在性被否定了,而在哲学上那个将物质看成空间的延展、时间永恒流动中的延续的概念也被瓦解了,理由则是空间和时间都不是绝对的存在,两者都只是臆想中的产物,质点也仅仅是存在于时空中的一系列发生罢了。

相对论使得原子物理学的理论得到了进一步加强。

玻尔(Bohr)在量子论的基础上发展了卢瑟福有关原子的一些观点。他设想氢原子中仅有的一个电子只有四条确定的运动轨道,并且当且仅当这个电子从一条轨道突然跳跃到另一个轨道时才会产生辐射。以这一设想为基础,他对很多现象做出了解释。不过当这个假设将电子看作一个简单的质点时,它与量子论一样不符合牛顿力学定律。

玻尔式原子模型是在玻尔和另外一些人共同的努力下被详细构建出来的,曾一度被认为是最具可信度的原子结构模型,不过在 1925 年,对氢元素光谱中部分比较细的谱线进行解释时,却遭遇了滑铁卢。而之后的一年,海森堡(Heisenberg)的研究成果就把物理学研究带入了一个崭新的篇章。他的结论是全部有关电子运动轨道的学说都是缺乏事实依据的。在我们对原子进行研究之后,能够观察到的只有进出其中的事物,例如辐射和电子以及偶尔出现的放射性粒子等等;而我们并不知道此外是否还有其他现象产生。电子的运动轨道只是参照牛顿力学建立起来的一种毫无根据的设定。于是海森堡选择用微分方程式来阐述自己的原子结构理论,而没有想要在物理学方面给出解释。

在这之后,薛定谔(Schrödinger)在德·布罗意(de Broglie)波动力学的基础上发展出了一种新的学说,他认为电子同时具备微粒和波动的部分特征,后来这种学说也得到了实验证明。薛定谔用来表示这一学说的方程式与海德堡的理论相似,我们可以认为从数学角度出发,这两种学说并没有什么区别。无论是海德堡的学说还是薛定谔的学说,都不能帮助我们构建出一个物理模型。其实到这个时候,所谓的测不准原理就应运而生了。这个原理告诉我们,一个电子在某一时刻的位置和速度是无法一起被"精准"地测量出来的。众多的终极要素在物理学上被依次发现了,其中包括互相吸引的质点、电子、电子等等,每一次的发现都会导致一些新的物理模型出现,以更基本的物质来对这些要素做出描述和阐释。但是对于人类的意识来说,无论是"作用"量子还是无法准确测定微粒与波动的方程式,都属于超出想象的概念。可能还会有新的原子模型随着发现的脚步被建立起来,然而也有一种可能就是,我们所熟知的机械论预言并不能准确地描述被我们发现的基本物质。

而恰在此时,近代物理学的两个分支逐渐发展为非常具有实用价值的科学。麦克斯韦证实了电波与光波拥有相同的性质,于是电波学说的理论和应用范围也越来越广泛,最终,人们利用电波讯号反射发明了雷达。卢瑟福发现的核型原子还有阿斯顿(Aston)发现的同位素,大步推动了纯科学的进步,以此为基础,我们实现了将核能在原子弹中释放出来,我们希望日后这些理论应用会出现在维护和平的方向上。

曾经有过一段时期,科学与哲学分别走向了朴素唯物主义与带着一些玄学色彩的德国唯心主义。不过在这短暂的分歧过后,两者又再次走到了一起,最初是出现在各种各样的进化论思想中,最后在研究探索的逐步深入过程中,又出现在了数学与物理学的最新发现里面。近代数学与逻辑学原理使认识论的解答变得更加清晰,于是产生了一种新型的实在论。这种理论不再面向一直以来的全面哲学体系,而是像科学研究那样,把目光对准有限的问题,并试图找出科学现象论背后隐藏的形而上学的本质。

一些现代哲学家认为,科学上的决定论其实是来自它所运用的抽象研究方法。科学概念就是柏拉图理论的现代化版本,仅涉及科学领域内的抽象推理及其结论;科学概念本身的性质则决定了其逻辑推论的某种必然性。然而科学上的决定论却是将逻辑上的决定论运用到了感官对象上面,这就是由一种具体的误置导致的错误。另外,"活力论"则相信在生命体内部,由于存在一种更高级别的作用,使得物理和化学规律全都无法发挥作用。这种论调到了今日再也无人相信,然而部分生理学家仍旧在指出纯机械论在解释有机体内物理机能与化学机能所体现出的和谐一致时遇到了问题。虽说如此,仍有些生理学家认为,在物理学与化学研究的各个阶段,都不能完全地摆脱机械论,于是就如薛定谔所说的,也许最终会出现一种我们还不曾知道的全新物理或者化学定律能对生命现象做出完美的解答,但机械论也有被一种最终的测不准原理完全否定的可能。如果目的论想要向众人证明自己,大概就不能只考虑单一有机体,而是要将生命的整体作为阐释的对象。如果我们用纯粹的力学来考察宇宙,那么它就是一个机械性的存在;但如果我们仅仅用自己的精神去探索,那么它就是精神性的。一个星体射出了一道光线,我们可以用物理学的手段从它发出的那一点一直追溯到它在我们的感光神经上产生的变化;然而如果是以精神来感受这束光的颜色、亮度以及由此而产生的美感时,这种感官体验以及对美的认识都是客观存在的,并且这两者是无法用物理学或者机械论去判断的。

物理学是对客观实在的一个分析性层面进行表述;我们通过经验得知,借助物理学研究得出的图表能够让我们预测甚至偶尔控制自然界的作用。每隔一段时间还会出现一次知识的整合,让这个字谜画的各部分组合起来;某位伟大的科学家会将众多看似独立的概念融合在一起,然后创造出令人叹为观止的景象,这其中就包括:牛顿的天体演化学、麦克斯韦统一光和电、爱因斯坦总结出万有引力是时间与空间的共同属性。各种各样的迹象都表明,这样的整合还会再次出现。而在下一次整合的时候,相对论、量子论和波动力学就有可能会被归结到一个普遍性的统一的基本原理当中。

物理学在这些具有重要历史意义的时候总是显得尤为重要。然而如果我们以现代科学哲学的眼光审慎地对待,看清楚它的意义,就会明白物理学从其本质与基础概念上讲,仅仅是一个抽象的体系,无论怎样发展和壮大,那种伟大的力量都不可能用来描述全部的实在。科学也不仅仅局限在自己的天然领域内,还会在另外的一些地方给出好的建议,比如涉及当代思想的其他领域以及一些神学家有关信仰的教条的方面。依靠单一的科学想要探查生命并了解全部的生命是不可能的,我们要借助的除了科学,还有伦理学、艺术和哲学。

起源

地质遗迹

地质学家的工作是研究地球的结构和历史,人类学家的工作是研究人类的生理和社会特征,两者都可以向我们提供许多早期人类的历史遗迹。而从这些遗迹当中,我们可以找到科学的起源。

目前的研究显示,地壳的形成大约是在几十亿年以前,最新的计算结果是 16 亿年前。地壳形成后的时间被地质学家分成六个时期:太古代,在这段时期岩浆逐渐形成了火成岩;元古代,在这一时期生命开始出现;中生代;近生代;新生代;近代。我们能够根据各个时期地质层中的堆积物来判断先后次序,但是每一个时期确切地延续了多久则无法精确测定。

火石工具

部分专家认为,在大约 100 万至 1000 万年前形成的近生代堆积层里面,发现了人类最早的手工品遗迹。被发现的遗迹主要是一些简单的工具,由火石及其他坚硬石材经过简单敲砸制作而成。早期制作的工具被称为原始石器,从外观上看,并不能完全区别于被水流或土壤等自然因素在侵蚀作用下形成的天然物质。后面出

图1 火石手斧

现的一批工具被称为粗制时期工具，能明显看出工具上的人工痕迹。如图1所示，这是一种最常见的并且用途广泛的粗制石器，我们称作石斧。一些考古学家认为，这些早期工具的制作遗迹可以表明，当时已经存在最早的一批可以被称为"人"的动物。不过从简单的声音发展出不同音节构成的语言，无疑是人类发展历史上的一个重要环节。不过这一发展阶段因为语言本身特征的原因，除了在人类头盖骨和颚骨的构造上引起了一些可能的变化外，并无明显的线索可循。

冰河时期

我们了解到，几个冰河期很早就接连出现在欧洲大陆，共计约四个。有观点认为在东安格利亚（East Anglia）被发现的工具应该是在第一个冰河期之前被制造出来的，但无论如何，打制而成的火石工具是在冰河期比较温暖的间隔中出现的。打制工具主要有两种方法：一种主要出现在非洲，通过将石料外部的碎片敲下，并将剩余的石核保留下来作为工具，上面看到的石斧就属于这种；另一种主要出现在亚洲，是将被敲下的石片制作成工具。这两种方法在欧洲大陆上都可以找到，所以我们猜测，欧洲大陆在早期可能是由两个不同人种进行开发的。

旧石器时代

石斧在整个旧石器时代的大部分时间里，逐渐变得更加轻便和锋利，其他工具在轻便化的同时也越来越多样化。这些工具的使用者应该主要是依靠狩猎动物和采集可食用的野生植物来生存的。截至目前的发现结果，英国最早出现的"石核文化"人是出现在苏塞克斯郡（Sussex）的辟尔唐人（Piltdown man），还有在肯特郡（Kent）的斯旺司孔（Swanscombe）发现的头盖骨。

到了最后一个冰河期，尼安德特人（Neanderthal men）将两种方法结合在一起，制作出了一种叶片形工具。然后又出现了能够进行切割的刀口，人们就能将兽骨制作成鱼叉一类的工具。

尽管人类使用火的历史很早，不过还是大概到了这一时期我们才发现，早期人类开始有意识地用敲击火石的方式来取火。火是人类最早的化学发现，也是其中最令人惊奇的一个。

旧石器时代前期文明的跨度，要从新生代初期开始一直到最后一个冰河期来临之前。这是一段漫长的历史时期，人类文明在这段时期的进展缓慢而平稳。

旧石器时代中期文明是与最早在法国莱埃济（Les Eyzies）附近的穆斯蒂耶（Moustier）发现的慕斯特文明联系在一起的。这种文明是由尼安德特人创造的，这种矮型人通常不被看作人类的直系祖先。

旧石器时代后期的人被称作智人，是在最后一个冰川期即将结束的时候，在如今的法国境内被发现的，同时被发现的还有混杂在一起的驯鹿与牡鹿的兽骨，向我们表明当时的气候依然寒冷。从进化的角度来看，智人要比之前的人种更高等。火石石片的制作工艺已经被改进了很多，而且制造诸如孔针等生活用具的雕骨工艺也肯定已经存在。

新石器时代

新时期时代在旧石器时代的漫长历史后出现了，这一时期的文化较之从前有了很大的提升。这一时期的人可能是从东方入侵到西欧的，因为我们发现的遗迹中出现了埃及与美索不达米亚文明的影子。这些人蓄养家畜并且栽培作物，使用火石及其他石材还有兽骨、兽角和象牙打磨出的工具。陶器的碎片也被发现了，这说明有意识的创造发明已经在这群人中出现。相较于单纯地对天然材料进行加工，这是一个非常大的进步。另外，在英国石篱村发现了一块指示石，上面准确标明了夏至日那一天的日出方位。这样的建筑物同时具备了宗教和天文学的用途，让我们看到当时的人已经能够进行准确的天文观测。

偶尔会有一些新石器时代临近结束前的史前墓葬被发现；火葬出现得要更晚一些，主要集中在欧洲中部，那里的森林可以给火葬提供有利的天然条件。在这一时期的墓穴里面，我们还会发现石制工具，这说明当时的人已经开始相信灵魂的永生，并且认为死者可以在另一个世界使用这些工具。

青铜时代

分布在世界某些地区的新石器时期人类发现了铜，他们掌握了将铜熔炼，并且加入锡使其更为坚固的方法。人类开始了第一次冶金试验，将文明带入了青铜时代。金属工具的普遍使用也推动了文明的进程，斧头、匕首、长矛和剑，还有一些比较和平的生活工具，也慢慢被制造出来。

铁器时代

因为青铜中的金属元素在地球上的含量并不丰富,所以青铜的位置就被铁取而代之。铁在土壤中被大量发现,用铁制作战争武器和战车就变成了更好的选择。所以在人类掌握了冶铁工艺之后,它就取代其他金属成了工具的主要原料。我们由此进入铁器时代,而真正的历史时期也已经临近。在这些历史时期内,我们能够凭借石器、黏土、兽皮和纸张上面的记载,拼凑出一段历史的真实样貌。

河滨人和游牧人

在原始农业和手工业支持下的定居生活大概都开始于大河流域的盆地:尼罗河、幼发拉底河、底格里斯河、印度河,古代中国的文明应该也是发源于几条大河流域。然而与这些河滨人不相同的是,还有一部分是游牧民。这些人赶着牛群羊群,流浪在草原以及沙漠绿洲之间。一般情况下,这些人都是彼此独立地放养各自的牲畜。

游牧人这种彼此孤立的生活状态,思想和风俗彼此隔绝,是无法为文明和科学的出现提供环境的。另外,家长制氏族之间的合作也仅仅在特殊情况下才会出现,比如狩猎猛兽或者是部族之间的战争。然而在长期干旱或者长期性气候变化出现,导致草原和沙漠绿洲退化,不适宜居住的时候,就会出现大规模迁徙,他们会向外侵犯定居人的领地,变成残暴的外来入侵者。这样的迁徙在历史上出现过几次:闪族向阿拉伯半岛以外迁徙,亚述人向波斯边境以外迁徙,欧亚两洲广阔草原上的游牧民族向外迁徙。

游牧人连手工艺都不会有很大的提升,更遑论应用科学的开始。然而我们从《旧约》里的前几章看到了对游牧人生活的叙述,又在后几章里面看到对中东和近东的定居王国埃及、叙利亚、巴比伦和亚述的描写。我们可以从这些非常好的线索里面找到解读的方法,以便更好地理解近代发掘的建筑、雕像和石碑上面的信息。这些信息的获取依赖于文物的妥善保存和人们对遗迹的发现。

欧洲人种

我们会在后面介绍一些种族取得的成就,所以在这里还要简单地介绍一下这几个种族。地中海种族,是在石器时代后期过后就在爱琴海各岛屿、地中海以及大西洋沿岸定居的;这群人身材矮小,头部修长,肤色偏黑,正是他们在史前文明的进程中起到了主要的推动作用。阿尔派恩族(Alpine),主要生活在内陆,特别是山区,如今他们仍旧保留着这个名字;他们的身材和肤色都属中等,头部宽阔圆润,又矮又胖;他们曾经从北方向欧洲大陆入侵。北方族,主要生活在波罗的海的海滨,呈向外扩散的趋势;他们身材高大,发色暗黄,头部也很修长。

巫术、宗教和科学

我们还在旧石器时代晚期人类居住的洞穴里面发现了最早的壁画,据考证,上面描绘的是巫师和魔鬼,这些壁画不仅拥有高度的艺术价值,还能够让我们了解原始人的信仰。我们还能够时常发现一些雕刻作品,讲述丰产崇拜与丰产巫术,同样也反映出了原始人的信仰。

假如我们想要对原始时期的信仰有一个更准确的认识,不妨将古希腊及拉丁作家笔下关于有史时期的信仰描述,还有当今世界各地仍保留下来的未开化民族的信仰拿来做一番比较。这样的线索在弗雷泽爵士(Sir James Frazer)的《金枝集》(The Golden Bough)里面有很多。部分人类学家认为,是巫术直接导致了宗教和科学的出现,不过弗雷泽爵士认为三者是按照巫术—宗教—科学这一顺序依次产生的。另一位人类学家里弗斯(Rivers)则认为,巫术和原始宗教是同时出现的,而两者的起源都是原始人对自然产生的模糊敬畏和神秘感。

另外,马林诺夫斯基(Malinowski)相信原始人类能够明确地区分:借由经验科学的观察或者用传说加工过的简单现象;与那些神秘莫测的、对他们来说难以理解和掌控的变化。前一种促使科学的产生,而后一种则将他们引向巫术、传说和祭祀。马林诺夫斯基认为,我们需要在人对于死亡的敬畏、对复活的渴望以及对伦理之神的崇拜中寻找宗教的起源。

不过还有一些人指出,巫术成立的前提是自然界中存在一定的规则,人类用一定的方法可以利用这些规则来掌控自然;如此一来,巫术就变成了一种伪自然法则。模仿性巫术就是建立在对相同种类的事物能够感应相生这一信仰之上的。原始人会通过各种各样戏剧形式的演义来表示季节更替,向神灵祈求作物和家畜的繁盛。这种活动逐渐演变成祭祀活动,随后为了对祭祀活动进行解释,又出现了教条和神话。这种对自然进行模仿的例子不胜枚举。还有一种是传染巫术,他们相信一旦两种事物有了接触,就会产生一种永恒的交互感应;具体的例子如只要将一个人衣服上的或者是肉体上的一部分(头发或者手指)据为己有,就能够掌控这个人;假如将这个人的头发烧毁,他也会因枯萎而死亡。

此类巫术偶尔会在机缘巧合之下灵验一次,不过大部分时间都是以失败告终;失败以后,危险的就是身处在失望信徒中的巫师了。这些信徒可能会因为失望的情绪而丧失对于巫术的信仰,对人类可以控制自然这种观点产生怀疑,从而想要通过讨好自然界中难以捉摸的精灵(神明或者邪灵)来达成自己的愿望,这种转变可能会导致某种原始宗教的出现。

此外,科学的产生还有赖于工具和粗制工艺的改进,火的发现和获取,这样一条道路虽然看起来缺乏浪漫色彩,却更为稳妥,有可能它就是通向科学的唯一途径。但是人类充满好奇的灵魂总是需要有更多的东西来满足,所以科学萌芽并成长的土壤并非一片美好的辽阔愚昧的荒原,反而是充满巫术与迷信荆棘的密林,这片密林阻挡了科学的成长,摧残了科学的萌芽。

第一章　古代世界的科学

文明的起源

最初的文明出现在幼发拉底河、底格里斯河、尼罗河、印度河、恒河以及中国的几条大河流域，从此进入人类的文明黎明。在所有这些大河流域的居民里面，我们最熟悉的还是埃及人和巴比伦人，这种了解来自希腊历史学家们留下的文献。原本这样的文献极为稀少，然而随着近些年的考古发现，越来越多的历史建筑、雕像和石碑以及王陵被陆续发现，我们得到了大量生活用具、饰品和铭文，于是原本的资料库被大大丰富了。这样的文献往往是不具备连贯性的，而且这些信息的掌握需要有保存完好的历史遗迹被发现和妥善保存，还需要有历史学家能够对其做出正确的理解；不管怎样，我们已经有了很多这样的文献，它们的数量还会随着时间不断增加。

巴比伦

实用科学是在常识性知识与工艺知识的规范与标准化这一坚实基础上发展起

来的。我们在公元前 2500 年巴比伦国王的敕令里面能够找到此类规范化的早期标志。在那时人们已经意识到统一度量衡的重要性，于是就动用了王室的权威对长度、重量和容量进行了标准化的统一规范。

在巴比伦公布的标准里面：长度单位是"指"，1 指约 1.6 厘米或 $\frac{2}{3}$ 英寸；1 尺等于 20 指、1 腕等于 30 指、1 竿等于 12 腕，测量者使用的测量绳等于 120 腕，1 里等于 180 绳，即 6.65 英里。重量单位是粟，1 粟等于 0.046 克、1 舍克（shekel）等于 8.416 克、1 达伦（talent）等于 30.5 千克或 67 $\frac{1}{3}$ 磅[1]。

有史时代初期，应该有将大麦作为交易媒介流通的时期。在公元前 3000 年的时候，开始使用铜锭和银锭，不过大麦也仍在流通使用。黄金的价值相当于同等重量白银的 6 ~ 12 倍，具体兑换比率因时而异。

巴比伦的数学知识和工艺很明显不是源自闪族，而是源自苏美尔人（Sumerians），他们在公元前 2500 年之前已经对这个国家进行了长达 1000 年的统治。乘法表、平方表和立方表都曾在巴比伦人的碑石上被发现。因为要简化分数运算，巴比伦人使用 12 进制，同时因为在人类手指上得到了启迪，他们也使用 10 进制。为了把两种制度结合起来，60 这个数字对他们来说就显得十分重要。这样一种双重进制同时运用的计算方法，为重量和度量衡奠定了基础，主要包括圆周及其角度划分、尺及平方尺、达伦和蒲式耳。

几何学的出现也表明抽象科学来自日常生活的需要，我们可以从土地测量的基本公式和数字中间找到几何学的起源。在土地的平面图出现之后，稍微复杂一些的城市平面图也出现了，甚至还出现了世界地图，当然是当时人类已知的世界。不过实用的经验知识总是无法摆脱各种巫术的概念，两种知识一起被传播到了巴比伦的西面。在随后的几百年里，整个欧洲的思想界都对特殊数字的价值十分沉迷，此外还有这类数字与神的联系，并且他们还十分热衷于运用几何图形对未来进行占卜。

巴比伦人从很早就开始对时间进行系统化的测量。原始人的农业在不断发展，季节这一知识的重要性就越发凸显出来。我们通过已经发现的巴比伦土碑记载和艺术品描绘的耕犁场景可以知道，这里的人很早就开始种植大麦和小麦。谷物耕种需要适应季节性变化，对于水的需求量也很大，所以历法就成了不可或缺的

---

[1]　L. J. Delaporte, *La Mésopotamie*, Paris, 1923. Eng. trans. London, 1925, p. 224.　——原注

知识,这也是幼发拉底河与尼罗河流域成为天文学发祥地的一个重要原因。根据自然规律,时间是以一天为单位的。随后人们需要更长的时间计量单位,所以首先出现了月,每月的第一天是从新月出现的那一天开始的,此外人们还想要知道每个季节里面究竟有几个月份。在公元前4000年左右,巴比伦人就在进行这样的测算,中国在这方面要稍晚一些。在公元前2000年左右,巴比伦人规定一年为360天或12个月,还经常需要通过加入闰月的方式来做一些调整。一天也被分成了小时、分、秒,他们还发明了简易日晷来表示时间,这种日晷其实就是一根直立的标杆。

当时的人对太阳与星星在恒星间的视运动进行观测,根据太阳、月亮和五个已知行星为一周七天命名,这样,周也变成一个时间单位。太阳的运行轨迹被分割成十二宫,与一年中的十二个月相呼应。每一宫的命名都依据一则神话中的神明或者动物,用一个相应的符号来表示。于是天空中的不同区域就与羊、螃蟹、蝎子和其他一些兽类联系在一起,后来它们又跟某些星座产生了联系,这种规定直到今天仍被使用。

巴比伦人相信宇宙是一个完全封闭的箱子或者房间,大地则是底板。这块底板的中心是一块冰封的土地,幼发拉底河的源头就在这些区域中间。大地周围全都是水域,水域尽头则有高耸至天的高山,是它们撑起了蓝色的天空[1]。但是当时的一些巴比伦天文学家已经认识到地球是一个球体[2]。

早在公元前2000多年之前,巴比伦人就开始进行天文观测了,而已知最早的精确观测记录则是有关金星出没的。那时候的巴比伦夜空清澈,僧侣们每晚都对夜空进行观测,将观测到的结果记录在土碑上。时间久了,他们就发现了天文现象的周期,我们在公元前6世纪的文献里面可以看到,他们已经能够对太阳和月亮的相对位置进行测算,因此他们也有可能预测到月食和日食[3]。这可以被看作科学的天文学的起源,这种发展则应当归功于巴比伦和三所学校:乌鲁克学校(Uruk)、西帕尔学校(Sippar)和巴比伦的波尔西帕学校(Borsippa)。

根据这种客观实际的知识,巴比伦人创建了一种不切实际的占星术体系,而且他们还相信它是这门基础科学最重要和最有价值的研究方向[4]。可以肯定,他们

---

① G. Maspero, *The Dawn of Civilization*, Eng. trans. 5th ed. 1910. ——原注
② E. G. R. Taylor, *Historical Association*, Pamphlet, No. 126. ——原注
③ G. Sarton, *Introduction to the History of Science*, Vol. I, Washington and Baltimore 1927, p. 71, quoting from L. W. King, *A History of Bobyion*, London, 1915. ——原注
④ J. C. Gregory, *Ancient Astrology*, *Nature*, Vol. 153, 1944, p. 512. ——原注

是因为当初看到了一些偶然性事件,随后产生了星宿可以决定和预示命运轨迹的信念。而巴比伦的占星师们确实是通过对于天体运动的观测和解释来掌控人心的。"从这个角度看待天文学,它不仅能被称作科学界的女王,甚至能够称霸整个世界。"所有的庙宇旁边都建造了图书馆,里面有各种天文学和占星术的文献,甚至还有卜筮的方术。公元前7世纪有一座非常著名的图书馆,馆藏包括70块土碑,据说上面记载着3000年以前的天文观测信息。

巴比伦的占星术在公元前540年前后,也就是被迦勒底人(Chaldaean)占领以后,发展到了顶峰。此后200年,占星术被带到希腊,经由希腊被当时的已知世界了解。在那个时期,占星术在巴比伦已经产生了一种新的发展趋向,朝着一种更为理性的方向延伸。但是迦勒底的占星师们仍旧地位崇高,巫师和驱邪的人即使不懂药理也可以为人治病。

我们通过对原始人类进行研究,发现最早的巫术往往都是"交感"巫术。这种巫术实际上是人类为了能够让某种过程实现,就亲自对这个过程进行模仿,或者用戏剧表演的方式对这个过程进行描绘,借此达到对大自然的掌控。这种例子不胜枚举,比如蛙鸣之后就会降雨,原始人类认为自己能够模仿青蛙的叫声,就假扮青蛙发声并且鸣叫,祈求能够得到自己需要的降雨。于是祭祀仪式和奇迹崇拜就出现了,并且为了对此进行解说,又出现了教义和神话。因为祭祀仪式需要被解读,于是人们就相信自然界中有精灵的存在,历史悠久的巫术仪式就有可能被稍加改动或者干脆照搬,变成后来的祷告仪式。

这一类巫术,在巴比伦的历史可以追溯到有史料记载的之前。尽管像奥安奈斯(Oannes)这种代表人类全部智慧源泉的神灵被认为是慈悲的[1],但是从巴比伦的巫术中我们可以看到,巫师们眼中的神灵大部分都是对人类怀有仇恨的。这种观点在幼发拉底河、底格里斯河经常泛滥成灾的时候,就更加具有说服力。这两条大河沿岸经常会有突发性的暴雨和洪水,冲走居民、房屋和牲畜,天灾之外还会经常被外邦侵略。在巴比伦人相信星宿可以决定人类命运之后,又相信了命运之神的残酷和毫无人性。充满凶兆的巫术与可怕的自然让人们相信神明对人类的恶意,而这种信念又让巴比伦的巫术与占星术更加野蛮化。不过我们仍旧可从巴比伦和亚述的建筑雕塑中看到,当时的工艺水平有了很大的发展,当时的人也掌握了一些生物学知识,例如棕树与枣树的有性生殖[2]。

---

[1] C. J. Gadd, *The History and Monuments of Ur*, London, 1929. ——原注

[2] G. Sarton, *Isis*, No. 60, 1934, p. 8 and No. 65, 1935, pp. 245, 251. ——原注

埃及

当我们去观察埃及文明这一从远古流传下来的另一个伟大的文明时,能够明显地发现它和巴比伦在宗教态度上的差异。埃及的神明多半是慈悲为怀的,他们时刻关切人类,并且无时无刻不在人类面临生死的时候或者在人类在死后的世界对其进行引导和保护。

导致两种宗教态度差异化的原因,很可能或者说至少有部分原因是两地自然环境的不同。埃及不像迦勒底(Chaldaea)那样气候多变,尼罗河的汛期也有规律可循,让埃及成为一片富饶的土地,所以埃及的超自然神明也就成为稳定、和善和可靠的代表。

埃及文明在很早以前就已经十分发达:交通方面他们有车轮和帆船,称量上他们开始使用天平、纺织中使用织布机,并且埃及人还制定了确定的年历。在公元前1500年左右的第十八王朝时期,实用工艺的发展达到了顶峰。然而那个时候的埃及人却没有意识到知识是有可能在漫长的时间里缓慢向前推进的。好像在埃及人的认知当中,他们的先辈是不可能依靠自己的智慧发明语言文字、建筑和计算的,这其中必然有神明在起作用。认为人类全部的知识都来自神明,这是巴比伦人和埃及人的共同观点,埃及人相信他们大部分的知识都来自一位神明托特①(Thoth)和真理女神玛特②(Maat)的启示。托特是埃及神话中的主神和立法者之一,同时也是月神和掌管时间计算的神明、语言和书籍的主宰、文字的发明者。并且他还在庙宇中设立了"守夜者"一职,专门负责将各个时代的天文事件记录下来。

埃及人的数学水平与迦勒底人大致相同。埃及人的计数法采用十进制,笔画依次排列从一到十,再用一个看起来像∩的符号表示十,依次排列从十到一百。可以肯定的是,在尼罗河定期泛滥导致土地被淹没,土地界限消失之后,埃及人发展出了土地测量技术,尽管他们自己觉得这是源于托特出于友善的干涉。

于是我们可以想象,在埃及很早就出现了一批测量者——或称为"牵绳者"更为准确,他们用绳子丈量土地并且记录测量结果。然而我们所知的最早的有关算

---

① 托特(Thoth),是古埃及神话中智慧之神,同时也是月亮、数学、医药之神,埃及象形文字的发明者,众神的文书,也是赫里奥波里斯的主神之一。——译者注

② 玛特(Maat)又译玛阿特、玛亚特,古埃及真理和正义的女神,是太阳神拉的女儿,智慧之神托特的妻子。——译者注

数和几何的历史文献,却是大英博物馆收藏的莱因德数学纸草书①(The Rhind Mathematical Papyrus)。纸草书的作者是生活在公元前1800—前1600年的僧侣阿姆士(Ahmôse),从他的叙述中我们可以得知,纸草书上的内容是他从公元前2200年前,第十二王朝一位国王时代的旧书卷中抄录下来的。纸草书上的内容包括分数与一般四则运算的计算规则,乘法的计算方法是屡次相加,此外还有一些测量规则②。

尽管埃及与迦勒底的天文学有同样悠久的历史,但是在发达程度上却不可同日而语。迦勒底人对占星术的重视大大推动了天文学研究的发展,而且每一位收益颇丰的占星师真正热爱的仍旧是钻研天文学,一个名利双收的占星师,他的财富地位自然能够支持他钻研天文学,即便是近代的开普勒(Kepler)也不例外。

埃及人把自己神话中的神明看作与星座一体的,他们还会把星座的图案刻在天花板上带有天文学意义的装饰中与棺材盖内部。很久以前,他们就将每一年尼罗河泛滥的时期看作新年的开始,直到精确的年历出现,才将太阳与索特基斯星(希腊人称作天狼星)一同出现在夜空中的那一天看作新年第一天。365天为一个恒星年,一年有36周,每周10天,每一周的天象变化都会有记载③。

埃及人描绘的宇宙跟巴比伦人没有太大区别。他们仍旧相信宇宙是一个方形的盒子,南北略长,盒子底部稍微下陷,埃及就位于这块下陷的土地的中心。天空呈现出穹隆状或者是平直的,天空四周有四座被称为天主的山峰将它撑起,星星则是这块天花板上被缆绳悬挂的灯。方形盒子的四周环绕着一条大河,有一条船载着太阳往来于河面,尼罗河就是大河的一条支流④。

如果说埃及在天文学方面远远不及巴比伦,没有迦勒底那样著名的占星师,那么在医学方面,埃及却可以说是大大领先了。已经有几种重要埃及纸草书被发现并破译了出来,其中就有关于医学论文的记载。其中约公元前1600年的埃伯斯氏纸草书(Ebers Papyrus)与约公元前2000年的埃德温·史密斯纸草书(Edwin Smith

---

① 莱因德数学纸草书,也称阿姆士纸草书,或者大英博物馆10057号和10058号纸草书,是古埃及第二中间期时代由僧侣阿姆士在纸草上抄写的一部数学著作,与莫斯科纸草书齐名,是最具代表性的古埃及数学原始文献之一。——译者注

② W. W. Rouse Ball, *History of Mathematics*, 3rd ed. London and Cambridge, 1901, p. 3; T. E. Peet, in *Cambridge Ancient History*, 1923 – 1928, Vol. Ⅱ, pp. 216 – 220. ——原注

③ L. S. Bull, "An Ancient Egyptian Astronomical Ceiling Decoration", *Bulletin Metro. Museum of Art*, U. S. A. Vol. ⅩⅧ, 1923, p. 283; abstract in *Isis*, No. 22, 1925, p. 262. ——原注

④ Maspero, *loc. cit.* ——原注

Papyrus）是最有价值的两个①。无论是传说还是历史，我们所知的最早的医生是伊姆霍特普（Im-hotep 或 Ii-em-Hotep），意为"和平之人"，他在死后被尊为医神②。而巴比伦并没有出现理性的医学体系，所有的疾病在这里都被看作恶灵作祟，于是治疗的手段也只有巫术与厌禳。尽管埃及人也会用咒术进行治疗，但他们的医学体系仍旧是偏理性化并且高度专门化的。他们需要掌握初步的解剖学知识，这是因为埃及有用香料来保存尸体的传统，不过他们能够认识的只是人体内比较大的一些器官，并且对于官能的各种认知都是错得离谱③。不管怎样，这都是外科手术的开始，埃及的外科医生进行外科手术的证据也能够在约公元前 2500 年的雕塑中找到。在当时，僧侣学校有专门培训的医生，还有专门负责接骨和治疗流行眼病的医生，不过精神类的疾病就只能交给巫师来治疗。巫师们依靠符箓和咒语就能够将引发精神疾病的恶魔驱走。埃及的药剂在当时是闻名世界的，埃及人调配药物和香料的技术已臻于完美。埃及的医学在后来应该是经由克里特岛传到了希腊，并由希腊和亚历山大里亚转播到欧洲西部。

在埃及人的墓室绘画中能够看到红色的埃及人，黄色的闪族人，黑色的非洲人和白色的利比亚人。这些绘画可以被看作埃及人对早期人类学研究进行的尝试，说明他们在当时就对不同的人种产生了兴趣。

印度

公元前 3 世纪初期，在印度河流域的一些地方发现了文明存在的遗迹，如摩亨佐·达罗（Mohenjo-daro）、哈拉帕（Harappa）等地。还曾经有一条尺子被发现，证明当时已经采用十进制④。但是有关亚历山大时期之前的很长一段时间的科学活动，我们已经很难追查到其中的细节⑤。不过在伦理学方面，印度有举世皆知的释迦牟尼（Buddha，公元前 560？—前 480 年？），并且就在当时，印度已经开设了医学院校。据说在释迦牟尼时代，有一位内科医生阿特里雅（Atreya）在加息（Kasi）或贝拿勒斯（Benares）授徒；还有一位外科医生苏士鲁塔（Susruta）在塔克萨息拉

① J. H. Breasted's edition, Univ. of Chicago, 1930. ——原注
② C. Singer, *A Short History of Medicine*, Oxford, 1928. ——原注
③ Peet, *loc. cit.* ——原注
④ G. Sarton, *Isis*, No. 70, 1936, p. 323; quoting Sir John Marshall, London, 1931. ——原注
⑤ J. Burnet, *Greek Philosophy*, pt. Ⅰ, London, 1914, p. 9. ——原注

(Taksasila)——现在的咀义始罗(Taxila)授徒①。不管怎么说,后面这位外科医生的著作似乎是可以考证的,有一本具体年代无法断定的梵文文本流传下来,不过时间误差在百年之内。这本著作对一些诸如白内障和疝气手术进行了记载,此外还有一些有关解剖、生理学与病理的知识以及七百多种草药的记载。阿特里雅的名字则是由于克什米尔的卡拉克(Caraka)在约公元前 150 年写了一部阿特里雅医学体系纲要而闻名,并且被他的门徒阿格尼吠沙(Agnivesa)保存了下来。

因为我们无法对印度和埃及医学发展的具体年代进行考证,所以也就不能知道两者究竟谁的医学开始得更早,谁的发展历史更长,两个文明究竟哪一个对世界医学产生的影响更大,也就同样难以确定。

可能在某种程度上受到了印度宗教精神的影响,印度在科学领取的其他贡献简直乏善可陈。释迦牟尼的宗教体系以博爱、智慧及对理性和真理的尊重为基础,这样的教条显然是有利于科学发展的,然而他的哲学体系中另外的一部分却将这种积极作用抵消了。释迦牟尼的哲学要求人们抹除自己的个性和自我,因为世事无常,万物皆空,只有这样才能够获得精神上的完满。这样的心态让人往往忽略身外之物,所以也就缺乏物欲,不会产生改善生活状态的欲望,但实际上正是改善生活状态的欲望在一次次推动科学知识的发展和进步。不过展现慈悲的医术恰好能够迎合佛教的教义,或者就是因为这样,阿特里雅和苏士鲁塔的医学著作以及其中的内外科知识才能够流传开来。

印度佛教的哲学中出现了一种原始的原子学说,这显然是一个与科学领域产生交集的问题。这种观点有可能是独立发展出来的,也有可能是来自希腊的思想启迪。此外,在大约公元前一二世纪,就将一种间断性理念延伸到了时间领域。"这种学说认为,一切实体都仅仅存在于某一个瞬间,而在下一个瞬间的存在则是上一个瞬间的复刻实体,这种景象非常像电影摄影机放映的画面。事物仅仅是全部短暂存在的一个集合。这种观点将时间也进行了原子化处理。"而这种学说的产生,显然是用来解释永远处于变化状态中的事物这一假说的,它认为这种状态就是一个不断创造的过程。

印度的数学发展程度十分惊人,曾经发现过的证据可以证明,在公元前 3 世纪的时候,印度就开始使用一种数字,后来又逐渐演变成了我们今天使用的这一种②。

---

① G. Sarton, *loc. cit.* p. 76 (quoting Hoernlé and others). ——原注
② Hasting's *Encyclopaedia of Religion and Ethics*; Art. Atomic Theory, Indian; H. Jacobi. ——原注

印度思想很有可能对小亚细亚各个学派都产生了影响，进而影响了希腊的各个学派。我们能够确定的是，在阿拉伯人占领了地中海东部那段时期，印度的数学和医学就跟希腊和罗马的学术产生了融合，然后从西班牙和君士坦丁堡再一次与欧洲西部各学派汇合。这就能够解释在复杂的罗马数字被印度数字取代以后，人们会将它称作阿拉伯数字，而完全不记得它其实是来自印度。

希腊和希腊人

产生于古代世界的所有知识的分支都汇聚到希腊，然后在欧洲大陆上那些最早从蒙昧时期走出来的种族中出现的伟大天才对这些知识取其精华，并逐渐运用到了能够起到更大作用的全新领域里面。

希腊人的自然哲学中提出了很多的问题并给出了问题的解决方法，不过这些问题中有很多是在之后的时代通过科学手段才得到解决的。如果我们想要了解希腊自然哲学的起源，就要先简单地介绍一下希腊人、希腊人的宗教，以及希腊人日常生活所处的自然环境与社会环境。

爱琴海沿岸的文明似乎应该是发源于克里特岛，埃文斯爵士（Sir Arthur Evans）在岛上发现的克诺索斯①（Knossons）废墟很可能就是文明中心的所在。埃及文明影响了克里特岛，克里特岛又影响了迈锡尼（Mycenae）文明。然后又经过几百年，克诺索斯与迈锡尼的文明覆灭了，随后进入了荷马时代——一个相对粗糙的文化新纪元，而在这中间的几百年里，被证实曾经有过社会大动荡的时期。

像里奇韦爵士（Sir William Ridgeway）这样的考古学家以及哈登博士（Dr. Haddon）这样的人类学家都相信，荷马（Homer）描述的阿卡亚人（Achaeans）是一个来自北方的征服者部族②，这个种族也许就是从多瑙河流域迁徙过来的，他们身材高大，还拥有一头秀发。哈登博士说："有关这个民族的迁徙历史，最早的一次就是在约公元前1450年的阿卡亚人迁徙，那时的希腊人民仍在使用青铜器，而这个种族则是用铁器征服了他们。"

然而就算有了上面的明确证据和一些权威专家的认可，仍旧有一些古典学者

---

① 克诺索斯是克里特岛上的一座米诺斯文明遗迹，被认为是传说中米诺斯王的王宫。它位于克里特岛的北面，海岸线的中点，是米诺斯时代最为宏伟壮观的遗址，可能是整个文明的政治和文化中心。——译者注

② Sir William Ridgeway, *The Early Age of Greece*, 1901；A. C. Haddon, *The Wanderings of Peoples*, Cambridge, 1911, p. 41. ——原注

表示希腊文学中并没有描述过任何一支来自北方的部族①，希罗多德（Herodotus）也认为阿卡亚人就是希腊的原住民。然而在各种正面支持迁徙一说的有力证据面前，上面这些并不那么有力的证据就显得不足为信。

荷马史诗的创作年代大约在公元前9世纪，荷马对阿卡亚人的描述是肤色白皙或褐黄；地中海的丧葬风俗为土葬，然而荷马描述的英雄都是火葬；希腊人在早期使用的是青铜器，荷马笔下的英雄则使用铁器；而希腊神话中奥林匹斯山众神的首次出场就是在荷马与赫西俄德（Hesiod）的作品中。

后来，被证实同样是来自北方的多利亚人（Dorians）征服了阿卡亚人，他们大约在公元前12世纪或公元前11世纪入侵伯罗奔尼撒（Peloponnese），他们的入侵也是有史时代到来之前的最后一次。

所以希腊原本就是各种族混居的城邦，只是在多利亚人到来之后，不同种族之间逐渐有了在同一个希腊则拥有同一个民族文化的统一观念，不过每个城市和国家原本的地方特色仍然保留。一些国家里面统治阶级与奴隶阶级的区别也许就是来自种族差异化的出现，另外一些奴隶的祖先可能是来自东方或北方的未开化种族。

荷马史诗中有关征服者们的英雄赞歌总是带着一种乐观的精神，从中可以看出被巫术恐惧统治的时代已经过去，人类与这些人格丰富的神明之间的关系很和睦。在荷马史诗中，他用质朴的文字来描写众神，这些具有超人力量的男神和女神，集结同党铲除异己，带着对人类的浓厚兴趣，参与到希腊人民生活和征战的酸甜苦辣当中。此外，希腊人也跟埃及人一样，把艺术和科学的出现都看作神明和半神的功劳。他们会经常降临人世帮助人类建造城镇，让英雄的后代建功立业，靠谋略打败唯恐天下不乱的远古黑暗力量。

科洛封（Colophon）的哲理诗人色诺芬尼（Xenophanes）在公元前6世纪的时候就已经发现，人类是按照自己的模样来造神的，虽然我们还不知道上帝是不是按照自己的样子来造人的。我们能从希腊神话中的神明中了解到希腊人的气质，这在其他地方是根本不可能的。通过神话故事，我们能看到希腊人尽管自大和虚伪、生性放荡不羁，但是他们乐天知命，对美有独到的认识，待人接物也很热情且襟怀坦荡，从这些特点我们可以看出这是一个骁勇善战且充满生机的民族；希腊人是一个具有智慧的民族，那里的自然环境非常舒适，风光明媚，深沉的大海如同琼浆，能够运来全世界的商品和知识，舒适的气候让堡垒式建筑的房屋十分适宜居住，同时还

① J. B. Bury，in *Cambriage Ancient History*，Vol. Ⅱ，p. 474. ——原注

有大批量的奴隶让希腊人生活无忧，有充分的时间来让哲学、文学和艺术发展到极高的水平[①]。

希腊宗教与哲学的起源

在不久之前，人们还只是将希腊宗教看作文学作品中出现的神话故事，而希腊的宗教仪式却没有人会去探究。不过今天的人类学家已经证实了宗教仪式的重要性，其意义远比信仰更加深远和根本，所以我们也明白了如果要通过文学作品来研究这个宗教，很可能会得出谬误的结论。"要对希腊宗教进行科学化的理解，首先就是要深入研究它的宗教仪式……荷马描述的奥林匹斯山众神，也不见得会比他的六音步诗体历史更悠久。美丽的神话故事背后充斥着宗教、罪恶、涤罪与赎罪的观念。荷马把这些隐含在故事背后的观念淡化或者抹除了，不过他之后的诗人又在作品中将这些观念表现了出来，其中最有代表性的就是埃斯库罗斯（Aeschylus）[②]。"

古典时期的希腊人也认识到了有奥林匹斯仪式和克托尼俄斯（Chthonic，地灵的统称）仪式两种宗教仪式的存在，并且还衍生出了两种神话体系。除了奥林匹斯山上居住的对人类慈爱的众神，还有一些居住在下界的地神，就算我们认为这些地神对人类没有敌意，也很难不怀疑他们的意图。这个神系的背后就是遗留下来的一些更为原始的巫术仪式和信仰，这些遗留的部分是自然生活与社会生活的混合和混乱导致的自发现象，远比教条性的神话意义更为重大，由此可见，原始宗教信仰和仪式仍旧能够吸引人们的视线，其影响力也可见一斑。此类仪式通常都是为了涤清罪孽，安抚作怪的恶灵，讨好神明或者魔鬼，让他们为农牧业带来丰收[③]。

我们通过现存的公元前6世纪留存下来的极少数的记载，可以看到当时的希腊有两种比较流行的祭祀仪式：厄琉息斯秘仪（Eleusinian）和俄耳甫斯教秘仪（Orphic）。而在这些带有黑暗色彩的仪式背景中，我们能够看到同时存在着奥林匹斯神话与早期哲学和科学的身影。

厄琉息斯秘仪很明显是通过对秋日耕种以及春天生命的复苏与生长进行描绘，来祈求土地丰收人口兴旺的。这种仪式通常是秘密的，所以我们只能通过对此

---

① See for instance, G. Lowes Dickinson, *The Greek View of Life*, 1896. ——原注

② Jane E. Harrison, *Prolegomena to the Study of Greek Religion*, Cambridge, 1903 (3rd ed. 1922). ——原注

③ See for example, *Cambridge Ancient History*, W. R. Halliday, Vol. Ⅱ, p. 602 and F. M. Cornford, Vol. Ⅵ, p. 522. ——原注

怀有敌意的一些作家的著作以及荷马的《地神颂》（*Hymn to Demeter*）中的描述来猜测其宗教性质。在荷马的作品中，这样的仪式是与灵魂永生这一希望联系在一起的。

希罗多德认为俄耳甫斯教教义来自埃及，主要是一种常用的宗教秘仪，通过每年一次的生死循环庆祝仪式来得到丰收。俄耳甫斯教教义中有一个关于天体演化的传说：宇宙最初的状态是一个混沌的黑夜，然后其中孕育出了一个世界之卵，巨卵分为天地，分别代表生命的父母。在这片天地之间，有一位光明之神挥动着翅膀飞行其中，有的时候神明又叫厄洛斯（Eros），与天地父母合为一体。天地父母结婚以后便生出了天神的儿子，名为狄俄尼索斯（Dionysus）或是宙斯。现代神秘主义与灵魂世界（the Unseen）就通过这种象征主义的方式进行了融合。俄耳甫斯教教义中比较崇高的部分影响了希腊唯心主义哲学，并随后渗透到基督教教义中；另外比较低等的部分则演变成了所有无知的迷信，并在之后的几百年里不断被强化。

两种有着不同来源和倾向的哲学思想，也就是爱奥尼亚理性主义的自然哲学和神秘的毕达哥拉斯学派的学说，就从这一团原始的观念中诞生了。前者诞生于小亚细亚，后者诞生于意大利南部。接下来我们要讲述的，就是这两种学说之间的关系，以及它们跟祭仪宗教和奥林匹斯神话之间有什么关系。

古典时期的宗教与哲学[①]

神话逐渐从巫术和祭仪中建立起来，这一时期的希腊宗教，其主要功能与其他宗教相同，都是需要通过人类思想能够理解的方式解释自然以及自然界中的各种活动过程，让人类能够在其赖以生存的自然得到安乐。希腊神话中蕴含的万物有灵论有着非同一般的美感和见地：所有的泉水中都住着仙女，所有的森林里都能找到山精。人们耕种作物的大地变为大地女神德墨忒尔（Demeter），人类无法驾驭的大海成为大地的撼动者海神波塞冬（Poseidon）。

一代接着一代，众神的数量也在不断地增加，每一位神明都获得了全新的属性和更多的事迹，众神的形象也更加清晰可见。这是一个不断进行的演变过程，所有的诗人都可以根据自己的需要来改编神话故事，也可以重新编写一个新的神话或

---

① 提要可参看 F. M. Cornford, in *Cambridge Ancient History*, Vols. IV and VI; references in Sarton, *locs. cit*; 详细可参看 Ed. Zeller, *History of Greek Philosophy*, Eng. trans. 1881, T. Gomperz, *Griechische Denker*, Leipzig, 1896, Eng. trans. London, 1901 and J. Burnet, *loc. cit*, and *Early Greek Philosophy*, London, 1892 and 1908. ——原注

者寓言,做一番全新的理解。时间一点点在推进,理智对于情感的掌控也越来越强,希腊人对一个更高信仰的需求也更为强烈,于是埃斯库罗斯、索福克勒斯(Sophocles)与柏拉图就在早期不甚严谨的多神教中创造了唯一的至高无上的正义之神——宙斯。这一结果的出现,正是因为这些人想要将古老的信仰澄清、保留并且流传下去,这并不是一种别出心裁的行为,而是自动产生的结果。此时的哲学观念也出现了不同,人们不会再把世事无常看作众神毫无责任感的心血来潮,而是相信在普遍的神圣法则之下,是永恒不变的天理。

与此同时,在宗教的保守主义发展之外,还存在一种具有批判精神的怀疑论。奥林匹斯的宗教明显具备神人同形同性论的特征,这种宗教并不是理智的产物,更准确地说其实是一种想象的宗教。而在各种怀疑不断出现在公开言论中的时候,我们也看到了宗教在哲学领域内明显的缺陷。不过随着奥林匹斯神话的衰落,远古的巫术仪式和新崇拜再一次兴起了。这一时期对狄俄尼索斯的崇拜完全就是对狂热本身的崇拜,人们通过肉体或者精神上的狂醉状态达到与神合体的状态。而在这个方面,俄耳甫斯教教义则增加了一种禁欲色彩,不太严谨的交感巫术里面关于入教和通身的原始仪式也被改进,具备了相当的精神价值。

由于希腊世界崇尚自由的学术观念,而奥林匹斯神话代表的正统宗教又有着这样明显的缺陷,所以一种在很久之前就几乎从未被神学的固有思维限制的自然哲学与形而上学的哲学就出现了。

而在黑暗的动荡时期已经结束的 1800 年之后,中古时期的经院哲学就将哲学与神学整合在一起并改造了当时的知识体系,创造了一种既存在着人们的神学教条又存在着复兴的亚里士多德哲学的知识体系。而现代科学的先驱们迫不得已,只能够被这种滴水不漏的知识体系圈定在有限的范围内从事科学研究。这种经院哲学一直持续到文艺复兴以后,在哲学与自然科学的激烈抗争下才终于被摧毁。

不过在希腊,自然哲学的发展则是在一种完全不同的环境下。的确,表面上的障碍也是存在着的,因为希腊的普通民众仍旧是笃信神明的。阿那克萨哥拉(Anaxagoras)被从雅典城赶出来的原因就是他不信神,苏格拉底也拥有一条同样的无神论者罪名,尽管他不认同前者的见解,还引领了一场宗教复兴运动。当时十分热门的物理学思想也因为具备了无神论倾向,而被阿里斯托芬(Aristophanes)大肆嘲讽。然而希腊的宗教从来都不是一成不变的,它有着各种各样的神话,这些神话既符合了诗与艺术的美学,也能够吸纳融合先进理念,所以说希腊的学术理念是豁达而开放的,与中古时期的理念并不一样。

希腊城邦的发展史无前例的繁荣,无论是地理环境的影响还是经济发展的需要,都让希腊的民众开始接触更古老的文明。希腊早期的哲学家们都是从外部汲取知识的,比如巴比伦的天文学和埃及的医学与几何学(其中也许有一部分来自克里特岛)。以这些为基础,再加上自己获得的一部分,希腊人在历史上首次对这种客观知识进行了哲学思考①。这种知识理念的融合是缓慢向西方推进的,最初是在爱琴海的爱奥尼亚沿岸产生效果。彼时的希腊人大概仍保留着米诺斯文化(Minoan civilization)传统,与巴比伦和埃及维系着学术联系,所以在演绎几何学与对自然的系统化研究方面颇有建树。公元前 350 年前后,希腊的哲学在柏拉图与亚里士多德的引领下,在希腊及几个内陆城市发展到了最高峰,不过这种哲学更具有形而上学的倾向,而非在纯粹科学领域的发展。这种哲学影响了希腊在意大利南部和西西里岛的殖民地,百年之后,阿基米德在这里发挥了自己的数学与实用科学的天才,将希腊的物理学推上了另一座高峰。随后,这股学术风潮又吹向了东方的一座新兴城市——亚历山大里亚。

爱奥尼亚的哲学家

产生于小亚细亚的爱奥尼亚自然哲学家学派是第一个真正从神话传统中走出来的欧洲思想学派。这个学派中,我们知道的最早的一位哲学家是生活在大约公元前 580 年的米利都的泰勒斯(Thales),他具有多种身份,商贾、工程师、政治家、数学家和天文学家。这个来自米利都的思想学派的出现非常重要,因为它最早提出了一种假设,认为宇宙是自然的,运用知识与理性研究去理解宇宙并解释宇宙是可能的。这个假设否定了神话体系中超自然的鬼神的存在,并形成了一种循环转变的观念②。这一循环过程是空气、水、土经由动植物的身体重新回归到空气、水和土。泰勒斯发现动植物都是以带着湿气的物质为食,于是水或者湿气乃是世界本源这一古代观点就再一次被提起了。这种基本元素的理论给予哲学上的怀疑论很大的信心,如果说木质和铁的本质与水一样,那通过感官获得的证据就不足为信了。

亚里士多德跟普鲁塔克③(Plutarch)把泰勒斯传说中的故事讲给我们听。传

---

① W. Whewell, *History of the inductive Sciences*, Vol. I, 3rd ed. London, 1857, p. 25, and J. Burnet, *Early Greek Philosophy*, introduction. ——原注

② F. M. Cornford, *Before and after Socrates*, Cambridge, 1932. ——原注

③ 普鲁塔克(约公元46—120 年),罗马帝国时代的希腊作家,以《比较列传》一书留名后世。——译者注

说泰勒斯曾走访埃及,然后依据那里的土地测量知识创立了演绎几何学。之后的一些人跟随他的脚步一点点发展这门科学,直到欧几里得做出系统化的整理。还有一则传说是,泰勒斯曾经预言过不是公元前610年,就是公元前585年的一次日食,他应该是根据巴比伦的年历进行的推演预测。他告诉我们大地是一个呈扁平状的盘子,漂浮在水面上。

第一个把已知世界的地图绘制出来的希腊人,是出现在泰勒斯之后的阿那克西曼德①(Anaximander)。同时,他也是第一个发现天空围绕北极星旋转的人,通过这项发现,他总结出天空中可见的部分是一个半球,地球的位置则是这个球体的球心。在此之前,人们一直相信大地就是一块坚实的底板,这块底板的厚度是无穷的。而此时的阿那克西曼德认为大地起初是一个在天空之球内部悬浮,被水、空气和火包围的扁平状的圆筒,其厚度也是有限的。太阳和星星在他看来,就是从包围着大地的火焰之中迸射出来的火星,它们悬挂在天空中,并且随着半球状的天空一起围绕着宇宙的中心地球旋转。到了晚上,太阳就旋转到地面以下,旧时的说法则是太阳在夜晚从世界的边缘通过。

一团混沌的原质中彼此对立的部分分裂成为这个世界,而一直作用于自然界之中普遍力量及其活动皆来源于这种最初的分裂,这就是阿那克西曼德的天体演化论。这一学说为理性机械论哲学的产生奠定了基础。

我们从传说中也可以看到几个在实用技术领域的杰出人物:阿拉卡雪斯②(Anacharsis)发明了陶工使用的转车;格劳卡斯③(Glaucus)发明了铁器的焊接技术;西奥多罗斯④(Theodorus)则发明了水准器、车床和三角规⑤。还有一种说法,阿那克西曼德还将巴比伦的日晷或者某种计时工具带了回来,那是一种与地平线垂直的木杆,能够充当日晷,也能够测定子午线以及一年中正午时太阳高度最高的一天。不过希腊一直拥有大批量的奴隶,所以希腊人并没有发明器械的需求和兴趣。

---

① Sir Thos. Heath, *Greek Astronomy*, London, 1932. 阿那克西曼德(约公元前610—约前546年),米利都人,古希腊唯物主义哲学家。他是前苏格拉底时期的米利都学派第二代自然哲学家,上承泰勒斯,下启阿那克西美尼。——译者注

② 阿拉卡雪斯(约公元前592年)是斯基泰人的哲学家,他在公元前6世纪初从黑海北岸的家乡前往雅典,作为一个直言不讳的"野蛮人"给人留下了深刻的印象,据称是愤世嫉俗者的先驱。——译者注

③ 格劳卡斯(约公元前550年)是一位希腊金属雕塑家,金属焊接艺术的发明者。——译者注

④ 西奥多罗斯(约公元前465—前398年)古希腊数学家,起初为哲学家普罗泰戈拉的门生,后转而研究数学,柏拉图和塞阿埃特图斯均师从于他。——译者注

⑤ G. Sarton, *History of Science*, Vol. I, Baltimore, 1927, p. 75. ——原注

阿那克西曼德认为有机世界的生物最初是在海泥里面出现的,而人类则生于大鱼的腹中。他相信本源物质是永恒不变的,而世间万物的结局都只能是毁灭,宇宙中的天体也不会例外,最终都会回到混沌不明的宇宙最初形态。

阿那克西美尼①(Anaximenes)要比俄耳甫斯教的秘密学说更进一步。他认为构成世界的基本元素是空气,如果空气进一步稀释就会成为火,而它浓缩以后会变成水,水再浓缩会变成土。大地和行星都是在大气中悬浮着,月亮会发光是因为反射了太阳光。

毕达哥拉斯学派

与爱奥尼亚哲学家们滴水不漏的学说截然不同,毕达哥拉斯②(Pythagoras)及其信徒们虽然也乐意观察和实验,但是却似乎完全承袭了俄耳甫斯教派的神秘主义。赫拉克利特③(Heraclitus)曾经评价:"任何人都不曾进行过毕达哥拉斯那样多的探索和钻研,他的智慧就来自那渊博的学识和粗劣的技艺。"

毕达哥拉斯学派的学者们不再探索物质的一元论,他们认为组成物质的基本元素是水、火、气、土四种,并且是由冷、热、湿、燥四种基本属性两两组合产生的,如湿冷组合则为水,燥热组合则为火。这一学派的学者们还促进了几何学的发展,他们依照某种逻辑顺序创了一个体系,看起来与欧几里得几何学中的前两册内容很像。在欧几里得的几何学当中,第一册中第47个命题至今仍叫作毕达哥拉斯定理。在埃及和印度,人们可能很早就通过实践经验了解了运用"绳则"来做直角的方法,不过最早通过演绎法证明"直角三角形两个直角边的平方和等于斜边的平方"的人很可能就是毕达哥拉斯。

毕达哥拉斯学派也是首先对数的抽象概念推崇备至的一个学派。现在我们都习以为常的数字概念,无论是手指、苹果还是每一天,我们都习惯了使用三和五这些抽象的数字;所以我们无法想象几种不同事物的本质属性这一发现首次出现在人们眼前的时候,是如何大大推动了实用数学与哲学的发展。这一发现让算术出

---

① 阿那克西美尼(公元前586—前526年)古希腊哲学家、米利都学派的第三位学者,他被判定为阿那克西曼德的一位学生或是一位比他自己年轻的朋友。他像米利都学派的其他人一样探究物质一元论。——译者注
② 毕达哥拉斯(约公元前580—约前500年)古希腊哲学家、数学家和音乐理论家,毕达哥拉斯主义的创立者。他认为数学可以解释世界上的一切事物,对数字痴迷到几近崇拜;同时认为一切真理都可以用比例、平方及直角三角形去反映和证实。——译者注
③ 赫拉克利特(约公元前544—约前483年)古希腊哲学家,爱菲斯学派的创始人。——译者注

现在了实用数学中,而且还让人们开始相信客观世界是以数为基础这一哲学观点。亚里士多德说:"毕达哥拉斯学派似乎相信存在是以数为原则构成的,换言之,数就是构成存在的基本元素。"认为存在的基本单位是一种确定且不可分割的单元,这种观点又好像同某些数字之间不存在公约数这一同样由毕达哥拉斯学派提出的重大发现互相冲突,然而这一观点仍旧随着他们的声音实验被进一步加强了。毕达哥拉斯学派的声音实验证实,当用三条弦发出某一个音阶以它的第五度音和第八度音时,三条弦的长度比为6:4:3。这一发现让他们开始想要将宇宙理论也通过这种成比例数的体系建立起来。他们相信行星与地球的距离也符合音乐的旋律进行,并能够合奏出"天体音乐"。因为 10 = 1 + 2 + 3 + 4,所以 10 是一个完美的数字,那么太空中的发光天体数也一定是 10。然而事实上我们只能观测到九个,于是这些人就说一定有一个"对地星"是我们无能观测到的。后来,亚里士多德就对这种罔顾事实的诡辩做出了严肃的批判。

然而不得不说毕达哥拉斯学派在天体演化学说方面前进了一大步,这一点我们主要是通过 5 世纪中叶菲洛劳斯①(Philolaus)的著作得知。他们认为地球是一个球体,并且发现如果假设地球也在运动,就能够合理并且简明地解释天体的视运动。在他们看来,地球是与对地星进行平衡运动的,但是运动的中心并不是自己的轴心,而是宇宙中确定的一点,就像是系在绳子一端的石头一样的运动方式;所以地球需要将地表上有人类居住的地方依次呈现在天空之中。而作为运动轴心的点上有一个中央火,那是一个永远都不为人所见的宇宙祭坛。这种天体演化学说让很多人错误地将其理解为毕达哥拉斯学派创立的地心说,并认为他们要比阿里斯塔克②(Aristarchus)和哥白尼更早。

从毕达哥拉斯学派关于数的理论,以及他们重视对立原则"善恶、爱憎、黑白"的根本观念中,我们就能够看到其自然观念中的神秘主义哲学。希腊思想中也经常能看到这种哲学,他们相信从词汇的意义中能看出事物的本质;阿尔克米翁(Alcmaeon)的著作里也曾经出现过这一神秘观点。他认为人体就是一个像宏观宇宙一般存在的小宇宙;人体结构能够反映出世界的构造,而人的灵魂体现着数字的和谐。毕达哥拉斯学派偏向于一种形式哲学,而爱奥尼亚学派则更偏向于物质哲学。不过前者在 5 世纪初期的时候就分裂成了两部分,其中一部分成为带有宗教属性

---

① 菲洛劳斯(公元前 470—前 385 年),古希腊毕达哥拉斯学派哲学家之一,现存一些残篇归其名下,例如地球非宇宙中心说。——译者注

② 阿里斯塔克(约公元前 310—约前 230 年),古希腊天文学家、数学家。他是史上有记载的首位创立日心说的天文学者,被称为"希腊的哥白尼"。——译者注

的兄弟会,而另一部分则在纯数的方面沿着科学的方向越走越远。

　　我们将会在本书讲述到柏拉图哲学的理论及新柏拉图主义者和圣奥古斯丁的时候,再对毕达哥拉斯学派的哲学实质,包括终极的实在应该到数及其关系中去寻找的理论,进行详细的论述。由于圣奥古斯丁的影响,毕达哥拉斯学派哲学在中古时代柏拉图主义思想的背景形成中也起到了不小的作用,这一哲学也是来自非亚里士多德经院哲学体系的一个新的哲学体系。由于毕达哥拉斯学派在几何学、算术、音乐以及天文学方面强调了数的秩序,所以就算是到了中古时期的经院哲学中,这四门学科也被作为功课学习。后来到了文艺复兴时期,哥白尼和开普勒再次强调了数的重要性。而其出发点则是太阳中心说在数学上体现了一种和谐与简单性,他们认为这可以作为解释太阳中心说真理性的最有力的证明①。而现在关于阿斯顿(Aston)的原子整量说、莫斯利(Moseley)的原子序数说、普朗克(Planck)的量子说,还有爱因斯坦的万有引力等物理现象仅仅是局部时空特性的外在表现这种理论,都是将毕达哥拉斯学派中的某些理论再一次提起,不过这些理论要比之前更加先进和完善②。

物质问题

　　如果说人们最开始发展天文学是因为天文现象比较容易被观察到,那么关于事物本质的问题也一样需要人们进行思考和解答。如果我们想要知道化学的起源,那么就应该追溯到人类出现时就已经拥有的技术,也就是火的发现和利用。人类在史前就已经掌握了烹饪、葡萄汁发酵、冶金和石器工具制造技术。在埃及,淬铁、玻璃和珐琅的制造,还有染色技术,利用金属化合物制造染媒、颜料和胭脂等染色技术都在很早就具有了相当高的水平。早在公元前 1500 年的时候,泰尔(Tyre)居民就能够用骨螺科的贝类制造举世闻名的泰尔紫染料。

　　希腊人也是第一个在物质问题上建立起各种理论的,就像他们曾经在几何学中所做的那样,不过他们鄙视一切机械技术,认为那是不入流的东西。他们完全无视了机械技术中蕴含的庞大知识体系,只针对那些所有高贵的希腊公民都能够看到的问题展开研究。前面已经提过,爱奥尼亚哲学家认为物质变化开始于土和水,

---

　　① E. A. Burtt, *Metaphysical Foundations of Modern Science*, London and New York, 1925, pp. 23, 44. ——原注

　　② A. N, Whitehead, *Science and the Modern World*, Cambridge, 1927, p. 36. ——原注

经由动植物的体内再度变回土和水。这些哲学家逐渐认识到了物质不变的理论。而发展到泰勒斯的时期,尽管实体的外在已经出现了明显的不同,但是哲学家们仍旧认为存在单一元素水、空气、火等,以此为基础构成了世间万物。

哲学界在公元前 5 世纪开始的时候发生了一次大的争辩,辩论双方都强烈地批判了爱奥尼亚学派与毕达哥拉斯学派。不过这群人身上也同样体现了希腊人的共同特点,他们从来都惯于以第一原则为根据来创建理论,还会根据观察所得的现象来做一些不慎重的判断。

诗人和哲学家赫拉克利特鄙弃阿那克西曼德和阿那克西美尼的唯物主义观点。他认为事物的基本元素或者本质其实是以太火,它是灵魂的元素,也是构成一切的基本元素,世间万物最终仍旧会回归以太火之中。世界上存在的各种对立面,生与死、沉睡与清醒都在不断更替,这就是永恒的火焰在永不停歇地律动。世间一切都按照既有的规则在运动,都处在流动的状态中。只有重返内心才能遇见真理,它表现了一种普遍的逻各斯①或理性。

在意大利南部的埃利亚也出现了一些哲学家,他们先验性地创立了另外一种批判性哲学。这一哲学理念的代表人物则是主要活动于公元前 480 年前后的巴门尼德②(Parmenides)。

巴门尼德沉浸在人类心灵活动的探索之中,从而将希腊人独有的一种假说推演到了极致。这个假说表示,就算我们通过感官得知事物确实存在,只要不能想象,那么这就是不可能的。他的论证过程如下:我们不可能去创造,因为无中生有、由非存在而得到存在,而实际上非存在是不可能存在的。反之,从有到无也是不可能的,也就不存在消亡。即使是变化也不可能,本质上不相同的两种实体不可能有相生的可能性。于是自然界中为人所见的,或是感官让我们相信是为我们所见的一切变化、事物的多样性与多重性、时间与空间的假象,都只是感官的错觉导致的,用思维去证明这种错觉本身就是矛盾的。所以真理不可能经由感官被发现,唯有理性思维才能找到真理。感官获得的所有感觉都缺乏实在性,事实上并不存在;只有思想才是实在,是客观存在的真实。也就是说,如果想要到达存在的真实,就需要摒弃所有多样化的形式,保留唯一的普遍性的本质。这是唯一的永恒不变的实在,它呈球形均匀分布向外延伸,仅受其自身内部的影响。我们通过感官获取的世

---

① 逻各斯(Logos)是欧洲古代和中世纪常用的哲学概念。一般指世界的可理解的规律,因而也有语言或"理性"的意义。希腊文这个词本来有多方面的含义,如语言、说明、比例、尺度等。——译者注

② 巴门尼德,公元前 5 世纪的古希腊哲学家,最重要的"前苏格拉底"哲学家之一,是埃利亚学派的一员。——译者注

界形式，都不是真正的实在，这些能被人观察到的宇宙，就是由一层又一层的火—土元素构成的同心壳。不过，这些理论仅仅是一家之言，并不能保证是确实的"真理"。

埃利亚的芝诺（Zeno）将其中的一部分见解进行了发挥。芝诺和巴门尼德生活在同一时代，但比后者年轻。对于毕达哥拉斯派的万物都由整数组成的理论，芝诺持反对态度，他还认为，自己已经用自己的一系列著名的疑难问题挑战了倍数性的权威。一个倍数一定能够分割到无穷，所以这个倍数一定是无穷的，但在还原的过程中，不管无穷小的部分有多少，都无法构成一个有穷的整数。阿基里斯①（Achilles）跑步的速度很快，等他跑到乌龟的起点时，乌龟已经向前移动了一段距离。等到阿基里斯赶到这个位置，乌龟又往前移动了，这样周而复始，阿基里斯是永远无法追上乌龟的。

巴门尼德辩论关注的似乎是偶然获得的意义，这种意义是任意的，并在变化着；芝诺的疑难问题有一个基础，就是关于无穷小的性质以及时间和空间的关系的错误观念——现代数学已经澄清了这些错误观念。但是芝诺也确实证明，事物可以无限制地分割为当时所理解的无穷小的单位的观念是与经验相悖的。但是，这种相悖直到19世纪，也就是将彼此不相等的不同种类的无穷数区别开之后，才得以完全解决。

即便如此，埃利亚的哲学在两个方面对我们来说还是至关重要的。第一，它对感官持不信任态度，这有利于帮助原子论者到感官无法察觉的东西中找寻实在，并将热或色彩等后世所谓的物体的第二性的质，或者说可以分出的质，解释为感官知觉。第二，它们致力于寻找代表万物中的基本实在的单一统一，其好处有二，一是帮助物理学家寻找单一的化学元素，二是帮助哲学家区分开本质同质或偶有性。后来亚里士多德对这个对物质本性的见解进行了最终阐释，该见解就一直在中古时代的思想中占据统治地位。

爱奥尼亚还有一位哲学家阿那克萨哥拉（Anaxagoras），公元前500年，他在士麦拿（Smyrna）附近降生，并在四十岁时将爱奥尼亚的一些富有唯物主义色彩的哲学见解引入雅典。阿那克萨哥拉认为物质是由不同的实体集合起来的，诚如我们的感官所感受的那样，每个实体都有不同的质或偶有性。不管对全体进行怎样的分割，其各个部分包含的东西总是类似于全体，区别只在于比例成分的不同。运动的发起者是智慧（"奴斯"）。智慧是一种能够引发旋转的精微流体，旋转扩散开就

---

① 阿基里斯，又译作阿喀琉斯，是荷马史诗《伊利亚特》中的一位英雄。——译者注

造成了世界，还让世界拥有秩序。天体的性质和地球一样；太阳是熊熊燃烧的石头，而不是日神；月球中有山和谷。阿那克萨哥拉不但有这些见解，在精确知识方面也小有建树。他解剖动物，了解大脑解剖学，还发现鱼用鳃呼吸。

在四种元素假说中，还有其他的关于物质的见解。毕达哥拉斯学派拥有这一假说，后来西西里的哲学家恩培多克勒（Empedocles，公元前450年）使其更为精确。恩培多克勒的观点是，土、水、气和火是物质的"根源"或"元素"，物质是由土、水、气和火这四种固体、液体、气体和比气体更稀薄的物质组成的。在宇宙中，这四种物质在两个对立的神力——相引力和相斥力的作用下，按照不同的比例结合到一起。而这两种神力，又是能够作用于人们身上的爱与憎，这是肉眼可见的。这个见解跟毕达哥拉斯的见解可谓异曲同工。这四种物质按照不同比例结合在一起，就形成了各种各样的物质，就像画家用四种颜料搭配出各种不同的色彩一样。

巴门尼德曾经断言，人们自以为可以在空气中感觉到一种虚空，但实际上这种虚空并不存在。阿那克萨哥拉和恩培多克勒证明，空气存在质体，后者还用水钟做实验，得出如下结论：瓶中的空气逸出后，水才能进去。从这个结论可以看出，空气不是虚空，也不是水汽。

追究四种元素假说的根源，应该在于人们对火的作用的误解。那时的人们持有一种观点：物质在燃烧后会还原成它的几种要素，不过可燃烧的物质十分复杂，物质燃烧后剩下的灰烬则很简单。比如，青绿的木材燃烧时会发光，也就是能看到火；发出的烟进入空气；木材两端沸腾出水；灰烬则具有土的性质。

后来以对火的作用的误解为基础，又出现了别的学说。在化学上，这种对火的看法是首个伟大的指导原则。马什（Marsh）说："火的学说有希腊的四元素说，炼金术的金属成分说，医药化学的沉淀原质说和燃素说。"[1]其中燃素说出现在18世纪。在后文中，我们将对这些学说的兴起和衰落进行详细阐述。

原子论者

恩培多克勒认为，四种元素按照不同的比例结合到一起，就形成了人类所知的各种物质。留基伯和德谟克利特简化了问题，将一种早已产生的单一元素假说发

---

① J. E. Marsh, *The Origins and Growth of Chemical Science*, London, 1928. ——原注

展成了一种原子说[1]。

道尔顿、阿伏伽德罗(Avogadro)和坎尼查罗(Cannizzaro)提出了今天的原子说和分子说,但是他们在提出这一学说时所知道的实验事实,和希腊人的原子学说的基础大相径庭。现代化学家准确地计量了各种化学元素结合时在重量和体积上所依据的比例。人们基于这些有限和确定的事实,产生了原子和分子的观念,并断定二者都具有相对的原子量和分子量。人们发现,在此基础上形成的学说符合构成科学遗产的其他事实和关系——不管这些事实和关系是孤立的还是关联的,也能获得其他连续的经验的证实,以此为指导不但可以研究新现象,还能对新现象进行预测。该学说具有哲学意义,这一点和其他所有科学概括一样,不过这种哲学意义的推导基础并非关于宇宙的全面哲学理论,甚至和这种理论并没有什么必然联系。这件事情虽不那么高贵,却更加有用。

一方面,希腊人没有确定的、来自观察的事实,也就无法按照这些事实建立精确的、有限的理论;另一方面,在理论成立之后,希腊人也没有力量对这些理论的推论进行实验检验。希腊人的理论以哲学的宇宙体系为基础,并被这个体系囊括其中。它由创始人和信徒的心理态度决定,也很容易被敌对哲学家的新学说拔根而起甚至被取代,这一点与古代和现代的所有形而上学学说都一样。事实也确实如此。

爱奥尼亚的哲学家的推理按照的是当时流行的形而上学观念,依据的是当代的一般知识。将物质进行反复分割后,它是否会保持原来的特性?不管分割多少次,土依然是土,水依然是水吗?换言之,物质的特性到底是不能再解释的最后事实,还是可以按照更简单的观念进行描写,进一步缩小原本的一无所知的范围?

在科学思想史上,希腊人试图用看似简单的方式来寻求合理的解释,因此,他们的努力显得举足轻重。在他们的学说提出之前,以及原子哲学衰落之后,存在这样一种观念:物质的特性属于物质的本质;食糖的甜和食糖一样,是一种实在,树叶的色彩和树叶也是如此,这既不能联系其他的事实进行解释,也不能以其为人的不同知觉来解释。

探讨希腊原子说的起源是一件很有趣味的事情。关于基本元素,大家见仁见智,泰勒斯认为是水,阿那克西曼德认为是气,赫拉克利特认为是火。阿那克西曼

---

[1]　参看已经提到的著作,特别是:Burnet;J. Masson, *The Atomic Theory of Lucretius*. London,1884;Paul Tannery "Démoerite et Archytas", *Bull, des Sciences math*. Vol. X,1886,p. 295;F. A. Lange, *Geschichte des Materialismus*,1866 and 1873,Eng. trans. London and New York,1925;Cyril Bailey, *The Greek Atomists and Epicurus*,Oxford,1928. ——原注

德所认为的基本元素——气，可以在保持本质的情况下凝缩和稀薄。赫拉克利特提出了无尽流动说，他从水的蒸发和香气的扩散推断出，一些肉眼难辨的粒子在运动。往前追溯，毕达哥拉斯学派认为，终极的实在是符合数的法则的完整的单子，并认为空虚的空间里不存在物质，可是他们却混淆了这种空间和空气，也因此受到了巴门尼德的抨击。可是原子论者在感觉无法对在塞满的空间或者充满物质的空间中的粒子的运动进行合理解释时，又将这一看法提了出来。此时的已知条件是空气是有质体的，所以原子论者认为什么都没有的空间就是真空。

受到这些思潮的启发，原子说应运而生：散布在真空中的终极粒子组成了物质。对于当时已知的所有相关事实，如蒸发、凝聚、运动和新物质的生长，这个学说都能加以解释。显然，正如希腊其他哲学家曾经强调过的，根本问题并没有解决。原子是否能够进行无限的分割呢？这个问题属于逻辑上的漏洞，原子论者却故意视而不见，他们的看法是原子的内部已经没有真空，因此原子从物理上来说是分割不了的。

迄今为止我们已知的最早的原子论者是留基伯和德谟克利特。前者生活在公元前5世纪，身世不详，据说曾在色雷斯（Thrace）创立了阿布德拉（Abdera）学校；后者就降生在阿布德拉，时间是公元前460年。这二人的见解散见于后来的亚里士多德等著作家的著作中，伊壁鸠鲁（Epicurus，公元前341—前270年）在著作中也有所提及。伊壁鸠鲁不但采纳了原子学说，还将其作为自己全面的伦理、心理和物理哲学的一部分，在雅典进行传授。两百年后，罗马诗人卢克莱修（Lucretius）在自己的诗作中又重新提出了该学说。

留基伯提出了原子论的基本观念以及因果原则，所谓因果原则，就是"任何事情都是事出有因，也都有其必然性，不会凭空发生"。爱奥尼亚哲学家试图用简单的要素来解释物质特性，而留基伯和德谟克利特就沿着这条路继续前行。他们认为，一旦承认物体的特性是根本的和无法解释的，就阻断了一切进行深入探讨的可能。德谟克利特提出了与之相反的观点："按照通常的说法，甜、苦、热、冷和色彩都是存在的，实际上只有原子和虚空。"毕达哥拉斯的相对主义观点认为，万物都是由人来衡量的，比如我觉得蜜是甜的，你却觉得是苦的。对于这一观点，德谟克利特并不同意，但他也看出，只通过感官是无法达到实在的。

德谟克利特的原子"保有刚体的单一性而坚固"，没有前因，从永恒就开始存在，永远不会毁灭。虽然他们有着不同的大小和形状，却有着相同的本质，本质由于大小、形状、位置和运动的不同而产生了不同的特性。石头和铁中的原子只能颤动或振动，而空气或火中的原子就可以大距离跳跃。

在无限的空间中,原子朝着各个方向运动,互相冲击,引起了直线运动和旋转,将类似的原子结合成元素,无数的世界由此而生。这无数的世界生长衰退,直到最后毁灭,那些存在下来的只有和本身环境相适应的体系。星云假说和达尔文的自然选择说从这里可以窥得一二。

原来的原子说中并不存在绝对的上下轻重,而且如果没有反抗,运动就不会停止。虽然这些见解是正确的,但亚里士多德并不相信。后来,真的有人按照他的意见修改了这个学说。直到伽利略出现,这个真理才重新被发现。与同时代人和后来人相比,原子论者在大部分方面都占据领先地位,除了天文学,因为他们认为地球是扁平的。

我们从卢克莱修那里得知的德谟克利特学说,已经对过去人们心目中的自然界进行了巧妙的简化,不过这种简化有些过度。有一些难题是2400年之后还无法解决的,却被原子论者轻易放过了。有一些生命和意识的问题,就算我们从现在的机械角度也无法进行解释,而原子论者却大胆地在这些问题上运用了该学说。他们觉得自己发现了所有的奥秘,对此志得意满,却选择性地忽视了围绕着一切存在的巨大奥秘。从原子学说最初提出直到现在,这个奥秘还是神秘莫测。

原子论者与他们的对手激烈争辩的哲学问题,在18世纪又出现了,那时是牛顿的法国信徒将其物理学当成机械哲学的基础。自然界背后的实在到底是什么?它的本质是类似于自然界,还是毫不关心人和人的福利的冷酷机器?一座山到底是身穿绿袍(树木)、头戴雪帽的岩石,还是一批没有人的品质、莫名其妙地就能让人类的心灵产生形式和色彩幻觉的小质点的集合体?物理学家将物质分析为质点,发现可以从数学角度来描写质点的力量和运动。唯物主义者不但把这一科学结果引到了哲学,还说质点就是唯一的实在。对于将宇宙看作非人的观点,唯心主义者并不赞同,希腊的原子学说之所以遭到反对,就是因为持有这一观点。18世纪,牛顿的科学占据了统治地位,要想寻求出路,就只能到笛卡儿的二元论或者贝克莱的唯心主义中去了。

且不论德谟克利特的原子说在哲学上的价值,只说在科学上,比起之前和之后的各种学说,德谟克利特的原子说都更接近于现代观点。但实质上,它受到了柏拉图和亚里士多德毁灭性的批判,举步维艰,这在科学上来说应该是不幸的。后来科学精神之所以在地球上绝迹了长达1000年,根本原因就是在之后的几个时代,各种形式的柏拉图主义成了希腊思想的代表。虽然在哲学方面,柏拉图是一个大家,但是在实验科学史上却是一块拦路石。

希腊医学

希腊医学①中的很多东西都来自埃及,不管是直接还是间接。在希腊的众多学派中,柯斯(Cos)学派和克尼多斯(Cnidos)学派最为著名。前者的观点是疾病是正常健康身体的错乱,治疗要依靠自然疗法;后者对各种疾病进行研究,试图对症治疗。

说到最早的有史时代,就不得不提一件趣事:在《伊利亚特》中,荷马对各种创伤的后果进行了准确描述,还写了简单而直接的治疗方法,由此看来,荷马笔下的英雄所在的种族不管是在医学还是外科方面都十分理性而且健全。不过,当时这种传统并不普遍。《奥德赛》中就提到了巫术,和其他的南方与东方国家一样,符咒和祛邪在希腊的大多数人民中流传甚广,成为一种十分普及的治疗方法。这两种思想共存的现象一直持续到了较晚的时代。古典时代进入尾声时,希腊的医学知识已经登峰造极,埃匹道拉斯(Epidaurus)、雅典和其他地方的爱什库拉匹(Aesculapius,医神)庙所提供的医疗也涉及巫术和符咒。但是如今在英格兰和威尔士的部分地区,依靠符咒治疗也依然存在。

在医学的发展过程中,希腊人珍视的演绎方法也被应用起来。医疗的基础建立在很多关于人的本性和生命起源的先入为主的见解中,自然导致很多病人因此丧命。在理论范围内,医学的进步突飞猛进,医师的地位也有了相应的提高,一部很好的医师法典被采纳,后来该法典甚至被列入著名的希波克拉底誓词②。誓词中宣布,医生要以为病人谋福利为己任,要维护自己和自己从事的行业的纯洁和神圣。

关于医学理论,很多哲学家都曾经有所提及,至少也是附带提过。毕达哥拉斯学派将自己的特殊信条应用到了医学理论。在苏格拉底之前,克罗顿的阿尔克蒙是主要的胚胎学家,或许就是他率先进行了第一次解剖,视觉神经就是他发现的,他还意识到感觉和理智活动的中央器官就是大脑。阿那克萨哥拉将动物用于实验中,并将动物进行解剖,以便研究其构造。恩培多克勒的观点是,血液流向心脏,再从心脏流出,人体中的四种元素只有处于平衡时,身体才会健康。

---

① C. Singer, *A Short History of Medicine*, Oxford, 1928; R. O. Moon, *Hippocrates and His Successors*, London, 1923. ——原注

② C. Singer, *A Short History of Medicine*, p. 17. ——原注

直到希波克拉底(Hippocrates,公元前420年左右)的学派出现,希腊的医学才达到巅峰。该学派与如今流行的理论和医术有很多相似之处,让现代之前的任何时代的见解都望尘莫及。亚里士多德和盖伦(Galen)在研究生理学时总会去追问"最后因",而希波克拉底学派却不如此,他们很具有现代精神,经常问"怎么样",却很少去问"为什么"。实验的方法应运而生——为了观察孵化的过程,希波克拉底学派研究胚胎学的著作家给出的建议是:每天打破一个鸡蛋。在他们看来,疾病是一个遵从自然法则的过程。他们主张进行精密的观察,并对征候进行详细的解释,这就为现代临床医学指明了方向。他们还准确描写了很多疾病,并指出了恰当的治疗方法。虽然他们也进行了一定程度的解剖,但是也许是到了托勒密王朝时期,系统的人体解剖才在亚历山大里亚进行,这次解剖给人体解剖学和生理学率先提供了可靠的基础。

从原子论者到亚里士多德

原子哲学是希腊科学第一个伟大时期的巅峰,这之后,希腊科学就出现了停顿甚至倒退,可见用哲学的先验方法研究自然是一件非常危险的事情。自从雅典成为民主邦,也许人们都把精力转移到了辞藻和政治上。要想出人头地,唯一的利器就是流利的言辞。哲学家纷纷转行去研究经济学和伦理学,数学和自然科学就无人过问了。

在早期史学家的著作中,可以看到知识的下一次进步。最早的可能是赫克特斯(Hecateus,公元前540—前475年),之后是广有游历的希罗多德(Herodotus,约公元前484—约前425年),他的著作中有关国家和人民的记载不在少数,都十分珍贵。他对尼罗河定期泛滥的原因进行了探究和思考,这体现了他的求知欲,令人钦佩。而更为准确的批判精神,则在修昔底德(Thucydides,约公元前460—约前400年)身上体现得淋漓尽致。身为一个历史学家,他怀着科学的精神对希腊历史的神话时期进行批判,以目击者的身份对伯罗奔尼撒战争进行描写,还记录了雅典发生的大疫以及公元前431年发生的日食。

从部分反对者对原子论的怀疑,我们也能看出原子论的影响。反对者和原子论者的共同之处在于,他们对于感官能否为我们提供外界的信息持怀疑态度,但得出的结论却截然相反。原子论者的观点是,实在不在于心灵,而在于物质;反对者却认为,虽然感官传达的关于时代的信息值得怀疑,但感觉的存在毋庸置疑,因此感觉才是唯一的实在。后一个时代也出现了两种对立的哲学:机械论和现象论。

可以说，苏格拉底是这种反动的富于批判精神的集大成者。不管是诡辩家、政治家还是哲学家，苏格拉底都会以查问者的姿态发出诘难，揭发任何的无知、愚蠢和自命不凡。在他看来，能够领悟真正的"形式"或理想的只有心灵，而感官对象只是趋向于接近这种"形式"，因此心灵才是最崇高的。道德的完美和平等都是理想，但相等是一个极限，所以两块石头只能无限接近相等。苏格拉底的观点是，只有心灵才是值得研究的对象，灵魂和内心生活才是真正的自我，而非肉体。在他的影响之下，人们将注意力从对自然界的考察转移到了其他方向。虽然由于群众的叫嚣，苏格拉底被戴上了"无神论者"的帽子，但从某个角度来说，他领导了一次对爱奥尼亚自然哲学家的唯物主义态度进行反对的宗教反动。至于柏拉图反对机械决定论的原因，从《斐多篇》（*Phaedo*）描写的著名场面——苏格拉底身陷囹圄，等待饮毒中可以窥得一二。柏拉图说，苏格拉底告诉朋友们，阿那克萨哥拉觉得他之所以坐在那里，是因为他筋骨的本性，然而真正的原因却是：

> 因为雅典人认为最好给我定罪，所以我觉得最好坐在这里，等待他们给我的惩罚。我可以发誓，如果我觉得比起留在这座城市里接受判决，逃之夭夭会更加体面，也许我早就按照人们所谓的上上策，让筋骨到米加腊（Megara）或波奥提亚（Boeotia）了。

对于不成熟的机械论哲学，苏格拉底再次体现了一种自然反感，而对于科学态度，他也有某种程度上的误解和敌视。能够肯定的一点是，他让致力于研究过去和现在的哲学界开始考虑创造世界的目的，也就是未来。但是亚里士多德说，苏格拉底在一些普遍的定义和归纳推理这两方面是很有成就的。

提起唯心主义最伟大的代表，非他的学生柏拉图（公元前427—前347年）莫属。他的身上集合了怀疑论和神秘主义。柏拉图先验地从人类需要和印象中推导出了对自然的看法。神是好的，而最完美的形式是球，所以宇宙一定是球体。本源物质和延展的空间是统一的；在自然界的字母表上，并没有四种元素这几个字母；在自然界的单词中，也没有四种元素这几个音节。是上帝让天体做圆周运动，而圆周运动的天体是为了标志时间。很明显，毕达哥拉斯学派关于形式和数的神秘主义理论极大地影响了柏拉图。他在天文学中运用这一理论的时候，在精神方面比起毕达哥拉斯学派要稍逊一筹，但他的观点是星星在空间中自由浮动，星星之所以能够运动，依靠的是其神性的灵魂。联合柏拉图的一些圆圈，得到的就是太阳，绕地球运转的视轨道。后来，喜帕恰斯和托勒密详细发挥了这一天文学说。也有人说晚年的柏拉图意识到，假设地球是运动的，就可以让天文现象更加简化。

柏拉图的物理学和生物学不但带有拟人观色彩，还蒙上了一丝伦理色彩。爱奥尼亚学派的观点是宇宙来自进化，柏拉图的观点却是宇宙来自创造，他认为宇宙是一个活着的有机体，不但有形体，还兼具灵魂和理性。他在《蒂迈欧篇》(*Timae-us*)中，根据大宇宙和小宇宙——也就是宇宙和人——的类比，推演出了关于宇宙的性质和结构的见解，更推演出了关于人体生理的见解。阿尔克蒙也持有这种大宇宙和小宇宙类似的说法，直到中世纪末，这一说法都十分流行。

柏拉图的科学以此为思想基础，因而大多十分荒唐。他苛责实验，认为实验是对神明的亵渎，是下流的机械技术，可是对于数学这种演绎科学，他给出的评价却很高。柏拉图阐明了负数的观念，认为线从某一点"流出"，后来的"流数法"——发明者为牛顿和莱布尼茨(Leibniz)就是以此为萌芽的。在数学方面，对把可能来自观察却被理性进行净化的心理概念进行逻辑分析，并展开推论。对于哲学家来说，这件事充满乐趣和艰辛，值得一做。

在这些见解的引导下，柏拉图发展了"理式"说，这种理论认为具有充分的存在和实在的唯有"理式"或理念。后来，这一学说又被应用于分类问题。我们能够看到，在自然界中有很多物体都或多或少存在类似之处，比如各种各样的三角形和动植物的"种"。古希腊和中古时代的人从来没有区分问题的这两个方面，也不知道给自然界的各种活着的对象分类充满怎样的困难。在他们看来，"类"与给它们命名的词一样，分得十分清楚，于是开始研究组成类的各个个体有什么相似之处。

柏拉图的看法是，之所以有这种类似性，是因为有一个原型，每个个体都符合这个原型，至少也是接近。柏拉图发现，当心灵开始制定定义，并用几乎能够适应和所有情况的一般术语来就这些定义进行推论时，定义和推理都与这些假设的类型有所联系。自然界的所有对象都经常变化着，唯一实在并且保持不变的，就只有这些理念。柏拉图由此形成了后世所谓的唯实论，这是他特有的唯心主义。该学说主张这些理念具有实在的存在，其实是唯一的实在。只要是个体，不论死活，都只是影子。只有心灵把握住了它们的本质，发现类和共相，它们之中才有了实在。理性分析的真正的合适的主题只有一个，就是理念或共相。

公元529年，罗马查士丁尼大帝(Emperor Justinian)封闭了雅典学院的柏拉图学校，那时它已经存在了长达九个世纪。

亚里士多德

公元前 384 年,在卡尔息底斯(Chalcidice)的斯塔吉拉(Stagira),亚里士多德①诞生了,公元前 322 年,他在欧比亚(Eubcea)离世。他的父亲为马其顿的国王菲利普担任侍医,自己也教过亚历山大大帝。他在跟随柏拉图学习多年之后,创立了后世所谓的逍遥学派(the Peripateticism)——这是一个新的哲学学派。这个学派之所以得名,是因为这对师徒习惯在雅典吕克昂(Lyceum)的花园里散步。

对于古代知识,亚里士多德可以说是无所不知。在现代欧洲学术上的文艺复兴以前,尽管在认识自然界的特殊部分方面,也有一些人取得了傲人的成绩,可是,直到他死后数个世纪,像他那样那么系统地考察并把握知识的人还从未见过,因此,在科学史上,他的地位首屈一指。在中世纪早期,知识界背负的任务中的一个就是从一些尚未完善的理论中汲取他的研究成果;亚里士多德全集在西方出版后,中古时代后期的著作家们就致力于让他的原意重见天日。在古代世界,亚里士多德的著作是学术的集大成者,或许他真的改进了他所接触到的除了物理学和天文学之外的所有学术。他不仅是归纳法的创立人之一,还是第一个主张进行有组织的研究的人。不过,真正为他带来声誉的,还是他在科学和知识分类方面的建树。

他的著作有很多,流传下来的也不少,其中《物理学》(*Physical Discourse*)讨论的是自然哲学、存在的原理、物质和形式、运动、时间和空间,存在于外重天的永不停歇的球体和为了保持外重天的不停运动而必须有的不动的原动者。亚里士多德的观点是,只有有了不断起作用的原因,才能让物体永不停歇地运动。而柏拉图的观点却是,唯一需要原因的是让物体偏离原来运动的直线。在《论天》(*On the Heavens*)这本书中,亚里士多德降离了九重天,讨论起了物质和可毁灭的东西,还讨论了发生和毁灭。在这个发生和毁灭的过程中,冷热、湿燥这两个相互对立的原则两两作用,火、气、土、水这四种元素就应运而生。他又在这四种地上元素之外添加了以太,组成不朽的天体的以太,做的是圆周运动。

《气象学》(*Meteorologics*)讨论的是行星、彗星和流星,也就是天和地之间的地带,一些关于视觉、色彩视觉和虹的原始学说也包含其中。在第四册中,囊括了一些较为原始的化学观念。这一部分的作者应该是亚里士多德的继承人斯特拉敦

---

① 亚里士多德全集英译本 1908 年起在牛津大学印刷所陆续出版。参看 W. D. Ross, *Aristotle*, London, 1923. ——译者注

第一章 古代世界的科学 ▎045

（Straton），而不是亚里士多德本人。地球内部因禁着两种发散物，一种是生成金属的，其状态为蒸气状，或者是湿的；另外一种是生成无法融化的岩石和矿物的，其状态为烟状，或者是干的。关于凝固和熔解，发生和腐化，以及混合物的特性，亚里士多德都提出了一些见解。虽然我们觉得亚里士多德的气象学著作比起生物学著作只能是差强人意，但是前者在中世纪后期却影响深远。

说起亚里士多德在精确知识方面取得的进步，最大的应该是在生物学方面的贡献。他将生命定义为"可以自我营养并独立的生长和衰败的力量"。他将动物学分成三部分：第一部分是关于动物的记录，主要讨论动物生命的一般现象，也就是说这一部分是自然史；第二部分关于生物的各部分，即器官和各个器官的机能，也就是说这一部分是解剖学和普通心理学；第三部分是动物的生殖，主要讨论胚胎学和生殖。他提及的动物共计约500种，对于亲自观察过的动物描写得比较详细；还有50种的知识来自解剖，还附上了插图。其他动物的知识来源主要是渔人、猎人、牧人和游历家。

当然，这些资料有着不同的价值，但是直到最近几百年，亚里士多德记录的一些事实才被重新发现。根据他的观察，鲸鱼是胎生动物；他还区分开了软骨鱼和有骨鱼；他对鸡胎的发展进行了详细描写，观察到心脏的形成，并观察了蛋壳中的心脏跳动。

他的见解在普通胚胎学方面也是一个里程碑。他之前的见解（也许来自埃及）认为，唯一真正的亲体是父亲，母亲的用处很小，只是给胎儿提供一个住所，并供给营养。当时这种见解占据绝对的优势，而古代和现代世界的父系风俗也是以此为基础的。亚里士多德发现，母体在生殖过程中也有贡献，活跃的男性因素形成所必需的物质就来自母亲。在他看来，胚胎是一个自动的机制，受到推动之后就会自发进行。

在亚里士多德之前，动物分类依据的是对分原则，也就是将动物划分成互相对比的两类，比如陆上动物和水栖动物，有翅动物和无翅动物。对此，亚里士多德表示反对，他发现这个分类原则会将具有近亲关系的动物分开，比如有翅蚁和无翅蚁就会分别分入两类。他认为应该尽量多采纳特性进行区别，并据此制成了一个最接近现代分类系统的分类表。

他在生理学方面的很多结论和学说都站不住脚，但因为他好像也曾进行过活体解剖，所以我们通常认为他的方法还是有可取之处。他先描写了之前的博物学家有关呼吸的观点，然后写道："这些作者对于内部器官并不熟悉，也不承认自然界的所有行为背后都有一个因，因此他们很难说明事实。要是他们可以追问一下动物身上为什么会有呼吸,并在思考问题时考虑到鳃和肺这两个与呼吸有关的器官,也许能够更快地发现原因。"我们应该一分为二地看待这件事:他有一点值得推崇,就是坚持先观察解剖构造,再去发表对器官功能的见解;但如果他坚持要探索行为背后的因,那就是十分危险的。随后他详细描写了很多动物的构造,以及它们的鳃或肺起到什么作用。他的结论无法建立在化学知识的基础上,因为当时的化学知识还十分缺乏,唯一知道的气体就是空气,而唯一知道的空气变化就是加热和冷却。亚里士多德的观点是,呼吸是为了让空气和血液接触,给血液降温。以我们现在的观点来看,这种说法显然十分荒谬,但是在当时,这可能已经是最好的学说了。还有一点看起来十分奇怪,当时阿尔克蒙和希波克拉底已经认识到,智慧来自大脑,而亚里士多德固执己见,坚守智慧来自心的旧学说,因为他认为大脑的用途只是冷却。另外,由于他坚持认为植物不分雌雄,导致很久之后,人们才重新发现这一事实,并最终确认。

亚里士多德在生物学方面成绩斐然,在现代意义的物理学和天文学方面,成就稍显逊色。他在生物学方面的成就,是因为哪怕到了现在,生物学都主要是一门观察科学。亚里士多德对原子哲学的抨击很有成效,但这也只能说明有些物理学说根本站不住脚。因为就这些学说本身来说,并没有广泛而详细的实验基础,哪怕它们十分健全也无济于事。而亚里士多德完全是因为原子说的推论与他对自然界的其他看法相违背,才会驳斥原子说。而且,亚里士多德的见解并没有肯定的事实作为支撑,却居然能够得到公认。

从亚里士多德对于落体问题的观点,我们就能对他的批判方法略知一二。这个例子很具有代表性。德谟克利特的观点是,重的原子在真空中的降落速度会比轻的原子快。亚里士多德却认为物体在真空中的降落速度一样快,但他又觉得这个结论有些不可思议,所以真空是不存在的。

他不但拒绝承认真空的存在,也拒绝和原子说有关的所有概念。他的观点是,如果所有物体都由同一终极物质组成,那从本性上来说,它们都是重的,自然也就不存在轻的东西或者有自发向上趋向的东西。一大堆气或火的重量要比一小堆土或水重,也就是说在气或火中,土或水是不会下沉的。然而事实却是,土或水在气或火中会下沉,这是众所周知的。

亚里士多德和阿基米德以前的所有哲学家犯的是同样的错误,他们对我们今天所谓的密度或比重的概念有所欠缺,也没有看出物体单位体积的重量与它周围的媒介质量的比例是物体升降的决定性因素。他和柏拉图一样,都认为物体具有寻找其天然归宿的内在本能,运动由此而生。中世纪晚期的经院派和神学家,一股脑儿地接受了亚里士多德的"轻重是本质特性"的理论和其他哲学,也就是说,他的灵魂妨碍着知识的进步。这一现象一直持续到公元1590年前后,当时史特芬(Stevinus)通过实验证明,如果不考虑空气阻力造成的差异,那轻的物体和重的物体降落的速度是相同的。伽利略得知这一实验后,亲自试验了一次,才将亚里士多德的"轻重是本质特性"的理论彻底推翻。

亚里士多德并不否认地球是球体,却坚守地心说,认为宇宙的中心就是地球。由于他的权威地位,阿里斯塔克提出的太阳中心说就很难为天文学家所接受,这种局面一直持续到1700年后的哥白尼时代。

对原子说的唾弃,让亚里士多德踏入了毕达哥拉斯学派的阵营:从四种不同而相反的基本性质——冷、热、湿、燥中,可以找到物质的本质。这四种性质两两结合,就产生了土水气火四种元素,这四种元素再按照不同的比例组成不同的物质,比如湿和冷结合成水,热和燥结合成火。到了后世,作家们在这一学说中融入了希波克拉底的理论。后者的理论认为,人体是由血液、黏液、主愁的黑胆和主怒的黄胆这四种体液组成,身体的构造也是由这四种体液的结合决定的,人会出现多血质、黏液质、忧郁质和胆汁质这四种气质。作家们的观点是,血液、黏液、黄胆与黑胆分别和火、水、气、土有关。

我们觉得这些观点毫无理论基础可言,但是它们在帮助我们了解古代和中古时代的思想,以及我们现在仍在沿用的某些词的来源方面,还是有一定用处的。直到17世纪,四种元素的学说才退出历史舞台,而如今西方还依然常用四种体液说的术语来形容朋友的脾气。

亚里士多德的著作不仅涉及科学,还涉及哲学,这些哲学对当代和后世影响深远。在哲学方面他师从柏拉图,接受了很多形而上学的观念,并根据自己丰富的自然知识对其中的某些观念进行了修改。柏拉图只对哲学有兴趣,无视实验科学的意义,也因此,比起老一辈自然哲学家的结论,柏拉图师生二人关于自然的学说和我们现在知道的真理更不相符。不过柏拉图在形而上学方面要比这些自然哲学家深入,而亚里士多德在科学细节问题上要比这些自然哲学家有更丰富的知识。

我们和希腊思想中较富有形而上学性质的方面并没有多少关联,但是考虑到在中古时代的争论和文艺复兴之后现代科学的发展中,柏拉图的理念和理论起到了很大的影响,所以我们必须说一说柏拉图的这一理论,以及该理论传到亚里士多德手上后发生了怎样的变异。

前文曾经提及,柏拉图的观点是个体的东西或存在,不管是一块石头,一株植物或者一个动物,都没有充分的实在,具有充分实在的,只有普遍的类(universal class）的"理式"。

亚里士多德经常致力于对某个个体动物和其他具体对象进行深入研究,他自己也认为这是一种彻底的唯心主义,这种心理态度并不方便,所以摆脱了他。然而,虽然亚里士多德自始至终都没有回归柏拉图的极端观点,但他并没有摆脱老师的影响,而且上了年纪之后,这种影响越来越强烈。一方面,亚里士多德承认具体感官对象,也就是个体的实在性;另一方面,他开始意识到第二性的实在,也就是共相或观念。亚里士多德和柏拉图在"唯实论"上存在分歧,到了晚年,这种分歧就发展成了"唯名论"。这种"唯名论"认为唯一的时代只有个体,共相只是名称或心理概念。在讨论中古时代思想时,我们还会对这整个问题进行讨论。

也许柏拉图的理念从形而上学的观点上包含着一定的真理,但是对于实验科学来说,促成这种理论的心理态度是一种极大的阻碍。显而易见,在哲学依然支配着科学时,有意识或者无意识的唯名论对于科学方法的发展都有好处。或许我们可将柏拉图对于"理式"的追求视为对可见现象的原因的猜测。我们现在已经开始认识到,科学只能描绘人类心灵所见的自然界,而无法触及终极的实在。我们的观念在那个描绘出来的理想世界中是实在的,可是描绘出的那些个体事物毕竟不是存在,只是图画。也许这可以证明,比起粗糙的唯名论,现代形式的观念实在论更加接近真理。即便如此,作为大部分实验基础的假设为了贪图便利,就假设个体事物存在,很多科学院也没有意识到自己其实经常在讲唯名论,就像那个经常讲散文而自己却没有意识到的茹尔丹先生①一样。

对希腊人的归纳程序进行研究之后,我们就能解释希腊的归纳科学独特的弱点了。在讨论从特殊事例过渡到一般命题的结论时,亚里士多德总是口若悬河,可他在实践中却总是惨遭滑铁卢。他想用少数已知的事实迅速得出最广泛的概括,失败也是顺理成章的。在当时,不管是事实还是科学背景,都不足以嵌入这些事实。况且亚里士多德还将归纳工作视为演绎科学必不可少的预备步骤,而真正的科学是演绎科学运用逻辑推理,从归纳法得出的前提演绎出它的推论。

从表面上来说,亚里士多德是形式逻辑及其三段论法独一无二的创始人,对于一个名不见经传的人来说,这个发现就能让他名垂青史。亚里士多德将自己的发现运用到科学理论,还选择了数学,尤其是几何学作为例证。他之所以会选择几何学,是因为几何学已经走出了早期试验阶段,也就是从泰勒斯需要合理说明土地测

---

① 茹尔丹先生:莫里哀的戏剧《醉心贵族的小市民》的主角,虽然他根本不知道散文为何物,却一生都在说散文。——译者注

量的经验规则的阶段,过渡到了具有演绎形式的较为完备的阶段。

可是对于实验科学来讲,三段论法毫无意义,因为前者以发现为目的,而不是从公认的前提得出的形式证明。也许在1890年末,人们能以元素不能进行分割为前提,得出一个正确的已知元素表。但是到了1920年末,这个前提就不成立了,否则这个表中就无法包含所有的放射性元素。在这种情况下,前提发生了改变,"元素"的意义自然也发生了变化。然而这个事实既不能推翻三段论法,也不能推翻现代物理学。

值得庆幸的是,现在的实验家不会在逻辑的行事规则上投入大量的精力。不过在促使希腊和中古时代科学界去寻找绝对肯定的前提和过早运用演绎法方面,亚里士多德的工作的威信发挥了巨大作用,结果就是很多错误的权威都被说成完全正确的,还以欺骗性的逻辑形式得出了很多错误的推论。诚如席勒博士(Dr. Schiller)所言:

> 当时的所有科学理论都有周密的解释,所有的逻辑都有周密的构造,以期实现实证科学,而这个实证科学的基础却是错误的类比,亦即与证明的雄辩术相比。从这个错误,应该可以说明亚里士多德死后的将近两千年里,经验遭到忽视,科学止步不前的原因。[1]

亚里士多德离世之后,他的学生提奥弗拉斯特(Theophristus)接掌了逍遥学派。提奥弗拉斯特生于公元前370年左右,在矿物学和植物学方面颇有建树,尤其是植物学,在分类方面和生理学方面都成绩斐然。有人认为,提奥弗拉斯特充分利用了跟随亚历山大远征的科学人员的记录。他不但详细描写了各种植物,还对其进行分类。此外,他还初步了解了植物的器官和功能,区分了球根、块根、地下茎和真正的根,并弄清了高等植物的有性生殖。只可惜亚里士多德对于这方面的知识十分轻视,所以很快就失传了。这一情况一直持续到文艺复兴时期,安德利亚·舍萨平尼(Andrea Cesalpini)对提奥弗拉斯特的研究成果加以肯定才有所改观。

提奥弗拉斯特之后,物理学家斯塔拉敦接管了逍遥学派。他本人坚持的是彻底的机械哲学论,却想融合亚里士多德的观点和原子论者的观点。自此,吕克昂学派的重要性逐渐降低,到了公元前3世纪就衰亡了。

在公元前367年左右(也就是介于柏拉图时代和亚里士多德时代之间),克尼

---

[1] *Studies in the History and Method of Science*, ed. C. Singer, Oxford, 1917, p. 240. ——原注

多斯的欧多克索（Eudoxus of Cnidos）为天文学做出了最大的贡献，尽管比起主张地球在运动的毕达哥拉斯学派的见解，他的天体演化学说是一种退步。欧多克索坚持地心说，认为太阳、月球和行星都在同心透明球体中围绕地球运转。这首次尝试说明这些物体的表面上做不规则运动。希帕克和托勒密正是在欧多克索的学说引导下，才制定出了更周密的体系。在哥白尼时代到来之前，天文学家一直很满意自己的本轮和均轮说。虽然现在人们已经不再相信地心说，但是它从量的角度解释现象，相比以往的见解是一次很大的进步。在当时，如果一个错误的假设可以引发探讨，也许比一个无法验证真伪的正确假说更为有用。

希腊化的文明①

在对古代进行研究时，现代人对雅典的诗人和雕塑家产生名作的各个时代更为关注。认为希腊的古典时代没有产生科学的说法是失之偏颇的。在欧几里得之前，几何学已经存在；希波克拉底的医学和亚里士多德的动物学都建立在值得信赖的观察基础之上；但哲学观点并不是科学的，而是形而上学的；就连德谟克利特的原子说也不是科学，而是思辨的哲学。

亚历山大大帝的初衷带领我们进入了一个新的时代。当时的希腊文化已经越过地中海，传播到了西方，而他将希腊文化带到了东方，还让巴比伦和埃及与欧洲有了更加深入的接触。随他前往的人也不是无功而返，而是搜集了很多关于地理学和自然史的事实。从此，长达300年的希腊化进程揭开帷幕，这一时期始于公元前323年亚历山大去世，终于公元前31年奥古斯都（Augustus）建立罗马帝国。在这300年间，希腊文化不但在本土进入鼎盛时期，还流传到别的国度，在当时的已知世界占据了主宰地位。"从马赛到印度，从里海到大瀑布"，一种希腊语，ηκοινη（通用的语言）畅行无阻，而罗马到欧洲的上流社会也都接受了希腊的哲学和人生观。不但贸易变成了国际性的，思想自由的高度也与如今的一些西方国家齐平。

人们对地球的认识增加之后，对自然界的事物也更加好奇，科学态度也有所改善，一种熟悉的气氛扑面而来，其实当时的情况与现在非常类似，区别就在于当时的奴隶很多，机器很少。方法论也变了。原本全面的哲学学说和百科全书式的知识综述发生了改变，向着极富现代气息的专业化过渡。人们从别的问题中将确定

① W. W. Tarn, *Hellenistic Civiization*, London, 1927; W. H. S. Jones and Sir T. L. Heath, "Hellenistic Science and Mathematics", in *Cambridge Ancient History*, Vol. Ⅶ, p. 284. ——原注

和有限度的问题单独拿出来进行研究,在对自然的认识方面取得了长足进步,从雅典的综合哲学到阿基米德和早期亚历山大里亚人的分析科学的变化,其实和中古时代晚期作家的经院哲学到伽利略和牛顿的经典科学的变化有异曲同工之妙。

希腊成分在希腊化的艺术中占据绝对优势,但是其他的影响也不容忽视。在此时期,希拔的基德那(Kidena of Sippar)引领着巴比伦的天文学取得了重大进展,这些进展通过希腊语译本传入,将奇幻的迦勒底人的占星术引进过来。哲学也有很多发展,最重要的是斯多葛派学说,这都是被时人认为是腓尼基人的芝诺的功劳。

希腊化时期包括两个阶段,前一个阶段是政治、文学、哲学和科学方面的扩展创造阶段,后一个阶段是创作冲动耗尽,物质和精神上体现出东方对西方的反动的阶段。"希腊—马其顿世界的位置非常微妙,介于反动潮流和罗马之间,最终罗马摧毁了希腊化的国家制度,并从后者手中接过了希腊文化的大旗。"但是在罗马的内战中,希腊化的希腊时期宣告终结。虽然罗马帝国建立的文化属于希腊—罗马性质,但它对于亚洲的影响也没有长久的抵御能力。

东方思想的传播可以追溯到较早的历史,甚至可以追溯到亚历山大时代之后。在很早之前,巴比伦就出现了星象崇拜。他们认为天上的星宿和地上的人是可以对应的,虽然行星是按照固定的轨道运行的,却能够对人的行动起到决定作用,因为人是对应的大宇宙的小宇宙,星球内燃烧着火,是人的灵魂其中的一点火花。于是,巴比伦人那可怕的宿命观就诞生了,他们认为命运主宰着星宿、神和人。

柏拉图对占星术有所耳闻,不过占星术传入希腊是在公元前 280 年左右,是由柏罗莎斯(Berosus)引入的。公元前 2 世纪,科学显露出颓势,占星术迅速崛起。波赛冬尼奥(Posidonius)拉开了占星术邪恶的帷幕,直到哥白尼和牛顿时代,占星术还没有告别历史舞台。

人为了逃避命运才向上天求助,天上有彗星等多如牛毛的天体,说明还有自由的余地。可是,要说希望更大的出路,好像是由巫术、祭仪宗教和基督时代早期的诺斯替教义①指出的。

相比哲学和科学,占星术、巫术和宗教能够吸引更多的人。在古希腊时代,斯多葛派的哲学堪称最重要的学说,也是最有特色的。公元前 317 年伊始,芝诺开始在雅典讲学,他的理论散布开来,居然成了罗马的主流哲学。虽然斯多葛派跟物理科学的直接接触不多,却在理论上视物理学为逻辑和伦理学的基础。它的神学是

---

① 基督教的一派,存在于公元前 1 世纪到公元 6 世纪。——译者注

一种泛神论,其真正的意义和力量在于一种严格、高尚的道德观。

虽然伊壁鸠鲁的学说以德谟克利特的原子论为基础,关心的不是科学问题,而是哲学问题,但其在科学史上的地位较为重要。它一直保持着原子说,直到卢克莱修将原子说体现到诗篇中。

公元前341年,伊壁鸠鲁在萨摩斯出生,并于公元前270年在雅典离世。在他的领导下,一场以柏拉图和亚里士多德的唯心主义哲学为对象的反动浪潮蓬勃发展起来。这种发动浪潮倡导的是信仰一种二元论——该二元论主张心灵和肉体对立。伊壁鸠鲁的观点是,任何存在的东西,就连小到感官几乎无法直接察觉的原子,都是有形体的。人的灵魂是一股热气,一旦死亡降临,一切都将画上句点。确实有神存在,不过它们并非自然界的创造者,而是跟人一样,是由自然界创造出来的。它们生活得十分宁静,值得人们崇拜,但是这种崇拜中不能有恐惧,也不能夹杂希望。他们

> 对人类毫不关心。
> 他们喝得酩酊大醉,卧在醅酒旁,
> 下面的山谷中传来闪电的轰鸣。
> 他们的琼楼散发着神光,
> 四周飘浮着白云。

感觉才是真正可靠的试金石;观念是由重复的感觉引起的十分微弱的形象。这些形象在记忆中留存,受到名称的感召就会出现。自然界中还存在一些不太明显的现象,可以通过与类似的现象进行类比加以解释。就如同德谟克利特提出的方案,原子和虚空组成了自然界。原子在无尽的空间和无尽的时间中自由结合,产生了很多世界,我们生活的世界就是其中之一。

不管是反复无常的神,还是残酷的、盲目的命运之神——这是巴比伦人和一些希腊学家想象出来的——人类都不用服从,而是可以实现随心所欲的自由。人可以像神那样从外界的烦恼中脱身,从心灵的宁静中找寻快乐。谨慎的智慧比哲学更好。在原子说和一种原始的感觉论的基础上,伊壁鸠鲁建立了一个乐观主义哲学,虽则肤浅,却十分快活。他用他的物理学为他的伦理学服务[①]。

[①] Cyril Bailey,*The Greek Atomists and Epicurus*,Oxford,1928. ——原注

演绎的几何学

在希腊精神中,几何学这门演绎科学是最成功的产物,也因此,亚里士多德认为相比归纳推理,演绎推理的价值更高①。本书的主题并不是讨论几何学的历史,不过,虽然我们觉得几何学是自然科学运用得最为灵活的工具之一,但我们也得承认它在任何科学史中的地位都不容小觑。

根据字面意思,几何学来自土地测量的实际需要。在埃及,这是最大的需要,也得到了最充分的满足。在埃及,土地的界碑每隔一段时间就会被尼罗河淹没。据说,爱奥尼亚哲学家米利都的泰勒斯去往埃及游历,回来之后就想根据土地测量的经验和规律来建立一门有关空间和形式的理想科学。随后,毕达哥拉斯和他的门生又前进了一步,他们不仅对一些新定理进行证明,还按照一定的逻辑顺序排列了已知的定理。

大约在公元前 320 年,罗德岛的欧德谟(Eudemus of Rhodes)写出了一部几何学史。现在还能找到这部著作的残篇,我们可以从其中发现几何学的命题逐渐增添的过程。公元前 300 年前后,亚历山大里亚的欧几里得搜集了现有的知识并加以发展,让其变得系统化。

对于几何学,我们可以从两个方面来看。首先,它可以被视为一门观察和实验科学中的演绎步骤,其中的公理和假设都得自埃及土地测量的事实。它们看似无须证明,却是关于空间的性质的假说,是以观察到的现象为依据,经过归纳和想象得来的。欧几里得的书和几何天文学中所载的数理几何学就是在这些假说的基础上进行逻辑推理,进而得出无数个结论。直到不久之前,人们还发现这些推论都符合对自然的观察和实验。截至亚当斯和列维列的时代,接受了欧几里得空间的牛顿及其追随者的数理天文学都对这些假说进行了精准的证明。因此从这个方面来看,几何学可以被视为一门实验科学的演绎。

我们还可以从另一个方面来观察几何学。人从普通观察受到的暗示是有某种空间。这种暗示作用于心理,定义了一种理想的空间。实际上,也是人们在心目中对观察到的空间加以想象而得来的。随后,心灵又定义了别的种类的空间——非欧几里得空间,想要用物理学术语描述空间是很有难度的。心灵得到定义之后,就无须考虑是否符合自然,只要自由地展开这些定义的逻辑推论就可以了。如果我

---

① See Whewell and Rouse Ball, *loc. cit.* Also G. J. Allman, *Greek Geometry*, Dublin, 1889. ——原注

们的定义规定空间有三维，那就可以得出一套理论。如果我们在定义规定空间有n维，或者符合空间的东西有n维，就可以得出另外一套理论。这是一个趣味十足的智力游戏，虽然从中学到的方法以后或许会大有裨益，但是这个游戏跟自然或者实验科学没什么直接关系。

从本质上来说，这两种观念都是现代的。可是希腊的数学家和哲学家却凭借直觉认为几何学的公理是无须证明的事实，这是十分盲目的。不过不管我们怎么看待演绎几何学的哲学意义，它都和希腊思想的别的产物不同。它和希腊气质特别契合，标志着知识方面的一个永久性的进步，这一步将永远无法后退。其实，我们可以将希腊几何学和近代实验科学视为人类智慧的最大胜利。

阿基米德和力学的起源

要想探寻力学和流体静力学的起源，不必寻找早期希腊哲学家的著作，而是应该到实用技术中去探访。不过，一旦观察和在几何中学到的演绎方法结合到一起，就为这两门科学提供了牢固的基础。而真正意义上为这两门科学提供牢固基础的人，就是叙拉古的阿基米德。虽然在他之前就已经有希腊人将数学和实验研究相结合，但是他的结合更具有现代精神。在这种结合中，解决的问题是一定的，而且非常有限。使用演绎方法求得一定的推论，进而提出解说，再用实验或观察的方法来进行检验[1]。

前文曾经提到，对于物体的相对密度，亚里士多德并没有相关观念，是阿基米德率先提出了相对密度的观念，并提出了阿基米德原理：浮于液体中的物体，其重量和其排开的液体的重量相等；沉入液体中的物体，其重量也和其排开的液体的重量相等。据说，希罗王（King Hiero）曾经命令工匠用黄金为他制作一顶皇冠，皇冠做好之后，希罗王很担心工匠在里面掺了白银，就让阿基米德为他检验一下。阿基米德对此冥思苦想，终于在洗澡时发现，他排出的水的容积等于他的体积，于是得出这样的推论：纯金比合金重，对于质量相等的纯金和合金来说，后者排开的水比较多。这个突如其来的灵感让阿基米德得出了阿基米德原理，后来他又根据液体的基本观念，使用数学方法推演了这个原理。这个基本观点是：在剪力——也就是使物质的一层和另一层错落滑动的力量面前，不管这个剪力有多小，液体都会退让。

---

[1] Sir T. L. Heath, *Works of Archimedes*, Cambridge, 1897; E. Mach, *Die Mechanik in ihrer Eniwickelung*, John Cox, *Mechamcs*, Cambridge, 1904. ——原注

此外,阿基米德还研究了杠杆的理论原理。早在太古时代,人们就开始利用杠杆了。在阿基米德之前的两千年,就可以从亚述和埃及的雕塑中找到这方面的例子。如今,我们不但想用实验来决定杠杆定律,还想根据这个定理推演出更加复杂的结果。不过阿基米德并不是用这种方法得出杠杆定律的,他依靠的是希腊人对于抽象推理的热爱,根据无须证明或者只用简单的实验就能证明个命题得出的。这两个公理和命题是:(1)把两个相同重量的物体放在距离支点相等的地方,杠杆会保持平衡;(2)把两个同样重量的物体放在距离支点不等的地方,杠杆就不会平衡,距离支点较远的一端会下坠。从含义上来说,这些公理已经囊括了杠杆原则,或者重心原理(它和杠杆原理是一码事)。不过,能够将杠杆定律和时人认为比较简单的道理结合到一起,就是一个非常大的进步,可以被视为最科学的解释的典例。因为从本质上来讲,科学解释通常就是用我们较为熟悉的现象来说明新现象。

阿基米德对纯几何学的兴趣比较浓厚,在他看来,他这一生取得的最大成就就是发现圆柱体容积和它的内切球体的容积的比例。在测量圆周时,他用的是内切和外切多边形的方法,让多边形的边数逐渐增加,趋近于圆周。利用这个渐进法,他计算出周长和直径的比介于 $3\frac{10}{71}$ 和 $3\frac{1}{7}$ 之间。他的一些机械发明,比如复滑车、水利螺旋、聚光镜等,我们觉得十分出名,他却视为几何学家的玩具。

阿基米德做的工作并不限于编纂。他的大部分著作叙述的都是他的发现,可以说,他的观点极富现代精神。关于这一点,有一个例子可以证明:比起希腊其他任何哲学家的著作草本,达·芬奇(文艺复兴时代最伟大的人物)对于阿基米德的著作草本更为渴望。实际上,他的著作差一点儿就失传了。有一段时期,他的 9 世纪或 10 世纪的抄本似乎保存下来了,可是后来却不知所踪。幸好还有三个抄本流传下来,我们才能根据它们进行排印,得到现今流传的印刷本。

在古代世界,阿基米德是首位也是最伟大的近代型物理学家。在罗马人进攻叙拉古城的时候,阿基米德的作战机械把他们抵挡在外,时间长达三年。公元前212 年,叙拉古城被破,阿基米德死于士兵之手。公元前 75 年,西西里的财政官西塞罗(Cicero)发现了阿基米德的坟墓并进行修缮。

阿里斯塔克和喜帕恰斯

早在公元前 4 世纪,地理发现就取得了长足的发展。汉诺(Hanno)穿越赫拉克列斯柱(pillars of Hercules),航行至非洲西岸;毕特阿斯从不列颠绕行抵达北冰洋,并发现了月相和潮汐之间的关系;亚历山大则发兵印度。当时的人们已经知道地球是一个球体,也开始了解其大小。但是,菲洛劳斯曾经提出地星和中央火的说法,而这些新的发展显然对于该说法十分不利,于是,人们就不再相信毕达哥拉斯派天文学中的该部分内容。埃克番达斯是毕达哥拉斯学派的最后一人,他发现,随着纬度的变化,昼夜也会产生变化,一个更简单的观念应运而生:空间的中央存在着地球的轴,地球就绕着这根轴进行自转。公元前350年左右,旁托斯的赫拉克利德也提出过该说法。他认为太阳和大行星绕地球旋转,而在太阳旋转的过程中,金星和水星又会围着太阳运转。

萨摩斯的阿里斯塔克又把这一理论进行了深化[①]。他和阿基米德生活在同一时代,但是比阿基米德年纪大。他留给后世一本名为《太阳和月球的大小与距离》的书,并将几何原理引用到这个问题上。他分别考虑了月食和月半圆时能够看到的现象,并据此得出结论:太阳和地球的直径之比在 19∶3 到 43∶6,也就是 7∶1 左右。虽然这个数字过小,但是他的研究原则值得推崇。而且他还有一个令人吃惊的成就:他发现太阳比地球大。

阿基米德说,阿里斯塔克曾经提出过这样的假说:恒星和太阳静止不动,地球沿着以太阳为中心的轨道绕太阳做圆周运动。对于阿里斯塔克的这一假说,普鲁塔克也曾提到过。普鲁塔克还说,恒星之所以能够在地球运动时看起来保持静止,是因为恒星的距离远超过地球的轨道直径。

该看法将太阳视为宇宙的中心,已经走在了时代前列,所以几乎无法得到人们的承认。普鲁塔克说,在公元前 2 世纪时,巴比伦人塞鲁克斯也坚定地持有这个信念,并试图找到证明。可是包括哲学家在内的其他人却都认为地球是宇宙的中心,尽管他们有人认为地球是一个浮动的天体,其他所有的天体都围绕地球运行;也有人认为地球就像我们感知到的那样,是一个静止不动的无底固体。

虽然阿里斯塔克的见解具有跨时代的意义,却无法抵御普通常识的力量和权威的分量。前文曾经提到,尼克多斯的欧多克索曾经在公元前 370 年到公元前 360 年,提出一个假说来解释太阳、月球和行星的视运动。该假说认为:存在一个以地球为中心的同心透明球体,太阳、月球和行星就在这个透明球体中运行。后世的天文学家就在该假说的基础上,扩充了地球中心说。公元前 130 年左右,喜帕恰斯将该学说发展成一个体系。在公元 127 年到公元 151 年,亚历山大里亚的托勒密对

---

① Sir T. L. Heath, *Aristarchus of Samos*, *the Ancient Copernicus*, *a History of Greek Astronomy to Aristarchus*, Greek text and translation, Oxford, 1913. ——原注

该体系进行阐释之后，直到 16 世纪，该体系都在天文学界占据统治地位。

喜帕恰斯是在比塞尼亚的尼卡伊亚出生的，公元前 160 年到公元前 127 年，他工作于罗德岛和亚历山大里亚。虽然他的著作留存下来的不多，不过托勒密对他的工作进行了详细介绍。喜帕恰斯对已存的希腊和巴比伦的记录加以利用；还发明了很多天文仪器，用以进行精密观测。在希腊，他是第一个遵从巴比伦的方式，将天文仪器上的圆周分为 360° 的人①。人们普遍认为，是他发现了岁差，不过施纳贝尔对此持不同的意见，后者认为是巴比伦人基德那率先发现了岁差。确定的一点是，喜帕恰斯是知道基德那②的这一发现的。按照喜帕恰斯的估计，每年的岁差是 36 秒，但真实数字是 50 秒上下。他计算出月地之间的距离是地球直径的 $33\frac{2}{3}$ 倍，月球的直径是地球直径的三分之一，而月地之间的实际距离是地球直径的 30.2 倍，月球的直径是地球直径的 0.27。他发明了平面三角和球面三角，并指出了测量地球上各点的经纬度来确定其位置的方法。

喜帕恰斯的天体演化学说在主要的基本假定方面都不正确，细节也繁杂至极，却成功地说明了事实。喜帕恰斯将地球假设为中心，然后说明，假设太阳、月亮和行星等所有天体都在同一轨道上——本轮——上运行，而在另一个大得多的轨道——均轮上，这些天体都围绕地球运行，那太阳、月亮和行星的视运动就解释得通了。后来他又制定了一个可以预测将来的太阳、月亮和行星的任意位置的数字表，按照这个数字表甚至可以准确预测日食和月食。

早在亚里士多德时代，天文学家就面临一个难题：不知道如何解释天体的不断运动，直到伽利略发现惯性原理，这个难题才算被解决。亚里士多德的看法将柏拉图的看法赶下神坛，自己取而代之。前者认为，只有存在不断的原动者，才能维持不断的运动。所以亚里士多德假定存在一个不动的原动者。而那些具有更机械的头脑的人就认为，要假设天空中存在着一些透明的球体，天体要靠它们的运载才能在均轮和本轮上运行。

我们以现代的眼光来看这种天文学，会觉得它微不足道。可事实是，在长达几百年间，这个复杂的学说都能合理地解释天文现象，而不管是托勒密还是第谷（Tycho Brahe）等知名的天文学家，都是在这一学说的指引下展开工作的。喜帕恰斯对于这个学说的发展功不可没，可是这个打着喜帕恰斯名号的地球中心说大大促

---

① 喜帕恰斯制作的天文仪器，可看 Whewell, *loc. cit.* Vol. 1, p. 193。——译者注

② Tarn, *loc. cit.* p. 241. ——原注

进了愚昧的占星术的发展。只要太阳和星星围绕地球运行,就无法避免这种想法。

据说在亚历山大湾内法罗斯岛有一座灯塔,人们可以透过其中的玻璃看到平常无法看到的船只。康福德(Comford)认为,假如确有其事,而且有一位希腊哲学家可以不再对他的机械技术持有偏见,制造出一部望远镜,那就能够证明阿里斯塔克的观点的正确性,也能让科学史的面貌焕然一新。

亚历山大里亚学派

雅典曾经是世界的学术中心,可是在公元前4世纪末或3世纪初,它的位置被亚历山大里亚取代了。公元前332年,亚历山大大帝建立起了亚历山大里亚。在这里,亚历山大大帝的一位将军托勒密(不是天文学家托勒密)建立起了希腊王朝,这个王朝直到公元前30年埃及艳后克利奥帕特拉去世才落下帷幕。公元前323年到公元前285年,也就是托勒密一世在位时,出现了很多让亚历山大里亚学派大放异彩的人物,其中就有几何学家欧几里得和解剖学家兼物理学家赫罗菲拉斯。

和在其他希腊化的土地上一样,亚历山大里亚的希腊文明中也出现了一种具有现代气息的新精神。亚历山大里亚人并没有沿袭雅典哲学家的哲学体系,尽管后者已经十分完备。亚历山大里亚所效仿的是萨摩斯的阿里斯塔克和叙拉古的阿基米德,研究有限度的和特殊的问题,从而在科学上取得了长足的进步。

大约在公元前3世纪中叶,亚历山大里亚建立起了献给文艺女神缪斯(Muses)的庙宇,也就是博物馆,其中共有4个部门,分别是文学部、数学部、天文学部和医学部。这4个部门承担的学校和研究所两方面的职责,只要它们需要图书,古代世界最大的图书馆就会供应给它们。这个图书馆有40万册藏书,但是在公元390年左右,基督教主教德奥菲罗斯把这个图书馆毁坏了一部分,而剩下的一部分则在公元640年被毁。在长达几百年里,亚历山大里亚图书馆都堪称世界奇迹。对于世界文化来说,它的被毁不啻一场劫难。

我们曾经在演绎几何学那个题目中,对欧几里得的工作进行过讨论。他让早先的几何学家的著作变得系统起来,还将自己发现的新定理加了进去。他还研究了光学,发现光线直线传播,此外,反射定律也是他发现的。

至于亚历山大里亚学派的医学,主要归功于赫罗菲拉斯和埃拉西斯特拉塔。前者在卡尔舍顿出生,主要活跃于托勒密一世时期。一开始,他是以人体解剖学家的身份出名的。自从希波拉底时代以来,他是最顶尖的医生。他的医学来自经验,几乎没有掺杂任何理论成见。对于大脑、神经、眼、肝脏、其他内脏器官和动脉、静脉,他都给出了极好的描写。在他之前,亚里士多德的主张是心脏是智慧之府,而他却主张是大脑。

埃拉西斯特拉塔跟赫罗菲拉斯生活在同一时代,但是出生得稍晚一些。他不但解剖过人体,还在动物身上做实验。他不但对生理学兴致勃勃,还率先把它当成一门独立的学科。对于大脑、神经和循环系统方面的知识,他都有一定的贡献,他还认为在人体和大脑里存在着特殊的管道,血液和元气(他认为是空气)都是经由这些管道输送的。埃拉西斯特拉塔虽然也认为自然界是一种外界力量,起着一定的作用,并在构造人体时遵从一定的目的,可是他接受了伊壁鸠鲁的原子说,对医学上的神秘主义持反对态度。由于赫罗菲拉斯、埃拉西斯特拉塔和第三位解剖学家欧德谟的存在,他们生活的这个世纪在医学史上具有十分重要的意义。

在公元前 3 世纪末,一批新的伟大人物涌现出来,他们和阿基米德生活在同一时代,但是稍晚一些。埃拉托色尼就是其中之一。公元前 273 年,他在希林尼出生,并于公元前 192 年在亚历山大里亚去世。他在博物馆担任图书管理员,还是首个伟大的自然地理学家。在他看来,地球是一个回转椭圆体,他还选择了希恩和麦罗(这两个地方几乎位于同一子午线)的维度和距离进行计算,得出了地球的大小。根据他的计算,地球的大小为 252000 "斯达第"(Stade),约合 24000 英里。此外,他还算出太阳的距离为 9200 万英里,而这两个数字的现代估计分别是 24800 英里和 9300 万英里,可以说已经十分接近。埃拉托色尼以印度洋和大西洋的潮汐为依据,力主这两个大洋相通。他还认为欧洲、亚洲和非洲是一个岛屿,如果从西班牙出发,就能从非洲南端绕行,抵达印度。也许就是受到他的"大西洋被一块自北向南的陆地隔开"的言论的影响,辛尼加(Seneca)才预言了一个新大陆的存在。后来,波赛冬尼奥对此看法表示反对,还说往西航行 70000 "斯达第"就能到达印度,显然,他严重低估了地球的大小。而波赛冬尼奥的这种说法给了哥伦布十足的信心。

公元前 2 世纪后半叶,由于丕嘉的阿波洛尼乌斯的努力,亚历山大里亚的数学也取得了长足进步。他搜集了欧几里得和前人有关圆锥剖面的知识,并付出了大量的努力来推进这一学科。阿波洛尼乌斯的观点是,每一种圆锥曲线都能视为圆锥的剖面,另外,抛物线、椭圆和双曲线等名称也是他提出的。在他看来,双曲线的两面就是一条曲线,由此可以得出,三种剖面是有共同点的。在解普遍的二次方程式时,他还引入了锥线法,还测定了各种圆锥曲线的渐近线。在讨论数学时,他完全是站在几何学的立场上。

在公元前 2 世纪,喜帕恰斯的身影也出现在了亚历山大里亚,在前文中我们已经讲述了他在天文学方面的丰功伟绩。此时亚历山大里亚已经跌落神坛,不再占据希腊学术的最高地位,而是与罗马和帕加马呈现三足鼎立的态势。在公元前 1 世纪到公元 3 世纪的某一时期,希罗(Hero)出现了,他既是数学家,又是物理学家和发明家。他不仅发现了用代数解决一次方程和二次方程的方法,还制定了测量面积和体积的多个公式。在他看来,在光的所有路径中,反射线是最短的[①]。不过,他的机械发明,比如虹吸器、测温器、空气抽压机和最早的蒸汽机等,才是让后人纪念他的原因。他发明的蒸汽机上有一个带有喷气管的臂,蒸汽从管口喷出后,会产生反撞力,带动臂旋转。可以说,这种蒸汽机就是喷气式飞机的前身。

希腊—罗马时代晚期,天文学家托勒密[②]堪称亚历山大里亚科学方面最知名的人物,不过千万不要把他和跟他同名的国王弄混淆了。从公元 127 年到公元 157 年,他一直在亚历山大里亚传道授业,还进行了一些观察。《天文大全》算得上他最主要的著作,不过这本书后来采用了阿拉伯语的简称,叫作《至大论》,是天文学方面的集大成者。在写作这本书时,托勒密以喜帕恰斯的研究成果为基础,并进行了发挥,它的主导地位一直持续到哥白尼和开普勒时代。比起喜帕恰斯的研究成果,这本书的叙述更加详细,还加入了一些新发现的现象,比如月球运行中的二均差,不过没有大幅改变喜帕恰斯制定的理论,书中似乎也只出现了墙壁象限仪这一种新的仪器。托勒密沿着老师的前路,对三角学进行了改进,并加以发展,秉持着将“算术和几何的无可辩驳的方法”作为自己的工作基础的理念。他对该原则进行了重申:在解释现象的时候,只有能够把所有事实统一起来的最简单的假说才是正确的。令他意想不到的是,后来,人们却利用这一原则作为反驳托勒密总结出的地球中心说的利器。

除了是天文学家,托勒密的另一个身份是地理学家[③]。到 15 世纪和 16 世纪,海上有了新发现后,他的一些地理学的影响才算消失。当时还有一位名叫马利纳斯的地理学家,他出现在托勒密之前,但是二者相差的时间并不远,因此对他们的贡献进行界定就成了一个难题。托勒密的观点是,先正确地观察经纬度,才能测量并绘制出令人满意的地图,这种做法让地理学有了稳固的基础。不过,由于当时还

① G. Sarton, *Hisfory of Science*, Vol. Ⅰ, 1927, p. 208; *Isis*, No. 16. 1924. ——原注

② 《大英百科全书》G. J. Allman, Sir E. H. Bunbury and C. R. Beazley, art. “Ptolemy”, in *Encyclopaedia Britannica*. ——原注

③ 关于托勒密的地理学与地图有 J. Fischer, S. J. and E. L. Stevenson 的版本书,见 *Isis*, *No.* 58, 1933。——原注

没有可靠的测量经度的方法，所以他在执行该计划时就缺乏充分的资料。尽管如此，我们也不能否认托勒密的地图的趣味性。他综合了商人和探险家带回的资料，绘制出了一个世界，这个世界从马来半岛和中国海岸延伸到直布罗陀海峡和幸运群岛，从不列颠、斯堪的纳维亚和俄罗斯延伸到尼罗河发源处的一个不知名的湖泊。就他的处理方法来说，因为他对气候、出产以及如今的自然地理包含的东西都没有记载，也没有采纳能够从军人的"行军记录"中就能找到的有关罗马帝国各地的记录，所以，他的方法不像一个地理学家的处理方法，反而更像一个天文学家的处理方法。

据说托勒密还写了一本有关光学的书，因为这本书只有一个拉丁语译本，还是从12世纪的阿拉伯语翻译过来的，所以很难确定到底是不是他写的。书中记载了折射，连大气折射也包括在内。这在萨尔顿[①]看来是"古人最为惊人的研究"。作者的观点是，在光线从一种介质传播到另一种介质中时，入射角和折射角成正比。如果角度不大，这种比例是近似正确的。

令人奇怪的是，在科学上取得了骄人成绩的托勒密好像还写了一本有关占星术的书。不过大约就在那时，古典的神已经不在奥林匹斯山，而是到了天上，人类的命运依然由木星、土星、火星、水星、金星等行星掌控。自然占星家，也就是天文学家会观察天象并记录下来，而负责判断的占星家就会根据自己掌握的星宿知识来推演命宫图，获得神对人和事件的指示。也许托勒密的占星术与他在中古时代的欧洲的长期影响不无关系，其实，在一个非科学的时代，要想验证星宿无法影响人类历史，唯一的方法就是通过试验。

炼金术的起源

关于炼金术的起源，在希腊化的亚历山大里亚的实用活动和学术活动中可以窥得一二。大约在1世纪，最早的希腊炼金术就出现了，不过我们已知的最早的炼金术著作是伪称德谟克利特和佐息摩斯的著作，具体年份不明。在3世纪或4世纪，佐息摩斯在上埃及十分活跃。还有一些著作大概产生于3世纪，据说是赫尔墨斯的著作。这些著作的主要内容是对柏拉图和斯多葛派哲学进行讨论，但是也不乏占星术和炼金术的内容，后来流传于世的是这些著作的拉丁语译本。

---

① *History of Science*, Vol. Ⅰ, 1927, p. 274; *Isis*, No. 16, 1924, p. 79. ——原注

我们要先了解亚历山大里亚的技术状况和哲学氛围①,才能理解炼金术的起源。在之前的几个世纪,一种新的工业在地中海国家蓬勃发展起来。这种工业就是利用化学方法来制造出一些价格高昂、超出人们的购买力的物品的仿制品,比如人造珍珠、可以媲美昂贵的泰尔紫的廉价燃料,以及外形酷似金银的合金等,让其成为能够流通的商品。

早在很久之前,炼金术就跟其他的思想领域,尤其是占星术有联系。万物都受到太阳的滋养,黄金从大地中成长起来。太阳代表着黄金,月亮代表白银,金星代表铜,水星代表汞,火星代表铁,木星代表锡,而五个行星中距离最远也最冷的土星则代表最重最阴冷的铅。

在《蒂迈欧篇》中,柏拉图阐述的是完备的一元论的唯心主义哲学,他推崇的学说是:在感觉世界中,物质是一个不可或缺的要素,但从本质上来说物质并不重要,而且只有一种。只有能够体现一种理想的东西才是真正存在的,也才有好坏之分;万物都有生命,还在努力提高自己(该说法是后来的诺斯替教引申出来的)。炼金术士的观点是,物质本身没有什么重要性可言,但是它的特性是实在的。人的肉体由同一种材料构成,人之所以出现善恶,是由于灵魂的改变造成的,而不是肉体的改变造成的。他们觉得工匠能够深刻地理解这一点。其实,特性就是金属。所有的金属都期望变成不怕火炼的黄金,所以,我们可以轻易地在这个方向上帮助它们。当时人们已经发现,金属会受到染色用的媒剂的侵蚀,因此,如果将少量黄金掺到一种贱金属里,再加入染媒剂,就可以让合金拥有金色的表面。如此一来,贵金属能起到酵母的作用,让合金摆脱下贱性,转而拥有黄金的灵魂。

贵金属的特性体现在色彩中,白银是白色的,黄金是黄色的。经过一定的化学处理,铜也可以变成黄色,转变成黄金。有两种办法可以实现这一目的:一是去除下贱的土质,这样铜就不会生锈了;二是把它的火色或色彩加以改善,增加其中较好的元素,也就是气与火。死物质得到色彩灵魂以后,就能像人得到灵魂一样变成活的。

一般来说,实用炼金术有四步:(1)将锡、铅、铜和铁熔合到一起,变成一种黑色合金,让这四种金属失去本性,变成柏拉图所说的第一物质的"一体性";(2)加入水银、砷或锑,让铜变成与白银类似的白色;(3)加入一部分黄金作为"酵母";(4)在白色合金中加入硫磺水(硫化钙)或染媒剂进行处理,让合金变成黄色。于是亚历山大里亚的炼金术士就觉得,这变成了真正的黄金。他们的观点是,物质的本质是亚里士多德所说的色彩等极易改变的特性,而不是物质的质量以及它的物

---

① A. J. Hopkins, in *Isis*, No. 21, 1925, p. 58. ——原注

理特性和化学反应,也就是说,一旦金属拥有了黄金所具有的黄色和光泽,这种金属就变成了黄金。比起后来的一些炼金术士,亚历山大里亚的炼金术士其实不傻也不笨,更不是骗子。他们的实验是建立在当时最好的哲学基础上的,因此,真正应该被责备的是那种哲学。

在亚历山大里亚,炼金术大约流行了三百年,据说是罗马皇帝戴克里先下令停止了它。292年,戴克里先命令,将一切有关炼金术的书籍全部焚烧。不过,后来炼金术在阿拉伯人那里复活了,之后在欧洲也复活了。不过那时候炼金术依据的那种哲学已经发生了改变,所以后人不清楚亚历山大里亚人的术语是什么意思,也无法体会他们的精神。他们妄图按照旧的单方造出黄金,却不知道随着时间的流逝,“黄金”和“变化”这两个词也随着哲学发生了变化。他们都遭遇了失败,却试图用一些神秘的字眼来掩盖这个真相。后来,炼金术没落了,真正的化学却从中孕育出来。

对自然的观察和理性的思想是占星术与炼金术的根本基础,虽然这些思想中大部分都是错误的。因此,在天文学和化学的早期发展中,占星术与炼金术发挥的作用是真正的,是高尚的。不过,在原始人民之外,巫术发挥的作用并不高尚,它会在心理上影响人们,让人变得轻信和只顾眼前。虽然巫术与科学的起源之间也存在着千丝万缕的联系,但是二者的精神截然不同,因为科学追求真理的过程是缓慢的、谨慎的、虚心的。在希腊化的时代,随着巫术迷信的崛起,古代科学陷入没落。后来科学复兴的原因也与巫术无关,而是因为科学前进的力量大过了人们对巫术的信仰[1]。

罗马时代

希腊人可以说是古代世界唯一具有独创科学思想的人。按理来说,意大利和希腊的居民成分在性质上类似,不过两国居民在发展和成就上差距很大,这说明种族差距也很大。罗马人在治理国家方面很有一套,在军事、行政和立法方面都很有手段,在学术方面的创造力却有所欠缺。不过,出于对自然界的对象的好奇心,他们也有很多著作问世。他们的艺术、科学甚至医学,都来自希腊人。在罗马称霸世界的时候,希腊的哲学家和医生都来到了台伯河两岸,可惜他们并没有在此建立能

---

[1] Lynn Thorndike, *A History of Magic and Experimental Science*, 2 vols. New York, 1923. 并参看 G. Sarton 在 *Isis*, No. 16, 1924, p. 74 里的书评。——原注

继承雅典学派的当之无愧的希腊哲学学派。罗马人之所以会关心科学，似乎只是将医学、农业、建筑或者工程知识运用到实际中。他们不培育知识的源头，只享受知识，结果就是短短几代之后，源和流就一起枯竭了。

罗马人非常保守，对于希腊思想未来的霸权，他们是持反对态度的。从监察官喀托的著作中，我们不难发现这种情绪。这个喀托的孙子小喀托也非常出名。老喀托进入晚年后，写就了第一本拉丁语农业论著，其中对罗马医学进行了简要介绍。也就是在这一时期，巴比伦人戴奥晋斯给罗马引入了斯多葛派哲学。后来，波赛冬尼奥学说中柏拉图主义的要素与该学说相融合，成了罗马独有的哲学，在长达三百年的时间里都占据主要地位。在马可·奥勒留皇帝（Emperor Marcus Aurelius）的著作中，这种哲学达到了顶峰。波赛冬尼奥除了是个游历家，还是天文学家、地理学家和人类学家，因此，后人深切地怀念他。对于潮汐，他给出的解释是这是太阳和月亮的联合作用。实际上，他的哲学的本质就是天体对地上的事物的影响。他让宙斯凌驾于命运之神之上，他的观点带有宗教色彩，他对卜筮和占星术深信不疑，并为这些思想传播到欧洲做出了最大贡献。他曾经为柏拉图的《蒂迈欧篇》加过注释，而且跟柏拉图的科学一样，他的科学也是从他的哲学里推演出来并服务于他的哲学的。

两代之后，也就是公元前1世纪，罗马人征服了世界，自己也被希腊的学术征服了。在创立拉丁语的哲学语言和普及希腊哲学方面，罗马法律学家和政治家西塞罗功不可没。他曾经写过一本《神性论》，主要内容是讨论宇宙哲学，其中吸纳了当时的很多科学知识的资料。他还提出了一个与人体有关的目的论的学说，还多次大力抨击迷信和巫术仪式。

在《物性论》长诗中，卢克莱修阐释了原子论，也就是希腊的科学哲学，并对其不吝赞美之词①。这篇长诗和西塞罗的一些散文有着共同的目的，就是打倒迷信，宣扬原子哲学和机械哲学所代表的理性。从另一个方面来看，在现代精神方面，卢克莱修和伊壁鸠鲁比起留基伯和德谟克利特还是要逊色一些。因为卢克莱修的原子并不是奔向各个方向，而是依靠自身的力量从有限的真空穿过，并以相同的速度聚拢到一起。卢克莱修并没有在自己的诗篇中加入新的思想，不过其中加入了原子论者的观点，用华丽的语言宣布，世间万物，不管是看不到的水蒸气的蒸发，还是

---

① H. A. J. Munro, *Lucrelius*, *Text*, *Notes and Transaltion*, 3 vols. 4th ed. London, 1905—1910. 并参看 references for Democritus 同书第 21 页及 E. N. da C. Andrade, *The Scientific Significance of Lucretiusy*, introduction to Munro's *Lucretius*, 4th ed. 1928. ——原注

被宇宙发出的光所笼罩的天体，都受到因果性原理的支配。

在这一世纪，恺撒（Gaius Julius Caesar）堪称最杰出的人物，因为他靠着索西吉斯的技术帮助修订了儒略历法，我们才对他充满兴趣。这个律法规定一年有 365.25 天，与实际数字相差较大，让天数和季节的差异也越来越大。不过，欧洲直到 1582 年还在沿用这个修订律法，当时的误差已经多达十天，于是教皇格雷戈里十三世下令纠正了这一误差。1600 年，苏格兰也进行了纠正，但是直到 152 年之后，英格兰才开始纠正。恺撒还打算在整个罗马帝国进行测量，后来阿格里帕将他的想法付诸实践，还在一幅世界大地图中将测量的结果绘制了进去。

公元 20 年前后，旁托斯的阿马息亚的斯特拉波用希腊语写就了一本地理学著作，内容十分详尽，其中还涉及了其他学科。由于罗马人在不断征战，其对于地球表面的知识也越来越了解。在这一时期还出现了一些旅行指南，其中描写了帝国的道路。

维特鲁维奥（Vitruvius）写了一部建筑学论著，并对相关的物理学和技术知识进行了详细说明。他知道空气的振动产生了声音，还说明了建筑音乐学，是目前已知的第一个说明建筑音乐学的人。

弗朗提努（Sextus Julius Frontinus）是罗马军人，也是一名工程师，他对流体力学提出了很多独到的见解，还曾担任过罗马导水管检察官①。他对罗马的给水工程进行了说明，还在实验中发现，当水从水管口流出时，水流的速度受到管口的大小和管口在水面下的深度两方面的影响。

维吉尔（Virgil）写了一本《农事诗》，其中不但描写了农事技术，还描写了农事的诗意。关于农事的书籍还有另外一本，是瓦罗（Varro）写的，其中不但记载了对植物生长的观察，还暗示是肉眼难见的微生物导致了疾病的传播。

公元 14 年左右，也就是奥古斯都在位时，罗马的第一所公立希腊医学校得以建立。塞耳苏斯（Celsus）是当时最出色的医生，在提比利乌斯在位时，他写了一本拉丁文的内外科医学论著，我们能够获得的有关亚历山大里亚的医学史和当代罗马医学史的知识，都主要来自这本书。塞耳苏斯在书中提到了很多外科手术，它们与现代精神十分契合。在医学上，塞耳苏斯采取的是中间路线，既不偏向古代的经验学派，也不偏向法学派，坚持理论和观察并重。在中古时代，他的著作失传了，幸而后来又重新发现，对文艺复兴时代的医学造成了极大的影响。

大约在公元 1 世纪中叶，一位植物学家和军医第奥斯科里德（Dioscorides）写

---

① 《大英百科全书》Art，"Hydromechanics"，9th ed. ；G. Sarton，*loc. cit.* p. 225. ——原注

了一本有关植物学和药学的书,其中涵盖了600多种植物及其药性①。

公元1世纪后半叶已经出现了某种程度的学术复兴,我们需要铭记的是一位罗马公民老普林尼(Pliny),他写了一部包含37册的《自然史》。这本书包罗万象,既有当时的全部科学,又有已经被人们遗忘的希腊和罗马著作家的知识和信念②。这本书起源于总的宇宙理论,以地球和它的内容作为终结。普林尼认为天空和空间中的所有星体构成了地球,都是神的表现。之后他又讲了地理,人和人的身心特性,还讲了动物、飞鸟、树木、农业、森林、园艺、酿酒、金属的性质和用途,以及美术的起源和实践。他对于狮子、独角兽和凤凰的自然生活深信不疑,并写到了书中,可见他无法区分现实和想象,以及区别真实可信的事情和不可能的事情。他将当时的一些迷信保存下来,对各种巫术的实践和功效进行了真诚的记录。我们需要铭记的一点是,为了追求自然知识,他不惜献出自己的生命,并以此为荣。维苏威火山爆发时,庞贝城和赫库兰尼姆城都被毁灭殆尽,当时他正统领罗马海军。为了观察这巨大的变化,他上了岸,还以身涉险,最后被掩埋在无尽的火山灰中。

《哲学家列传》中保存了很多资料,为我们提供了希腊哲学家的知识甚至希腊哲学的知识。这本书的作者是第欧根尼·拉尔修,写于二百年后。不过普鲁塔克的著作也可以为我们提供一些资料③,他不但提到了月球的构造,还提到了一些罗马神话④,并主张对各种宗教进行比较研究。当时还有另外两位历史学家不得不提,一位是约瑟法斯(Josephus),他写了一部犹太人记录;另一位是塔西陀(Tacitus),关于早期不列颠和日耳曼的政治和社会历史,他是一位重要的拉丁权威。

之后的30年间,天文学家托勒密在亚历山大里亚辛勤地工作着,与此同时,在亚历山大里亚、罗马和此时已经兴建起的学校中,希腊医学正在蓬勃发展。从古代最著名的医学家希波克拉底,到卡帕多西亚的阿勒特奥斯和与他同时代但比他更知名的盖伦,他们的学术是一脉相承的,这一点从在学校中工作的医生那里可以知道。

---

① G. Sarton, *loc. cit.* p. 258;Goodyear 英译本(1655);R. T. Gunther, Oxford, 3934. Isis, No. 65, 1935, p. 261.——原注

② Text ed. by L. von Jan and K. Mayhoff, 5 vols. Leipzig, 1906—1909;Eng. trans. J Bostock and H. T. Riley, 6 vols. London, 1885–1887;H. N. Wethered, *The Mind of the Ancient World*, Londoa, 1937;E. W. Gudger, *Isis* VI, 269.——原注

③ Text with Eng. trans. by B. Perrin, 6 vols, London, 1914–1918.——原注

④ *The Roman Questions*, Eng. trans. and notes by H. J. Rose, Oxford, 1924.——原注

公元 129 年，盖伦在小亚细亚的帕加马降生了，一直到公元 200 年①，他都在罗马等地行医。他让希腊解剖知识和医学知识变得十分系统，还统一了一些分裂的学派。他不但解剖动物，还解剖人体，发现了解剖学、生理学、病理学和医疗学方面的一些新事实。他拿活的动物进行试验，据此观察心脏的作用，还研究了脊髓。萨尔顿说，古代有两个实验值得关注，这就是其中之一。关于哲学，他认为上帝决定了一切，包括人体构造，上帝为了一个可理解的目的而形成了人体。盖伦的医学学说建立在这样的基础上：人体的各个部分都贯注着不同的元气。他的学说和原子论者以及他们的追随者的机械观点是截然不同的。很多人对"动物元气"这个词存在误解。盖伦的独特之处在于，他能够从这些观点中用论证的方法微妙地推出一些教条，并给出权威的解释，也因此，他才能够在医学界享有盛名，并造成长达 1500 年的影响。也就是说，他的这些殊荣并不是他的观察和实验②，也不是高明的医术带来的。他之所以能够产生巨大的影响，而且这种影响能够持续很长时间，都要归功于他的有神论。

在哈维（Harvey）发现血液循环之前，盖伦有关人体功能的一般理论一直十分流行。盖伦的观点是，食物在肝脏内变成血液，并和"天然元气"混合成一种极富营养的物质。一部分血液沿着静脉到达身体的各个部分，再按原路流回心脏，如同潮汐一样。其他的血液则沿着膈膜中肉眼难见的吸管从心脏的右边流到左边，并和肺吸来的空气在那里混合，心脏的热力让它具有了"生命元气"。这种比较高级的血液沿着动脉到达身体的各个部分，让每个器官都能正常发挥作用。在大脑里，这种活力血液能够生出"动物元气"，这是一种纯粹的物质，不会跟血液混合到一起。它可以沿着神经流动，让运动和人体的各种高级功能成为现实③。

很明显，虽然这个生理学体系很符合盖伦的知识，也十分巧妙，但它和真理相去甚远。遗憾的是，世人觉得相比盖伦的自由探讨精神，他的学说更加重要。因此，在文艺复兴之后，他的权威对生理学的发展造成了极大的阻碍，这种局面一直持续到哈维鼓起勇气质疑这派学说。

虽然在理论科学方面，罗马人并没有什么突出成就，但是我们不能忽视他们在实践方面取得的成就。罗马的卫生和公共保健事业都十分完备，修建了导水管，将清洁饮水引到市区。市内有公共医疗系统和医院，军队中还有医官。

---

① G. Sarton, *loc. cit.* p. 301；Sir T. C. Allbutt, *Greek Medicine in Rome*, London, 1921. ——原注
② *Isis*, No. 16, 1924, p. 79. ——原注
③ Sir Michael Foster, *History of Physiology*, Cambridge, 1901, p. 12. ——原注

学术的衰落

医学校依然存在着,可是在盖伦的时代甚至更早之前,古代世界的一般科学和哲学就已经出现了衰落的迹象。在希腊,唯一的一流人物就是公元 3 世纪后半叶亚历山大里亚的代数学著作家丢番图(Diophantus)。在他之前,代数题的解法只有两种:几何学方法和言语推理[①]。从他开始,才用一些简单的符号来代替反复出现的量和计算方法,因此,他不但能够解出简单的方程,还能解出二元二次方程。对于未知量的数目超过方程式的数目的不定式问题,他也有所涉及。

这项成果标志着代数学已经开始成为一门独立的学科,可是在丢番图之后,古代世界在科学方面就没有什么突出贡献了。罗马帝国建立的前三百年间,罗马法堪称成就的巅峰。可是在罗马政权依然强大的时候,科学已经开始和哲学思想的其他部门一起止步不前了。既然没有新的知识,人们就只能做一些注释和提要的工作,主要对象是希腊哲学家的注释和提要。这些注释家中有一个人不得不提,他就是阿弗洛底西亚的亚历山大。公元 200 年前后,他担任吕克昂学院的院长,并希望能够保存纯粹的逍遥学派理论。不管在科学理论问题还是实际事实问题上,亚里士多德都被认为是绝对权威。不过,当时形而上学的哲学大行其道,它来自柏拉图,靠更加神秘的新柏拉图主义学派进行传播,至少在当时占据主导地位的亚历山大里亚学派中如此。当时,亚历山大里亚变成了新柏拉图主义学派的中心。4 世纪初左右,哈尔基狄为柏拉图的《蒂迈欧篇》写下了一部拉丁语注释,在中古时期,这本书几乎是有关柏拉图的知识的唯一来源。在亚里士多德的著作被人们遗忘的几百年间,这本书将自然哲学带到了中世纪,并滋生出很多奇怪的见解。

前文曾经提到,希腊人的后裔几乎全盘继承了亚历山大里亚的科学工作。不过,其他成分的居民也开始发挥作用,特别是在比较富于形而上学性质整个哲学分支中。犹太人是这些非希腊成分中最重要的成分之一。一个新的思想学派在亚历山大里亚诞生了,它同时受到希腊文化和犹太、巴比伦传统的影响。别忘了,在犹太民族摆脱了巴比伦的奴役时,只有很少一部分犹太人回到了巴勒斯坦,而很多人都在小亚细亚和地中海东部沿岸城市定居下来,从事商业活动,在东方建立起一个

---

① Sir Thomas L. Heath, *Diopkantus of Alexandria a Study in the History of Greek Algebra*, 2nd ed. Cambridge, 1910; Paul Tannery, papers in his *Memoirs 1879 - 1892*; W. W. Rouse Ball, *History of Mathematics*, London, 1901, p. 107. ——原注

商业、政治和文化方面的网络。虽然犹太民族散落各处,却将亚历山大里亚当成了本民族的商业和文化中心,将耶路撒冷当成宗教中心。所以,希腊哲学和东方宗教,特别是犹太教和基督教的最早汇合点就诞生了,它就是亚历山大里亚。早期的希腊籍基督教神父要么住在亚历山大里亚,要么从那里接受哲学知识。也正是因为他们,很多希腊哲学不但没有失去活力,还在犹太思想、希腊思想和基督教思想的融合中站稳了脚跟。后来,这种融合衍生出了教父神学。就这样,包含着小部分亚里士多德思想的柏拉图思想进入了早期的基督神学,并开始在中古时代的欧洲流传,而此时教会人士还没意识到它们的来源。所以,当希腊著作家的著作重见天日时,教会人士惊奇地发现,原来这些异教哲学家的著作中居然包含了自己常见的那些基督教义。

虽然这一时期已经出现了早期的教父,而且他们的著作还为中古时代的宗教和富于形而上学色彩的要素搭建了桥梁,不过本章先不介绍他们的工作和对科学思想的影响,留待下一章再进行简单而必要的叙述,因为他们和古代世界的数学科学和观察科学并没有什么太大的关系。

第二章　中世纪

中世纪——教会神父——黑暗帝国——欧洲的改造——阿拉伯学派——欧洲学术的复兴——13 世纪——托马斯·阿奎那——罗吉尔·培根——经院哲学式微

中世纪①

"中世纪"一词前段时间还指的是从古代文化衰败到意大利文艺复兴时期的悠久历史,持续了一千年的时间。可是最近一段时间以来,人们又饶有兴味地研究了十三四世纪的历史、艺术和宗教,所得出的结果让我们明确意识到,那时已经出现了一种新文明,所以如今"中世纪"一词只用来指开始于"黑暗时期",直到文艺复兴以前的四百年时间。

可是,科学历史家觉得之前历史分期法也不是一无是处的。西欧的"黑暗时期"和有些前段时间才臣服在阿拉伯人脚下的亚洲国家学术最鼎盛的开始的时间是一样的。不管是波斯的学说还是阿拉伯学派的学说,之前所依据的都是希腊古籍的译本,可是后来,它也为自然科学贡献了不少。从阿拉伯人那里,欧洲人获益良多,在公元800—1100 年,阿拉伯的学术发展到非常繁荣的时期。可是自那以后,欧洲成了科学活动的主要场所。13 世纪,因为再次发现了希腊古籍的完整译本,尤其是亚里士多德的著作,知识领域进步飞快。可是西方人用批判的眼光审视

---

① 要知中世纪思想的一般情况,可参看(1)H. F. Stewad,"Thought and Ideas",in *Cambridge Mediaeval History*,Vol. 1,ch. 20;(2)H. O. Taylor,*The Mediaeval Mind*,2 vols.,New York and London,1911 and 1914。要知史事及参考资料直到公元1300 年,可参看 G. Sarlon,*Introduction to the History of Science*,vols Ⅰ,Ⅱ,Baltimore,1927,1931.——原注

希腊哲学,或者用新的实验方法去开辟自己的道路,则要等到文艺复兴时期。所以,科学史家觉得公元 1100 年以后的时期,跟从前的黑暗时期一样,也只是处于准备阶段。这两个时期属于同一个整体,假如站在整体的角度来看,政治、文学或艺术的历史学会觉得它们是可以分割开来的,是不一样的。所以,"中世纪"对于我们来说依然有其之前的意义——从古代学术衰败到文艺复兴时期学术兴起的一千年,这是人类从希腊思想和罗马统治的巅峰往下降,再顺着现代知识的缓坡慢慢爬上去时历经的一个低谷。我们在宗教和政治、社会结构方面,还非常靠近刚刚过去的中世纪,可是却在科学方面和古代更接近。从云山雾罩的山谷看过去,我们觉得相比近处的地面,远处层峦叠翠的山峰要清晰多了。

教会神父

我们必须对中世纪思想的发展展开研究,才能了解中世纪的欧洲为什么在自然知识方面毫无进步。首先,一定要对早期神父们以犹太经典、希腊哲学和祭仪宗教,以及它们背后的原始仪式为依据建立起来的基督教神学和伦理学的普遍轮廓有所了解。其次,我们一定要对这些教义在今后漫长的岁月里为了对抗异教或异端所产生的种种变化进行探讨。如此一来,我们才会知道,在精神层面,教父的基督教和中世纪早期的基督教那么愤恨世俗学问的原因是什么,哲学为何被神学所奴役,自然科学为什么在世界上消失。

早期的希腊哲学建立的基础是对可见世界的洞察。直到苏格拉底和柏拉图出现,他们更深入地探讨了哲学,透过表象看本质,从自然哲学向一种带有唯心主义和神秘主义偏向的形而上学迈进。"希腊人自己的创造迷惑住了他们自己的心灵。"柏拉图觉得所有外在的事实,自然界的也好,人生的也好,历史的也好,要想成为现实,除非被心灵体会到。毫无疑问,这些事实的价值就在于这些事实的和心灵一体化的概念体系相称的那方面。因为唯有如此,心灵才能思考事实。也唯有如此,它们才不会虚无缥缈。实事求是地说,所有不能幻想的,也是不可能存在的。

显而易见,这样一种哲学是不能推动科学而细致地观察自然或历史的进程的。宇宙的结构必须吻合柏拉图的哲学的观念,从根本上来说,历史只是作为一种工具,以让论证更加形象,并提供切实的案例。

相比探究柏拉图,亚里士多德显然更喜欢观察自然界。可是即便是亚里士多德,他也将更多的力量放在了形而上学和逻辑学方面,而不是用在科学方面。而在科学层面,他在生物学方面用的力量又要多于物理学方面。逻辑学这门学科是由他率先创造出来的,而不管怎样,生物学上都显现出了客观的观察方法。他的物理学是在原子和真空中,把事物的根本属性找出来,而没有德谟克利特那么客观。亚里士多德觉得物质、本质、物体、形式、数量一定要用来对自然界的概念进行解释,这些范畴的制定都是为了以人的心灵原有的理念为依据,去把人们对世界的直接的感觉知觉表达出来。亚里士多德的著作还有待完善的提要在最开始的黑暗时期,在已有的希腊资料中是最科学的,尽管他有着不小的影响力,可是逐渐失去了主导权。他的著作到了 6 世纪已经不流行,之后七百年间,几乎只有别人给他的逻辑学所做的注释保留下来了。

借由马可·奥勒留(Marcus Aurelius Carus)的著作,我们一部分人已经对斯多葛派的哲学有所了解。它特别符合罗马人的心理,在对教父派神学家所采用的不一样的思想潮流进行预估时,也要关注斯多葛派的哲学。斯多葛派觉得人的意志是中心的实在。形而上学和自然知识,只有服务于斯多葛派的哲学,也就是指导生活和行为时,其重要性才凸显出来。大体来说,斯多葛主义就是一种伦理学,它让物理科学为了符合道德的成见而走向错误的观察轨道。

到新柏拉图派,来源于柏拉图的思想学派已经上升到愈加客观的层次。后来的异教最后的结晶就是他们的哲学。从亚历山大里亚的普罗提诺(Plotinus,于270年去世)的时代到波菲利(Porphyry,于300年去世)和杨布利柯(Lamblichus,于330年左右去世),哲学愈加接近神秘的理念,而愈加偏离物理和实验。普罗提诺完全在"为意外的兴奋所温暖的形而上学"的领域中生活,他觉得至高的善只有对于"完全"的超理想的遐想。这些令人匪夷所思的观点在波菲利的著作中,特别是在杨布利柯的著作中抵达人们的现实生活,而巫术和邪术又因为它们被运用到现实生活中而越发博得人们的信任。灵魂离不开神、天使、魔鬼的助力,从本质上来说,神灵是让人丈二和尚摸不着头脑的,而抵达神灵的通道就是巫术。所以,对于在一个衰败时期盛行的所有民间的迷信、巫术和占星术的发展,以及所有追求苦行的不健康追求,新柏拉图主义都是予以奖励,并加以吸收的。杨布利柯的生活在一位新柏拉图派传记家笔下,被奇迹包围,类似于阿散纳修斯(Athanasius)的圣安东尼(Saint Anthony)传记。

这种变幻莫测的哲学气氛将东方信仰的思潮包裹其中,像祆教(Mithraism)和摩尼教(Manichaeism)。后者的观点是一种二元论,觉得善恶这两种相对的力量一定会反复出现。在罗马帝国,祆教和基督教不相上下。它是源自波斯的一种祭仪宗教,在前面的内容中我们就说过,这一类祭仪宗教在古典时期接近尾声、奥林匹斯神话开始走下坡路时的希腊化时代出现,进而让这个美丽的信仰被淘汰。我们对于这些祭仪宗教知道得还是太少了①。奥义传授和通神等秘密仪式就属于它们的教义,借助每一宗派所独有的神的传说,可以把它们的信仰表达出来,普通人都会相信这些传说,而接受过教育的人则会觉得它们只是代表着生死奥秘。传统的自然崇拜就存在于这些教仪和传说的后面,为了庆祝,一年四季会轮番上演四季更替的戏剧,崇拜日神、月神。大自然到了夏天就变得生机勃勃,到了冬天就进入休眠状态,到了春天又会复苏。

对于组成祭仪宗教基础的原始观念和其仪式的源头,现代人类进行了深入揭示。这些仪式可以追溯到更传统的仪式,而更传统的仪式则是以这样一种观念为基础:运用交感巫术或妖术,人们可以逼着大自然做它不愿意做的事②。这样的教仪和因此而产生的仪式,要早于任何宗教教义的确定体系,而且持续的时间更长。不难发现,在公元后最初几个世纪内,不仅有出现在文学中的正式宗教和哲学,还存在这些更原始巫术仪式和信仰既宽且广的暗流。奥义传授、牺牲献祭和通神等观念都可以在这些仪式中找到,在祭仪宗教中,在后来的某些基督教教义中,尤其是天主教的弥撒仪式理论中,这些观念出现的形式愈加复杂。一直以来,历史家和神学家都在探讨这些原始的仪式和更加发达的祭仪宗教是如何影响基督教起源的。因为每一代掌握的知识不一样,这种探讨也不一样。

在圣保罗(Saint Paul)的帮助下,基督教没有变成一个短命的犹太教教派,而且在宣传时被视为一个世界性宗教。在这个宗教生长并传扬开来的过程中,它和希腊哲学产生了交集,把这个哲学和基督教义结合起来就是早期教会的神父们的主要工作。

奥里根(Origen,约185—约254年)是率先从事这一项工作的人,他在公开场合声称,古代学术,尤其是亚历山大里亚的科学,和基督信仰是一体化的,当时他比任何人都努力争取受过教育的人和饱学之士信教。当时教义还没有确定下来,在他的著作中,后代人甘愿付出生命也要奋力追求的不同观点还和谐地存在着。

上帝的恒久性是奥里根最基本的观点。这个观点提到了逻各斯(Logos)和世界的恒久性,还有灵魂的"提前存在"。这样就大大削弱了基督教的历史意义,之后就可以用对比审判的态度去对旧约和新约进行检查了,而且可以采取的观点要远比后来的正派观点更自由。可是人们越发不认可奥里根的神学,553年,在君士

---

① 要知简单的叙述可看 Percy Gardner, in Hastings' *Encyclopaedia of Religion and Ethics* and also in *Modern Churchman*, Vol. XVI, 1926, p. 310.——原注

② Sir J. G. Frazer, *The Golden Bough*, esp see 3rd ed, 特别看 Part v, "Spirits of the Corn and Wild", Vol. II, p. 167. B. Malinowski, *Foundations of Faith and Morals*, Oxford, 1936. ——原注

坦丁堡的宗教会议上,这派学说终于遭到了人们的排挤。

圣奥古斯丁(Saint Augustine,354—430 年)是拉丁神父中最深刻、也最持久地影响了基督教思想的人。基督教的两大至关重要的经典著作《忏悔录》(Confessions)和《上帝之城》(City of God)就出自他之手。他先是摩尼教派的一员,后来又成为新柏拉图派的一员,最后才成为基督教徒。他结合了柏拉图哲学和保罗《使徒行传》的学说,基督教首次整合知识的基础由此形成,在中世纪后期亚里士多德和托马斯·阿奎那主导一切的时代,这一整合还隐隐存在着,尽管只是作为另一种思想。他主张天主教的教义是如何来自辩论,还说明信仰不只是表述信仰,还是"打败异端和异教的胜利之歌",就像圣阿散纳修斯的论辩一样。就像吉本(Gibbon)所说:"总是少数派被安上异端的称号。"

新柏拉图主义和早期基督教神学齐头并进,相辅相成——其实,两方都指责对方抄袭。基督教也有一个基本前提,就像新柏拉图主义一样:宇宙的最后实在是灵魂,在教父时代,对于新柏拉图派的超理性态度,基督教的接受度更高。级别最高的超理性主义在早期神父的著作中,在逐步下降对上帝的爱和对复活的基督的理解,最后就形成了这样的局面:和异教群众、新柏拉图派哲学家的信仰已经基本一样,成为级别最低的迷信。早期的新柏拉图派异教徒普罗提诺和基督教神学家奥古斯丁并不是特别关注占卜和巫术,拉丁神父希波利塔斯(Hippolytus)也揭露了异教的巫术和占星术的愚昧。可是过了六十年后,波菲利和杨布利柯,再后数个世纪,基督教会活动家耶柔米(Jerome)和格里高利(Gregory)都对妖魔灵怪的事极其感兴趣。

在新柏拉图主义中,象征主义已经出现了,神父们继续延伸了象征主义,以调和《旧约》和《新约》,并调和二者和当时风靡的思想流派。假如《圣经》中的或自然界中的所有符合每一神父所解释的基督教义,那么就把它当作客观存在的事实,假如不符,就只是对它的象征意义加以认可。

最后,要对神父的心理有所了解,并因此对中世纪人的心理有所了解,我们必须对基督教和罪恶有关的理念所引发的摧毁所有的驱动力有所了解,那就是寄希望于天堂,害怕地狱,希望借助神与人之间的中保在天堂得到救赎,不受到地狱火焰的处罚。

异教世界自身也失去了信心。人类已经离希腊人乐观对待生活的态度很远了,也离严谨的罗马人快乐地生活在家庭和国家里很远了。东方的思想被祭仪宗教带到了欧洲。对于权威,人们开始愈加信赖,他们隐隐觉得紧张,隐隐开始害怕在现世和来世的安全。这种情况常在历史的各个时期出现。甚至在基督未出世以前,在受到巴勒斯坦和犹太教影响的其他地方,人们都对天国和末日审判的灾难翘首以盼。使徒时代基督教的信仰正是因为这个观念而基本上成了一个来世论问题,基督教的生活规则成为一种短暂的伦理,无限荣耀的第二次降临前的仓促准备而已。也许世界末日在教父时代已经向将来推迟了一些,可是依然很靠近最后审判的日子,所有人都觉得只有通过死亡,才能到达变幻莫测的隔世和恐怖的阴界。古代国家的文明在黑暗的笼罩下,人类的精神在更大的黑暗笼罩下,几乎暗淡了基督宣传的曙光和消融的福音光辉。

正是因为存在这样一种人生观和这样一种死亡的前景,所以神父们才丝毫不喜欢世俗的知识本身。圣安布罗斯(Saint Ambrose)说:"对地球的属性和方位进行探讨,对于我们实现来世的期盼是没有任何帮助的。"基督教思想开始对世俗学术持仇恨态度,觉得世俗学术和基督徒打定主意要打败的异教根本就是一样的。在公元390年间,亚历山大里亚图书馆的一个分馆遭到了德奥菲罗斯主教的摧毁,通常情况下,愚蠢成为大家奉承的品行。这种态度在基督教成为人民的宗教以后变本加厉。所带来的结果可以通过这样一个例子加以说明:415年,希帕西亚(Hypatia)——天文学家塞翁(Theon)的女儿、亚历山大里亚最后一位数学家被杀了,杀害她的人是基督教暴徒,而且手段极其残暴,而主要筹划人就是西里耳(Cyril)教长。

朱利安皇帝(Emperor Julian,331—363年)想要再次振兴异教徒的宗教和哲学,可是普罗克拉斯(Proclus,411—485年)身为雅典最后一位大哲学家,最后整合了新柏拉图主义,而且让它拥有了"传给中世纪基督教等时所拥有的那个形式"[1]。普罗克拉斯联系起了基督教和柏拉图、亚里士多德。他也在一定程度上对中世纪的神秘主义产生了影响。

真诚地对自然进行探索的想法和力量慢慢不见了。在希腊人那里,自然科学在形而上学里融合了,在罗马的斯多葛派那里,成为鼓励人类意志的道德的必要前提。同样在早期基督教的氛围里,自然知识要想得到关注,也只有当它作为一种启迪手段,可以对教会的教义和《圣经》的章节进行验证的时候。人们已经没有了批判力,相信所有符合神父们所诠释的《圣经》的东西。公元2世纪编纂的《生理论》(*Physiologus*)或《动物论》(*Bestiary*)可以作为当代自然历史知识的象征。这些书的主题和内容在公共场合声称取决于教义上的思考,一开始都把动物世界的形象虚构的基督教寓言借鉴过来了。比如,书中说小狮子出生时是没有呼吸的,到了第

---

① Zeller,在"Neo-Platonism",Enc. Brit. 9th ed. 里引用过。——原注

三天才用眼进行呼吸，所以才醒过来，对此进行了非常严肃的说明，以此来代表我们的救主，也就是犹大（Judah）之狮的死而复生。

根据他们是如何看待历史和传记的，异教历史学家时刻准备着对历史记录进行更改，并以修辞相迁就，于是教会的作者就愈加得寸进尺了。历史在他们手里变成了基督教护教论的一个分支，而早期中世纪文学的特殊形式，圣徒的传记，都只是一个启发的手段而已。只要和作者心目中的题材的高大性相吻合，他会非常干脆地接受所有传说。

在教会组织的支持下，教父神学的力量越发壮大。这个组织到了帝国接受基督教时，便以逐渐衰落可依然占据主导力量的罗马传统力量为依靠，变得不可一世。尽管罗马帝国已经不复存在了，可是它的灵魂依然活在天主教会中，后者把前者的组织架构和大一统主义（universalist）的思想都很好地传承过来。哪怕是野蛮民族，也要对罗马是他们的首都、他们的圣城加以尊崇，并把恺撒当作他们半神化的君主。所以罗马主教觉得相比之前，太容易坐上世界大主教之位了，也太容易对统一的纪律进行巩固了。从哲学的角度来看，天主教会是希腊化文明最后的硕果，而站在政治和组织的角度看，它却继承了专制的罗马帝国。

黑暗帝国

当第6、第7世纪的黑夜吞噬了古代文明的残阳时，欧洲的学术情况就是如此。这也是之后的几个时代在晨光中所回忆的理想的性质的情况。那时的人们觉得人们只是对一个比较明亮的日子进行回忆，而上帝借助他的儿子的手带给世人的最高启迪，就是这个日子最鼎盛的时期，教会的神父们按照神意所进行的创作则照亮了这个日子。这也难怪，在新时代的人们眼里，经历过黑暗时期再来到他们手中的东西都是超自然的法典，而不对它加以审视。

只有在波爱修斯（Boethius）的著作里，才能找到古代学术在第7世纪的西方留下的仅有的痕迹。出身罗马贵族的他，于524年被判处死刑。长久的辩驳过后，他现在似乎被大家看作基督教徒，甚至是殉道者。无论如何，古代哲学精神嫡传的最后一个代表确实是他。他著有亚里士多德和柏拉图哲学的纲要和注释，并以希腊人的著作为依据，写成了算术、几何、音乐、天文四个数学部门的专著。中世纪时，这些手册被学校采用，其实中世纪初期和亚里士多德相关的知识，基本上都来自波爱修斯的注释。

写作《波爱修斯传》的斯特沃特博士，把下面这段话告诉了我：

波爱修斯是最后一个罗马人，可是依据他所提供的有关科学分类的材料，他也是最早的一个经院哲学家。他觉得在自然科学、数学和神学中，应该平均分配知识，后来的人都认可这一观点，最后托马斯·阿奎那不仅欣然接纳，而且还为其辩护。他是这样定义人的："自然界里的客观个体"，直到经院哲学时期结束以前，这个定义都一直受到人们的追捧。

古典的精神在波爱修斯和比他年轻的同时代人卡西奥多罗斯（Cassiodorus）以后，就消失了。柏拉图建于雅典的哲学学校，开始教授一种高深莫测的、半基督教的新柏拉图主义，529 年，查士丁尼皇帝（Emperor Justinian）封锁了这里，这其中有两个原因，一是因为要把异教哲学学说的最后余留全部摧毁，二是要给官立基督教学校肃清对手。

可是在西欧蛮族最横行无忌的时代，拜占庭帝国保持了一个文明的大环境。它的军队赶走了意大利的哥特人，在查士丁尼学院，它的律师把罗马法奉为法典。以斯多葛学派原则为基础建立的罗马法，把一个理性秩序的思想创建出来，即便经过兵荒马乱的时期，这个理想还是得以传承下来，对于形成罗马帝国继承者大一统主义的法典有着很大的贡献，后来对于经院哲学的知识综合也起了很大的作用。与此同时，哪怕在最衰败的时代，发源于古典时代，经过拜占庭残留的知识，也像火炬一样明亮，让西方学术复兴的道路变得通达起来。这一线光明还在燃烧，西方就已经开始学术复兴了。

可是，西方和过去这时是完全断绝了的，并不只是作为文明力量的希腊和作为世界首屈一指的国家的罗马的覆灭。不仅仅是作为政治国家和社会组织的雅典和罗马不复存在了，连同艺术家和哲学家的希腊民族、法律家和行政官的罗马民族，也一并消失了。

罗马之所以会衰败，原因是多方面的。其中一个至关重要，却时常被忽视的原因，在历史家艾利生（Alison）看来，是货币不足而带来的经济秩序乱套[1]。西班牙和希腊的金银矿的产量愈来愈少，在奥古斯都时代，罗马国库中大概有 3.8 亿英镑的贵金属可以造成货币，到了查士丁尼时代，已经下降到 8000 万英镑。尽管货币经常贬值[2]，可是我们仍然可以据此得出结论，国内的物价一直在下降，也就是说，用货物和劳务来对金钱进行衡量，则金钱的价值变高了，随之而来的就是缩减通货

---

① Sir Archibald Alison, *History of Europe*, Vol. 1, Edinburgh and london, 1953, p. 31. ——原注

② A. R, Burns, *Money and Monetary policy in Early Times*, London, 1927. ——原注

时期的各种不好的影响。农业和工业作为生产性行业，已经变得毫无利润可言了，捐税到了无法容忍的水平，没有遭到货币紊乱影响的国家，像埃及和利比亚输入的货物大幅度上升，而罗马的土地却遍地荒芜，就像 1873—1900 年及 1921—1928 年的英国，因为相同的原因，土地也荒芜了一样。

土地无人耕种，城乡的沟道又无人管理，大片土地竟然因为疟疾肆虐而无法居住[1]。崇高又有才干的人越来越少，再加上战争不断，外国人——古罗马人中间——的管理，不仅让世世代代最为杰出的人枉死，而且让品质不佳的人都活了下来，所以降低了国民的平均素质。毫无疑问，常见的军事原因和其他原因与灾难息息相关，可是也不能忽略了经济的紊乱和外族的侵扰因素。也许我们可以这样说：北方民族把罗马打倒，是清除已经衰败的废墟，好建立新的大厦，而不是野蛮人把文明打倒了。

一个新的文明要想产生，必须经历混沌时期；拥有一定理想和清晰特性的民族要想出现，必须源于对大一统主义推崇备至的没落帝国的丰富的种族。而在社会秩序的改造和文化物质的判断和专业化方面，这些民族必须先取得很大的进步，才能很好地孕育新的科学和科学哲学。

通过黑暗时期的朦胧影像，我们可以在欧洲的某些地方看到知识的小草探出头来。也许有些世俗的学校历经动荡，还在意大利的大城市中保持着。可是修道院的出现，让人们首度有了过上安居乐业生活的可能，所以学术新生的最早迹象只能在寺院中找到。

因为福音故事的性质，教会的神父们不能鄙视医术，不能像对待其他世俗知识一样持鄙视，甚至是视而不见的态度。基督教有救治病人的责任，医术也就成了最早复兴的一门学科。寺院医术源于巫术，有一点儿古代科学掺杂其中。第 6 世纪时本笃会教士（Benedictines）开始对希波克拉底和盖伦著作的纲要进行研究，这些著作里的知识被他们慢慢宣扬到西方去。事实上，僧侣同时也是农夫，他们也知道一点农业知识。

最早的非宗教的新学术发祥地是佩斯东海湾那不勒斯南面萨勒诺（Salerno）城的学校。很多以希波克拉底和盖伦的著作为依据编纂的书籍都是从这个中心发出去的。萨勒诺的医生在第 9 世纪时已经名声在外，到 11 世纪时，他们开始对阿拉伯书籍的译本进行阅读。他们的学校一直发展得很好，一直到 12 世纪才被在欧

---

[1] Angelo Celli, *Malaria*, Eng. trans, London, 1901; W. H. S. Jones, *Malaria*, *a Neglected Factor in the History of Greece and Rome*, Cambridge, 1909. ——原注

洲普及的阿拉伯医学所取代。因为萨勒诺先是隶属于希腊,后来又是罗马的疗养场,而且希腊医学的传统一直绵延在意大利南部,所以古代学术和现代学术的纽带可能也在这里一直保留着。

欧洲的改造

可是,我们还是应该明确说明一点,和罗马离得比较远的地方,也是最早把清晰的新精神显现出来的地方。因为汲取了基督教的教义,从诗意盎然的爱尔兰传说开始的爱尔兰、苏格兰和英格兰北部的文学和艺术迅速发展。在威利布罗德(Willibrord)和玻尼法(Boniface)等热心传教士的努力下,这一文化和它的一些世俗学问被一并带到了南方。在盎格鲁 - 撒克逊僧人贾罗的比德(Bede of Jarrow,673—735)的著作中,北方的这一发展达到了巅峰。他的著作吸收了当时西欧的所有知识。他的科学主要以普林尼的《自然史》(Natural History)为依据,可是也把一些他自己的成绩加了进去,像观察的潮汐现象。他在两派之间游移,一派是波爱修斯、卡西奥多罗斯、格里高利和塞维尔的伊西多尔(Isidore of Seville)等,被古典派或教父派学术所影响的拉丁注释家,另一派是查理大帝所成立的教会学院的学者们,他们的领导人是约克的阿尔昆(Alcuin of York)。在对世俗学术和神圣宗教对立的风靡观念进行克制方面,他做出了很大的贡献,而且让古典知识沿袭到中古时代。比德用拉丁语写作,主要是为僧侣著述,可是150年后文化急剧扩展,在阿尔弗雷德大帝(Alfred the Great,849—901年)的授意下,很多拉丁书籍被翻译成盎格鲁 - 撒克逊的语言,于是本地的语言也开始受到拉丁文学的影响。

那时中古时代的欧洲慢慢发展起来。被罗马同化的高卢人和践踏罗马各省的强悍的条顿部落融合在一起,慢慢形成各个民族国家。从来没有看到过罗马鹰徽的,或者罗马人离开了的北方各地,有了自己独特的文化,甚至连自己的文学都发展起来了,对于它们来说,罗马理想和罗马文明只是外界的和外来的影响而已。

阿拉伯学派①

当欧洲学术低迷时,很多从希腊、罗马和犹太来的杂合文化却在叙利亚至波斯海湾的国家中、在君士坦丁堡东罗马帝国宫廷中保存下来了。荣迪沙帕尔(Jundis-

---

① 特别看 G. Sarton,*Introduction to the History of Science*,Vols,Ⅰ,Ⅱ Ealtimoe,1927,1931. ——原注

hapur)的波斯学校是最早的一个中心,489 年,景教派基督徒就在这里避难①,529年,柏拉图学园被封锁、新柏拉图派离开雅典以后,新柏拉图派又把这里作为避难所。希腊的书籍,特别是柏拉图和亚里士多德的著作,都在这里翻译了,希腊哲学和印度、叙利亚、波斯的哲学就这样产生了交集,一个医学学派也因此成长起来。这个学派尽管是孤军,可是信息延续到第 10 世纪。

在穆罕默德的支持下,620—650 年,阿拉伯、叙利亚、波斯、埃及等地都被阿拉伯人收服了。一百五十年后,最为有名的阿拔斯王朝哈里发诃伦 - 阿尔 - 拉西德(Hārūn-al-Rashid)对翻译希腊作家的著作予以奖赏,所以一定程度上推动了阿拉伯学术大时代的兴起。一开始并没有什么进展,因为要把一些适合表达哲学和科学思想的新名词和文章结构创造出来,使其和叙利亚与阿拉伯的语言相互融合。和中世纪后期欧洲学术复兴时代一样,阿拉伯人和阿拉伯人统治下的民族的任务,首先是要把失传而且已经被遗忘的希腊知识的宝库发掘出来;其次是要把他们发掘出来的宝库和他们自己的语言、文化相融合;最后再把他们自己所做出的成绩加进去。

显而易见,人们在这些拥有神学意义的题材外还充满了探究欲,想对神学家觉得没有永恒性或实在性的大自然进行研究。直到 8 世纪后半期时,欧洲已经不再处于领导的位置了,取而代之的则是近东。到了 9 世纪时,因为对盖伦著作的译本进行了研究,阿拉伯的医学学校进步神速,在炼金术所仰仗的原始化学方面,也取得了明显的进步。

最早的实验化学,和生活技术(像冶金)、制药都有关联。古典时代,希腊人对于物质本性的看法,和原子、基本元素相关的理念,都远离观察和实验,无法划入化学的范围中。可以说,1 世纪亚历山大里亚的炼金家是率先对化学问题有所了解并展开研究的人。可是自那以后,工作就处于停滞状态,直到六百年以后,他们的工作才重新被阿拉伯人拾起来。

因为亚历山大里亚的技术的起源遭到误会,后来的炼金家给自己设立了两个不可能实现的宏伟目标:一是要把低劣的金属变成黄金,二是要把可以医治所有疾病的"仙丹"炼出来。毫无疑问,他们的研究必定不能取得成功,可是他们也并不是一无所获,他们因此了解了不少有用的化学知识,还发现了不少有价值的药品。

阿拉伯炼金家的初步认知来源于这样两个渠道,一是上面所说的波斯学派,二是亚历山大里亚希腊人的著作,有叙利亚人教授的,也有直接翻译得来的。说阿拉

---

① 讷斯特尔(Nestor)的教派的信徒,被称为邪教徒。——译者注

伯话的民族已经研究炼金术七百多年了,他们先是把伊拉克作为工作重心,后来又到了西班牙。炼金术在他们手里变成化学,又经由他们发展成中世纪后期的欧洲化学,主要是曾到过西班牙的摩尔人。在一部分阿拉伯著作家和他们的欧洲门徒把炼金术发展成化学时,另外一部分人则在工作中变得贪婪,开始把黄金和戏要或自我欺骗式的巫术当作自己的追求,这都是因为他们对亚历山大里亚炼金家的专门知识和哲学观点一无所知,也不能把其中比较独特、科学的观点汲取过来的缘故。

大概在 776 年间,阿布－穆萨－札比尔－伊本－哈扬(Abu-Musa-Jābir-ibn-Haiyan)这一举世闻名的阿拉伯炼金家和化学家名声远播。后来用拉丁语出版了不少著作,据说作者是一位名叫"杰伯尔"(Geber)的人,时代、身份均不详。有人觉得"杰伯尔"其实就是札比尔。可是,直到现在,这些著作的起源问题依然成谜。1893 年,贝特洛(Berthelot)对一些阿拉伯原稿的新译本进行研究以后得出结论[1],相比杰伯尔,札比尔的成就要少多了[2]。可是霍姆亚德[3](Holmyard)和萨尔顿[4]说,以未经翻译的阿拉伯著作来看,札比尔这位化学家要比贝特洛想象来得高明多了。他似乎制造过(用现代术语讲)碳酸铅,而且对砷和锑的硫化物进行分析后,得出砷和锑;他对金属的提炼、钢的制造、布与皮的染色,还有蒸馏醋而得到醋酸的方法都进行了描述。他觉得当时所知的六种金属因为所含的硫和汞的比例不一样,所以才不同。可是,在批判性研究他的所有阿拉伯语著作,并对比拉丁语的"杰伯尔"著作以前,在历史上,札比尔的地位其实是模糊的。

化学史上有个非常重要的理念,那就是硫(也就是火)和汞(也就是水)被认为是基本元素。这一理念好像来源于硫和汞化合会形成非常有特色的红色硫化物。因为银是白色的,金是黄色的,相比之下,红色的制作材料一定比金还要有价值、更根本。除了硫与汞,食盐也被用来当作土或固体的象征。恩培多克勒和亚里士多德的四元素说被以食盐、硫和汞为物体的基本元素的学说所取代了,这看法一直持续到1661 年,波义耳出版了《怀疑的化学家》(Sceptical Chymist)一书为止。

在 9 世纪初的一场和炼金术有关的真正价值的论辩上,科学的化学性显得越发重要。欧几里得的《几何原本》和托勒密的天文著作也在那时被翻译成了阿拉

---

① The Arabic Works of Jābir-ibn-Haiyan, ed. By E. J. Holmyard, I, Paris, 1928; The Works of Gebert, R. Russell, 1678, ed. by E. J. Holmyard, London, 1928. ——原注

② La Chimie au Moyen Âge, Paris, 1893. ——原注

③ E. J. Holmyard, in Isis, No. 19, 1924, p. 479. ——原注

④ Introduction to the history of Science, Vol. Ⅰ, p. 532. ——原注

伯语,后者的巨著因此有了《至大论》(Almagest)这一阿拉伯名称。希腊的几何学和天文学开始传播。可能印度的数字是由希腊人率先发明的,之后传到印度,再通过最原始的形式传到阿拉伯,他们又加以修正以后,变成所谓古巴尔(Ghubar)字体,非常接近我们现在所用的字体①。几个世纪以后,烦琐的罗马数字就被取代了。976 年间完成于西班牙的一部手稿,好像是拉丁语中最先把这个新数字体系派上用场的例子,可是直到很久以后,零位记号才大面积推广开来。

当时,为了方便对自己的著作加以推广,有些阿拉伯作家会用希腊人的名字给自己的著作署名。比如说阿拉伯人或叙利亚人编纂的一部名叫《秘密的秘密》(Secretum Secretorum)的风靡整个中世纪的欧洲的文集,据说和民间传说与巫术有关,当时就假称是亚里士多德著作的译本。817 年左右,埃德萨的约布(Job of Edessa)以巴格达演讲的资料为依据,创作了一部和哲学、自然科学相关的百科词典。最近(1930 年代),明加纳(Mingana)用叙利亚语编辑并翻译了这部词典②。

在安提沃奇(Antioch)天文台,穆罕默德·阿尔-巴塔尼(Muhammad al-Batain,约 850 年)对春秋二分点的岁差进行了重新计算,并把一套新的天文表制作出来。后来,名气远不如他的其他学者们继续了他的这项工作。公元 1000 年左右,三角学取得了显著进展。在开罗,伊本-荣尼斯(Ibn-Junis 或叫尤纳斯 Yūnus)观察了日月食,并做了记录。连埃及国王阿尔-哈金(al-Hakim)都激励过他。阿尔-哈金还在开罗开办了学院。

可以说,第 10 世纪是阿拉伯科学的古典时期的开始时间,波斯人阿布·巴克·阿尔-拉齐(Abu Bakr al-Rāzi)的工作是其源头所在。在欧洲,这个人也被叫作布巴卡尔(Bubachar)或拉泽斯(Rhazes)。他曾经在巴格达当过医生,不少百科全书性的教科书都出自他手,其中有一本著作特别有名,对麻疹和天花进行过探讨。他在医学上使用了化学,并把流体静力天平派上用场,对物体的比重进行称量。

曾经任职于埃及阿尔-哈金统治下的伊本-阿尔-海什木(Ibn-al-Haitham,965—1020 年),他主要是在光学方面展开研究,极大地改进了实验方法。他把球面和抛物面反光镜派上用场,并对球面像差、透镜的放大率和大气的折射进行了研究。关于眼球和视觉过程相关的知识,他丰富了不少,并用强劲的数学方法把几何光学的问题解决了。在罗吉尔·培根和开普勒的帮助下,其著作的拉丁语译本极大地影响了西方科学的发展。同时有一位名叫伊本·西那(Ibn Sina)也就是阿维

---

① S. Gandz, *Isis*, Nov. 1931, No. 49, p. 393. ——原注
② Cambridge, 1935; *Isis*, No. 69, 1936, p. 141. ——原注

森纳(Avicenna,980—1037年)的医学家和哲学家,出生于布哈拉(Bokhara),到中央亚细亚各国的宫廷都做过访问,希望获得一个平稳的位置来把他的天才施展出来,并开展他的文学和科学工作,遗憾的是,他失败了。对于当时所知的科学,他都有过记载。萨尔顿曾经说,他深信炼金术不能改变金属,他觉得这种变化之所以会出现,是因为有其他的本质原因,并不是光凭改变颜色就可以的。阿维森纳的《医典》(Canon)或医学纲要,代表着阿拉伯文化的最高成就。后来,欧洲各大学都把这部书当作医学教科书,一直到1650年,这部书都还在比利时的鲁汶(Louvain)和法国的蒙彼利埃(Montpellier)的学校使用,据说直到现在还在使用。

阿尔-比路尼(al-Bīrūni)作为阿维森纳的同代人,虽然名气比不上他,可是智慧却跟他旗鼓相当。生于973—1048年的阿尔-比路尼是哲学家、天文学家和地理学家。他测量过大地,所测定的经纬度相当精准。他对一些宝石的比重进行过测量,用水在通路中自求其水平的原理来对天然泉和喷水井进行说明。他非常清晰地描绘了印度的某些部分和人民,而且写了一篇和印度数字有关的论著,堪称中世纪最佳。

这时,学术研究时采用阿拉伯语已经堪称经典,因此只要是用阿拉伯语写的东西,必定是令人敬仰的。就像早期(和后来)时代的希腊语著作一样。非洲人康斯坦太因(Constantine)是最先把阿拉伯书籍有条不紊地翻译成拉丁语的人。从1060年到1087年去世,他一直工作在蒙特卡西诺寺(Monte Cassino)。他去过萨勒诺,他的工作极大地影响了萨勒诺学校,在他的激励下,在这里和其他地方的拉丁国家才把阿拉伯人的学术汲取过来。

可是这时阿拉伯学术发展的顶峰期已过。波斯诗人莪默·伽亚谟(Omar Khayyam)的重要代数著作、阿尔-加扎利(al-Ghazzāli)的神学著作于第11世纪出现。就像托马斯·阿奎那为基督教所做的哲学和综合工作一样,他为伊斯兰教所做的也是哲学和综合工作。可是在这个世纪接近尾声时,阿拉伯学术就开始走下坡路,在这之后,欧洲就成了科学活动的聚集地。

站在政治的角度,安稳的阿拉伯帝国不可能再出现,原因有二,一是王公将领的内讧,二是之前有过很多总督、军人和行政官员的才华横溢的阿拉伯尊贵世家逐渐覆灭。遥远的省份渐次离开这个柔弱、衰退、民族多样性的帝国,回到之前的民族性和政治独立。

西班牙是穆罕默德收服的最遥远的省份,那里正好显现出阿拉伯文明、犹太文明和基督教文明沟通的最好结晶。西班牙于418—711年的三个世纪之间建立了一个西哥特王国,而其秩序的维护方则是其京城土鲁斯(Toulouse)。塞法迪姆犹太人（Sephardim Jews）——之前归属于狄托（Titus）统治，被巴勒斯坦驱逐到西班牙，则把亚历山大里亚学术的传统保留下来了，大量聚敛财富，并和东方保持着顺畅的交通。这种情况一直维持到 711 年伊斯兰教征服西班牙后。只要他们还能保持自己的优越地位，阿拉伯人是不反对思想的，所以一时之间成立了很多学校，可是这并不是因为普通人的支持，而是因为自由思想或心胸宽大的统治者的偶然和变幻不定的眷恋。

西班牙—阿拉伯哲学发展的历程基本上类似于一个世纪以后基督教学校所走的历程。他们都想调和本国的神圣文献和希腊哲学的学说，类似的派别竞争也出现在神学家们身上，有以理性和理性的结论为依据的，有对神的启迪或神秘的宗教经验深信不疑的，对于人的理性在宗教问题上的作用，他们都表示坚决反对。

出生于 1126 年的科多瓦（Cordova）的阿威罗伊（Averroes）的工作才是真正让西班牙—阿拉伯思想学派的名声传扬出去的人。尽管他非常推崇亚里士多德的学说，可是却让宗教和哲学的关系中被注入了一种新理念。他觉得宗教不是可以归属为命题和教条体系的知识的一个分支，而是人内心的一种力量，是不同于"实证的"或实验的科学的。神学混合了二者。他觉得神学是祸害二者的源头所在，不仅让宗教和哲学相互排斥的错误印象显现出来，也用一种假科学把宗教腐蚀了。

阿威罗伊的学说和正统的基督教神学就这样起了严重的纷争，这是人们意料之中的。可是虽然遭到质疑，尤其是重要的多明我（Dominican）思想学派的反对，但愿意听他的人依然受到他的语言的触动。到了 13 世纪，意大利南部、巴黎、牛津等大学都认为阿威罗伊是不可动摇的权威，罗吉尔·培根和邓斯·司各脱（Duns Scotus）甚至觉得他和亚里士多德都是实证科学的伟大人物，二者可比肩。

迈蒙尼德（Maimonides，1135—1204 年）是那个时代另一位举足轻重的人物，他是犹太医学家、数学家、天文学家和哲学家。迈蒙尼德想调和犹太神学和希腊哲学，尤其是亚里士多德的哲学。在中世纪后期，他的著作影响卓著。那时他的信徒随意延伸他的观点，甚至觉得《圣经》中所描述的历史都只是徒有其表，自然而然地，这种学说会带来争论①。

欧洲学术的复兴

阿拉伯知识逐渐被欧洲接受并汲取，所以，欧洲对学术进行研究的工具也进步

---

① 关于中世纪犹太哲学，可看 H. A. Wolfson, *The philosophy of Spinoza*, Harvard, 1934；*Isis*, No. 64, 1935, p. 543.

明显。9、10 世纪时,在东罗马帝国的君士坦丁堡,知识的复兴就已经出现了。当时君士坦丁七世对学术和艺术极为看重,而且要求人对百科全书式的著作加以编纂。把君士坦丁堡当作大本营,在基辅公爵弗拉基米尔的极力诱惑下,俄罗斯也变成了基督教国。10 世纪末,俄罗斯艺术这一直接从东罗马帝国(拜占庭)发源的艺术也出现了。很多希腊的手稿就因为这个拜占庭的文艺复兴而得以保存。

在前面,我们曾经说过,萨勒诺早就有一个研究世俗学问的中心,尤其是医学研究中心,而在北欧方面,一般学术因为查理大帝和阿尔弗雷德大帝对学者的奖赏而快速向前发展。盖尔贝特(Gerbert)是法国知名的教育家和数学家,他于 972—999 年在兰斯(Rheims)等地当老师,公元 999 年,他被选为教皇,遂又称西尔维斯特二世(Sylvester Ⅱ)。他在著作中提到了印度数字:算盘(一种简单的计算机)和星盘(一个上面有刻度的金属圆盘,上面有一个围绕中心旋转的臂,可以对天顶距进行测量)。阿拉伯学术在 10 世纪早期已经传播到列日(Liége)和洛林(Lorraine)等其他城市,再从这里传到法国、德国和英国[1]。1180 年左右,一个阿拉伯学术的中心在赫尔福德的罗吉尔(Roger of Hereford)的领导下成立[2]。

当教育有着更大的需求时,寺院和教堂的学校就难以满足了,于是开始建立新的世俗学校,最终形成现代大学[3]。公元 1000 年左右,波伦亚(Bologna)重新开始研究法律,到了 12 世纪,不仅有了法律学校,还有医学和哲学学校。一开始,为了应对当地人的排外,并互相提供保护,外国学生成立了学生会或"大学"(Universitas),后来本地或外国的所有学生都开始成立这种组织。这些学生会把自己的老师聘请过来,就是后来的波伦亚大学也依然是学生的大学,因为学生负责管理它。

此外,一些教师们在 12 世纪的最初十年成立了一所辩论术学校,地点就在巴黎,没过多长时间,那个城市的教师组织也就是 Universitas,就被北欧和英国大部分大学效仿。所以,教师一直掌握着牛津和剑桥两大学的管理权,不同于波伦亚大学由学生掌握管理权,可是在苏格兰,大学校长的产生还是通过选举这种方式,从这里可以看出学生管理权的印痕。

学校的课程早在加洛林王朝(Carolingian)时代就被设定成了都和词语有关的初等三科,也就是文法、修辞和辩论;以及高等四科,也就是音乐、算术、几何学和天文学,不管怎样,这四科都被视为对物进行研究的。音乐把一种比较神秘的数的理

---

① J. W. Thompson, *Isis*, No. 38, 1929, p. 184. ——原注
② J. C. Russell, *Isis*, No. 52, July 1932. ——原注
③ H. Rashdall, *The Universities of Europe in the Middle Ages*, Oxford, 1895. ——原注

论涵盖进去了,几何学只把欧几里得的很多命题包含进去了,而没有给出相关验证,算术和天文学因为教人们如何对复活节的时间进行计算,所以得到人们的关注。这一切都是在给神圣的神学的研究作铺垫。这种分科方法在整个中世纪都适用于各门学术要素,后来,因为人们更加关注哲学,所以哲学这一科又被加进去了,可是这也只是逻辑辩论术的一门高级课程罢了。

曾经总是在柏拉图和亚里士多德之间出现的"理式"或"共相"(universals)争论,再次在波菲利的著作和波爱修斯的注释中出现,所以到了中世纪,便衍生为分类的问题。我们究竟要怎么对它们进行分类呢?是像唯名论所提倡的一样?还是像亚里士多德所表明的那样呢?前者的观点是:个体是仅有的一个客观存在,而类或共相(通常意义上的概念)只是心灵的定义或名称;后者的观点是:它们有各自的客观存在性,在感官对象中以感官对象为依靠,作为对象的本质而客观存在。还是再从其他角度来说,就像柏拉图在他的唯心主义哲学(后来叫唯实论)中所说的那样,理式或共相不再依附现象或单个事物,而只是单独存在?举例来说,德谟克利特和苏格拉底到底是客观存在的人,还是只是虚幻的一个名称?还是人是有自身客观存在性的一个类别,在某个地方获得一些形式,而成为德谟克利特或苏格拉底,也就是真正客观存在——人类——的偶然性呢?我们到底要追随谁呢?是柏拉图说"共相在物先"(universalia ante rem)还是亚里士多德说"共相在物里"(universalia in rem),又抑或是唯名论者说"共相在物后"(universalia post rem)呢?

我们的科学头脑和阿基米德更为靠近,而对于亚里士多德或柏拉图则不喜欢,觉得这场争论太愚昧了,也太让人厌烦了。可是我们又必须研究这场论辩,以期把很早就隐藏起来直到文艺复兴才露出端倪的现代科学的种子挖掘出来。它对认识论产生了很大的影响,哪怕在希腊人眼里,它的重要性也不言而喻,在这里,中世纪的人也终于找到了基督教义的所有问题,决定大张旗鼓地进行打压迫害的正统派到底要站在哪一边,是唯一的难题。

奥里根的门徒伊里吉纳(Erigena)或约翰·斯科特(John Scot)在9世纪创建了一个充满神秘色彩的学说,神是仅有的一个客观存在是其基本观点。这个学说第一次整合了中古时代(相对教父时期来说)基督教信仰和希腊哲学(这里指新柏拉图派的哲学)。伊里吉纳觉得真哲学和真宗教其实是一回事儿。理性引领人进入一个和正当解释的圣经一致的体系。伊里吉纳是提倡实在论的人,可是他的唯实论混合了柏拉图的主张和亚里士多德的主张,后来,唯实论和唯名论的争论越发激烈。直到11世纪,神学采用了批判的推理,才开始明晰双方争执的焦点。在土尔的柏朗加里斯(Berengarius of Tours,999—1088年)的著作里,唯名论出现了,他对化体(transubstantiation)理论进行了抨击,说我们要对面包和酒的本质加以改变,就一定要对其形与味等偶有性加以改变。在洛色林(Roscellinus,约1125年去世)的著作中,也出现了唯名论。在他看来,客观存在的只有个体,所以达到三位一体的三神论观念。这就马上让敌对的唯实论结构变得愈加明朗了,特别是在查姆伯的威廉(William of Champeaux)和坎特伯雷的安瑟伦(Anselm of Canterbury)的著作中,唯实论越发成为正派学说,在长达几个世纪的时间里流行不衰。

可是唯实论恒久不变的难题,衍生出了很多派别,学校内也不眠不休地辩论着,在长达两百年的时间里,经院辩论家们激烈地辩论着哲学。法国布列塔尼人阿伯拉(Abelard,1079—1142年)对他的老师查姆伯的威廉进行大肆抨击,并修订了他的学说,使他的学说更靠近唯名论,可是他的唯名论又缺乏像洛色林那样的前后一致性。在阿伯拉的哲学中,三位一体的教义演变为一神的三个方面的理念。已经有迹象表明,阿伯拉开始逃离中世纪思想约定俗成的条条框框了。他说了不少非常有价值的话,像"研究必定要走质疑这条路""要想抵达真理,必须走研究这条路""一定要先了解,才能相信",这些话完全有资格和教父哲学家德尔图良(Tertullian)的"正因其荒谬而信仰"(credo quia impossibile),和安瑟伦的"为求知而信仰"(credo ut intelligam)相提并论。圣伯纳德(Saint Bernard)非常严厉地批评了阿伯拉,认为他非常愤世嫉俗,并运用自己的智慧让教会愈加怀疑异端。可是思辨的精神在某个时期也被消耗光了,逻辑和哲学辩论自12世纪中叶开始变得悄无声息,一直持续了长达半个世纪的时间,如今人们又开始关注古典文献了,其焦点就是萨利斯伯里的约翰(John of Salisbury)和他设立在沙特尔(Chartres)的学校里。

直到现在为止,某些现代的形而上学家依然很喜欢讨论中世纪人的哲学。我们觉得他们对于物质宇宙的一般看法确实太过于荒谬,而且缺乏客观性,杂乱不堪。大体上来说,他们混淆了自然事件、道德真理和精神经验。毋庸置疑,这三方面是终极的实在不可或缺的内容,可是通过历史我们知道,假如想对它们彼此之间的关系有更深入的了解的话,不论如何,一定要单独观察自然事件。

中世纪的心理,痴迷于对比设想的大小两种宇宙时,一是神性,也就是天文学上的宇宙结构,二是人体,也就是解剖学、生理学和心理学上的人身结构。一般情况下,他们觉得有一个活生生的灵魂存在,也就是"奴斯"(nous)或新柏拉图主义的世界精神,贯穿在整个宇宙中,并对其加以维持,而神又掌控了这个灵魂。所以,神掌控着原始的物质,也就是死和分解的元素。

在柏拉图的《蒂迈欧篇》中,大宇宙和小宇宙的观念首次被提出来,还可追溯至阿尔克蒙和毕达哥拉斯学派,可是有些中世纪的著作家归到赫尔墨斯(Hermes）。这是一位非常值得质疑的亚历山大里亚人物。他出现在很多炼金术的著作里，可能他就是古埃及神梼特（Thot）。在塞维尔的伊西多尔和炼金家"杰伯尔"的书中，这个理论还以简明扼要的形式出现了。之后，在土尔的伯纳德·西尔维斯特里（Bernard Sylves-tris of Tours，约1150年）和宾根（Bingen）的修道院院长希德加尔（Hildegard，约1170年）[①]的努力下，它更是蓬勃发展起来。这个观念用寓言的形式表现出来的作品时常可以在中世纪的艺术品中看到。

在只是对大宇宙进行描绘的其他作品中，下面的画面会映入我们眼帘。地球这个球体位于正中心，其中的四元素原来是和谐有序的，自从亚当堕落以后，便变得杂乱无章了。地球周围有几层同心圈，里面满是空气、以太和火，这些圈里有恒星、太阳和行星，在四种天风的裹挟下运行，这四种天风又关系到地上的四种元素和人身中的四种体液，火层以外最高的苍天是天堂，地狱存在于我们所踩的地球中。

在整个中世纪，大宇宙和小宇宙大体上一样的理念非常风靡。即便经过了文艺复兴，它也没有消失，直到现在还可以在文学中发现它的踪影。在中世纪，宇宙是由同心的球或圈层组成的观念已经成为古典的了，到了但丁的幻象里，已经达到巅峰状态。它的理性基础被哥白尼击垮了，可是民间的传说却一直在。即便到了现在，在各阶级的蒙昧民众中盛行的某些历书的封面上，我们还可以看到源于古代世界和中世纪这些混乱不堪的想象中的画面。

在犹太神智学，也就是所谓卡巴拉（Caballa）的学说里，也可以找到与之基本上一样的理念，这个学说声称把上帝启迪亚当的秘密真理传扬出去了，而且依据传说代代相传，以后也极大地影响了基督教。

对于中世纪繁杂的占星术、炼金术、巫术和神智学大杂烩，我们在这里只能简要叙述，杂乱的程度恐怕连十分之一都达不到。这些不仅让我们极其费解，甚至让我们读不下去。从本质上来说，这些理念是中世纪心理的特点，他们有了这些理念才觉得舒适。可是我们要记得，在当时，科学思想不仅鲜见，而且也不合乎一般人的心理。稀稀疏疏的几棵科学树苗，必须生长在一直被阻碍生长的旷野中，而不是生长在广阔且益于生长的蒙昧草原中，就像有些科学历史家所设想的那样。假如一块农地已经荒废几年了，就可能变成草莽，同样的情况，也可能会出现在思想的园地里。科学家历经三百年的辛劳，才把草秽清理干净，变成肥沃的土壤，可是只

---

① *Studies in the History and Method of Science*, ed. by Charles Singer, Oxford, 1917, "St Hildgard", p. 1.
——原注

要把一小部分人口损毁了，就可以把科学的知识都毁损，导致我们又重新回到以巫术、妖术和占星术为信仰的局面。

13 世纪

尽量拯救处于灭绝边缘的古代学术，是黑暗时期的学术任务，而了解和吸收重新发现的学术则是之后几个世纪的任务。融合拉丁纲要的作者所保存下来的遗留的古代古典知识和早期教父们以新柏拉图主义为依据所解释的基督教信仰，是中世纪初期在学术方面所取得的显著成绩。自9世纪以来，我们可以看到这个过程已经在进行中了，可以这么说，中世纪的建设从那时就已经开始了。

到12世纪时，中世纪的思想界已经开始研究来自过去的双重遗产了。此后就暂停了哲学性的神学工作，可是把古典书籍当作文学来鉴赏的现象却在这个时期达到了巅峰。所有高深一点的亚里士多德著作都不是完整的，所以当时的学者没有拿到任何一部科学书籍，来让它们侧重于文学的观点受到影响。这些学者原本只是一种治学的途径，或者只是为了更方便对《圣经》的语言和神父的著作有所了解，才对典籍比较关注。尽管经过各家注释，亚里士多德的著作也必然受到了影响，可是柏拉图派或新柏拉图和奥古斯丁派的态度依然是当时风靡的神学态度，是唯心主义的、是充满神秘色彩的，而不是哲学的，也不是客观的。

可是人们的观点到了13世纪时则发生了翻天覆地的变化，由于托钵僧的出现，人道运动也在此时产生了，而且二者可能还有点关系。为了对人们追求世俗知识的持续上升的需求加以满足，希腊书籍被翻译成了拉丁语，一开始是从阿拉伯语转译，后来直接对希腊语进行翻译。直到现在，很多情况都还是未知的，因为我们还没有全面地了解阿拉伯科学文献——哪怕是现有的那一部分科学文献——的知识，还不能科学地指出阿拉伯人增加到希腊科学上的是什么。

西班牙是从阿拉伯语翻译到拉丁语最为活跃的国家。从1125年到1280年，这里就有了很多翻译家在勤劳地翻译着很多题目。"正是因为他们，我们才看到了亚里士多德、托勒密、欧几里得和希腊医学家阿维森纳和阿威罗伊以及阿拉伯天文学家和数学家的著作，还有很多占星术书籍，当然，很多炼金术的书籍也包含其中。"[1]

从重要性的角度来说，意大利的南部和西西里略靠后一点。因为这些地方和

---

[1] C. H. Haskins, in *Isis*, No. 23, 1925, p. 478. ——原注

君士坦丁堡存在外交和商务上的关联，而且有一些阿拉伯人和希腊人住在这里，所以这里有很多著作从阿拉伯语和希腊语翻译而来。一些医学书籍、地理著作、地图，还有托勒密的《光学》也是这样得到的。亚里士多德的《动物学》《形而上学》和《物理学》以及公元 1200 年以后出现在西方的很多不太重要的书籍，则来源于很多在各处散落居住的或名不见经传的译者。

阿拉伯语是那时科学文献的通用语言，译自阿拉伯语的书籍，哪怕是希腊人著作的，也在当时得以重现。当时，讲阿拉伯语的民族和居住在其中的犹太人开始真正爱上科学，正是因为结交了伊斯兰教国家，中世纪欧洲才从早期的观点发展到一个理性主义更浓厚的心理习惯。

当亚里士多德的著作再次被发现时，最大的变化出现了。亚里士多德的全集于 1200 年至 1225 年被发现，而且被翻译成了拉丁语。它和其他希腊著作一样，也先是被翻译成阿拉伯语，之后直接被翻译成希腊语。在后面的翻译工作中，格罗塞特（Robert Grossetese）是最为出众的一个学者。他是英国林肯区的主教，也是牛津的校长，写过对彗星及其成因进行探讨的论文。他把希腊人请到英国，并把希腊书籍输进去，而他的门徒、方济各会修士罗吉尔·培根则创作了一部希腊语法。他们的宗旨是神学和哲学，而不是文学，他们想打开《圣经》和亚里士多德原著语言的大门。

没过多长时间，这些新知识就影响了当时的辩论。唯实论还没有消失，可是不如之前完全了，而且和柏拉图主义稍微拉开了一点距离。人们意识到，可以用心理学的术语来对亚里士多德修订后的唯实论进行叙述，让其和唯名论更接近。可是亚里士多德却在更大的问题上，把一个新的思想世界展开在中世纪思想界的面前。他的一般观点不仅理性色彩更浓厚，而且科学色彩也更浓，完全不同于一直以来作为古代哲学的主要代表的新柏拉图主义。相比当时人尽皆知的知识，他的知识领域的覆盖面要广多了，不管是在哲学方面也好，还是在自然科学方面也好。把这些新材料都吸收进来，而且让其和中世纪的基督教思想更吻合，确实是一件很难的事情，而且在完成这件事情时，也一定是充满担忧的。人们对教会作为天启的接受者和解释者，在学术上具有高不可攀的地位这一观点深信不疑，而世俗学问的代表——充满神秘色彩的新柏拉图主义则是符合天启的。所以，在学术上必须做出极大的努力，才能对亚里士多德的著作以及它们所涵盖的科学的或准科学的知识加以认可，而且调和这些知识和基督教教义。在对亚里士多德进行初步研究时，难免会出现慌乱的局面。亚里士多德的著作一开始是从阿拉伯传到西方的。他的哲学和阿威罗伊学派的倾向在这个过程中融合到一起，变成了充满神秘色彩的异端。

1209 年，亚里士多德的著作被巴黎的大主教管区会议禁止，之后又被禁止了一次。可是，亚里士多德的著作到 1225 年时被巴黎大学列为必读书籍的一种。

多明我会修士科隆的大阿尔伯特（Albertus Magnus of Cologne，1206—1280 年）是在这期间对亚里士多德进行主要解释的学者。在中世纪里，他也是科学思想最丰富的人。他整合了亚里士多德、阿拉伯和犹太诸要素，其中包括了当时的天文学、地理学、植物学、动物学和医学各种知识。阿尔伯特本人和与其同代的植物学家鲁菲纳斯（Rufinus）等人也对这一工作贡献颇多①。

从阿尔伯特教授亚里士多德的胚胎学以后发生的情况，可以看出当时风靡的思想倾向。在亚里士多德看来，一个生物的成胎，质是由母体提供的，形则是由父体提供的。中世纪的心理对事物的意义非常看重，所以认定更加珍贵的是男质，后来竟有一种神学的胚胎学产生，于是第一个重大的问题就变成了灵魂什么时候进入胎里。

阿尔伯特的工作，不仅把他和与他同时代的青年人，如牛津的方济各会修士们、格罗塞特斯和培根之间的紧密关联表现出来，还对他的著名门徒圣托马斯·阿奎那发展系统性更强的哲学起到了引领作用。尽管在科学精神方面，阿奎那的头脑比不上阿尔伯特，可是在哲学史和科学起源方面，他的地位却不可小觑。他传承了阿尔伯特的工作，客观阐述了当时知识的宝库，神圣的也好，世俗的也好，所以让人们更对知识感兴趣了，并让人们觉得宇宙好像并不是不可理解的。

在阿尔伯特和阿奎那的共同努力下，一场思想革命由此产生，尤其是宗教思想的革命。人们一直觉得人是一种混合物，里面包括了思想着的灵魂和活着的肉体，其中二者分别形成一个完整的实体，从柏拉图到新柏拉图主义，再到奥古斯丁，这种观点一直没有变过。在每个灵魂里，上帝都放了一些天赋的理念进去，其中神的理念就包含在其中。这种体系极易调和个人灵魂永存，人们可以对上帝进行直接了解等基督教教义。

可是，对于人和认识的问题，亚里士多德却提出了一种截然不同的理论。肉体或灵魂都不能单独成为一个完整的实体，人只能被视为混合了二者的复合体。观念也不是与生俱来的，而是以几个不用验证的原则（像因果原则）、感官材料为依据创建起来的。认识上帝也不是与生俱来的，而是要借由理性的和艰难的推理才能实现。在对宗教问题进行解释时，尽管亚里士多德的体系遇到了重重阻碍，可是

---

① E. Michael, *Geschichte d. deutschen Volkes vom 13 Fahrh*, Vol. V. Part Ⅲ, 1903, p. 445 et seq. ——原注

却很好地解释了外部世界，所以它受到了阿尔伯特和阿奎那的认同，托马斯更是大胆又灵活地调和了它和基督教教义。

可是，尽管和柏拉图的哲学相比，亚里士多德的哲学要更符合科学，可是依然排斥文艺复兴时期的新知识，所以当人们认可他的著作，把他的著作当作权威时，在很长的年代里，它们阻碍了科学思想摆脱神学约束的脚步，因为学院的世俗学术和罗马教会双方就是因为圣托马斯的亚里士多德主义，所以才无比仇视现代科学的初期发展。

托马斯·阿奎那

托马斯的父亲是阿奎农（Aquinum）伯爵。1225 年，托马斯在意大利南部出生。十八岁时，他成为多明我会的一员。他在科隆师从阿尔伯特学习，在巴黎和罗马都任过教，一生辛苦劳碌，1274 年，年仅 49 岁的他就去世了。

《神学大全》（*Summa Theologiae*）和《箴俗哲学大全》（*Summa Philosophica contra Gentiles*）是他的两大著作，目的是把基督教知识传授给一无所知的人。他觉得知识可以来源于基督教信仰的神秘，传承于圣经、神父和教会的传说，也可以来源于人类理性所推导出来的真理——这不是个人必定会出现失误的理性，而是自然真理的源泉，它的主要解说者就是柏拉图和亚里士多德。这两个源头千万不能相互冲突，因为它们都来源于神这一个源头。所以哲学和神学必定是可以相互包容的，一部《神学大全》应该把所有知识都囊括进去，即便在证明神的存在时，也可以用推理的方式。可是在这里，托马斯·阿奎那和他的前人分道扬镳了。受比较神秘的新柏拉图主义的影响，伊里吉纳和安瑟伦想对三位一体及化身等最高的神秘加以验证。可是受亚里士多德和其阿拉伯注释家的影响，托马斯觉得用理性是无法验证这些神秘的，尽管用理性可以去检视它们。所以这些教义就脱离了哲学的神学范畴，而归入了信仰的领域。

阿奎那的所有工作兴趣都在理智方面。任何被神创造出来，而且拥有理性的人，采用其智慧来默念神就是其所有的幸福。对真理的命题和表述的信念就是信仰和启发。我们千万不要以为经院哲学和后来源于它的正统的罗马神学对于人的理性是持反对态度的。那是早期的态度，像当代唯名论者如果把他们的理性派上用场，安瑟伦就感到惊惧不安。可是后期的经院派对于理性并不是持贬损态度。反之，他们觉得人的理性原来就是为了对神和自然的形成加以认知和证明的。他们声称要理性地说明整个存在的体系，只是我们觉得他们的假设不太科学而已。

阿奎那体系的建立，是以亚里士多德的逻辑学和科学为基础的。人们早就通过他的逻辑学熟悉了它的纲要。在人们理性整合知识尝试时，他的逻辑学产生了更加深远的影响。逻辑学在三段论法的基础上，可以以大家认可的假设为依据，提供严苛的证实。由此，人们就会觉得知识一是从直觉的公理而来，二是从权威，也就是天主教会的权威而来。对于引领人们用实验的方法来对自然进行研究，不太适合。

从亚里士多德和当时的基督教义那里，阿奎那还对一种假设予以了认可，说人是万物的核心和宗旨，在描绘世界时，能以人的感知和心理为依据而进行。这一切都源于亚里士多德的物理学，因为在他的科学中，最差劲的一门学科就是物理学。在现代物理学的观点还没有形成之前，德谟克利特就曾经疯狂地预言过："按照一般的说法，有甜、苦、热、冷，还有颜色。事实上，只有原子和虚无。"这一理论是符合现代客观物理学的。它要从浅显的感觉看过去，找到与人无关的自然界法则。可是，我们知道，这一切却被亚里士多德抛弃了，对于原子的概念，他并没有接受。他觉得物体和德谟克利特所说的并不一样，是集合了很多原子的，或者像我们大众所认知的一样，是有质量、惯性和其他物理的、化学的或生理特点的东西。物体是一个主体或实体，可以划分到某些范畴。第一，它是本质，"这个东西并不是主体才有，而是所有其他东西都有"，像人、面包、石头。可是，亚里士多德在这里所说的并不是指某样东西，而是一种本质属性。第二，它有重、热、白等特点，还有一些次要的，如它在什么地方、什么时候存在。这些都具有偶有性，相比本质，没有那么本质的价值，可是却在某个瞬间组成了主体。

这一切在19世纪看来好像都是没有意义的，没什么价值可言，尽管经由我们之手，这所有说法可以变成一种现代气味浓厚的形态。可是在中世纪的人们眼里，19世纪或20世纪的观点也很奇怪，而他们的心理态度是出现了了不起的历史后果的。假如重这种自然特点是和轻相反的话，对于亚里士多德是如何达到天然位置的学说，我们理解起来就容易多了。根据这个学说，重的往下降，轻的往上飘，因此物体越重，往下坠的速度就越快。经院派和史特芬·伽利略在这一点上出现了纷争。不仅仅是这样，因为亚里士多德区区别开了物体的本质性的本质和现象、偶有性或种，中世纪的人就会觉得化体理论——1215年以来的一个信仰——就没什么好奇怪的了。哪怕理性的亚里士多德派的托马斯主义取代了充满神秘色彩的新柏拉图主义，中世纪人的想法还是没有变。

托勒密的天文学得到了阿奎那的认可。我们要注意的是，他只是视它为一个工作前提——"这不是验证,而是前提"。① 可是,人们却忽视了圣托马斯的谨慎性,而托马斯派哲学竟然把地球中心说包括进去了。创造万物既然是为了人,那么地球就是宇宙的中心,充满气、以太和水("世界的火焰墙")的同心圈在它周围旋转。太阳、恒星和行星都在这些圈的带动下运行。中世纪的末日审判画,对这种观点是如何自然地引领人们幻想出这样一个场景进行了诠释,苍穹的上面是天堂,土地的下面是地狱。人们在把这个体系精细地制作出来时,秉承的条件是基督教教义和亚里士多德哲学所提供的前提,只要这些前提得到我们的认可,这个体系就是一个值得相信的整体。

因为亚里士多德的世界永恒说不符合上帝在时间中创造世界的教义,所以被阿奎那抛弃了,可是阿奎那却在其他方面使亚里士多德的科学符合当前的神学,哪怕是细节也没有放过。亚里士多德觉得只要是运动,就必须持续增加力量。阿奎那从他的这一观点中推导出一些符合当时神学的结论,比如说"天体之所以会动,是被充满智慧的本质推动的"。既然这些推论已经得到了证实,那么前提就更不用说了,于是所有自然知识和神学就融合到一起,形成一个牢固的堡垒,在这个堡垒中,各部分都是彼此依靠的,因此抨击亚里士多德的哲学或科学,就是抨击基督教义。

托马斯派的哲学觉得肉体和心灵都是实在,可是那种被笛卡儿率先描述,并在后来的年代里人们耳熟能详的对立并没有出现在它们中间。阿奎那压根儿没想过去对形而上学所碰到的一些问题进行研究,像这两个表面上无法比较的实体之间的关系,或与之有关联的问题:人的心灵怎么能够对自然有所了解呢? 那时,这样的分析还没有必要。这种必要直到4个世纪以后才出现。因为当时伽利略已经用动力学的理论对亚里士多德的物质和其特性的定义进行了证实,一定要被运动中的物质的观念所取代,偶有性像色、声、味等,并不是物质原本就有的特性,而只是接受者心中的感受。这些在13世纪时还让人觉得匪夷所思,其中所遇到的难题当然也没有研究的价值。

在托马斯·阿奎那手里,经院哲学发展到了最高峰。这种哲学长久地占据着人们的心灵。对于新的实验科学,文艺复兴之后残存的经院哲学家是持反对态度的,可是,他们的学说的彻底唯理论却因此产生了近代科学的学术气氛。从某种意义上来说,科学是反对这种唯理论的,科学的对象是残酷的事实,无论这些事实和预定的理性体系是否相符。可是,这种唯理论却以自然是有规律的、统一的假设作

---

① *Lib*,*Physicorum*,Ⅰ,cap.2,lect.Ⅲ,7. ——原注

为前提。怀特海博士指出①：无法对抗的命运的观念——希腊悲剧的核心主题——在斯多葛哲学的努力下，被罗马法传承了。罗马法就是以那种哲学的道德原则为基础建立起来的。尽管在罗马覆灭以后，无政府状态出现了，可是法律秩序的观念并没有消失，罗马教会也一直维持着帝国统治的大一统主义传统。经院派的哲学唯理论，产生于一个广泛而有秩序的思想体系中，又和这个体系相吻合，而且为科学准备了这一信仰："所有细小的事件，都能和之前的事件产生关联，可验证普遍原则。假如这个信仰不存在了，那么科学家的勤劳就失去了希望。""在经院哲学不复存在以后，依然存在一个价值连城的习惯，那就是找到一个准确的点，找到以后便一直坚持下去。伽利略从亚里士多德那里受益的地方要比看上去多得多了……不管是他冷静的头脑，还是良好的分析能力，都来源于亚里士多德。""古代雅典的大悲剧家埃斯库罗斯、索福克勒斯（Sophocles）和欧里庇得斯（Euripides）是如今存在的科学想象力的鼻祖。他们想象着一个悲剧事件在残酷的命运的逼迫下，走到无路可退的境地。科学所具有的想象力就是这种想象力。"

罗吉尔·培根②

13 世纪不仅有经院哲学大师托马斯·阿奎那广受人赞誉的工作出现，还有罗吉尔·培根（Roger Bacon）惨不忍睹的一生出现。流传下来的记录显示，罗吉尔·培根是中世纪欧洲在精神上和他之前伟大的阿拉伯人最为接近或是在他之后的文艺复兴时代的科学家中仅有的一个人物。他悲剧性的一生，分为内部和外部。其中有当时学术环境中他的思想方法的狭隘性的原因，也有教会权威打压他的原因。

1210 年左右，罗吉尔·培根在英国伊尔切斯特（Ilchester）附近的索默塞特（Somerset）沼泽地区出生。他家里似乎既有钱又有权。在牛津学习的他深受数学家亚当·马尔什（Adam Marsh）和牛津大学校长、之后任林肯郡主教的罗伯特·格罗塞特这两个益格鲁人的影响。培根说："只有林肯郡的主教知道科学。"他还说："前任林肯郡主教罗伯特爵士和修士亚当·马尔什是我们这个时代最博学的人。"

看起来，在英国或在西欧，率先从东方把希腊人请来教希腊古文的人是格罗塞

---

① A. N. Whitehead, *Science and the Modern World*, Cambridge, 1927, pp. 11 – 15. ——原注

② E. Charles, *Roger Bacon, sa Vie, ses Ouvrages, ses Doctrines*, Paris, 1861. *The Opus Majus of Roger Bacon*. translated by R. B. Burton, Philadelphia, 1928; G. Sarton, *Introduction to the History of Science*, Vol. II, p. 952. ——原注

特,那时在君士坦丁堡,依然有人阅读这种文字。培根也意识到对亚里士多德原著和《新约》的语言进行研究的重要性,所以编纂了一部希腊语法。他时常挂在嘴边的一句话是:当代博士们之所以对原文一窍不通,就是因为在神学和哲学上,他们没有取得成功。他告诉神父们如何对他们的译文进行修改,以和当时的偏见相吻合,又如何因为浅薄和对原作进行窜改——特别是多明我会修士——使得原著变质。这就是现代翻译批评的始祖。值得一提的是,培根本人就是方济各会的一员。

可是和同时代的哲学家相比,培根要高明多了,其实在只有实验方法才能验证科学的真实性这一点上,他比整个中世纪欧洲哲学家都来得高明。在心理态度层面,这是一次脱胎换骨的变化,只有在对当代的其他著作进行仔细研究以后,才能对这种革命性改变的意义有所体会。培根读了很多书,几乎没有哪本书是他没有读过的,就连阿拉伯书籍(可能是拉丁译本)和希腊书籍也不例外,可是他并不仅限于直接引用《圣经》、神父、阿拉伯人或亚里士多德那里的自然知识的事实和推论,而是告诫世人:只有观察和实验才是对前人说法加以验证的唯一途径。他的理论在这里又变成另一位名气比他还大的培根的理论的先河。这人就是三百五十年以后英国的国务大臣弗朗西斯·培根(Francis Bacon)。他似乎把他的前辈罗吉尔的某些观点引用过来了。罗吉尔特别清晰地分析了人们司空见惯的错误的原因,他觉得有四个方面的原因,分别是过度迷信权威、习惯、偏见和过于自信知识。这个分析非常类似于弗朗西斯的四偶像,所以一定不是巧合。

尽管在著作中反复强调要重视观察和实验,可是罗吉尔本人似乎做的实验并不多,除了光学方面以外。在光学实验上,他投了不少钱财进去,可是收效甚微。在巴黎住了几年,得到博士学位以后,他就又回到了牛津。可是人们渐渐开始质疑他的工作,没过多长时间,人们就把他送回了巴黎,显而易见,是想让修会严厉管束他,而且不允许他写作或宣传他的理论。可是就在这时,他遇到了好机会。

一位名叫吉·德·富克(Guy deFoulques)的法律家、战士和政治家,开始关注培根在巴黎的工作。后来,他被推选为教皇,更名为克力门四世(Clement Ⅳ)。在克力门收到培根写的信后,马上答应了他的正式请求,而把教长的禁令和教团的章程都放到了一边,让这个小僧侣写出他的研究成果。不知道为什么,教皇还让他一定要保密。这就让罗吉尔的难度增加了。既然他是托钵僧,当然是没钱的,可是他找朋友借钱买齐了写作所需的材料,历经 15 或 18 个月,1267 年,他把三部书送给了克力门:分别是《大著作》(Opus Majus),把他的所有观点都讲解出来了;《小著作》(Opus Minor),是一种简要介绍;《第三著作》(Opus Tertium),是因为担心前两部不见了而补送的。正是通过这几部著作,我们才得以对培根的工作有所了解,尽管还有一些著作,可终究只是手稿①。

没过多久,克力门就去世了,失去庇护后的培根于1277年被判处监禁之刑,而且不允许申诉,判处人就是原任方济各会会督、后为教皇尼古拉斯四世(Nicholas Ⅳ)的阿斯科里的杰罗姆(Jerome of Ascoli)。大约到1292年培根才得以在尼古拉斯死后被放出来。那一年,他写了一本名叫《神学概要》(Compendium Theologiae)的小册子,自那以后,这位伟大的修士就销声匿迹了。

尽管培根的眼光是与时俱进的,可是心理态度基本上还停留在中世纪。无论一个人是否乐意,终究是当代思想界大军的一员,他只可能稍微走在这支大阵的行列前面一点儿。培根当然也相信充满恒星的天球围绕在宇宙周边,而宇宙的中心则是地球。《圣经》的绝对权威——假如可以再次找到《圣经》的真正原本的话——和当时基督教的武断神学的整个体系,他是认可的。更加不值得宣扬的偏见是:尽管在其他方面,他对经院哲学大肆抨击,可是对于经院哲学的这样一个观点:所有科学和哲学的宗旨,都是为了对高高在上的神学进行阐述和装点,他却深以为然。就是这样,才出现了在他的著作中处处可见的很多混乱和冲突。这种混乱和冲突总是混合地走在时代前列,甚至走在以后3个世纪前面的远见。尽管他奋力逃脱,可是终究不能把中世纪的心理习惯抛开。

培根的第一个远见卓识是:他意识到学习数学的重要性,不管是作为一种教育训练,还是作为其他科学的基础。那时翻译自阿拉伯语的数学专著已经出现了。在占星术上运用数学的例子屡见不鲜。占星术是宿命论或决定论的一种形式,是不容于基督教的自由意志论的,而且对数学和占星术进行研究的人,基本上都是伊斯兰教徒和犹太人。所以这两种学科都臭名远扬,和"黑术"紧密相连。可是培根勇敢地宣称数学和光学(他叫透视学)是其他学科的根基。他说林肯郡的罗伯特是知道这两种学科的。尽管数学的表格和仪器要投入不少钱财进去,而且破损率极高,可是却是不可或缺的。他指出当时的历法是有偏差的,每130年便有一天多出来。他事无巨细地描述了当时已知的世界各国,对世界的大小进行了估计,对大地是球状的学说表示认可。在这一点上,他对哥伦布产生了影响。

他好像特别喜欢光,可能这是因为他学习过阿拉伯物理学家伊本-阿尔-黑森的著作的拉丁译本。培根对光的反射定律和一般的折射现象进行了描述。对于反射镜、透镜和望远镜,他都非常了解,尽管他好像并没有制作过望远镜。为了证

① S. H. Thomson, *Isis*, No. 74, Aug, 1937, p. 219. ——原注

明归纳推理,他举了虹的理论的例子。对于当时医生的失误,他也严格地指出来了①。

他对很多机械的发明进行了阐述,其中有一部分是他切实看到过的,有一部分是将来有可能会制造出来的,像以机械作为驱动力的车船和飞行器等。他提到了魔术镜、取火镜、火药、希腊火、磁石、人造金、点金石等——这里面无所不包,有事实、预言,也有从不同地方听来的。他在《炼金术之镜》(*Mirror of Alchemy*)一文里依然把亚历山大里亚派的学说保留了下来,觉得任何事物都要提高。他说:“自然不停地向完善的方向迈进——那就是黄金。”

当我们在评价培根的工作时,一定要记得,正是因为教皇克力门强制性要求他写书,他才能轻轻松松名扬海内外,要不然就只能通过民间和他的魔术相关的传说流芳百世。除了培根以外,一定还有其他人也有相同的兴趣,这是毋庸置疑的,只是那些人并没有在岁月长河里留下什么。即便在培根自己的著作中,对这种人的工作的反映也能够被找到。他说:“如今只有两位数学家特别好,那就是伦敦的约翰先生和皮卡人马汉－丘里亚的彼得先生。”培根在对实验进行探讨时,再次提到了彼得先生。

他说相比其他科学,有一种科学最为完善,要想对其他科学加以证实,它就变得必不可少,那就是实验科学。相比各种依靠论证的科学,实验科学都要好得多,因为推理再强大,这些科学都无法提供准确性,当然也有例外,那就是有实验对它们的结论进行了证实。自然科学可以带来什么成效、人工可以带来什么成效、欺骗可以带来什么成效,都需要实验科学做决策。只有在它的指引下,我们才知道要如何去对魔术家的愚妄进行判定,就像逻辑可以对论证加以验证一样。这种实验方法只有彼得先生才懂,他担得起实验大师这个称号,可是他不想把他的工作成果公开化,对于因此得到的荣誉和财富(可能还有危险),他都全然不在意。

无论培根所说的这些虚幻人物是不是真实存在的人物,对于这样一件事,我们是再清楚不过的,那就是:从精神上来说,培根就是一位科学家和一位科学的哲学家。他很早就出世了,时常不由自主地和自己狭隘的眼界的局限性产生矛盾,就像他时常和他反复攻击的外界障碍产生矛盾一样,他是实验时代的先驱者,正是因为有了他,索默塞特、牛津和英国才深感骄傲。

---

①   M. C. Welborn, *Isis*, No. 52, 1932, p. 26. ——原注

经院哲学式微

站在现代的角度,尽管罗吉尔·培根批评阿奎那的经院哲学没错的,可是却违背了当时存在的时代精神,因此产生的影响并不大。

哲学界的抨击对经院哲学的抨击的摧毁力度是最大的。13 世纪末期,这场抨击开始。邓斯·司各脱曾经任教于巴黎和伦敦,连阿奎那也觉得理性没办法说明的神学地盘,他都予以扩大了。在建立主要的基督教义时,他是以神的专断意志为基础的,而且觉得人的基本属性就是自由意志,地位远远高于理性。这寓示着反抗经院哲学所追求的哲学和宗教开始融合到一起了。当那时的人觉得这种融合已经被托马斯·阿奎那完整无缺地完成了时,二元论又在这里复苏了,尽管它依然不够完善,可是却必须经历这个阶段,才能让哲学摆脱"神学的婢女"的约束,让自由和实践更好地融合在一起,进而出现科学。13 世纪末和 14 世纪初,哲学和神学的天下被托马斯派和司各脱派一分为二,与此同时,意大利在文学方面出现了一个向权威框栝提出质疑的运动。

在奥卡姆的威廉(William of Occam,于 1347 年去世)的著作中,邓斯·司各脱所开始的进程取得了更大的进步。这位萨里(Surrey)人对于可以用理性验证神学教义这一点是持反对态度的,还提出很多教会教义缺乏合理性。他对教皇高高在上的极端理论加以抨击,并带领方济各会修士和教皇约翰二十二世作对。由于他著文给这一行动提供辩护,所以被称为异端,被审判后监禁在法国亚维农(Avignon)。之后,他从监狱逃出来,希望巴伐利亚的路易皇帝(Louis of Bavaria)保护他,并因此给这位君主提供帮助,和教皇争辩了很久。

这一真理所具有的双重性的原则——一是以信仰为依据,对教会的教义表示认可,二是以理性为依据,对哲学问题进行研究——和唯名论的复活息息相关。唯名论深信个体是仅有的一个客观存在,而且觉得广泛性的观念只是名称或心理概念而已,而巴黎的让·布里丹(Jean Buridan,约为 1350 年)是这种观点的主要提倡人。为了从广泛中把个别引导出来,唯实论总是徘徊在不同的抽象理念中。奥卡姆的威廉用他的名言警句——所谓"奥卡姆的剃刀"——抨击了这种复杂化问题的做法:"不要增加额外的实体。"这是现代人对不需要的前提提出质疑的第一声。唯名论复苏以后,人们就开始关注直接感知觉的对象了,这种精神让人们不再相信抽象理念,进而对直接的观察和实验、归纳研究起到了推动作用。

教会强烈反对这种新唯名论,奥卡姆的威廉之著作遭到巴黎大学指责,直到

1473 年,唯实论还被强制性加以推行。可是唯名论快速弥漫开来,几年以后便畅通无阻了。大学校长、教会主教都成了唯名论者,马丁·路德的学说也大多来自奥卡姆的威廉著作。最后,修订过后的亚里士多德的唯实论才在罗马盛行。1879年,教皇列奥十三世(Leo Ⅷ)下了一道通谕,对圣托马斯·阿奎那的学说是法定的罗马哲学进行了重新规定。

虽然如此,奥卡姆的威廉的工作依然是经院哲学称霸中世纪的局面完结的象征。自此以后,对哲学的研究更加自由,不需要非要抵达神学规定的结论,而且宗教也暂时离开了唯理论,可以让它那一样重要的情感和神秘方面得到发展了。所以,一种新神秘主义(尤其在德国)和很多种类的宗教经验就在 14、15 世纪出现。直到现在,人们都还对这些颇有意义的宗教经验耳熟能详。

库萨的尼古拉(Nicholas of Cusa,1401—1464 年)主教是另一位为打倒经院哲学起到很大作用的知名教士。在他看来,尽管人们可以通过神秘的直觉去对神有所体会,而神也把所有存在物包括进去了,可是人类的所有知识都只是推测。尼古拉因此所形成的观点后来变成一种泛神论,得到布鲁诺(Bruno)的认可。无论他是如何看待知识的,在数学和物理方面,尼古拉所做出的成绩都是惊人的。他用天平对正处于生长期的植物从空气中吸收了一些有分量的东西进行了证实。他提议对历法进行改良,试图把圆化为相等面积的正方形,而且把托勒密体系都放弃了,对地球自转的理论加以支持,成为哥白尼的先行者。尼古拉、布鲁诺和天文学家诺瓦拉(Novara)都觉得运动是相对的,绝对的只有数[1],如此一来,哥白尼在哲学上就畅通无阻了。威尼斯的马可·波罗(Marco Polo,1254—1324 年)在亚洲内陆的经历,也让地理知识得到了丰富。

中世纪的使命已经顺利完成,艺术、现实的发现和自然科学的萌芽,扫清了光荣的文艺复兴道路上的障碍,经院哲学的时代画上了句号,新的篇章又展开了。

科学历史学家们觉得中世纪孕育了现代。阿拉伯学派把希腊学术保留了下来,而且在自然界方面,还做出了不少创新性的突出贡献。实用技术正慢慢在阿拉伯和西欧出现,只是还没有怎么影响到一般的思想。12 世纪以后,才有人开始蒸馏,1300 年左右,用来制造眼镜和派上其他用场的凸透镜(主要在威尼斯)才出现,两个世纪以后,凹透镜才出现。工业上的化学试剂被制造出来,像硫酸和硝酸。可是有系统的实验却停滞不前,可以这么说,西方学术界在罗吉尔·培根提出实验科

---

① L. R. Heath,*The Concept of Time*,Chicago,1936. ——原注

学以前，原本是没有自己的实验科学的。后来，又有几位数学家出现，非常有名的有斯怀因谢德（Richard Swineshead，活跃于1350年）和霍耳布鲁克（John Holbrook，1437年去世）。可是对千变万化的人类心理态度是如何从一种好像不可能出现科学的状态，转变到另一种状态，使得哲学的环境里自然孕育出了科学进行追溯，是对欧洲中世纪思想进行研究时最有意思的一件事。

经院哲学的代表人运用的是释者的态度，而创造性的实验研究是不符合他们的观念的。可是他们理性的唯知主义，不仅把逻辑分析的精神保留了下来，而且予以巩固了，他们假设神和世界是人可以知道的，让西欧有识之士产生了一种非常宝贵的信心，哪怕是不由自主出现的，那就是相信自然界是有规律可循的，是统一的，只有具备这种信心，才有人继续进行科学研究。文艺复兴时代的人，只要挣开了经院哲学权威的枷锁，就把经院哲学的方法带给他们的教训吸取了。他们怀着自然是统一的，是可以被认知的信仰，开始观察，用概括的方法形成前提，以便对他们的观察结果进行说明，之后又用逻辑的推理把推论推导出来，再用实验验证。他们得到了经院哲学的磨炼，但反倒把经院哲学毁灭了。

从某个角度来说，我们只是涉及了基督教中世纪最丑陋的一面，中世纪在科学研究所必不可少的特殊思想领域方面是最不堪一击的。我们只对欧洲各国如何形成于中世纪并巩固进行了粗略的观察，并没有说到在文学和艺术方面，它所取得的举世瞩目的成就。我们觉得《罗兰之歌》只是文化民族化的一个象征，我们也没有提到后来的骑士浪漫文学。对于我们来说，但丁的《神曲》只是把托马斯·阿奎那的理念隐藏在诗句里，并没有多大价值。我们觉得教堂建筑的绚烂成绩只是代表了建筑技术的发展。哪怕中世纪的宗教在哲学方面非常接近我们，从本质上来说，也无关于我们的研究。我们不考察中世纪宗教对于救世主上帝的信仰，它对所有人类敬仰热爱的精神和它救赎贫苦大众的福音。我们遇到了那个擅长猜忌的裁判官圣伯纳德，可是我们阿西西的圣方济各（Saint Francis of Assisi）那位美好、善良的人物并未在我们的篇章出现。

第三章　文艺复兴

文艺复兴的源头——列奥纳多·达·芬奇——宗教改革——哥白尼——自然史、医学和化学——解剖学和生理学——植物学——科尔切斯特的吉尔伯特——弗朗西斯·培根——开普勒——伽利略——从笛卡儿到波义耳——帕斯卡与气压计——妖术——数学——科学的源头

文艺复兴的源头

公元 1300 年之后的一段时间,西欧的学术发展陷入了停滞。黑死病和近百年的战事纷争造成了社会动荡、经济紊乱的局面,人们无法安稳生活,更无法继续平静地进行学术探究,以往在精神层面被奉为圭臬的经院哲学似乎也逐渐显现颓势。

尽管面临这样的局势,人类对于学术的看法和研究仍在不断地变化着。放眼这一整个历史时期,不难发现,它起着承上启下的作用,在这一时期被酝酿出的各式各样的思想观点仿若涓涓细流,最终汇聚在一起,就变成了文艺复兴时代的汹涌长河,浩荡奔流。前面我们曾介绍过,邓斯·司各脱和奥卡姆的威廉的哲学思想使得经院哲学的大厦摇摇欲坠,加上被教皇逮捕的奥卡姆的威廉逃狱后投奔了巴伐利亚的路易皇帝,足以反映出当时抵抗教会的力量已经十分强大,不论如何,民族的权力丝毫不在乎教会权威,突破了大一统思想的桎梏,逐渐得以确立。

文艺复兴的思潮最早出现在意大利——这个此前饱受战争和疾病之苦,如今正在逐渐恢复元气的国家。或许是生活在古罗马遗址中的人们,可以更轻易地再次对古籍产生兴趣。当时意大利北部已经变成了一个北方部族的殖民地,这个强悍的部族一跃成为上层阶级。尽管当时及之后意大利各个城邦内持续不断地内战,导致各个贵族阶级都衰落了,但并没有导致这个上层阶级的消亡。不过这个北

方部族在其他国家的势力更强,因此并不是直接导致意大利学术得以迅猛发展的原因。生活在13世纪的方济各会修士——巴马的塞利姆本(Salimbene of Parma)提出了一个有建设性的观点,他认为,意大利跟其他国家相比有着非常特殊的地方。他说,阿尔卑斯山北部地区聚集的人口以城市人口为主,"武士和贵妇人"为了照管自家的封建领土,都生活在闭塞的乡下庄园里;不过,意大利上层阶级的住所都在城里,他们大多时间在城里生活。

封建领主经常住在领地,的确可以给乡下带来些微便利,只是那时交通闭塞,生活在乡下的人们很难随时沟通想法、交流思想,自然难以带来思想进步和创新。反之,意大利北部地区的城市生活,给聪明的人们提供了闲暇和交流的机会,这给文艺复兴各种思想的出现创造出了良好温床。

文艺复兴不仅仅出现在文学领域。尽管文艺复兴最先出现在文学方面,并产生了极其重要的作用,但还要说是多种多样的原因造就了这次空前启后的思想启蒙和知识大爆炸。彼得拉克(Petrarch,1304—1374年)是文艺复兴的先驱,他为我们带来了一种完全不同于中世纪经院哲学的人文精神,与但丁诗歌的思想基础大相径庭。彼得拉克最先提倡以优美的古典拉丁语替代经院哲学派拉丁语;更难能可贵的是,他力求从古代文化中汲取真正的人文精神,倡导恢复古典学术所倡导的思想自由。

彼得拉克的思想远远超前于他身处的时代,不过15世纪初,古典文献已逐渐引起人们的热烈关注,不少希腊人专门从东方来到意大利教授古典拉丁语。1453年君士坦丁堡被土耳其侵占后,越来越多的希腊人逃难到意大利,因此很多优秀的学者和教育家带着大批的古典书籍在这片崭新的土地上安家落户了。当时,搜罗古典书籍已经变成了社会新潮流;意大利和北欧的教会图书馆里所保存的古籍,全都被狂热的人们抢去了;富商和贵族们也安排了大量人手到东方去,不惜耗费重金收购民间藏书,或君士坦丁堡被攻占时丢失的希腊古籍。于是,在八九百年以后,西方学者重新熟知了那些承载着古代哲学与科学的古典语言。

这种古典语言很重要。但更为难得的是,这语言背后所承载的探讨思想自由的人文精神,和经过数百年中世纪思想的禁锢之后的古典学术,再次为欧洲各学科的学术领域送来了活力,以及探索学术的新动力。那时候人们的想法经常会依附于宗教权威,因此在对现实中的古典文献的研究中,也容易陷入此类窠臼。尽管太过重视古希腊哲人的学术思想也有一定的危险性,不过,人文主义先驱们的做法,也为以后科学的出现和繁荣发展奠定了坚实的基础,而且解放了思想,在开阔人们的视野方面影响深远。思想解放是科学得以建立的根本前提。倘若不是因为他们，具备科学观的人们，将会难以摆脱宗教神学的桎梏；倘若不是因为他们，科学可能根本无法突破现实世界的困境。

通过新派学者们的传播，人文主义的热烈思潮从意大利传到了北欧。最早学习和传播新人文主义的学者是约翰·弥勒（Johann Müller，1436—1476年），他降生在柯尼斯堡，被后人尊称为雷格蒙塔努斯（Regiomontanus）。他是将科学和人文精神统一起来的第一人。他用现代拉丁语将托勒密的著作和其他希腊古典书籍翻译出来，1471年还建造了纽伦堡观象台，并制造出重力驱动的钟表和几种观测天象的天文仪。他所制定的天文年历，开创了现代航海年鉴的先河，西班牙和葡萄牙探险家都曾使用过[①]。直到如今，还有几台中世纪时期的时钟，保存在英国的威尔斯和奥特里·圣马利（Wells and Ottery St Mary）教堂。

不过德国的文艺复兴潮流却是从对《圣经》的挖掘和研究开始，并直接引发了宗教改革。德国的学术发展产生了新的思路和方向，不过并没有按照意大利的个人自由精神发展下去，也没有汲取意大利典雅的不同于宗教的新思想。法国的文艺复兴融合了意大利的人文精神，因此法国的文艺复兴运动远比条顿国家（德意志各邦）的人文气息更浓厚，也更具美学特点。

爱拉斯谟（Desiderius Erasmus，1467—1536年）是北欧文艺复兴的代表性人物。他出生在鹿特丹，也就是在那里，他的名声开始传遍西欧诸国。他认为，所谓的人文主义精神，就是用知识的教育力量去教化现代社会的不良风气，比如修道院里不识字的教士、教会的违规做法、经院学派的高傲、不讲公德和不讲个人道德等，都是他认为需要教化的不良风气。那些经院学派的神学教士，在解释经文的时候，经常随意地断章取义，但爱拉斯谟却将《圣经》最本真的释义和过去神父们的解读，告诉普通人。

梵蒂冈在文艺复兴兴起的一段很短的时间里变成了人们学习古典文化的根据地。教皇列奥十世（Leo Ⅹ，1513—1521年）在位期间，这样的局面最为鼎盛。1527年帝国的军队攻占罗马，这片滋养学术和艺术的土壤就被破坏殆尽，很快，教会一改当地社会过去开放的思想风气，在面对难以理解的新思潮时就武断地将其扼杀，给现代学术的发展造成了一定的阻碍。

公元1世纪末期左右，中国已经发明了造纸术，相传发明者是蔡伦，而公元8世纪，出现了木版印刷。后来十字军征战的过程中，造纸术流传到了欧洲，一百年以后，活字印刷术问世，改进了原有的模板印刷技术，使得印刷术变成实际有益于

---

① *Cambridge Modern History*，Vol. 1，Cambridge，1902，p. 571. ——原注

生活的技术,逐渐取代了羊皮纸手抄,实现了书籍的广泛传播。

同一时间,人们在探索地理方面又爆发出了新的热情。当时有位军事家达·丰塔纳(Giovanni da Fontana)写了本书——《自然界的万物》①,书中描述了15世纪中期的世界,谈到了很多地理相关的奇闻逸事。虽然那时的航海技术还很不发达,欧洲人依然迅速地拓宽了对地球地理知识的探索和认识。那时候可以借用十字标杆和圆形的星象盘,通过测量正午时分太阳的高度,能大致估算出当地的纬度,不过仍难以测量经度。据说,英国的第一幅海图出现于1489年。

最先开始探险的是葡萄牙人,他们借助阿拉伯和犹太人的天文学进行航海探险。在航海家亨利王子的指引下,于1419年先后发现了亚速尔岛(Azores)和非洲西海洋,他们探险的最初目的是教化不信教的人们,并在印度和欧洲之间开辟一条可以避开伊斯兰势力的道路,后来他们的目的就变成了掠夺黄金和奴隶。1497年达·伽马(Vasco da Gama)经过好望角,成为抵达印度的第一人。亨利王子在圣·维森提角不远处建立观象台——也就是位于萨格雷斯的观象台——好通过观测绘制更精确的太阳经纬度地图。葡萄牙人的成功消息传来,西欧诸国竞相效仿,掀起了探险竞争。古希腊人所提出的"大地是球形"的观点经过数百年的传播后,被天文学家们烂熟于心,如今更变成了公认的真理②。基于这项公理,人们普遍认为:顺着大西洋往西航行,就能抵达亚洲的东海岸,届时就能通过海路,将印度和中国丰饶的物产运送到欧洲。其实,古希腊人原本就曾提出过类似的观点,波赛冬尼奥就曾这样提出过。历经很多次失败的航行以后,成功的契机到来了。出生于意大利北部利古里亚海岸科戈勒托港口的克里斯托弗尔·哥伦布(Christopher Columbus),由斐迪南(Ferdinand)和伊莎贝拉(Isabella)赞助,历经重重困难,自安达卢西亚的帕洛斯港口启航,于1492年10月12日最终抵达了巴哈马群岛。在那之后过了二十四年,麦哲伦(Magalhaes 即 Magellan)带领船队花费了三年时间围绕地球行驶了一圈,证实了地球果然是球形的这一真理。过去那些围绕地球航行的航海家不太走运,一直按照从东到西的航行线路行驶,所以经常是在逆风行驶(受南北半球西风带影响)。如果选用从西向东的航线,环游地球就简单得多。

航海家们发现新大陆的伟大消息,直接拓宽了人们的眼界,并带来了很多后续的影响。因为拓展了很多新的贸易领域,西欧各个国家的工商业迅速发展起来。

----

① 此书刊印于1544年,曾被误认为是阿扎刘斯(P. Azalus)的著作,见 L. Thorndike, *Isis*, Feb. 1931, p.31. ——原注

② E. G. R. Taylor, *Historical Assocation Pamphlet*, No. 126. ——原注

整个欧洲的物资水平和居民收入都得到了迅速的增加。这样的增加主要有两方面原因：一是因为新开辟的市场中增加了新的供求关系，造成明显的财富增加，并直接或间接地作用于当地经济的发展；二是根据现在的新看法来讲，也跟货币总量的变动有关。货币本身只是一种计价物，并不能代表财富的多少；只是市场上流通货币的总数如果发生变化，就会导致物价的变动，进而对经济造成巨大影响。工业和贸易的发展经常会受限于货币和信用而难以扩大规模。缺乏货币会导致市场上整体物价偏低，而这种层面的物价低廉，不同于改进制造工艺来降低价格的真正低价，它会抑制工业的发展，进而阻碍文化和学术方面的发展进步。可是，随着新大陆的开辟，新开拓的贸易市场有着充足的黄金白银（各个国家都会任选其一作为本国流通的硬通货），货币的数量迅速增多，甚至远超扩大贸易所需要的货币量。这种情况下，货币一多，物价就会上涨，工商业获利就会增加。而且，工业上的固定货币成本费也会降低。比如，到了16世纪，原有的土地租金根据货物和人工的不断增值而逐渐下降，此时的土地租金已经微薄到不值一提。所以，从事制作业和商业都能获得可观的利润。于是，相比受限于物资水平的中古时期的人们，现代人的社会财富增多，而随着财富增多的是越来越多的人拥有了更多的闲暇时间可以用于研究学术。

值得一提的是，人类历史上曾有三个学术爆发式发展的时代：古希腊最繁盛的时代、文艺复兴时代和我们当下这个时代。这三个时期的共同点就是——都是地域经济发展最为迅猛的时期，也是财富迅速增加、人们闲暇时间迅速增多的历史时期。古希腊时代的生活，依靠的是奴隶制度的确立；文艺复兴时代的经济发展，是依靠西印度群岛的黄金白银和贸易优势；19世纪的繁荣则是工业革命带来的。希腊的学术发展达到鼎盛之后，没过多久，国家的政体就解散了，况且这次学术发展仅存于民族内部，而这个民族的人数太少了。近代文艺复兴以后的400年间，欧洲诸国的国力大增，人口增长也很迅猛，因此能参与到学术研究当中去的聪明学者也得以迅速增加，所以，文艺复兴时期参与到对科学研究中去的人就远超古希腊哲人们。在我们对现代科学所取得的成果赞不绝口的时候，铭记这一历史或许能给我们一些有益的启发。其实，我们不能确定此次知识增加的过程是否可以完全不停顿地继续下去；说实话我们很难确定，在以后可能出现的社会条件和经济环境中，是否依然有足够的聪明学者出现，继续这一过程。

经常会有人这样说，将我们现在已知的那些促成文艺复兴出现的原因总结出来，并作出合理的判断和评价后，我们依然会觉得，拿这样几个浅薄的原因，去对那在极短时间内爆发的惊人心理变化和思想解放作出解释，着实算不得是彻底的成

功。克雷顿(Creighton)主教曾经说过这样的话①:

> 将所有引起这种变化的原因和观点都汇聚起来之后,观测者依然会觉得,在所有这些原因之外,还存在一种积极的、生机勃勃的精神,它很难被完全地解释出来。就是它自身所具备的力量,将其他剩余的原因全都糅合起来达成了一个完整的东西。如今这种现代精神正在以惊人的速度发展着,我们现在尚且不能对其发展的过程作出完整充分的解释。

如果一定要对这些论点作出解释的话,或许有以下三个因素:一是人们还不曾充分地认识到黄金流入和大量货币增加引起总物价上涨,会对文化的发展有着怎样的刺激作用。二是我们一定要明白,此时我们所拿到的记录,只不过是当代很小范围内的学术研究记录。那个时代中,能将自己的想法写到纸上的人毕竟不多,而且,这些被写下来的著作能最终流传到我们手中更是少之又少。在意大利城邦中,人们接受新知识,并通过知识改变思想的过程,一定是借助于口口相传,而不是通过书面阅读,人际交往的作用一定很大。三是当有好几个原因一起发生作用时,最开始造成的结果肯定是几个后果的叠加。可是,事情发展到一定程度之后,每个原因的效果就会产生重复,彼此作用;而且因果之间也常常会互相转化,互为作用。16世纪引起变化的各种原因——比如物资水平、道德、学术等——就是这样的,这些因素中有些忽然突破了原有的界限。飞速增长的财富促进了知识爆发,而新知识的产生又促进财富的增长。这个过程不断累积且发展的进程越来越快,最终才形成了势不可当的文艺复兴大潮。

列奥纳多·达·芬奇

在涉及意大利这座城市所有相关的生活当中,毫无疑问,人格有着非常重大的作用,不过这一点很难从历史上进行深入的讨论。我们对那些优秀的人物所具备的能力的了解,只不过零星半点而已,很难窥见全貌。不过,这位拥有很多才能和技艺的巨匠、天才——列奥纳多·达·芬奇(Leonardo da Vinci),他的部分手记已经出版,展现在世人面前了②。所以,这些优秀人物中的一位,就将个人的全部才

---

① *Cambridge Modern History*, Vol. 1, Cambridge, 1902, p. 2. ——原注
② Edward Mecurdy, *Leonardo da Vinci's Note Books*, arranged and rendered into English, 1906. ——原注

能和天赋呈现在众人眼前了。列奥纳多或许想要将自己的手记保存下来整理出版，不过即便他有这样的想法，最终也没能活到这个愿望达成的时候。所以，他在哲学上获得的巨大成就，一直到现在，还在被他的艺术才能遮蔽着。

列奥纳多是一位私生子，他的父亲是一个精气神十足的、著名的律师，名字叫作塞尔·皮埃罗·达·芬奇（Ser Piero da Vinci），他的母亲是一位漂亮的农家女，名叫卡塔玲娜（Catarina）。1452年，他降生于佛罗伦萨和比萨之间的芬奇。他一直由父亲传授知识。并持续奔波在佛罗伦萨、米兰和罗马宫廷工作，1519年在法国逝世。那个时候他曾服侍弗朗西斯一世（Francis Ⅰ），是对方的臣子，也是好友。达·芬奇年纪还小的时候，就已经显现出了惊人的智力，和他年龄差不多的孩子们都一致认为，他是一个非常优秀的人。他体格秀美，为人儒雅风度，更加增添了他个人的思想深度和人格魅力。他精通各种各样的知识，也擅长不同种类的艺术。他擅长绘画、雕刻，同时也是工程师、建筑师、物理学家、生物学家和哲学家，并且，不管在哪个学科，他的个人能力都达到了非常优秀的地步。或许在整个世界史上，都没有人能和他相提并论。尽管他成就非凡，可相比于他所开创的新学科、他对于基础性公理的研究和掌控，以及对洞察每个学科恰当的研究方法的能力，他的那些成就就不值一提了。假如将彼得拉克看作文艺复兴时期的文学先驱，那列奥纳多就是其他学科的开辟者和领路人。他与很多文艺复兴时期的学者截然不同，他不是经院派哲学家，也并不是盲目信仰古典学者的学徒。他认为，如实观察自然界并进行实验，是践行科学的唯一办法。他觉得，那些古代学者写在书本中的知识，可以拿来作为学术研究的参考，但一定不能将其作为最终的结论。

列奥纳多贴近科学的方式是从实用角度入手，这点恰恰是幸运之处，鉴于此，他对待学术研究才会产生那样现代化的思想。他之所以做实验，是为了达成练习种种技艺的需要，可等到他年迈的时候，对知识的热爱和渴求，竟然比对艺术的期待还要高。他是一个画家，所以不得不去仔细探究光学原理、眼睛的构造、人体解剖的各个细节和飞鸟飞翔的状态；又因为他是民用和军事工程师，所以，要着重解决那些只有学习过动力学和静力学公理才能处理的实用性问题。说真的，亚里士多德提出的建议，在改正不符合绘画构造的画作，或者挖掘沟渠进行灌溉，或者攻占其他城市等方面没什么意义。所有这些，他面临的需要实事求是去处理的东西，比那些对各种各样的事情都了然于胸的古希腊人看待事情的观点，更为重要。

不过列奥纳多也是哲学家，我们将他的思想与过去的哲人作比较，就能发现其中明显的差别，最主要的不同点在于他几乎完全不受神学的影响。尽管罗吉尔·培根也喜欢学术研究，可他依然觉得神学是所有知识的最终归宿和最高顶峰，而且完全相信一点:假如进行的学术研究都正确的话,一定不会跟当时的宗教教条产生冲突。但列奥纳多的态度却完全不同,他并没有抱着宗教的成见去达成学术推理。某些时候当他偶然需要涉及神学的地方,他也会将宗教教义中的不良风气和不符合现实的地方如实、幽默地指出来并进行批判。他自己似乎信仰唯心主义哲学的泛神论。他抱着这样的观点,于是处处可见宇宙当中鲜活的人文精神。可他又持有伟大思想家的公平态度,可以看到似乎毫不关联的丑恶下面隐藏的善意,并接受了基督教的基础教义,并将其作为心灵寄托的外在表现方式。他曾说过:"我将代表最高真理的《圣经》放在手旁。"他是一个谦和的君子,也是伟岸的大人物,他身上并没有破除或者批判偶像论的热切渴望。他所成长的时代恰好是在教会非常开明、重视人道的那个短暂历史时期,那时,整个社会所有的现象都在表明,可能即将出现一个崭新的包容一切的天主教,这个崭新的宗教,会准许人们真诚地去信仰宗教的基本教义,也允许人们在思想方面保持自由和开放。但没过多久,这个幻想就破灭了,罗马教会日复一日地反对起思想自由,人们所希望的思想解放只能借助于路德所创造出来的那种不太可取的暴力方式去争取,而且要经历极为漫长的时间和极为艰苦的斗争。在列奥纳多去世 50 年之后,如果再想获得像他一样的想法和态度,那是完全不现实的。

尽管列奥纳多是一个很伟大的人,可我们却不能认为他身上所显现出来的科学精神就是他自己创立和建造出来的。在他进行学术研究之前,阿尔贝提(Alberti,1404—1472 年)就曾先于他对数学进行过研究,还在物理方面进行过一些实验;而列奥纳多在佛罗伦萨曾遇见过托斯堪内里(Paolo Toscanelli,? —1482 年),而此人是一位鼓动哥伦布航行的天文学家;他还曾接受过亚美利果·韦斯普西(Amerigo Vespucci)送给他的几何学书籍;他也跟帕西奥里(Luca Pacioli)这位数学家相识;而在有关解剖相关的学术研究上,安东尼奥·德拉·托尔(Antonio della Torre)曾经给他提供过协助;布伦内希(Brunelleschi)、波提切利(Botticelli)、丢勒(Dürer)等人也在透视学和解剖学方面进行过深入的研究,列奥纳多跟这些人一起,在艺术上建立起了自然精神。根据列奥纳多留下来的手记以及其他一些历史记载可以发现,伽利略诞生之前的 100 年,意大利已经存在着一小部分有着和他同样志向的人。他们更喜欢如实地看待现实的事物,而不是阅读书籍;他们注重在实验室进行实验和学术研究,而不是沉溺于亚里士多德的学术观点。毋庸置疑,是经院哲学首先告诉了人们可以主动去认识宇宙和世界,这给人们打下了一定的思想基础。只是等到人们开始认真观察世界并进行实验时,经院哲学所提出的办法就派不上用场。此时必须得有一个新的思想根基:亚里士多德或者托马斯·阿奎那提出的演绎法,一定要被从自然界观察得来的归纳法所取代,而这个崭新的知识基础,最开始是来自意大利的那些数学学者、天文学者和解剖学者。

不过,这些人依然跟古希腊思想存在着某种关联,最主要的关联就是阿基米德。那个时候,阿基米德所写的书籍还没被印刷出来,比较好的手抄本也很难找得到。列奥纳多在自己的手记里,还专门记录过几个帮助他寻找抄本的好友和赞助人的名字。他非常钦佩这位古代的叙古拉优秀学者。而且人们逐渐对阿基米德关注起来;1543年,数学家塔尔塔利亚(Tartaglia)将阿基米德所写的一部分书籍制作成拉丁译本发行,并且市面上随即陆续出现了其他几种版本。因此,到了伽利略所处的时代,阿基米德所写的书籍已经广为人知,伽利略也对他的书进行过认真的研究和阅读。所以说,近代物理学大师们师承的希腊物理祖先是擅长几何学和实验的阿基米德,根本不是那位有着"百科全书式哲学家"之称的亚里士多德。而且,所有古典时代的著作家有作品遗传到现在的,唯有阿基米德的作品当中存在真正的科学精神。

用部分哲学的语言来解释正确的实验——列奥纳多早在弗朗斯西·培根和伽利略采用这种方法的100年前,就凭借第六感意识到并且熟练使用这种方法了。关于方法论的问题,列奥纳多并没有写论文解释,不过他的手记中记录了他的相关看法。他认为,数学、算术和几何学的范畴内,总会给人以准确和真实的结果;它们都是在理想的心理环境推算下产生作用,是普适性规则。不过他觉得真正的科学要基于如实的观察。以观察为基,如果能辅之以数学方法,一定可以获得更准确的结果,可是"如若科学并非来自实验,并从清晰的实验中结束,那将毫无意义且大错特错,毕竟实验才能孕育真实"。科学带给人们真实,自然也能赋予人们力量。仅依据实践经验却不遵从科学的人,跟航行时拒绝使用罗盘和舵的船长没什么两样。

如果将视线从列奥纳多的方法论,转到他实际的成就上去时,我们一定会对他的思想深度表示诧异。他甚至预测到了惯性原理,而这一原理是后来被伽利略通过实验证明为真理的。列奥纳多在手记中写道:"一切能够被感官感知到的东西,都不会主动运动……每一个物品在产生运动的方向上,都存在一个重量。"尽管他不知道做下落运动的物体在时间和空间方面存在何种明确的关系,但他却知道,自由落体物品的速度会根据时间的增加而增加。

列奥纳多非常清晰地明白"永动力"无法为实验提供动力,这是不可能达到的。在这一观点上,他远远领先于布鲁杰斯的史特维纳斯(Stevinus of Bruges,? —1586年)。他根据永动力是无法实现的这一原理,采用了虚速度的方法论来对杠杆定律进行验证,而这个原理,亚里士多德早就曾提出过,之后乌巴迪(Ubaldi)和伽利略也曾对其加以利用。这个原理就是:假如让杠杆的长臂 L,被一个低重量的 w 迅速下拉,下拉速度为 V,那么杠杆另一端的短臂 l 就会缓慢地产生向上的速度 v,并将大重量的 W 往上推起;假设不存在能量的增加或者减少,那杠杆每端的能量就是重量和速度在一起产生的乘积,得到公式:

$$Wv = wV$$

而反之,杠杆两端的速度跟杠杆臂的长度成正比关系,得到:

$$Wl = wL \quad 或 \frac{W}{w} = \frac{L}{l}$$

也就是:重量跟杠杆的臂长成反比。列奥纳多觉得,杠杆是最基础的机械,其他任何的机械都是由杠杆变化产生的,只不过是更复杂一些的杠杆而已。

列奥纳多还对阿基米德提出的液体压力观点进行了重新的定义,他通过实验证明:如果连通器当中,两方的液体面高度相等,假如采用完全不同的液体放入两个管子内,管子的高度将跟液体的密度形成反比关系。同时他还对流体力学做过探究,当水流被注入水孔之后会产生的射流,沟渠之中产生的水流,包括波浪如何在水面传播,等等。而且他从波浪在水面上的传播,谈到在空气当中传播的波,以及声音传播的公理,而且他还察觉到,光也存在类似的原理,因此,波理论跟光理论可以互相应用。成像造成的反射跟声音的反射很像;反射角跟入射角相等,就跟皮球抛向墙壁时所产生的场景一模一样。

至于天文学领域,列奥纳多觉得,天体是根据某种确定的自然法则运转的机器。相对于当时非常流行的亚里士多德的观点,这一观点的确是极大的进步。亚里士多德觉得,天体跟我们的世界有着根本上的差异,我们的世界经常处于变化和损毁当中,而天体则是神圣不朽的。列奥纳多称呼地球为星体,就像称呼其他天空中的星星一样,而且还写道,他计划在以后出版的图书中,证明地球会跟月球一样,将日光反射出去。尽管列奥纳多的观点,在天文学方面还存在着一些细节上的谬误,不过从思想层面来说,大体是正确的。

在他的观点当中,他觉得事物比文字的出现要早,因此,在出现书籍和记录以前,地球本身就有自己发展的历史轨迹。如今在大陆很高的山脉上发现的化石可能原本是在海水中存在的。而仅靠诺亚洪水泛滥的那40天的时间,它们完全不能进入现在的位置。说实话,如果把全世界所有的海和云都汇集在一处,也很难将地球上的高山给淹没。他断言说,肯定是经过地壳的变化导致山脉被升到很高的地方。不过这或许不是因为某些毁灭性的地震:"经过漫长的时间,波河就将在亚得里亚海当中建造出崭新的大陆，就跟它以前曾经沉积着伦巴第很大一部分的土地是一样的。"通过这些，我们可以看到之后在地质学领域出现的"天律不变"学说中的关键观点，早在赫顿(Hutton)提出这些观点之前的300年前，就已面世了。

列奥纳多是画家，也是雕刻师，因此他觉得需要精确地认识人体的构造。他为此不顾教会的规则，搞来了很多遗体进行解剖。他画出的解剖图非常精确，而且每一幅都是美学作品。其中不少张解剖图都在温莎宫保存着，在达·芬奇的那些画稿当中。他说道："你们告诉我说，你们宁愿去看解剖演出，也不想观看我的解剖图。可是假如真的有办法从一个人的身体上瞧见这几幅图中描绘的一切细节，那你们就没有任何错误。可是事实上，你们认真地观察一个人的身体，顶多也只能瞧见几条清晰的血管，或者认识到这几条血管的单个知识。相比之下，我早就解剖过10多具尸体了，以便获得这些血管相应的、完整而准确的知识。"

从解剖学再往前看的话，就步入生理学领域。在这一领域，列奥纳多的发现也比他身处的时代要超前得多。他谈及血液是如何不间断地将整个人体连接起来，如何将所需的养分带到身体各部，又将废弃的细胞取走，仿佛是必须适当添柴火，并及时取出灰烬的火炉一般。他对人体心脏的肌肉进行过探究，并且绘制了完整的心脏瓣膜图。通过他画的这些图，仿佛可以看出他对心脏瓣膜的功能了如指掌。他还会采用水循环的比喻来介绍血液的流动。水流从山上流下来汇聚成河，再从河流汇聚入海，最后从海里升腾变成云，再由云变成雨，再次回到山里。早在哈维发现血液循环之前的100多年前，列奥纳多仿佛就完全明白血液循环的普遍规则了。他所倾心的艺术，还带领他认识到另外一部分科学领域的相关问题，也就是眼睛的构造，和眼睛活动的方式。他专门为此制作了一个介绍眼睛如何观看东西的小模型，来说明怎样通过视网膜成像。他的观点完全不同于当代(20世纪三四十年代)流行观点——眼睛想看什么东西的时候，就发出光线照射在上面。

他看不起炼金术、占卜和降神术这样一些傻瓜式的做法。在他看来，自然界存在着自己的规律，并非通过魔力或者魔术运行，而且受到某种不能更改的必然规律支配。

上面所提及的这些，完全可以反映出列奥纳多·达·芬奇在整个科学史上所占据的重要地位。假如那时，他的著作能够得以发表的话，整个科学界肯定会立刻步入百年后的进步局面。可是他的著作将如何促进人类的学术发展和社会发展，这种无端的猜测毫无意义。不过，我们可以十足地断言，假如真的发生了这样的情况，那么人类的学术研究和社会发展肯定与现在完全不同。

列奥纳多没能依照自己的计划，将自己在不同学科积累的学术成就记录成书，整理出版。不过,他这个人所留下的影响是非常深远的。他认识王公贵族,也认识政客,并跟当时学术界的重要人物都保持很好的交情。毫无疑问,他所具备的很多思想观点都会被这些人保留下来,以至于后来间接促进科学界进步。假如一定要在古往今来的人物中,选定一位能够代表文艺复兴时期真正的人文精神的伟人,我们一定会推举列奥纳多·达·芬奇,他无愧于一位巨匠伟人。

宗教改革

在当时这样一个百花齐放的学术氛围浓厚的社会环境当中,人们心里的想法,肯定会与百年前大相径庭。那种所有的事都依照着"奉神得救"的想法去观察一切的神学氛围,早就被一切都能依据理性视角、自由开放地去探究的独立思想,和自由开放的观点所代替了。整个世界依然是正面主流教派的。在所有的时代当中,那些出现的不同于正统的教派全都被武力镇压下去了。换一句更贴切的说法,那些在武力当中占据优势地位的学说,最终被社会认可,变成正统的教义。不过在16世纪初,那些正统派本身也突然从过去的桎梏中摆脱出来,一时间将教会的范围变大了很多,假如那时有着比较适宜的社会环境,那在爱拉斯谟领导下的宗教人文主义,很有可能对罗马教会进行内部瓦解和宗教改革,将其变成一个更为开放和自由的教会。

虽然宗教改革过程中的发展,以及产生的意义十分复杂,很难进行归纳总结,不过,科学思想史是不能忽略这样一个巨大变动所产生的影响的,因此要对其进行说明。那些宗教改革家们的目的主要有三个:其一,整顿教义,因为教会当中有人肆意使用罗马会议的权利,而且部分教士们生活放荡腐败,需要整顿此类不良的教会风气。其二,吸取之前曾被镇压的某些宗教运动当中出现的教条和规则,来对教会的宗旨进行修改,使教会返璞归真。其三,减轻教会规则对人们的控制,允许个人在适当的条件下信仰《圣经》,并拥有作出选择的自主权。

宗教改革的这三个目的,尤其以第一个目的最能获得人们的肯定。毕竟它所批判的,是罗马教会自己也不得不同意的不良现象——教会当中存在着众所周知的腐败。而第二个目的也非常重要,中世纪残留的思想桎梏依然力量庞大,那些改变和创新的观点在中世纪是完全没有被提出过的。教义的变革和仪式变革需要在人们信仰以往存在过类似的宗教改革例子的时候,并且比罗马教皇具有更加坚实的威严,才能够被人们认可。甚至到现在为止,也有很多人会不停地将"之前的四个世纪"列举出来,当成改革的依据,但是根据那些人所写的作品和书籍,可以看出他们根本不了解自己所指出的这几个世纪都发生过什么。

第三个目的是文艺复兴所产生的后果,它跟我们的科学密切相关,也是在整个文艺复兴运动当中对人文主义精神的传播起真正推动作用的主导力量。不过,这跟改革当中所面临的普遍状况一样,学术相关的问题总是会被搁置。假如有什么人能在学术方面做一些事情的话,估计也只有对宗教异常狂热,或者是投身于政治的日耳曼王族才能对此做一些浅薄的探究吧。加尔文(Calvin)在解放思想方面造成的严重后果,可以跟教会的宗教法庭相提并论。不过,幸亏他的身后没有得到中世纪教会的支持。尽管宗教改革造成了基督教领域的思想分裂,这在各种层面看来都是一件悲剧,但说到底,它依然是解放思想的一个间接的助力。

哥白尼

自文艺复兴思潮以来,尼古拉·哥白尼(Nicolaus Koppernigk,1473—1543 年)完成了科学思想界的第一次巨变。他本人是位数学家,也是位天文学家。他的父亲来自波兰,母亲来自德国。后来他的姓氏用拉丁文写作 Copernicus。以那个时代天象观测的准确度来讲,希帕克和托勒密所倡导的"地球中心说"没有什么问题,甚至他们的观点还非常有建设性。如果从几何学的角度来看的话,地心说存在的唯一缺点是均轮和本轮在一起呈现出的复杂性。但是当时,这一学说有两个主要的支持因素。其一是常识带来的感官感受。人们总觉得,大地是最为坚实的,所有的东西都在朝向它坠落。其二是亚里士多德的影响,他的观点被很多人奉为权威。普通人都认为,被他们踩在脚底下的大地是静止的,并没有产生运动,尽管在另外一些人的想象中,它是飘浮在宇宙最中间的一个球体。所以哥白尼必须证明两个命题条件:埃克番达斯所提出的,有关地球围绕着自己的地轴每天进行自转的观点,以及阿里斯塔克所提出的,有关地球围绕着太阳进行为期一年的公转运动的观点。而哥白尼所面临的对抗和阻碍,则主要来自科学界和宗教界两个范畴。假如地球真的在围绕着自己的地轴进行旋转运动,那么往天上抛出的物品掉落下来的时候,难道不应该掉在丢出物品的偏西方位吗? 而那些未曾跟地面紧紧相连的物品,难道不会离开地面? 而且地球本身难道不是将面临分崩离析的危险境地吗? 假若地球围绕着太阳进行公转,那么,假如那些恒星并非遥远到目力无法企及的位置,也就是说我们还能想象得到的话,那恒星与恒星之间相对的位置,在我们的视野看来,难道不应该变化无常,一直在运动着吗?

想要给出一个能够证明这种学说完全符合逻辑的论据,并且倡导一个完全与之大相径庭的论点,不仅需要提出这一理论的人本身要具备很强大的创新能力和天赋,并且还需要创造出某种符合逻辑的哲学观,好为自己提出的观点进行辩驳。在那个时代,亚里士多德所提出的经院哲学占据了整个思想界差不多有百年之久,阿尔卑斯山北部地区唯有奥卡姆提出的唯名论,才能勉强是其对手;可是,柏拉图所提出的唯心主义当中,有一条"唯实论",尤其是经过圣奥古斯丁阐释过的唯实论依然保留在意大利。新柏拉图主义理论当中存在着非常浓烈的毕达哥拉斯学说氛围,这一学说非常喜欢利用数字的神秘感,来达成数学上的统一和谐,抑或是采用单位空间当中的几何学,去对宇宙进行阐释①。所以,毕达哥拉斯学派和新柏拉图学派,一定要从自然界当中总结出合理的数学关系,而且其中的关系越是单一简洁,从数学的角度上看来,这样的关系就会越好。因此,这种观点也就更贴近于自然的规律。还有,在那个时候,有作品流传到后世的古代哲学家当中,唯有毕达哥拉斯一人的观点当中认为,地球是围绕着一团中心的火焰来运动的。所以在文艺复兴时期所出现的科学思想,尽管都继承了欧几里得和其他一些希腊数学家所给出的方法论得以发展起来②,可是这些科学当中还存在着形而上学的部分。

到了15世纪和16世纪,当人们的思想被新旧思潮之间所产生的激烈撞击而振奋的这个年代,继承了毕达哥拉斯哲学思想的柏拉图主义精神,又一次在意大利得到了重生。米兰多拉的约翰·皮科(John Pico of Mirandola)教导人们采用数学的方式去对宇宙作出解释和尝试,当时担任波伦亚大学数学和天文学教授的马利亚·德·诺瓦拉(Maria de Novara)则对托勒密体系提出了批判,认为该体系太过复杂,根本不符合数学和谐统一的基本公理。

哥白尼有6年都一直居住在意大利,他是诺瓦拉的学生。他提出,他对可以获得的所有哲学家流传于世的著作进行过认真的研究以后,发现了一些特别的观点:

> 听西塞罗说,希塞塔斯(Hicetas)觉得,大地是在运动着的……普鲁塔克则说,还有一些其他的人跟他有着同样的观点。……当我自己受到他们的启发,觉得或许也存在这样一种概率的时候,我自己就开始主动地去思索,大地到底是怎样在运动着的? ……经过长时间的观察,我后来发现这样一个现象,假如考虑到地球自己围绕着地轴自转,并且认为其他的行星也都在进行类似的运动。我们就可以运算出那些行星和地球公转的情况,通过这些,我们不仅

① 参看 E. A. Burtt 上引书。——原注
② E. W. Strung, *Procedures and Metaphysics*, California, 1936, *Isis*, No. 78, 1938, p. 110. ——原注

能推测出其他那些行星上面可能会发生的状况，还能把一切的行星天体，以及天空当中本身存在的次序顺序和行星大小都联系在一起，把它们做成统一联系的整体，保证任何一小部分发生变动，宇宙的其他部分都会形成混乱的局面。就是由于这个……我同意这个体系的观点①。

哥白尼自己所写的对宇宙的看法如下：

前提条件，首先存在着这样一个天球，它包含着自身以及所有宇宙当中一切的恒星，鉴于此，它本身是不运动的。而实际上，它是整个宇宙的间架，其他所有的星星的位置以及运动都是跟它相对而产生的。尽管有些人觉得，它采用某种方式来进行运动，不过我们觉得，它之所以会看起来仿佛在运动，其实是因为我们自己提出的地球运动学说。在那些正在运动的天体当中，第一种星星是土星，它们需要花费 30 年，围绕着太阳完成一周公转。第二种是木星，要用 12 年才能围绕太阳公转一周。第三种是火星，用 2 年围绕太阳公转一周。第四种是每年绕太阳公转一周的轨道，我们认为地球就属于此类，以及本轮式的月球轨道也应归入其中。第五种是金星，通过 9 个月围绕太阳公转一周。第六种是水星，用 80 天公转一周。而位于所有这些行星最中间的其实是太阳。在这个非常美丽的天体和尊崇的庙堂当中，有谁能将太阳这个火炬放在更加合适的位置，好让它的光明能够完全地照亮整个天球呢？有些人觉得太阳是宇宙之灯，还有人认为，太阳是宇宙之星，还有人觉得太阳是宇宙的最高统治者。所有这些说法都很合适，特里斯梅季塔斯(Trismegistus)称太阳为可以看见的神明，索福克勒斯将它称为埃勒克特拉(Electra)，意思是万物的心灵。大家所给出的这些称号，无疑都很好，而且符合现实，毕竟太阳就仿佛皇帝一样坐在宝座上，围绕在它身边的那些恒星都归它来统管。通过这样我们就能看出，在这种井然有序的排列之下，宇宙当中存在着一种特别完美奇特的对称感，星球们的运动轨迹和运动状态都存在着和谐统一的关系。这样的情形，根本无法采用其他的方式来达成②。

---

① Copernicus, *De Revolutionibus Orbium Celestium*, Letter to Pope, quoted by E. A. Burtt, in *Metaphysical Foundations of Modern Science.* p. 37. ——原注

② *De Revolutionibus Orbium Celestium*, Lib. Ⅰ, Cap. X, Eng. traus. W. C. D. and M. D. Whetham, *Readings in the Literature of Science*, Cambridge, 1924, p. 13. ——原注

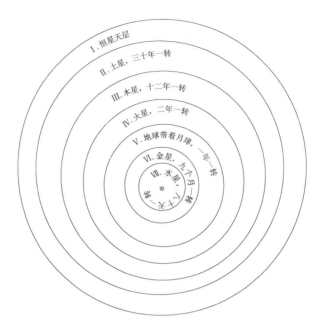

I.恒星天层

II.土星,三十年一转

III.木星,十二年一转

IV.火星,二年一转

V.地球带着月球,一年一转

VI.金星,九个月一转

VII.水星,八十天一转

图2　哥白尼的日心设想

通过上述描述,可以看出哥白尼心里最看重的一个问题就是,行星需要采用怎样的运动才能形成最简单、最和谐的天体几何学说。根据上面所引用的话,以及上面引用的附图,我们可以发现,他从古代哲人那里继承了一个观点,也就是:恒星都被固定在一个天球上面,不过这个天球可以证明其最外圈的圆周其实是通向无限空间的,也就是天球最里面凹进去的那一面①。哥白尼发觉,他将行星产生运动的位置参照系,从地球上升到恒星上面去了。这就变成了物理学和数学上的变革,这是一个可以完全摧毁亚里士多德观点下的物理学和天文学的新思路。托勒密的观点认为,如果地球处在运动当中,那么地球一定会破裂成碎片,而哥白尼对此的回答是,假如是天球产生运动的话,分裂成碎片的危险性则会更大,毕竟它的周边要比地球大得多,所以假如它在运动,那么一定会以极高的速度在运行。

这个推论,属于物理性推论,不过哥白尼更看重的是数学方面的和谐与统一。他请求那些数学家们认可他的观点,他给出的理由是,他所构建的体系,比托勒密提出的均轮和本轮,也就是天体在绕着地球运动时依照的规律要更为简约。

大约在1530年,哥白尼为了将自己的研究结果讲述出来,就创作了一篇论文,同

---

① G. McColley, De Revolutionibus, *Isis*, No. 82, 1939, p. 452. ——原注

一年就用非常通俗的方式将论文的摘要进行了发表。教皇克力门七世非常赞同他的学说,因此,要求哥白尼将学说全部发表。哥白尼一直到 1540 年才同意对方的建议。而 1543 年他拿到第一本出版的印刷册的时候,他已经躺在病床上奄奄一息了。

哥白尼学说最终获得了胜利,但这胜利来得非常缓慢。有极少一部分数学家,例如约翰·菲尔德(John Field)、约翰·迪伊(John Dee)、雷科德(Robert Recorde)与夫里希斯(Gemma Frisius)认可了哥白尼的这一学说。而且,第一个信奉哥白尼学说的英国人迪杰斯(Thomas Digges)还将哥白尼学说做出了巨大的改进,他认为哥白尼提出的恒星天球,应该是一个布满恒星的无限空间和宇宙。可是,一直等到伽利略拿出了最新发明的望远镜,并将其对准天空,观测到木星及其卫星的运动仿佛是简化版的太阳系时,哥白尼提出的这套日心说学说才声名鹊起,被众人所知。

哥白尼为人们带来了观察世界的新格局和新眼光。并改变了那种认为地球是宇宙中心的学说,降低了地球的位置,使之变为普通行星。这种变化并不完全代表着要将人类拉下万物之灵的高傲宝座,可一定让人们对那种观念产生了质疑。所以哥白尼所提出的天文学说,不仅摧毁了经院学派所认可的托勒密地心说,而且,还进一步对人们的思想和信仰造成了冲击。

通过日心说,造成了整个社会的惊惧不安,一点儿都不稀奇。那时欧洲针对宗教问题进行着前所未有的争论,可那些争论的题目非常浅显,并未涉及深层的科学问题。辩论的两方都认可同一种宗教哲学,这种哲学赋予了人类高贵的身份,给人们带来了满足感和舒适感,毕竟所有人都认可一点:整个世界是特意为了维护他们而被创造出来的,尽管造物主的某些表现非常神秘,而这种神秘完全不必要。加上那个时候,最前沿的科学观点完全不认同这个崭新的体系。罗马和日内瓦将认同哥白尼学说的改革分子布鲁诺等人当作异端,所有严谨的哲学家都对这一学说敬而远之。布鲁诺的观点当中,他相信宇宙无限,所有的星星在无限的宇宙当中分布着。布鲁诺是一个非常热情的泛神论者,他公开对所有正统教会的信仰进行抨击。于是,他被教会法庭羁押审判,并不是因为科学的缘故,而是因为他全心全意致力于宗教改革和哲学变革。1600 年,他被教会法庭烧死了。

根据那个时候固有的观点和学说,那些自认为对欧洲学术和人们精神生活担负职责的人们犹豫不决,不愿直接认可这套天文学说,有着必然的原因,毕竟这个哥白尼的日心说,或许会将他们心底坚信的信仰破坏殆尽,而且会如他们自己所担忧的那样,或许会让他们保护着的不朽的魂灵被迫面临危险。于是,当怀揣着满腹热情的伽利略跑去罗马教廷宣扬日心说的时候,毫无疑问必然会发生冲突。那时整个学术界当中,亚里士多德学派占据主要地位。他们要求教会对此采取一定的措施。果不其然,1530 年曾对日心说这一新观点表现出开放和接受态度的教会,在 1616 年的时候,禁止伽利略宣扬这一学说,并安排红衣主教柏拉明(Bellarmine)向大家宣布:哥白尼的日心说"完全错误,并且不符合《圣经》的教诲",哥白尼创作的那些书籍如果不经修改,绝不允许发行。不过依然允许把日心说视作数学上的假说,进行讲授。1620 年,盖塔尼(Gaetani)主教根据教廷的规矩和规则,略微修订了哥白尼的著作。停止刊发哥白尼学说书籍的这一命令,经教皇批准同意;到了 1757 年,这禁令被取消了,1822 年教会法庭正式对太阳作出了裁定,将其视作整个行星系的中心。

关于这一事件,惠威尔曾经进行过清晰而公平的论断,不过,近代一些学者却对伽利略维护哥白尼日心说的过程中所遭到的迫害过分地夸大了。就跟怀特海所说的一样:

> 在 30 年战争爆发和荷兰阿尔法事件爆发的那 30 年当中,科学家所受到的最为严厉的对待就是,一直到伽利略安详地死在病床上之前,他曾被不伤面子地软禁,并遭到了轻度申斥。

自然史、医学和化学

自普林尼之后,再无其他人对动物和植物进行过学术研究。而到了 16 世纪,有 6 位博物学者再一次从事起这项工作,这 6 个人是:沃顿(Wotton,1492—1555 年)、贝隆(Belon,1517—1564 年)、朗德勒(Rondelet,1507—1566 年)、萨维阿尼(Salviani,1514—1572 年)、格斯内(Gesner,1516—1565 年)与阿德罗范迪(Aldrovandi,约 1525—1606 年)[1]。但他们的目的主要是将"古典时代的学术"恢复过来。而那些博物学家们做出的新考察,都是在那之后发生的事情了。

在文艺复兴兴起的过程中,诞生了医学人文主义学派,这个学派成立的目标,就是让人们将目光从希腊古籍的注释中(还经过了阿拉伯人的转述)获得的中世纪医学,转移到医学的起源著作,也就是希波克拉底和盖伦所写的书籍上去。这一号召毫无疑问地增加了人们的医学常识,不过待他们将这类知识固化为系统之后,医生们再次走上了依靠权威的老路。

这一时期过后,人们又开始了观察、思虑和实验的进程。某一个时间段内,医学突然与刚脱离了炼金术而萌发出来的化学产生了紧密关联,进而演化出一个致

---

[1] Gudger, *Isis*, No,63,1934,p.21. ——原注

力于化学研究的医学派别,后世称之为医药化学学门。

中世纪末期,阿拉伯的化学和炼金术被传到了欧洲各国,并推动了罗吉尔·培根等人的研究。阿拉伯人从毕达哥拉斯的学说中汲取了有用的部分并做了改良:要获取基础元素,不能到物质中寻找,而要去相应的原质和特质中找。他们认为,硫(火)、汞(水)和盐(固体)是最基本的原质。这一理论跟阿拉伯其他的学术研究在同一时间传入了欧洲。15世纪中后期,这一学说得到了多明我会僧侣瓦伦丁(Basil Valentine)的大肆宣扬。

想要更好地研究这一理论,我们需要明确一点,这个学说跟希腊人提出的四种元素说一样,其被提出的根源,就是对火的神秘特质做出合理解释。此处所指代的"硫"并非指代我们命名为硫的那种具备恰当的原子量和化学特性的东西,它指代的是所有物体中能够燃烧干净的部分,"汞"只是指代能通过蒸馏变成液体的部分,"盐"则是指代固体物质剩余的渣滓。除了所谓的原质,瓦伦丁更在此基础上增加了一个生基(Archaeus),而其他的炼金术士则会加上"天德",也就是指代可以控制宇宙内所有现象(自然也包括化学改变)的至高无上的统治者。化学在文艺复兴时期灌注到医学当中的观点,就是诸如此类的东西。

接下来我们要谈及的是一位勇敢的冒险家:霍亨海姆或帕拉塞尔(Theophrast von Hohenheim or Paracelsus,约1490—1541年)[1]。他是一位瑞士的医生,也是第一批从古典正统医学盖伦学派桎梏中跳脱出来的开明人士中的一个。他以非常公正的态度对蒂罗尔矿场内的石头、矿物质、新机械,以及所有跟矿工有关的生活环境、意外事故、疾病等做了观察和研究。1514年到1526年,他流浪于欧洲各地,致力于对不同国家的疾病进行研究,并找出合理的治疗办法。后来他以医学教员的身份住在巴塞尔,当地人依照罗马时期一位非常有名望的大医生塞尔苏斯(Celsus)的名字来称呼他,不过他自己并不太情愿被这样称呼。他在巴塞尔只住了一年左右,迫于当地医药行业特权阶层的抗议,他只好离开了那里。

身为医生,他将盖伦和阿维森纳的权威抛诸脑后,而是依照自己的观察和实验应用于医学,治疗疾病。他曾说过:"假如人仅依靠内心的想法行事,那绝不会得见万物原本的样子……"而他对于医生的看法是,"目力所见,手之所及,才是教导他的良师"。科学就是从神明所造就的一切事物当中,将神明找出来,医学则是神

① Complete Works, ed. by K. Sudhoff, Müncher, 1922...; Isis, Ⅵ, 56, Anna Stoddart, Paracelsus, 1915; Franz Strunz, Theophrastus Paracelsus, Leipzig, 1937; W. Pagel, Isis, No. 77, 1938, p. 469; E. Rosenstock, Huessy, Hanover, N. H. 1937. ——原注

明赠予人类的礼物。

在将化学引入医学的过程中,霍亨海姆发现了很多新的化学特性。比如,他发现空气的成分十分复杂,并将空气命名为"混沌气"(Chaos);他在"硫"的大分类底下记录自己获得的"矾精",很明显指的就是醚。据他自己形容,"这个东西很好闻,鸡很喜欢吃它,喂给鸡吃之后就会睡着,苏醒后并无其他损伤"。[1] 但令人奇怪的是,虽然他发现了醚具有麻醉的效果,但并没有引起关注。科达斯(Valerius Cordus,1515—1544年)是第一个清晰地记录了如何利用硫酸和酒精的反应获取醚的人。他也是医生,并且是一位植物学家。跟炼金术士的不同之处在于,他会明确完整地记录整个制备过程,这代表着他已经脱离了炼金术的范畴,步入化学领域。

信奉帕拉塞尔苏斯医学的人们,会在医疗过程中使用化学药品,这是他们跟盖伦医学派的根本差异。毫无疑问,他们的治疗办法治死了不少人,不过起码他们也算做过了实验。他们发现了不少很有潜力的药物,这些发现也进一步促进了他们对化学的了解。比林格塞奥(Vannoccio Biringuccio)通过研究矿物学,打开了地质学的大门。1540年他在威尼斯发表的《火焰术》一文,可以看出他在研究矿石、金属和盐方面具备相应的学术知识。之后,在约阿希姆斯塔尔矿工作的阿格里科拉(Agircoia,1490—1555年),借鉴了《火焰术》当中的大部分内容,在巴塞尔发表了《金属学》。还有范·海尔蒙特(van Helmont),也做出了一定的贡献。他1577年出生,是布鲁塞尔人,信仰神秘主义。他跟帕拉塞尔苏斯很像,将宗教和科学连为一体。他对气体物质有很多研究,并根据霍亨海姆"Chaos"这一词语,创造性地为气体起名为"gas"。他否决了四种元素的观点,认为只有一种元素,且跟泰勒斯有相同的观点,即水就是这唯一的元素。他曾做过一个实验,对干燥的土壤进行测量后,在干土里种植了一棵柳树,除了浇水外不做任何处理,等五年之后,柳树的重量比之前重了164磅,但土壤的重量仅降低了2盎司。这个实验证明柳树中增加的新物质,绝大部分都是由水变化而成。这种观点风靡了100多年,被人们普遍信任,直到百年后英恩豪斯(Jan Ingenhousz)与普利斯特利(Priestley)最终证实,绿叶植物从空气中吸收二氧化碳中的碳元素,这一观点才因此退场。

散克托留斯(Sanctorius,1561—1636年)是首位将物理新知运用到医学的人。他改良了伽利略发明的温度计使其能够测量人的体温。为了对比脉搏的跳动速度,他还专门设计了相关仪器。他借助天平测量体重并观察细微变化,并确定只是被阳光晒着就能导致体重降低。他对此的解释是,体重降低是因为机体在出汗,尽

① Transktion by C. D Leake, in *Isis*, No. 21,1925, p. 22. ——原注

管这种出汗是看不见的。或许,精准的天平算得上是炼金术士们给后世的化学家和物理学家留下的最好礼物。

还有一位叫弗兰索瓦·杜伯瓦(Francois Dubois,1614—1672 年)的人,他的拉丁名字是弗兰西瑟斯·西尔维斯(Franciscus Sylvius)——这个名字也广为后世所知。他从范·海尔蒙特所遗留的书籍入手,汲取了其中有利的部分,在医学中引入了化学的办法,并一手开创了稳定的医药化学学派。在他看来,人们身体的健康,主要由体内的酸碱性液体决定。人体内的酸碱液体会混合起来,变成一种中性的平缓物质。这一理论在化学和医学领域都得到了广泛传播。而且,这一理论在历史上也有着重要作用,毕竟这是第一个避开了火现象的普通化学观点。在这一理论的指引下,勒梅里(Lemery)与马凯尔(Macquer)对酸类和碱类进行了明确的区分。也恰恰是因为意识到这一可能——各种物体当中存在的相反特质会结合在一起,有时候还会结合得比较激烈,人们才逐渐有了化学吸引力的概念。也正是因为人们见到了中性物质的混合方式,才能确定所有的盐类都是酸碱化合而来。这开创了将化合物按照类型区分的先河。这一理论的出现,极大地推动了 19 世纪有机化学的发展。

解剖学和生理学

在欧洲,抵制人体解剖的偏见思想长盛不衰,一直到 13 世纪之后,盖伦和一些阿拉伯古典注释家的作品出现在人们的面前,大家才又一次拾起了解剖学这门学问进行研究。解剖学中最优秀的一位先驱是蒙迪诺(Mondino),他逝世于 1327 年。也就是自他的学术研究得以发表以后,解剖学就形成了稳定的规则。尽管在大学里的正规医学课程都开设有解剖课,但是这些解剖课,都严格地按照盖伦、阿维森纳或者蒙迪诺提出的教学方案进行,只是为了寻找实例来证明教材的真实性和合理性,并不是为了获得新知[1]。所以,在步入 15 世纪末期的最后 10 年之前,解剖学始终停滞不前,没有新的突破。列奥纳多的手记当中还有些微的新发现被记录了下来,但他的手记并没有在他那个时代掀起太大的波澜。15 世纪末期的最后那 10 年,曼弗雷迪(Manfredi)创作出了一本专业的作品,其原稿至今还在博德利亚图书馆保存着[2],这本书中记载了医学领域有名的专家所取得的学术成果,并对这些学术成果进行了比较,得出了一些新颖的观察结论。没过多久,卡尔皮(Carpi)也在

---

① Sir Michael Foster,*Lectures on the History of Physiology*,Cambridge,1902. ——原注
② *Studies in the History and Method of Science*,ed. dy C. Singer,Oxford,1917. ——原注

解剖学方面取得了一定的进展,不过一直到让·费内尔(Jean Fernel,1497—1558年)这里,现代解剖学和生理学才算真正步入新的开端。他是一名医生,同时也是哲学家和数学家,1542 年就发表了《物理奥秘》①一书。在他以后出现的维萨留斯(Andreas Vesalius,1515—1564 年)来自法兰德斯,并在卢湾和巴黎接受过医学教育,后来在帕多瓦、波伦亚和比萨担任教师。他完全推翻了盖伦的学说,1543 年的时候,发表《人体结构论》一书。这是一本独立于盖伦和蒙迪诺的医学学说而创作出来的解剖学专著,完全根据他自己通过解剖进行的观察,以及所能叙述出来的状况作为实际依据。他在实际的解剖方面贡献重大,特别是在骨骼、脉络、腹部、大脑等各器官方面的学术研究特别出色。整体来说,他认可盖伦提出的生理学说,不过也讲述了他自己利用动物所做的一些具体的实验。他的著作一经发表,就在社会中引发了人们的嘲讽和刁难。出于激愤,1544 年他辞去了学术研究的工作,去投奔查理五世,成了一名宫廷御医。

一直到 16 世纪的尾声,解剖学已经完全跳脱出古代权威的桎梏。可以说在生物科学当中,这是最先从古代权威中挣脱出来的一门学科。生理学被盖伦提出的学说所阻碍,跳出权威束缚的时间比较晚。我们曾经提过,在盖伦的认识当中,他觉得,动脉血和静脉血是被心脏带动的两股不同的血潮。一个带着"生命元气",去到人体的各个器官中发放养分,另一个则给身体的各个器官带去"自然元气"。就跟福斯特说过的那些一样:

> 如今,我们对身体上产生的所有作用和过程都基于这样一个实际上的根本前提:人们体内每一个组织的器官和细胞,都依赖着身体当中不断流淌着的血液,动脉携带着氧气,去到各个器官那里;静脉血将活动引起的物质成分带出去。我们需要明白一点,根据盖伦提出的医学理论,绝无可能形成如今的理论,因为毕竟,在他的观点当中,他觉得每一个器官和细胞当中都存在着两种完全不同的血液,涨落起伏,在身体当中穿行。其中一种血液从静脉中流动,另一种则在动脉中流动,它们两种血液的目的完成不同。我们还要明白,盖伦所提出的这种关于静动脉作用的学说,跟他所提出的心脏相关的学说密不可分……血液通过我们眼睛看不到的心脏膈膜孔道,自右向左从心脏中经过……假如依照这种观点来看,我们马上就能发现,在学术层面上,那些跟人体心脏运行的原理相同的真的学科,确确实实看上去就是整个生理学的心脏。

---

① Sir Charles Sherrington, *The Endeavour of Jean Fernel*, Cambridge, 1946. ——原注

塞尔维特（Michael Servetus）来自西班牙的阿拉贡，他是一名医生，也是神学家。由于他持有超越正统学派的观点，加尔文定了他的罪，他在日内瓦被烧死了。他发现了血液的肺循环，只是这种循环的机制和心脏在维持血液流动方面的作用，他还未能达成完善的见解，尽管 1593 年经过克萨皮纳斯（Caesalpinus）所提出的一些精巧而有建设性的意见，但那之后仍无所建树，一直到威廉·哈维（William Harvey，1578—1657 年）"致力于活体解剖"的时刻，人们才最终看到了其中的真面目。

1578 年，哈维出生在肯特郡福克斯通，是一个富农乡绅的孩子。他在冈威尔和剑桥的加伊斯学院接受了教育，接着到国外去历练了 5 年时间，其间他长时间地待在帕多瓦。他 24 岁的时候返回英国，正式成为一名医生，开始给人看病。弗朗西斯·培根就曾是他的病人。他还曾是詹姆斯一世的御用医生。那时曾有很多家庭妇女被指控身患妖术，这位当代最具有现代医学精神的生理学家，所担任的职务竟然是帮助这些女人进行医学方面的排查。幸好，他进行了仔细检查后，发现这些女人们不存在生理上的变化，所以这些妇女们才得以无罪释放。哈维与查理一世的关系很好，国王会将温莎鹿苑和汉普顿宫生产的物品交由他做实验，而且跟他一起观察小鸡孵卵时的状态，包括小鸡跳动活跃的心脏节奏①。而且在这位英国国王头一次出门远征的时候，哈维也跟随在他身边，边山之战发生时，他负责保护王子们的安危。曾经有人说，在战争打得正激烈的时候，他依然坐在树底下看书。后来他跟着离休的主人到了牛津，有段时间，他担任麦尔顿市立学校的校长。他写了一本探讨心脏运动的书籍《心血运动论》，1628 年得以出版。尽管这本书篇幅不长，体量很小，但其中饱含着作者长久以来对人类和各种活物所观察的结果，对后世产生了极为重大的作用。这本书一出版，就越发衬托出盖伦的生理学跟不上时代了，但是，也有人说，恰恰是因为他背叛了盖伦提出的生理学说，"他的医学生涯，也遭受了很大的迫害"。

哈维认为，如果将每一次心脏跳动时输送的血液总量，和半小时之内心脏跳动的次数做乘法运算，我们就能发现在这半小时之内，心脏所能输送的总供血量，差不多跟一个人全身的血液量持平。因此，他给出一个推论，那就是：血液肯定是通过一定的方法，自动脉流向静脉，接着再返回到心脏：

　　　　我逐渐开始思考是否存在这样一种循环的血液运动。后来，我的确证实，

---

① 自从亚里士多德以后，第一个做这个实验的是阿夸彭登特的法布里夏斯（*Fabricius of Aquapendente*，1537—1619 年），见 Foster，上引书，36 页。——原注

真实的情况就如我所想;之后,我真实地看到,依靠左心室的收缩而流进动脉血管的血液被分散到身体的各处,就跟通过右心室进入右边肺动脉管的血液流通经过两边的肺部是一样的道理。接着,血液从静脉管通过,顺着静脉血管再次回到左心室,就跟之前提到过的情况一模一样。或许这样的血液运动可以被称为血液循环。

哈维之所以能得到这个至关重要的理论和观点,并不是依靠思辨能力,也不是依据经验的推理,而是依靠一套完整有序的步骤,而这每一个步骤都建立在他根据解剖方法对心脏如实观察之后的实际结果之上,或许正如他自己讲的,依据"反反复复对活体生命的解剖"而得来。跟维萨留斯最终确立了现代解剖学的地位完全相同,哈维也将生理学引导到观察和实验相结合的明确道路上来,为现代的内、外科医学发展奠定了基础。

想要明确地理解哈维的研究成果有着怎样的重要性,我们一定得将他的成就与同辈和当时的人们作比较,而当时跟他同一个时代的医学从业者,在解释身体的作用时,往往依靠一些天然元气、生命元气和血气。但哈维基本上没怎么提过这些类似的观点,他将血液的循环当成生理方面的规则和机制,并依据这个规律,来想法子解决实际问题。他的第二部著作为《动物的生殖》,1651 年出版,这本书有着非常大的影响力,是继亚里士多德之后专注胚胎学并做出卓越贡献的一部专著。

1657 年哈维逝世,他并未养育一儿半女,遗嘱上只写明将自己的财产全部捐赠给皇家医学院,以便医学界继续探究自然生命的秘密。

哈维发现血液循环的秘密以后,没过多久,他又发现了乳糜管和淋巴管的特性,消化过后的养分就是通过这两个器官进入血液当中的,这完全可以作为对血液循环的完美补充。不过,直到后来新发明的显微镜被运用到生理学学科实验当中时,哈维的工作才算得上圆满结束。在显微镜出现之前,人们无法观察到纤细的细胞,因此都觉得动脉会将血液送到肌肉中,再通过静脉从肌肉里回收血液。那时,人们普遍认为,肌肉是一种没有结构的主要物质。

1590 年,詹森(Janssen)①发明了复显微镜,最早时候的复显微镜当在很高倍率显像时,会产生显像歪曲而且自带颜色。大约在 1650 年,单透镜得到了改进,生理学科便拥有了非常有价值的学术仪器。

---

① A. N. Disney with C. F. Hill and W. E. W. Baker, *Origin and Devel Opment of the Microscope*, London, 1928. ——原注

1661 年,波伦亚的马尔比基(Malpighi)用显微镜观察肺部。发现在肺部气管分支的最底端,存在着一些膨胀的空气管,而动脉和静脉就遍布在这些空气管的表面。后来,他从一个青蛙的肺部发现动脉和静脉之间的毛细血管连接。他说道:"所以,我们的感知清晰地给我们提供了事实,血液通过曲折的血管流动,并不是直接进到空间当中,而总是通过细微的小管子来运输,血液可以迅速地输送到身体的各处,只是因为血管很多,而且曲曲折折的缘故[1]。"

马尔比基还利用显微镜对人体的其他器官,比如腺体等做了观察,有利于后人认识这些器官的形态和功用作用不小。哈维的理论证明了,血液穿越组织进行循环流动,而马尔比基则确定了血液所穿越的组织的名称,以及血液具体的流动方式。

在现代胚胎学方面,马尔比基也取得了相当的成就。亚里士多德曾认真观察过小鸡从蛋壳中形成并诞生的过程,法布里夏斯(Fabricius)等人再次对这一过程进行了细微的观察,哈维年迈的时候,也曾做过这样的实验观察。不过,马尔比基是第一个借助于显微镜的帮助,描述出鸡卵当中存在着一个透明的白点,这白点逐步孵化成小鸡的全过程。他的学术研究被列文虎克(A. van Leeuwenhoek,1632—1723 年)继承并继续往前推进,他利用单显微镜,仔细观察了毛细血管循环,以及肌肉纤维。并且对血球、精子和细菌进行了细致的观测,还将其形态绘制了出来。

1670 年左右,最先由波雷里(Borelli)对肌肉运动的规律进行了完善的学术研究,在同一时间,格里森(Glisson)也对肌肉的过敏特性进行了学术探讨。格里森对那种"肌肉运动时因为饱含动物元气而长大"的观点进行了批判。他表明肌肉不仅没有变大,事实上,还比以前小得多。此外,他还创作了一本探讨佝偻病的书籍,里面记录了英国多塞特郡儿童佝偻病患者的病情和观测结果。

在研究血液循环的问题时,肯定会碰到呼吸和燃烧能量等类似的问题。尽管从历史的角度来看,这个问题,有一些是需要以后才能解决的事情,不过,我们也可以在此先作提示。1617 年,弗拉德(Fludd)将一个玻璃器皿倒扣在水面上,那器皿中放着正在燃烧的物体,后来,器皿中的空气缩小了,随后燃烧的火焰熄灭。

波雷里借用伽利略、托里切利和帕斯卡的物理学说,说明了人类呼吸的原理,并证实,将动物放在真空的环境中,它们就会死去。波义耳(Robert Boyle,1627—1691 年)、胡克(Robert Honke,1635—1703 年)与洛厄(Ri-chard Lowel,1631—1691 年)等人也曾针对呼吸问题进行过探究,并得出结论说,空气并不单纯,而是饱含着一种活跃物质的复杂成分,呼吸和燃烧都离不开"硝气精",很明显,指的就是如

---

[1] Foster,上引书 97 页。——原注

今人们认为的氧气。法国人莱伊(Rey)发现，金属在点燃之后，质量增加了，他觉得这是因为硝气粒子跟金属结合在一起造成的。在呼吸方面，胡克认为，假如能将一股气流不间断地推向肺的表层，那么呼吸运动就不再是维持生命存在的必需品。1669年，劳尔发表了《心脏论》，其中展示了他自己的观点：血液的颜色之所以会产生深紫到鲜红的变化——这种变化是血液由静脉血转化成动脉血的标志，并不像人们假设的那样发生在左心室，反而发生在肺部。他借助于胡克的人工模拟的呼吸实验，证明了血液颜色的变化，完全是因为血液在肺里吸收到空气的缘故。1669年，马约(John Mayow)出版了一本书，这本书1674年又再版，书中将这些方面涉及的很多学术研究总结起来，并附上了一些他自己的学术成果[①]。他对不久之前有关呼吸和燃烧的学术研究进行了解释，并且说明了呼吸、燃烧与硝之间存在的关联。据他说："火药一点就着，是因为其中存在着容易被引燃的颗粒……含硫的物质，只有当空气里带有可燃气体的情况下才能燃烧起来。"将活着的小动物放在密闭的容器中，它们便会死去；假如在其中放一支点燃的蜡烛的话，这个活物死去的时间就更短。"这样就可以很清晰地弄明白，动物将空气中存在的某种生命必备的物质使用殆尽了，……空气当中蕴藏着某种生命体必需的物质，这种物质借助于呼吸进入血液。"他依照劳尔的研究作出推论，认为这种物质就是"硝气精"，当它与血液当中的盐硫质相接触的时候，就会使血液发热。后来，他所做出的这些完善的学术研究，被后人丢弃在一旁，一直到百年以后，拉瓦锡才带着它们重见天日。

洛厄曾尝试过将一个活物的血液，输送到另一个活物的静脉当中，雷恩(Wren)也进行过类似的实验。洛厄和威利斯(Willis)在一起针对脑神经解剖方面进行过专门的学术探讨。此时，我们所讨论的话题，就跳转到生理学层面涉及大脑和神经系统的方面了。

维萨留斯吸取了那个时代最为时髦的观点，他觉得食物从肝脏当中获得天然元气，输送到心脏后会成为生命元气，进入大脑之后则会变为动物元气，他说："动物元气是最活泼最精细的一种物质，其实就是一种特性而已，并不是指实实在在的固体物质。大脑会通过对这种元气来让精神起作用，又会不断地通过神经将这种元气分散给身体的各个器官和掌管运动的部位。"他曾提出这样一个理论，切断或者紧紧绑缚住某个神经之后，就能让某部分肌肉失去作用。

"不过，"他说道，"我对大脑如何行使想象、推算思维和记忆等功能的方

---

① T. S. Patterson, "John Mayow in Contemporary Setting", *Isis*, Feb. and Sept. 1931. ——原注

法一无所知，我甚至也不觉得通过解剖，或者某种神学方面的方法能够获得更多有建设性的发现，那些神学家们的观点当中，动物根本不具备推算的能力，也不存在我们所提及的那些主要灵魂具备的各项能力。但是根据大脑的整体结构看来，猴子、狗、马、猫，包括我所检查过的所有4条腿的动物，包括鸟类，大部分鱼类，它们的脑子都和人很相像。"

但换个角度，范·海尔蒙特的观点却认为，植物和兽类是没有灵魂的，它们只不过拥有一些生命力，即灵魂产生前的东西。而在人类之中，能够感觉到一切的灵魂主导着所有的身体功能。它借助于"生基"在人体当中运作，生基仿佛酿酒时使用的酵母一般，直接对身体的各个部位起作用。灵魂就在胃的生基里居住，仿佛点燃的蜡烛里面住着光芒一样。能够感觉一切的灵魂会走向死亡，但却跟永不灭亡的心灵一样，存在于人的身上。范·海尔蒙特在化学领域的确十分出色，但他在生理学方面所拥有的辩证思维，却并不能对其产生丝毫帮助。

在他的想象中存在着的，"有感觉的灵魂"与"不朽的心"，与"动物元气"完全不同，就大致等同于我们如今谈到的神经组织的运动。哲学家笛卡儿曾经提出过的"理性灵魂"，指的也是这些。在这之后，我们还需要更加详细地加以介绍和说明，就是因为将这二者严格地加以区别，笛卡儿才对神经现象相关的这些概念有了明确的理解和运用。

在同一时间，西尔维斯也将自己从化学当中获得的知识，运用到生理学领域。他跟范·海尔蒙特有着同样的观点，将活着的人体内出现的很多变化当作发酵效果。只是，二人观点上的区别在于，范·海尔蒙特认为，发酵的产生是源于某些奇妙的作用力，跟普通的化学反应有着相当大的区别；但西尔维斯则不承认这种区别，他觉得，生理层面的发酵，跟将酸倒在白垩上时产生的沸腾状态完全相同。因此他跟范·海尔蒙特所抱有的唯灵论意见刚好背道而驰，他倡导以化学的角度去探讨生理学。所以，他可以带领自己的学生，在对消化器官的观察和探讨上获得大有裨益的进步。只是，他所持的这种观点，在当时对于解释神经层面状况没有太大的帮助。

从实际情况来看，在18世纪之前，有关脑部和神经系统的生理学基本上未取得什么进展，1669年斯坦森（Stensen）对思辨的想法提出批判，是一件大有裨益的举动。在他看来，对大脑的解剖存在极大的困难，况且现在尚不具备完善的解剖知识，他接着说道：

太多人觉得所有的一切都已经清晰明了地呈现在我们面前了。这些人，干劲十足,满怀信心,却随口说大话,编造并发表了很多跟大脑和某些相关部分作用的胡编乱造的故事,他们讲的仿佛真有那样一回事儿,他们是亲眼看见似的,就好像他们自己如实地看到了这精密的使人赞叹的仪器的全部结构,仿佛已经获悉了伟大造物者的全部秘密一般。

而斯坦森在生理学和解剖学领域所做出的成就远比他讥讽的那些哲学家和医生们都多得多。他根据解剖经验提出了承前启后的观点。这一观点开创了19世纪最后20年某些创造性发现的先河:

> 假如我现在谈及的这些白色物质,确实是纤维性质的组织(从大部分地方看起来似乎是这样),我们就不得不承认这些纤维的排列依照着一定的顺序和图案,毋庸置疑,人们的感觉和动作的形成就受控于这种排列。

植物学

人们之所以会去研究植物,主要得益于植物性药品在医疗上的广泛使用,植物学本来隶属于寺院或者花园中传统学问中的某部分,中世纪存在的象征主义,一直紧紧地掌控着植物学,迟迟不愿撒手。从植物学角度来讲,所谓的象征主义,就是表征理论,也就是认为植物的叶子、花的颜色和形状都是造物者特意为植物所指定的作用和记号。

文艺复兴兴起之后,人们的生活得到了保障,财富也逐渐增多,艺术方面的情感也逐渐发达起来,于是人们就逐渐建立起自家的私家花园和菜园,普遍种植各类花草植被和蔬菜。所以,16世纪人们对植物的认识飞速发展,其中的原因,一是因为需要采集植物性药草;二是因为人们对自然界的天然好奇和对各种美好颜色的兴趣。

1545年,帕多瓦、比萨、莱登等地相继建立了本地植物园,其中保存和培植着不少探险家和冒险家们带回来的稀有花草。没过多久,医学界就建设出了自己的专用药圃和药品蒸馏场所。几乎每个药剂师协会都有自己的专属药圃,大约在1676年,伦敦药剂师协会就建立了自己的私家药圃,如今还完整地保存于切尔西。

中世纪的植物学家们是怎样工作的? 比如大阿尔伯特和鲁菲纳斯的工作方法,经历了如此长的时光之后,早就被后人忘得干净了,一切还得重新开始。最先将古代典籍中所描绘的植物学概念抛开,而依靠自己对自然界的独立观察,并进行准确描述的植物学家是科达斯(Valerius Cordus,1515—1544年)。与此同时,一些本草书出现在市面上，这些书籍大部分是依照第奥斯科理德的专著创作而成，其中记录了部分植物的医学特性和饮食特性①。某些书当中的图画和文字介绍经常会有谬误，出版年份靠后的书籍往往较为准确。1551 年到 1568 年，威廉·特内尔（William Turner）的本草书得以发表，1597 年约翰·热拉尔（John Gerard）的另一种本草书发表，只是其中有很多不太准确的地方。特内尔是比较早期的田野博物学家；热拉尔后来投奔了伯利（Burghley）勋爵，到斯坦福德城新宅花园做了一名管理员。

科尔切斯特的吉尔伯特

科尔切斯特的吉尔伯特（William Gilbert of Colchester，1540—1603 年）毕业于剑桥大学圣约翰学院，是该院的一名研究生，也是皇家医学院的院长，他将实验的方法引入学术。在他自己所写的《磁石》一书当中，他将当时那个时代所有与磁和电相关的知识都搜集在内，并附加了自己的观察结论。磁针似乎是在 11 世纪末期，由中国人率先发现的②，在那之后没过多长时间，伊斯兰的航海员将其运用在航海上，12 世纪左右，磁针风靡整个欧洲。13 世纪的时候，帕雷格伦纳斯（Peter Peregrinus）曾观察和研究过磁针，只是后人不记得他的观点了。

吉尔伯特对磁石之间的引力进行了细致的探究，最终证明，将磁针自由挂起来，不仅能够实现像航海罗盘一般，指引大概的南北方向，而且在英国，它所指的北极的那端会略微往下倾斜，倾斜的角度与纬度的变化有一定关联。大约在 1590 年，擅长制造仪器的制造者诺尔曼（Norman）也发现了这种磁倾现象。吉尔伯特证实了他的观点在海外航行中可以发挥重大作用，而且他依据自己对磁针方向所做的种种试验，判定地球本身一定类似于一个大磁铁，而地球这块磁石的两极，跟地理上的两极很近，但却并没有达成完美的重合。后来到 1662 年，冈特尔（Edmund Gunter）发现磁石的方向和磁偏角会随着时间改变，据他探查，42 年间，磁石的方向发生了 5 度左右的改变。吉尔伯特说道，一个均匀的磁石所发出的磁力强度，跟磁场与磁石的质量呈正比关系。这可能是第一次提起质量这个定义，而没有采用重量，或许极有可能与质量相关的概念就是这样传播给开普勒和伽利略，并通过他们传承给了牛顿。

吉尔伯特还对某些物品摩擦时产生的力量进行了研究和观察，比如琥珀。他通过希腊词语"琥珀"，创造出 electricity（电）的名称。他采用金属针来测量摩擦

---

① R. T. Gunther，Oxford，1934，and *Isis*，No. 65，1935，p. 261；Agues *Herbals*，Cambridge，1938. ——原注

② Sarton，*History of Science*，Vol. I ，1927，p. 756. ——原注

力,他将很轻的金属针,平衡放在一点,并不断增加物体的数量,以对照肉眼可察觉的变化。在这些实验之外,他也对磁和电所产生的原因,给出了一些思辨型的观点。他认为,磁石具有灵魂,而磁石正是地球的灵魂。他从古希腊哲学当中选用了一个词以太(也就是非物质)作为定义的概念,并觉得是因为带有磁和电的物质具有"磁素"向外发散,能包围附近的物质,并将它们拖拽向自己的方向。他还将这种观念延伸开来,用以对重力加以阐释,也就是石头会掉向地面的力量。他神秘兮兮地将这种观点放在太阳和行星的运行规律中去匹配。他觉得,每一个星体当中都存在着一个独特的精神,并覆盖在整个球体的周围,而这些精神相互之间发生引力作用,最终导致了行星运行的轨道和整个宇宙运行的终极规律。他相信地球会围绕着地轴进行自转,他接受了这个观点,并认为这种现象也跟磁力相关,但却对地球绕着太阳公转这一观点存疑。

吉尔伯特一直担任伊丽莎白和詹姆斯一世的宫廷御医,实际上,女王还特别给了他一些奖励,好让他拥有足够的时间来研究学术。从这个例子就可以看出,英国皇室早期就非常重视科学实验。培根所著的《新工具》一书里曾提到吉尔伯特的学术成果,并将其当作他所倡导的实验方法中的一个特定的先例。

弗朗西斯·培根

弗朗西斯·培根(Francis Bacon,1561—1626年)曾担任英国的国务大臣,他深知经院哲学难以增加人类对自然的了解,难以提高人类控制自然的能力,并且察觉到,亚里士多德的"最后原因"完全无益于科学的发展,因此就入手想要探究出一种崭新的实验方法论。为将人类的能力和伟大的精神的终点送到更遥远之处,他设定了一条可行的、战胜自然的道路。他觉得,只要将所有能获得的事实记录下来,并对所有可能出现的物质进行观察和实验,接着依据不完善的表格规则将最终的结果汇编成表,就能从中观察出各类现象之间存在的关联,并且,几乎可以自然地通过表格来找到其中的具体法则。

这种方法有着显而易见的缺点,很容易找到值得被批评的角度。因为需要进行观察的现象和实验实在太多,所以,科学进步极少能通过纯粹的"培根方法论"达成。在科学进步的最初期,一定要依靠洞察力和想象提前发生作用,接着根据现有事实设定一个初级的推测,这个推测的过程就是归纳。接着再利用数学或者逻辑的方法进行推演,将实际的结论演绎出来,并借助于实际的观察和实验对结论进行检验,如果提出的推测跟实验结果不符,那我们就一定得重新进行猜测,做出第二种预测,如此反复,才能获得一个既符合早期事实,又符合检验结果的合理预测。只有这样,这个推测才能被升级为理论,它能将碎块知识融会贯通,或者将知识变简单,可能这个推论能在好多年间都发挥很好的作用。不过,符合事实的理论很少只有一个,这个只是概率问题而已。说实话,新的知识不断变多,人们所意识到的事实本身也增加了很多,而且变得更加复杂烦琐,因此各种理论或许就得进行改正,也有可能会被后来拓宽视野之后的新理论替代。

实际上,培根的做法在实验科学领域并没有对什么人产生巨大的影响,唯有波义耳除外。但是,他提升了学术界对当代科学发展的思考和关注度,也算功劳一件。世界上层出不穷地出现过很多哲学理念,但并没有出现与之对应的事实,去检验这些哲学思想。因此,在培根看来,当时那个时代最需要的就是真实、靠得住的现实。这点并没有错。培根在认识自然上面并未做出显著的功绩,或达成什么功劳,他提出的科学理论和科学方法论范围过大,显得野心勃勃。而在实践层面也缺乏根据。可是,他是第一位将科学背后的哲学依据归纳起来的人,18世纪法国百科全书派学者深受他的影响。他依靠着自己的能力和政治家身上拥有的思辨才能,提出了远超他那个时代所能理解的崭新观点。经院哲学已然被时代所抛弃,变成了陈腐的东西,整个哲学思想界正发生着震动,等待着巨变到来,恰在此时,培根为正确地认识自然界指出了一条更为宽广的、大致路线无误的阳光大道。

开普勒

哥白尼的日心说不仅引发了天文学领域的变革,而且还引发了普通科学思潮的变革。只是因为哥白尼的学术成就更偏向于数学领域,并未增加太多自然方面相关的新发现。第一位详细精确地记录了行星运动轨道的天文学家,其实是来自哥本哈根的第谷·布拉埃(Tycho Brahe,1546—1601年)。他并没有将哥白尼的学说体系全盘接收,而是有着自己的观点,认为太阳环地球公转,其他行星则围绕太阳公转。他的一生几经搬迁,后来辗转在布拉格定居,并在机缘巧合下招募到约翰·开普勒(John Kepler,1571—1630年)来协助他的研究,后来,他将搜罗来的那些珍惜罕有的学术资料都留给了开普勒来继承。人们熟知,开普勒的突出成就在于他归纳并证明了行星运动的三个规律,也就是为后来牛顿的天文学奠定基础的"行星运动三定律"。如果仅单一地以其对牛顿科学的影响来进行探讨的话,一则对待开普勒的评价会显得过于现代化;二则没有周全地考虑到他之所以出现这种想法的历史原因。我们能够透过哥白尼的努力研究,察觉到其中毕达哥拉斯和柏拉图的思想倾向;而从开普勒的著作中也可以看到他受到了这样的影响,只是在数学方法论方面表现得更为明显。

开普勒的本职工作是编纂当时市场上畅销的占星书。尽管他曾对自己从事的这份报酬不菲的职业颇有微词,甚至嘲笑过自己的职业对天文学家的影响,可他本人却实实在在地信仰着占星术。而他同时也是位出色又热忱的数学家;他信任哥白尼提出的日心说,只是因为这一学说体系具备更宽广的特性,也就是数学中公理往往最为简约和谐的特性。他表示:"我发自内心地认为它是绝对真理,我怀揣着难以置信的愉悦心情,沉浸在它的优美之中。"[1]哥白尼对太阳的赞美之词溢于言表,开普勒更是有过之而无不及,他将太阳视作"圣父",将行星视作"圣子",而将运转在太阳和行星之间的以太——他觉得太阳借助以太去推动行星按轨道运行——视作"圣灵"。

开普勒坚信,上帝也即造物主在创造万物时总遵循着完美的数学规则,因此数学和谐最根本的状态就是指天体音乐,因此,行星的运动轨迹才可以被如实地发现。这是开普勒不辞辛苦,投身于工作的根本动力。他并非如普通人所想,只是枯燥地追寻那些后世被牛顿完美阐释过的原则和定律。他渴求的是最后的原因——也就是造物主心中的数学的统一。

在亚里士多德看来,不能被再次分解的质的特点,就是物质的最终本原,因此,如果人们观察一株树木,眼睛里感受到绿色,那么在观察者看来,树木的本原及其最根本的特点就是绿这一特质。可到了开普勒眼中,只有存在一定量的特质或相互存在关系,才能被称为知识,因此物质的首要基础是数量,这一特性至关重要,而且是先于其他一切领域的规则而存在的。

科学学科中,以开普勒为名的三条定律被归纳为:(1)所有的行星围绕太阳运行的轨道都是椭圆,太阳处在椭圆的一个焦点上;(2)行星和太阳之间的连线,在轨道间隔内扫过的面积,跟时间呈正比例关系;(3)所有行星绕太阳运行一周的平方,与行星到太阳之间的平均距离的立方,呈正比例关系。开普勒将那些先于他及与他同时代的天文学家们对行星运动轨迹的研究,进行了系统的融合归纳,最终变成了这简简单单的三句话。

开普勒最喜欢这三定律中的第二个定律。每一个行星都是"稳定的神圣因",这是被亚里士多德提出的"不动的原动者"驱动,理论上它们会保持匀速运动。从真实的角度来看,这一观点必须被淘汰掉了,可开普勒坚持用面积均匀替代了原本

---

① Burtt,上引书47页。——原注

的线段均匀,进而拯救了这一基础定律,以他的视角来看,可能这仅仅是哥白尼体系所展示出的众多数学谐和关系中的三条罢了。

他发现了第二种关系,也就是距离之间的关系,这是最让他欣喜若狂的另外一个重要发现。假如在天球中将土星的运行轨迹标记出来,并在容纳着轨道线的天球内部接上一个正六面体,那么木星轨道就处在正六面体的内切球上;假如在木星的天球轨道上接上一个正四面体,那么火星的轨道就在这个正四面体的内切球上。按照这种方式类推下去,其他五个正多面体和六个行星之间都存在这样的关系。行星之间的这种关系只是大体上正确,待新的行星被发现之后,这种理论就不适用了。不过这一发现给开普勒带来了极大的喜悦,甚至比发现三大定律带来的快乐还要多得多。他觉得这是天体音乐的美妙新共鸣,也是真实意义上行星之间距离分布的真正原因。他和柏拉图的想法完全一致,认为上帝在造物中普遍遵循着完美的几何学原则。

回归到数学本身而建立起的,充满未知和新鲜感的学说,竟然在哥白尼和开普勒的研究下建造出这样一个完整的体系,而它靠着伽利略和牛顿的继承,直接对18世纪法国百科全书派,以及19世纪德国唯物主义机械哲学观造成了深远的影响,这的确可以看作历史跟人类所开的玩笑。

伽利略

自文艺复兴开始后,激荡在人们心中的伟大的思想自由,最终通过伽利略(Galileo Galilei,1564—1642年)得以实现,他为之付出的跨越两个世纪的学术研究和努力,终于取得了实际的进展。列奥纳多曾在他思索过的无数问题当中预测到现代科学思想出现的必然。哥白尼则掀起了一场思想革命,冲击了旧有的思想。吉尔伯特介绍了采用实验的方法论,是获取更多知识的良好途径。但到了伽利略这里出现的新思想,与前人相比又产生了极大的进步。青年时期的伽利略信仰亚里士多德的学说,但之后他跳出权威的窠臼,掌握了新的思想和方法。他明白,现代科学的研究需要专注,所以,他跟天才人物列奥纳多选择了不同的研究方向,并非全面博览各个领域,而是有条不紊地做好完善准备,细致地选择某些领域进行专攻。哥白尼的天文学说建立在"先验"原则的基础上,依靠数学关系简单和谐的前提存在,但伽利略对天文学的研究,却是基于望远镜的实际观察和验证。而且最为重要的一点是,他吸收了吉尔伯特提出的实验方法论和归纳方法论,将其与数学演绎法糅合在一起使用,进而发现了物理科学方面真正有效的方法论,并将其确立下来。

可以说，伽利略是第一个步入近代的伟人；我们阅读他的著作会发自内心地感受到放松和喜悦；我们如今依然在物理科学方面运用的方法论，正是从他那里传承而来的。在他之前的学者们，经常会先吸取经验建立一个足以说服自己和他人的完整体系，中世纪出现的柏拉图思想和经院哲学派都是这样，而伽利略率先将这一方法弃之不用。于是，真理不再来自权威和理性结合之后的演绎，甚至不需要像经院哲学派那样必须符合权威和理性的范畴；也不需要像开普勒所想的那样，依靠这二者的融合来为自己的学说赋予内涵。尽管人们那么地渴望征服自然，希望能立刻将自然界纳入理性管理之中，但是，从观察和实验中得来的现实真相，包括由它们推导出的直接或间接的结论，都如实地被人们接受了。很多单一的事实之间慢慢显示出其中关联，围绕在每一个事实四周的那些知识的碎片，纷杂地相互触碰，或许就能融合成一个更广泛的知识范畴。只是，如果想要将所有涉及科学和哲学的知识统一起来，建成更高层级的知识体系——的确存在这种可能，只是还需要到很远的未来才能实现。中世纪经院哲学来源于理性思维，它重视人类理性的作用，在权威的限制下发展；而现代科学的基础则取决于经验，不论事实是否符合理性，都尊重现实的结果，接受其中的残酷性①。

伽利略最先发明了温度计，是用一根顶端开有空气泡的玻璃管做成，将开口的部分放在水中。1609 年，伽利略听说荷兰有人发明了可以放大物体的镜子。伽利略就根据光折射原理，也制作了一个类似的放大镜。没过多久，他又做出了一台更为精密的仪器，这台仪器可以将物体放大三十倍。从那时开始，他接二连三地有了新的发现②。哲学家们一直认为，月球表面非常平滑，毫无瑕疵，但如今发现月球表面满是斑点，这证明月球上存在着曲折而荒僻的山脉和谷地。过去肉眼看不见的那些难以计数的星辰，如今也能清晰看到了；从古至今的银河难题如今也可以被完美解决了。此时人们已经能够观测到，木星轨道上还有四颗卫星，而且依照某种可测量的周期运行着。哥白尼提出的日心说，在此时无疑可以被证实了，肉眼可见的木星及卫星运行的规律，同理也可以看作地球、月亮围绕太阳公转的天体模型，只是稍微复杂些罢了。帕多瓦的哲学教授拒绝接触伽利略发明的望远镜，比萨的哲学家们则到公爵面前进言，竭尽所能地想证明，"伽利略似乎借助了魔力或者咒语的力量，诅咒召唤新的行星从天空中现身"。

---

① A. N. Whitehead, *Science and the Modern World*, Cambridge, 1927. ——原注

② Galieo Galilei, *The Sidereal Messenger*, Venice, 1610, quoted in *Readings in the Literature of Science*, Cambridge, 1924. ——原注

过去的天文学理论都是依靠原有经验和数学简约特性而建立起来的,而伽利略通过望远镜,证明了人人都能复核检验的天文学新理论。几乎跟伽利略同时代的英国数学家哈里奥特(Thomas Harriot)——他在改良现代代数的进程中贡献卓著,也用望远镜对月球和木星卫星进行了观测,只是他的这一发现,在他逝世之后才被公之于众①。

伽利略的科学理论奠定了动力学的发展基础②,这也是他所取得的最卓越的成就,十分具有创造性。这一时期,静力学有所进展,布鲁日的史特芬(也就是史特维纳斯,1586年)集中研究于斜面上力的复合作用、液体静力学水压变化等方面,并取得了一定成就。可那时候人们在运动方面的研究,还处在对运动的观察不得要领,理论沿袭亚里士多德以至于杂乱无序的境地。普遍认为物体本身存在轻重差别,并按照与自身重量成比例的速度升高或下降,因为它们的力量有差别,需要各自找寻自然而然的位置。大约在1590年,史特芬与德·格鲁特(de Groot)在德尔夫特做了实验,证明了同时坠落的物品虽然轻重不同,但也会同时落地③。伽利略很早前就说过,炮弹不会比子弹更快落地,所以或许他也做这个实验(不是在比萨斜塔做的)④。

哥白尼和开普勒认为,可以用数学办法来表达地球和其他行星的运动,而且他们也证明了这一点。伽利略则认为,地球的各个部分依照数学关系不停地进行"局部变动"。因此他想探究物体如何下落,而不是为何物体会下落,他想要弄清楚物体下落时具体的数学关系;这是科学方法的一大进步。

物体降落的时候不断地加速。这种增速存在怎样的定律呢?伽利略做出的第一个猜测是,降落速度与降落的距离呈一定的比例关系。这种假定本身没什么错误之处,不过其中有说不通的地方⑤,因此他换了一个假设:降落速度与降落时间之间存在比例关系。这个假设很容易证明,伽利略将通过演绎推测出的结论跟实验结果做了比对。

那个时代用于测量的仪器并不十分精准,而且操作难度很大,加上物体进行自

———————————

①　*Divtionary of National Biography.* ——原注

②　E. N. da C. Andrade,*science in the Seventeenth Century*,1938;E. Mach,*Die Mechanik in Ihrer Entwicke-lung*,1883,T. J. McCormack,London,1902. ——原注

③　Whewell,上引书 I 卷 46 页;G. Sarton,*Isis*,No. 61,1934,p. 244. ——原注

④　E. N. da C. Andrade, quoting Wohlwill, (Vol. I , Hamburg, 1909) ; *Gerland*, *Geschichie der Physik*, 1913;*Isis*,1935,p. 164,*Nature 4 Jan.* 1936. ——原注

⑤　伽利略的这个假设很难令人满意,可是就如布罗德所说,物体静止的时候没有速度,除非物体已经降落了一段距离,但物体如果一开始没有速度,就不会降落一段距离。——译者注

由落体运动时速度太快，实验很难获得精确的数据，因此必须将物体下落的速度控制在一定的限度以内，以便测量。最初伽利略觉得，只要下落的距离相等，那么物体从斜面降落的速度，与物体垂直降落的速度完全一致。因此，他实验的时候采用了斜面。随后，他的实验测量得出的数据可以证明一个假设，而且也适用于通过该假设推算出来的数学逻辑。这个假设的具体内容是：物体的下降速度与下降的时间呈一定的比例关系。数学方面的推断是：物体降落的时候达成的位移跟所用时间的平方成正比。此外，他还发现了另一个定律：小摆动频率情况下，单摆的周期与振幅大小和摆锤重量无关；但可以证明，在一段时间内，重力对摆锤施加的相同力度会增加摆锤摆动的速度。

伽利略还认为，在摩擦力小到可以忽略不计的情况下，让球体从斜面上滚下，那么这个球体可以直接爬到另一斜面上跟球体下落的位置相对应的地方，而不受斜面倾斜角度的限制。如果球体滚下后落到平面上，那它将顺着这个平面永远滑动下去，做匀速直线运动。

过去的人们一直有着不变的假设，那就是所有的运动都需要对其施加连续不断的力量，以便运动状态得以保持下去，只有极少数希腊原子论学者和现代学者，例如列奥纳多和邦内德提（Benedetti，1585 年），对这种普遍的观点持怀疑态度。人们还相信所有的行星运行都需要借助类似于亚里士多德"不动的原动者"原理，或者开普勒的太阳以太作用。直到伽利略对此进行过详细的学术探究以后，人们才熟知，除了运动的产生、停止，以及方向的变化需要施加外力之外，让物体保持运动并不需要施力。物质具有惯性，因此行星开始运行以后不再需要施加外力。尽管还需要对行星运行为何不走直线，而是围绕着太阳的轨道运行进行解释。不过已经是很大的进步了，过去就连提出这个正确的问题，也是绝无可能的，但如今已有解决的办法了。况且马上就会有人来解决这一问题，1643 年，伽利略逝世的第二年，牛顿诞生了。

伽利略还发现了动力学当中的另一个定律。在他提出自己的观点之前，抛射物体的这一话题已经众说纷纭。伽利略经过观察发现，抛射物体时的运动，可以拆分成两部分，也就是，一个在水平方向匀速运动，以及一个可以用自由落体定律解释的垂直方向上的运动。将这两个运动的路线结合起来，就形成了抛物线运动。

伽利略在哲学方面的观点，较为贴近开普勒和牛顿。他跟开普勒一样，致力于寻找自然界当中存在的数量特征，只是，他关注的重点不在于其中的原因，而是想要借助这种办法去了解导致自然和宇宙多样性和变化性的终极规律，不论最终获得的定律能否被人类所理解。①

　　从这些方面可以看出,伽利略的哲学跟经验哲学派的哲学观念相去甚远,经院学派认为,人是中心,整个自然界都是为人类的出现而服务的。可是在伽利略的观点中,上帝赋予了自然这些严肃的数学表征和数学关系,接着借助自然的力量,培养人类的创造力和理解力,并且力图让人类的理解力经过淬炼和磨砺之后,能够从自然当中获取一些宇宙的奥秘。

　　欧几里得和一些先辈学者将几何学并入数学之中。希帕克、哥白尼和开普勒则把天文学纳入几何学的范畴。而伽利略对地上的动力学也采用了同样的办法,想要将其变成数学的分支。要通过实验和观察,从一团混乱的现象和观点中创造新的科学,首先要做的,就是找到几个明确、简洁的概念和定义,起码在一段时间内这些简洁的说明能发挥作用;如果条件允许,最好能把这些简短的说明变成数学上的量。在探究自由落体加速度问题的可研究性上,伽利略最先将自古已有的对距离和时间概念的表述代之以明确的数学符号。亚里士多德和经院派哲学家们最重视的是"最后因",在他们看来,地上的运动是形而上学的,完全不同于天文学上的星体运动。因此他们特地选用那些不明确指代作用、原因、目的和位置的观点,想要从运动的本质出发对其进行阐释。他们的关注点不在运动本身,就算偶尔提及,也不过列举一下不同运动的差别,比如轻松的运动跟剧烈的运动之间的差异,直线运动和环形运动的差异等等。可伽利略认为这些观点毫无用处,他研究的目的是要弄清楚运动是怎样发生的,而不是为何发生。亚里士多德哲学中,空间和时间的概念无足轻重,就是由这种定性的方式决定的。伽利略则将时间和空间变成了物理学科当中的根本特性,从他之后,时间和空间在物理科学中的本原特点一直被保持着。他和一些有志之士还发现,除了重力之外,惯性当中还存在某种特殊的量。不过牛顿最先对质量做出了明确的定义,而能量这一概念的形成和定义则发生在19世纪中期。

　　尽管如此,伽利略还是迈出了数学动力学科的第一步,这是无比艰难的一步,自此,那种以经院哲学派为主,在分析运动时以目的为导向、含混概念的学术研究方式,正式步入了有着明确时间和空间界限的数学方式中来。贝尔特教授曾提出,当下我们面临的很多哲学难题,都是由于这一步造成的影响。也许我们可以这样回应:伽利略的这一步,将亚里士多德物理学所掩盖起来的种种难题,全都清晰地呈现在众人面前了。总而言之,毋庸置疑的是:倘若动力科学当中缺少了伽利略的新视野和新格局,那该学科绝不会发展得那样好。的确,可能有些继承了伽利略学

---

　　① Burtt,上引书64页。——原注

说的学者,太过重视动力科学和形而上学之间确实存在的问题,但那怪不得伽利略本人。其实,如果对伽利略提出那种必须轻率猜测才能回答的问题,或者提出必须依靠哲学系统的演绎才能解答的问题,他绝不会擅自揣测,而是接受自己不知道的事实,等待着真相到来。他觉得,比起夸夸其谈地编瞎话,还不如用那句"睿智、聪慧、谦和"的名言来回答:"我不知道。"

在涉及物理学的其他学科哲学方面,伽利略也不同于前人。开普勒认为,物体具有第一性的质(不能被剥离的性质)跟第二性的质(非根本的性质)之间的确存在差异。伽利略的观点比他更激进,他提出,第二性的质是主观感觉,不能与无法脱离物体本身的第一性的质相提并论。他在此处的观点跟古代原子论者的看法相同,毕竟原子论者的哲学此前再次焕发了活力。伽利略说道:

> 如果让我去想象一件东西,可能是物质或有形态物体等,我马上会想到,自己要先对它的本质属性进行思考,它的外形和界限,以及与别的东西相比大或小、位于哪里、什么时候遇见的、是在运动还是静止着、是否连着其他的东西、是单独的还是数量很多的。总而言之,我几乎想象不出有哪种物体不具备这些要素。可是那东西是白色还是红色,偏甜还是苦,会不会发出声音,是不是好闻等等类似的条件,根本与物体本身没什么关系;要是不通过感官的话,人们的想象和推测当中根本不会出现这些东西。因此我觉得,尽管物体有气味、颜色、味道等这些性质,但这些只存在于感官当中,若非如此,就只是一堆名词罢了;所以,将物体取走,它附带的这些不重要的性质就消失了。①

德谟克利特曾利用原子和空间的关系,简略地说明了类似的原理②,而伽利略顺着这一思维倾向,再次发现了这条原则。伽利略还吸取了物质原子说的观点,并详述了原子数量、重量、外形及速度的差异会引起口味、气味、声音等差异的过程。

在这一方面,伽利略也远离了普通人心里的美妙自然界。在其他人的眼中,色、声、味、臭、热、冷这些自然性质实实在在地存在着,可伽利略觉得这些性质只是观赏者自己的主观感受,是由原子依据必然的数学原理而形成的运动和排列。起码他自己觉得,虽然原子始终受控于大自然,但的确是真实的,而物体第二性的质只是主观的虚幻感受罢了。100 年之后,贝克莱主教指出:归根结底,物体第一性

---

① Burtt, *loc. cil.* p. 75. ——原注
② 参看上文, p. 23. ——原注

的质也来源于主观感受,是心理层面的东西。

人们对伽利略在这些问题上的观点和处理办法批判不已,所以,某些二元论哲学及唯物主义哲学必然是因此而得以诞生的。或许这样的做法跟法国百科全书学派一样——在处理科学门类中的一门科学与整个科学体系的关系时犯了错,在处理整个科学体系与形而上学之间的关系时犯了错。我们将在本书最后的几个章节中,详细解答这些问题。

从笛卡儿到波义耳

笛卡儿(Rene Descartes,1596—1650 年)跟伽利略生活在同一个时代,只是他年纪比较轻。他是现代批判主义哲学的奠基人,还在物理科学方面发现了一些非常有价值的新颖数学理论。他是法国人,出生在都兰城的一个小贵族家庭,一直在拉夫勒希教会学习基督教的教义,不过,他在科学方面取得的主要成就,大部分集中在他到荷兰游历定居的那 20 年间。他逝世于斯德哥尔摩,当时他正在克里斯蒂娜(Christina)女王手下工作。

笛卡儿认为,在众所周知的各种哲学观点当中,还存在着不少未经证明的猜测和假设。他摒弃了建立在古希腊哲学和教会理论之上,余威犹存的中世纪哲学思想。想要创建一种依据人的主观意识和经验而产生的崭新哲学体系——这一哲学范畴广泛,可以直接涉及对上帝的心灵感悟,并包括对真实物质世界所做的实验和观测。不过他的哲学思想当中,依然保留着经院派哲学的痕迹[①]。

笛卡儿又将数学往前推进了一步,在几何学当中引入代数的方法论[费马(Fermat)也和他采取了同样的方法],进而推动了流传在印度、希腊和阿拉伯,并被以维埃特(Viète)为首的现代学者加以丰富阐述的新观点的发展。过去,任何涉及几何学的问题都需要采用不同的新方式来解决,不过笛卡儿所提出的新方法,结束了这种孤立对待问题的现状。笛卡儿所提出的几何学坐标方法,也就是解析几何,其中的基础概念都很简单。从一个固定的点,可以被称作原点 O,来建立两条互相垂直的直线 OX 和 OY 作为数轴,在这两条轴线所确定下来的平面内,任何一点的坐标,比如 P 点,都能根据数轴上对应的点进行表示。将距离轴线的长度 OM 表示为 x,而另外在轴线上的长度 PM,表示为 y。P 点的坐标就可以用 x 和 y 两部分的长度来表示,而 x 和 y 之间存在的关联都会显示在图中,用平面上存在的曲线来代表。

---

① Etieuns Gilson, *Formalion du system Carrésien*, Pairs, 1930. ——原注

例如,我们假定 x 和 y 的关系为成正比而增加,换句话来说就是,y 等于 x 与一个常数相乘,如图 3 所示,这样的数量关系就类似于 OP 那样,是一条直线。再如,我们假定让 y 等于 x 的平方与以常数相乘,那么我们就能从图中画出一条抛物线,以类类推。用代数的方法去列出方程式,而具体的结果可以用几何学的方式来表达。这个方法出现之后,很多过去难以解决的物理问题,都可以被轻易地解决掉了。牛顿就曾对笛卡儿的几何学专著进行过细致的学术研究,并沿袭了他的这种方式。

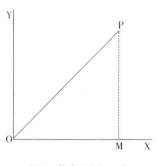

图 3　笛卡儿坐标示意

笛卡儿提出,力所做的功,也就是人们称为能量的东西,具有很重要的作用。他觉得,可以将物理学纳入机械学领域,甚至觉得人体与机器的原理也非常相似。他吸收了哈维之前提出的血液动静脉循环理论,并在自己的时代中竭力维护这一观点,不过他对血液循环的推动力来自心脏收缩这一点,抱有怀疑态度。他的想法跟中世纪的人们以及现代的费舍尔很相像,他们认为,人体这一机器通过心脏产热,才能实现不间断地做功。因此,他觉得,灵魂具备理性,而肉体只是地面上的被操控的机器罢了,二者有着根本性的区别。他同意盖伦提出的观点,认可血液会在大脑中产生一种非常特别的气息或者微风,这种东西被称作"动物元气",不过,尽管他跟范·海尔蒙特有着相同的观点,即相信通过这种动物元气,大脑才能够被灵魂支配,并对灵魂和外界的东西作出反馈,接着元气通过大脑指挥神经和肌肉,让四肢做出反应。可是他们并没有将动物元气视作灵魂本身。

于是,笛卡儿首先提出了彻底对立的二元哲学理论,彻底将灵与肉、心灵和物体进行了严格的区分,这一对立的哲学理念后来得到了人们的普遍看重,变成最重要的哲学理论之一。因为不管是在他之前还是之后的人们,都觉得灵魂跟火和气性质相近,而物质和心灵的区别只是程度不同而已,并没有本质区分。

笛卡儿试图将力学中已经被证明的定律引入天文学,用以解释天体运行的规律。只是他此时提出的方法论,不同于他一直提倡的哲学观,似乎还跟古希腊和经院学派的矛盾观一脉相承。他认为物质和精神是互相对立的两部分,精神是人所拥有的属性,而且是不连续的;所以,物质一定不是人的特质,也绝非不连续的,物质的本质一定是广阔延伸的。物质所构造而成的宇宙一定是紧密而充实的。在他构造的这个宇宙当中,运动只产生于闭合的路程中,因为运动只能在物质互相接触到彼此的时候才会产生;能让物体直接穿过的真空并不存在。根据这些理念,笛卡儿提出了著名的旋涡学说，认为宇宙中普遍存在着以太，或者某种看不见的基础物质。地球吸引石头降落，行星吸引卫星运转，地球和其他的行星则跟围绕在四周的旋涡一起，被太阳吸引，并沿着更大的旋涡公转，就像漂浮在水流旋涡里的麦草，不由自主地被送往运动产生的中心点。

后来牛顿采用数学的方法证实，笛卡儿所提的旋涡性质理论，不符合实际的观测结果。比如根据这样一个规律：旋涡最外围的旋涡周期，跟旋涡中心的距离形成二乘比。假如那些可以形成旋涡的行星，会被卷进太阳的旋涡中运转，那必定也存在这样的规律。可这规律违反了开普勒的第三定律。之前曾提到，开普勒第三定律认为：所有行星绕太阳运行一周的平方，与行星到太阳之间的平均距离的立方呈正比例关系。尽管这样，在牛顿的学术成就发表之前（包括之后），旋涡学说的理论都长盛不衰。笛卡儿试图利用力学知识，将天体运行的大范畴纳入科学体系，这是一次伟大的尝试，因此它才被载入史册，成为科学思想史中浓墨重彩的一笔。笛卡儿将物质世界当成正在运转的巨型机器，并尝试采用数学方法对其进行阐释，只是，后来牛顿证实了这个解释并不完全正确。

笛卡儿提出的，物质碰触产生运动的旋涡学说，是形而上的机械主义观点，相比伽利略设想、被牛顿系统阐释过的理论——超远距离加速度力的产生来说，显然是笛卡儿的学说更通俗易懂，毕竟这两位学者都没解释过这种力产生的原因和运作的过程。

风靡那个时代的柏拉图主义、亚里士多德哲学和经院派哲学家们的观点，完全不同于笛卡儿的机器学说。他们认为，上帝创造世界的目的就是为高贵的人类服务，好让人类经受试炼后灵魂重归上帝身边。而笛卡儿的理论认为，上帝在造物之初特地赋予万物运动的属性，此后在上帝的默许下全靠各物质自然地发展。他指出宇宙由物质组成，不存在特定目的性。上帝的地位被降低了，变成了第一位影响因素，不再起决定作用。

笛卡儿与伽利略的思想一致，都认可物体第一性的质，指代的是数学上的具体和本真，物体的广延性质最重要，第二性的质，是人们对第一性的质所产生的主观感受。但笛卡儿认为，思想和物质都是有限的实体——"我思故我在"，他已经形成了清晰的二元论哲学。他在生理学方面的观点也显示出这种倾向。肉体世界具有广延性质，而与之对立的则是包含内在的灵魂思想领域，物质的外部特性跟心灵思想也互相对立。笛卡儿觉得，物体的的确确是死物，只能通过最初被创造的时候从上帝那儿获取的运动发生变化，再不能有别的动作。有些学者自诩是唯物主义者，可追根究底之后就知道，对方的观点其实基于泛神论。但从笛卡儿对自己的二元论的坚持来看,他才算得上是哲学界确确实实的唯物主义者,毕竟他绝对信仰一点:物质绝对是死物。

笛卡儿的二元论哲学,将心灵和物质这两个看上去毫不相关的东西联系起来,探究其中本原关系。不具备物质特性的心灵是如何获知物质世界的存在,并改变物质世界呢?物质世界的东西又怎么可能会引起心灵的关注呢?笛卡儿及其门徒给出的答案是,这是上帝的安排。这个回答在信奉二元论哲学的人群中有着广泛的基础,被认为很有道理。

亚里士多德派哲学在牛津遭到了格兰维尔(Joseph Glanvill)的抨击。格兰维尔赞同培根和笛卡儿的观点。笛卡儿建立的哲学体系得到人们的普遍认可,甚至还在欧陆广受好评。不过霍布斯(Thomas Hobbes,1588—1679年)却对他的学说进行了批判。霍布斯遇见伽利略后就将动力科学转化成了机械主义哲学。他对数学力学了解不深,并不知道其运算的办法,就盲目地认为其理念具备普适性,可以运用到所有的东西上。他反对笛卡儿的二元对立哲学,认为大脑是承载思想的地方,不断运动的物质是唯一的真实。霍布斯将主观感受、思维和意识,都当作原子在大脑中运动后产生的幻觉,经常会对困境视而不见。

霍布斯是第一个近代唯物主义者,是一位机械哲学领域的伟人。他被愚蠢的人抨击,也被聪明的学者批评。剑桥的柏拉图学派认为,用物质的广延性来证明物质是唯一实体的观点,很难对生命和灵魂做出恰当的解释,因此他们采用了将空间神化的办法,企图借此平息宗教和机械主义哲学之间的矛盾。马勒伯朗士(Malebranche)推进了这一过程,他认为神和无限的宇宙空间是一个整体,并据此来解释亚里士多德学说中的绝对现实。斯宾诺莎(Spinoza)认为,世界上存在的实体是无限的,所有有限的东西,其实都代表着无限实体的形态和限度[①]。就是这样,神变成解决宇宙矛盾的内部原因,如果从"永恒"的角度出发,那么笛卡儿所提出的心灵和物质的二元论哲学,也算得上是高层次的思想统一了。哲学家们为了避开他们面临的难题,直接推出上帝作为挡箭牌。尽管这样,后世的科学思想也受到了霍布斯理论的影响。

迪格比(Kenelm Digby)爵士抨击了亚里士多德所提出的根本特性,他跟伽利略观点一致,觉得可以采用局部运动当中的质点去阐释世间的万事万物。巴罗(Isaac Barrow,1630—1677年)也对伽利略所提出的数学和物理学方面的概念,进行了详细的解释,他曾担任过牛顿的老师。科学的最终目标是,研究那些可以被预测

---

① H. A. Wolfson,*The Philosophy of Spinoza*,Harvard,1934,*Isis*,No. 64,1935,p. 543. ——原注

和感知的学术领域,尤其是出现数量上的连续关系的领域,但数学则是专注于测量的学科,是一门技术。所以从科学的角度来看待物理学的话,会发现其完全符合数学逻辑。而最能代表数学的学科是几何学。从伽利略之后,重量、力和时间等这些东西变得越发重要,不过它们跟具有广延属性的物质定义之间,很难产生关联,假如将运动作为简洁的要点加以解释,并用于测量精准的时间,那众人就不可避免地会掉进逻辑的怪圈,这很危险,毕竟运动本身蕴藏的变化其实已经包含了时间这一定义①。但是巴罗认为,空间和时间跟上帝一样,是不朽的,也是无限的、绝对存在的。空间无限,因为它处在连绵不断的延续之中;时间不朽,因为它永远均匀地流淌,但这些完全独立于主观感受之外。这些观点最早且最清晰地对牛顿提出的绝对时空概念进行了解释。巴罗觉得时间与空间只跟神明有关,依靠自己的特性独立存在,跟人类的主观感觉和意识毫无关联。就跟伯特教授说的一样:"自然本来是物质世界②,存在质量和目的的相互作用,但一瞬间就变成了在无垠时空中的物体世界,进行着机械运动。"

即便这样,巴罗、牛顿和追随他们的信徒也没能借助他们宣扬的新力学科学,推测出可以对抗宗教的机械主义哲学。伽森狄(Gassendi)又一次借鉴了伊壁鸠鲁的原子理论提出了新思想,他是一名天主教教士。

还有一位平易近人、谦和的英国绅士波义耳——他也是物理学家、化学家、哲学家——在学术界发出积极的警示,告诉给人们知道:简单的数量关系并不能对世间的每一件事都做出合理的解释。

这位科学家沿袭了吉尔伯特和哈维提出的实验学说,还采纳了"维鲁拉姆(Verulam)大男爵"(代指弗朗西斯·培根)的实验方法论。他希望能直接察觉到几种特性间的关系,并不在乎引起这种觉察的原因,到底是来自经院哲学还是数学、物理和力学领域。人们要对一个真实事件的解释,仅仅是根据对另一熟知的事情的推测,就能得到真实的理由。他非常希望能将这种观点运用到普通化学领域,直接避开当时风靡整个化学界的神秘元素理论。他发现伽森狄之前所倡导的原子理论很有意义,于是就试图将其理论跟笛卡儿的空间要素观点结合在一起,以便用于解释化学和物理学实验中出现的热现象。

波义耳不得不接受了"第二性的质"不过是主观幻觉的这一观点,不过他更改

---

① G. Windred,"The History of Mathematical Time",*Isis*,April 1933,No. 55T Vol, XIX(1),p. 121. ——原注

② Burtt,上引书154页。——原注

了其中谬误,指出:"世界上的确存在着具备理性和感官能力的生物,那就是人类。"人类是有主观感觉的,但依然不妨碍其是组成世界的一分子,因此,第二性的质跟第一性的质同样都是实体。波义耳此时以迥然不同的角度,与贝克莱的研究成果达成了一致,况且此时他的证明尚未被证明是谬误。机械主义和主观思想是哲学世界分裂的两部分,为了让人类对这一问题有清晰明确的认知,或许一定要将这两部分视作完全独立的两个世界;不过这仅仅是因为在处理问题的过程中,我们需得从多角度、按顺序厘清问题,尽量把问题变得简单一些。假如存在一个比人类的心灵更高层级的精神,或许就能看到世界的整体全貌。

波义耳展示他的哲学观点时,会采用宗教的专业语言来加以阐释。人类的理性灵魂跟神圣的造物主有着同样的外形,也就是"比全世界更贵重的实体存在"。基督教的"内在理论"跟物质世界相关的一面在于:上帝最初完成了创世之举,接着整个世界的存在和发展都得依靠他的广泛参与。这是从古印度和阿拉伯传播来的认为上帝一直在创造世界的古老观点的重生。最直接的原因来源于教条,但最后的原因却不是。

波义耳还是位物理学家,1654 年,冯·盖利克(von Guericke)发明了空气唧筒,波义耳跟胡克一起对这一发明进行了改进,将其当作抽气机来探究空气的力度与重量。波义耳认为,空气这种物质也有重量,他还证实了空气的体积跟其受到的压力有关,压力越强,空气体积越小。与此同时,马里奥特(Mariotte)也发现了这一特性。波义耳通过观察认识到,水的沸点跟空气的压力有关;还着重观察电磁之间的现象;他改造了伽利略发明的温度计,将开放管换成密闭管,用其测量人体正常的恒定温度;他认为,"活跃的"分子之间发生活动,由此才产生了热。他还是化学家,发现了混合物和化合物之间的差别;还提取出了磷,并利用容器收集了水面上的氢气,不过他认为氢气是"再次提取制成的空气";他将木材进行蒸馏,并从中提取了丙酮与甲醇;为了更好地了解化学结构,他对结晶体的外在形态进行了仔细的观察研究。

波义耳对当代科学观做出了巨大的贡献,他剔除了经院哲学派中尚存的柏拉图主义思想和亚里士多德理性思维,还摒弃了世界物质由四种元素组成的旧观点,而且他完全否定了化学中的这个假设——需要从盐、硫和汞这些本质的因素中去寻找物质的根本特性。他用现代化的观点去对这些专业名词进行解释,也从侧面表明那些东西并非组成物质的根本元素。

他的主要观点刊登在一部三人对话集录中,于 1661 年到 1679 年陆续发表,该书的名称是:《化学家的疑惑:化学和物理学上的存疑之处,以及炼金术师们的实验——

物质的本质是盐、硫、汞》。书中代替波义耳表达观点的主人公说过这样的话：

> 虽然能从逍遥派哲学家的著作中看到精确的推演，从化学家的操作中见到精彩的实验，但我愚顽的本性总会给我带来这样一种感觉：倘若这对立的双方目前都暂时找不到突破性的证据，来证实他们的结论足够可靠，那么，即便混合物中的成分已经被其他人命名为元素或者要素，但我们依然有权利保持怀疑态度。

波义耳认为：人们普遍认为通过火可以将物质拆解，变成各种元素，但实际上，温度不同，物质产生的变化也各不相同，在这一过程中经常会形成新的复杂物质。黄金不畏火焰的灼烧，内部不可能析出盐、硫、汞等成分，不过，黄金可以与另外一些金属混合成合金，也能被王水溶解，可这都不影响它依旧能恢复原状。这种现象证明，组成黄金的"颗粒分子"在不同的化合变化中始终保持原貌，也表明，炼金术士找寻的原质和亚里士多德的元素并没有现形。因此，他给出了一个严谨的推论："或许我们可以将混合物形成后的物质，和构成混合物的各种不同物质，称作混合物的元素或者原质，这样也许不会引起什么不良效果。"也就是这样，波义耳从以往的观念中脱离出来，为物质元素找到了一个朴素的定义，不论之后化学界经历过怎样的变革，但此定义已被广泛应用。波义耳没有在自己的实验当中使用这些理论，可它却被其他人自觉地接受了，100 年之后，拉瓦锡运用了这些理论，为现代化学的发展奠定了根基。

波义耳不肯承袭贵族爵位，也不愿成为伊顿学校的名誉校长。他被葬在爱尔兰，墓碑上刻着"化学之父，科克伯爵的叔父"，这是对他学术成就的赞扬。

帕斯卡与气压计

将这一时代数学、物理学和科学方面的发展讲述完毕之前，有必要简略地提一下帕斯卡（Blaise Pascal，1623—1662 年），他是著名的神学家，开创了数学领域中的概率学理论。对概率学的学术探讨起源于赌博概率论，如今已经证实，该理论在科学、哲学和统计学上都能起到重要的作用。其实，所以依据经验而来的思维方式，都能被称为概率问题，通过赌博的定义来解释。

帕斯卡对液体表面的平衡状态进行了研究，为此还做了不少实验。1615 年比克曼（Beekman）发现抽水机可以将空气压缩，到 1630 年，巴利安尼（Balliani）也发现了这一现象。伽利略曾提过，某位工人跟他讲，抽水机只有在低于 18 吋，也就是 27 呎左右的时候才能取到水。大约 1640 年的时候，伯提（Berti 即 Alberti）在罗马重复了抽水机的实验。这一实验直接促成托里切利于 1643 年发明出了水银气压计，而且的确证明，虽然水银柱密度比水高，但它最多也只能升高 30 英寸而已[1]。在那之后，帕斯卡命人将一台气压计送上了多姆山，在仪器被送上山的过程中发现，水银柱的高度随着气压降低而降低。因此，证实了水银柱会维持一定高度是气压造成的，推翻了亚里士多德的自然"排斥真空论"。

妖术

　　早在有历史记录之前，人们就开始迷信妖术的力量[2]，并运用巫术来解决问题。其实，最早出现的宗教概念和自然科学观点，可能就是基于妖术理念而被后人提炼出来的。不过一旦等到教会统治了整个世界，有思想的人们就不再敬畏各种各样的妖术和巫灵崇拜了，而是将其当作异教残留的糟粕。圣·博尼费斯（Saint Boniface，680—755 年）认为，信仰妖术就是接受了魔鬼的引诱；查理大帝时期的律法指出，如果有人采用妖术杀人，就要以谋杀罪论处。教会则宽容地认为，如果明知故犯地将恶魔召唤到身边，不是出于思想不同，而只是犯了罪行。

　　可到了中世纪末的时候，妖术盛行起来，名声大噪。与正统宗教不同的摩尼教出现，使得人们重新热衷于巫术活动来达到丰产的目的，随后，受压迫的人们竟然将妖术视作最敬畏的魔王——尽管它并无继承权。圣·阿奎那曾巧妙地为之前教会反对妖术的行为进行了开脱；他提出，尽管妖术能够创造出雷雨天气，但魔鬼改变自然的行为可以被视作异端，可如果是魔鬼听从上帝的命令才创造出雷雨的话，这跟天主教会的教义并不冲突。1484 年，教皇英诺森八世（Pope Innocent Ⅷ）以教会的名义正式禁止了妖术信仰，禁止人们使用妖术与魔鬼沟通，不许人们对行使巫术之人进行信仰崇拜。因此，所有与妖术相关的人都变成了异端，教会当局因此掌握了威力巨大的武器：直接将不信教的人定性为妖人魔鬼，煽动义愤的群众惩戒他。其中有些人被无端牺牲掉了，其实他们不过是摩尼教或其他非正统教派的信

---

① C. de Waard，Thouars，1936；review by G. Sarton，*Isis*，No. 71，1936，p. 212. ——原注

② See W. T. Lecky，*History of Rationalism*；Margaret Alice Murray，*The Witch Cult in Vestern Europe* Oxford，1921；G. L. Kiitredge，*Witchcraft in Old and New England*，Cambridge，Mass，1929；C. L'Estrange Ewen，*Indictments for Witchcraft*，1559－1736，London，1929；Lynn Thorndike，*A History of Magic and Experimental Science*，4vols.（others to follow），New York to 1934；*Isis* No. 66，1935，p. 471. ——原注

徒,遭受诬陷而被判处了火刑。

宗教改革之后,这些教义也被教徒们继承了,他们借用《圣经》的原话告诫人们:"行邪恶妖术的女人,决不可让她存活。"尽管在古代教会中,教义里只是对妖术的真假抱有怀疑的态度,这下也用不着为之开脱了。新教和罗马教竞相残害女巫。欧陆发生了很多针对揭发巫术而进行的刑讯逼供,而且都是合法的,几乎所有被指控的人都认罪了。在英国,有权利对犯人上刑的机构唯有特殊法庭,民事法庭不能用刑,所以很多被指控的人死也不肯认罪。据推测,200 多年里,整个欧洲因妖术被处死的人数远超 75 万。人们一旦被指控,基本上不可能脱罪。如果他们认罪,那马上就会被烧死;如果他们不肯认罪,就会受尽严刑逼供,屈打成招。

15 世纪,负责宗教审判的法官曾出版了《奸人的惩罚》一书,其中记录了对女巫的处罚方式①。上面所记录的法律程序粗暴得使人震惊,而且不择手段。让犯人招供是唯一目的,为之采用任何办法都是合法的。真正给犯人上刑前,法官会许诺帮犯人保命,以此诱供,却不会告诉对方等待着他们的是监狱。这些承诺不过是一时的计策,之后犯人依旧得接受火刑。法官需要有仁慈之心,"可是要明确一点,法官慈悲的对象是自己和他所身处的国家"。

几乎没有人敢于冒死质疑这种恐怖的迫害运动。提出抗议的第一人是阿格丽芭(Cornelius Agrippa,1486—1535 年),他是位医生。而第二个有可能是为克勒夫斯的威廉公爵(Duke William of Cleves)工作的韦尔(John Werer)医生,他得到了公爵的庇护才敢公开他的观点。1563 年韦尔的书得以出版,书中指明,妖术一般来源于魔鬼所制造的幻象,女人身上存在弱点,魔鬼们热衷于利用她们来塑造邪恶的信仰②,以便迫害无辜。1584 年,肯特郡的绅士斯科特(Reginald Scot)出版了《巫术的真相》一书,书中运用现代常识的理论指明,这场清除妖术的运动事实上充满了愚蠢、想象、污蔑和欺骗等因素。斯科特的书再版了几次,一定时间内,在地方上的官员和僧侣之中引发了普遍关注。③ 基督教的一位神父斯皮(Spee),两年之内就曾先后往维尔茨堡刑场运送了 200 多个被迫害的犯人④。他对这些事实并不惊讶。据他自己所讲,他相信那些犯人都是清白的,他们招认的原因都一样,想要用

① Malleus Maleficarum,translafed into English by Montague Summers,London,1928;review in the *Nation and Athenoeum*,November 24th,1928. ——原注

② E. T. Withington,"Dr John Weyer and the Witch Mania",*Studies in the History and Method of Science* Oxford,1917. ——原注

③ Art. "Scot",in *Dictionary of National Biography*. ——原注

④ Withington,上引书;C. L'Estrange Ewen,*Witch Hunting*,London,1929. ——原注

死亡从酷刑当中得到解脱。1631年,他再次匿名刊发了一本著作,其中提到:"假如将那些刑讯逼供的手段都运用在教会僧人、学者和主教身上,那么他们也一定会对自己使用过妖法的罪名供认不讳。"

可永垂史册的勇士们没能抵挡住这一场在社会各阶层迅速泛滥开来的运动,詹姆士一世在描述妖术的著作中抨击了韦尔与斯科特;甚至著名的医生——哈维爵士与布朗爵士(Sir Thomas Browne),也参与过这场搜查女巫的运动。一直到17世纪末期甚至更晚的时间里,整个欧洲都沉浸在严酷的刑罚和火焰的猎巫狂欢之中。这一运动是过去的人类权力史上最残酷阴暗的丑闻。

不管是信仰妖术,还是抨击妖术,都是毫无根据的。在对女巫处以火刑的那些年代中,逐渐确立下来的文明世界也慢慢理解,世上不存在会使用妖法的人。这是因为人们对女巫力量的质疑逐渐加深,且不再害怕那种能力了,而不是人类变得更良善宽容了。实际上,当时的世界即将迎来18世纪的唯理论哲学,冷静的唯智论哲学也开始萌芽。这两种哲学都在制止妖术运动方面做出了重大贡献,值得被牢牢铭记。不难发现,科学的进步改变了人们的看法和态度。后来,科学经过缓慢的发展,将人类决定自然的论调确定了下来,并明确指出了人类征服自然的方法论。当然,这些都是以后发生的事了。我们在这一章节提及的历史时期总是暗无天日的,因为一直以来,对妖术的不理性崇拜控制着这一整段时间。即便如今已经过去300年了,那种信仰依旧静静地潜藏着,随时随地等待着在不缺乏的人群中死灰复燃。

数学

约翰·迪伊(John Dee,1527—1608年)就是将巫术和科学混杂在一起的时代代表。他在占卜术、炼金术和招魂术方面花费了大量的时间和精力,但与此对应的是,他又是一位优秀的数学家,还属于最早支持哥白尼学说的那个群体。1570年,欧几里得的专著英译本在比林斯利出版,约翰·迪伊在序言部分发表了自己的学术观点。1582年,教皇格里高利十三世下令修改了历法中的谬误,10天之后,约翰·迪伊就接到伊丽莎白女王政府的聘请,请他就这项改革措施的具体实施给出建议。不过直到170年之后,英国的这项改革才得以实施,因为当时的教会对改革提出了激烈的抗议。1547年约翰·迪伊从低地国家(今荷兰、比利时)引入了天文学仪器——十字规和刻度环,由夫里希斯(Frisius)发明制作;还带回了两个出自麦卡托(Mercator)之手的地球仪。麦卡托闻名后世的主要成就在于,利用经纬线垂直相交的特性,绘制出了地球的平面投影地图。史特维纳斯发明了十进位分数,也对应用数学的发展提供了动力。

此时,航海技术得到了迅速的提高。之前提到过,航海术起源于葡萄牙的亨利王子的开辟,经过霍金斯(Hawkins)、弗罗比希(Frobisher)、德雷克(Drake)和雷利(Ralegh)的改良和修正之后逐渐稳定下来。16世纪末期,荷兰人跟随埃里克曾(Erikszen)与洪特曼(Hontman)等人,出发进行海洋探险,不久后就发现了东西印度群岛,并在那里开辟自己的殖民地。1601年,荷兰的东印度公司得到开发殖民地的特权,之后,英国也以类似的方式建立了殖民公司。

在新旧更替的过程中,还必须提到一位孤独的智者——霍罗克斯(Jeremiah Horrocks,1617—1641年)。他是个教士,在兰开夏郡的贫民窟工作。他在开普勒的学术研究基础上提出了自己的观点:月球有着椭圆形的轨道,而地球位于月球轨道的某一焦点上,他还最先预测到金星凌日的天文现象,并对其做了观测。他也因此可以对金星轨道上的误差加以修正,计算出了大致的直径。牛顿也曾说,他从50年前的霍罗克斯那里继承了很多有益的东西。

科学的源头

通过本章节,我们最终看到了近代科学出现的源头。文艺复兴时期,自然科学从属于哲学范畴;可自然科学真正开始拥有自己独特的观测和实验方法论,也不过是在我们刚刚提及的历史时期中,而且数学理论为自然科学的观测和应用提供了助力。尽管哥白尼和开普勒借助数学的和谐统一是为了确定终极原因,认为采用数学的办法对任何现象加以表达后,就算是实现了真正科学上的阐释,也算得上是哲学解释,并且这一思想倾向影响到了包括牛顿时代在内的很长历史时期。不过,实验科学家不受这一思想的影响和控制。他们将理性和全面的金链子丢弃一旁,对这条链子来源于亚里士多德还是柏拉图毫不在意,所以他们才能不受限,即便获取的事实难以被纳入广泛的知识系统,他们也能谦和地直面现实和真相。就是这样,世界真正的面貌得以显示出来,真相也像散落在各处的七巧板碎片一样被拼凑起来,突然间显示出局部的图案形态。在接下来的历史时期内,这种倾向通过牛顿发现的重力定律被表达出来,科学界因而发生了第一次大融合,不过等到18世纪法国百科全书派提出机械主义哲学,可以看出,这种倾向就又远远偏离了科学的本质。

第四章　牛顿时代

1660 年的科学——科学院——牛顿和引力——质量和重量——数学领域的改进——物理光学和光的理论——化学——生物学——牛顿和哲学——牛顿在伦敦

1660 年的科学

牛顿的辉煌成绩、伽利略的研究成果,再加上开普勒的丰硕成果,在现代科学早期发展最为关键的时候和牛顿自己的研究成果相互融合,形成物理学上第一次整合。可以简单描述一下前几章所说的变化给欧洲带来的改变情况。

尽管在唯理论的训练方面,经院哲学兼容并蓄的知识宝塔依然可以派上用场,可是还需要其他的知识作为补充。因为邓斯·司各脱和奥卡姆复活了唯名论、新柏拉图运动如火如荼地开展起来,哥白尼和开普勒工作的哲学基础因此形成,最终在伽利略、吉尔伯特和其门徒所采用的数学方法和实验方法取得了累累硕果以后,这座宝塔已经不像从前那样岿然不动了。吉尔伯特和哈维对实验所采用的经验的方法进行了介绍,伽利略对哥白尼和开普勒的观点——在地面上的运动中也可以找到存在于天体现象中有本质意义的数学简单性——进行了证实。经院哲学在对运动进行描绘时,采用了"本质""原因"这样模糊的字眼,以说明物体运动的原因所在,如今,时间、空间、物质和力等概念已经取代了这些。第一次,这些概念被准确界定了,而且人们还把这些概念派上用场,采用数学的方法,发现了物体运动的方式,并对运动物体的实际速度和加速度进行了测量。

伽利略更是通过实验的方式,对物体要继续运动,不需要持续施加力量进行了证明。物体只要启动了,凭借某种和重量有关系的内在属性会持续向前运动。尽管伽利略在这里还没有准确界定质量、惯性的定义，可是已经与之有了亲密接触，假如他对落体的观察无误的话，已经可以把这个定义和重量的准确关系显现出来了。经院哲学家非常推崇亚里士多德的本质和性质，使得物质和运动的地位至高无上。哥白尼和开普勒给数学赋予的庄重意义，正在朝另一种观念发展：当可以用数学公式，用物质和运动来表述一个变化时，用机械也可以解释这个变化，不是用伽利略的力，就是用笛卡儿所设想的旋涡那样的接触。1661 年，波义耳依然可以对经院哲学的观念在化学中的地位非同一般加以驳斥，它们在物理学中已经不复存在了，可是还没有彻底消失，旧日理论的回声仍然可以在牛顿和其同代人的著作中找到。1673 年，当惠更斯（Huygens）把他对重力、摆、离心力的振动中心的研究结果发表出来时，在动力学中，新的数学方法有多么重要就更加一目了然了。

伽利略采纳了原子说的一般观念。而伽森狄则更加充分地修订和发挥了伊壁鸠鲁的旧说。人们一开始形成这样的概念——从本质上来说，自然界的组成部分是运动中的物质——是源于动力学和天文学的大量现象。如今，这种概念也出现在人们是如何看待物体内部结构的。对于伽利略的动力学来说，原子论并不是必不可少的，可是也可以和以伽利略的研究成果为依据所形成的一般科学观点相融合。

在 17 世纪的思想中开始发挥作用的另一个希腊观念是行星间的以太观念。开普勒把这个观点派上用场，对太阳是如何让行星持续运动的进行说明；笛卡儿赋予它神秘的流质或本原物质的特性，形成他的天体机器的旋涡，而且把无法衍生于纯粹广延性的重量和其他性质也提供出来了；吉尔伯特用它对磁力的吸引进行说明，而在哈维看来，正是通过以太，太阳热力才被传给生物的心脏和血液。

那时，以太观念和盖伦的灵气或灵性——神秘学派以此对存在的本性进行说明——还相互混淆①。我们要铭记于心的是，那时还不太清晰现代人对物质和精神所作的区分。当时，"灵魂""动物元气"一类观念依然被理解成"发射气""蒸发气"，可是我们却觉得"发射气"和"蒸发气"是物质的。物质和精神的一致，就这样被维持着。只有笛卡儿是例外。他率先指明在空间中拓展的物质和思想者的心灵是有本质区别的。当时，很多人都觉得这个分界线的一边好像是固体和液体，另一边好像是气、火以及精神。因此用"以太"来对现象进行解释，就是让神灵有可能直接加以干涉。

对于当时风靡一时的观念，吉尔伯特阐述得非常清晰。在他看来，之所以会形

① A. J. Snow, *Matter and Gravity in Newton's Physical Philosophy*, Oxford, 1926, p. 170. ——原注

成磁力,原因就在于磁石所具有的所谓"磁素"。重力和磁力的性质是一样的,所有物体都有"灵魂",它可以放射到空间中去,并把所有物体都吸引过来。

最后要提醒大家注意的一点是,17 世纪中期所有称职的科学家和几乎所有哲学家,在观察世界时,都是站在基督教的角度。直到后来,宗教和科学的观念才对立。伽森狄再次把原子论提出来时,小心翼翼地避开了古人赋予原子论的无神论。尽管不支持笛卡儿的人斥责他设计的宇宙机器太有效了,让上帝没有了干涉的空间,可是笛卡儿依然觉得是上帝建立了自然界的数学定律,借由思想世界,也可以和上帝靠近。没错,霍布斯把哲学限定在自然科学所得到的实证知识的范围内,攻击神学,而且声称宗教是受到大众认可的迷信。可是对国家应该秉承《圣经》把宗教建立起来的观点,他却是认可的。可是他的态度是不同于其他人的。通常情况下,有神论的基本假设得到了所有学者的认可,并不是因为护教,而是因为他们觉得这个假设得到了大众的认可,不管什么宇宙学说都必须和它保持一致。

当时还残留着很多中世纪的思维,波义耳需要对经院哲学家的化学观念加以反驳,和需要对炼金家的化学观念加以反驳旗鼓相当。尽管数学家和天文学家认可了哥白尼的理论,可是通常教科书所传授的依然是托勒密的体系。人们依然非常重视占星术。因为内战不断,世界变化无常,所以占星家的预言基本上都有机会成真。哪怕是牛顿,也曾经觉得有必要好好研究一下占星术。1660 年,他刚到剑桥大学时,当他回答准备学什么的问题时,他给出的答案是:"数学。"原因是他准备去对人事占星术进行检验。这个事例充分说明牛顿一生中心理观念的极大转折,而这个转折要归功于他自己的工作。尽管在牛顿之后相当长一段时间里,占星术的著作,尤其是历书之类,一直没有停止出版,可是到 17 世纪末年,关注这些的就只有那些才疏学浅的人了。

科学院

还有一些其他因素给牛顿的学术环境的形成助了一臂之力。新学术——多年来一直遭到亚里士多德派阻碍,此刻也进入了大学。更多人开始关注自然哲学,最典型的迹象就是,学院或学会风起云涌。会员时常以聚会的方式,对新问题进行探讨,并推进新学术。1560 年在那不勒斯出现的名叫"自然秘奥学院"的学会是最先出现的。1603—1630 年,罗马成立了伽利略所属的第一个"林狄学校"。1651 年,在佛罗伦萨,梅迪奇(Medici)贵族们成立了"西芒托学院"。从 1645 年开始,学者们就在英国打着哲学院或"无形学院"的旗号,在格雷汉大学或伦敦其他地方聚会。1648 年,因为内战,大部分会员搬到牛津,可是伦敦的集会又于 1660 年恢复了。得到国王查理二世的特许,这个学会于 1662 年正式更名,改名为"皇家学会"。1666 年,路易十四在法国创建了同类的科学院,没过多久,其他国家也出现了类似的组织。这些学会在集中探讨过后,把科学界的意见归结到一起,把会员们的研究成果公之于世,所以科学在这些组织成立以后取得了突飞猛进的发展,尤其是很多学会没过多长时间就开始发行定期刊物了。《学人杂志》应是独立的科学杂志历史最为悠久的一个,1665 年首次在巴黎发行。《皇家学会哲学杂志》又于 3 个月后和世人见面,一开始,它只属于皇家学会秘书个人。没过多长时间,慢慢出现了其他的科学杂志,可是,数学家们直到 17 世纪末期或者更晚的时候,在公布他们的研究成果时,主要凭借的还是私人通信的手段。这个方法的效率很低,因此出现了不少发明的冲突,像牛顿和莱布尼茨之间的冲突。

在开普勒手里,太阳系的模型诞生,可是,在用天文单位对一个距离进行测定以前,没办法确认这个模型的大小——太阳系的真实大小。

路易十四的大臣科尔伯(Colbert)于 1672—1673 年派里希尔(Jean Richer)去法属圭亚那的卡宴(Cayenne)进行用于航海的天文学观测。他对行星火星的视差进行过测量。对太阳和较大行星的极大体积,还有太阳系骇人听闻的规模的认知,就是他的研究成果中最引人注目的部分。相比之下,地球和地球上的人就太微不足道了。

牛顿和引力

我们已经对牛顿一开始投入工作时科学知识和哲学观点大概是个什么样的情况进行过描述。艾萨克·牛顿(Isaac Newton,1643—1727 年)是一个小地主所有者的遗腹独生子,这个小地主所有者拥有 120 英亩的土地。牛顿在林肯郡伍尔索普(Woolsthorpe in Lincolnshire)出生,从小体质就很差,曾经在格兰瑟姆文法学校(Grantham Grammar School)求学。他于 1661 年进入剑桥大学的三一学院,他就是在那里听说巴罗的数学讲演。他于 1664 年被选为三一学院的研究生(Scholar),第二年被推选为校委(Fellow)。瘟疫于 1665 年至 1666 年肆虐剑桥,他回到伍尔索普,开始对行星的问题进行思考。伽利略的研究告诉我们,一定存在一个原因,可以让行星和卫星运行在轨道上,而不是沿着直线飞向空间。这个原因在伽利略看来是力,可是还需要证明这个力是不是真的存在。

伏尔泰(Voltaire)曾经说过:这个问题的线索被牛顿在他的果园里发现,因为他看到苹果坠地这一现象。这个现象让他开始猜测物体为什么会坠落,并且地球的吸力究竟能够辐射多大的距离成为他迫切想要了解的问题。既然这种吸引力既存在于最深的矿井中,也存在于最高的山上,那么,它会不会直达月球,而物体沿着直线向前飞,继续向地球坠落的原因就在于此。如此看来,随着距离平方的增加,力会下降的想法已经在牛顿的头脑里出现了。其实,这样的想法当时好像别人也有了。在 1872 年牛顿的异父妹汉娜·巴顿(Hannah Barton)的后裔朴次茅斯(Portsmouth)勋爵赠给剑桥大学的牛顿手稿中,有一份备忘录这样记录了这些早期的研究:

> 我在这一年开始想对重力进行引申,使之来到月球的轨道上,并且在搞清楚如何对圆形物在球体中旋转时作用于球面的力量进行预测以后,我就以开普勒有关行星公转周期和其轨道半径的平方成正比的定律为依据,推算得出,行星在轨道上运行的助推力和它们到旋转中心的距离的平方一定是成反比的,于是我对比了月球在轨道上运行的助推力和地面上的重力,发现它们基本上是契合的。这一切都发生在 1665 年和 1666 年两个瘟疫年份,因为我发现在那些日子里,我对于数学和哲学,比其他时期更重视。后来,惠更斯先生发表了和离心力有关的研究成果,我想我的研究成果应该在他之后。

读者应该会发现,牛顿的朋友彭伯顿(Pemberton)所说的故事,他在这里并没有提及:牛顿所使用的地球大小的数值有待考量,得出的结论:月球在轨道上运行的助推力并不符合重力,所以,他暂且放弃了他的计算。而牛顿反倒说他发现"它们基本上契合"。这一点也得到了卡焦里(Cajori)教授的印证[1],而且还提交了证明材料,说明那时已经存在几个对地球大小进行估计的准确值,1666 年,牛顿很可能是知情的。冈特尔(Gunter)的估计值就是其中之一:纬度 1 度等于 $66\frac{2}{3}$ 英里,而彭伯顿却说牛顿使用的数值是 60 英里。卡焦里说:

> 既然牛顿买过"冈特尔的书",那么,非常有可能,也可以说毫无疑问,对于冈特尔的估计值,他是知情的,$1° = 66\frac{2}{3}$ 英里,是类似于斯内尔的数值的。

---

[1] Sir Isaac Newton, *History of Science Society*, Baltimore, 1928, p. 127.

假如牛顿用的是 $66\frac{2}{3}$，那么经他的计算，物体静止坠落的第一秒钟就会走 15.33 英尺，而 16.1 英尺才是正确的距离。只有 3.5% 的偏差。而牛顿说"它们基本上契合"，可能就是因为这个原因。

1887 年，亚当斯和格累夏所说的牛顿之所以一直不把他的计算发表出来的原因，和情理比较相符。牛顿一定知道引力理论里的一大难题。太阳和行星的大小与它们之间的距离相比，实在是小得多，在对它们之间的关系进行考量时，每个星体的所有质量可以被视为在一点集中，最起码可以近似这样认为。可是相对来说，月球和地球之间的距离却小多了，如果把月球或地球看作一个质点，问题就放大了。此外，在对地球和苹果之间的彼此吸力进行计算时，我们一定要牢记这样一点，相比地球，苹果的大小或它对地球的距离就显得小多了。显而易见，首次对地球各部分关乎于它表面周围的一个小物体的引力总和进行计算实在是太困难了。牛顿之所以会在 1666 年暂且放弃他的工作，应该就是这个原因。卡焦里说牛顿也知道当纬度改变时，重力也会有所变化，同时，地球自转所带来的离心力也会产生影响，在他看来，诠释重力远没有他想象的那么简单。1671 年，牛顿似乎又回到了老路上，可是他依然没有准备公开发行。可能他是出自之前一样的考虑。还有，他也很不满当时他的光学实验所引起的辩论。他说："在过去几年中，我始终在尽力避开哲学，而对其他方面展开研究。"其实，相比天文学，他似乎更喜欢化学；相比自然科学，他似乎更喜欢神学。晚年，他极不情愿因为"哲学"浪费了他在造币厂的公务时间。

惠更斯是荷兰外交家和诗人的儿子，1673 年，他的动力学著作《摆钟论》发表。惠更斯依据动力系统中活力（"动能"）守恒的原则，把振动中心的理论创建出来，而且把一个可以在很多力学和物理学问题派上用场的新方法发明了出来。他对摆长和摆动时间的关系进行了测定，把表内的弹簧摆发明出来了，而且把渐曲线的理论创建起来了，里面就有摆线的性质。

而在这部著作最后，他提到的和圆运动有关的研究成果，才是站在我们的研究目的的角度来说最为重大的成绩，尽管像上面所描述的那样，1666 年，牛顿也必定得出了相同的结论。我们可以简要地用现代方式描述一下这一研究成果。假设有一物体的质量为 m，在半径为 r 的圆上运动，速度为 v，就像一块石头被系在一条线上做旋转运动一样，那么根据伽利略的原则，必定有一个力作用于中心。惠更斯通过验证得出这样的结论，这个力会产生 v^2/r 的加速度 a。

到 1684 年,大家纷纷开始探讨总的引力问题。胡克、哈雷(Halley)、惠更斯、雷恩(Wren)好像都单独说过:原本就是椭圆的行星轨道假如被视为圆形,那么平方反比一定是力[①]。要想推导出这一点,必须具备这样两个前提:一是惠更斯的证明:如果半径为 r,那么它的向心速度 $a = v^2/r$,二是开普勒的第三定律:周期的平方,r^2/v^2 会跟着 r^3 变化。后一个结果显示,当 $1/r$ 发生变化时,v^2 也会跟着变化。所以,加速度 v^2/r,即当 $1/r^2$ 发生变化时,力会随之发生变化。

几位皇家学会会员更深入地研究了这个问题,还重点关注到假如一个行星按平方反比的关系在吸引力作用下运行,也就是像开普勒第三定律所说的那样,那么它会不会又以他的第一定律为依据,运行在椭圆轨道上。哈雷觉得从别的来源来解决这一问题是根本行不通的,所以就去剑桥三一学院直接找牛顿。他发现两年前,牛顿就把这个问题解决了,尽管他的手稿如今已经找不到了。可是牛顿又重新写了一遍给他,同时送给哈雷的还有"很多其他资料"。牛顿在哈雷的催促下又开始对这个问题进行研究。1685 年,他摆脱重重阻碍,对一个具备引力的物质组成的球把它外边的物体吸引过来时就如同它的中心聚集了所有质量一样进行了证明。在这个证明的前提下,太阳、行星、地球、月球都被视为一个质点来看待就没有什么说不通的了,进而让之前的粗略计算变得更精确了。在对这个证明有多么重要进行阐述时,格累夏博士是这样说的:

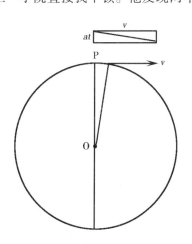

图 4 行星轨迹与速度关系

　　牛顿自己的话告诉我们,在他没有用数学对这个定理进行证明以前,他从来没想过结果会这么神奇,当这个绝妙的定理被证实以后,他便看到了宇宙的所有机制。……他现在已经有能力把数学分析更精准地运用到现实的天文问题上了。[②]

---

① 指向运动中心的加速度 a,在短暂的时间 t 内,径向上的速度为 at。假设在图 4 中,任何一个时刻圆周上的速度都是 v,这样在圆上代表半径向和切线上的两种速度构成的长方形两邻边之比为 at/v,这个速度还等于圆周上相邻两点的半径所成的小角,也就是 vt/r。由此可以得出 $at/v = vt/r$,或者 $a = v^2/r$,根据牛顿的定义,力等于加速度乘以质量,所以推动物体做圆周运动的向心力为 mv^2/r。——原注

② J. G. L. Glaisher, *Address on the Bi - centenary of the Publication of Newton's* Principia, 1837. ——原注

158 ┃ 科学简史

牛顿的独创性研究因为这一成绩而变得通畅起来,于是他努力联系天体的力和地球吸引物体坠落的力。他把皮卡尔(Picart)对地球进行测量后所得到的数值派上用场,再重新回到重力和月球的问题中。如今,可以把地球的引力视为一个中心了,而且就在地球的中心,对他的前提进行检验也一点儿都不难。地球的半径是4000英里,而月球的距离大概是地球半径的60倍。据此可以把月球的脱离直线路径算出来,大概以每秒0.0044英尺的速度向地球坠落。假如平方反比律没错,相比在月球,这个力量在地球表面要强$(60)^2$倍,或3600倍,因此这个力是以每秒大概16英尺,也就是3600×0.0044的速度向地面坠落。这是符合当代观测的现状的,于是这个证明就没有任何问题了。于是,牛顿就对平常向地面坠落的苹果或石头,和在天空中沿着轨道运行的月球,都受到相同的一个不可知的原因的掌控进行了证明。

他证明了在重力的作用下,行星轨道一定会变成椭圆,也就代表着科学地阐述了开普勒定律,并且在行星的运动中运用了他在月球上所得到的结果。于是,从一个假设中就可以推导出整个太阳系的复杂运动。这个假设就是:两个质点之间的引力越大,两点的质量的乘积就越大,而两点间的距离的平方就越小。如此推导出来的运动和观察结果完美契合的时间延续了整整两个世纪。一直以来,人们都觉得彗星的运动是没有规律可循的,是计算不了的,如今也可以计算了。1695年,哈雷说他于1682年看到的彗星,从它的运行轨迹来看,其实是受到了重力的掌控。它每隔一定的时间就回来,其实就是贝叶(Bayeux)毛毡上所绣的、1066年曾经被人视为撒克逊人不祥之兆的那颗彗星。

在亚里士多德看来,天体是庄严的,是不朽的,是不同于我们这个不太完美的世界的,现如今人们却这样研究天体,并证明天体也以伽利略和牛顿在地面上的实验和总结得出的力学原因为依据,位于这个庞大的数学体系内。1687年,科学史上发生了一次大地震,最起码在近些年前的确可以这么说,那就是牛顿的《自然哲学的数学原理》出版了。

潮汐是引力的次要效应之一。在牛顿对这个问题进行思考以前,人们的看法不仅多种多样,而且含混不清。在开普勒看来,潮汐之所以形成,要归因于月球,可是他是占星家,所以恒星和行星的影响他都相信。可能正是因为这个原因,他才遭到伽利略的讥讽,"他愿意聆听月球掌控水和变幻莫测的特性等很多琐事,并予以认可"。[1]

---

① *System of the World*, Galileo Galilei, Fourth Dialogue, quoted. by J. Proudman, *Isaac Newton*, ed. W, J. Greenstreef, London, 1927, p. 87. ——原注

潮汐理论首次因为《原理》一书而有了完善的根基。牛顿采用数学的方法,对月球和太阳的引力合在一起是如何影响地上的水的进行了研究,同时还预估了流动的水的惯性和逼仄的海峡和运河的影响效果。潮汐情况是复杂多变的,有很多数学家都在牛顿之后提出了具体的理论,其中比较有名的有拉普拉斯和乔治·达尔文爵士。可是并不影响《原理》书中一般论述的有效性。

质量和重量

一开始在伽利略的研究成果中,我们可以隐约看到把惯性赋予物质,并且重量完全不一样的质量的概念,后来,在巴利安尼的著作中,我们又明显看到了这一概念。巴利安尼是热那亚的弓箭队长。他区分了质和重①。这个区分在《原理》中要更加清晰。牛顿以波义耳有关空气容积和压力的实验为依据,从密度的角度抵达质量的概念。既然压力 p 和容积 v 在一定量的空气中成反比,那么,它们的乘积 pv 就是一个常数,可以对一定容积中空气的质量进行称量,抑或站在原子论的角度,意味着在那个容积里被压缩的质点的总数。牛顿是这样定义质量的:"借助物体的密度和体积的乘积来称量、这一物体中所包含的物质的量",而他是这样定义力的:"一个物体所遭受的、可以或者倾向于可以让该物体的静止状态或等速直线运动状态被改变的作用。"

牛顿对观察的结果和定义进行了总结,得出运动三定律:

定律一:所有物体都会保持其静止或等速直线运动的状态,除非受到外力作用,才会不得已改变这种状态。

定律二:运动的改变(也就是运动量的改变率 ma),和外来的作用力成比例,而在这种外力所作用的直线方向上出现。

定律三:反作用和作用总是一样大的,而且方向相反,也就是说,两物体间彼此之间的作用,大小总是一样的,只是方向是相反的。

在长达两个世纪里,牛顿所说的动力学基本原理,都对这一学科的发展起到了支持作用。从来没有人严厉指责过这一表述所依据的假设,直到1883年马赫发表

---

① "Newton and the Art of Discovery", by J. M. Child, in *Isaac Newton*, p. 127. Child 认为牛顿可能受了巴利安尼的影响。——原注

了他的《力学》第一版①。马赫指出牛顿对质量和力所下的定义让我们深陷逻辑上的循环论证的旋涡中，因为我们要想知道物质，必须依赖物质对我们的感官所发挥的作用才能实现，而且我们在定义密度时，只能采用单位容积中的质量。

在对力学起源的渊源进行归纳时，马赫指出，事实上，伽利略、惠更斯和牛顿在动力学上的突出贡献，只是发现了同一条基本原理，可是因为历史上的偶然因素（在一个从来没有过的学科中，这种情况是避免不了的），这条基本原理在表述时，却用到了不少看起来自成一体的定律或词句。

当两个物体彼此产生作用，比如说以其中的引力作为纽带，或者以一条连接它们的螺旋弹簧为媒介而彼此作用时，它们势必会产生一定的反向加速度的比值，而决定性因素只有这两个物体间的某种东西，假如我们不介意的话，可以把这种东西叫作质量。这个原因是通过实验得到验证的，我们可以这样说：在称量两个物体的相对质量时，所借助的工具是它们的相反的加速度的反比例，而其中任何一个物体的质量和其加速度的乘积就是它们中间的力。

这样一来，牛顿的质量定义和力的定义中所涵盖的逻辑上的循环论证，我们就可以摆脱掉了，而得到一个建立在实验基础上的简单论证，据此得出伽利略、惠更斯和牛顿的很多原理——像落体定律、惯性定律、质量的定义、力的平行四边形，还有功和能量的等效。

伽利略在做了落体实验以后，发现速度和时间成正比，而且呈上升的趋势。如此一来，本原之间就是这样的关系：在量度动量的增加时，可以借助力和时间的乘积，或 $mv = ft$，也就是牛顿定律。如果伽利略率先发现在加速度 a 的作用下所产生的速度，在经过的距离 s 不断变化时，根据平方的关系而增加，那么这种关系 $v^2 = 2as$，其实相当于惠更斯的功和能量的方程式：$fs = \frac{1}{2}mv^2$，看上去就是本原的关系。

从这里可以看出，就是因为历史偶然性，所以力和动量才看上去好像比较简单，也比较重要，也正是因为如此，过了很久以后，人们才接受功和能量的概念。其实，它们是彼此关联的，可以从其他方推导出任何一方。

重新回到牛顿的定义上来，为了摆脱逻辑上的循环论证，我们还可以采用另一个方法。尽管这个方法比不上马赫的完美，却也启迪了相关问题。牛顿已经意识到，人们通过肌肉的着力感得到力的机械定义，原本通过这条路，他可以找到一条避开循环论证的渠道。对于运动中的物质，我们将其提升到理性水平，可以被视为

---

① Dr E. Mach, *Die Mechanik in ihrer Enwockelung*, 1883. ——原注

动力学的定义,就像热学和温暖的感觉息息相关一样。从空间或长度与时间的经验中,我们了解到本原的理念,而我们肌肉的感觉同样把力的理念传达给我们。这一通过感官大致量度出的等量的力,在不同的物体上产生作用时,会有不同的加速度产生,所以我们可以称每一物体的惯性,也就是对于 f 力的反抗为它的质量,还可以说,它的度量方式是用一定的力所产生的加速度 a 的反比。所以 $m = f/a$。如此一来,质量的观念就来源于一个心理状态,也就是我们肌肉对力的感觉。可能有人会提出质疑,这个方法在物理学中引用了心理学,可是,这样做以后,就可以摆脱物理学中逻辑上的循环论证,并非毫无益处。

当质量的观念明晰之后,从实验中,我们就发现物体的相对质量基本上是恒定不变的。于是,我们可以假设这个基本不变的数是可靠的,或者最起码非常准确,如此一来,质量 M、长度 L 和时间 T 就可以被我们视为三个基本单位。在 J. J. 汤姆生和爱因斯坦的时代以前,通过这个假设推论出来的很多结论与观测、实验都是非常吻合的。因此这个假设是经过完全印证的,可以说是非常有用的,当然排除特殊情况。

既然可以用惯性来量度质量,那么把质量和重量之间的关系找出来就是接下来要解决的问题了。所谓重量也就是吸引物体到地球上的力量,牛顿也说明了这一问题。

史特维纳斯和伽利略的实验,说明重量不一样的两个物体 W_1、W_2 在落地时的速度是一样的。地球引力所带来的力就是物体的重量,实验结果显示,重力所产生的加速度 a_1 和 a_2 是一样的。以上面所表述的质量的概念为依据,用下面的关系就可以确定两物体的相对质量 m_1 和 m_2:

$$m_1 = W_1/a_1 \ 及 \ m_2 = W_2/a_2$$

$$a_1 = W_1/m_1 \ 及 \ a_2 = W_2/m_2$$

现在我们知道了,两个自由落体的加速度的关系,想要通过玩弄公式①,或者思考形而上学(比如说,经院哲学来自亚里士多德),都是不可能推导出来的。直到史特维纳斯和伽利略做了落体实验以后,$a_1 = a_2$ 这个事实才得以被论证出来。可是,既然证明了这一点,那么依据方程式所确定的质量、重量和力的概念就可以得到:

------

① 除非这玩弄者是爱因斯坦,而且公式中含有相对性原理。而相对性原理也是根据实验建立的。马赫在此似乎错了;他说从他的质量的定义可以得到质量与重量的比例关系,但他暗暗地引入了 $a_1 = a_2$ 的结果。——译者注

$$\frac{W_1}{m_1} = \frac{W_2}{m_2} \text{或} \frac{W_1}{W_2} = \frac{m_1}{m_2}$$

也就是说,两物体的重量越重,它们的质量也越重。这是一个让世人震惊的结论。牛顿指出,得出结论的前提是:重力一定"是来源于一个原因,这个原因发生作用并不是以其所作用的质量表面的数量为依据(机械的原因往往是如此),而是以物体所包含的实际质量的数量为依据产生作用的"。[①] 牛顿在天文学上所取得的巨大进步,其实也证明了重力的作用一定"作用到太阳的中心和行星的中心,而不会让它的力量有所减少"。

伽利略的实验还不够精确,也不可能那么精确。经过巴利安尼之手,这个实验又被再次认真做过一遍。在某一点,他让一个铁球和一个相同大小的蜡球一起往下落。他发现这样一个现象:当铁球已落了 50 呎而到达地面时,蜡球还有 1 呎才落地。他给出了科学的理由,因为空气的阻力的原因,才出现了这个不同。尽管阻力是一样作用于这两个球体的,可是作用力更显著的是对抵抗重量更小的蜡球[②]。对于这个结果,牛顿做过更加严格的审查。从数学的角度,他证实了一个摆锤摆动的时间越长,其质量的平方根就一定越大,而其重量的平方根一定越小。他又取了不同的摆锤,进行了更加精密的实验,相同大小的摆锤所受到的空气阻力也是一样的。有的摆锤代表着各种物质,有的是空球装上不同液体或谷类的颗粒。不管在什么情况下,他都发现,如果度量误差非常小,一样的摆在同样的地点,会摆动一样长的时间。如此一来,牛顿就更加严苛地对重量和质量成正比的结果进行了证实,而这个结果,通过伽利略的实验原本是可以推导出来的。

数学领域的改进

对研究中所使用的工具——数学加以改进,就是将数理力学在天文问题中加以运用后得出的一个直接结果。由于这个原因,开普勒、伽利略、惠更斯、牛顿等人所工作的时期,即数学知识和技术都突飞猛进的时期。

通过不同的形式,牛顿和莱布尼茨都把微分学发明出来了。尽管谁发明在前,谁发明在后争论不断,可是看上去都是自成一体的[③]。出现变速观念以后,需要有一种方法来对变量的变化率进行处置。用在时间 t 所经过的空间 s 来衡量一个固

---

① *Principia*,1713 ed. pp. 483 – 484. ——原注

② J. M,Child,上引书。——原注

③ L. T. More,*Isoaac Newton* New York,3934,p. 565 等页。——原注

定的速度,不管 s 多大,t 多大,s/t 都是固定不变的。可是,假如速度是一个变化的值,那么就只能通过一个几乎难以察觉速度变化的非常短暂的时间来对这个时间内经过的空间进行衡量,才能把某一瞬间的速度值找出来。当 s 和 t 一直缩小下去,变得无限小时,那么那一瞬间的速度就是它们的商数,这一速度被莱布尼茨写成 ds/dt,而称之为 s 对于 t 的微分系数。在他的流数法里,牛顿用 s^+ 表示这个数量,在用到这个写法时会比较麻烦,如今莱布尼茨的写法已经将它取而代之了。在这里,我们只是拿空间和时间来举例而已。事实上,只要是两个互相依赖的量,在处理时都可以采用相同的方法。x 对于 y 的变化率都可以用莱布尼茨的记法 dx/dy 或牛顿的记法 x^+ 表示出来。①

积分就是计算逆转,也就是微分的总和,或通过变率去对变量本身进行计算的方法,这项工作往往有很大的难度。在对某些问题进行研究时,像牛顿要从球体中数以亿万计的质点的引力出发,对整个球体的引力进行计算时,就必须用到积分法②。阿基米德采取类似的方法对面积和容积进行了计算,可是他的方法因为太超前了,所以后来没有流传下来。

包括微分系数在内的方程式叫作微分方程式。很多物理问题都可用微分方程式表达出来。求它们的积分是难点所在,之后才能把它们的解答求出来③。这个原理牛顿其实是知道的,这件事就是证明:他把一张数字表算出来了,用来对光线在大气中的折射进行表达,而所采用的方法和列出光线路径的微分方程式差不多④。

牛顿在《原理》中对他的结果进行了修改,变成了欧几里得几何学的形式,其中很多结果也许来自笛卡儿坐标和流数法。过了很久以后,人们才知道微分法,可

---

① 每个函数的微分系数的值都可计算出来,例如设 $y = x^n$,则可得 $dy/dx = nx^{n-1}$。——译者注

② 每个微分都有一个对应的积分;所以上面所举的微分例中 x^n 即是对应的积分。可以证明:

$$\int x^n dx = \frac{2^{n+1}}{n+1} + c$$

除非 n 是 -1,那时积分是 $\log x + c$。在每一例里,c 都是一个未知的常数。在很多实际问题中,它都是可以消去的。——译者注

③ 举一个简单的例子,方程式 $ydx + xdy = 0$ 可以改写为

$$\frac{dx}{x} + \frac{dy}{y} = 0$$

于是可以分项积分,便得

$$\int \frac{dx}{x} + \int \frac{dy}{y} = c \text{ 或 } \log x + \log y = c$$

——译者注

④ Letter to Flamsteed,*Catalogue of the Newton MSS*,Cambridge,1888,p. xiii. ——原注

是在莱布尼茨和别尔努利(Bernouilli)列举出来的形式中,现代纯数学和应用数学的基础却是微分学。

在许多其他分支中,牛顿也取得了突出的成绩。二项式定理就是由他确立的,很多方程式理论也是他提出来的,而且最先使用字母符号的也是他。在数理物理学中,他不仅发明了动力学和天文学,还提出了月球运行的理论,把月球位置表算出来了,通过这个表,可以把月球在恒星间的方位预测出来。对于航海来说,这项研究成果意义重大。流体动力学,包括波的传播理论,就是由他创立出来的,而且他还大刀阔斧地改进了流体静力学。

物理光学和光的理论

牛顿仅凭在光学取得的举世瞩目成就,就足以在科学上傲视群雄①。1621 年,斯内尔发现了光的折射定律,也就是入射角和折射角的正弦之比为一常数。费马则指出,沿着这条路往前走,所需要的时间是最短的。1666 年,牛顿得到"一个三棱镜来对著名的色彩现象进行实验",而且他的第一个研究课题就是光学。他的首篇科学论文也是对光学进行论述,1672 年在《皇家学会哲学》杂志上发表。在他的日记中,德·拉·普赖姆(De la Pryme)是这样写的:1692 年,牛顿去礼拜堂忘记关灯了,从而导致了一场大火,他的著作也被毁之殆尽,其中包括二十年的光学研究成果。可是牛顿在他的书的序言中,却没有说到这件事。他说:"1675 年,在皇家学会某些会员的邀请下,写了一篇和光学相关的论文……其他的则是大概十二年后才补充进去的。"

1611 年,一种虹霓的理论在斯帕拉特罗的大主教安托尼沃·德·多米尼斯(Antonio de Dominis)手里诞生。他说通过水滴内层表面反射出来的光,因为所经过的水层厚度不一样,进而变得色彩斑斓。笛卡儿给出了一个更好的理由。他觉得色彩和折射率有很大的关系,而且把虹霓弯折的角度顺利算出来了。马尔西(Marci)让白光从棱镜穿过去,并发现第二棱镜不会再散射有色彩的光线。牛顿扩充了这些实验,而且对有色光线进行了综合,成为白光,进而让这个问题水落石出。他还认为正是因为与之相似的原因,望远镜里才出现了对视线起到阻碍作用的各

---

① 参看 *Optics*, *or a Treatise of the Refletions*, *Refrantions and Colours of Light*, by Sir Isaac Newton, Knt, London, 1704, 1717, 1721, 1730①; 另参看 "Newton's Work ia Optics", by E. T. Whittaker, in *Isaac Newton*, ed. W. J. Greenstreet, London, 1927; and in *A History of Theories of the Aether and Electricity*, E. T. Whittaker, 1910. ——原注

种色彩,而且还误以为要让白光不分散成各种色彩,就一定要同时对放大率所需的折射加以阻止,所以他觉得不可能对当时的折射望远镜进行改良,于是他把反射望远镜发明出来了。

此外,牛顿还对胡克曾经描述过的肥皂泡和其他薄膜上都有的色彩进行了研究。他在一个曲率已知的透镜上放上一个玻璃三棱镜,颜色就形成圆圈,后来,人们给它取了一个名字,叫作"牛顿环"。牛顿对这些环圈进行了仔细勘察,并把它们和空气层厚度的估计数进行一一对比。他又用单色光把这个试验做了一遍,这时只轮番出现了光环和暗环。牛顿得出一个非常确切的结论:每种确定颜色的光都是像抽筋一样有时极易透射,有时极易反射。假如在反射光下去看由白色光组成的环,便看不到某一在相应厚度下刚好透射出去的颜色,只能看到白色光把这一颜色减掉的光,也就是说,只能看到一种复色光。于是,牛顿推导出这样的结论:自然物的颜色最起码有一部分是因为它们的结构过于精细,他还把出现这种效果所必需的大小算出来了。

格里马第(Grimaldi)的实验告诉我们,尽管非常狭窄的光束一般情况下是沿着直线前进,可是遭到阻挡时,就会顺着阻挡物的边角前进,从而发生弯曲,因此物影远大于其应有的形式,边沿也就变得有颜色了。牛顿又把格里马第的实验做了一遍,还扩大了范围。牛顿对光线从两个刀口之间的裂缝通过、更大的弯曲度进行了证实。他非常用心地考察了狭缝的宽窄度和偏转度。

对于惠更斯提出的光线从冰洲石通过时会产生非同一般的折射现象,牛顿也进行了观察。一条入射光会从这种矿石里产生两条折射光,分离出这两条光线中的一条,使之再从另一冰洲石通过,假如第二个冰洲石的结晶轴平行于第一个的轴,那么这条光线的通过依然不成问题,假如两个冰洲石的轴正好正交,那么这条光线就通过不了。牛顿发现了这些事实,并据此得出结论,无论一条光线如何,它终究会有一些不同,不可能是对称的。而偏振理论的关键点就在于此。

在对光的性质进行思考时,排除这些现象不说,还要考虑到另外一个事实。1676年,罗伊默(Roemer)发现,当地球运行到太阳和木星之间时,相比平常,木星的卫星的掩食要早大概七八分钟,如果反过来,地球运行到太阳另一面时,相比平常,木卫的掩食则要晚七八分钟。基于后面这种情况,木卫的光线一定要从地球的轨道经过,也就是说距离要长于前一种情况。观测所发现的差距表明,光不是一发出去就会到,而是要经过一个过程的。

牛顿说他原本还准备再进行一些光学实验,可是因为无法进行,所以他并没有得出有关光的性质的确切结论。只是提出一些问题以待后人去继续研究,好像在第 29 问题中，是他的最后意见的归纳：

> 发光体射出的极小物体是不是光线？由于这样的小物体可以从均匀的介质沿直线前行，而不弯曲到阴影中①，光线的本性就在于此……假如折射的形成是源自光线的吸引力，那么入射角的正弦和折射角的正弦之间一定有相应的比值。

光的微粒说极易阐述这个"相应的比值"一定可以对光线在密的介质中的速度和稀的介质中的速度的比值进行量度。牛顿接着说道：

> 一定要是些小物体，才能让光线既易反射，也易透射，这些小物体以它们的吸引力或某种其他力量为凭借，刺激它们施加影响力的物体，产生颤动，相比原来的光线，这些颤动的速度更快，于是飞快追上它们，并搅动它们，似乎轮番让它们的速度上升或下降，所以它们才会具有那种特性。最后，和冰洲石有关的反常折射，看起来很像是在光和冰洲石晶体质点的某几边潜在的某种吸引力所形成的。

毕达哥拉斯学派是最早认为光线是射入眼中的微粒的人。恩培多克勒和柏拉图的观点则不一样，他们觉得眼里也会有一些东西射出来。伊壁鸠鲁和卢克莱修也持有这种触须式的理论。他们觉得眼看物和手拿棍接触物体有很多相同之处，这是一种含混不清的看法。这种看法遭到亚里士多德的质疑，亚里士多德觉得光是介质中的一种作用。这些都只是猜测，不管对与否，都没有意义。可是，阿尔哈曾在 11 世纪提出一些确凿的证据，据此说明对象是视象的原因所在，而不是从眼里来的，可是触须式的观点还时不时出现在他的时代以后的很长时间里。

在笛卡儿看来，光是一种压力，传播范围就是充满物质的空间。胡克说光是介质中的快速颤动。惠更斯更加详尽地说明了这个波动。他把几何学的作图法派上用场，对折射的过程进行了描绘。当光的一个波阵面（*AC*）从空气向水面（*AB*）投射时，水面上的所有点就都成了向空气反射的小圆波的中心，同时也是在水里分散的另一个小圆波的中心，假如依次把水面每一点的小圆波描绘出来，它们就会形成新的波阵面，分别在空气和水里面（*DB*）。这些小波会在这些波阵面，当然，也不可

---

① 这是不计入由衍射而来的微小偏折。——译者注

能在其他地方，互相增强，而可以感知到。这样形成的波阵面非常吻合我们所知的反射和折射定律。假如相比在空气中，光的速度在水中要小一些（这假设正好和微粒说所需要的背道而驰），那么在水中小波的半径就会在某一刹那小于空气中小波的半径，因此折射的光线会和法线更靠近，自然界所发生的现象就是如此。

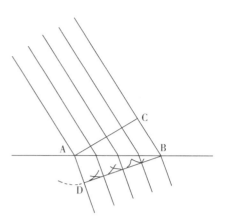

图5　水波阵面的折射

波动说最棘手的一个问题就是，如何对清晰阴影的存在进行说明，也就是对光的直线传播进行解释。一般的光可以从障碍物穿过去，不把这种性质表现出来。这个问题在一个世纪后得到了解决，解决人是菲涅尔（Fresnel）。他证明光的波长要远小于所遇的障碍物的体积，因此光波不同于平常的波。可是牛顿却觉得，好像需要微粒说才能对光的直线路径进行说明。

在上面所引的一节中，牛顿认为要对光的周期性进行说明，必须想象一种颤动，速度要比光还快。他在之前的问题中非常清楚地想象过，有一种以太承担其他的与之相似的不太重要的任务。比如说，在问题第18中，他说：

假如把两个小温度计悬在两个既大且高的倒置玻璃圆筒中，不让它们接触到圆筒，之后抽干一个圆筒里的空气，再给这两个圆筒挪一下位置，从冷的地方转移到热的地方，和非真空中的温度计一样，位于真空中的温度计也会以同样的速度变热。再把这些圆筒挪到之前冷的地方时，和非真空中的温度计一样，真空中的温度计也以同样的速度变冷。暖室里的热在真空中传递时，是不是以一种比空气还要微妙的介质的颤动实现的呢？即便把空气抽出去以后，真空中依然存在这种微妙的介质。光折射和反射是不是就是通过这种介质实现的呢？光是不是就是以这种介质的颤动为媒介，而把热传给物体，而且变得有时极易反射，有时极易透射的呢？热体保持其热的强度和时间，是不是通过热体中这种介质的颤动实现的呢？热体向其附近的冷体传热时，是不是通过这种介质的颤动实现的呢？相比空气，这种介质是不是还要稀少一些、微妙一些，更有弹性一些、更活泼一些？它渗透到所有物体中是不是很容易呢？它（因为弹性十足）是不是在所有天体中存在呢？

牛顿接着说:因为这种介质在不同物体中密度不一样,所以才产生了光的折射。在重物体中,它不够浓密;相比在自由空间,在太阳和行星体内要稀薄得多,而在自由空间中,这介质越是远离物质,越是浓密。他想这样对万有引力进行解释,去对微粒说所需要的光在较密的介质中速度更大进行解释。物质作用于表面以外的以太所产生的一种折射,就是障碍物边缘的衍射。因此,牛顿觉得以太介于光和可量度的物质之间。可是我们要记得,这些观点只是牛顿书中正文以外的发问。牛顿非常明确地指出,还需要进一步的实验,而他是想请其他人来解决这些问题。有人埋怨说,正是因为牛顿的威信,所以人们才一直对光的波动说不认可,可是这种埋怨只适用于那些觉得他的疑问里已经把解答包含进去了的人。

读者一定会发现,假如可以测量或者对比光在空气中和水中的速度的话,那么就可以做一次可以得出结论的实验,来对这两个学说的对错加以评判。傅科(Foucault)于1850年左右从直接观测出发,首次做了这个实验。在水中,光的速度比较小,这是和波动说的需要相吻合的。

可是最近几年以来,运动快速的质点或电子在阴极线中和放射物过程中被发现了。这表明现在已经可以观察到牛顿所想象的质点非常类似的质点。牛顿理论中最值得人关注的点,其实就是它和现代观念很相像,因为牛顿的观点和普朗克、J. J. 汤姆的观点相同,"光的结构大体上都是原子的",薛定谔等人还想象出一种复合体,里面包括质点和波动,这更是接近牛顿的想法。我们不由得对他钦佩有加,当我们想到,这些发现和很多其他的发现都出自一位青年人,这个人后来还做了造币局局长,整个晚年不是在从事铸钱的工作,就是在思辨神学著作,他可真称得上是人类中伟大的天才,就像古代德谟克利特一样。

化学

直到17世纪末,化学与医学这两种学科依然在前章所描述的化学和医学的结合的统治下。医药化学家逐步解放了化学,使之不再依附于炼金术的不名誉状态,而成为职业研究的一项内容。已知的元素和化学反应的数量大幅度上升,进而让化学理论的提高有了坚实的基础。

我们说过在波义耳的《怀疑的化学家》一书中,他是如何对"火的理论"的残余进行驳斥的——一方面是亚里士多德的四元素,另一方面是风靡于当时化学理论,觉得主要原质是盐、硫、汞三种。化学向现代观点迈进的转折点就是他的《怀疑的化学家》一书。

牛顿在他的房间后面,剑桥大学大门口和三一学院礼拜堂之间的范围里,成立了一个实验室。毫无疑问,他的光学和其他物理学学术的实验就是在这里开展,可是他也对化学进行了研究。他的族人兼助手汉弗莱·牛顿(Humphrey Newton)说[1]:

> 两三点以前,他几乎没睡过觉,有时一直工作到五六点……尤其是在春天或秋天,他往往一连六个星期都待在实验室里,炉火也一直燃烧着,他整夜整夜地不睡觉,一直守在炉火旁,直到把化学实验完成。

牛顿在化学上的爱好似乎只集中在金属上面,似乎只对化学亲合力的缘由和物质结构感兴趣。在他的《光学》第31问里,有这样一节:

> 物体的小质点是不是具备某种能力、功能或力量,可以让这些小质点发挥超距作用,不仅对光起到作用,使光产生反射、折射与弯曲,而且彼此作用,引发绝大部分自然现象呢?众所周知,因为重力、磁和电的吸引,物体会相互作用,这些例子把自然之理表现出来了,所以除了这些吸引力以外,可能还存在其他吸引力,因为自然是富有规律的,不会起内讧。我就不在这里探讨这些吸引力的形成机制了。我所说的吸引力的形成可能是通过冲动或我所不了解的方法。我这里所说的吸引力,无论原因是什么,都只是一般情况下让物体彼此靠近的力量。我们必须先通过自然现象对哪些物体相互吸引、吸引的性质和定律有所了解,才能对吸引力的形成机制进行研究。重力、磁和电的吸引会抵达特别远的地方,所以常人也可以看到。可能还有吸引力会在非常短的距离发挥作用,迄今都没有被人发现,可能在没有被摩擦所引发的时候,电的吸引力也可以在那样的短距离发挥作用。
>
> 酒石酸盐在空气中潮解,难道不是因为对于空气中的水蒸气的质点,它可能会产生吸引力吗?难道普通的食盐、硝石或硫酸盐是因为没有那种吸引力,所以才不潮解吗? ……纯硫酸可以把空气中的很多水分吸走,直到饱和以后才停止,以后也很难在蒸馏中蒸发出水,难道这不是由于水的质点和硫酸的质点的引力相同吗?把硫酸和水分渐次倒到一个容器里面,而合并到一起时,温度则会变高,这不是说明溶液里各部分的运动很剧烈吗?而这个运动不是说

---

[1] *Sir Isaac Newton*, Hisiory of Science Society, Baltimore, 1928, p. 214. ——原注

明这两种液体在合并到一起时,会表现得非常激烈,所以相互快速搏击吗?

相比让他名扬海内外的物理学上所花的时间,牛顿在炼金术和化学上所花的时间也许还要长一些。有关他的化学工作的书,他对此没有专著,只是在《光学》一书里有所提及,在他的遗稿中有一点儿记录。这些文件充分说明他非常喜欢合金。比如说,牛顿说有着最低熔点的铅、锡、铋合金的成分比为 5:7:12。很多炼金术的著作都在他的这些笔记里可以找到,有关火焰、蒸馏、从矿石中提取金属,以及很多物质和它们的反应的化学实验的记录,也可以在他的这些笔记里找到。经人整理并附上年表以后,1888 年,这些手稿公之于世①,可是太简短了,还需要再整理。在化学方面,牛顿所取得的成绩比不上物理学,可是和当时的化学家相比,他对于化学的观点却要高得多。比如说,对于火焰的意义,他的认识就非常深刻。他觉得火焰不同于蒸汽,就像炽热的物体和非炽热的物体一样②。相比亚里士多德有关火是四元素之一的观点,和当时化学家用盐、汞、硫三原质来对物质进行说明的观点,牛顿这种观点更接近现代思想。

上面叙述了牛顿对物质结构的看法。对于原子说,他是认可的,尽管那时原子论还不够完善,就像以后道尔顿所完成的那样,可是它却因此得到了正统的位置。在他的《哲学词典》中,伏尔泰写过这样一段话③:

> 如今,物质的充实性已经不再被视为充实的了……空虚已经得到了认可。最牢不可破的物体都被视为处处是孔洞,事实也的确如此。人们接受了不可分割和不可改变的原子。正因为这种原理,才有了不同的元素和不同的种类的存在物是永久的说法。

生物学

透镜的改良和复显微镜的发明已经在前一章讲过,它们极大地影响了动物组织和器官的研究。在我们要讲的时期中,这样的方法又被格鲁(Grew)和马尔比基(1671 年)引申到植物学中。同时也开始形成有关植物的细胞和器官的科学理念。

---

① *A Catalogue of the Portsmouth Collection of Books and Papers written by or belonging to Sir Isaac Newton*, Cambridge, 1888. ——原注

② 上引书 p. 21. ——原注

③ Ida Fround, *The Study of Chemical Composition*, Cambridge, 1904, p. 283. ——原注

从提奥夫拉斯图斯（Theophrastus）到舍萨平尼（Cesalpinus），生殖器官好像一直没被人留意。格鲁可能是率先从事这一研究的人。1676 年，在皇家学会上，他宣读了一篇植物结构的论文，他说到雄的生殖器官是雄蕊，还对它的功能进行了描绘，可是他却说牛津大学的教授米林顿（Thomas Millington）爵士是这一学说的提出者。杜宾根的卡梅拉鲁斯（Camerarius）、莫尔兰（Morland）、杰沃弗罗瓦（Geoffroy）等人又加了一些确定性的证明材料和细节到巴黎科学院提出的论文中。这些植物学家了解到：雌蕊的受胎或种子的形成，离不开雄蕊粉囊里的花粉。

早期动植物在分类时，主要依据的是功利主义的观念，或者表面显而易见的特点，像植物被分成草本、木本和灌木等类就是如此。可是在 1660 年，约翰·雷（John Ray，1627—1705 年）[1]——植物学史上的伟大人物之一，开始把论述植物学的多部著作中的第一部发表出来。因为这些著作的发表，植物分类和形态学都有了很大的进步，比如说了解到芽的真正性质。约翰·雷率先意识到区分植物胚胎中的单子叶和双子叶有多么重要，又把果、花、叶和其他特性加以利用，把植物分类的天然系统率先创立出来，还把很多植物纲目指了出来，直到现在，植物学家依然在使用。之后，他开始对动物的比较解剖学进行研究，又对自然的分类起到了推动作用，比如说把动物分类为兽、禽和昆虫。约翰·雷时常和维路格比（Francis Willughby）一块出去，在世界范围内研究动物和植物。约翰·雷觉得在古人观点的基础上，还要继续研究，通过仔细观察，把现代的自然历史创建起来。

牛顿和哲学[2]

牛顿的工作所取得的最大成果是这样两个：一是对地球上的力学也可以在星球上加以应用进行了证明；二是把不必要的哲学成见从自然科学中剔除出去。在希腊和中世纪看来，天体具有不可捉摸的特殊属性。伽利略的望远镜已经一定程度上排除了这种观点，可是牛顿则接着进行毁灭。那时，哲学和科学的界限依然不清楚。就连笛卡儿在建立一种天文学力学理论时，所依赖的也是与经院哲学对立的观点和觉得物质的本质是广泛性的形而上学的观点。实事求是地来说，牛顿没有被这些先入之见所束缚，是真的进步了。下面，我们将说明他在解释他的研究成

---

① *John Ray*，by C. E. Raven，Cambridge，1943. ——原注

② 特别参看牛顿《原理》中的序和附言，以及《光学》中的疑问。并参看：A. J. Snow，*Matter and Gravity in Newton's Physical Philosophy*，Oxford，1926；E. A，Burtt，*The Metaphysical of Modern Science*，New Yort，1925. ——原注

172 ▎科学简史

果时,又涵盖了多少新的形而上学进去。

从科茨(Roger Cotes)所写的《原理》第二版的序言中,我们可以看出他工作的价值何在,他的直接弟子们到底看上去如何。在这里,科茨对比了遗留下来的经院哲学和它本身就有的、无法解释的特性,笛卡儿早早就想试着在旋涡密布的实体空间的基础上把自然界机械体系建立起来,还有牛顿只对符合观测的前提的方法予以认可。科茨说:

> 大体上,可以把研究自然哲学的人分成这样三类。一些具体的难以捉摸的性质被有些人归到几类物体中。他们又非常肯定地说,难以想象,某些物体的作用又由这些性质来决定。这里面包括了亚里士多德和逍遥学派所传承下来的各学派的学说。他们非常肯定地说,物体所出现的很多效果,都源于那些物体的特殊性,可是他们却不跟我们说那些物体的这些性质是从哪里得到的,所以他们其实什么都没有告诉我们。他们只是把所有精力都放在给事物命名上面,而没有对事物本身进行探讨。我们可以说,他们把一种哲学韵味十足的说话方式发明出来了,并没有告诉我们真正的哲学是什么。

> 所以,另外一些人就把很多毫无意义的词句抛到一边,想让他们的辛劳结出累累硕果。他们假设所有物质都是纯粹的,物体所表现出来的形式是多种多样的,这一切都是因为组成它的质点拥有极其普通的亲和力。毫无疑问,他们这种从易到难的方法是没错的,只要他们不另外给这些自然赋予质点的基本亲和力的性质之外再加一些性质进去就可以了。可是当他们对不可知的图形和大小进行任何想象,对各部分还不太确定的情况和运动进行任何想象时,当他们还假想存在一些不可捉摸的流质,具有万能的微妙性,在物体孔隙中随意漫开、神秘的运动时,这时的他们就已经抵达梦幻的境界,而把物体的真正结构抛诸脑后了。即便我们仰仗最准确的观测,也依然很难实现这种结构,就更不用提仰仗虚妄的猜测了。有些人在构造他们的玄想时,所仰仗的正是假设,可能真的可以造就一部传奇,可是也只是传奇而已。

> 提倡实验哲学的就是剩下的第三类人。诚然,这些人要从可能的最简单的原理中把万物的缘由找出来,可是没有被现象证实过的东西,他们从来不会奉为原理。他们不会创造假说,也不让假说进入哲学领域,只有一个例外,那就是把它当作真实的,还有待商议的问题。他们采用了综合和分析两种方法。他们从一些选择出来的现象出发,采用研究的方式把自然界的力和力的简单定律推导出来,又从这里出发,采用综合的方式对其他的结构进行论证。这是诞生于哲学

的最好方法，任何方法都无法与之相提并论，这个方法也最先得到我们的著名作者的最科学使用，而且我们的著名作者还觉得，也只有通过这个方法，我们的著名作者才愿意付出劳动去传播。我们的著名作者在这方面给我做出了一个最好的示范，那就是以重力理论为依据，把对于世界体系的说明很好地推导出来。

牛顿的动力学和天文学是以绝对空间和绝对时间的观念为基础建立起来的。牛顿说他"因为所有人都知道，所以他不界定时间、空间和运动的概念"，可是他却区分了我们的感官以自然物体和运动为依据所量度的相对空间和时间，与静止存在着的绝对空间和"无论外界是什么样的情况"，都均匀流动着绝对时间。"流动"观念让时间也开始流动，成为它一个不可缺少的组成部分，所以循环也包含在时间的这个概念里面，可是，对于牛顿来说，这个概念已经足够他使用了[1]。伽利略的球沿着直线在地球上运动。可是地球不仅以地轴为中心运行，也以太阳为中心运行，而太阳和恒星的运动更是位于恒星间。牛顿得出的是这样的结论：除非遇到外力，要不然物体会一直在绝对空间里做等速直线运动。1883年马赫指出，对这个推理进行延伸，延伸到恒星的参照坐标以外，其实是不合适的。从现代知识的角度来看，绝对时间和绝对空间的观念会更加清楚地呈现在我们眼前，这些学说不一定源自物理现象，尽管在17世纪，从一般经验的事实中，这些观念可能的确是不错的前提。真正的相对论者，要想把绝对旋转的观念彻底摒弃，确实是有一番难度的。

因为牛顿并没有解释万有引力的根本原因，所以惠更斯和莱布尼茨批评牛顿的工作是非哲学的。牛顿率先意识到，假如需要这个说明或者也许可以进行这个说明的话，也一定是之后的事情。他根据已有的事实，想出一个既和事实相符，又可以用数学表达出来的理论，以这个理论为基础得出数学的和逻辑的推论，又对比了这些推论和从观察、实验中得来的事实，发现全部是一致的。牛顿觉得不一定非要知道引力的原因，这个问题并没有那么重要，而且根本没有关联，在当时还只是猜测。现在，我们可以接着说，根本不需要知道确实存在这样一个引力。只需要知道复杂的行星运动就如同太阳系里每一质点被另一质点吸引，都是依照质量和距离的平方反比的定律一样就可以了，数理天文学家觉得已然足矣。

牛顿的吸引质点并非一定是原子，可是很明显，它们可以发挥原子的作用。牛顿在研究他的化学时又回到质点的问题上。在他的《光学》书末尾时常被人们引用的一段话中，可以看到他是如何看待物质本性的：

---

① G. Witidred, "History of Matlietnatical Time", *Isis*, No. 1924, p. 121 and No. 58, 1933, p. 192. ——原注

在对这一切都进行了缜密的思考过后，我觉得似乎就是如此：一开始，上帝就把物质造成坚实、有质、牢不可破、但却可以活动的质点，无论从大小、形态，还是从其他性质方面来说，都和上帝创造它们时的初衷是相符的。原始的质点既然坚实，和用它们造成的有孔物体相比，它们就要坚硬多了。它们太坚硬了，以至于都损坏不了，也切割不了，上帝在一开始创造时所造成的单体，一般的力量是无法把它分割开来的……我还觉得这些质点不仅有一种惯性，有自然而然生发出来的被动的运动定律，而且受到一些主动的原理的驱动，像万有引力、发酵的原因和物体的内聚力等。我并不觉得这些原理是来自物体的特殊性质，而觉得这是自然界里对物体形式起到决定性作用的一般定律。通过现象，我们可以看到它们所具有的真实性，尽管我们还没有发现它们的原因。因为这些特性非常明显，所以它们的原因才变得高深莫测。亚里士多德学派并不觉得这明显的特性是神秘的性质，而在他们眼里，神秘的性质只是那些他们觉得在物体中隐藏的、成为明显效应的不可知原因的一些性质。这些明显的效应应该包括重力、磁、电的吸引原因，发酵的原因等，只要我们假设这些力或作用的形成是来源于不可知的，而且无法被发现或搞清楚的原因。近年来，这样的神秘性质已经被摒弃了，因为它们成了自然哲学发展的绊脚石。跟我们说所有物种都有其与生俱来的神秘性质，所以它才能发挥作用或产生效果，这相当于什么也没说。可是，假如你可以透过现象发现两三个具有广泛性的运动原理，之后再把所有有形体的物体的性质和作用都是源于这些显而易见的原理告诉我们，那么对于哲学来说，就是非常有价值的，尽管我们还没有发现这些原理的成因。因此我非常果断地提出上面所说的运动原理——因为它们的覆盖面很广——至于它们的原因，就让别人去发现吧。

　　自从牛顿时代以来，从机械的角度，还无法完满地解释万有引力，尽管诸多人都为此付出了很大的努力，而且从爱因斯坦的研究来看，这个问题已经渗透到非欧几里得几何学范畴了。这一事实充分验证了牛顿是非常明智的，因为他的科学精神是小心翼翼的。在《原理》中，牛顿说："截至现在，我还没办法通过现象，把重力的那些性质的原因找出来，我也不想成立什么前提。"在他的《光学》一书中，他只是通过问题的形式，发表了一下自己的观点，他假设行星间存在以太，还假设其压力越是远离物质，就越是密，所以对物质形成压迫作用，使彼此靠近。可是他在概括性研究事实时，在从他的理论中把数学推论推导出来时，猜度毫无价值。

　　现在回到他比较有把握的观点中去。在《原理》的序言中可以看到他是如何看待自然界的①：

> 哲学的瓶颈似乎就体现在这——通过运动的现象，去对自然界的力进行研究，再用这些力，去对其他现象进行检验，这个宗旨就是书中第一、第二卷的普通命题所关注的焦点。我们在第三卷中阐述了世界体系，以此举例。因为以第一卷里用数学证明的命题为依据，在第三卷里，我们通过天象推导出把物体向太阳和几个行星吸引过去的重力。我们采用其他数学的命题，又通过这些力推导出行星、彗星、月球和海水的运动。我希望我们可以效仿这样的做法，从机械的原因把其他一切自然现象推导出来，因为我深刻质疑它们也许都由某些力来决定，物体的质点就是通过这些力，因为一些直到现在还没有被发现的原因而彼此吸引，形成富有规律的形状，或者彼此冲突，而互相离散。既然这些力是未知的，直到现在，哲学家在自然界孜孜以求依然是徒劳的，可是我希望这些所叙述的一些原理可以对这一点的说明或某种和真理更相符的哲学方法提供帮助。

很显然，牛顿这里所指的是以物质和运动为依据，通过数学方式对所有自然现象的可能性进行说明，尽管他没有说明"自然现象"一词有没有把生命和心灵现象包括进去。可是从其他事物的角度来说，对于伽利略率先阐述的机械观点，他是认可的，而且觉得是有可能的。

伽利略区分的第一性性质和第二性性质，他也表示认可。所谓第一性性质，是可以采用数学方式解决的广延性和惯性等，而第二性性质只是第一性性质在大脑里所形成的包括色、味、声等在内的感觉②。脑或感觉中枢应该是人的灵魂或心所在的地方，在神经的作用下，运动从外界物体传播到这里，再从这里向肌肉里传播③。

伯特教授觉得这一切都彰显出：尽管牛顿所采取的态度是经验主义，而且一直把实验的证明放在第一位，尽管对于把所有哲学体系都当作科学的基础的做法，他并不苟同，而且在建立科学时把不能验证的假设摒弃掉，可是因为情况所需，他却悄悄把一个形而上学的体系派上了用场，由于没有明确说出这个体系，所以才更深刻地影响了思想④。

---

① 见 A. Motte 英文译本，1803 年版 p. x. ——原注
② *Oplicks*，3rd ed. p. 108. ——原注
③ 上引书 p. 328. ——原注
④ E. A. Burtt，*The Metaphysical Foundation of Modern Science*，New York，1925，p. 236. ——原注

牛顿的威望成为一种宇宙观的坚强后盾。在这种宇宙观看来,对于一个巨大的数学体系来说,人是非常微不足道的无关者(就像一个在暗室中被囚禁的人一样),而这个体系和机械原理相符的有规律的运动,便是这个自然界的组成部分。当人类的想象力在时空之上驰骋时,但丁和米尔顿那光辉、浪漫的宇宙从来没有束缚过人类的想象力,如今却荡然无存了。空间和几何学领域成了一个东西,时间和数的连续变成了一个东西。人们之前觉得他们所居住的世界充满色、声、香、乐、爱、美,处处充满和谐和创新,是一个完美的世界,如今这个世界却被逼进狭窄的生物大脑里。而外部世界,那个真正重要的世界,却变成了一个毫无生气的、又冷又硬的世界,一个量的世界,一个遵从机械规律性、可用数学计算的世界。拥有人类直接体验的各种特性的世界,变成只是外面那个一直运转不停的机器所带来的既奇怪又次要的作用。亚里士多德主义,终于被牛顿身上那模糊不清的、毫无缘由要求人们从哲学方面审慎思考的笛卡儿的形而上学打败了,现代最主流的世界观也因此有了新的变化。

这段流畅的文字确实说出了那些讨厌新科学观点的人们的真实反应,这是毋庸置疑的。可是牛顿和他的嫡传弟子们却觉得这种论调有失公允。他们觉得相比以任何幼稚的常识观点或亚里士多德派范畴的错误理念为依据,或诗人们的神秘想象所看到的、五彩斑斓的混乱的自然界,牛顿让这个世界拥有的井然有序的秩序与和谐所给我们的美感都要好得多,而且这种井然有序的秩序与和谐还让他们更清楚地知道,无所不能的造物主有什么最为善良的活动。那里依然是颜色、爱情和漂亮的世界,可是和天国一样,它却在人的灵魂中存在,在一个被上帝精神感化的灵魂中存在。正是因为这个灵魂,万物才一直保持着严谨的复杂性,相比人眼睛所看到的,它所知道的万物要多得多,而且它非常看好这个世界。

在爱迪生(Joseph Addison)的著名诗句中,牛顿的真实态度表现得让人深感佩服:

高高苍天,
蓝蓝天空,
群星灿然,
宣布它们本源所在:

就算全部围绕着黑暗的天球,

静肃地旋转，

那又有何妨？

就算在它们发光的天球之间，

既找不到真正的人语，也找不到声音，

那又有何妨？

在理性的耳中，

它们发出光荣的声音，

它们永久歌唱：

"我等乃造物所生"。

只要稍微误解了爱迪生的意思，其实就可以说他前瞻性地回复了伯特博士。

我们不得不承认，后来，人们把机械哲学建立在牛顿的科学之上，可是这错并不在于牛顿或他的朋友。他们把对于他们来说非常正常的神学语言派上用场，尽可能让他们的信念为人所知：牛顿的动力学不仅没有被批驳，反倒让唯灵论的实在观得到了巩固。假如他们非常清楚地融合了笛卡儿的形而上学的二元论哲学和牛顿的科学，可能还不会有那么高的风险，因为笛卡儿的二元论哲学并没有让心灵和灵魂完全无处可去，尽管这个地方非常狭小。可是他们觉得有神论具有最本质的意义，是没有问题的，所以他们是毫无疑虑地接受这个新科学的。

在本书后面几章，我们将探讨站在现代知识的角度，机械的自然观到底意义何在。牛顿假设，仅从"自然哲学的数学原理"来说，世界的组成元素就是处在运动状态的物质。这个假设只是界定了自然界的一个方面，在动力科学看来，在观看自然界时，从这个方面入手是最便捷的。此外，还有诸多方面，像物理的方面、心理的方面、审美的方面、宗教的方面等，只是综合研究这些方面，我们才可能获得最准确的认知。

尽管牛顿的数学才能超乎寻常，可是依然秉承经验派的态度。他常常挂在嘴边的话是，他不制造假说，就是说他不制造形而上学的、无法验证的假说，或者以权威为依据形成的理论，而且对于不能通过观测或实验加以证明的学说，他从来不会发表。这并不能说他对于哲学或神学不感兴趣，而事实是刚好反过来的。他是一位哲学家，宗教信仰非常浓厚，可是在他看来，只有从人类知识的巅峰，才能看到这些问题，而人类知识并不是以这些问题为根基的，它们代表着科学的结束，而不是科学的萌芽。《原理》一书就开端于对已有的事实加以总结所形成的一些定义和运动的定律。以下两卷几乎全被来源于这些命题的数学推论填满了，动力学和天文学两大学科也因此建立起来。这本书第二版的结尾，附加了七页"一般注释"，里面就包括在牛顿看来，应该在这样的著作中出现的、他的物理学发现，在形而上学上的价值。写作这些所用的语言是当时的自然神学的语言。天意论就是它的关键所在。他说："只能从一位高超的和万能的神的计划和掌控中，才能产生这漂亮的太阳、行星和彗星的系统……"神"是永恒存在，而且随处可见，因为永恒存在，而且随处可见，他就变成时空"。因此牛顿觉得神的恒久的没有止境的存在正是组成绝对时间和空间的元素。

牛顿还在《光学》一书的不成体系、不太正统的问题中，向我们陈述了他的很多思辨性的观点。"自然哲学的主要任务，是立足于现象，而不任意创造假说，从结果追溯原因，直到一开始的第一因，这第一因必定不是机械的……从现象中就可以看出一位没有实体的神，他生活得非常有智慧，而且处处都可以见到他。就像在他的感觉中一样，他在无限空间中看到万物的潜在，对万物进行观察，而且因为万物和他融合为一体，还可以从整体上对万物有所体会。"[1]

在牛顿看来，神并不是只把机器造出来并发动以后，就让它自己一直运作下去的第一因。在自然界，神是深藏于内部的，"万物都在他的掌控中，对于存在着的或可以造出来的万物，他都知道……既然哪里都有他，相比我们通过自己的意志来让身体各部分活动，他通过自己的意志让他的无限而一体化的知觉中枢范围内的物体活动，进而让宇宙的各部分形成或改造时的难度就要小一些"[2]。牛顿还把上帝请出来，直接对太阳系中因为彗星的作用等影响因素而慢慢聚集到一起的、和规律不相符的地方进行改正[3]。对于他来说，这种短见的情况没有经常出现。当拉普拉斯说这些原因想要对自身加以改变，而且对太阳系具有动力学的基本稳定性加以证实以后，有人就曾经把这个论据拿出来，对这个论据所要验证的结论加以驳斥。

在讲道时，本特利（Richard Bentley）和克拉克（Samuel Clark）发挥了牛顿的形而上学的观念，可是也出现了一些偏差[4]。本特利非常肯定地说："万有引力一定在自然界存在，它高高凌驾于所有机械论和物质原因之上，而且源于一个更高的原因或神圣的能力和影响。"尽管可以用机械的术语来描绘它的常规。克拉克则觉得要假设一个前提：

---

[1] *Opticks*, Query 28. ——原注
[2] *Opticks*, 3rd ed. p. 379. ——原注
[3] *Opticks*, 3rd ed. p. 378. ——原注
[4] 参看 A. L Snow, *Matter and Gravity in Newton's Physical Philosophy*, Oxford, 1926, p. 190. ——原注

在解释重力时,不能使用物质彼此的冲动的吸引力,因为所有冲量和物体的质量之间都是有一定的比例的。所以一定有一个原质可以从坚硬的物体内穿过,而且(因为超距吸引是不科学的)我们一定要假设存在一种非物质的灵魂,按照一定的规则对物质起到主导作用。在物体内,这种非物质的力的存在性是非常广泛的,在任何时间、任何地点都可以看到它……重力或物体的重量并不是运动偶然产生的,也不是非常细微的物质偶然产生的,它是上帝让所有物质都具备的最常见的、本质的定律,而且以某种可以穿透坚硬物质的卓然力量为凭借,来让它在所有物质中都保持着。

在牛顿看来,重力并不是物质的根本属性,而是一种现象,而且只有更深入地对其物理的原因进行研究,才能加以说明。可是本特利和克拉克却觉得重力的直接和接近的原因,就是他对于自然界中形而上学的、最终的信仰,而却不知道牛顿正要将这二者彻底区分开。这里我们发现,有人站在有神论者的角度,对牛顿有所误会,就像后来又有人站在无神论的角度,对牛顿有所误会一样。牛顿好像注定要被人误会。原本他觉得超距作用是不科学的,可是却有人把它当作他的基本信仰,而他的最大功劳就是确定了这个观念。在牛顿看来,只有一位仁慈的造物主才能形成这"最漂亮的太阳、行星和彗星的系统",可是到了18世纪,机械哲学却以之为根基,把自古以来的原子论取代了,成为无神的唯物主义的开端。

在牛顿的时代(科学知识的首次大汇总时代),人类在学术观点方面的改革,明显也引发了表述教条的宗教信仰的变革。人们不能再继续秉持亚里士多德和托马斯哲学里所包括的质朴的宇宙概念,再不能抬头看天,而对地狱的雷声胆战心惊。光成为一个物理现象,不再是充斥四周、单纯、无色的、不可捉摸的物质,不再是上帝的居住地,用反光镜和透镜可以对它的规律进行研究,用三棱镜可以分析它的颜色组成。同时,表现于虔信主义和神秘主义中的出自本能而无法清晰说明的那种柏拉图主义,也不再适用于这种新的心理态度了。人们已经对一种和理性更为相符的柏拉图主义表示认可了。和上面那一种现象一样,这种柏拉图主义也被理解成永恒的真理的形成是依据天赋的力量或内心的启发,而且数学或几何学的和谐也被认为是存在的本质。经过伽利略和开普勒的思想,这种柏拉图主义成为牛顿的数学体系。它对内在力量或启发是理性的基础表示认可,于是,这个理论成为一种唯智主义。在宇宙的物理秩序和道德定律中,它要把神的自然真理找出来。"这样一来,一种严肃的推理论就出现了,和'热情'一词所彰显的所有浪漫主义形式的宗教是相互冲突的。宗教信仰的容身之处,不再是心,而是头脑,数学赶走了神秘主义……如此一来,最后可能可以取代传统信仰的开明的基督教",和康德所孜孜以求的"理性范围内的宗教"①,就有了前进的方向。

牛顿在伦敦

在保护剑桥大学,抵御詹姆斯二世阻挠剑桥大学的独立性方面,牛顿功不可没。他被推举为解决王位继承问题的自由议会的一员,并于1702年二度当选。

1693年,他患上了神经分裂症。在朋友的劝告下,他离开了剑桥大学。在朋友的推荐下,他去做了造币局的监督,没过多长时间,就成为局长。他不再研究化学和炼金术,将这方面的著作都锁了起来。

到伦敦生活以后,他的生活发生了翻天覆地的变化。因为在科学上所取得的举世瞩目的成就,让他得到了一个非常高的地位。在长达24年里,他一直担任皇家学会的会长,直到1703年与世长辞。皇家学会因为他卓越的能力,以及无上的名誉而赢得很高的威信。尽管早些年,他时常心神游移,可是他在造币局却一直工作得很出色,完全称得上是一位能力强、效率高的公务员,可是他常常无法容忍批评和质疑。

他的外甥女嘉泰琳·巴顿(Catherine Barton)不仅长得很漂亮,而且非常聪明,他的家务就由她来管理。这是他一生的第二个阶段。流行于18世纪的和牛顿有关的传说,所说的事情都发生于这个时期。嘉泰琳和康杜特(John Conduitt)结婚以后,生了一个女儿,这个女儿后来和利明顿(Lymington)子爵结婚了。利明顿的儿子承袭了朴次茅斯伯爵的爵位。所以瓦洛普(Wallop)家族就继承了牛顿的财产。1872年,第五代朴次茅斯爵士向剑桥大学图书馆捐赠了牛顿的一部分科学文件。后来牛顿的另外一些书籍和论文也被拿出来售卖了。凯恩斯(Lord Keynes)爵士把一部分论文买了回去,旅客信托社(Pilgrim Trust)则买到了书籍,并于1943年捐赠给三一学院。

---

① G. S. Brett, *Sir Isaac Newton*, Baltimore, 1928, p.269. ——原注

第五章　18 世纪

数学和天文学——化学——植物学、动物学和生理学——地理发现——从洛克到康德——决定论和唯物主义

数学和天文学

遗憾的是,在微积分发明先后的问题上,莱布尼茨与牛顿互不相让,彼此对符号的使用也不尽相同,事情瞬间变得复杂,因这其中一个或数个原因的影响,英国数学家最终还是与欧陆数学家们各奔前路。前者沿用牛顿的符号,并恪守其用以承载研究成果的几何学方式,而将其全新的分析法弃置。所以,在 18 世纪早期,在新微积分领域,英国学派发展迟滞,相反地,在以詹姆斯·伯努利(James Bernoulli)为代表的欧陆学派手中,发展迅速。万有引力常数在后期实验中同地面重力常数一起被测定,牛顿体系的空白之一得以填补;马斯基林(Maskelyne)于 1755 年前后对山两侧铅垂线的偏离做了观测;亨瑞·卡文迪什(Henry Cavendish)以米歇尔(Michell)设计的精细扭摆为工具,于 1798 年对两重球之间的引力作了测定;波艾斯(Boys)于 1895 年以相同的方法计算出当两个质点均重一克、间距为一厘米、彼此之间会形成 6.6576×10^{-8} 达因的吸引力,并借此计算出地球是水的密度的 5.5270 倍。

当莫佩尔蒂(Maupertuis)诸人的著作流传到法国,牛顿的研究成果也随之在法国传播开来,达兰贝尔(d'Alembert)、柯乐洛(C lairault)、欧拉(Euler,1707—1783年)更对其做了进一步的研究与拓展。伏尔泰在英国侨居[①]期间(1726—1729 年)与夏特勒(Chatelet)太太一同撰文对牛顿体系做了探讨与论述,该书明白易懂,法

[①]　M. S. Libby, *Voltaire and the sciences*, New York, 1935; Merton *Isis*, No. 38, 1936, p. 442. ——原注

国知名的《百科全书》的合著者许多都备受其鼓舞。

这部巨著内容极为参差,1751—1780 年初版时遭遇过许多困难,最终刊印了35 册。《百科全书》总编为狄德罗(Diderot),数学部分的前期编纂者为达兰贝尔。该书以有神论为精神核心,对彼时科学界存在的思想作了全面论述,但异端色彩浓厚,并有抨击政府、罗马教会,甚至基督教本身的倾向,且这种倾向愈演愈烈。

生于 1715 年的泰勒与马克洛林(Maclaurin,1689—1746 年)对数学及其应用领域中部分级数的展开方式作了论证,并将之应用于天文学领域和振荡弦理论的实践研究中。1729 年,以经过测定的恒星光行差为基础,布莱德雷对光线的传播速度做了测算。欧拉对数学的诸多分支做了改进与修订,为分析数学拓出了新的支脉,还撰写了数部与光学、自然哲学的一般原理相关的书籍。

综观整个 18 世纪,约瑟夫·路易斯·拉格朗日(Joseph Louis Lagrange,1736—1813 年)应该是数学家中最伟大的那一位。他对纯数学十分感兴趣。他是变分学的创始人,且系统化了微分方程式。在物理学领域,他概括性的、包罗万象的纯数理论也多有应用。他在自撰的天文学著作中,提出了解决三体彼此吸引力如何计算这一难题的方法。他还借由最小作用及虚速度,以能量不灭原理为基础,对所有的力学做了构架,并在《分析力学》这本巨著中作了具体阐述。

达·芬奇在对杠杆原理进行推算时曾对虚速度/虚工作做过应用,史特芬以"速之有失,力之有得"定义这一原理。莫佩尔蒂以"作用"来概称速度与空间/长度的乘积,且在一些形而上学因素的影响下,作出了光的传播过程中必然存在一个未知的最小量的设想。这一设想居然和光循最小作用路径传播的实际情况十分吻合。所有物体的运动领域都是拉格朗日推而广之这一理论的试验场,在他看来,"作用"是两倍于动能的时间几分或运动的空间积分的。这一作用量在普兰克量子理论与哈密顿方程式中都得到了应用。

这一学科被拉格朗日的微分方程赋予了全新的普遍性意义与完备性意义,力学中的理论因它而由繁化简为通用公式,借由这些公式推导出的特殊方程式,可以解决所有对应的问题。①

---

① 牛顿第二定律称,外加的力与质点的动量变率等同。以这一定律为基础,彼此正交为 x,y,z 三坐标,即得 $mx = X, my = Y, mz = Z$,其中 X、Y、Z 分别代表着作用于质点的三个力的分量,m 为质量的代表,由此,拉格朗日推断出了运动的通用公式:

$$\frac{d}{dt} - \frac{dL}{dq} - \frac{dL}{dq} = Q$$

其中,L 代表拉格朗日函数,即动能与位能之间的差值,t 表示时间,Q 表示作用于该体系的、让每一个坐标 q 都出现增量的外力。——原注较之拉格朗日,皮埃尔·西蒙·德·拉普拉斯(Pierre Simon de Laplace,1749—1827年)在牛顿体系方面的贡献更加卓然;这个出身诺曼底乡间的男子,凭着自身卓越的才能与应变能力,在王朝复辟时期,一跃成为侯爵。

他解决了引力问题,并对拉格朗日位函数①做了修正。他还完成了一项牛顿未曾完成的、极重要的工作,即对行星运动相对稳定,彗星、星体间的彼此影响等导致的摄动仅是暂时现象进行了证明。如是,他便证明牛顿对长久之下、太阳系会因自身作用而紊乱的担忧是无稽的。

1796年,《宇宙体系论》面世,著者拉普拉斯在文中不仅对天文学史和牛顿体系做了普遍性的阐述,还提出了星云假说;假说认为,白热气体不断旋转演化形成了太阳系。事实上,早在1755年,康德便提出过类似的观点,且更加深入,在他看来,无中可生有,本初的混沌衍生了星云。相对于比较小的星体构架,如行星、太阳,星云假说并不适用,这一点已被现代研究证明,不过对一些比较大的星体构架,如进入中晚期发展阶段的银河系、形成中的旋涡星云,这一假说或许十分适用。

在《天体力学》(1799—1805年)②这一著作中,拉普拉斯对分析性讨论做了具体阐述。他从微分学的角度对牛顿的《原理》做了论述,并对其中诸多细节做了补充。

在对拉普拉斯献作于拿破仑的情景进行描述时,鲍尔如是说:

> 拿破仑听某人说,上帝之名在书中未被提及。用言语来刁难人是拿破仑的最爱,所以收到书时,他说:"拉普拉斯先生,我听说,你撰写了一部对宇宙体系进行论述的著作,却对其创作者只字未提。"虽然作为政客,拉普拉斯极为长袖善舞,可作为哲学家,他在任何问题上都保持着一贯不屈的傲岸,仿佛殉道者,于是他挺直身躯,给出了一个极率性的答案:"那些设想,我不需要。"拿破仑将这个在他看来极有趣的答案说给拉格朗日听。拉格朗日以"那是个

---

① 对物理学上"位"的意义,可以这样阐述:某方向上位的减少率,可以以同方向上施加于某单位上的力的量度来表示,这单位可以是任何量,譬如质量、电量。拉普拉斯通过证明,得出位 V 总会满足的微分方程如下:

$$\nabla^2 V = \frac{\partial^2 V}{\partial x^2} + \frac{\partial V}{\partial y^2} + \frac{\partial^2 V}{\partial z^2} = 0$$

其中,$\nabla^2 V$ 代表 V 的局部强度。1813年,Poisson(泊松)研究发现了另一个更具普遍性的公式 $\nabla^2 V = -4\pi\rho$,这一公式在数理领域应用极广。Rouse Ball(劳斯·鲍尔)说:"它将一个难以言表的、具有普遍意义的自然规律以分析的方式进行了表现。"——原注

② 1825年,拉普拉斯还出版过与历史相关的论述著作。——译者注

能对许多事物进行诠释的美妙设想"来回应。

拉普拉斯对彼时与概率论相关的科研成果进行了总结,为诠释毛细现象,还设想有一种唯有距离极微小时才能感受到的吸引力存在。他还对依据牛顿公式,以弹性之平方根为被除数、密度为除数计算出,声音在空气中的传播数值相对偏小的原因做了阐释,他认为出现偏差的主要原因是热量。因为音波缩放时需要散热和吸热,如是一来,空气弹性便会增加,声速亦随之增加。

引力天文学之后的发展,不过是对拉普拉斯与牛顿理论的一种完善。1846年,牛顿引力假说因一颗未知行星或许存在的预言又一次经受了正确性方面的考验。这实际上是对拉普拉斯与牛顿方法的逆用。脱离自身轨道后,天王星如何摄动,以已知的其他行星的作用是无法充分进行阐释的,为了对这些杂乱的摄动进行证明,便设想存在一颗全新的行星。出身剑桥的 J. C. 亚当斯与法国著名数学家列维列对此分别做了计算。加勒,一位德国柏林的天文学家用望远镜循着列维列所述的方向找寻,于是,后来以海王星为名的行星被发现。

牛顿理论令人匪夷所思地精准。两个世纪以来,所有可能出现的不契合情况都得以解决,且数代天文学家都以此理论为根基,对种种天文现象进行诠释与预测。即便是今天,我们也必须竭尽全力,才能借由实验发现天文学中与牛顿重力定律略有出入的一些知识。牛顿被拉格朗日誉为史上最幸运也最伟大的天才,他的《原理》也被推崇为心灵的至高产物,拉格朗日说:"能对它的定律进行定义与诠释的,整个宇宙、整个历史,唯有一人。"就目前我们所认知到的极端复杂的自然界现状而言,如是评价牛顿显然是不恰当的。然而这确实是牛顿理论对后一世纪最能领悟他的科学家影响之深最有力的证明。

化学

在诸多心思玲珑、动手能力极强的观察者的推动下,18 世纪初,实验化学取得了长足的发展。荷博格(W. Homberg)对不同比例下的酸碱化合情况作的研究成为酸碱化合为盐理论极有效的力证。西尔维斯提出的这一理论,实质上是现代化学结构研究领域许多观点的源概念,在科学史上的地位极其关键。

其后 30 年,在该领域成就最卓著的分别是黑尔斯(S. Hales)及来自莱登的波尔哈夫(H. Boerhaawe)。1732 年出版的,彼时"最全面、最耀目的化学著作"①的作者正是波尔哈夫;黑尔斯则对碳氢氧化后生成的,包括二氧化碳、沼气在内的诸多气体做过研究。在他看来,这些气体都是空气受其他因素影响发生的不同形式的改变,换言之,是空气"被熏染"后的状态。

火焰与燃烧是困扰早期化学家们的最大难题。似乎有某种物质借由物体的燃烧逸散了。在相当长的一段时间内,大家都觉得这种物质是被普鲁士国王的御医,斯塔尔(G. E. Stahl,1600—1734 年)称之为"燃素",也就是火之元素的硫。他的理论衍生自柏克尔(Beccher)的学说。斯塔尔逝世后,其理论得到化学界的普遍认可,直至 18 世纪末,依旧被视为主流核心。金属固体燃烧后重量有所增加,"燃素"必有负重,这一点不仅波义耳证明过,雷(Rey)也同样做过论证,以亚里士多德提到过的轻为物质本质的观点再度复兴。彼时,化学家们罔顾物理学事实,以此设想对化学现象进行武断的阐释。即便借由个别研究结果可以得出与现代观点极接近的理论,但被这一设想与更古远学说深刻影响的化学界对此却无动于衷,以至于这些事实需要等待被重新认知与诠释的契机。

第三章中提及过,某种存在于空气中的,呼吸、燃烧时必备的、较为活跃的物质的存在早在发现氧的前一个世纪便已经被证明。博尔奇(Borch)于 1678 年借由硝石制备氧气;黑尔斯于 1729 年借由水上收集法收集这种气体。范·海尔蒙特于1640 年制备出了以"希尔蒙斯特(silvestre)气"命名的二氧化碳;早在帕拉塞尔苏斯时代,氢气的分离便已不是难题,帕拉塞尔苏斯曾对铁屑作用于醋的现象做过描述。然而这些观察结果及其所代表的意义早已被遗忘与无视,以至于彼时人们依旧坚定地认为气体元素只有空气一种。

18 世纪,化学的发展得益于化学工业的发展与推动。一种全新的、有重量存在的、与空气截然不同、与碱类物质相结合的气体于 1755 年被来自爱丁堡的约瑟夫·布莱克(Joseph Black)发现。他以"固定的空气"来命名这一气体。现在,这种气体被我们称为碳酸,或者二氧化碳。氯气于 1774 年被舍勒发现。约瑟夫·普利斯特列(Joseph Priestley,1733—1804 年)借由加热氧化汞成功制备出氧气,并发现了它的特性之一,维持燃烧。并且,他还综合前人的成果,对氧是动物呼吸必不可少的气体这一点做了证明。然而,他本人却对这足以掀开化学界新篇章的发现一无所知,反而觉得这气体不过就是失去了燃素之后的空气。1781 年,水的复合性被亨瑞·卡文迪什证明,水也因此被推下至高的元素宝座。然而,在对水的构成成

---

① Sit Ed Thorpe,*History of Chemistry*,Vol,I,London,1921,p. 67. ——原注

分进行描述时,他还是沿用了"燃素""失去燃素的空气"等旧称。因为他的这一发现1784年才被发表,而统一结论却在1783年被詹姆斯·瓦特得出,因此关于谁最先发现此点的争论在评论领域至今未绝。

彼时,土是水沸腾后的产物的观点占据着学界主流。安托万·洛朗·拉瓦锡(1743—1794年)对此提出了异议。他证明玻璃等水容器的溶解物才是水沸腾后的残留,蒸馏数次后,水变得愈加纯净,但密度并未改变。因为"学者不被共和国需要"①,后来,作为包税者之一的拉瓦锡也没能逃脱被送上断头台的命运。

卡文迪什与普利斯特利曾经做过的实验,被拉瓦锡再次搬进实验室,实验过程中,他对试剂及其产物都做了极精准的称量。比如,在某次实验中,他在50立方英寸的空气中放入了4英两的汞,持续加热至邻近汞的沸点且出现红色的汞灰,这样的状态整整维持了12天,汞灰不断增多,最后,重达到45格令(grain),而空气的体积则缩减了1/6,仅余42~43立方英寸。空气的余量不足以维持燃烧的继续进行,其内的小动物也在短短数分钟内相继失去生命。

之后拉瓦锡将45格令(约合2.92克)的红色汞灰置于一只小曲颈瓿中,以高热持续加热,得到一种气体及41.5格令的金属汞。以水收集法将该物体收集起来,进行称量,体积为7~8立方英寸,重量为3.5~4格令/英厘。41.5 + 3.5恰好等于45,总质量恒定不变,原本的所有无知似乎都有了着落。以这种气体对火焰与生命进行维持,其效果较之一般的空气更加明显。拉瓦锡表示:

> 借由各项实验数据可知,空气中适合呼吸及维持生命的部分在汞燃烧的过程中被吸收,不适合呼吸、无法燃烧、有毒的部分则剩余了下来。由此可见,组成空气的一定是性质不同,甚至截然而异的两种极具弹性的流体。

拉瓦锡把握住了一个十分重要的事实:对包括卡文迪什实验、普利斯特利实验等与之相似的诸多实验进行诠释时,燃素说根本就毫无用处,假想出一种与别的物质性质截然不同的物体也毫无必要。质量守恒设想是牛顿力学的基础,这一设想的正确性已经被他成功证明。他还证明,即使质量是与重量完全相异的两个概念,

---

① 从政治的角度上而言,拉瓦锡无疑是个反动者。1789年,法国大革命期间,身为科学院负责人的拉瓦锡曾协助统治者对革命者进行镇压,所以,反动政府失败后,他也被送上了断头台。1794年5月,包括拉瓦锡在内的28个包税者被革命法庭判处死刑。据说,当时拉瓦锡请求法庭赋予他充足的时间,以便他完成与汗相关的未完成的实验,彼时,身为副庭长的科芬纳尔就是以"学者不被共和国需要"这句话回应他的。——译者注。

可在实验室对比中,它们均十分精准,是成比例的。借由称量可得的毋庸置疑的证据,拉瓦锡证明了即便物质在系列化学反应后,形态会出现改变,但反应的开始和反应的终结,其量却是守恒的,这一点,从重量上便可寻出。水已经被证明是由两种气体组合而成的,物质的一般性质:重量与质量,它们皆具备;拉瓦锡以"形成水的元素"(指氢)与"形成酸的元素"(指氧)来称呼它们[①]。呼吸终于被证明与燃烧同属于氧化作用,区别只在于一个速度缓慢、一个疾速剧烈,增重是其共同结果,且其与化合的氧气量等重。自此而后,重量为负的燃素的概念消失于科学领域。力学领域中,由伽利略与牛顿构架的原则亦转移至化学领域。

植物学、动物学和生理学

上一章我们对约翰·雷的工作做了叙述,现在就从这里开始,接着讲讲生物学史。荣格的部分研究术语被约翰·雷应用于自身的研究实践,卡尔·冯·林奈(Carl von Linne,1707—1778年)又继承了约翰的这一习惯。林奈出生于瑞典,父亲是位牧师,他以植物生殖器为依据,构架了他遐迩闻名的分类体系。在现代分类法出现之前,林奈的分类法被沿用多年。以进化论为根基的现代分类法又将生物学带回了约翰·雷的观点之中,以器官的所有特质为考量,极力将植物归类于能展现其自然关系的门属中。

博欣(Bauhin)与图尔恩福尔(Tournefort)对林奈的学说进行了发展,并开创了植物双命名体系。为了对北极地区的植物做采集,林奈曾在拉普兰人生活的地域游历多时,由此认知到了人种之间显而易见的差异,极为震惊。在《自然系统》一书中,他归入"灵长目"的除了人类,还有猿猴、蝙蝠和狐猴,同时,他还以肤色为依据,将人类细分为四种。

动物学知识的拓展得益于旅行家的行旅见闻及皇家动物园中广罗的奇异禽兽。现代动物科学的首个阶段以布封(1707—1788年)撰写的《动物自然史》为标志,走向终结。这是一部动物界的百科全书,包括各种动、植物种属在内的微生物种群因显微镜的生物应用被证明存在,这委实出乎意料,同时,生物器官的微观结构与功能也首次呈现在人们面前。即便布封一直视林奈分类法为"让人类变得卑微的真理",却不能无视那些可以对动物间关系进行证明的证据。他曾鼓足勇气

[①] 这两个称呼都不太恰当:除了水,许多化合物中也存在氢,且也不是所有的酸中都含有氧气;譬如戴维1808年提取盐酸时,便只提取到了氯气与氢气。——译者注

说："如果《圣经》中不曾明言，或许，我们可以为猿与人、驴与马追寻同一祖先。"不过后来他收回了这番言论。

在古远的从前，乃至中世纪，人们都坚信生命诞生于死物，譬如日照充足的情况下，泥土中能诞生一只青蛙，新大陆被发现后，追根溯源，与亚当似乎毫无关联的美洲土著也曾被认为与蛙同源。雷迪（F. Redi，1626—1679 年）大概是首个质疑自然发生说的人。他证明如果将死去动物的肉与虫隔离开来，蛆虫便不可能诞生。因为悖逆了《圣经》的教义，雷迪的实验备受抨击；如果将雷迪事件与发生于 19 世纪的巴斯德、施旺（Schwann）研究成果争论事件并而同观，结果会十分有趣。那次争论开始后，双方领头人的地位便出现了对调。以福格特、海克尔为代表的唯物主义学者对自然发生说进行了坚定的捍卫，觉得唯有如此解释生命起源，才最自然，可正统的神学家们却站在了与他们截然不同的立场上，觉得这一结论的得出，恰恰证明唯有神才能创造生命。哪怕是现在，希望可以对自然发生说进行证明的学者仍会被部分人非难，在那些人看来，自然发生说是以生命可以直接产生、不需创造这种假想为根基的学说。很显然，想让一部分人认清事实且又不对他们自以为的事实所具有的意义进行联想，真的是一件困难的事。现在，我们将目光再度转回 18 世纪。雷迪实验重新出现在了斯帕兰札尼（Spallanzani）的实验室，这位生于 1729 年、逝于 1799 年的神父不仅重做并证实了这些实验，还证明高温煎熬的液体如果与空气隔离，没有任何一种微生物能从中诞生。现代微生物学当以其为先驱，巴斯德亦从中备受启迪。

第三章中，在对动物生理学进行探讨的时候，我们说过范·海尔蒙特的唯灵理论被西尔维斯摒弃。唯灵论认为，有具备感知的灵魂存于人体，它借由"生基"对部分发酵物进行支配。西尔维斯在对包括消化、呼吸在内的人体功能进行诠释时，曾试图以"沸腾现象"为引证。在铁屑中倒入硫酸，或将灰渣长久于空气中暴露，都可能产生与"沸腾现象"相类似的情况。

如今，钟摆又摆了回来。[1] 将心理概念应用于化学的斯塔尔又试图将这一概念引入生理学。在他看来，尽管生物体的所有变化与一般的化学变化极为类同，但这不过是表象，两者实质上是截然不同的，因为弥漫于生物体内的"具备感知的灵魂"才是生物体所有变化的实际支配者。

斯塔尔与范·海尔蒙特的观点近似却又不同，在他看来，一个"具备感知的灵魂"可以直接对生物体内与化学变化类似的反应进行操控，根本就不需要"生基"、

---

[1] Sir M. Foster, *History of Physiology*, Cambridge, 1901. ——原注

发酵物之类的媒介。他与笛卡儿所说的哲学范畴内的"理性灵魂"截然不同。在二元论中，笛卡儿郑重指出，失去灵魂的躯体就是一台受制于一般机械定律的机器。斯塔尔则认为，一般的化学规律、物理规律并不能对人体进行支配；只要人体存在生机，它远比物理、化学规律更复杂的所有细节反应都操控于具备感知的灵魂。存在生机的躯体的作用与众不同，它为灵魂提供真正的栖息之地，因灵魂的长久存在而强固，被灵魂应用于生存。在斯塔尔看来，运动连接着灵魂与躯体；躯体的种种结构、感知、相伴物的修复、留存，皆是具备感知的灵魂对运动方式的教导。因此，现代活力论者当以斯塔尔为鼻祖，即便"具备感知的灵魂"在后期被他用"活力质"这种意义愈加朦胧的概念取代。

同一时期，与斯塔尔意见相悖的人也分化为机械学派及对化学发酵有所侧重的学派两个派系。在1708年出版的《医学组织》一书中，著者波尔哈夫合两派观点为一派，即便在他看来消化的本质并非发酵，而与溶解近似。辛格（Singer）博士表示，从博学与全面发展的角度来看，近代医学家没有谁比波尔哈夫更伟大[1]。

本世纪后期，人们对消化有了全新的认知，其中尤以将狗、鸢及其他动物应用于实验的德·列奥米尔（de Réaumur）及斯帕兰札尼为最。黑尔斯在马身上第一次测量到血压[2]。他还对树液的压力做过测量。

1757年被迈克尔·福斯特（Michael Foster）爵士认定为生理学的"今昔分界线"，因为由阿尔布雷希特·冯·哈勒（Albrecht von Haller，1708—1777年）撰写的《生理学纲要》一书首次刊印就是在这一年[3]。直至1765年，该书的末卷，即第八卷才付梓出版。在书中，哈勒系统且翔实地对当时与身体相关的各类生理学知识做了论述。他本人在肌肉易激性、胚胎发育、呼吸机制等领域的研究也卓有成效。

他认知到肌肉中存在一种哪怕是肌体死亡仍能短暂存活的固有力量，可一般情况下，肌肉发生作用时，是受控于另一种以神经为中介、从大脑传递到肌肉的力量的。他表示，实验证明，感知能力只有神经才具有，因此神经是感知的唯一工具，就像肌肉因它们而发生作用，它们又是运动的唯一工具。大脑中部存在脑髓，那里聚集着所有的神经，借此我们能做出猜想"大脑中部同样具有感知，心灵借由大脑中部来接受从末梢神经处传导而来的印象"。这一点可借由动物实验及病理现象来证明。他还做了进一步的"推想"，神经液是一种"元素"，它与众不同，神经如空

① C. Singer, *A Short History of Medicine*, Oxford, 1928, p. 140. ——原注
② *Stephen Hales* by A. E. Clark-Kennedy, Cambridge, 1929. ——原注
③ Foster 上引书 p. 204. ——原注

置的管道,将这种元素容纳;并且,由于运动与感知全都以脑髓为发祥地,所以灵魂栖居在脑髓中。

地理发现

在天体运动被天文学阐释,人体结构之秘被生理学挖掘的同时,对地表知识的探寻与认知活动也在地理学领域如火如荼地进行中。航海技术取得飞跃。16世纪,十进制计算法被施特芬发明,数的计算法于1614年被耐普尔(Napier)开创,计算尺于1622被乌特尔德(Oughtred)创制。当牛顿的月离理论被用来对恒星间的月球位置进行测算,度量经度成为可能,两地同观同一天文现象的时间也因此被算出。然而直至约翰·哈里逊1762年前后将温度变化造成的影响以两种金属相异的膨胀率补足,推动航海时计的进一步改良之后,经度的度量才不再困难,且变得相对准确起来。随着这一工作的完成,格林尼治时间成为所有船只的通用时间,用天文现象与之对照,就能计算出经度。

系统性探索地球的活动开始于17世纪到18世纪,那时探险家们的航海之旅与15世纪到16世纪的拓荒者们全然不同,换言之,后期探险者的航海之旅比起将地球面貌首次呈现在我们面前的拓荒者们,委实不够浪漫[1]。然而科研精神的增长却成了他们工作中值得瞩目的一大特征,这十分有益于学术的全面化。这种学术全面化,在法国的百科全书中已有所展露。

因为个人原因,我必须提及这些探险家中的一个,他就是生于公元1652年、逝于公元1715年的威廉·丹彼尔(William Dampier)。他是最早领悟新精神的人士之一,所有新的植物、树木在他敏锐的观察力下都无所遁形,他还能以清新灵巧的语言将它们的形与色准确地进行描绘。气象学家们将他的《风论》视为圭臬。他在水文学领域与地磁学领域也颇有建树[2]。

丹彼尔初次进行海上冒险时,身上还贴着海盗的标签,那时候他还没有因为著作而闻名遐迩,在社会上,他必须独自一人在自我的道路上矢志前行。70年过去了,探险活动对科学界的吸引力越来越大,探险家的地位也随之提升。詹姆斯·库克(James Cook,1728—1779年)曾发表过一篇与日食相关的论文,也因此被皇家学

---

① W. Olmsted, *Isis*, 94, p.117(1942). ——原注

② *Dampier's Voyages*, London, 1699, 1715, 1906; Clennell Wilkinson, *Life of William* Dampier, London, 1929; *Journal Royal Geographical Society*, Nov, 1929, 74, p.478. ——原注

会派去对金星凌日现象进行观测,地点在位于南太平洋的小岛西提。他数次出海远航,希冀能发现南极大陆,虽未如愿,却也收获了许多极具价值的科学知识,譬如治疗坏血病的方法、坏血病的病因,澳大利亚地理、新西兰地理、太平洋地理,等等。

英国许多文学作品的诞生都与丹皮尔所著的《航行》息息相关,譬如笛福撰写的《鲁滨孙漂流记》,斯威夫特撰写的《格列佛游记》等等。法国大革命之前,探险家们的航行对一般学术的发展曾做出过卓越的贡献,这些探险家包括丹彼尔、卡博特、夏丹尔、波蒂埃和波尼埃。[①]

许多对王朝统治下的社会现状深怀不满,意图加以抨击的人,撰写了许多对远方、荒岛、乌托邦进行颂扬的书籍。崇拜"中国圣贤",崇拜"远洋共和国",崇拜"善良原始人"的情结因小说家的幻想及实地观测的探险家们带回的不正确结论而滋生。孔子学派、佛教及其他一些异教成为自然神论者与基督的反对者们进行赞美、并借以对罗马教会进行攻讦的对象。

从大众影响的角度而言,这些文学著作远胜于哲学与科学著作,或许这也是卢梭与伏尔泰的理论——与百年前的博须埃(Bossuet)、帕斯卡理论截然不同的理论能轻易被接受的原因所在。与野性生活相关的种种美好描述成为包括社会契约论、人类完善进化之可能、进步之必然在内的许多荒谬理论出现与以理性革命为代表的愚蠢行动发生的助推力。这样的谬误被历史与人类学做了最完美的修正。对我们而言,人类的进步源于曲折颠簸、被无数谬误与试验充塞的实践过程,而非以表面公平为前提的、先验的所谓猜想推断。

"高贵的原始人"[②]被浪漫派文人以文学的方式提升到了与远古"黄金时代"并列的高度,在对日耳曼人进行描写时,塔西佗便使用了这一称谓。现代,这个概念因哥伦布而再度焕发生机,又因蒙泰涅而得以充实进步。德赖登(Dryden)是首个将"高贵的原始人"用英语进行表达的人,在浪漫主义盛行于英国的60年间,即1730—1790年,这一概念也风靡英国。毋庸置疑,较之原始社会,文明社会更加腐朽这一观点的形成,与《圣经》中的伊甸园有莫大的干系。

---

① W. H. Bonner, *Captain William Dampier and English Trave Literature*, Stanford, California and Oxford, 1934; Geoffroy Alkinson, *Les Relations des Voyages du 18 Si ècle et l'Évolution des Idées*, Parts, 1925. ——原注

② H. N. Fairchild, *The Noble Sanage*, Columbia Press and London, 1928. ——原注

从洛克到康德

要对 18 世纪科学领域的思想进行概括,单单对物理学、生物学、化学领域的大学者们进行考量显然是不够的,某些身为哲学家的著作家所作的工作也应被纳入考量的范围之中。

约翰·洛克(John Locke)生于公元 1632 年,逝于公元 1704 年,大半生的光阴都奉献给了 17 世纪,但即使如此,作为哲学家的他,精神依旧归属于 18 世纪。1669 年,当时还是医生的约翰以好友西德纳姆(Sydenham)的实践为例证对经院派的医学观点提出质疑,倡导以经验为先。西德纳姆曾对疾病做过科学的观测,且对传染病进行过研究。洛克自己曾是沙夫茨伯里(Shaftesbury)勋爵的主刀医生,还有一位舍夫茨别利家族的成员请他接生过。不过,说起来,出版于 1690 年的哲学论著《人类理解论》无疑才是洛克最卓然的成就。

不同于主张政治专制、哲学应趋向极端的霍布斯,无论是在政治上,还是在哲学研究中,洛克提倡的都是自由主义思想,这是一种理性的、和缓的思想。对真相,洛克始终抱持着典型的英国式崇敬态度,对抽象的先验推理,他则深表厌恶。他对人类的知识认知极限做过研究,认为所有的知识都不可能从理性的批判中脱离。尽管在被教育熏陶过的理性眼中,部分知识不言自明,可概念却非天赋。还有一部分知识必须以理性的论证为依据才能获得。人类所有的思想都以经验为泉源,这些经验既包括得自外界事物的经验,即感觉;又包括得自心灵活动与知觉的经验,即反思。

通过研究蠢人心态及儿童心理,洛克推论,开始时,借由感官,我们得到了一些诸如声音、运动、颜色、广延的原始提示,之后才是对其共性的联想,抽象概念便引发自此类联想。我们只能对物体的属性进行认知,且是以触觉、听觉、视觉等感官印象为依据才得到的认知。唯有通过这些经常展现于外的恒定的属性关系,我们方能透过变幻莫测的现象发掘出隐藏其下的繁复物质的概念。即便是情绪与情感,亦源于感觉的反复与组合。

当我们以词汇将如是形成的、极为抽象的概念加以固定,便非常可能出现谬误。事物不应以词来做精准画像;它们只是对部分概念进行规定的、在历史的偶然性影响下被选择的任意符号罢了,随时都有可能更易。此处,洛克的批判从悟性的角度转折到语言的角度,这个全新的概念无疑是极具价值的。

洛克是内省心理学的开创者。其他哲学家也曾内观,但他们来去太过匆匆,只是稍微内省一下，便开始发表其过于鲁莽的论断。洛克则不然，他仿佛观察病人的病症般默然且持久地注目着自身的心灵活动。他总结说：所谓知识，就是我们的思想与思想或外界现象的契合与否。所有人都对自身的存在有所认知，既然有发端存在，那么要对这个发端进行解释，就必然要有首因，亦即理性的至高神。然而想要明确自身与外物之间的关联，唯一的方法又是将具体事物进行归纳，因而对自然界的认知便存在或然性，一旦有全新的事实出现，要推翻它简直轻而易举。

以中世纪神学及亚里士多德哲学为依据，阿奎那对知识做了一次综合。凭借英国式的实干精神，以及形成于历史关键时刻的对思想与生活的广阔认知，洛克对《基督教的合理性》做了论述，试图以可靠的经验为根基，构架一种与理性相结合的宗教与科学。二者都做过综合性的尝试。然而阿奎那体系的构成单位无疑极刻板、太绝对；洛克的体系则为适应学术发展中形成的各种新的需求提供了可能，而且，他主张应该对各类宗教的意见兼容并蓄。在各派都将自身视为真理之唯一代言的时代背景下，洛克见解之独到，由此可见一斑。

从某种意义上来说，牛顿科学得到了洛克哲学的有力补充，两者相合，深刻地影响了爱尔兰克洛因（Cloyne）地区主教乔治·贝克莱（George Berkeley，1684—1753年）。

机械的唯物主义哲学已经对运动中的物质进行研究的科学产生了威胁，贝克莱认知到了这一点，而牛顿对此或许还毫无认知，所以他踏上了一条极富胆略的道路。他对新知识及其构架的世界背景的真实性表示认同，却又以"这以真实知识构架的世界为何"来诘问，并指出我们借由感官见到的世界是唯一有可能正确的答案，并且也唯有借由感官，这个世界才有转变为真实的可能。所以包括形状、运动、广延性在内的诸多第一性的质，事实上与第二性的质基本类同，不可能于无知觉的物质中存在，只能在心灵中存在。[1] 1901年，《贝克莱全集》付梓出版，被邀请作序的坎贝尔·弗雷赛（Campbell Fraser）在序中如是说：

> 在人类的认知与行为与整个物质世界有可能发生某种事实的关系的范畴之内，唯有某种存在生命迹象的心灵以相同的方式借由知觉经验将之实现，整个物质世界才是实质存在的……只要你试图对一个不存在上帝、不存在数量不多的精灵、恒久沉寂的世界进行想象，便会发现它委实无法被想象……这绝非对天天在我们的感官中出现的世界的否定，……现象构架了唯一存在于我

---

[1] Berkeley's *Complete Works*, Vol. 1, p. 262. ——原注

们经验中的物质世界。这些被实在视之为对象的现象不断诞生于能够被诠释的一串串符号依序出现的、被动的进程中。所有被限制的人都借由这些符号将自身的人格、其他被限制的人的存在以及被自然科学有限度地诠释过的感官符号的象征作用实现，所有的所有，都证明存在着神明。……神明的存在是必然的，因为想要转变为实际存在的世界，物质世界中就必须有一位掌控、限制，并持续将之实现的生机焕然的上帝。

在普通人看来，这样的说法无疑是对物质存在的一种否定。无论是以觉得只需要将一块石头踢下便能让贝克莱哑口无言的塞缪尔·约翰逊（Samuel Johnson）为代表的时代，还是以写出了五行打油诗（Limericks）的作家为代表的时代，这一观点受到的抨击都不曾断绝，博学多才的人、目不识丁的人，都加入了抨击它的队列。可似乎有一件事真的毋庸置疑，即唯有以感官为依据，我们认知到的世界才是真实存在的；我们不可能了解（即使能够推测）一个不知存在与否的、存在于我们认知世界中的、设想而出的实际存在的世界。然而贝克莱对自身哲学的诠释也许并非如此。

与传言中不同，贝克莱从未对感官的凭证进行过否定。相反，他一直以感官的凭证为限困束着自己。在洛克看来，借由对物质属性的认知，得出物质世界实际存在于现象背后的结论是极合理的，即便我们对其最终属性一无所知。该未知世界的实在性并未被贝克莱认同，在他看来，唯有思想世界中才存在实在。

大卫·休谟（David Hume，1711—1776 年）以更具怀疑性的眼光将认知的可能性瞩目。他以贝克莱的论据为依据，否认了心的实在性，也否定了物的实在性。为了对物质现象进行诠释，一种神秘的根基自科学家的设想中脱胎而出，贝克莱并不认同这一基础；为了对心灵现象进行诠释，一种神秘的根基自哲学家的设想中脱胎而出，休谟却将其集体清空，认为唯有印象与概念才具有实在性。

因为休谟，与因果性相关的、永无止境的讨论再度掀起。他认为，我们之所以觉得另一件事是这件事的原因，是因为两者在概念上存在联系，是另一件事发生在这件事之后的各种现象引发了这种联想。这只是与经验相关的问题罢了；自然界的事件皆存在连续性，我们不能借此以因果推断它们。经验派们试图根据归纳法，以经验事实对一般性原则进行证明，休谟却公然向他们宣告，因为只以感官经验为依据，他们无法跳跃出习惯性预期的窠臼，从而以归纳法对一般性原则进行推定。如是，休谟断言，因果原则不外是一种最原始的信念："我们因自然的规定，如呼吸、感觉一样去判别。"

在休谟看来,因果律不仅无法自明,而且无法以逻辑进行论证。这一观点得到了伊曼努尔·康德(Immanuel Kant,1724—1804 年)的认同。[1] 此外,康德还认识到,被科学、哲学因为基础的其他所有原则亦皆如此。唯有先认同部分已经被证明的、理性的、相对独立的原则,才有以经验资料为依据、借助归纳法、对一般性原则进行证明的可能,因此我们不可以将对一般性原则进行证明的希望寄托于经验。如果不接受休谟怀疑论的结果,我们便只能对唯理论、经验论证明方式中用以衡量某些缺点的标准进行探寻。"先验的、极具综合性的判断要如何产生?"

休谟的观点得到了莱布尼茨的认同,他同样认为一般性原则不可能借由经验被证明,但他并不否认一般性原则的存在,但他与休谟得出的结论却截然不同:感官知觉比不上纯粹的理性,实际上,理性才是外部恒久真理的揭示者,它不仅揭示了所有有存在可能的实体的更辽阔的域界,且揭示了物质世界的事实结构与实在构建。真理世界中存在着诸多可能性,实在只是其一。

休谟认为:"思想只是工具,借由它,人们可以对经验进行更简捷的解释,它很实用,但无论是从客观的角度而言,还是从形而上学的角度而言,它都是不确实的。"莱布尼茨则认为:"思想是立法的一般性依据;它将存在恒久可能的事物的更辽远的宇宙揭示;它可以于每一个经验出现之前便将它必须契合的最根本的条件决定。"……所有的问题,无论是科学、道德领域的问题,还是宗教领域的问题,都会因我们的抉择而受到实质性的影响:这两种观点,我们认同哪一种为好? 换言之,要将两种观点中彼此矛盾的要求调和,我们更愿意采用怎样的方法?[2] 从生物进化的角度而言,现代学者更倾向于第一种观点:思想或许只是以自我保存为目的、以自然选择为泉源的一种工具罢了。但数学家们却更倾向于第二种观点:欧几里得空间已无法对思想进行限制,所有经验都无法揭示的全新的空间已被思想界定。

对这两种截然不同的观点进行探讨,并尽可能对还未被休谟摧毁的、源自莱布尼茨的纯粹理性论断进行拯救,是康德需要完成的任务。他以两者的共性为出发点:无论以何种经验方法为依据,都不可能将必然性与一般性实现。他对莱布尼茨的与先验思想相关的观点表示认同,认为它的确具有确实性,但又对休谟的另一信念作了继承,即认为:其中具备综合性属性的只有其理性部分。所以,被认识视为基础的各种原则,既不存在内在的必然性,也无绝对权威。它们是能够以事实来证明检验的、隶属于理性范畴的;我们认知外界的时候,以感官获取经验的时候,都要

---

[1]　N. Kemp Smith, A Commentary to Kant's "Critique of Pure Reason", London, 1918.　——原注

[2]　N. Kemp Smith, 上引书 p. xxxii.　——原注

以它为条件;然而却无法以它为依据对最终的实在进行探索;在经验的领域,它们具有实效,但在对一种形而上学的、与事物本身相关的理论时,却毫无用处。康德的唯理主义中包含着对先验的认同,不过他能够证明的也仅是先验性与人类经验之间的相对关系。

康德认为,牛顿数学的物理学方法已对科学可探讨的范围作了界定;只有这样才能获得科学知识。他还指出,此类知识,无关于实在,仅关于外观。康德以数学物理学方法认知的范畴对科学知识进行限定,无疑是狭隘的,如此一来,现代生物学便不再见容于科学。但从哲学的角度来说,外观与实在的分离又的确具备一定价值。科学世界是现象的、外观的、揭示于感官的世界,却不一定具有终极的实在性。

牛顿认为,上帝以意志创造了时间与空间,它们独立存在于自身之内,无论是心灵抑或充斥于时空中的物质,都无助于领悟它们。而莱布尼茨则认为,时空只是以经验为源泉的一种抽象概念,脱胎于实在的事物给我们造成的极混乱的感官知觉经验。在康德看来,尽管我们无法从形而上学的角度对时间/空间的实在性进行确定,但在对变化进行领悟时,确实意识到了实在的时间;在空间、广延领域,这种区别似乎同样存在。如是,康德便开始在莱布尼茨与牛顿之间摇摆不定。他既不曾武断地将时空与感官作同类处理,也不曾将它们与悟性混同。两个貌似彼此冲突的宾语被它们联结在一起,起码表面上是这样,自芝诺而后,我们便被引向始终未曾解决的"理性的二律背反"问题。事件以物理学簇合;心灵将其广布时空,然而,如此一来,部分最终被证明自我冲突的现象便油然而生。从细节的角度而言,那些机械性的事件画面无疑是实在的,可我们无法确定它具不具备最终的目的论的意义与诠释——是不是在为实现这一目的而努力。我们解决不了自己提出的深奥问题。现在,有一部分人认为,从古至今,哲学领域中,最能与现代物理学、生物学的成果相契合的,是康德的形而上学学说。他们认为,科学的哲学被量子论、相对论、生物化学、生物物理学、目的适应学说等最新的科学成果引归康德[1]。出于公平方面的考量,E. 罗素与之截然相反的观点自然也应被提及,罗素认为:"被康德以神秘与混乱湮没的哲学世界,如今才挣扎而出。康德被誉为最伟大的现代哲学家,但我觉得,康德的存在,对现代哲学而言,才是最大的不幸。"[2]关于形而上学,直至如今,各界仍莫衷一是,此为例证之一。

在部分人看来,源自现代科学的一些征候与康德哲学恰好契合。或许,康德物

---

[1] 参见 J. B. S. Haldane, *Possible Worlds*, London, 1927, p.124. ——原注

[2] *An Outline of Philosophy*, London, 1927, p.83. ——原注

理学家的身份导致了这种部分契合。为解释太阳系的起源,他先于拉普拉斯,提出了星云假说。他是第一个指出地球会因潮汐摩擦而减速旋转,而这种摩擦又以其反作用为依据,月球也因此被迫用同一面面对地球。他指出"贸易风"现象及与之类似的空气不断流动的现象都能以地球自转导致的各纬度之间的不同速度差异来解释。其他的,譬如地震的起源、人种的不同、月球火山及其他自然地理学的问题,在他的著作中也都有论述。由此可知,对于那个时代的科学,康德了解得极其全面。在无法从逻辑上对两个可能/不可能的情景做出判定时,他会选择保留,抑或如科学家般存疑。在对与实在相关的问题进行处理时,他也抱持着如斯态度。

在洛克和休谟看来,人类是无法以理性对形而上学领域的实在进行探讨的。特别是休谟,他觉得,凭借他心中唯一的对知识进行求索的方法,无法解决终极问题。在他看来,从逻辑的角度对基督教进行维护是件极危险的事情,他表示(或许略带嘲谑):"我们的宗教是神圣的,他构建的基础是信念,而非理智。"理性曾在中世纪后期对经院哲学做过一次综合性的反抗,在此,我们又看到了这种抗争在现代的继续。在思辨哲学在圈子中不断徘徊的同时,科学早已稳步向前。

在二元论中,意识被笛卡儿及其继任者冠以终极的假定意义,认为其不可分析。康德则将意识更深入地解析为若干因素。自主判断被意识含蕴。这是对意识的理解;它只对它的对象进行揭示,却不揭示自身。在对自身心理进行认知的时候,我们视其为与外界事物同等的对象。因此感觉、希冀、情感等主观状态实质上是客观的,换言之,意识对它们皆以对象视之;意识对自然秩序进行揭示,它们不过是秩序之一。所以,道德观念是实在的,一如漫空繁星,甚至更加实在,因为唯有以设想的方式赋予它实在性,而非可见的表象"存在物"能活动自主的一部分,才能对它作出诠释。实在以道德律为形式对心灵自我揭示。理性要求我们,要以与道德契合的幸福为行动的目的,这种幸福才是"至善"。我们的头脑终究是被局限的,在它看来,似乎唯有在被无所不能的神统治的来世,这种幸福才有实现的可能,不过在康德看来,我们不可以因为唯一具有可能性的解释就是这种必然,便认定它具有实在性。

决定论和唯物主义

一位无所不能的造物主的睿智与慈善被牛顿及与其关系亲密的人们以动力科学做了证明。这种倾向在洛克哲学中已然淡化,将信仰与理性分隔的休谟更将这种倾向彻底排除。

18 世纪后期,这种观点的更易成为常态。社会各界的出色人物都开始以怀疑的态度看待宗教,起码法国是如此。伏尔泰以极机巧的方式、顺应一般思潮、对教士与其宣传的教义进行抨击。以洛克为代表的英国自然神论者们在欧洲大陆上有了以伏尔泰为首的一群对正统派进行摧毁的盟友,就像以辉格党为核心的君主立宪政体对欧陆其他国家的正统统治造成的极大冲击一样。

或许,机械哲学才是这种异端思想得以发展为普遍思想潮流的最大功臣。在对天体的机制进行诠释的时候,牛顿理论发挥出了惊人的效果,所以,在对终极宇宙进行诠释时,人们赋予了这种机械理论太高的期望。马赫表示[①]:"18 世纪时,法国百科全书派曾一度觉得以物理、机械的原理为依据,对世界进行最终诠释的日子已近在咫尺;拉普拉斯甚至觉得,只要知道了质量与速度,自然界世代的发展都能借由心灵来预测。"现在,这样不着边际的狂言已经没有谁再敢提,最近,已有确然的迹象表明,不存在那种决定论所说的可能。然而,最初的时候,这段话代表的却是对新知识力量的理所当然的夸大。当时,对印象深刻的新知识的适用范围人们并没有清晰的认知,直到后来,才明了其必然的具现。实际上,虽然在不同的环境下各自截然演绎着,这个故事本质上依旧还是对希腊原子论者的叙说;这些人在物理学领域以思辨性的想法获得了成功,便想将之推及整个思想世界及生命领域,却不知道有一条两千年都没能勾连起来、仅能部分探知与揭示的逻辑的鸿沟横亘其间。

在牛顿看来,他的天体音乐演绎的是与一位无所不能的上帝相关的故事。他将自己视作在那仍未被认知的真理之海岸边捡拾有趣贝壳的顽童,他十分谦虚,其他人却不像他这般小心翼翼。17 世纪中期,就宗教问题,英国国内出现了严重的意见分歧,不过,进入 18 世纪后,绝大多数教会其实都是宽容与忍让的;所有的人都有创立新教以自我适应的自由,这一自由被许多人利用。因此,除了在注重逻辑思维的法国,机械观念始终不太盛行。在法国,合法的宗教只有一个,那就是崇尚独裁的罗马教会,牛顿的同胞们不仅将他的科学、哲学思想保留了下来,还延续了自身的宗教信仰。欧陆的人们对英国出现的数种信仰并存且这些信仰还彼此矛盾的倾向备感惊异。这或许是因为英国民众都极具政治头脑,出于本能,他们认识到,问题的两个方面都各有其存在的因由,随着知识的拓展,过去无法共容的,或许也能彼此调和。在较为出色的人物身上出现的这种倾向,代表着他们对科学的真

① E. Mach, *Die Mechanik in ihrer Entwickelung*, 1883, Eng. trans. T. J. Mc-Cormack, London, 1902, p. 463. ——原注

正了解,可以循着两条有效的思想路径齐头并进,在能够对其进行检验的证据出现之前,并不贸然判断它们之间相对玄奥的关系与含义。

另外,信奉牛顿学说的法国人,却觉得借由牛顿体系,实在已被证明是一台庞大的机器,它的每一个基本要素都已被认知,因此在某种无可抵御的、机械的必然性面前,人类的躯体与灵魂自然而然地便成了这台机器的组成部分之一。譬如,在《愚昧的哲学家》一书中,著者伏尔泰就表示:"如果整个自然界、每一颗行星都必须遵循这亘古的定律,一个身高五尺的渺小生物却能无视这定律,任性胡为,想做什么便做什么,那委实是太奇怪了。"伏尔泰将心灵的本性、自由意志的本质、自然定律的意义、人生命的意义等根本性的问题全数忽略;却将彼时风行法国的,对牛顿宇宙论、哲学观点、宗教意义的看法以极生动的方式表述了出来。

哲学家觉得,源自牛顿力学体系的知识无关终极实在,只与外观相关,但自然神论者却又以其为武器,对罗马教会的正统教义进行攻讦,与此同时,在唯物主义领域还兴起了一股更加流行的思潮。直到 18 世纪,唯物主义一词才正式被使用。无论刚开始的时候,坚不可摧的原子是不是如牛顿所认为的那般,是被上帝创造而出,当它们出现在欧洲大陆上的牛顿学说解释者脑海中时,就已经成了让古原子论重焕生机的工具,与上帝不再相关。

从某种宽泛的角度来说,唯物主义与无神论的意义是相同的,或者说所有与正统、流行的教义相悖逆的哲学都可以被冠以唯物主义之名。可我们认为,它的定义当是较严谨的;这是信仰,它坚信,存在于宇宙中的唯一的终极实在是无坚不摧的死寂的物质,或牛顿无法穿透的坚实质点,抑或现代物理学中提及的繁复的、基础的质点;物质以思想及意识为附加;物质之外或其下,并无实在存在。

古时候,原子的运动与排布被原子论者认定为感觉诞生的主因,他们认为感觉与原子的本质无关。唯物主义重焕生机时,生于公元 1748 年的德·拉·美特利(de la Mettrie)、生于公元 1751 年的莫佩尔蒂都对这一观点表示了支持,可生于公元 1761 年的罗比奈(Robinet)却认为物质本身才是感觉的主因①。

法国的唯物主义学者,对机械决定论中的部分观点多有关注,在《人是机器》一书中,德·拉·美特利更多次提及。因为对包括基督教教义在内的所有有神论进行抨击,无论走到哪里,留难与责备都无法逃避,很长一段时间里,美特利这个名字都是笃信异端之恶果的范例。在另一本名闻遐迩的著作《自然体系》中,主要著

---

① F. A. Lange, *Geschichie des Materialismus*, Eng, trans. E. C. Thomas, vo. II 3rd. London, 1925, p. 29. ——原注

作者之一霍尔巴赫（Holbach）提出了与笛卡儿的二元论截然相反的论证,他说:人是一种物质的存在,人可以思考,因此物质也可以思考。莱布尼茨在单子论中提出过与之相反的观点,他不认为灵魂可以物质化,反而崇尚物质的灵魂化。

现象世界被唯物主义一厢情愿地、鲁莽地、单纯地以实在来定义。它试图如其他哲学一般,对意识的努力进行阐述,显而易见,它没有成功。因为质点是无知觉的,意识不可能在它的运动中诞生。换言之,所谓将感觉赋予物质,其实只是以假设的方式将一些有待被阐述的东西确定,也就是重新将当前的问题叙述一遍。唯物主义甚至无法对贝克莱的唯心主义进行有力的辩驳。所有具有破坏性的、源自批判哲学领域的分析都能将它摧毁。然而,因为和艰涩的批判哲学相比,它"更易被人理解",所以他便成了除正统教义外,对哲学一无所知的人们最佳的信仰。并且,要对科学的发展进行构架必不可少的——最起码在十八九世纪——能够被弄懂的世界画面中,最简单、最不让人身心疲倦的就是唯物主义。在日常的粗略应用中,它极具优势,实际上,所有科学的细节中,它都是不可或缺的一环,然而也有这样的危机常存:视它为不可或缺的科学的哲学的全部,并且让它以哲学的身份将科学各领域取得的威信占为己有。19世纪时,这种情形曾经出现过,即便很短暂。

然而如果我们稍稍深思,便能发现物质想要为我们所知,唯一的途径便是对感官进行影响,这和其他科学概念殊无不同——于是,问题又被绕回到认知。科学世界是外在的、被心灵与感官束缚与揭示的世界,或许并非实在。下一章中,我们会对卢克莱修及牛顿的坚不可摧的、存在质量的最终质点被分解为非物质的、大概只能以波动方程式来呈现的质子、电子、其他粒子的过程及其所构建的繁复的体系进行解析。同时,我们也能借由相对论的概念,看到在空间中运动、在时间中长存的物质衍变为彼此关联的事件组合而成的体系的过程。这些可能性在18世纪时就已在未来中藏匿,然而贝克莱、洛克、休谟却已然证明,感官所感知到的自然,或许并不能对实在进行揭示。于是以当时的知识储备来说,分析到最后,唯物主义本身便有些不尽如人意了。

第六章　19 世纪的物理学

科学时代——数学——无法称量的流体——单位——原子论——电流——化学效应——电流的其他性质——光的波动说——电磁感应——电磁力场——电磁单位——热和能量不灭——气体运动说——热力学——光谱分析——电波——化学作用——溶液理论

科学时代

如果我们有恰当的理由可以将 19 世纪视作科学时代的发端,那么,自然知识领域的飞速发展仅是原因之一,甚至不能称之为主因。对自然的研究从人类诞生伊始便已展开:部分物性知识的运用造就了原始的生活技术,以当时已然存在的证据为依据创造的关于人类与世界起源的理论体系便是早期的神话体系。然而近一世纪或近一个半世纪,关于自然和宇宙,人类的认知发生了改变,因为已意识到人类与世界并不可分割,人类同样要与其他所有的一切一样被物理定律所束缚,而应用于科学领域的种种方法,如观察、演绎、归纳等等,不仅可应用于纯粹的科学领域,也可应用于人类行动与思考的各个相异的领域。

借由之前时代的伟大创造,我们了解到,实际生活所需是技术深入进步的助推力,意即需求总在创造之前出现,除了一些因偶然而引发的创造。然而,在 19 世纪,以获取知识为目的的科学研究开始先于实际创造与应用出现,且前者启迪了后者,后者又为前者开辟出了全新的领域。譬如,发电机及其他电磁器械的发明既是法拉第电磁实验的促生物,又催生了一些新的、亟待科学家去解决的问题,为科学家提供了新的研究动力。五十年前,麦克斯韦从数学的角度对电磁波做了研究,五十年后,无线电话与无线电报问世,它们的出现又为物理学家们提供了全新的研究课题。微生物在发酵、腐朽及诸多疾病领域发生的作用被巴斯德发现后,工业领域、外科领域、医药领域皆借此取得了巨大的突破。暂居布吕恩修道院的孟德尔通过实验的方式对豌豆的遗传特性进行研究,于是包括小麦在内的许多谷物被改良,与此同时,植物的栽培也呈现出系统化的趋势,并且人类也因此对与部分动植物相关的遗传原理有了一定认知。此后经年,这些认知或许会成为人类的福音、对人类产生莫大的影响。总而言之,昔日隐藏在经验与技术身后勤勤恳恳的科学已经走到前台,科学的火炬被高举并传递,由此,科学时代便已开启。

19世纪伊始,一些现在比较鲜明独特的理论便已出现并萌芽,所以,无法从历史的角度对其进行明确的分界。并且,技术领域至今仍如火如荼进行中的工业革命,那时也早已发端。公元1769年,冷凝器原理的发现者瓦特获得专利权,蒸汽机这一工业革命时代最主要的工具便已进入实践应用阶段。这一发明非常实用,之后,在诸多科学理论的支持下,它得到了长足的发展,并逐步改良。然而,让整个世界出现革命性的社会变革的发明电报通信,却源于科学领域最纯粹的理论研究;追本溯源,1786年的伽尔瓦尼(Galvani)实验可视为这种研究的发端。反之,反射镜电流计的发明虽然是以方便海底电信为目的的,但其出现也同样为纯粹的科学研究带来了极大的益处。

有人认为,科学最主要的成就是其在实际领域的应用。然而,从影响思想的角度来考量,这些活动所造成的影响虽然也不小,但却是缓慢的、非直接的、累积的。人类对物质资源的掌控力,缓缓地、显而易见地、必然地增长着,最主要的依仗便是应用科学,所以,在普通人看来,纯粹的科学远没有应用科学来得重要。实际上,他们觉得,科学领域连续不断地胜利的获得,带来的结果是极显而易见的,即便进展不算迅速,却也所向披靡。人类对自然的掌控能力的拓展好像是无止境的;人们甚至无缘由地认定借由以机械原理为依据、不断扩大的自然掌控力,能对宇宙的所有奥秘进行诠释。

我们即将进行述说的这一时代,是以将数学领域的方法、动力学领域的实验缓步向物理学领域的其他学科扩展推及,并在条件允许的情况下,将其应用于生物及化学领域为主要倾向的。研究科学与探讨哲学至少在某段时间内是分道扬镳的。19世纪,大部分的科学家,无论是有意还是无意,都认同一个普遍性的常识,即认为终极实在就是被科学揭示的物质的性质及彼此之间的关联,或许心灵偶尔也能对人以机械结构架构的躯体进行掌控或影响。在对最基础的科学概念进行认知时,多数物理学家都察觉到它们全都禁不起严格的考验,不过是以方便工作为目的而提出的一些设想;然而,无论是在实验室内,还是在现实生活中,人们却都无暇从哲学的层面对其进行质疑。

物理学、化学以牛顿、拉瓦锡的理论为奠基,构建了一座持续发展、和谐统一的大厦。总体的路线似乎已经被一劳永逸地做好了规划,以至于人们认为之后令人震惊的全新的发现不会再出现,只需将显而易见的几个空白填补并对科学进行更精密的度量便是以后全部的工作了。实际上,在19世纪末期,具有革命性的进展出现之前,人们始终都抱持着这样的观念。

数学

在19世纪时,数学领域出现了诸多全新的分支。其中,以形论、群论、数论、一般函数论以及以三角学为基础的多重周期函数论是必然要被提及的。一种全新的几何学因综合与分析的方法而创生,诸如此类的诸多方法在物理学领域被应用,后来,物理学领域取得的巨大进步,最大的助推力或许正在于此。

我们无意在本书中对数学史的细节进行叙述,只想对数个对物理学主要部门影响重大的数学分支概要地叙述一番。

1822年,《热的分析理论》一书付梓出版,书中,著者傅立叶不仅对热传导理论做了探讨,还证明无论是连续还是不连续,一个变数的函数都可展开为其倍数的正弦级数;后来,泊松在自创的分析法中对这一理论作了应用。拉格朗日及拉普拉斯的研究成果则被高斯进一步发展后应用于电学并且,他还是量度误差体系的创建人。

动力学因拉格朗日的运动微分方程而飞速发展,威廉·罗文·哈密顿(William Rowan Hamilton,1805—1865年)爵士进一步推动了这一工作的进展。在表示功能的时候,哈密顿采用了一个系统中的动量及坐标,与此同时,他还发现了如何以一组一阶方程将拉格朗日的方程转化,且使之对运动起决定作用[①]。另外,四元

---

① 设 $p_1, p_2 \cdots \cdots$ 为动量,$q_1, q_2 \cdots \cdots$ 为坐标,则拉格朗日方程为:

$p_1 = \dfrac{-aH}{ap_1} \cdots \cdots$ 及 $q_1 = \dfrac{-aH}{ap_1} \cdots \cdots$,这个 H 是总能量。

一个力场里的位 ψ 是这样来定义的,使得任何方向的合力都可以用那个方向上的位的减少率来衡量:

$$F = -\left(i \frac{d\psi}{dx} + j \frac{d\psi}{dy} + k \frac{d\psi}{dz} \right)$$

汉密尔顿算子:

$$\left(i \frac{d}{dx} + j \frac{d}{dy} + k \frac{d}{dz} \right)$$

可写为 ∇,于是前一方程式变为:

$$F = -\nabla\psi$$

运算符号 ∇ 使我们得以量出 ψ 在三个垂直方向的每一方向上的增长率,而使由此求得的三个向量合而为一。——原注

数也是他发明的。

1733 年,萨卡里(Saccheri)对欧几里得几何学中的部分设想做了探讨,同样的
工作,罗巴杰夫斯基(Lobatchewski)、波约(Bolyai)、高斯也做过,时间分别是 1826
年与 1840 年、1832 年、1831 年与 1846 年。1854 年,受黎曼(Riemann)影响,非欧几
里得几何学受到各界普遍关注,之后,亦有不少学者为之付出努力,譬如凯利(Cay-
ley)、怀特海、贝尔特拉米(Beltrami)、赫尔姆霍茨(Helmholtz)、克莱因(Klein)等。
他们一致认为,非欧几里得空间的属性可以从纯数学的领域进行探讨,无论感官可
不可以认知到这一空间。直到爱因斯坦提出相对论,他们的理论成果才在物理学
领域大放异彩,占据重要地位。

无法称量的流体

源于人之感官知觉的热度可以以温度计来测量。以水银为工具,阿蒙顿(Am-
ontons)对早期温度计做了改良,标度的确立工作则由华伦海特(Fahrenheit)、列奥
米尔(Reaumur)、摄尔修斯(Celsius)分别完成。之后,热的对流、传播与辐射、传导
三者之间的区别问题和热量观念问题成为研究领域新的课题。即使以牛顿、卡文
迪什、波义耳为代表的最有先见的自然哲学家都有赞同物体质点震颤产生热这一
观点的倾向,然而在能与我们的能量观念相提并论的观念出现之前,他们的观点理
所当然会受到限制。要继续前行,就必须将热视作在两种物体之间可传导的、可以
量度的、守恒的量。只有准确地、恰当地对热的属性进行叙述,实验过程中才能以
它为指导。一种学说由此而生。这种学说认为热是流动于物质质点之间的、微妙
的、看不见、也无法称量的流体。

经常被混淆的代表热之分量的热度与代表热之强度的温度概念被约瑟夫·布
莱克(Joseph Black,1728—1799 年)彻底澄清。酒厂的蒸馏工序启迪了他,让他对
冰融化为水时的状态变化及水蒸发为汽时的状态变化做了研究。他发现,虽然有
大量的热在变化过程中被吸收,但温度却是恒定的。所以他认为这些热量是潜在
的热量。在他看来,水是冰与"热质"或者热流体结合而生的"准化合物",汽则是
热质与水进一步化合而生的产物。通过测量,他发现用融冰的方式得到定量的水
所需的热量与将等量的水加温到 140 华氏度所需的热是等量的,然而,143 华氏度
才是最准确的温度。他对汽化潜能的预估明显不足,他以为是 810 度,实则是 976
度。然而,精准测量本就极难实现。为了对不同物质为什么需要不同的热量才能
获得相同的温度这个问题做出解释,布莱克还开创了比热理论,对部分物质的具体

比热值进行测量的工作则是由他的弟子伊尔文(Irvine)完成的。如是,他成了以测量热量为目的的量热术的发明者。在1840—1850年,热功等价现象被赫尔姆霍茨与焦耳证明之前,在热是一种运动方式的概念被确定之前,科学领域中,热流体说/热质说才是科学的引航。

在电学研究领域,学者们则普遍以二流体说,或者与之极相似的流体说为引导。要对两种经由摩擦产生电流的物体彼此之间相斥或相吸的现象进行解释,可以将电设想为一种与热类似的,可以增减的变量。可早期的研究历史表明,存在两种截然不同且处于对立状态的电。丝绸与玻璃摩擦产生的电流可以中和抵消毛皮与硬橡胶摩擦产生的电流。为了对这一现象做出解释,流体说中有了两种或一种截然不同的流体,在多于常量或少于常量时便会生电的设想。契合单流质说的、以正电、负电为代表的诸多术语,至今仍为我们所沿用,即便我们已经认识到电是一种微粒结构,并非连续的流体,后文,我们会对此做出说明。当大量产生自起电机的电被贮存在与内外都贴有锡箔的玻璃莱顿瓶或者与之类似的容器中时,实验的便捷性便大大增加了。生于1740年的德扎古利艾(Desaguliers)定义了绝缘体与导电体,但首先对这两个概念做出区分的是生于1729年的斯蒂芬·格雷(Stephen Gray)、生于1733年的杜费伊(du Fay)及生于1767年的普利斯特列(Priestley)。

电瓶放电时会发出声响、绽放火花,这是与雷电极相似的现象,人们注意到这一点,并迅速提出了两者属性一致的猜想。如何才能证明两者存在相同的属性呢?如何让司雷的神明对物理定律俯首?本杰明·富兰克林(1706—1790年)对这些问题做了研究,并彻底为之痴迷。他留世的大量信札中,有极大一部分都对莱顿瓶放电实验做了描述,他还发现自然的雷电可以将金属融化、将物质撕裂。

以达利巴德(d' Alibard)为代表的法国学者从带电体尖端放电作用中得到启示,产生了对闪电进行传导的想法。1752年,一根铁杆在马里被竖起,人们希望借助这根四十英尺高的铁杆测出"携带闪电的云带不带电"。电云经过时,铁杆上有火花绽放。同样的实验在其他国家也取得了成功——实际上,因为将铁杆立在屋顶,圣彼得堡的黎曼教授被导引而下的电流击中,不幸离世。与此同时,富兰克林也做了相同的实验,不过他用的是风筝,所以相当安全。

　　将一根十分尖细的铁丝系在主杆顶端,比系风筝的木架约高一尺。将一根丝带系在麻绳下部、近手的位置,将钥匙系在麻绳和丝带连接的地方。雷雨将至时,握着麻绳的人站在门内或窗边将风筝放飞。雷云从风筝上方经过时,受风筝顶端尖细铁丝的吸引,雷云中的雷电导入麻绳与风筝,麻绳另一端的纤维会朝四处张开,手指靠近时,会被吸引。雨水将麻绳与风筝淋湿后,雷电的传导更加顺畅,手指如果靠近,钥匙中会有肉眼可见的电流流出。可以利用钥匙为小瓶贮电;酒精会被此电流引燃,其他与电相关的实验也可顺利进行;而通常情况下,这些实验中电流的来源一直都是小球与小管之间的摩擦生电,由此可知,这种电流的物质组成与自然的雷电毫无二致。

18世纪,人们通过对以电气石为代表的矿石晶体进行加热来制备电能,还关注了电鳗电击会导致人身体麻痹这一现象。人们对它的器官进行了考察,证明人之所以麻痹的确是因为有电产生。

18世纪末,人们开始对电力、磁力进行研究。1750年,米歇尔发明了一种放置在玻璃匣内的、在不太重的水平铁片中间悬系铁丝的装置,称为扭秤。法国军事学家库伦于1784年也发明了同样的装置。他在铁片的一端放置好一个带电的球,当他拿着另一个同样带电的球接近它时,发现铁片会自动旋转。他用铁片代替磁铁,继续与另一块磁铁接近,磁铁的一极也发生了偏转。通过这样的方法,他测算得知,电力、磁力与距离平方成反比,由此证明,这些力量与牛顿引力关系同一。这个与电力相关的定律,普利斯特利与卡文迪什也发现了,只是时间有先后,所用的方法也不同[①]。通过实验,他们发现所有闭合的带电导体,无论呈现出什么形状,其内部都不存在电力,因此,球体中是没有电力存在的。以往,牛顿从数学的角度对平方反比的定律做过证明,若此定律为真,则一个均匀的、以引力物质为构成部分的球状外壳,对于球内的物体不会产生力的作用,其他所有与力相关的定律都不会产生同样的效果;这种研究在电力领域同样适用。

既然力的定律依旧奏效,数学领域的学者们便借用静电理论进行推导,推导出一系列关系,在能够进行观察比对的情况下,均发现结果与推导如出一辙。高斯、格林、泊松以数学方法巧妙地对电学问题做了处理,这些问题包括但不限于导体周边的电力、电位,电荷在导体表面的分布规律,不同排列形式下导体的电容量及绝缘体的电容量。

电是一种确定的量的理论与电是一种无法压缩、不可称量的流体的观点并无冲突,纵然从研究的角度来说,这些概念并非必不可少,但实际上,这些概念的提出却为电学现象的研究提供了极大的便利。

---

① Sir · P. Hartog,"The Newer Views of Priestley and Lavoisiser",*Annals of Science*,August 1941,对 A. N. Meldrum 等人的著作有所引用。——原注

从历史的角度而言，最具影响性的还是人们对电力的关注。引力能越过空间，对远处的事物产生作用，电力好像也可以。数学家们认为无须对此进行深入探索，物理学家们却以极迅捷的速度对这一空间的属性做了推测。因为居然有两种从表面上来看截然不同的力能同时经由这一空间被传播出去。后文我们会提及，现代"场物理学"理论便是由此萌芽并发展的。

单位

从早前到现在，重量单位、度量单位的繁多、混乱、使用不便，一直困扰着人们。第一个以便捷的、契合逻辑的十进制计量法取代这些烦琐单位的国家是法国。1791 年，专门委员会向法国国民议会提交了一份相关的报告，国民议会采纳了它，1799 年，在量度标准确定之后，十进制被采用；1812 年，法国颁布法令，允许公民自由决定是否采用，到了 1820 年，却以强制的方式开始推行。

米被定为最基本的长度单位，原本，是规定从巴黎经过的经圈的一象限（四分之一地球周长）的千万分之一为一米，然而，事实上，一米是与某金属棒在零摄氏度时两点间的距离等长的。虽然随着地测精确度的提升，人们已经意识到一米与经圈一象限的若干整分并不等同，却也未再修正。立特/升被定为容量单位，一升约与边长为一分米，即十分之一米的立方体等同，但因为在量度方面存在困难，1901 年，一升被重新界定为 4 摄氏度时，即水密度最大时，以标准大气压强下一千克水的容积。

千克/公斤是质量单位，以往，一千克被界定为与 4 摄氏度时、边长为一分米的立方体内纯水的质量，然而，1799 年，铂铱合金标准被勒费贝 – 基诺（Lefebre-Ginneau）和法布隆尼（Fabbroni）制定后，一千克便被界定为该标准下某衡器的质量。1927 年，吉罗姆（Guillaume）以 1 立特 = 1000. 028 立方厘米重新对立特值做了界定，由这一数值，可间接推断出上述标准的精度。

秒是最基本的时间单位，一秒被定义为一平均太阳日的 1/86400。而一平均太阳日大约是以太阳中心首次与第二次从子午线经过的时间为一年作为平均处理算出的时间[1]。

1822 年，在著作《热的理论》中，傅立叶指出基本量如果以导出量/副量来表示，需要部分量纲。如果 L = 长度，M = 质量，T = 时间，则单位时间内经过的长度，

---

① 单位的界定，可参见 *Report of the National Physical Laboratory for* 1928。——原注

即速度 v 当以 L/T 或 LT^{-1} 为量纲。单位时间内速度的更易,即加速度,则以 v/T 或 L/T^2 或 L/T^{-2} 为量纲。质量与加速度相承,或 MLT^{-2} 可计算出力; ML^2T^{-2} 可计算出功。借由这些动力学单位,高斯还对电磁单位做了推导,这些,后文还会再介绍。

1870 年左右,各国达成一致协议,以厘米(百分之一米)、克(千分之一千克)、秒为最基本的量度单位,这种相对比较科学的量度体系便是我们现在常用的 C. G. S(厘米、克、秒)体系。

原子论

原子哲学在德谟克利特时代的一些发展,前文我们已有所提及。中世纪时,由于亚里士多德的质疑与驳斥,这一哲学体系的发展几乎陷入停滞,文艺复兴后才重焕生机。伽利略认为它是正确的,伊壁鸠鲁、卢克莱修、伽森狄也以新的理论对它做了重述。波义耳在研究化学的时候,牛顿在研究物理学的时候,也以思辨的思维运用它。那之后,它又被长期搁置,即便它并未与科学思想脱节,甚至有所渗透。

19 世纪初,为了对化学定量极物质的固、液、气三态进行解释,原子哲学再次被提及。

燃素说被推翻后,物质的三相、三态为人所了解并熟知。物质的三态中,我们了解最深入的通常只有一种,例如,我们了解最深入的是液态水,但水能在三态中随意转换,遇冷成冰,遇热汽化。化学化合定律的研究随着这一认识的深化被提上日程。最易被发现的自然是气体的化合定律,于是,气体迅速褪去神秘色彩,与其他物体产生关联,不再被认为是半灵魂状态的实体。

以普鲁斯特(Proust)、拉瓦锡、李希特(Richter)为代表的专家通过精确缜密的分析得出结论(在彼时的精度下),一种化合物的构成成分始终是相同并等量的,即使这种定量化合的观点与贝尔托莱(Berthlllte)的重要见解有所差异,但在新的化学领域中,它起到的作用依旧举足轻重。无论水是如何获得的,化合时,其内氢与氧的比例始终都是 1:8。化合重的观念也由此而得。举例来说,如果氧的化合重为 8,那对应的氢的化合重就是 1。化合的方式不同,两种元素的化合产物也多有不同,不同的化合物之间两种元素的比例可简单表示如下:一种化合物中氮与氧的化合比例为 14:8,则在另一种化合物中,氮与氧的化合比例成倍增长,为 14:16。然而,随着同位素的发现,定量化合的概念也做出了一些调整,这些,后文会有所提及。

威斯特摩兰一位名为约翰·道尔顿(1766—1844 年)、出身织工家庭的小学教员,利用为数不多的业余时间自学了物理学与数学,在曼彻斯特教书的时候,还开始以实验的方式对气体进行研究。他发现,以原子论来诠释气体的性质是最好的[1],后来,他在化学领域应用了这一观点,在他看来,化合就是两种重量确定的不同的质点的相互结合,所有元素的质点的重量都是特定的。他表示[2]:

> 兼具哲学思维的化学家们最感兴趣的是物体截然不同的三种状态,即液态、固态和弹性流体象征的状态;最为我们熟知的、闻名遐迩的例证是水,一定条件下,水会呈现出三种不同的状态。气态的水,即蒸汽是完全的弹性流体状态;水是完全的液态;固态的水,则以冰的状态呈现。这些由观察而得的结论仿佛无声地将我们引向了一个为公众所认可的结论:无论是固体还是液体,只要体积达到一定程度,其构成部分一定是无数的原子或质子,一种引力束缚着它们,因情况差异,引力的强弱也截然不同……

> 这些质点联合,从化学的角度来说,就是化合;它们的分离,从化学的角度来说,则是分解。物质的创生与毁灭已超出化学的能力范畴。我们不可能创造一个全新的氢的质点,也不能毁灭它,就好像人无法毁灭太阳系内任意一颗固有的行星,也无法新创一颗。将原本粘连或者处于化合状态的质点分开,或者将原本分散的质点聚合起来,是我们唯一能够做的改变。

> 在化学领域,无论是做哪方面的研究,人们普遍认为,将化合物构成部分的相对重量弄清是一个很关键的目标,这种认知十分正确。然而,遗憾的是,化学的研究至此戛然而止。人们原本极有希望以物质的相对重量为依据,将物质的终极质点/原子推断而出,并借此对他们在其他各种化合物中的重量、数目做出判断,并借此对日后的研究方向与结果做出修正与指导。所以,本书的关键目标之一,便是阐述测量单体内终极质点的相对重量、化合物内终极质点的相对重量、构成复杂质点的基础质点的数量、构成较为复杂质点的相对简单的质点的数量的重要性与益处。

> 如果 A 与 B 能够发生化合,则其化合物由简至繁的次序约为:
> A1 原子 + B1 原子 = C1 原子,二元。
> A1 原子 + B2 原子 = D1 原子,三元。

① *The Absorption of Ccses Water*, Manchester Memoirs, 2nd Series, Vol. 1. 1803, p. 271. ——原注

② John Dalton, *New Systems of Chemical Philosophy*, Manchester, 1808 and 1810. Reprinted in the *Cambridge Readings in Science*, p. 93. ——原注

$A2$ 原子 $+ B1$ 原子 $= E1$ 原子,三元。

$A1$ 原子 $+ B3$ 原子 $= F1$ 原子,四元。

$A3$ 原子 $+ B1$ 原子 $= G1$ 原子,四元。

所有涉及化学与化合的研究,都能以下列原则为通则:

1. 如果两种物体发生化合作用后,生成的化合物仅有一种,则必须将此次化合假定为二元化合,除非有某种原因可能造成与之截然不同的状况。

2. 如果生成的化合物为两种,则必须以一种为三元化合、一种为二元化合进行假定。

3. 如果生成的化合物为三种,则有可能一种是二元化合,两种是三元化合,抑或其他。

将此通则应用于已经被证明的化学实际中,可知:

1. 氢元素与氧元素质子的相对重量比为 1:7,两者经过二元化合产生水。

2. 氢元素与氮元素质子的相对重量比为 1:5,两者经过二元化合产生氨。

3. 氮元素与氧元素质子的相对重量比为 5:7,两者经过二元化合产生氧化氮。

4. 单个氧原子与单个碳原子的相对重量合计为 12,两者经过二元化合产生氧化碳;单个碳原子与两个氧原子的相对重量合计为 19,两者经过三元/二元化合产生碳酸气;诸如此类。

以上诸多化合反应中的相对重量,皆以单位氢原子的相对重量为基本参照。

因为当时知识的局限性,道尔顿的论述中当然也有不太正确的地方:譬如,把热视为玄奥的流体;化合重量的量度不够准确,比如,如果以氢原子的相对重量为基本参照单位,则氧的相对重量是 8 而非 7。他设想,如果发生化合反应后,两种元素的化合物仅有一种,则应视其为两种原子之间的结合。这种设想并不具有普遍性,所以,他对水的结构与氨的结构产生了错误的认知。即便如此,在科学史上,道尔顿的理论也象征着科学的极大进步,是它将只存在于假想中的模糊不确定的学说,变成了科学的理论。[①]

对元素的原子进行标记时,道尔顿采用了在圆圈上添加十字符号、星状符号或者加点的方法。贝采尼乌斯(Berzelius,1779—1848 年)修正并改进了这种方法,现

---

① A. J. Berry, *Modem Chemistry*, Cambridge, 1946. ——原注

在我们采用的,以字母符号表示元素中与其原子量相对应的相对质量的方法,就是这位瑞典化学家创立的。举个例子,H 象征的不只是概括而模糊的氢元素,而是一单位质量的氢,这个单位可以是克、磅,也可以是其他。O 则象征着同一元素单位下氧元素相对重量的 16 倍。

通过实验的方式,贝采尼乌斯要完成的主要工作是,在当时条件允许的情况下,对原子量,或者说与之等价的化合量进行测量与确定。他对许多化合物做过研究,发现过数个全新的元素,还对矿物学做过研究,开启了一个全新的时代。电化学的基础定律由他与 Davy(戴维)共同研究确立,他还发现了化学与电极学之间较为亲密的关系。这一概念被他推而广之,却因太深奥而为人费解:在他看来,所有原子内部都存在或阴或阳的电极,原子在电极的相对作用下发生化合。所有化合物都由包含相异电极的两部分构成。如果发生化合作用的化合物有多种,或许是富余的异电荷发生了作用。在日益增长的知识面前,这种二元的理论显然难以支撑,有机化学进入繁荣发展期后,它彻底被基型说所取代。如今,电学与化学的亲密关系已为我们熟知,但显而易见,它们的关系并不像贝采尼乌斯想象中那般单纯。

通过对气体化合现象的深入广泛研究,道尔顿原子理论中存在的缺陷日益显露。盖伊·吕萨克(Ggy-Lussac,1778—1850 年)认为,化合作用发生时,用于化合的气体之间是成比例的;阿伏伽德罗爵士(1776—1856 年)则于 1813 年指出:以道尔顿理论及盖伊·吕萨克的观测为依据,能够推断,所有容积相同的气体内,原子的数量必然彼此关联,呈现出一定的比例。1814 年,安培做出了相同的论断,却无人关注,渐而被人遗忘,直至 1858 年,这一问题才被坎尼查罗(Cammizzaro)又一次澄清。彼时,人们才刚刚借由气体化合之实际与物理学领域的一些现象意识到,物理学上的分子概念与化学领域的原子概念必须加以区分。在化学领域,原子是化合作用中物质的最小单位;在物理领域,分子代表着可以以自由状态存在的最小的质点。要对阿伏伽德罗的设想进行诠释,最便捷的方法是,假设在容积相同的情况下,气体内含有的分子数也相同。后文中,我们还会提及如何用数学的方法借物理的理论对同一结论进行推导,在这一理论中,气体压强的产生原因被假定为分子的持续运动与相互碰撞。

话题转回到水,2 容积/分子的水汽是 1 容积/分子的氧与 2 容积/分子的氢化合后所得。要对这一结果进行解释,最简单的方法是,假定物理学上的所有分子,无论是氢分子还是氧分子,都由两个化学意义上的原子构成,且 H_2O 可用于指代水汽的化学结果,由此,可以用下列方程式对这一变化进行诠释,即

$$2H_2 + O_2 = 2H_2O$$
$$2\text{ 容积} + 1\text{ 容积} = 2\text{ 容积}$$

如是,既然一个氧原子与两个氢原子恰好发生化合反应,且氧的化合量已知为 8,则氧的原子量便不是 8,而是 16。因此我们必须先调整道尔顿确定的化合量,使之与后续的实验真相相符合,才能确定各元素的原子量。坎尼查罗是第一个以所有证据为依据系统地对原子量进行确定的人。

因为化合作用发生时,与一个氧原子发生反应的氢原子是两个,所以,氧的化合价被定为 2。此后经年,绝大多数化学思想的产生都是以原子价理念为基础的。

道尔顿时代,已知的元素仅有 20 个,如今,这个数字已拓展为 90①。元素的发现历程是断续的、不定的。一些新的元素常会伴随着化学领域新方法的应用而生。戴维爵士(1778—1829 年)利用电的分解力于 1807 年对碱金属进行分离,并从中获得了钠与钾。此后不久,镓、铊、铯等元素便在光谱分析中显现。借由放射性的方式,我们还认知到了以镭为代表的一类元素,之后,借阿斯顿的摄谱仪,诸多同位素进入我们的视野。

最先对元素原子量与物理性质之间的关联进行研究的是普劳特(Prout),1815年的时候,他就开展了这一工作,之后,德·尚古尔多阿(de Chancourtois)与纽兰兹(Newlands)也相继加入了研究的行列。1869 年,门捷列夫(Mendeleeff,1834—1907年)成功对这一关系进行了证明,和这位俄国化学家一起完成证明工作的人是洛塔尔·迈耶尔(Lothar Meyer)。通过将各种不同的元素以轻重为标准递次排序,门德列耶夫发现,诚如纽兰兹所说,元素之间存在周期性的规律,即所有第八位的元素之间必然有部分属性类同,所有同属性的因素都可以借此归纳统合并列于一表。以此为依据制定的周期表,可以赋予原子价还不确定的元素正确的原子量,借由假设,门德列耶夫填补了表中的空白,对一些未知元素的属性与存在做了推断,后来,人们发现这些元素的确真实存在。

在门捷列夫看来,元素周期表所表述的仅仅是单纯的、经验的事实,然而,在其引领下,问题又回归到原点,人们不得不直面所有物质之间存在着共性的基础这一旧观念。多数人认为,这个共性的基础是氢,他们试图证明,如果以氢的原子量为参考,对所有元素的原子量进行度量,所得结果必然皆是整数。事实上,虽然的确有不少元素的原子量与整数极为接近,但以原子量为 35.45 的 Cl(氯)为代表的少数元素却拒不依从此规律,即便斯达思(Stas)等人采用了更精确的方式对原子量

---

① 2019 年末,被发现的元素增至 118 个——译者注。

进行测量,这种偏差却依旧没有消失。直到半个世纪后,依靠彼时的实验能力与理论基础,物质的共性基础及整数原子量的正确性才被证明。

电流

前面我们提及的诸多起电仪,最主要的作用就是赋绝缘体以静电荷。确实,如果起电机与地面连接,形成有导电作用的通路,这通路中就必然有电流流经。然而,即便是如摩擦起电机这样优秀的起电机,每秒电流的流通量也少到难以被发现,哪怕,起电机会因为导线间刻意留下的空气间隙出现高位电差,这种电差还会导致肉眼可见的火花出现。

19世纪初,随着伏特/伽凡尼电池的出现,一个全新的研究领域被辟开。电池出现之初,便引发了以伽凡尼流命名的诸多现象,后来,在无数人的努力下,它又与以电命名的另一系列现象产生了联系,即便这种联系的出现极为缓慢。由是,我们懂了,伽凡尼流指代的其实就是电流,不过与起电机产生的电流相比,它要大上不少,然而,其电位差却比起电机电流小很多。因为电路上所有的点都无法积蓄电流,我们倒可以将电流视作流动于长度无法延伸的刚性管内的无法压缩的流体。

伏特电池的出现源于一次偶然的观测。初时,这一发现好像有朝着另一方向发展的趋势。1786年前后,伽凡尼通过观察发现,在起电机放电的时候,青蛙会受其影响,产生腿部收缩的现象。此后,这个意大利人又发现:如果将两种截然而异的金属与肌肉、神经相连接,并使之彼此接触,也能产生相同的收缩效果。在伽凡尼看来,这种现象的产生是受了"动物电"的影响;后来,来自意大利帕维亚的伏特对此提出质疑,他认为并不存在一种影响这一基本现象的动物物质,且对此做出了证明。1800年,伏特发明了电池,并以自己的名字为电池命名。19世纪初,伏特及与他共处一个时代的外国学者以伏特电池为工具做了一系列的研究,研究结果中的一部分十分有趣。当时,各种各样奇特的新发现主宰了所有科学杂志[1]的版面。人们以无比的热情投入对新发现的研究中,其热忱,与百年后对气体放电与放射现象进行研究时的程度,也丝毫不逊色。

伏特电池是按照锌盘、铜盘、被纯水/盐水浸湿的纸张的顺序重复铺叠而成,以锌盘始,以铜盘终。实质上,这就是最原始的电池组的构成。水浸的纸隔开小盘,形成电池,如是,便会出现少许电位差,多组小电池的电位差累加,就是电池组两端

---

[1] 尤其值得关注的是当时的 *Nicholson's fournai*。——译者注

的铜盘与锌盘所呈现的总电位差,这种或许可用电动力称之的电位差十分的大。制备电池的另一种方法是,将铜片、锌片分别放入若干盛放着稀酸/盐水的杯子中,然后按照铜、锌、铜、锌的顺序依次连接杯中的金属片,以此类推,以铜始,以锌终,或相反,便组成了一个简易的电池组。在伏特看来,电池之所以生效,是因为金属的连接次序,是以,圆盘与两极的金属片才如是排列。然而,很快,人们便发现,无论是圆盘还是金属片,其实毫无作用,即便在早前一些时候,它们在此类仪器的构架中占据的地位十分重要。

因为一层氢气膜覆盖了铜片,所以,伏特电池组中的电流一旦被使用,其强度便会骤然减弱。要阻止这种电极化,在铜片四周绕上一圈硫酸铜液体是个很不错的主意;如此一来,诞生的就不再是氢,而是铜;当然,也可以取下铜片、换上碳棒,再将它放置于硝酸溶液、重铬酸钾溶液或其他氧化溶液中,如此,氧化诞生的氢气会瞬间变成水。

化学效应

1800 年,伏特的发现传至英国,一些人便立马进行了最基础的观测,电化学由是而生。卡莱尔(Carlisle)与尼克尔森(Nicholson)改良了最原始的伏特电池组,并在改良过程中发现:如果将电池的两极以两条黄铜线连接,再让浸入水中的两条黄铜线彼此靠近,铜线的一侧会诞生氢气,另一端则出现氧化现象。如果取下铜线,以白金/黄金线替代,氧化现象便不会发生,氧气出现后会一直保持气态。他们发现,氧气的容积约是氢气的二分之一。他们还发现,以未改良前的电池组进行实验,与之相似的化学反应也会发生。

没过多长时间,氯化镁溶液便被克鲁克山克(Cruickshank)实验分解,同时被分解的还有碳酸钠/苏打溶液和阿摩尼亚/氨溶液,而且,他还以沉淀法从银铜溶液中分离出了同类金属。此后出现的电镀法便源于此。他还注意到电池阳极与阴极附近的溶液分别显现出碱、酸两种特性。

戴维爵士对酸与碱的形成进行了深入研究,并在 1806 年证明两者的成因皆为水中杂质。在这之前,他已然证明,哪怕是将两极放置于两个相互分隔的杯体中,如果不撤掉连接杯体的植物/动物材料,水的分解反应便不会停止。与此同时,他还证明电池内部的化学反应与电效应之间存在十分密切的联系。

在伏特看来,电现象就是伽凡尼现象,两者并无不同。很多人将此视作新的研究课题。直到沃尔斯顿(Wollaston)于 1801 年以实验的方式证明二者确实同效后,二者同一的观点才被彻底认同。1802 年,埃尔曼(Erman)以验电器为工具,对伏特电池组的电位差做了测量。彼时,才弄清楚,旧现象表现的是电的"紧张状态",新现象表现的则是电的"运动状态"。

依照世所认同的惯例,我们假定在电池内部电流是从锌极流向铜极/碳棒,也就是从负极流向正极,而在电池外部,电流的流向则恰好相反。依此惯例,我们将铜片所在的一端称为电池的正极,锌片一端称为负极。

1804 年,贝采尼乌斯和西辛格尔(Hisinger)表示,可以借用电流,分解中性盐溶液,分解后,两极分别有酸基与金属呈现,他们由此断言:氢元素诞生的原因是溶液中金属的分离反应,与之前的假想迥然而异。借由此法,当时已知的许多金属都被制备出来。1807 年,被误认为元素之二的碳酸钠、碳酸钾也被戴维制备出。两者皆含水分,戴维以强电将之电解,分离出了令人震惊的钠与钾。戴维出身康沃尔城邦,睿智、有才干、能言善辩,皇家学院初成立时,他应邀到化学系担任讲师,并以渊博的知识、有趣的讲演,引得无数人慕名而来。

既然能以电解法分离化合物,那么化学与电学之间便必然有所关联。戴维做出假设,认为电吸力产生的原因与化学吸力产生的原因是相同的,只是两者作用的物质不同,前者为质量,后者为质点。贝采尼乌斯拓展了这一设想。我们曾提及,他认为所有的化合物都由两部分构成,这两部分都携带电流,或是一个原子,或是诸多原子,只是彼此性质相异。

一个值得关注的事实是,只有两极才会出现分解后的产物。早年,这一现象就已经被学者们注意,并以实验的方式进行过研究,得出的结论也五花八门。格罗彻思(Grotthus)于 1806 年提出了因为物质在两极处连续分解,两极间相邻的分子反质互换,导致连接链两端相异的分子从两极释放而出的猜想。

发现这一电化学领域的关键问题后,起初,研究颇有进展,但中间出现了较长时间的停滞,直到实验学巨擘迈克尔·法拉第(Michael Faraday,1791—1867 年)重新对这个问题进行研究。法拉第供职于皇家学院,是戴维的助手及学术继承人。

1833 年,法拉第接受惠威尔的提议,制定了一套沿用至今的电化学新名词。他没有使用代表相引相斥旧观念的 pole(极),而是用了 electrode(电极)这个新名词,电流流入溶液的一侧,为 anode(阳极),流出的一侧为 cathode(阴极)。循着截然相反的两个方向在溶液中运动的两种物质被称为 ions(离子),它们共同构成了化合物;其中,向着阴极方向运动的离子为 cations(阴离子);向着阳极方向运动的离子为 anions(阳离子)。整个化合过程则被称为 electrolysis(电解),即 $\lambda v\omega$ = 分解。

通过大量的实践实验,法拉第以法拉第定律对繁复的实验现象进行了简单精准的概括,这一定律结论有二:(1)无论电极与电解质具备何等性质,电解之后所得物质的质量与通电时间及电流强度皆是成比例的,换言之,其与溶液中流过的电流的总量存在比例关系。(2)定量的电流电解物质的质量与其化学当量,即化合量存在比例关系,与其原子量不存在比例关系,换言之,是与刨除原子量后的原子价数值存在比例关系;譬如,要得到16/2 克的氧元素,需要释放的氢元素量必然为1 克。一单位电流电解释放的物质的质量即一电化当量。譬如 1/10C. G. S 单位电流,即 1 安培电流在酸性溶液中释放的氢元素为 1.044×10^{-8} 每秒,如果将酸性溶液替换为银盐溶液,则可分离出 0.00118 克的银。借由这种方式分离出的银,想要精准地进行称量,并不是一件很难的事情,因此后来居然以它对安培(A)做了界定。

所有的电解现象似乎都能以法拉第定律进行诠释;在电流量相同的情况下,定量电解获得的物质总量始终相同。电解就是液体中不断游离的、携带相反电极的离子向着相反方向运动的过程。所有的离子都携带着定量的电,或正或负,在电极中,这些电被释放,电荷也会消失,前提是电动力的强度高于与之对抗的极化力的强度。赫尔姆霍茨后来曾说过:"借由法拉第的工作,可以知道'如果原子果真如设想中一般是构成元素的最基本单位',则我们就必然可以断言:电也是由一定的单位构成,其构成单位与电之原子发挥着同样的作用。"如是,法拉第的实验便不仅是理论电化学与应用电化学的发展基础,亦是电子科学与现代原子学的基础。

电流的其他性质

尽管伽凡尼电流的化学效应才是实验者们早期的关注目标,但这并不意味着他们无视了其他现象。很快,他们就发现:电流流经导线时会生热,热量多少取决于导线属性。这种热效应实用价值巨大,可应用于照明、取暖等多个领域。另外,1882 年,塞贝克(Seebeck)还发现当两种相异的金属构成闭合电路时,加热其接口,会产生电流。还有一个现象更加有趣:磁针在电流的作用下会发生偏转。这一现象的发现者是来自哥本哈根的奥斯特(Oersted),发现时间为1822 年。他发现在到达磁针之前,它越过了金属、玻璃以及其他一些不具备磁性的物质。他还发现,他及他的翻译者们表述过的所谓"电冲突""形成闭环",就是如今我们所说的:存在于长且笔直的电流四周的环形磁力线。

以安德烈－马里·安培(André-Marie Ampère, 1775—1836 年)为代表的人们立即意识到奥斯特的这项发现至关重要,他指出,存在于电流四周的力不仅影响了磁针,还影响了电流本身。为了对这些力的定律进行研究,他用活动的线圈进行了无数实验,并从数学的角度做出论证:所有可见的现象都与下列假设契合:$1dl$ 长度的电流元产生的外部磁力为 $cdl\ sin\theta/r^2$,其中 c = 电流强度,r = 该点与电流元之间的距离,θ = r 与电流方向间的夹角。如是,源于电流的力的定律与平方反比定律相互重合,所以也便同磁力、电力、万有引力定律达成了一致,由此,"场物理学"亦从另一个角度向前迈出了一大步。

当然,借由实验,是无法分离出电流元的,不过,以安培的公式为依据,统合电流元的所有效应,我们依旧可以将电流周围的磁场力[①]计算出来。

同样地,利用安培的公式也计算出作用于电流的磁场机械力。以 m 表示磁极在空气中的强度,则会产生 m/r^2 的磁力,因此 $m = cdl\ sin\theta$。如果以 H 代表磁场,则作用于 m 的磁场机械力可以 Hm 来代表,由此可知,空气中,作用于安培电流元的力为 $Hcdl\ sin\theta$。根据这一公式,再对实际电路中存在的机械力进行计算,牵涉的不外只是数学。

远距离通信是以可视的信号为源头的。广布于乡野的已经废弃的"烽火台"曾是在岗的信号台。伦敦方面就是依靠它才及时获知了拿破仑登陆的讯息。人们总倾向于将电领域的每一个发现都引向电报通信,然而在安培的研究成果被应用之前,这些引导均毫无建树。安培的研究结果公之于众之后,机器的实际应用与发明,便仅与商业界的信任及机械师的技术相关了。

格奥尔·西蒙·欧姆(Georg Simon Ohm,1781—1854 年)在 1827 年左右将数种可以准确界定的量从电现象中抽离并演绎,贡献卓著。他将彼时相对较为模糊的"电量""张力"概念以电流强度、电动力概念做了替换。已用于静电学中的"电位"概念与电动力类同。在压力/张力极高的情况下,如果要将电从一点运输到另外一点,需要耗费的功必然极多,所以电位差/电动力可以以一单位的电由一点运输到另一点时与此电力相对抗的功来定义。

1800—1804 年,傅立叶曾对热传导进行过研究,欧姆在电领域的研究,就是以其为依据的。傅立叶认为,温度的梯度与热流量之间是呈正相关的,以此假设为依据,依据数学方法,他构建了热传导定律。欧姆以电位、电代替温度与热,且借由实

---

① 譬如,一个中心与所有电流元都保持同等距离的圆形电路,无论在何处,θ 都为 90 度,则 $sin\theta = 1$,如此,磁力为:

$$H = \sum \frac{cdl\ sin\theta}{r^2} = \frac{c \cdot \sum dl}{r^2} = \frac{c \times 2\pi r}{r^2} = \frac{2\pi c}{r}$$

——译者注

验对这些概念的实用性做了证明。他发现：由塞贝克温差电偶/伏特电池组中流出的电从一根极均匀的导线中通过后，电位降落率可以某一常数来表示。通常情况下，我们以 c 代表电流，以 E 代表电动力，则欧姆定律可写作：$c = kE = \dfrac{E}{R}$。其中 k 代表传导率，是一个常数，R 是 k 的倒数，代表电阻，可以以 $1/k$ 来表述，R 与导体长度成正比，与导体横剖面面积成反比，仅随导体温度、大小、性质的变化而变化。由此可知，电流通过导体时始终保持着匀速，且在导体的全部质量中运动。后来，人们发现，这一定律并不适用于交流电，如果要应用于交流电，还需进行部分修改。

电流问题隶属于新物理学范畴，在安培与欧姆前赴后继的努力下，它已经进入了一个极重要的发展阶段，恰当的基本量已经被遴选而出且精准定义，由此，为其在数学领域的发展奠定了十分坚实的基础。

光的波动说

19 世纪初被确立且重焕生机的古老观念，还有光的波动说。我们曾提及[1]：17 世纪时，以胡克为代表的学者们建立了光波动说的雏形，之后，在惠更斯的努力下，这一学说逐渐清晰成形。牛顿却不认同这一学说，其原因有二。一是在牛顿看来，如果光是波动的，那么在遇到障碍物的时候，光波就会如音波一样，绕道而行，如是，物影就无法被解释。二是借由冰洲石双折射现象可知，边不同，其上的光线呈现的性质也不同，而沿着某一方向颤动传播的光线不可能出现这种不同。托马斯·杨(Tomas Yaung，1733—1829 年)与菲涅尔一齐攻克了这两个难题，赋予了这一学说新的近代意义。但有一件事必须被忆及：在牛顿看来，光线中存在某种微粒，这种微粒作用于以太后，以太中会生出一种附从波，薄膜的颜色就是这种附从波的外在表现。这一观点与如今用以对电子属性进行诠释的某种理论存在惊人的近似性。

杨在屏风上刺了两个针孔，又将另一屏放在第一个屏幕后面，当一束白色的、十分狭细的光从针孔穿过，叠映于后一屏时，我们看到了一串色彩明艳的光带。透过两个针孔的光束与其同源光波之间的彼此扰动是光带形成的主因。如果映在第二屏上的一束光波与另一束光波行走的路径一致，且两者之间的距离恰好为波长的二分之一，则前者的波峰便恰好与后者的波谷重叠，黑暗由此而生。如果两者齐头并进，波峰重叠，光亮便会增长一倍。去除掉一个波长的光后，白光会以多色光

---

[1] 参见第四章。——原注

的形式展现在我们眼前。如果我们在实验中不以多色混同的白光为实验对象,而以单色光为实验对象,看到的便不是明艳的多彩光带,而是一幅明暗相间的图景。

各类单色光的波长都可以仪器的精准尺寸及光带宽度为参考进行计算。实践证明,这些光波的波长普遍极短,或为五万分之一英寸,或为两千分之一毫米,恰与牛顿所说的易透射与反射之间的间歇长度等同。由此可知,在光的传播过程中,其长度要远远小于一般障碍物的长度,且数学领域也有研究表明,如果假设所有由一个前进中的波阵面分解而出的同心圆皆以与人眼最接近的波阵面上的一点为中心,将之环围,那么,在某种干涉下,绝大部分的同心圆都会消失,唯有与中心点极为接近的部分同心圆能够留存,所以我们可以看到的只有沿直线行进的光。如是,光便只能直线前行,遇到障碍物时亦不会弯曲,即便弯曲,也不过是少量的衍射。

弗雷内尔攻克了牛顿的第二难题。一次偶然,胡克提出,光线的方向与其颤动或许是正相交的关系,弗雷内尔得到启发,提出同一光线在不同方向上呈现不同属性的假设。如果我们仔细对一个前进中的波阵面的线性颤动进行观察,就会发现,其颤动方向不是上下,就是左右。平面偏振光就是由这样的颤抖产生的。如果某一方向上的颤抖只能从放置在某一位置的晶体间穿过一次,则从这一晶体中穿过的光必然会被第二块放置在与第一块晶体呈 90 度位置的晶体全部遮蔽。这便是光过冰晶石现象。

弗雷内尔从数学的角度对光的波动说进行了全面完善,即使仍有些瑕疵,但其学说与实际观测到的事实已然大体吻合。在弗雷内尔以及迈克卡拉(MacCullagh)、格林、柯西(Cauchy)、斯托克斯(Stokes)、格莱兹布鲁克(Glazebrook)为代表的后世学者的百年努力下,古老的光波动学说终于被重新确立。

如果光波本身与其前行的方向可以呈正交,则其波能必然可以在介质中被传播。很显然,气体不具备这样的特性,液体也不行,所以,如果光的波动是机械的,那么光之以太的性质必然与固体极为相似,换言之,它必然是具备刚性的。诸多视光以太为弹性固体的学说皆由此发端。如何将这种光介质必不可少的属性与运动中的行星并未遭遇过大阻力的事实调和在一起呢?1870 年代之前,诸多敏慧的物理学家为此殚精竭虑。为了对这必不可少的刚性做出诠释,甚至有学者提出过以太以回转的方式进行旋转运动的假设。

诚如爱因斯坦所言[1],牛顿物理学出现了缺口,打开它的正是光的波动说,即便那个时候,这一事实普遍不为人知。在牛顿看来,光不过是一种微粒,始终运行

---

① *The Times*. 4 February,1929. ——原注

在空间中,这样的观点与他提出的其他哲学观点十分契合,然而,它却难以解释,这些微粒为何会以一个恒定的速度不断运行。可是,当人们发现光具有波动性时,便不可能再相信,运行于绝对空间中的微粒竟然是所有实在的事物的基本构成单位。以太只是一种臆造出来的概念,它的任务就是让光被视作某种机械的、可以在与刚体类似的介质中传播的一种波动,然而,如果假设以太无处不在,那么,从某种程度上来说,它已与空间重叠。然而,法拉第的研究表明,即便是空间,同样也具备电属性与磁属性,以及至光的电磁属性被麦克斯韦证明,以太的机械性便已可有可无。

光波动说演绎了场物理学的首个篇章,将光与电磁紧密联结在一起的麦克斯韦与法拉第演绎了第二篇章,万有引力被爱因斯坦以几何学准确诠释,代表着场物理学的第三篇章。而光、电磁、万有引力或许有一日也会被囊括进一个更大更复杂的综合体系中,爱丁顿始终在为此努力。

电磁感应

早期实验者们猜想,既然静电荷由静电感应而生,软铁在磁石的作用下会发生类似作用,那么,相同的效果或许也会发生在由伏特电池组所产生的电流中。譬如,法拉第就曾用绝缘的两根电线以螺旋的方式缠绕同一根木质的圆筒,然而,即便他持续为一根绝缘线通电,且电流强度极大,但与另一根螺旋线相连的电流计却始终静止,不曾偏转。

1831 年 11 月 24 日,皇家学会接到了一份来自法拉第的实验报告,在报告中,他是这样描述他那开启了电学新纪元的实验的:

> 准备一个极大的木块,在木块上绕好铜丝,铜丝长 203 英尺。在第一圈铜丝的中间再绕一根等长的铜丝。以绝缘线将两条铜丝分隔,另两者毫不接触。在一条螺旋的铜线上连接电流计,另一条连接一套有着 100 对 4 英寸见方、以双层铜板制成的极板且已充满电的电池组。电路突然接通与中断时,电流计都发生了反应,即便十分微小。然而,当电流从一根螺旋铜线中持续流过时,电流计毫无反应,另一根螺旋铜线亦毫无反应,即便线路持续发热、碳极放电等现象表明电池组具备极大活力。
>
> 用有着 120 对极板的电池组替换掉原先的电池组,重新进行实验,结果并未发生改变,但借由这两次实验,我们发现:电路突然接通时,电流计的指针会循着某一特定的方向偏转指针,但指针偏转幅度不大;而电路突然中断时,电

流计的指针依旧会发生小幅度的偏转,但偏转的方向与前不同。

截至目前,借由磁石实验,我发现,当电池产生的电流从一根导线中通过时,因为某种感应,另一根导线中也会有电流流过,只是时间非常短暂。并且,它的性质与伏特电流并不类似,反而与莱顿瓶电震生成的电浪性质类似;因此,它能磁化钢针,却对电流计毫无影响。

这一期望中的结果已然被证明。因为如果电流计被中空的、以螺旋状环绕在玻璃管上的导线替代,且将钢针插在线上,再将感应线圈如上般与电池组连接,然后在电流连通的情况下取出钢针,便会发现,钢针已然磁化。

如果先连上电流,再在螺旋状的线圈中放入一根没有磁化的钢针,断电之后便会发现,钢针虽然貌似没有发生任何改变,没有磁化,但它的两极却出现了逆转。

想要重现法拉第的实验,在现在电流计越发灵敏的条件下,委实不困难。只需以伏特电池为电源,将原、副电路相对移动,抑或相对地移动永磁铁和连接了电流计的线圈,都能证明有短暂的电流出现。法拉第的电磁感应,奠定了工业蓬勃发展的基础。实践应用中绝大多数重要的电力器械,都是依据电磁感应原理制造的。

电磁力场

从数学领域,以公式的方式对电磁定律做了阐释之后,定律的发现者安培便失去了继续探索的动力,他满足了,他不愿再去探索电磁的传播机制。但他的继承者法拉第并不是一个纯粹的数学家,他对电磁立场的物理属性及中介空间的属性状态都表现出了盎然的研究兴致。如果在磁棒的一端放上一块撒满了铁屑的纸板,铁屑会以一种多线聚集的方式呈现在纸板上,这就表明,磁力起作用的路径就是这些线。法拉第由此作出假设,磁场/电场中或许真的存在着这样一些联结着磁极/电荷的线路,它们是一组链条,由极化的质点构成。如果它们与处于紧张状态的橡皮条类似,纵向拉伸、横向压缩、在介质中呈伸展状态并将磁极/电荷向同一处聚拢,则吸引现象便能被诠释。无论现实是否如此,以法拉第的力线来诠释电场的应力现象、应变现象以及绝缘的介质,确实十分便利。

法拉第还从其他角度对电介质进行过研究。他发现,如果以虫胶、硫等绝缘体替代导体四周的空气,导体在电位/电压定量的前提下所能负荷的电量,即静电容量会有所增加;增加的比率即绝缘体的电容率。

在那个时代，法拉第的认知无疑是超前的，且他用以表述这些看法的术语也与大众熟知的不同。30 年后，麦克斯韦从数学的角度、用公式的方式诠释了法拉第的观点，并对电磁波理论做了拓展，这一理论的重要性才逐渐被认知，相比于其他认知较慢的国家，英国的认知速度十分迅速。如是，法拉第成了电化学、电磁波、电磁感应学三大实用电学理论的奠基人。并且也正是因为他对电磁力场至关重要这一点的坚持，现代场物理学领域中与电相关的领域才得以发端。

电磁单位

我们必须向德国数学家高斯与物理学家韦伯（W. E. Weber）表示感谢，因为他们以科学的方式对电磁单位做了界定。这套单位的制定并非任意为之，也不曾以同类量作为参照，而是以长度、时间、质量单位为基础制定的。

1839 年，在著作《按照距离平方反比而吸引的力的一般理论》中，高斯表示，这一关系不仅适用于万有引力，同样适用于电荷与磁极。由是，便能如是界定单位强度的磁极/电荷：同等的、相类的磁极/电荷在空气中的单位距离为一厘米，对该磁极/电荷进行排斥的单位力度为一达因。如果空气被其他介质取代，则这一力按照一定的比率减少，他以代表法拉第电容率的 k 来表示电力，将之定义为介质常数，以 μ 表示磁力，亦即后来的介质磁导率。高斯以此为基础，在数学领域，建造出了一座宏伟的大厦[1]。

---

① 我们可以以高斯定理为例。假定一个被分割为无数部分的密闭的表面将电流包围，a 代表构成表面的任一小部分，N 代表正交方向上的作用力，E 代表面内的电量。则无论电流如何分布，$\Sigma aN = 4\pi e$ 都是成立的，高斯已经证明了这一点。以力的定律为依据，从数学的角度出发，很轻易便能推导出这一等式。若将面内绝缘介质的常数 k 也纳入计算范围，则该等式可衍变为 $\Sigma aN = \dfrac{4\pi e}{k}$ 或者 $\Sigma aNk = 4\pi e$。其中 ΣaNk 代表面上的正常感应总和。

万有引力与磁力也能以相同的公式进行计算，并且其导出结果若以数学方式进行推导，涉及的必是极高深的领域。譬如，设 m 为一个具备引力物质的球体的质量，r 为包围这一球体的同心球面的半径，且高斯定理在这一球面上有效，则 $\Sigma aN = 4\pi m$。不过，此处所有的一切都是对称的，常数 N 与总力 F 相等，所以 $4\pi m = N \times \Sigma a = F \times 4\pi r^2$，即 $F = \dfrac{m}{r^2}$。

这是对引力球中心、质量为 m 的质点所施加的引力。如是，我们便以最简易的数学定理对牛顿定律："一个均匀的球体的质量集中于球心，其引力也作用于此"做了证明，与此同时，高斯定理的力量也得以证明。高斯定理是诸多静电学理论与磁学理论构架的基础，或许以数学方式构架物理理论的确要繁复一些，但并不十分困难。详情可参见著者撰写的教科书：*Experimental Electricty*，Cambridge（1905—1923）. ——原注借由实验,安培与韦伯都证明了同样大小、形状的磁铁与带电线圈作用等同,一个磁化的、处于正交方向的圆盘的实验效用与一个带电圆圈的实验效果毫无二致,因此,两面分别代表南北两极。如此,可在单位磁力作用下与磁盘等效的电流量来定义单位电流。以此定义为依据,从数学的角度出发,推导结果如下:单位磁极处作用的力,即圆形电流中心处的磁场为 $2\pi c/r$,其中 c = 电流强度,r = 圆的半径,此公式的导出结果与安培公式的导出结果毫无二致。因此只要在大的、圆形线圈的中心悬置一枚小磁针,即制备一个现在所谓的正切电流计,然后给线圈通电,对磁针的偏转现象进行观测,便可以 C. G. S(厘米 – 克 – 秒)单位/绝对单位对电流进行测量。电流的常用单位为安培,依据规定,上述单位代表的是 1/10 安培,然而,出于测量方便、应用便捷方面的考量,多年来电流的单位一直是以电解银的单位重量来衡量的,诚如前文所言。如今,又有部分学者提议,以理论定义对电流进行界定。

热和能量不灭

随着蒸汽机在十八九世纪的广泛应用,热学成为实用科学中至关重要的学科,由是,热学理论也重新成为人们瞩目的焦点。

前文我们曾提及,热是一种流体,从热质说来看,它具有不可称量的特质。从实验测量热量的角度来说,这一学说的确是有益的,然而,从物理的角度来说,以牛顿、波义耳为代表的睿智的自然哲学家们则更倾向于分子机动说。丹尼尔·伯努利(Daniel Bernoulli)于 1738 年撰文指出,如果假定气体是一种朝无数不同的方向运动着的分子,则可以分子撞击容器壁的力度对气体压力进行诠释,而这些压力也必然如实验所需的那般会随着温度的增高即气体的压缩而增加。

在对摩擦生热现象进行诠释时,热质论者表示,假定因摩擦而生成的碎屑或摩擦现象发生后生成的最终物质中的主要物质的比热较摩擦发生前要小,则显于外的热必然是被逼出的。然而,后来成为巴伐利亚的朗福特伯爵(Count Rumford)、来自美国的本杰明·汤普逊在 1798 年以钻炮膛实验的方式证明,所做功的总量与总发热之间呈正相关,屑片数量与发热总量之间毫无关系,即便如此,热流体说依旧风靡了半个世纪。

但是,在 1840 年,人们已经了解到自然界中的能量与许多都可以彼此转换。迈尔(J. R. Mayer)于 1842 年指出,热与功之间存在相互转换的可能性。迈尔假定,当空气被压缩到一定程度时,功会全部转换为热,并借此对热的机械当量值[1]做了计算。同年,伏特电池组的发明者格罗夫(W. R. Grove)爵士以演讲的方式对自然界能量间的相互关系做了阐释,1846 年,这位英国著名的科学家、裁判官还以撰书的方式对这一观点作了具体阐述,书名为《物理力的相互关系》[2]。此书与著名物理学家、数学家、生物学家赫尔姆霍茨于 1847 年借由独立研究而撰述的《论力的守恒》[3]一书是最早对"能量守恒"理论进行一般性论述的著作。

焦耳于 1840—1850 年借由实验对电功生成的热量与机械功生成的热量[4]做了测定。首先,他证明了通过导线时电流生成的热量与电阻及电流强度的平方值呈正相关。他以压缩狭窄管道中的水流、压缩定量空气、于液体中转动轮翼等方式让液体生热。他发现,无论做功的方式存在怎样的差异,只要功的总量相同,生成的热的量便也相同,以功热等值原理为依据,他断言热也是一种能量表现形式。即便如此,"科学界的领袖们对此观点表示赞同亦在多年之后",即便斯托克斯曾对威廉·汤普逊表示:"我宁可成为焦耳信徒中的一员。"1853 年,英国的许多学者便对这一科学问题兴致盎然,赫尔姆霍茨访英期间已意识到这一点,到法国后,他还见证了雷尼奥(Regnault)新理论。焦耳实验最终表明:当水温介于 55～60 华氏度时,一磅水升温一度需要耗费的功为 772 英尺磅。之后,通过实验,这个数字被精确到 778 英尺磅。

焦耳通过实验证明了热与功的等价,他的这一成果不仅有力支持了格罗夫的"力的相互关系"理论,还为赫尔姆霍茨的"力量守恒"理论提供了极强的助力。就这样,这一理论逐渐发展为物理学领域一项确定的、名为"能量守恒"的原理。彼时,作为一个确切物理量的能量,在科学界还是一个极新的概念。过去,这一概念曾被命名为"力",不仅不准确,还因具有双重意义。托马斯·杨觉得,"力"与"能量"会因此而混淆。可以以"做功的力"来界定能量,并且如果两者可彼此转换,且转换彻底,则完全可以用所做的功来对能量进行量度。汤姆生与兰金(Rankine)在"能量"专门化的过程中居功至伟。托马斯·杨认为应该不能将力与能量混淆,汤姆生对此表示赞同。

借由实验,焦耳发现并证明,在已知的实验体系中,能量始终守恒,热即是做功所耗损的能量的外在表现形式。这一结果因一般证据的引导被推而广之,譬如电

① *Liebig's Annalen*, *May*, 1842. ——原注

② W. R. Grove, *The Correlation of Physical Forces*, London, 1846. ——原注

③ Helmholtz, *Abhandlung von der Erhaltung der Kraft*, 1847. ——原注

④ J. P. Joule, *Collected Papers*. ——原注

能是由机械能转变的,譬如动物热源于化学能,等等。截至最近一段时间,所有已然被了解的事实都契合一句话:能量在封闭的体系中始终守恒。

如此确立的能量守恒原理,较之早期确立的质量守恒原理也不遑多让。牛顿动力学始终以一种认知为根基,即存在一种量——出于便捷的考虑,暂且称其为物体质量——在任何运动中,皆恒定不变。化学家借由天平证明,在化学领域同样适用。物体燃烧于空气,其质量并未消散,如果将其生成物收集聚拢,便发现,其总质量必然等于物体质量与燃烧的空气质量的和。

能量亦如此:我们之所以能够认知到另一种与质量不同的量,原因在于,经过多次转换后,它始终恒定不变。我们发现从科学的角度出发,承认存在这样一个量,并为之命名,是有益的。我们以能量/能为它命名,以热量/所做功量为标准对它的变化进行量度,且耗费无数时间精力,经历种种困惑,才认知到它守恒的特性①。

19 世纪时,物理学领域,没有毁灭质与能的方法,亦没有创造它们的方法。20世纪时,有部分迹象表明,质可以转变为能,质也是一种能的形式,然而,截至最近数年,质与能之间依旧存在着极大的差异。

1853 年左右,尤利乌斯·汤姆森(Julius Thomsen)第一个将能量守恒原理应用于化学领域。他发现热量是化学反应过程中对包括反应前后能量变化等进行衡量的标准尺度。既然系统闭合时,反应前后的能量始终相等,那么,某些情况下,我们便能忽略中间的种种步骤,直接对最终结果进行预判,亦即跳过对物理目标探究的过程,直接对其进行解答,就如同惠更斯在对力学领域部分相对有限的问题进行解答时所做的那样。因为在实际应用中的效用及其固定不变的意义,在人类所有的心灵成就中,能量守恒原理占据了至关重要的地位。

然而从哲学的角度来说,它面临的危险仍未消失。受限于当时的研究条件,质量与能量守恒原理几乎无往而不利,于是,它们很轻易地便被引申为普适的定理。质量被认为是亘古永存的;无论发生任何情况,无论时间如何改易,宇宙中的能量始终永存且守恒。它们不再是依据经验在知识领域中孜孜探索的人们不可缺的向导,反而成了哲学领域效用存疑的重要教条。

气体运动说

1845 年,一篇手书的备忘录被发现,在备忘录中,瓦特斯顿(J. J. Waterston)对

---

① 参见第十二章。——原注

在热能统一的大前提下得以深入发展且越显关键的气体运动学说做了阐述。多年来，这篇搁置于皇家学院档案中的手稿早被遗忘。1848 年，焦耳也对这一问题做过研究探索。在他们的努力下，这一理论发展到了伯努利未曾到达的深度，且他们还分别对分子运动的平均速度做了计算[1]。1857 年，与物质运动有关的正确学说第一次公开发表，发表人为克劳修斯(Clausius)[2]。

因为分子常发生碰撞，且在设想中，这种碰撞具备完全弹性，因此，所有的瞬间，一切的分子，必然是带着所有速度向着所有方向运动的。气体热量的总和可以以所有分子平动量的总和来量度，而温度则可以分子的平均能量来量度。以此为前提，从数学领域着手进行推导，可知 $p = \frac{1}{3}nmV^2$，其中 p 代表气体压力，m 代表分子质量，n 代表单位容积内分子的个数，V^2 代表气体速度平方的均值[3]。

然而，nm 表示的是气体的密度，亦即单位容积内气体质量的总和，因此当 V^2 值相同，温度也相同时，p 与 nm 呈正相关，与容积呈负相关，借由实验，波义耳发现了这一定律。因为 p 与 V^2 之间存在比例关系，所以，p 会随着温度的增加而增加，这是查理定律。从上述公式可知，当处于相同温度、相同压强下的两种不同的气体容积相同时，构成气体的分子数也会相同，这一定律是阿伏伽德罗借由化学研究发现的。1830 年，托马斯·格雷厄姆(Thomas Graham)通过实验发现，两种气体分子密度的平方根与速度之间始终都成反比，由此，气体多孔间壁渗透实验中的速度问题便有了解释。

借由这些演绎可知，伯努利、克劳修斯、焦耳所倡导的气体运动学说与气体的实验特性是相互吻合的。且诚如焦耳与瓦特斯顿已然证明过的那般，以这一学说为依据，我们可以计算出分子速度的近似值。譬如，当温度为 0℃，大气压强为 1.

---

[1] *Life of Lord Rayleigh*, p, 45; Joule's *Collected Papers*, 还可参考 Joule, in *D. N. B*, by Sir Rrchard Glazebrook. ——原注

[2] O. E. Meyer, *Kinetic Theory of Gases*, Eng. trans. R. E. Baynes, London, 1899. ——原注

[3] 若以 V 代表分子的运动速度，u, v, w 代表 V 在三个彼此正交方向上的分量，因为分量速度的总和必与总能量等同，因此 $V^2 = u^2 + v^2 + w^2$。总而言之，在所有方向上，分子的运动皆相等，因此 $V^2 = 3u^2$。

假定盛装气体的器皿容积为 1cm^3，在两个相对面内往来运动的分子的分速度为 u，分子撞击面的速度为 $\frac{1}{2}u$ 次每秒，分子质量为 m，则分子撞击一面并跳回时，其运动量的变化为 $2mu$，由是动量的变化为 $2mu \times \frac{1}{2}u$，即 mu。设单位容积内分子的个数为 n，则单位面积内动量改变的总率，即 $p(压力) = nmu^2 = \frac{1}{3}nmV^2$。

——译者注

013×10⁶ 达因每立方厘米,即 760mmHg 标准大气压强时,单位质量的氢,容积为 11.16L 或 11.16cm³,所以通过公式 $p = \dfrac{1}{3}nmV^2$ 计算可知,$V = 1844\text{m/s}$,即秒速一英里有余。相应地,氧的速度为 461m/s。计算出的这些数值实质上都是 V^2 平均值的平方根,其中,代表分子速度的 V 本身就是平均值,数值略小。1865 年,以气体运动学说为依据,劳施米特(Loschmidt)首先计算出了温度为 0℃、标准大气压强下、单位容积(1cm³)内分子的数量是 2.7×10^{19}。

高斯借由概率理论推导而出的误差率被玻尔兹曼(Boltzmann)与麦克斯韦先后应用于速度分配领域,直至今日,这一理论在诸多研究领域仍占据着至关重要的位置。它指出因为分子常会发生偶然的碰撞,且集聚为群,群内分子的运动速度被限定在某一范围内,如图6。横轴表示速度,纵轴表示以某一速度运动的分子的个数。如果以可能性最大的速度为单位速度,则观察可知,三倍单位速度下,分子数近乎可以忽略。枪靶上枪弹的分布,物理学中的量度误差分布,以体重、寿命、身高、应试能力等为参照值的人口分布皆能以类似的曲线来表示。

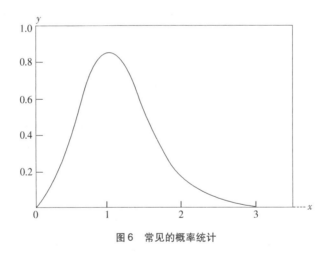

图6　常见的概率统计

概率论与误差曲线在包括物理学、社会科学、生物学在内的诸多学科领域中都占据着举足轻重的地位。分子在未来某一时刻的运动速度无法预测,人的寿命亦无法预测,然而当分子的数量与人数达到一定标准时,我们却能以统计的方式处理这些信息,对极狭窄范围内多分子的运动速度及人的寿命进行预测,预测分子的运动速度范围,抑或多数人死亡的年份。我们可以坦然承认,这就是哲学意义上的一种统计决定,即便处于这一阶段的个体仍具有相当的不确定性。

经过研究,沃森(Watson)与玻尔兹曼已经意识到,麦克斯韦 – 玻尔兹曼分布是分子运动速度分布图中可能性最大的一个,即便是以其他速度在运动的分子,其速度也与之无限接近。他们还发现,这种接近热力学中"熵"的最大值基本趋同。类似于洗牌,当熵达到最大值时,分子最有可能循着误差定律进行分布。随着时间的推移,这种现象在自然界中会自然发生;现今,无论是从科学的角度来看,还是从哲学的角度来看,它都意义重大。

麦克斯韦还表示,分子在两次碰撞之间行经的路程的平均值,即平均自由程决定了气体的粘滞度。氢与氧的平均自由程分别为 17×10^{-6} cm、8.7×10^{-6} cm。碰撞频率为 $10^9/s$,这是一个极大的数字,这也解释了为何在分子速度极快的情况下,气体的弥散依旧十分缓慢。人们普遍认为,气体的粘滞度会随着密度的减小而减小,实则并非如此,除非密度低到不可思议的程度,否则,即便气体被抽离,其粘滞度也不会发生变化。因为实验已经证明了这一理论的正确性,所以,在很早之前,理论中较为深奥的部分便已经受到信任。

在气体运动学说中,分子运动的平均量是度量温度的基本单位,然而,因为转动、振动等原因,这些分子本身便具有部分能量。麦克斯韦认为决定分子位置的坐标数,即其"自由度数量"与其总能量应当存在比例关系,玻尔兹曼对此表示赞同。他们指出,在空间中,三个坐标决定了一点的位置,所以温度分子整体运动的决定量应该有三。设 n 为自由度总数,受热条件下,$3/n$ 热能转化为平动量,温度随之升高,$(n-3)/n$ 的剩余能量则被应用于其他的分子运动中。假设气体受热时,容积守恒,则热量会全部转化为分子的能量,不过,如果压强为定量,则容积一定增大,所以为了与大气压强相对抗,它一定会做功。借此,我们可作出如下论断:当压强与容积为定量时,两种比热之间的比例 $\gamma = 1 + 2/n$。因此,如果 $n = 3$,则 $\gamma = 1 + \frac{2}{3} = 1.67$。麦克斯韦对这一比值进行计算时尚不知与这一比值对应的气体是什么,后来才发现,氩、氦、汞蒸气等单原子的气体的比值,都与此比值相对应,所以,从热能吸收的角度来说,它们和简单的质点毫无二致。一般的气体,如双原子的氢、氧,$\gamma = 1.4$,由此可知,这些气体分子的自由度有五个。

如果将温度视为变量,加以考量,则波义耳定律(pv)可进一步拓展为 $pv = RT$,其中,R 为常数。分子间的吸引力随 a/v^2(密度平方)的改变而改变,其中,a 为常数,因此,p 随其效增广为 $p + a/v^2$。分子本身也会占据一定的容积,这一部分容积是无法压缩的,因此 v 减少为 $v - b$。所以,1873 年,范·德·瓦尔斯(*Van der Waals*)得到了用以表述部分与波义耳定律略有出入的"非理想气体"的公式:

$$\left(p + \frac{a}{v^2}\right)(v - b) = RT。$$

以安德鲁斯（Andrews）为代表的数位物理学家借由实验对这种气体做了观察。1869 年,安德鲁斯研究了气体、液体两种状态的连续性[①]。他表示,所有的液体都存在临界温度,这一温度是确切的,到达临界温度之前,不管压力多大,气体都不会液化。所以所谓气体液化本质上来说就是如何降低温度、使其达到临界值的问题。

1827 年,罗伯特·布朗（Robert Brown）通过显微镜对极微质点的不规则运动做了观察,由是,分子的运动被这位植物学家直接证明;1879 年,威廉·拉姆塞（William Ramsay）指出,液体中悬浮的质点遭到液体分子冲击是这一现象产生的主因。克鲁克斯（Crookes）发现,如果在高度真空的旋转管轴上放上较轻的、一面已涂黑的风车翼,让其沐浴日光,则风车翼必然循着向阳的方向转动。在对这种旋转现象进行解释时,麦克斯韦指出,之所以会这样,是因为风车翼被涂黑的一侧吸收了大量的热,受热的分子发生高速跳跃,撞击风车翼,促使其朝与黑面相反的方向移动。

热力学

"组织了胜利的人"[②]之子萨迪·卡诺（Sadi Carnot）于 1824 年指出,所有的热机/热引擎内部必然有一个热体/热源和一个冷体/冷凝器,机器运转时,热量从相对较热的物体向相对较冷的物体传导。在手稿中,卡诺提及了能量不灭理论,但在相当长的一段时间里,人们在对他的研究成果进行了解时,都以热质说为依据,认为从机器中经过后,热的总量并未减少,认为它做功的原理与靠着从高处落下的水流转动的水车一样,通过降温来做功。

在卡诺看来,要对热机定律进行研究,首先要做的就是对最简单的热在传导过程中不会散失、热机无摩擦的情形进行联想。他还指出,在对机器的工作进行研究时,必须将热机途经的循环是完全的、可观察的,且包括蒸汽、压缩空气在内的所有做功的物质,完成工作后均会恢复如初。若不如此,工作物质内部的功与热就会被机器吸收,促使机器做功的便不只有外部的热了。

卡劳修斯与后来成为凯尔文男爵的威廉·汤姆森从现代的角度对卡诺的循环

---

① *Rcyal Society*, Phil. Trans, ⅱ, p. 575. ——原注
② 指生于公元 1753 年、逝于公元 1823 年的拉查尔·尼古拉·卡诺（Lazare Nicolas Carnot）。这位先生是法国大革命期间杰出的军事家、政治家。——译者注

学说进行了完善。焦耳实验证明了热与功之间的相互转化。但是,即便定量的功极有可能一丝不漏地转化成热,永久不变,但反过来,定量的热却无法全部转换为功。包括蒸汽机在内的所有热机,在运行过程中,所消耗的热能仅有极少的一部分转变为机械能,其余的皆在从较热物质向较冷物质传导的过程中消耗了,做了无用功。通过经验,我们知道:热机启动时的热量为定量 H,传导给冷凝器的热量为 h,热量转化的功为 W,W 的最大值为 $H-h$,E 为热机的效率,则 $E=W$(实际完成的功)$/H$(吸收的热)。

假定一台机器既不会因摩擦而消耗功,也不会因传导而消耗热,则:$W=H-h$,$E=\dfrac{W}{H}=\dfrac{H-h}{H}$。所有完备的机器,效率皆相同,若不然,两台机器便能相互连接,我们也能以冷凝器的热能值为参照,计算出功,抑或持续不断地将冷凝器中的热能吸收到热体中,而这显然与经验不符。所以,机器的形式、机器中做功物质的属性与效率无关,与热体吸收的热量和冷体释放的热量之间的比例也毫无关系,与之相关的,唯有代表冷凝器温度的 t 及代表热源温度的 T;当热量的吸收与释放之间,形成 $T/t=H/h$ 的比例关系时,温度之间的比例便可被定义,从而得出 $E=\dfrac{H-h}{H}=\dfrac{T-t}{T}$ 的等式。如是隶属热力学领域的、与机器的形式及做功物质的属性无关的、具有绝对属性的温标便被汤姆森制定了出来。如果一台完备的机器的冷凝器的温度为 0,即被吸收的每一份热量都转化成功,则效率 E 等于 1。无论是什么机器,所做的功必然是小于其吸收的热当量的,换言之,所有机器的效率都小于等于 1。所以该温标中所谓的零度,指的是温度的最冷值,即绝对零度。

如此界定的热力学温标,只存在于理论之中,事实上,一台完整机器的吸热、放热的温度与比率在现实中根本就无法量度。必须提及的一个理由是:我们制造不出完善的机器。所以我们必须赋热力学温标以实际意义。

和迈尔一样,焦耳也利用压缩空气的方式来变功为热。然而,为了解释自己为何要使用这一方法,焦耳重做了已经被遗忘的盖-吕萨克实验,并借此证明,当空气发生膨胀,不做功时,温度不会发生可见的改变。由此可知,气体分子在空气压缩或膨胀时,状态并不会改变。当空气被压缩,所做的功会全部转化为热。在汤姆森的帮助下,焦耳重新对实验进行了设计,新的、更精细的实验表明,经由一个多孔的塞盖对气体进行压缩,且不对其膨胀变化进行干涉,温度的改变微乎其微,空气的温度会略有降低,氢气的温度甚至出现了微小幅度的上升。从数学的角度考量可知,如果温度计的零度与 $-273\,^{\circ}\text{C}$ 接近,即以氢气/空气制备温度计,则该温度计与热力学上所谓的温标或者绝对温度几乎相差无几,以自由膨胀的热效果为依据,可以计算出其间的温差。

以热力学领域的推论为依据,不仅工程师们完成了热机理论方面的奠基,现代物理学、化学领域的诸多学科也取得了长足的进步。仅凭压力,法拉第就在实验设备极简陋的条件下成功液化了氯气。汤姆森与焦耳一起主导的多孔塞实验,绝对温标理论被制定,开启了现代研究的新道路,且涉及多个研究领域。经过诸多努力后,已知的所有气体都完成了液化,且最终还证明,许多物质都存在三态,可在三态下持续存在。诚然,在一般温度条件下,多孔塞的效果委实不佳,但只要提前将气体冷却,多孔塞的效果便会变得极为显著。如果强迫一种冷气体持续不断地从同一管嘴中通过,不仅它本身的温度会下降,还能将后续流出的气体冷却。如是,当冷却效果通过持续累积而达到气体的临界温度,气体便会液化。1898 年,詹姆斯·杜瓦(Jamas Dewar)爵士用这一方法制备了液态氢,1908 年,卡麦林·翁内斯(Kamerlingh Onnes)成功完成了氦气液化实验,这是最后一种被液化的气体。现在常见的温水瓶就是当年杜瓦完成液化实验时使用的真空玻璃瓶。

如此低的温度如果作用于物质,物质的属性会发生什么变化呢?许多人对此做过研究。最显而易见的变化是骤然增长的电传导率;举个例子,将等量的铅分别放入 −268.9℃的液态氦溶液与0℃的液态氦溶液中,两者的导电率相差约109 倍。温度极低时,金属电路中的电流一经流转,可持续数小时不见衰减。

欲从供应的热量中得到有用功,温差的存在必不可少。然而,自然状态下,热传导过程中产生的温差是持续衰减的,其他传导方式也一样,所以,当系统处于孤立状态且改变无法逆转时,会做有用功的热能也会渐次减少,相反,当系统处于可逆状态,克劳修斯所谓的熵成为常数,热能会渐次增加。当熵达到峰值,或者说有效能最小时,系统将无功可做,由此,可确定哪些条件是系统平衡所必不可少的。同理,当系统处于恒温状态且热力学位势(一种由吉布斯创立的数学函数)最小时,平衡也会出现。如是,化学与物理学的平衡理论便在吉布斯、克劳修斯、赫尔姆霍茨、凯尔文、奈恩斯特(Nernst)等人的努力下被创立。吉布斯热力学方程式被应用于物理学、化学的诸多领域,现代工业领域诸多举足轻重的技术、物化领域的许多成果,均是其实践例证。

相律①是这些成果中最具实用性的。假设 n 代表系统中存在的不同成分(如2种成分:盐与水)的个数,r 代表相的个数(如2 个固体,1 个蒸汽,1 个饱和溶液,共

---

① Alexander Findlay and A. N. Campbell, *The Phase Rule*, London, 1938. ——原注

4 个相),F 代表自由度的数量,则以吉布斯定理为依据,可知 $F = n - r$,此外,还要加上两个自由度:压力、温度。所以,相律公式可表示为:$F = n - r + 2$。

往日还提及过第二个表示压力与容积变化之间关系的方程式,式中存在的量有四个:p 代表压力,L 代表所有物态变化的潜热,T 代表绝对温度,$v_2 - v_1$ 表示容积的变化。方程式为:$L = T \dfrac{dp}{dT}(v_2 - v_1)$ 抑或 $\dfrac{dp}{dp} = \dfrac{L}{T(v_2 - v_1)}$。

1850 年前后,以兰金、克劳修斯、凯尔文男爵为代表的学者们对该方程式的理论依据做了完善,此后,勒·夏特利艾(Le Chatelier)更将这由詹姆斯·汤姆森创建的理论应用到了化学领域。不同相之间的平衡原理在相律方程与潜热方程被统合后发展成了一般性的理论,压力在系统失衡时随温度改变的变化率也被求出。由此可知,当外界环境对系统施加某种作用时,系统内会形成一种相反的作用与之对抗。

当相律方程中 $F = 0$,即 $r = n + 2$ 时,系统将达成"非变"状态。譬如,n(成分)$= 1$,r(相)$= 3$(水、汽、冰),且三相齐聚时,唯有系统温度与压力同时调整到某一特殊值,系统才会平衡。如果只存在 2 个相,如水、汽,则 $r = n + 1$,$F = n = 1$,可知,系统自由度为 1,pT 曲线上的点,无论处于什么位置,两相皆平衡,根据潜热方程可计算出曲线上所有点的斜率。如果系统成分大于一,系统自然愈加繁杂。

合金结构的研究是工业与科学领域最关键的相律实践应用。借由这项研究,人们得到了诸多属性特殊、可用于诸多特殊领域的金属[1]。与之相关的理论主要源于三种实验实践:(1)用显微镜观察已经被适量液体侵蚀的金属的磨光截面;首先使用这一方法的是来自谢菲尔德(Sheffidld)的英国人索尔比(H. C. Sorby)与来自夏洛腾堡(Charlottenburg)的德国人马斯顿(Martens),他们用这一方法对铁进行了研究,之后,这个可以将金属的晶体结构与合金的金属结构清晰揭示的方法逐步被完善。(2)热方法。测量熔融金属冷却过程中的温度变化及冷却时间。当物质的形态发生改变,譬如从液态转为固态时,降温的幅度会渐次减缓,甚至在一段时间内彻底停滞。1900 年,鲁兹布姆(Roozeboom)对吉布斯理论进行研究时所作的实验、海科克(Heycock)实验、内维尔(Neville)实验,皆可作为例证。(3)X 射线法。这一成功揭示了包括盐、合金、金属在内的固体的原子结构的方法是布拉格爵士与其父亲劳厄(Laue)一同创立的,该方法的出现为一般原子研究开辟了一片全新的领域。

---

[1]　C. H. Desch,*Metallography*,4th ed,London,1937. ——原注

海科克与内维尔所做的与银、铜相关的实验为双金系的简单平衡提供了实验支持。在液态状态下,纯银的凝冻曲线为 AE(见图 7),纯铜的凝冻曲线为 BE。E 为两条曲线的交点,在交点处,铜晶体与银晶体一同出现,所以,凝固发生在恒温状态下。在该合金中,银铜的占比分别为 40% 与 60%,合金结构十分规则,所以被命名为"易熔合金"。

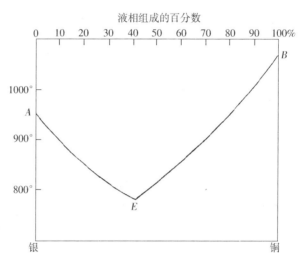

图 7　银与铜的液相平衡

如果固体的组成成分能够像液体一样发生改易,我们就能看到"固溶体"现象、"和晶"现象,甚至其他一些更加复杂的现象。以吉布斯理论为基础,鲁兹布姆第一个对这些现象做了阐释。在固溶体示意图中,固体的溶度曲线在一个名为易熔点的、非常低的温度处交会。此处,从其他固态结晶中同时脱出的两个固态的相构成了一种与易熔合金结构十分类似的易熔质。由鲁兹布姆曲线现代分布图(图 8)可见,铁碳混合物中,碳占比小于 6%。通过这幅分布图,可以了解诸多已经被证明存在且被命名的固溶体、化合物以及确定温度下各种完全固态的合金的相应变化。借由此图,我们可以对物理属性、构成成分与温度变化之间的关系进行探索,也能对"回火"后铁与钢的状况进行探索。

最近几年,一些属性特殊、在各种特殊条件下可以被应用的新的合金被制备而出,其中,铁合金最具代表性。无论是应用于和平领域的不锈钢,还是风行于武器制造领域的铁合金,内部都含有一些微量金属,如镍、锰、钨、铬。以适当的方法对这些微量金属进行热处理,可以增加铁的坚韧度、刚硬度或其他一些需要加强的属性。近些年合金领域的发展皆是以上述理论与实验为根基的,譬如:

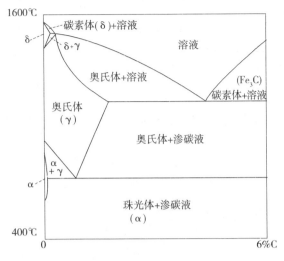

1600℃

碳素体(δ)+溶液

δ

δ+γ

溶液

奥氏体+溶液

(Fe₃C)
碳素体+溶液

奥氏体
(γ)

奥氏体+渗碳液

α
+γ

α

珠光体+渗碳液
(α)

400℃

0   6%C

图8　各种铁合金组成

在钢内加入 3% 的镍,钢的延性不变,强度增加。当钢与镍的合金中,镍的比率达到 36%,便能制备出因瓦(inwar)合金,也就是我们常说的膨胀系数极小、碳含量低、可应用于多个领域的"殷钢"。在钢内加入少量有稳定碳化物作用的铬可加强合金的抗腐蚀性。在机器制造领域,镍铬钢,尤其是含有微量钼的镍铬钢至关重要。锰与铬一样,能对碳化物起稳定作用,如果合金中锰的占比较多,会降低其坚硬度,如果锰再多一些,还能制备出"高锰钢",这种合金中,碳的含量高达 12%。高锰钢的表面经过加工后,坚硬度会提升,还具有相当的耐磨性,碎石机中的组件多以其为原料。合金中钨元素含量增加,固溶体的移动性减弱,抗蠕变能力将大幅增加,且相变速度会相应减缓。钨钢可用于恒磁体的制造中,与它效用相同的钴钢亦可。

非铁合金中,实用价值最高、最有意思的是铝合金。1909 年前后,以维尔姆(Wilm)为代表的学者们投入大量精力对铝合金进行研究。后来,因为航空工业迅速发展,对轻质量、高强度的金属多有需求,这一研究得以继续深入。硬铝是铝合金的一种,由 95% 的铝与 0.5% 的锰、0.5% 的镁与 0.4% 的铜构成,其硬度与软钢不相上下。铝与其他金属的各种合金也都具有极特殊的属性。

能量守恒是热力学的首要定律,可用的能越来越少则是第二定律。在这些定律推及全宇宙时,就有部分人提出,经由摩擦转化为热量的宇宙能量被浪费了,与此同时,因为温差的缩小,可用的热能也在持续减少。于是部分物理学家指出未来所有被宇宙储蓄起来的能量都将转化为热能,这些热能在可以维持机械平衡的物质中均匀地分布着,此后将恒久不变。然而,构架这一理论的数个设想却全都是没有被证明过的,如(1)假定在更广泛的,还没有摸清具体情况的局面中,那些以有限的观察结果为依据获得的结论同样有效;(2)假定恒星宇宙是一个孤立存在的、没有能量进出的体系;(3)假定单个分子的速度会因彼此的碰撞而持续改变,分慢速与快速,而我们无法对其进行追踪。

麦克斯韦设想存在一个可凭借微妙的直觉对运动的分子进行追踪的微生物/妖魔,这个妖魔的工作就是管理存在于墙壁上的一扇不存在摩擦力的滑动门,且墙壁两侧各有一个被气体填满的房间。当快速分子从左向右运动时,妖魔会迅速将门打开,遇到慢速的分子,则马上关门。于是,分子逐渐在左右两个房间中聚集,快速分子在右,慢速分子在左,左侧房间内,气体温度渐次下降,右侧房间内,气体温度逐步升高。如是,如果能掌控单个的分子,便能重新聚拢起已经弥散的能量。

受限于 19 世纪的自然知识深度,我们处理分子时唯一能采用的方法就是统计法,由是,能量散佚原理自然不会出现错漏。自然界能够供给我们的,用于人类生活与活动的能量似乎在持续减少,宇宙中的生命似乎也随着热力衰变的进行而面临着灭亡之危。在后文中,我们会对新知识体系下,这一结论的修正与改易进行论述。此处,我们则必须表明,当熵值最大、分子以麦克斯韦 – 玻尔兹曼定律进行速度分布,即能量最大限度散佚时,便已达成热力学的条件,而这种分配也是所有可能中概率最大的。如是,已知的、囊括于概率论中的物质运动论及其他定律就同热力学有机地联系在一起了。

光谱分析

中世纪时期,人们始终相信,天与地是分离的,但伽利略与牛顿却对这种传统看法提出了质疑。他们从数学与观察的角度出发,证明经过实验验证的落体定律适用于整个太阳系。

然而要想证明天与地的同一性,不仅要证明天与地运动的近似,要证明天与地组成成分与结构构架的近似,还要证明地上物质中包含的常见的化学元素在行星物质、恒星物质中也包含。这似乎是个无解的难题,然而,解决的办法在 19 世纪时却出现了。

白光能够解析成一些较为简单的物理成分,所以,当日光从棱镜中通过时,会有彩色的光带出现,这一点已经被牛顿证明。1802 年,沃拉斯顿指出,截断太阳光谱的是暗线,这些暗线数量极多;1814 年,约瑟夫 · 夫琅和费(Joseph Fraunhofer)以多棱镜的方式将光谱的色散度加强,再次发现了这些暗线,并将其位置详细地绘制了出来。另外,梅尔维尔(Melvil)第一个发现在黑暗中,源于金属/盐类火焰的光谱会以与众不同的彩色明线的形式呈现;约翰·赫舍尔(John Herschel)爵士于1823年提出以暗谱图线对金属进行检验的建议,此后,观测、记录、绘制暗谱位置的工作被提上日程。

1849年,弗科对源于碳极的电弧光的光谱进行了研究,他发现在被夫琅和费称为D的两条暗线之间存在着两条明线,这两条明线介于黄色与橙色之间。弗科还发现,D线在阳光从电弧中穿过时颜色较之平时要暗不少;而当自身有连续光谱产生且不具暗线的碳极光从电弧中穿过时,D线会再度浮现。弗科表示:"由此可知,电弧光是D线的光源之一,源自其他光源的D线会被电弧光吸收。"

乔治·加布里埃尔·斯托克斯(George Gabriel Stokes,1819—1903年)在剑桥大学演讲时第一次对夫琅和费谱线做了阐释,然而因为他生性谦逊,所以并未将自己的观点广而告之。外来的所有能量都被能与形成共振的机械体系吸收,就像只要将较小的、与秋千自然摆动周期同调的冲击力持续施加给儿童秋千,它就会不断地摆动一般。源自太阳内部的、温度较高的特殊光线所携带的能量也必然会被外围的蒸汽分子吸收,只要两者周期性的振动能保持一致。如是,该光线中必然缺失一种色彩,即振动周期与蒸汽分子一致的那条光谱,于是,一条暗线诞生于太阳光谱。

1855年,来自美国的戴维·奥尔特(David Alter)对氢的光谱做了描述,同时被描述的还有其他一些气体的光谱。1855—1863年,冯·本森(Von Bunsen)与罗斯科(Rrscoe)一起以实验的方式对光的化学作用进行了全面研究,1859年,他还协同基尔霍夫(Kirchhoff)制定了光谱分析法,这种方法不仅精准,而且最早,于是,即便是再微量的化学元素,也能以光谱检验的方法检验而出。利用这种全新的方法,人们发现了两种新的化学元素:铯与铷。

在对弗科实验一无所知的前提下,基尔霍夫与本森一起完成了白热石灰光从酒精火焰上穿过的实验,其中,光的光谱连续不断,火焰中蕴含食盐,于是,夫琅和费D谱线出现在了他们眼前。之后,他们重做了此实验,并借由放置于本森煤气灯中的锂发现了一条不存在于太阳光谱中的暗线。由此,他们断言,太阳大气层中有钠,没有锂,即便包含锂,其含量也微乎其微、难以看到。

天体光谱学由此发端,此后,又在以哈金斯、詹森、洛克耶为代表的诸多学者的努力下获得了长足的进步。洛克耶于1878年发现了位于太阳色球层光谱绿色区域的一条与地上已知的所有光谱都不切合的暗线。借此,他与富兰克林一起预言,有一种与此现象相对应的元素存在于太阳中,这一元素被他们称为氦。拉姆塞于1895 年从铀结晶矿中发现了氦①。

多普勒于 1842 年指出,波的频率会随观测者与波源的相对运动而改变。如果波源与观测者的距离拉近,每秒与观测者相遇的波必然增加,声的频率/光的频率自然随之增高。相反,如果波源与观测者的距离被拉远,声的频率/光的频率也便随之下降。快速列车从车站穿过时,原本高昂的笛声渐渐降低,足以说明这一点。如果一颗星体不断接近地球,则其光谱线必然渐渐趋向紫色,相反,若是远离地球,光谱线则趋向红色。即便多普勒效应效果不显,但其本身却能够被量度,在哈金斯及之后诸多学者的努力下,我们更深入地了解了恒星的运动,最近,更对其他一些现象有了较为深入的了解。

从物理属性上来说,光与辐射热并不相同,这一点已被充分证明。威廉·赫舍尔爵士于 1800 年指出,借由对放入太阳光谱中的温度计进行观测可知,在红色的可见光外,热效应依旧存在。此后,没过多长时间,存在于紫色可见光以外的、能够令硝酸银变黑的射线被李特尔(Ritter)发现,而这种摄影现象,1777 年便有发现记录,发现者为舍勒。1830—1840 年,不可见的光与辐射被证明与可见光具备同样的折射、干涉、偏振属性,证明者梅洛尼(Melloni)。以基尔霍夫、丁多尔(Tyndall)、鲍尔弗·斯特沃特(Balfour Stewart)为代表的物理学家们将发射强度等同于吸收强度的理论广而拓之,在热辐射领域进行了应用。他们认为,如果某一黑体可以吸收所有的辐射,那么在受热条件下,它的辐射波也将囊括所有的波长。1792 年,在交换理论中,普雷沃斯特(Prevost)指出,所有物体都会辐射热量,唯有在平衡状态下,物体的吸热量才恰好与其放热量相同。

麦克斯韦从纯理论的角度对源自辐射的、作用于被照射面的一种极微小的压力做了论述,近几年,借由实验,这种压力已被证明确实存在。巴托力(Bartoli)于1875 年借由这种压力做出了空间充满辐射时,从理论上来说,其作用与热机汽缸相同的假设。玻尔兹曼则于 1884 年指出,随着绝对温度四次方值的增加,黑体的总辐射量也相应增加,亦即 $R = aT^4$。这一定律,1879 年的时候,斯蒂芬(Stefan)就发现了,而他靠的不是实验,而是经验。这一极具实用意义的发现不仅有益于辐射理论的发展,还有益于其他,借由这一发现,我们可以以观测放热量的方式对火炉的温度,甚或包括太阳在内的恒星的表面温度进行测量。当温度升高时,不仅总辐射量会随之升高,释能的最大值也会趋向波长较短的一方。

---

① *Chemical Society Trans*,1895,p. 1107. ——原注

虽然直到 20 世纪时,同元素相异谱线频率间的确切关系的重要性才被物理学界认知,但 19 世纪时,关注它的亦不乏其人。巴尔默(Balmer)于 1885 年发表声明说,一个经验中的公式可以代表四条氢元素可见光谱中的线。后来,哈金斯也表示,日冕在日全食时的光谱线频率、紫外谱线频率、星云谱线频率均可以此公式表达,所以,这些谱线或许都属于氢元素。由此,他断言氢元素必然存在于日冕与星云中。

电波

上文曾提及,法拉第之所以在电学实验领域取得如此成就,他对电介质/绝缘质关键性的本能认知可谓功不可没。当电流跨越空间作用于磁针与另一并未与之连接的电路使得磁针发生偏转、感应电流在电路之中产生时,我们就必须做出假设,或是假设存在一种从未被诠释过的"超距效应",或是假设空间中存在一座桥梁,而这座桥梁将效应传达。法拉第对第二种假设更为青睐。他假定有一些质点形成的链条或者力的线条存在于"电介极化"中,他甚至假定它们能自由在空间中来去,哪怕已与源头脱离。

麦克斯韦以数学公式的方式对法拉第的设想做了诠释。在他看来,法拉第所谓电介极化的更易实则指的就是电流。既然磁生于电,电磁彼此正交,且电动力是因变化的磁场而生,则电磁之间必然存在相互关系。所以,当绝缘介质中的电介极化发生变化广而布之时,它必然会以电磁波的形式运动,在前进的波阵面上,电力与磁力也必定彼此正交。

由麦克斯韦的微分方程可知,当介质的电磁属性发生变化时,波的速度也会随之变化,这是理所当然的,如果以 v 来表速度,则 $v = 1/\sqrt{\mu k}$,其中 k = 电容率或介电常数[①],μ = 介质磁导率。

因为 k 与两电荷间的力呈负相关,μ 与两磁极间的力呈负相关,所以,如果电磁单位以电力、磁力来界定,则 k 与 μ 必不可少。且无论是什么单位,其静电值和电磁值的比率中,μk 亦必不可少,譬如电量单位中。因此只需以实验的方式对这两个单位进行比较,就能测量并确定 v 值,即电磁波的速度值。

---

① 麦克斯韦借助拉格朗日与哈密顿的数学方式,对不传导介质方程式做了推导,即:

$$ k\mu \frac{d^2 F}{dt^2} + \nabla^2 F = 0 \qquad k\mu \frac{d^2 G}{dt^2} + \nabla^2 G = 0 \qquad k\mu \frac{d^2 H}{dt^2} + \nabla^2 H = 0 $$

当 $v = 1/\sqrt{\mu k}$ 时,运动扰动的传播便由上述方程式决定,详情可参考作者所著的《*Theory of Expermental Electricity*》一书。——原注以麦克斯韦为代表的物理学家们发现,以此方法测定的 v 值与光速等同,同为 3×10^8 米/s。因此,麦克斯韦断言,电磁现象中也囊括了光现象,光波与电磁波的传播只需借助一种以太物质,无须数种。尽管电磁波的波长与光波的波长迥然而异,但两者却是同一类。

人们在弹性固体以太的研究方面投入了极大精力,现在我们该如何面对它?究竟是视电磁波为蕴含于"准固体"中的机械波,还是以意义尚不明确的电与磁对光进行诠释?麦克斯韦的发现将这一难题首次呈现在世人面前。然而人们也因他对传光以太的存在更具信心。显而易见的是,以太与电等效,且能传光。

不同于漠然视之的大陆,英国学术界在麦克斯韦的研究成果甫一问世时便给予了肯定。1887 年,借助源于感应圈电花的振荡电流,海因里希·赫兹(Heinrich Hertz)检测到了存在于空间中的电流,并借由实验证明了光波与电波在很多方面属性相同。如果以太真的存在,那其内必然充溢着无法在空气中传播的"无线电波"。能认识到这一点,麦克斯韦与赫兹厥功至伟。

在麦克斯韦看来,在带电系统中,绝缘介质是至关重要的,所以他希望物理学家们将精力全部集中其上。显而易见,介质是电流能量传播的通道,电流本身只是电能散佚为热的载体路线,它主要的作用是引导,引导电能向着可能出现散佚的路线前进。如果能量存在于感应圈电花电流或闪电电花电流等变化极为迅捷的交流电中,其方向在甫一流入导体时便会发生改变。所以,唯一可以有效携电的导线/避雷针表面的电阻自然要比电流稳定且恒定时高出不少。

无法准确地诠释电荷,尤其是无法对法拉第借由电解实验所指明的不同的原子电荷进行准确的诠释,是麦克斯韦理论的最主要桎梏之一。麦克斯韦逝世后,原子电荷问题便被提到了至关重要的地位,现在,我们非常有必要对其进行论述,然而,在那之前,我们必须脱开这一话题,说些题外话。

化学作用

化学作用的成因、机制在多年前便是人们揣度猜测的题材之一,牛顿在这方面也投入过许多精力。1777 年,通过对化学反应变化的观察与确切量度,温策尔(C. F. Wenzel)对酸类的金属化学亲和性做了预估。他发现试剂的有效质量,即酸的浓度,与化学反应的变化率之间存在着比例关系。另一个人也独立推导出了这一结论,这个人是贝尔托莱(Berhollet)。

威廉米(Wilbelmy)于 1850 年对蔗糖与酸化合、分解为左旋糖、右旋糖的过程,即其"反旋"现象进行了研究。他发现反应过程中,随着蔗糖浓度的降低,变化率与时间的几何级数也会循着一定的比例降低。这便意味着无论什么时间,只要发生了离解反应,则离解的分子的数量与彼时存在的分子的数量之间必然存在着比例关系——如果离解发生时,蔗糖分子彼此相安,出现这样的结果,自是理所当然。无论何时,只要有部分化学变化适用于这一结果,我们便能借此断言,起作用的是单个的分子,我们常以单分子效应来代表这种变化。

另外,如果发生了双分子效应,即两个分子彼此之间互有干涉,则变化率将决定于分子间碰撞的频率,并且两分子的浓度/有效质量的乘积与该频率之间将存在比例关系。当两分子浓度相同时,乘积与浓度的平方等值。

假定化合反应具有可逆性,则化合物 AB 与化合物 CD 发生反应,生成化合物 AD 与化合物 CB 时,AD 与 CB 也会彼此化合,还原为 AB、CD;如果反向变化发生时,其变化率与正向变化相同,便会形成平衡,即 $AB + CD \leftrightarrows AD + CB$

1850 年,威廉森第一个明确提出动态平衡概念。1864 年,经过古德贝格(Guldberg)和瓦格(Waage)的努力,化学作用下的质量定律被完善;杰利特(Jellet)与范特·霍夫(Van't Hoff)分别于 1873 年和 1877 年对这一定律做了重新阐释。要推导出这一定律,不仅可借助上文提及的分子运动论,也可以热力学理论为基础,借助淡液体系的能量关系而导出。化学实验中的许多反应现象都是其明证。

上文我们曾提及过,有酸类参与时,蔗糖会发生剧烈的反旋反应,且反应迅速,反之,则反应十分缓慢。酸类本身并无改变,似乎它并未参与到反应之中,只是对反应起到了促进作用。1812 年时,基尔霍夫第一个意识到这一点。他发现将淀粉放入淡硫酸溶液中,它将转化成葡萄糖。戴维发现醇蒸气在铂的作用下会与空气发生氧化反应。德贝赖纳(Döbereiner)注意到氢气会在铂的促进下与氧气发生化合反应。1838 年,卡尼亚尔·德·拉图尔(Cagniard de Latour)发现在某种微生物的作用下糖发酵生成二氧化碳与酒精,同年,施旺也发现了这一现象,贝采尼乌斯进一步指出发酵作用与以铂为促进剂的无机反应十分类似,且以"催化"为之命名,他表示具有"催化"能力的试剂在化学反应过程中可起到促进作用。在他看来,存在于生物体内的,由一般物质、血或植物汁液构成的不计其数的化合物,也许都是由与催化剂类似的有机体催化而生。1878 年,库恩(Kühne)以酶/酵素为这些有机催化剂命名。

拜特洛(Berthelot)于 1862 年借由水与乙基醋酸的化合实验发现,将两者按一定的分子比例混合放置数周后,部分乙基醋酸会发生水解,生成醋酸与乙醇,水解反应的速度随时间递减;和拜特洛一起发现这一现象的还有圣吉勒斯(Péan de St

Gilles)。如果先发生反应的是酸与乙醇,则会发生逆向反应,当二者比例最终达成一致时,会进入平衡状态。如果醋酸被矿酸代替,原本十分缓慢的化学反应会骤然加速,数小时内便达成平衡。如是可以确定,酸类在反应中起到的作用的确是催化,而且无论反应是正向的还是逆向的,催化作用都同样有效。从某种程度上来说,它与机器润滑剂起到的作用其实是类似的。1887年,阿累尼乌斯(Arrhenius)指出,酸的导电率会影响其催化效率。

这一现象也适用于气体。迪克逊(Dixon)于1880年通过观察获知,当氢气与氧气都极为干燥时,二者不会发生爆炸,亦不会化合生成水汽。事实上,早在1794年,这一现象就被富勒姆(Fulhame)夫人发现了。布里尔顿·贝克(Brereton Baker)于1902年发表声明称,如果化合反应十分缓慢且生成物为水,化合过程中就不会发生爆炸。阿姆斯特朗则表示,以生成物形式出现的、过于纯粹的水在化合过程中并未起到催化作用。我们还了解到,纯粹的化学物质有些时候的确是毫无作用的,似乎催化作用发生时,总有一些成分比较杂乱的混合物参与。在之后的章节中,我们会对酶/有机催化剂在生物化学领域的重要性进行详细的论述。

惰性元素的新发现出现于19世纪末期,而且不是一个,而是数个。第三代雷利爵士(third Lord Rayleigh)于1895年指出,提取自化合物的氮的密度较自空气中提取的氮的密度要小一些,以此为引,他与拉姆塞一起发现了一种被其命名为氩①的惰性气体。此后,氦、氖、氪、氙相继被发现。短短四年里,五个新元素陆续被发现。现在氩被广泛应用于充气白炽灯领域,氖、氦被广泛应用于广告霓虹灯领域,因为其光线是红色且极具穿透性,氪在灯塔照明领域也备受青睐。美国与加拿大存在着许多天然气,以往,和这些气体一起散佚而出的氦曾被用于给飞船上的气球充气。门捷列夫在元素周期表中将这些原子价统一为零的元素归为一族,莫斯利在原子序数表中亦对其做了恰当的归置。之后,以阿斯顿为代表的学者们对同位素、原子量进行了大量的研究,由是,从理论上来说,较之以往,这些气体的重要性自然多有提升。

溶液理论②

众所周知,在水溶液或其他溶液中,物质会发生溶解反应。部分液体可以任何

---

① Lord Rayleigh and Sir Wm. Ramsay, *Phil. Trans.* 1895. M. W. Travers, *The Discovery of the Rare Gases*, London, 1928. ——原注

② W. C. Dampier Whetham, *A Treatise on the Theory of Solution*, Cambridge, 1902. ——原注

比例化合,如水和乙醇;部分液体却完全无法混合,如水和油。同是固体,金属不溶于水,糖则易溶于水;与空气近似的气体,包括空气在内,仅有少量会与水发生溶解反应,但氨气与水的溶解反应却很剧烈,气态的氢氯酸也易溶于水。

溶解反应的发生并不妨碍物理变化的进行。溶质容积与溶剂容积的和或许要小于溶液容积,或许还会出现吸热放热现象。部分中性盐溶液溶于水时会吸热,但以氯化铝为代表的少量盐溶液以及酸类溶液、碱类溶液溶于水时则会放热。

许多化学家对这些现象做过研究。他们发现,这是一种囊括了混合效应、化学效应的极复杂的反应,然而,由其不断变化的成分,即与其他化合物之间不同的化合比例可知,它们之间必然存在某种与众不同的关联。不过,直到19世纪,溶液现象才真正作为一种特殊问题被对待。

托马斯·格雷厄姆(Thomas Graham,1805—1869年)是第一个系统地对溶解物质的扩散现象进行研究的人。上一章,我们曾描述过他的气体扩散实验。格雷厄姆指出,溶解于水的部分晶体,如盐类,可以自由地从薄膜中穿过,还能迅速从溶液的一部分向其他部分扩散,但如果溶解于水的物质没有形成结晶体,如明胶,其扩散速度将十分缓慢。格雷厄姆称前者为凝晶体,后者为胶体。刚开始的时候,胶体被认定为有机物,可后来才发现,部分经过特殊处理的无机物与金属,如硫化砷、黄金,也能以胶体状态呈现。

我们已经详细阐述过伏特电池的发明以及随之兴起的与溶液电介质相关的研究。法拉第于1833年表示,当定量电流从电解液中流过时,电极中会析出一定的离子。如果假定电流的传递是以离子运动为依据的,则所有原子价相同的离子所带的电荷必然也是相同的,如是,以单价离子携带的电荷数来定义单位电荷/电原子也就成了理所当然的事情。

1859年,有人对这一问题做了更深入的探究,此人为希托夫(Hittorf)。当电流从被他放置于溶液中的不溶的电极间通过时,散布于电极四周的溶液发生了不同程度的稀释。希托夫发现,可借此在实验条件下测定异性离子运动速度的差异,因释放出快速离子的电极失去的电介质也相对较多,借此,便能对两种异性离子的速度比进行测定。

1879年,一个对电解液电阻进行测量的绝佳方法被柯尔劳施(Kohlrausch)发现。因极化而难以使用直流电的问题被柯尔劳施克服了。为降低沉淀物表面的密度,柯尔劳施大量使用了海绵状电极与交流电。他以电话机而非电流计作为指示器,因为电话机对交流电有所反应。如是,极化现象被规避,他也因此发现欧姆定律同样适用于电解液,亦即电动力与电流之间存在比例关系。因此,即便电动力达到最小值,依旧可以令电解质生电;逆极化作用只发生在电极周围。因此诚如克劳修斯所说,离子的交换一定是自由的。

柯尔劳施不仅以此方法对电解质的传导率做了测定,还指出因为反向离子流是电流传递的载体,所以一定能根据传导率对反向离子的速度总和进行测定。兼之测定离子速度比的方法已经被希托夫证实,我们便能对单个离子的速度进行计算了。当电位差为 1v/cm 时,氢气在水中的运动速度为 0.003cm/s,中性盐离子的运动速度为 0.0006cm/s。奥利弗·洛治(Oliver Lodge)爵士通过实验的方式对氢离子的速度值做了证实。他在明胶表面涂抹了一层对氢极为敏感的指示剂,让氢离子从明胶中通过,再对它的踪迹进行追寻。证实中性盐离子速度的正是本书的著作者本人,证实的方式可以是对沉淀形成过程的观察,也可以是著作者所采用的对着色盐运动的观察。此后,以马森(Masson)、斯蒂尔(Steele)、麦金尼斯(Maclnnes)为代表的学者们对这些方法做了研究与改进[1]。

关于溶液,荷兰籍的物理学家范特·霍夫有不同的见解。早前,我们便知道,水借由细胞膜渗入植物细胞时,会有压力生成,借助由无釉瓷器上的化学沉淀物制备而成的人工薄膜,植物学家佩弗(Pfeffer)曾对这一渗透压做过测量。在范特·霍夫看来,佩弗的实验已经证明了,渗透压与其余元素之间存在着与气体压力和其余元素之间的关系极为类似的关系,即与容积成反比,且随绝对温度的升高而升高。无法被溶液渗透的薄膜,却能被包括水在内的他种溶剂逆向渗透,借此,我们可以将具有渗透性的细胞想象为完美机器的汽缸,所以,热力学的理论被范特·霍夫应用于溶液体系,从而成为一个全新的研究领域开辟的前导。在他看来,凝固点、气压等物理属性与溶液的渗透压是息息相关的,因此,只要测定了凝固点(这项工作十分简单),便能计算出渗透压。他从理论与实践的角度分别证明了相同浓度下,稀溶液渗透压的绝对值等同于气体的压力值。有一部分人觉得,借此,我们便能得出溶解后的物质为气态或渗透压与气压的成因相同这样的结论,但很显然,这不现实。热力学领域的推理与机制无关,它能表明彼此关联的量之间的联系,却无法表明这一联系的性质。或许渗透压与气压有着相同的成因,都源于分子的碰撞;或许溶质与溶剂的化学亲和,抑或两者的化合反应,才是渗透压产生的根源。但无论它的属性如何,只要它存在,就必然与热力学理论相契合,诚如范特·霍夫所说,在稀溶液中,它一定遵循气体定律。只是,它的成因尚不可知,起码,单凭热力学是无法确定的。

---

[1] 参见 A. J. Ber. y,上引书 Report of the Chemical Society,1930。——原注

瑞典学者阿累尼乌斯于 1887 年对渗透压与溶液电解质之间的关联性进行了证明。众所周知,电解质的渗透压非常大,譬如在分子浓度相同的情况下,以氯化钾溶液为代表的所有二元盐溶液的渗透压是糖溶液的双倍。阿累尼乌斯表示,这种压力之所以如此大,不仅与电解过程中的导电度有关,还与类似于糖发酵生成乙醇时酸类所起的催化作用的化学活动性有关。他得出结论,如此大的压力表明,构成电解质的离子会彼此离解。譬如,因为氯化钾溶液中存在着大量中性的 KCl 分子,但也有带正电荷的钾离子和带负电荷的氯离子,所以溶液具备化学活动性且存在导电度。离解的盐越多,溶液的浓度就越低,当溶液浓度达到极低值时,所余的便只有 K$^+$ 离子与 Cl$^-$ 离子。有学者认为,因为这两种离子与溶剂发生了化合,所以两者才会彼此分离。

庞大的物理化学大厦在柯尔劳施、阿累尼乌斯、范特·霍夫的努力下开始了上层领域的构架,在这里,电学与热力学被统合,理论方面的知识逐步被完善,且广泛应用于工业领域。不仅如此,我们还应铭记,此后,物理学领域部分伟大的学者对气体中电的传导现象做了研究,并借此创建了最有特征性的一个现代科学的分支,而他们对离子的认知便来源于溶液理论。

要直接以实验的方式对渗透压进行测量难度极大,但 1901 年时来自美国的莫尔斯(Morse)、怀特尼(Whitney),1906—1916 年,来自英国的贝克莱伯爵与哈特莱(E. G. J. Hartley)却先后独立完成了高浓度溶液中渗透压的实验室直接测定工作[①]。莫尔斯团队使用的测定仿佛类似于佩弗实验,只是修改了部分实验细节。贝克莱、哈特莱并未对半渗透小室承受的来自溶剂的压力进行观测,而是不断给溶液加压,迫使溶剂因转向运动而遭到排斥。他们将实验结果与范·德·瓦尔斯公式做了对比;发现单以葡萄糖与蔗糖而论,其结果与公式:$RT = \left(\dfrac{A}{v} - p + \dfrac{a}{v^2} \right)(v - b)$
十分契合。

阿累尼乌斯对电解质的离解作用展开了联想,奥斯特瓦尔德(Ostwald)将化学领域的质量作用定律应用于此联想中,得出了稀化定律方程:$\dfrac{a^2}{V(1-a)} = K$,其中 a 代表电离度,K 为常数,V 为溶液容积。这一公式只适用于弱电解质,如果酸与盐发生了轻度离解,则该式可衍变为 $a = \sqrt{VK}$。不过该式并不适用于强电解质,电离理论在相当长的一段时间内不被人接受,这一败笔亦是阻碍之一。

---

① Phil. *Trans. Royal Society*, A, 1906, 206, etc. Alexander Findlay, *Osmotic Pressurc*, London, 1919. ——原注

近些年,通过不断的研究,这一难题已经被攻克。德拜(Debye)、尤格尔(Huckel)、翁萨格(Onsager)于1923—1927年宣称,受离子之间相互作用力的影响,离子四周形成了一种与其性质相异的离子大气[①]。一层新的大气会在离子运动时出现在其前方,它后方的大气则随之散佚。一种有阻挡作用的电拖曳作用由此成形,于是,离子的运动与其浓度的平方根便按照一定的比例降低。如是,一个十分复杂的公式被推导而出。如果将可能存在的离子的缔合现象也计算在内,则该公式展现出的导电度与浓度之间的相互关系与实验室实践所得的结果大体上还是吻合的,即便是强电解质溶液也同样适用。

近期的研究结果表明,强电解质并不像阿累尼乌斯所说的那般只能部分离解,而是能全部离解。且离子运动速度的降低才是浓溶液相对电离度降低的根本原因。通过 X 射线分析,我们知道即便是存在于固态晶体中的原子,彼此亦保持着分离的状态,同样的观点,此后也有人提及。

---

① R. W. Gurney, *Lons in Solution*, Cambridge, 1936. ——原注

第七章　19 世纪的生物学

生物学的意义——有机化学——生理学——微生物和细菌学——碳氮循环——自然地理学和科学探险——地质学——自然历史——达尔文以前的进化论——达尔文——进化论和自然选择——人类学

生物学的意义

天文学与物理学的进步在文艺复兴出现的科学时期里，引发了思想史上最大的一次革命。当哥白尼推翻了地球是宇宙中心说的观点，天体现象被牛顿归到习以为常的机械定律管制之下以后，正好破坏了很多组成整个神意启示理论基础的默认前提。人们的看法就因此发生了翻天覆地的变化，可是要想看到效果，还需要经过漫长的岁月。尽管一般人依然推崇大地是宇宙的中心，创造万物的唯一目的价值就是人这一类观点，可是有识之士早已摒弃了和这些观点有关联的一些天文学观念。

在 19 世纪的飞速发展中，既不是物理知识的飞速进步极其有效地让人们的心理视野变宽了，并推动思想方式的一次大变革，也不是以这些知识为基础建立起来的上层工业大厦的功劳。人们开始对地质学和生物学、生命的现象感兴趣，而不再对天文学、物理学感兴趣。进化的旧观念因为自然选择的假说而首次有了一个能被认可的前提，在它没有止境的征途中，人类思想开始了下一个征程。达尔文在这个过程中成为生物学中的牛顿——19 世纪思想界的核心人物。之后出现的诸多事实如果仅凭自然选择估计无法给出一个完美的解释，可是进化论建立的前提却非常广泛。当时间一天天流逝时，这个前提会愈加牢固。

只有从第五章谈到的地方去对生物知识的进步加以考察，才能对进化哲学的历史和价值进行追溯。在前面我们已经叙述过组成生物学基础的诸多学科中的物理学和物理化学，可是直到 19 世纪，有机化学才成为一个真正的独立学科，在这里，我们必须重点阐述。

有机化学[①]

以那个奇特的碳元素为主导的化学，就是动植物体内复杂的化学。碳原子有个奇特的属性，不仅自己可以彼此结合，还可以和其他元素相结合，从而形成非常复杂的分子。我们曾经说过，两种对立的学说一直都存在，一种学说认为生命是一种极其特别的生命原质，另一种学说认为机械作用在生命体中也可以对所有现象进行解释，就像在外界的物质世界中一样。在相当长一段时间里，人们都觉得只有在生命的过程里，才能形成动植物组织的组成元素——复杂物质，所以就有人持这样的观点，这种观点导致了生命的灵魂说的信仰的兴衰。亨内尔（Hennell）于 1826年用人力把乙醇合成了，韦勒（Friedrich Wöhler）于 1828 年用氰酸和氨制成了尿素。这些事实都足以证明，过去只在生物体内存在的东西，现在在实验室里也可以制造出来了。之后，更多人工合成物被制造出来。费舍（Emil Fischer）于 1887 年通过合成碳、氢和氧等元素，把果糖和葡萄糖合成出来了。两个世纪以来，只能用干馏法对有机物进行分析，根据份数记录称重的结果，也就是气、液、油和碳滓分别占据一定的比例[②]，可是到了 18 世纪后期，很多有机物就已经面世了，如舍勒（Scheele）就把几种有机酸分离出来了。

对化合物中的元素和其所占的比例进行测定是有机化学的头等大事。如今所采用的方法是用氧化铜释放出的氧燃烧待测定的化合物，之后对燃烧后的产物的重量进行测定。拉瓦锡、贝采尼乌斯、盖－吕萨克和泰纳尔（Thénard）等人是这种方法的主要发明人，后来在李比希（Justus Liebig）的努力下，这种方法被改良了不少，到 1830 年时，根据经验，已经可以对碳化合物的成分进行精准的测定了。"同分异构体"（也就是有些化合物组成成分所占的比例一样，可是却有着不同的物理和化学性质）的发现无异于一个让人震惊的结果，比如说异氰酸银和雷酸银，尿素和氰酸铵，酒石酸和葡萄酸都是。贝采尼乌斯觉得之所以会出现这种现象，是因为两种同分异构体的分子中原子的排列和联系不一样。在元素中也发现了一样的现

---

① 可参考：Sir Edward Thorpe, *History of Chemistry*, London, 1921. ——原注

② M. Nierenstein, *Isis*, No. 60, 1934, p. 123. ——原注

象,拉瓦锡证实,从化学上来说,木炭和金刚石其实是相同的一种物质。

在弗兰克兰(1852年)、库珀(Couper)和凯库勒(Kekulé,1858年)等人阐明清楚了原子价的理念以后,贝采尼乌斯的观点发展到了一个新阶段。比如说常用酒精的经验式 C_2H_6O 可以这样写:

$$
\begin{array}{c}
\text{H} \quad \text{H} \\
| \quad\quad | \\
\text{H}-\text{C}-\text{C}-\text{OH} \\
| \quad\quad | \\
\text{H} \quad \text{H}
\end{array}
$$

可以用四条线代表凯库勒所说的碳原子的四价,而每一条线都可以连接其他的原子,像 H,或者其他的原子团像羟基 OH。

1865年,在对芳香化合物进行探讨的文章中,凯库勒对这些观点进行了延伸,用来对这类化合物中最简单的苯(C_6H_6)的结构加以说明。凯库勒指出,苯不同于乙醇,乙醇的碳链两端不是闭合的,而要想对苯的化学性质和反应进行解释,必须连接碳链的两端,让它们不再是开放的,如下所示:

$$
\begin{array}{c}
\text{H} \\
| \\
\text{C} \\
\text{H}-\text{C} \quad\quad \text{C}-\text{H} \\
| \quad\quad\quad\quad | \\
\text{H}-\text{C} \quad\quad \text{C}-\text{H} \\
\text{C} \\
| \\
\text{H}
\end{array}
$$

只要假设其他原子或原子团取代了其中一个或是多个氢原子,那么更复杂的芳香化合物的结构就可以表达出来了。

如此一来,有机化学就走上了理论的道路。人们以理论上也许存在的结构式为依据,推测存在某些新的化合物,而也真的合成或分离出了很多预测的新化合物。如此一来,因为结构式的理论的缘故,对于有机化合物来说,我们就可以在化学上采用演绎的方式了。

原本米切利希(Mitscherlich)早就指出原子结构和晶状息息相关,而他又于1844年恳请人们关注这样一个事实:尽管酒石酸的各同分异构物的化学反应、组成成分和结构式都相同,可是却有着不同的光学性质。1848年,巴斯德(Louis pasteur,1822—1895年)发现葡萄酸盐在重结晶时形成了两种晶体,它们之间的关系就像左右手或实物与镜中的虚拟影像一样。假如分别取出这两种晶体,经过溶解以后,会发现这样的现象,一种溶液可以向右旋转偏振光的偏振面,另一种溶液则可向左旋转偏振面。后来经过证实,第一种溶液含有一种叫作普通酒石酸的化合物,第二种溶液则含有一种新盐,和第一种混合到一起以后,就会得到葡萄酸盐。要想分解葡萄酸和类似物体,可以把酵素一类有生命体的选择作用派上用场。其实从光学上来说,来自生命的物质的很多产物都是活跃的,而来自实验室的却是严肃的。

1863 年,维斯里辛努斯(Wislicenus)以乳酸的类似现象为依据,得出这样的结论,之所以会出现这样两种不同的晶体,原因必定是在空间中,原子的序列不一样。1874 年,勒·贝尔(Le Bel)和范特 - 霍夫也分别得出这样的结论:但凡在光学上有着活跃性质的碳化合物,其原子结构都是不对称的。范特 - 霍夫觉得四面体的中心就是碳原子 C 位置,四角上分别有四个其他原子或原子团(如图9)。假如这四个原子或原子团彼此不一样,那么其结构就是不对称的,这里也许会出现这样两种不同的情形,互相之间的关系和实物与镜中虚拟影像有着相同的关系。勒·贝尔、琼斯(H. O.

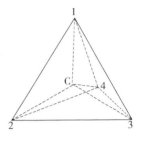

图9　正四面体晶体结构

Jones)、波普(Pope)、基平(Kipping)等人又发现同样的现象还出现在碳以外的其他元素,尤其是氮的化合物中。

1832 年,李比希和韦勒指出:在一系列化合物中,在化学作用下,一个复杂的原子团(后来叫作"基")往往都是紧密联系在一起的,就如同一个元素的原子一样。像氢氧基 OH,不仅水中有,即便在所有苛性碱类和醇类中也有。此外,不计其数的复杂的基还在有机化学和生物化学中存在,而且对于有机化学和生物化学的反应来说,它是必不可少的。

罗朗(Laurent)和杜马(Dumas)提出从基的理论自然过渡到构型的理论,而威廉森(Williamson)和热拉尔(Gerhardt)又在 1850 年以后深化了这种理论。在对化合物进行分类时,可以以它们的构型为依据,比如说氧化物的构成基础可以被视为水型,氢原子的一部或全部被同价的原子或原子团所取代。贝采尼乌斯的电性二元论取代了这种基与型的观点。

生物机体的组成元素——若干有机物慢慢被分离出来,到了 19 世纪后半期,又采用人工的方式根据其元素加以合成。以下三类化合物的某一类的成员或其衍生物就是它们:

(1)蛋白质,含碳、氢、氮、氧,有时还有硫与磷。

(2)脂肪,含碳、氢和氧。

(3)碳水化合物(糖类),含碳、氢、氧,氢和氧所占的比值和它们组成水时所占的比值一样。

在这三类化合物中,化学结构最为复杂的是蛋白质,而氮是它的主要基础。它们极易被分解,而且分解出的成分很多大体上都是一样的,通常叫作氨基酸,里面有氢、氮二元素合成的氨基 NH_2。在 19 世纪,这类酸中的很多都被分离出来,经过化学检验,知道它们虽然结构不一,可是都拥有一个或多个酸性碳氧基(COOH 学名"羧基")和一个或多个碱性的氨基,因此它们不仅有酸性,也有碱性。有机体中的各种蛋白质的组成元素就是比例不一的各种氨基酸。

1883 年,库尔蒂斯(Curtius)用人工造成一种化学反应和蛋白质产物一样的物质。没过多久,费舍就对这种物质以及与之类似的化合物的结构进行了研究。为了让氨基酸形成更复杂的物体,他想出了好几种不同的方法。这种叫作"多肽物"的物质很像消化酶在蛋白质上发挥作用而形成的蛋白胨。如此一来,在对生物机体的组成成分的性质进行测定方面,甚至在对这些成分进行合成方面,在 19 世纪快要结束时,都取得了飞速的进展,可是却依然不怎么了解更复杂的蛋白质。

生理学

组成身体的各个组织的生命总和产物就是身体的生命,这是 19 世纪生理学最早的一个观念。比夏(Bichat,1771—1802 年)把这个理论提了出来,并致力于对这些组织的特性进行研究。在他看来,生活力和物理、化学的力量时常处于纷争中,在生物死亡以后,后两种力量就再次成为一切的掌控者,而且把生物的躯体摧毁了。

大脑的所有功能都是有相应的位置的观点,已得到为数不多的观察的验证。比如 1558 年,威尼斯的马萨(Massa)发现,如果左眼后面的部位受到损害,会对说话产生影响。在哈勒(Haller)看来,在脑髓中,神经有一个相同的汇聚点,可是在这方面有所造诣的解剖学家直到 1796 年依然分不清脑室里的流体和盖伦的"动物元气",以及亚里士多德的"感官交会所"或"灵魂的器官"。最后,加尔(F. J. Gall,1758—1828 年)这位先在巴黎,后来在维也纳行医的解剖学家驳斥了这种观点[①]。他大力弘扬马萨的观点,把大脑的真正构造揭示出来了,还说"对于神经系统的活泼来说,灰质是少不了的,而白质只是起到联系作用而已"。人们批评加尔是唯物主义者。人们更加不满他一直主张遗传的重要性,因为遗传一说是违背当时教会的道德责任观的。他习惯于混合毋庸置疑的事实和错误连篇的学说,这让他受到更多质疑。被他辞退的助手斯珀茨海姆(Spurzheim)以他对大脑各部位功能的研究为依据,创建了荒谬的"脑相学",所以人们觉得加尔本人只是一个不学无术的

---

① G. Elliot Smith 在 The Times, August 22nd,1928 上的文章。——原注

骗子而已。可是现代脑神经学建立的基础依然是加尔的研究成果的坚固部分。

另一位法国生理学家马让迪（Majcndie）修改了比夏所提出来的活力论。在他看来，生物的某些现象的形成要归咎于一种无法分解的生命原质。1870年以后，马让迪致力于分析在他看来可以用实验方法加以研究的问题，并取得了突出的成绩。对于当时盛行的观点，推崇实验，甚至冲动的实验，他是持反对态度的。当时，只有极少的人采用培根的实验方法，他就是其中之一。他对脊神经的前后根功能差异进行了证实，就像贝尔（Charles Bell）爵士所预测的那样——对于神经系统生理学来说，这是其中的一个基本结论。对药物效应进行研究的实验药理学也是由马让迪创建起来的，而且他还对血液在血管里流动主要是因为心脏的抽吸作用进行了证实。

在笛卡儿和他的学生看来，源于神经纤维，进而抵达中枢的刺激会自发地变成到外部去的神经活动，一定程度上对适当的器官或肌肉产生刺激作用，如此一来，人体就成了一副机器。这个观点得到医疗学派的认可。对于这个问题，贝尔、马让迪和霍尔（Marshall Hall，1790—1857年）等人都给出了很多证明材料。霍尔区分开了任意的反射作用和无意识的反射作用。很多生命中我们司空见惯的动作，像喷嚏、咳嗽、行走、呼吸都能被视为反射。另外还有很多之前被视为有很多复杂的心理作用被包含在其中的动作，人们尤其是夏尔科（J. M. Charcot，1825—1893年）和他的学生，才在19世纪末将这些动作归到反射作用中。这些问题到了20世纪所积累的证据更是多如牛毛。

约翰内斯·弥勒（Johannes Müller）是19世纪初年德国最为有名的生理学家。在他的名著《生理学概论》中，他把当时所有的生理知识都搜罗到一起。他也花费了很多精力在研究神经功能上面。他发现了一个非常有用的现象：我们不管经历哪一种感觉，和刺激神经的方式都是没有关系的，而只由感觉器官的性质来决定。像光、压力或机械的刺激，对视神经和视网膜产生作用时，一样有光亮的感觉出现。哲学界自从伽利略的时代以后，就深信人们如果只是以感官为媒介，是没办法真正对外界有所认知的。这一信念因为弥勒的这一发现而有了生理学上的依据。

即便这种研究再成功，用物理和化学的实验方法来对生理学加以推动的人们也通常会产生这样的感觉，这些方法在很多问题上是不起效的。与此同时，还有一些人开始关注形态学。他们把愈加完全的活力论的观点派上用场。尤其是在法国。虽然马让迪在那里展开实验工作，可是相比对生理学进行研究的氛围，科学界对自然历史进行研究的氛围还是要浓厚一些。博物学家居维叶（Cuvier）的影响也有利于活力论。

克劳德·伯纳德(Claude Bernard,1813—1878 年)①是马让迪非常有名的一个学生。在实验才能上,他一点儿都不比他的老师逊色,他意识到,要花费相当的心思和想象力在设计实验室工作上。伯纳德主要是对神经系在营养和分泌上的作用进行研究。在开展这项工作时,他在采用实验方法的同时,也进行了直接的化学研究。现代生物化学的很多成果的先声就是他的工作。

在弥勒的书中,食物在胃里历经的一系列化学变化就相当于是消化的整个过程。美国陆军外科医生博蒙特(Beaumont)于 1833 年发表了不少和消化相关的新事实。这些事实来源于他对一个被子弹击中、胃上留有一个孔穴的病人的观察。在动物身上,伯纳德也造成了相同的情况,对胰液可以分解从胃进入十二指肠的脂肪,进而得到脂肪酸和甘油,淀粉被转化成糖,并溶化含氮物质或蛋白质加以验证。

在杜马和布珊高(Boussingault)看来,植物和动物的功能是南辕北辙的。植物把无机物吸引以后,把有机物制造出来。从本质上来说,动物带寄生性,所生活的媒介只是把有机物变成无机物,最起码是变成更加简单的渣滓。动物把有机食物吸收了,有时稍稍加以改变,可是他们觉得动物不可能把脂肪、碳水化合物或蛋白质制造出来。伯纳德把狗当作实验对象,对在神经掌控的内分泌的影响下,肝可以用血液制成葡萄糖加以了证实。1857 年,他又通过实验,对肝在活着时可以产生一种类似淀粉的物质进行了证实,他将之命名为肝淀粉或糖原,经过无关于生命的酵解后,就得到了葡萄糖。如此一来,他就让人们明白了糖尿病的属性,并指出动物也可以把某些有机物质制造出来。

所谓血管舒缩神经功能就是伯纳德的第三大发现。在感官冲动的激发下,这种神经可以产生不自然的动作,以对血管加以控制。他之所以会发现这种功能,源于他对一种神经的节所引发的"动物热"的研究。后来的事实对动物热其实是源于血管的扩张进行了证实。福斯特说:"但凡范围宽泛一点的生理学,都是避免不了血管舒缩这一问题的。"这些问题源于伯纳德在一个活体动物身上所进行的一次简单实验。"如果伯纳德在如今的英国出生,那么这个实验也许根本没法进行,如此一来,他的工作成果就不可能出现了。"和重要器官以及身体各种功能相关的像循环、呼吸、消化的基本知识,现代生理学、现代医学和现代外科所仰仗的知识,从历史上可以清晰地看出,都来源于动物实验。禁止采用这个方法让知识前进的人,应承担的道德责任是相当大的,哪怕他们对事实一无所知,或者根本不知道这种实验所关系到的问题是多么严重,也完全不能减少他们的责任。

---

① Michael Foster, *Cloude Bernard*, London, 1899. ——原注

韦伯兄弟(E. H. and E. F. Weber)进一步研究了神经系统,他们发现了克制作用,比如对迷走神经起到刺激作用,让心跳停下来一类。

1838 年,马格纳斯(Magnus)进一步了解了呼吸获得。他指出,不管是动脉中的血,还是静脉管中的血,氧和二氧化碳都存在,可是却占据着不同的比重。在他看来,气体是在血液中溶解的,可是在 1857 年,迈耶尔就曾经对这两种气体和血组成一种放松的化合物进行了证实。伯纳德指出一氧化碳之所以会有毒性,是因为它从红血球的血红蛋白里取代了氧气,所以血红蛋白失去效用,再无法对氧气进行运输了。

1651 年出版的《动物的生殖》一书中,哈维已经让观察的胚胎学具备了一个科学的前提,可是沃尔弗(Caspar Frederick Wolff,1733—1794 年)才是现代发展的始祖。他在柏林出生,在圣彼得堡去世,在俄国女皇叶卡捷琳娜的邀请下,他去了那里。沃尔弗还在世时,人们都质疑他的研究成果,可是现代所有结构理论的始祖却是他。他用显微镜对细胞进行过研究,指出一个曾经性质单纯的胚子要如何才能慢慢分化,变成各种器官。

冯·贝尔(Von Baer,1792—1876 年)明确提出,所有胚胎发展,都要经历细胞的增殖和分裂这一过程,后来他更是意识到,整个动物界都是依照这个过程发育的。1827 年,对于克鲁克香克 1797 年曾经发现过的哺乳动物的卵子,冯·贝尔又一次发现了,进而把每一卵子都有微小动物的旧说推翻了。可以这么说,现代胚胎学就是由冯·贝尔创立起来的[1]。对于梅克尔(Meckel,1781—1833 年)提出的个体历史是再现了种族历史相关的理论,他予以了驳斥。很早以前,人们就认可了这一假说,使得对进化论进行研究的学者在 19 世纪末非常喜欢使用胚胎学这一方法。人们当时觉得在个体历史中通过这个方法可以把某些事实挖掘出来,而如果换成其他方法,则要历经重重磨难,在动物界开展广泛的对比分析才可以实现。

17 世纪,开始出现生物结构的细胞理论[2]。在显微镜里,虎克看到了"小匣或小室",列文虎克、马尔比基(Malpighi)、格鲁(Grew)等人也相继发现了同样的事实。可是到了 19 世纪初期,这一理论取得了突破性进展,米尔伯(Mirbel)、杜托息(Dutrochet)和他们的追随者慢慢形成了系统化的细胞理论,而且以来源于有核胚胎的细胞持续分裂过程为依据,对植物和动物组织的形成进行了研究。细胞理论

① E. Nordenskiöld, *The History of Biology*, Erg trans London, 1929, p. 363; G. Sarton, *Isis*. Nov, 1931. ——原注

② Woodruff, Conklin, Klaring, *American Naturalist*, vol, LXXIII, pp. 481 and 517. ——原注

这一成果来源于很多研究者。

杜宾根(Tübingen)的冯·莫尔(Hugo von Mohl)对细胞的内容进行了研究,并用原形质称呼细胞膜内的黏性物。冯·内格里(Karl von Nägeli)发现这种物质里面有氮元素。舒尔茨(Max Schultz)整合事实,用"一团有核的原形质"来形容细胞,并提出生命的物质基础是原形质。

柏林的菲尔绍(Rudolf Virchow,1821—1902 年)在研究病理组织方面,运用到了细胞理论,进而在医学上建起了一座里程碑。在《细胞病理学》(1858 年)一书中,他指出病态结构的形成是源于原有的细胞分化来的细胞。比如癌的形成就是凭借细胞的不正常发育,必须以对细胞活动加以控制的方法为基础,才能找到一种治疗方法。

当很多生命变化被包括至化学的范围时,生理学问题在采用了物理学的原理进行研究以后,也取得了相当大的进步。在对血液循环进行解释时,哈维觉得以心脏的机械作用为仰仗,血液被压迫至动脉和静脉中去。因为这个学说,生理学的研究具有了自然主义的光环。可是到了 18 世纪后半期,因为这个问题太难了,人们基本上采用的又都是活力论的假说,直到 19 世纪中期,法国学派的"超机械力"的影响都还没有衰退。此后,意见就出现了改变。这种局面一开始的形成,要归功于有机化合物的合成和我们论述过的生理学方面的研究成果,其巩固则要归功于物理学方面的研究成果。在生理学中,路德维希(Karl Ludwig)把物理仪器运用到了生理学中,迈尔和赫尔姆霍茨的工作显示,能量守恒的原理在生物机体上也一定是适用的。

在很多人看来,能量守恒出现的概率极高,不需要证明,可是,这一点直到很多年以后才被验证。李比希是说过动物热并不是与生俱来的,而是因为燃烧所带来的,可是它的证明却等到有人将各种食物放到量热器里燃烧,并对其热值进行测定以后才能完成。1885 年,鲁布纳(Rubner)对蛋白质和糖类进行测量以后发现,其热值为每克 4.1 卡①,脂肪为 9.2 卡。1899 年,阿特沃特(Atwater)和布赖恩特(Bryant)把他们在美国所开展的范围更广的实验结果公布出来了。他们把各种食物中无法消化的部分扣掉了,修订了鲁布纳的数字:蛋白质和糖类的热值和脂肪分别是 4.0 卡、8.9 卡。一个从事繁重体力劳动的人每天需要含有 5500 卡燃料值的食物,而不需要运用肌肉工作的人,每天只需要含有 2450 卡燃料值的食物。最近,

---

① 这里是指大卡,也就是让 1 公斤的水升高 1℃需要的热量,是物理学上用到的单位的 1000 倍。——译者注

伍德(T. B. Wood)等人研究了农场牲畜,又把食物分成了这样两类:维持量(也就是动物要想活下去所需要的食物)、增加量(也就是发育和产乳所需要的食物)。

要想对能量永恒的问题进行研究,就必须对食物中输入的能量和肌肉做功发热与排泄时输出的能量进行测定。1894 年,鲁布纳估计了狗身上的输入和输出,计算出这两个量误差不超过 0.47%。1901 年,阿特沃特、罗莎(Rosa)和本尼迪克特(Benedict)在人体上开展了这个实验。结果显示,两数误差不超过 0.2%。脑力活动和其他没有算进去的活动需要能量的可能性也很大,可是数值一定不会很大。

这种基本上和能量守恒原理相符的结果显示,说到底,人体的体力活动要追溯到所摄取的食物的化学能量和热能量。因此,我们可以得到这样一个非常自然的结论,尽管和逻辑并不是特别相符:能量的总输出既然和物理定律相符,那么也自然可以用这些定律来对中间过程进行描述。

因为很多观察者的工作对细胞理论进行了验证,不仅让这种自然主义的观点被加强,而且还因为其他研究,而被持续加强。其中就有和细胞结构与功能相关的研究。在生理学问题上,人们不久就开始使用和胶体物质相关的物理现象的知识,而且还发现神经作用的现象总是和电的变化相伴。

事实告诉我们,正是因为甲状腺功能衰退,所以才出现了不少因为克汀病(呆小症)而闻名的先天白痴。希夫(Schiff)于 1884 年发现,假如用甲状腺素对动物进行饲养,就不会出现甲状腺被切除的后果。很快,这个结果就在人体上加以治疗运用,很多原本被认为会一直白痴的儿童,因此成长为正常人。

因为采用科学的方式对人体的生理过程进行了说明,所以机械哲学在 19 世纪中叶越来越流行。于是,这样一个信仰出现在人们的脑海里:生理学只是“胶体物理学和蛋白质化学”的一种特殊情况。无论整个生理学问题的真实情况如何,以及组成这个问题的基础的心理学和形而上学的问题有着什么样的真实情况,我们都不可忽视这样一点:为了对单独研究自然界的局部科学起到推动作用,我们一定要对生理的过程进行假设,也是可以知晓细节的。只有把已经确定的自然原则派上用场,才能让知识取得进一步发展,而站在科学的有限角度来说,在最终表述自然原则时,最好的就是物理学和化学的基本看法和定律。这种研究方法和观点能否把整个动物机体的综合问题都解决掉,那是一个更加复杂的问题。举例来说:有一个学说,说人的心灵把身体派上用场,就像音乐家把乐器派上用场一样,哪怕乐器也只是一种物质的结构罢了。

人们在 19 世纪晚期,已经不再研究和无机化学里催化作用类似的催化作用,转而开始对生物机体中进行的诸多过程进行研究。截至 1878 年,在生物化学上,有机催化剂或酵素的重要性已可见一斑。那一年，库恩（Kühne）在对它们的作用进行论述方面，做出了很大的贡献，用"酶"（希腊文ενζύμη"在酵母内"）来称呼它们。催化剂或酶就像机器中的滑油一样，可以对化学反应起到推动作用，让其速度加快，而自己却不参与最后的平衡。酶带有电荷，而且往往是胶体物，它们作用的原因之一可能就是这个。其实，阿累尼乌斯在1887年就已经指出离子本身具有催化作用，在蔗糖的旋转中就是如此。柯尔（Cole）、米凯利斯（Michaelis）和索伦森（Sörensen）在1904年和以后几年，对离子给胶状酶所带来的影响进行了研究。有机变化时，特殊的酶往往不可缺少。有些酶含量很少，要想发现它们，只有通过它们的特殊反应，还有一些可以分享出来进行研究。以下几类是比较重要的酶：对淀粉进行分解的淀粉酶，在酸液中对蛋白质进行分解的胃蛋白酶，在碱液中对蛋白质进行分解的胰蛋白酶，还有对酯类物进行分解的脂酶等。尽管酶在生物体内发挥了最为显著的作用，在推进复杂的机体向更简单的成分分解的过程中发挥作用，可是它们的作用是可以反向进行的。它们只是加快其化学方向的反应速度。

微生物和细菌学

人们更深入地了解动植物和人类的细菌性疾病的来源和成因，是19世纪生物学最让人惊叹的成绩之一。因为这种了解可以让我们更有能力掌控环境，所以和其他科学的实际运用一样，也对我们看待人和"自然"的相对地位产生了明显影响。1838年左右，德拉托尔和施旺发现酵母如果处于发酵过程中，就是一些微不足道的植物细胞，而从某种程度上来说，发酵液体中的化学变化源于这些细胞的生活。施旺还发现腐败的过程与之是相似的。他指出假如我们想办法用加热的方法完全摧毁所有和受检查的物体接触的活细胞，而且之后只让它们接触经过赤热试管的空气，那么就不会出现发酵和腐败的现象。如此一来，施旺就对之所以会出现发酵和腐败，都要归因于活着的微生物进行了证明。

1855年前后，巴斯德又证明并利用了这些结果。在他看来，每个已经出现的例子都是虚幻的。他指出因为有外面的细菌侵入，或者里面原本就有细菌，所以才导致出现细菌。巴斯德证实，正是因为特种微生物的缘故，才会出现一些像炭疽、鸡霍乱和蚕病这样的疾病。之后还发现了很多其他的疾病所特有的病菌，还发现了它们的生活史，其中有很多疾病都流行于人群中。

1865年，巴斯德的实验传到利斯特（Lister）的耳朵里，1867年，这一成果被他运用到外科手术中。他先是把石碳酸（粉）当作防腐剂，之后又发现要想有效防腐,清洁这种方法不错。因为利斯特在外科上运用了巴斯德的研究成果,再加上戴维爵士、马萨诸塞(Massachusetts)的莫顿(W. T. G. Morton)和爱丁堡(Edinburgh)的辛普森(J. Y. Simpson)爵士之前发现的麻醉剂,外科手术变得比以往任何时候都安全。在卫生、内科和外科方面,这些发现所发挥的作用,在降低城市居民死亡率上起到了非常明显的作用。像两个世纪以前,伦敦的死亡率是80‰,而到了1928年,则下降到12‰。

1876年,科赫(Korch)发现,相比杆菌本身,炭疽杆菌的孢子的抵抗力要强得多。1882年,科赫又发现了引发结核病的微生物。也是科赫,让细菌学的技术得到飞速发展,让这种艺术和科学在公共卫生和预防医学中不可或缺。特殊的微生物一旦经过分离,就可以主动在明胶或其他媒介的单纯的培养液里繁殖。之后,这些细菌的病理作用就可以从动物身上测定出来。

人们发现,正是因为微生物细胞里含有某种酶,或者是因为微生物细胞的活动而出现某种酶,才出现某些有关微生物细胞的生命的变化,最起码在有些情况下是这样。1897年,毕希纳(Büchner)将特种酶从酵母细胞中分离出来,并声称这种酶和活的酵母细胞一样,可以带来相同的发酵作用。这种酶的作用就像普通的情况一样,尽管反应结束了,可是酶依然是老样子,只要它存在,化学反应就会发生。

1718年,蒙塔古(Mary Wortley Montagu)夫人把天花病的接种法从君士坦丁堡引进来。18世纪末,杰斯提(Benjamin Jesty)按照惯常思维,觉得得过轻微牛痘的挤奶姑娘会从此远离天花。英国柏克利乡间医生詹纳(Edward Jenner)对这个问题进行了科学分析,把种痘的方法发明出来了。等到注入小牛体内的病毒的作用下降时,他再把痘浆注入人体,以减轻或者完全规避这种疾病给人带来的伤害。免疫学的研究自此出现了。1876年,人们在腐败物内率先发现了来自病原体的毒素。1888年,人们通过对培养液进行过滤的方法,从细菌中得到了毒素。就拿白喉病来说吧,我们可以先通过细菌培养液得到毒素,之后向马体内注入更多这种毒素,这样一来,马的组织内就有了一种抗毒素。对于和病菌接触过的人,以及已经患白喉病的人来说,这种由免疫的马血制成的血清可以起到保护作用,帮助他们成为一个健康人。与此同时,我们还可以用病菌的消毒培养法,把各种疫苗制作出来,让人们可以一定程度上或者彻底远离活的病菌所带来的各种疾病。1884年,梅契尼科夫(Metschnikoff)发现"食菌细胞"(白血球)可以把致病细菌清除掉。

詹纳的毒素减弱原理被伯登-桑德森(Burdon-Sanderson)和巴斯德等加以推广,去对其他疾病加以治疗。巴斯德证实,即便在感染狂犬病或恐水病以后再注射,通常情况下也是有用的。通过注射以后,这个原本让人避之不及的,觉得根本治不好的疾病,死亡率下降到1%左右。通过显微镜,我们看不到细菌。这种病的形成要归咎于一种远远小于一般细菌的病毒。

通常情况下,病原微生物的生活史非常复杂,有些病原微生物生活的几个阶段都是在不同的寄主里度过的。要想对它们的性质进行研究,必须通过给活动物接种的非常缜密的实验才能实现。有时候,有些寄主并不会被入侵的微生物所影响,这就更加加剧了我们在对感染的来源进行研究时的难度。人们在研究传染病时所遇到的难题和危险的最佳例子就是人们最后把疟疾打败的历程①。1880年左右,法国军医拉维兰(Laveran)发现了疟原虫。五年后,意大利人发现,因为被蚊虫叮咬,人们感染了疟疾。1894—1897年,曼森(Manson)和罗斯(Ross)证实一种叫疟原虫的幼虫寄生在一种特殊的蚊虫身上。所以,把蚊虫的幼虫毁灭掉,就是预防疟疾的科学方法。而要想把蚊虫的幼虫毁灭掉,就必须清理沼泽地带的积水,或者在静水的池沼上面盖上油膜,以阻止它生长。

与此同时,人们也证实正是因为一种微生物的作用,才造成了马耳他病或地中海热。这种微生物曾经在山羊体内寄生,通过羊乳让人感染,可是山羊却是健康的。人们还发现黑死病(鼠疫)和鼠、蚤和其他传递疫菌和人的寄生虫有很大的关联,这个例子很好地说明了病菌通过间接渠道到达人体。只有对这些病菌的生活史了如指掌以后,才能让防治斗争起到效果。

1893年,莱夫勒(Löffler)和弗罗施(Frosch)率先对超显微镜下的病毒进行了最为彻底的研究。他们指出患口蹄疫的动物的淋巴液哪怕从可以把一般细菌隔离的滤器经过以后,依然可以传染给其他动物。他们非常肯定地说,所处理的对象要么是没有生命的毒质,要么是可以繁殖的微小机体。直到现在,我们依然无法肯定地说这些超显微镜可以过滤的、可以让动植物都无法幸免、很多疾病的病毒,到底是不是粒子状的细菌。不管怎样,它们和分子的大小差不多,有人觉得这种物质是有生命的,是一种非细胞的新型的有生命物质。

碳氮循环

接下来,我们再来说呼吸的问题。拉瓦锡和拉普拉斯证实,碳、氢经氧化而形成的二氧化碳和水,对于动物的生命来说都是不可或缺的。1774年,普利斯特列

---

① *Angelo Celli-Malaria*,Eng,trans,London,1901. ——原注

发现,假如让绿色植物在遭到小鼠"破坏"的空气中稍作停留,这种空气就会重新具有维持生命的作用。1780 年,英恩豪斯(Ingenhousz)证实,只有在有太阳光时,这种作用才能发挥出来。1783 年,塞尼比尔(Senebier)说明这种化学变化是对"固定下来的空气"进行了转化,使之变成了"脱燃素的空气",也就是从二氧化碳变成了氧。1804 年,德·索热尔(de Saussure)定量分析了这个过程。李比希受到这些结果的启发,通过研究得出了一个总结性的理论,在动植物交互成长和腐败的过程中,碳元素和氮元素一定会历经循环的变化过程。

叶绿素是对植物增殖起到帮助作用的活性物质。现在还不是非常明确它的化学结构是什么样的,在日光下又发生了什么样的化学反应。可是它可以把日光的能量派上用场,对空气中的二氧化碳进行分解,把氧气释放出来,使之和植物组织的复杂有机分子里的碳结合在一起,对于地球上的生命来说,它是必不可少的。在叶绿素的吸收光谱中,最大吸收量的位置和太阳光谱中最大能量的位置刚好是符合的,无论这种手段和目的的适应是如何出现的,总之非常神奇。

有些动物的食物是植物,也有一些动物的食物是其他动物,所以,所有动物的生活都离不开叶绿素所吸收到的太阳能量。动物呼吸时,对碳化物进行氧化,使之变成有用的衍生物和排泄物,同时以氧化所产生的其他能量为依靠保持体温。植物也缓慢地把二氧化碳释放出去,可是这种变化在日光中遭到了其逆向的反应的遮挡。植物吸取的二氧化碳都被植物和动物还给了空气,没有作用的有机化合物就在土中累积下来。若干土壤细菌将它们分解成没有害处的无机物,同时向空气中释放更多的二氧化碳。如此一来,碳的循环就完成了。

最近才发现了可与之相提并论的氮循环。在《农事诗》里,罗马诗人维吉尔已经提出劝告,一定要先种黄豆、紫云英或羽扇豆,然后才能种麦。大家都知道这样做有什么益处。可是直到 1888 年,经过赫尔里奇尔(Hellriegel)和威尔法斯(Wilfarth)的研究,人们才懂得其中的道理[①]。豆科植物根上的瘤带有一种细菌,可以把空气中的氮固定下来,用一种化学反应(这种化学反应我们还不清楚)把氮变成蛋白质,然后使之进入植物体内。1895 年,维诺格拉兹基(Vinogradsky)发现了另外一个过程:土中细菌所得到的氮直接来源于空气,而死去植物的纤维分解则很可能给其提供了能量。

通过这两种方式,植物可以得到氮。主要是得益于土壤中合适的细菌,含氮的废物变成铵盐,最后变成硝酸盐。植物制造蛋白质所需的氮的来源的最佳途径

① Sir E. J. Russell, *Soil Conditions and Plant Growth*, 4th ed. London, 1921. ——原注

就是这个。土壤主要是胶体,混合了物理、化学和生物。它不仅需要来自动植物腐败的有机盐,还需要来自矿物的无机盐,以保持平衡。

对于矿物盐在农业上的重要性,李比希进行了说明,可是对于氮的极端重要性,他却忽视了。直到 19 世纪中期,布珊高和吉尔伯特(Gilbert)、劳斯(Lawes)在罗森斯特德(Rothamsted)实验站才研究了这个问题。现代人工施肥的基础就是他们的研究成果。氮、磷和钾都是植物生命中必需的元素,可是这些元素往往太少了。假如这些元素的其中之一分量太少,必定会影响到农作物的收成。植物要想自由生长,必须以植物转化成能利用的方式,把不足的元素添加上去。此外,植物还需要其他的微量元素,像硼、锰和铜。

农民的耕作,因为人工施肥的科学研究而变得更加自由。当土地重新获取了农作物所吸收的元素,土地可以一直保持肥沃时,就可以有力改变旧日的轮作和休耕方法了。

自然地理学和科学探险

系统的世界探险工作在 18 世纪后半期和整个 19 世纪都进展飞速,而且基本上都是在真正的科学精神的环境下进行的。英国军需部于 1784 年在豪恩斯洛荒地(Hounslow Heath)对基线进行测定时,开始把三角学派上用场。如此一来,就有可能绘制出法国地图学家丹维尔(d' Anville)所创立的精密地图和海洋图。

在这里,我们应该把普鲁士博物学家和旅行家洪堡男爵(von Humboldt,1769—1859 年)的工作描述一下。他最乐意居住的地方就是巴黎。他在那里帮助盖 – 吕萨克研究气体。整整五年,他都在南美洲和墨西哥海湾的海上和岛上探险。这次旅行所得出来的观察结论告诉他,自然地理学和气象学应该被视为一门精准的科学。洪堡先是把等温线在地图上绘制出来,这样一来,一个对各国气候进行对比的方法就应运而生了。安第斯山脉的钦博拉索(Chimborazo)和其他高峰,他都攀登过,以对海拔上升时,温度会随之下降的比例进行观察。他对赤道带暴风和大气扰乱的渊源进行过研究,对火山活动带的地位进行过研究,在他看来,火山活动带和地壳的裂缝是相吻合的。他对受到自然条件影响的动植物的分布情况进行了调查,对两极到赤道地磁强度的改变进行了研究,而且把"磁暴"这一名词创造出来,以对他率先记录的一个现象进行描述。

人们开始关注洪堡的劳动和人格,欧洲各国的科学探险也随之兴起。1831年,英国把"猎犬号"(the Beagle,或音译为"贝格尔号")派出去,进行了一次名声在外的航行,测量了巴塔哥尼亚(Patagonia)和火地(Tierra del Fuego),还对智利、秘鲁的海岸和太平洋上一些海岛进行了测量,定期的环球联测也因此实现了。一开始,这次航行对外声称只是为了科学的目的,达尔文就以"博物学家"的身份登上了这艘船。

几年以后(1839年),罗斯(James Ross)爵士的南极探险队吸引了著名的植物学家胡克(W. J. Hooker)爵士的儿子约瑟夫·胡克(Joseph Hooker, 1817—1911年)。他整整用了三年在那里对植物进行研究。之后,他又成为一个受到政府扶持的远征队的一员,到了印度的北边。1846年,赫胥黎(T. H. Huxley)从英国离开,在"响尾蛇号"船上服务,在澳大利亚海上进行测量和制图。他天生是个活泼的人,具有敏锐的观察力,时常感叹没有机会进行大家都喜欢的精密科学研究。如此一来,就有三个在19世纪思想革命中举足轻重的人物曾经在科学探险的航行中当过学徒。"挑战者号"(the Challenger)的选征抵达了有组织的发现和研究的巅峰。1872年,这艘船出发,在大西洋和太平洋上航行的几年,把和海洋学、气象学和自然历史相关的各个部门的资料都记录了下来。

海洋学的地位一下子变得特别重要。丹皮尔(Dampier)在一个半世纪以前所留下来的和风、洋流相关的问题,美国海军部的莫里(Maury)进行了研究,极大地改良了海上路线。海上的集群生物形态多样,有只能通过显微镜才能看到的、被亨森(Henson)命名过的浮游生物、原生生物、变成海底软泥的放射虫的骸骨,还有多种多样的鱼类。随着浮游生物的迁移,它们也跟着迁移,因为有些鱼群的饵料就是这些生物,要跟着它们一起迁移。

地质学

因为拉普拉斯想要用一个科学的学说来对太阳系的起源进行说明,因此让这个问题受到人们的关注,人们开始想要对地球是太阳系的一部分这个课题加以研究。遗憾的是,《圣经》文字的权威在将教皇的至高权威放到一边,思想最为自由的国家也最受到人们的推崇。因此,必须经过一番斗争,才能让人们普遍接受《创世记》以外任何和地球起源相关的观点。即便到了19世纪中期,依然有人非常严肃地说化石是上帝(或魔鬼)掩埋在地下,对人们的信心加以考验的,可是我们都心知肚明,化石是将另外一套故事告诉我们。

人们老早在开矿的过程中,就了解到一些和岩石、金属和矿物相关的知识。达·芬奇和帕利西(Palissy)像一些希腊哲学家那样,意识到化石是动植物的遗体,可是普通人却觉得化石来源于"造物的游戏"，来源于一种深不可测的"塑形力"，是自然界通过各种方式把它所青睐的形式创造出来的产物。只有像斯坦森（Niels Stensen，1669 年）这样的为数不多的观察者，才意识到我们可以把化石派上用场，来对地球的历史加以探讨，可是一般人却没有认可这种观点。伍德沃德（John Woodward，1665—1728 年）赠给剑桥大学的大批化石对于证实化石是从动植物而来的观点是有帮助的。1674 年，佩劳尔（Perrault）证实地上的雨量可以对泉水和河流的来源做出说明①，盖塔尔（Guettard，1715—1786 年）解释了风化是如何对地球的面貌加以改变的。尽管这样，依然有人歪解事实，以和《圣经》中有关天地开辟时有灾难的说法加以附和，而出现水成派和火成派之间的纷争。

在 1785 年发表了《地球论》的赫顿（James Hutton，1726—1797 年）是率先有系统地对抗这种观点的人，这对自然过程的真实认识，让科学的前进之路更通畅。为了对他在柏韦克郡（Ber wickshire）的农场加以改良，赫顿先在诺尔福克（Norfolk）对本国农业进行研究，之后又到荷兰、比利时和法国北部，对外国的农业方法加以学习。他花了整整十四年，对人们所习以为常的沟、坑、河床等加以了解，之后回到爱丁堡，打下了现代地质科学的根基。在赫顿看来，直到现在为止，在海、河、湖沼内，岩石的层化和化石的埋藏依然在进行中。赫顿说："不使用地球非固有的因素，而且不认可不明白其原理的作用"——这是一句名副其实的科学警句，因为它尽可能把所有不需要的假设规避掉了。

赫顿的"天律不变学说"得到广泛认可，则是很久以后的事了，直到维尔纳（Werner）指出地质岩层有规律性地接连出现以后，直到史密斯（William Smith）以化石的窖藏为依据，把岩层的相对年龄算出来以后，直到居维叶在巴黎周边找到的化石和骨骼为依据，再次把早就消失的哺乳动物构成以后，直到拉马克（Jean Baptiste de Lamarck）对如今的介壳和化石的介壳加以对比并分类以后，最后直到赖尔（Charles Lyell）爵士在他的《地质学原理》（1830—1833 年）中搜罗了解释水、火山和地震等因素直到现在依然在对地球加以改变的证据和与化石有关的事实以后。人类第一次完全地掌控住了长久以来的过程所聚集起来的效应，人们认为把岩石的记录派上用场，对现在依然在进行中的自然作用加以验证，并通过推理，就可以把地球的历史探究出来，最起码可以把地球上有生物的一段时期的历史探究出来。

化石的生态告诉我们，在每个确定的时期，生命的变化都非常大。这是符合阿

① F. D. Aams. *Science* LXVII，1928. p. 500；*Isis*. No. XIII，1929. p. 180. ——原注

格西（Agassiz）和巴克兰德（Buckland）于 1840 年左右率先收集到的与冰河作用相关的地质证据的。这些地质证据可以对各个冰期进行解释。

人类最感兴趣的话题当数人类的起源和年龄的问题。赖尔之所以可以在 1863 年对人类在生物的长系列中的地位加以确定，而且指出人类在地球上存在的时期要远远长于公认的《圣经》年代学所说的年代，都是因为原始人所用的石器被发现了，因为兽骨和象牙雕刻在现在欧洲已经绝迹的动物遗骸附近发现了。如今看来，在距今大概百万至千万年之间，我们的祖先很有可能脱离比较原始的状态，而变成真正的人，而文明是距今五千年至六千年才有的事。

自然历史

在布丰把他的巨著《动物的自然历史》发表出来以后，又有一位法国人在一个牢不可破的前提下，研究了分类问题。乔治·居维叶的父亲是一位新教教士，从朱拉（Jura）迁居符腾堡（Wurtemberg）保护国境内。当法国爆发革命时，他在诺曼底求学，之后到巴黎，在法兰西学院身居要职。在博物学家中，他率先系统地对比了如今的动物的构造和古代化石的遗骸，进而说明在对生物发展进行研究时，不仅要关注过去，也要关注现在，这是他最为特殊的贡献。居维叶身处科学发现的新时代。他的主要著作《按其组织分布的动物界》（Le Règne Animal, distribué d'après son Organisation），兼收了两派人的研究成果。一派人在研究世界及其现象这个问题时，觉得它是不动的，另一派人在研究世界及其现象时，觉得它是一出宏大的进化戏剧中一系列时刻变动的场景。

令人遗憾的是，科学家和真正从事工作的花匠与农民之间的联系不够紧密，后者通过杂交和选种的方法，把很多动植物的新品种接连培育出来，或者改进现有的品种。18 世纪末，贝克韦尔（Bakewell）通过对长角羊进行改良，形成新的勒斯特（Leicester）种。科林（Colling）兄弟把贝克韦尔的方法派上用场，对提斯（Tees）山羊的短角种进行改良，如此一来，最为重要的英国羊种就被培育出来了。

园艺家们都知道，巨大变异是不由自主地出现的：

> 比如，一种变种梨会不经意间长出一枝满是品质上乘的水果的枝条；山毛榉那绿叶扶疏的枝干会无缘无故地长出来；山茶花会开出出乎人意料的好花。假如取一个枝插或者嫁接，就可以一直保持这种变种。如此一来，便能得到了

不少花卉和果木的品种。①

　　园艺家所培育的新品种，大多来源于不同品种甚至同种的个体杂交。我们知道在后一种情况下杂交出来的结果和纯种生育相比，通常不蕃，甚至无法生殖。

达尔文以前的进化论

　　最早在希腊哲学家的时代，自然界处在进化过程中的观念就有了。在赫拉克利看来，万物都处于动态过程中。在恩培多克勒看来，生命是一个循序渐进的发展过程，更完善的形式逐渐地取代不完善的形式。思辨到了亚里士多德的时候似乎又往前了一步，不仅从时间上来说，更完善的形式源于不完善的形式，而且也是在不完善的基础上发展起来的。原子论者常有进化论者之称。在他们看来，所有物种似乎都是再一次出现。可是因为他们深信生存下来的物种必定和环境是相适应的，尽管他们还没有充分的事实依据，可是从精神上来说，他们已经和自然选择说的本质很接近了。有人说得没错："假如在科学上没有把相关事实的观点考虑进去，那么就不能因为是对的而一意孤行。"希腊哲学家像在其他很多知识领域中一样，只是把问题提出来，并推测性思考一下问题应该如何解决。

　　不计其数内敛而对哲学漠不关心的生理学家和博物学家，经过长达两千年的研究，才积累了充分的观察和实验依据，让科学家开始思考进化观念。博物学家将对进化观念的探讨基本上都留给了哲学家，而且科学界所发表出来的观点，在达尔文和华莱士（Wallace）把他们同时期得到的研究成果发表出来以前，是站在进化论的对立面的。这很好地印证了在没有得到翔实的资料前，先不得出结论的真正科学态度。此外，哲学家也算是恪尽职守，因为他们一直在思考一个还不能交给科学家解决的学说。对于一个至关重要的问题，他们一直没有做出最终的结论，之后又给出了解决措施。这种解决措施到了一定的时候，可以给科学家提供一个工作前提，他们把最后的决定权交给科学家。正因为如此，文艺复兴时期进化观念的再次问世，才会主要在哲学家（像培根、笛卡儿、莱布尼茨和康德）的著作中出现。而科学却在缓慢地对事实加以研究。最后，经过哈维的胚胎学和约翰·雷（John Ray）的分类系统，这些事实会引领他们前进至同一个方向。在对物种现在的易变性和采取实验方法对其加以研究有多大的可能性进行思考时，有些哲学家甚至用到了

----

① Art. "Horticulture." in *Ency*, *Brit*, 9th ed, 1881.　　——原注

特别现代的理念,可是我们始终要记得,另一些进化论者的哲学家(达尔文的先驱)在说到进化时,却是站在理想的层面,而不是实际的层面。歌德(Goethe)的某些观点,谢林(Schelling)和黑格尔都是如此。他们觉得物种间的关系在于把这种关系的内在观念在概念领域内表现出来。黑格尔说:"因为进化的只有理念,所以理念才是变化的实质……要是觉得一个天然的形式和领域发展到一个更高的形式和领域,都源于外部和现实,可那真是愚蠢至极。"

可是,并不能因为哲学家在看待进化时是站在理想的层面,就否定哲学家对于进化论的贡献的价值。哲学家和博物学家之间不同的理念和分工,直到最后一刻都是如此,才是最有意思而最让人关注的。尽管斯宾塞(Herbert Spencer)也是一位称职的生物学家,很大程度上他仍是一位哲学家。在达尔文的《物种起源》还没有发表以前,他就已经对一种成熟又详尽的进化论学说大力鼓吹,而这样的学说当时并没有受到大部分博物学家的认可。即便到了1859年,也就是《物种起源》出版的那一年,曾经搜罗过很多变异证据的植物学家与地质学家戈德伦(Godron)也还是对进化观念持反对态度的。哲学家和博物学家都没错,他们所遵循的都是合适的渠道。哲学家是对一个哲学问题加以解决,还不能用科学方法进行研究。对于一种没有充分依据,而且没办法开展研究的观点,博物学家是不认可的,甚至觉得它根本不是一项工作前提,也正是名副其实的科学家的谨慎态度。

尽管如此,到了18世纪时,仍然慢慢出现一些博物学家,视当时风靡的科学观点于不顾,对某种进化学说加以维护,诸如此类的人到了19世纪前半期愈加多了。在巴黎大学正统派和"生物连锁论"的信仰之间摇摆不定的布丰认为外界环境会直接对动物加以改变。达尔文的祖父、诗人、博物学家和哲学家伊拉兹马斯·达尔文(Erasmus Darwin)受到了一点启发。后来,在他的后代手中,这一启发发展得很完满。他说:"动物的变形,像从蝌蚪变化到青蛙……人工干预所带来的变化,像人工培育的马、狗、羊的新品种……气候和季节条件所带来的变化……所有温血动物的结构大体上是一样的……我们只能肯定地说,它们都是源于一种同样的生命纤维。"

拉马克(Lamarck,1744—1829年)的学说是最早的一个条理清晰、逻辑合理的学说。他想通过研究由于环境所带来的累积性的遗传中,把进化的原因找出来。按照布丰的观点,环境通常只会给个体带来很小的影响,可是拉马克却持有截然不同的观点,假如习惯的必要改变是不间断的、时常的,那么,就有可能让旧器官有所变化,并在需要时产生新器官。比如说长颈鹿的祖宗的颈之所以越来越长,就是因为要不断伸长颈脖去吃高处的树叶,如此得到的结构的变化又在遗传的作用下得到进一步发展。尽管没有直接的证据可以证明这样的遗传,可是它却被视为一种科学而又一致的工作前提,其他博物学家,像梅克尔(Meckel)就可以借此发挥。

既然人们发现把环境对个体所产生的影响归因到外界环境的变化的范围是合理的,那么就必然会在很大程度上影响人们的思想和行为。我们几乎无法相信,个体可以发生如此大的变化,而其种却仍然是老样子。所以到了 19 世纪,环境引发变化的学说被有些人当作约定俗成的前提,举办了不少社会慈善事业。尽管如此,当时间一天天流逝,对于后天得到的性质,我们已经很清楚哪怕有,发现的可能性也不大。如今人们还在对这个问题进行探讨,直到现在都没有一个确切的结论。

圣提雷尔(Etienne Geoffroy Saint-Hilaire)和钱伯斯(Robert Chambers)是 19 世纪其他两位觉得环境会直接作用于个体的进化论者。后者匿名出版的《创造的痕迹》(Vestiges of Creation)一书,曾经有一段时间非常流行,有助于人们在思想上做好准备,以对达尔文的进化论表示认可。

可是达尔文的工作的核心思想是来源于一个人,那人就是马尔萨斯(Thomas Robert Malthus,1766—1834 年)。因为非同一般的机缘,华莱士也从他那里得到了相同的线索。他曾经做过英国萨里(Surrey)的阿耳伯里(Albury)的副牧师。马尔萨斯是一位非常卓越的经济学家。英国的人口在他所处的那个时代里急剧增长。1798年,他的《人口论》第一版面世。在这本书里,他声称相比食物的增加,人口的增加要快得多,要想让食物供应充足,必须通过饥饿、瘟疫和战争把过多的人口除去。他在之后的版本中又对节制生育的重要性表示认可,当时实行生育节制的措施主要是晚婚。所以,从在人类身上加以运用的角度来说,他简明的主要论点被削弱了不少。

达尔文曾经说过这本书是如何作用于他的思想的:"1838 年 10 月,百无聊赖的我偶然读了马尔萨斯的《人口论》。我曾长久观察过动植物的生活情况,非常了解处处都有的生存竞争,所以,我马上就想到,和环境相适应的变种在这些情况下会延续下来,不相适应的则一定会走向灭亡。最后,就会形成新种。如此一来,我的工作就有了一个理论凭据。"

达尔文

因为遗传和环境的原因,得到这个启发的人也有条件完全利用这个启发。查理·达尔文(Charles Robert Darwin 1809—1882 年)的父亲罗伯特·达尔文(Robert Waring Darwin)是施鲁斯伯里(Shrewsbury)乡间既有能力又有财力的医生。前面已经讲过,他的祖父是伊拉兹马斯·达尔文。外祖父约瑟亚·威季伍德(Josiah Wedgwood)也是一位科学能力和智慧都超群的人,在埃鲁里亚(Etruria)做陶工。

威季伍德族是斯塔福德郡(Stafford-shire)的小地主世家,达尔文族则是来自林肯郡(Lincoln-shire)的地主。一开始,查理·达尔文在爱丁堡学医,后来改到剑桥大学基督学院,立志做一名牧师。在"猎犬号"船上,他做过博物学家,在长达五年里,他一直漂泊在南美海面上,因此受到了卓越的训练。在热带和亚热带的地区里,生长着许多生物。达尔文将这种生物彼此依赖的情况看在眼里,回来后很快就开始对有关于物种变迁的事实的很多札记中的第一册进行梳理和记录。十五个月以后,他在马尔萨斯的书中找到一个线索,之后,新种通过什么方法产生的学说便形成了。

属于一个种族的个体有着不一样的天赋性能。对于这些变异的原因,达尔文没有发表自己的观点,只是接受了这种变异的事实。在争取生存和争夺配偶的争夺战中,假如生育过多,或者存在过于激烈的追求配偶的竞争,那么,有用的性能对于生存就是有意义的,而具有这种性能的个体就拔得头筹,更有可能生存时间久一点,或者得到配偶,顺利繁衍出具压倒性优势的后代,让这一有用的变异性传承下来。因为在时间的长河中,不具有这种性能的个体慢慢消失了,这一特殊性便得以持续扩展。种族变化以后,逐渐确立起一个不一样的恒久的种别。这是一个新思想。赫胥黎曾经说明过它在思想史上所具有的重大价值。因为赫胥黎具有诠释的天赋、辩论的技巧和争论的勇气,所以相比其他人,在推动一般人认可达尔文和华莱士的观点方面,他都做出了更大的努力。他说:"新种可源于个体从种的类型离开的变异,在环境的选择作用下形成。在 1858 年以前,不管是科学思想历史家,还是生物学家,这种观点都是从来没有过的。这种变异被我们叫作'自然发生',因为其中的原因我们是一无所知的。可是《物种起源》的核心思想却是这个观点,达尔文主义的精髓也在其中。"

这个观点被达尔文当作工作前提,他用了整整二十年来对事实加以收集,并进行实验。他看了很多书,包括旅行游记、有关运动竞赛、自然历史、园艺种植和家畜培养在内的很多书籍。他做了家鸽交配的实验,对种子的传播,以及动植物在地质和地理上的分布情况进行了研究。达尔文在交融、权衡事实,以及因此而出现的所有复杂问题的关系和最后排比事实方面,显出了至高无上的本领。理想的博物学家都应该学习他的坦诚,他的真诚,他对真理的热爱,以及心态的平和与公正。为了指导工作,他做了很多假设,可是他一定不会让事实被前人的观点所遮盖。他说:"我尽力保持公正的心态,以得到所有属意的前提(对于所有问题,我都要成立一个),只要经过证明,是不符合事实的,我都可以马上摒弃。"

到 1844 年,达尔文已经深信物种并不是不变的,而自然选择是物种起源的重要原因,可是他为了得到更加有力的证据,不知疲倦地继续工作着。1856年,赖尔敦促他把他的研究成果发表出来,可是遭到了达尔文的拒绝,因为他觉得他的研究还没有达到完满的地步。1858年6月18日,华莱士从特尔纳特(Ternate)给他寄来一篇论文。论文是华莱士花了三天,读了马尔萨斯的书以后写成的,达尔文马上发现这篇论文中有他的理论的重点。对于二十年的在先权,他不想去争夺,尽管这个权利是他应得的,可是却会让华莱士的贡献变得毫无价值。所以达尔文把经过跟赖尔和虎克说了。他们两人和林奈学会经过商讨,决定于1858年7月1日同时发表华莱士的论文、达尔文1857年写给阿萨·格雷(Asa Gray)的一封信,以及他于1844年所写的他的理论的摘要。

进化论和自然选择

接下来,达尔文就开始简要地写出他一直以来的研究成果。他命名为《物种起源》的书于1859年11月24日问世。

进化思想的各个支流——宇宙理论的、解剖学的、地质学的和哲学的,我们都已经研究过了。尽管物种不变的固有观念阻碍了这些支流的发展,可是在堰闸后却聚集得越发集中。达尔文所收集的自然选择的证据的洪流太庞大了,以势不可当的威力从这个堰闸呼啸而过,于是,整个思想领域就受到了这股洪流的侵袭。在时间的推动下,我们越发深刻地了解事实,如今我们已经发现,达尔文,特别是他的门徒,就像他们之前的希腊原子论者一样,对于生命问题的复杂性还是看轻了。尽管进化的一般进程如今从形态学和古生物学的事实来看,已经再明显不过了,可是依然没有说清楚物种起源的具体细节。好像连自然选择都还没有一个详尽的说法。可是,达尔文的原理在历史上举足轻重的地位并不能因为后来更加谨慎的精神而遭到削弱。可能到最后,它被证实是不太充分的,可是在当时这个假设却是必需的。人们在自然选择的观念的影响下,慢慢接受有机进化论这个更加重要的东西。

一开始,不少人都认为只有彻底颠覆人类在哲学上和宗教上的所有重要成果,才能接受这个理论,难免会毁灭太多东西。我们不可能盲目地指责当时风靡一时的这一心理状态。如今,我们的学术观点已经非常了解进化的观念这一因素,我们几乎想象不出来它在当时所具有的革命价值,我们也几乎无法想象当世人看到进化论的证据时,又有几个人可以判断出这种证据的意义所在。在对活着的生物和化石遗迹进行详尽考察以后,我们才得到这些证据,对于普通人来说太陌生了,而大多数人甚至都不知道。如今他们却觉得自己不得不做出一个选择:不是对所得出的结论的有效性加以否定,就是把祖先传承下来的信仰摒弃掉。在对他们进行指责前,我们不妨先坦诚地扪心自问一下:如果只看事物的表象,到底更容易相信蛙和孔雀、鲑鱼和蜂鸟、象与小鼠有相同的祖先,还是更容易相信它们是分别创造出来的? 尽管这样,但凡对郊野和动植物感兴趣的英国人,只要可以对达尔文所提出的证据有所体会,还是愿意听从进化论。

可是,这个新观念甚至遭到某些博物学家的排斥。在《爱丁堡评论》上,大解剖学家欧文(Richard Owen)爵士就发表了言辞激烈的反驳文章,他的意见得到他很多同事的认可。可是虎克马上表示对达尔文的观点的认可,之后,赫胥黎、格雷、拉伯克(Lubbock)和卡本特尔(W. B. Carpenter)也随之表示认可,1864年秋天,赖尔也在皇家学会的聚餐会上,公开声称他对这个信念表示认可。

赫胥黎起初就在进化论者阵营中占据主导地位。他声称是"达尔文的人"。在强大的勇气、能力和清晰解说的本领的帮衬下,他率先抵抗来自各方面的攻击,而且时常带头成功反抗狼狈的敌人。

1825年,赫胥黎在伊林(Ealing)出生,可是其祖宗却在考文垂(Coventry)和韦尔斯沼泽地区居住,因此真正边境民族的斗争气质在他身上尽显无遗。他告诉我们:对于当时的科学家来说,《物种起源》的出版就像黎明前的一道曙光。他是这样写的:

> "对于各种异想天开,我们不愿意相信,我们只想把可以对比事实、经过验证是准确的确定的概念牢牢抓住。我们从《物种起源》中得到了我们所需要的工作前提。不仅如此,它还有一个非常大的价值,那就是我们不再处于一个进退维谷的境地,即便你不想对上帝创造的假设予以认可,可是你又能提出什么学说,说服所有心思缜密的人呢? 1857年,我不能给出这个问题的答案,也不相信有人可以给出答案。一年以后,我们不由得暗骂自己真是太蠢了,竟然回答不出这样的问题。我记得当我一开始抓住《物种起源》的中心思想时,我心里想的是'天哪,你真是太笨了,竟然都没有想到这个。'"

人们时常会引述赫胥黎和威尔伯福斯(Wilberforce)主教1860年在英国科学协会牛津会议中展开的赫赫有名的争论①。青年时期的威尔伯福斯曾经在牛津数

---

① *Life of Charles Darwin*, Vol. Ⅱ, p. 320; Leonard Huxley, *life and letters of Thomas Henry Huxley*, Vol. Ⅰ, p. 180. ——原注

学院得过头等奖,在他的大学看来,他精通自然知识的所有部门,因此把维护正统的教义的任务就交给他了。其实,这位主教并不是真的了解这个问题,妄想用嘲讽方式把进化观念加以毁灭。赫胥黎有效回复了他的观点以后,更有力地抨击了他愚蠢的干涉。同时拉伯克,也就是后来的艾夫伯里勋爵(Lord Avebury),则对胚胎学上的进化证据进行了说明。

当辩论和嘲讽挡不住达尔文学说的传播时,这些对手就按照一般的程序,说并不是他创立了这个学说。可是最有资格回答这个问题的人的观点却不同。牛津会议之后两年,赫胥黎给赖尔写信说:

假如达尔文的自然选择说没错,我觉得这个"真实因"的问世,就让他的地位和他所有前辈截然不同。就像我不能说牛顿的天体运动理论是修正了托勒密的体系一样,我也不能说他的理论修正了拉马克的理论。托勒密解释说这些运动的办法没有真凭实据。牛顿却以定律和显然起作用的力为依据,来对天体运动的必然性加以证实。我想,假如达尔文没错,那么他就将和哈维那样的人并驾齐驱,哪怕他不对,因为他具有的精准思想,拉马克也无法与他相提并论。

赫胥黎指出了证据方面的另一个不足之处。积累变异而成新种的观念把这样一个事实抛诸脑后了:从某种程度上来说,血缘接近而不同的物种杂交后通常生殖不蕃。假如物种的起源是相同的,我们便不知道这样一个现象究竟从何而来,而且我们也无法找出对应的例子,对生殖不蕃的杂种确实是来源于实验中共同祖先传承下来的多产亲体进行说明。

也就是在这一点上,认为自然选择是主要决定力量的观点的确定性的问题最大。"适者生存"可以完美地运用到说明进化的轮廓上,可是却不能应用在种的差异上。达尔文的哲学告诉我们:每一物种要想生存下去,就必须在自然界里获得繁衍,可是我们所说的种的差异(时常是非常明显不变的)究竟是如何繁衍物种的,却没有人能够告诉我们。①

尽管赫胥黎指出了这个困难,可是当时并没有人意识到这个问题的严重性。人们觉得只要继续研究下去,就可以把这个问题弄清楚。人们真正意识到这个问

---

① William Bateson, *Address to the American Association*, Toronto, 1922. ——原注

题的重要性时,则到了 20 世纪开始大张旗鼓地开展科学育种实验的时候。那时的生物学家在没有了一开始的新奇感以后,便对进化论表示了认可,而且觉得自然选择是真实而完备的原因。

达尔文的理论并没有得到欧陆上最知名的人种学家菲尔绍的认可,可是在德国,通过自然选择和适者生存,进化学说却空前繁盛。海克尔和其他博物学家以及他们的后继者——条顿哲学家和政论家,一起创建起了所谓的达尔文主义,和达尔文自身相比,他们的很多信徒还要达尔文一些。

可是达尔文用来对变异和遗传进行研究的观察和实验的方法,反倒没有继续发展。自然选择是进化和物种来源的经过证实的充分原因得到人们的认可。达尔文主义摆脱了一开始的科学学说的帽子,而变成一种哲学,甚至一种宗教。实验生物学开始关注形态学和比较胚胎学,尤其是鲍尔弗(F. M. Balfour)和赫特维希(O. Hertwig)所创立的形态学和比较胚胎学。梅克尔提出个体的发育沿着种族的历史进行,并把种族的历史表现出来的假说,并在梅克尔手里得到了进一步发展。胚胎学就因此具有进化价值,人们就更加不重视缓慢而劳心伤神的研究方法了。

不管是在田野里对动植物进行系统化研究的博物学家,还是在园圃农场上对新植物和动物进行培育的育种家,都更加了解物种和品种。博物学家和育种家觉得物种的界限仍然是清晰的,新种不是源于无法感知到的缓慢变化,而是源于突然的、时常是巨大的改变,而且从一开始就是单纯的种。可是实验室里的形态学家并不关心实际工作者是怎么想的,也不关注他们的经验知识。贝特森(Bateson)说:"1880 年代的进化论者非常果断地说,分类学家虚构了物种,有识之士不需要关注这一点。"可是到了 1890 年代,工作在实验室的生物学家,欧陆上的领军人物是德·弗里斯,英国的领军人物是贝特森,再次开始对变异和遗传进行研究。

尽管对于自然选择是进化的重要原因这一点,达尔文自己深信不疑,可是对于拉马克的意见,他并不是持完全否定的态度,也就是从用进废退的长期作用得到的特性是能够传承下去的。当时这个问题还没有充分的证据能解决。可是到了 19 世纪末期,韦斯曼(August Weimann)对这个问题有了新的见解。他指出,一定要分清体细胞和体内的生殖细胞。体细胞所产生的细胞只能和自己一样,可是生殖细胞不仅产生新个体的生殖细胞,而且体内所有不同种类的细胞都源于它。所以构成生殖细胞的单元的数量一定要足够多,在种类和排列上的差别也要足够大,这样才能形成自然界里的若干机体。在细胞质的作用下,生殖细胞代代传下去,对生殖细胞加以复制,而体细胞总是可以追溯到生殖细胞。所以,每个个体的身体,都只是亲体生殖细胞的次要的副产品,它可以直接消亡,而不留下任何后代。细胞质是主要的传统,它在细胞之间传输,是不间断的。

由此可见,身体上的变化不会对生殖细胞的产物造成什么影响。这样的影响就如同一个人的伯叔父身上的变化是如何影响他本人一样。尽管涵盖生殖细胞的身体可以对生殖细胞带来危害,可是却不能让它的性质有所变化。于是,韦斯曼就开始对后天得到的性质遗传的证据加以研究,可是他觉得证据都太缺乏说服力,所以放弃了。从那以后,通过观察和实验,人们也发现在某些情况下,由于环境持续不断的变化,是会出现一些效果的,可是这些似乎都不是常规的,所以博物学家们并没有达成一致意见。

当人们听到韦斯曼公布出来的结果以后,曾经错愕不已。那是因为对于还没有得到圆满处理的适应之谜,生物学家惯常用"用进废退"来说明。进化论的哲学家,特别是斯宾塞,从来都觉得对于种族发展来说,后天得到的性质遗传是非常重要的一项因素,而这种说法也得到了慈善家、教育家和政治家的默认,而且视它为社会"前进"的根本基础。这种新观点很快就得到了生物学家的认可,可是直到死亡的那一刻,斯宾塞都还在和韦斯曼进行争辩。哪怕到现在,政治改革家依然无视和他们的先入之见截然不同的理论。假如对后天获得性无法遗传表示认可,就那意味着"天性"(nature)比"教养"(nurture)重要,遗传比环境重要。当生活条件改善以后,个体必然会获益,可是这根本不可能让一个种族的天赋性质得以提升,除了通过自然选择或人为选择的间接过程以外。

为了对遗传进行解释,韦斯曼所想象出来的特殊种类的机制,可能是一些异想天开的想法,可是却可以对他的很多追随者的研究工作加以指导,推动他们去对生殖细胞到底是如何形成的,体细胞又是如何通过生殖细胞而发展的加以考察。19世纪时,这些新研究就已经开始了,可是直到后来才出现最为明显的结果,在第九章,我们再对这个问题进行探讨。

19世纪末,另一场以新知识为核心的论辩也开始了。维护纯粹达尔文主义的人,像韦斯曼,一开始觉得自然选择足以解释适应和进化,而且在他们看来,自然选择所形成的变异几乎可以忽略不计,比如说人体身长便是一系列连续的差异。我们可以在众多的数目中,发现在平均数的两边更宽泛的区域内,各人的身长相差不大,不超过百分之一英寸。他们觉得只要时间够长,在如此微小差异中就可以产生新的品种和新种。

可是在新世纪到来之前,以德·弗里斯和贝特林为代表的部分博物学家,在育种家、饲鸟人和园艺家所累积的经验的基础上进行研究,发现上述设想都是违背事实的。时常会出现大的突变,尤其是在杂交以后,马上就可以出现新的品种。被遗忘许久的孟德尔的研究成果于1900年再次出现,所以新篇章又被掀开了。哪怕微小变异的选择不能对进化加以解释,但这些新观念似乎可以派上用场。以后我们将讨论这个希望实现的可能性有多大。

人类学

因为达尔文的原因而重新变得生机勃勃的各种学术中,获益最大的当数人类学,也就是人类的比较研究。其实,哪怕说现代人类学发源于《物种起源》也是可以的。达尔文学说的争论就给了赫胥黎很大的启迪,因此才有了他和人类头骨有关的经典研究著作的问世,同时对人体特点进行精准化测量的开始也是他。如今,人类学已经把这种度量当成重要方法,之后所有研究工作都是以自然选择的观念和进化的观念为基础的。

创立人类学的条件在其他方面也成熟了。欧洲的园圃和博物馆不仅因为猎奇的心理和好奇心,以及收藏家的搜集爱好而有了本国没有的动物和植物,也有了不同发展阶段的其他民族的美术、工艺产品和其他宗教的法物祭器。

当人类学家着手工作时,已经具备了,或者说了解了,或者一定程度上分类好了很多必需的材料,只需要有人重新站出来进行说明,以把其内在价值的另一面向人们展示出来。

在《物种起源》里,达尔文并没有对人类进行详尽研究,可是他所提出的和一般物种相关的结论,却和这个问题紧密相关。1863年,在对解剖学的证据进行了完全的研究以后,赫胥黎说相比猿猴和猿猴之间的差异,人在身体和大脑方面和某些猿猴的差异还要小一些。[①] 所以,他用林奈的分类法,把人类放在灵长目的第一科。人与猿猴在心理方面的差异要大一些,脊椎动物的心理过程尽管比不上人类复杂、强劲,可是却和人类的心理过程是相对应的。这一点在布雷姆(Brehm)《动物的生命》中,以及达尔文的晚期著作中,都有所揭示。[②] 可是,华莱士依然觉得把人类和其他动物放在一起是不合适的,因为"他不仅是生物大系的首领和进化过

---

① T. H. Huxley, *Man's Place in Nature*, London. 1863. ——原注

② Charles Darwin, *The Descent of Man*; *The Expression of the Emotions in Man and Other Animals*. ——原注

程的巅峰,从某种意义上来说,他也是一个新的完全不同的纲目①"。

人类学在对人类进行划分时,主要是以身体特点为依据的,可是,人们也一直都觉得身体特点和心理特点是紧密相关的。一般情况下,根据肤色的不同,人类可以被划分为白种、黄种、红种和黑种。显而易见,这四个人种之间存在的真正差异,不仅仅是肤色上的不同,在其他特点方面也存在不同,当然需要进一步划分。头骨形状的重要性仅次于肤色,通常在划分时采用雷特修斯(Retsius)的方法。俯视头颅时,从前到后的长径作为 100。按照这个标准,短径或横径的长度就被称为"头盖指数"。假如指数比 80 小,那么头颅就属于长的一类,反之则属于短的一类。

我们可以把欧洲居民当作例子,来对这些方法以及结果进行说明②。欧洲人在身体上的不同主要表现在以下三个方面:身长、肤色和头形。根据大数目平均,当我们从南向北挺进波罗的海时,身长越来越高,肤色越来越浅,假如换一个方向,则身长越来越短,肤色越来越深。中间的阿尔派恩区(Alpine),身长和肤色则介于二者之间。可是头颅的形状又截然不同。北方和南方的人都是长头,头骨指数介于 75 到 79,而中间山区的人则是扁头的,头骨指数介于 85 到 89。

我们先假设欧洲有三种本原种族,以对这些事实进行说明。第一种种族是身长高、皮肤白的北方种族,主要集中在波罗的海周围,是最纯粹的一个种族。第二种种族是身长短、皮肤黑的南方种族,主要集中在地中海沿岸至大西洋岸边。这两种种族都是长头的。而第三种种族则是圆头的阿尔派恩种族,不管是在地理位置上,还是在身长和肤色方面,它都介于这两个种族之间,主要集中在中欧的山岳地带。从某种程度上来说,这三个种族的迁徙和相互作用的历史就是欧洲的历史③。人们还以头发的组织等其他特点为依据,对其他大陆上的人类的体质情况进行了同样的研究。更原始的居民居住在这些大陆上。

自从赖尔对人类在地质记录中留下的遗迹进行过描绘以后,已经有充分的证据表明曾有各种不同种族出现在遥远的史前时期。19 世纪时,人们开展了大量的工作。我们发现,早在几万年以前,穴居的人对他们的石壁进行装饰时,已经运用到了非常形象的野牛和野猪。历史更加悠久的人骨分别于 1856 年在尼安德特(Neanderthal),1886 年在斯普伊(Spy)地方被发现,充分说明存在更原始的人类。1893 年,在爪哇鲜新纪地层中,杜伯瓦发现了一些人骨,大部分有名望的学者都觉

① A. R. Wallace, *Natural Selection*, p. 324. ——原注
② W. Z. Riplay, *The Races of Europe*, Boston and London, 1899. ——原注
③ A. C. Haddon, *The Wanderings of Peoples*, Cambridge, 1911. ——原注

得这些人骨是一种原人的骸骨,介于猿人和已知的最早期的人之间。

我们不能持有这样的观点:人类是现有的任意一种猿类的后代。哪怕人类不是猿类的直接苗裔,最起码也和它们沾亲带故。可能在现在的所有猿类以前,它们共同的祖先是一些可变异性更强大的种类。有一点是毋庸置疑的,进化的过程远比一开始想到的复杂得多。地面上可见的分枝别干源于一个复杂的根系,而这个根系则埋在地下很深的地方——永远消失的过去。

17 世纪佩第(William Petty)爵士和格龙特(John Graunt)在对死亡统计表进行研究以后,人类学开始使用统计方法,后来比利时天文学家奎特勒(L. A. J. Quetelet,1796—1874 年)又对其加以复原。1835 年及其此后很多年间,奎特勒证明概率的理论可以在人类的问题加以运用①。他发现苏格兰士兵的胸围量度或法国新兵的身长在变化时总是以一个平均数为中心,其规律就类似于枪弹围着靶子中心分布或赌场上运气有好有坏的规律。用图线表示(如图10)量度的变化曲线,和对气体分子速度进行说明的曲线很像,除了两边几乎是对称的以外。

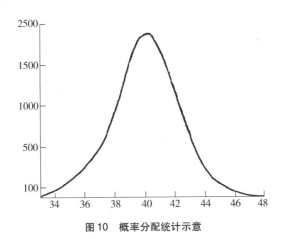

图10　概率分配统计示意

1869 年,达尔文的表弟高尔顿(Francis Galton)在人类智力的遗传方面应用了《物种起源》中的遗传观念②。他把受试人的考试分数的分布派上用场,对于在体质特点和分子速度方面有用的定律同样也在智力方面适用进行了证实。大部分人的智力都处于中等水平,中等至天才之间的人数,中等至愚钝之间的人数,都以人所了解的方式为依据下降。

---

①　*Sur l'Homme et le Dévelppement de ses Facutlés*,1835. *Physique Sociale*,1869,*Anthropométrie*,1870. ——原注

②　*Hereditar Genius*. London,1869. ——原注

在同一场数学考试中，一等优秀生的平均分数大概是分数最低的优秀生的三十倍，而后者的分数可能又高于一般及格学生的分数。假如他们位于同一考场，在时间的制约下，这些分数显然对智力的不同没有进行科学评估，这种不同很明显，在高尔顿看来，对 100 万人的品质进行评选，可以称得上"优秀"的大概只有 250 人，而只有一人的品质在 100 万人中或 100 多万人中是"杰出"的。此外，大概有 250 人在 100 万人中是毫无希望的愚笨。就像一个优秀的人在一个方向上和中等标准之间的差距一样，他们在另一个方向上和中等标准之间也有着同样的差距。高尔顿对有关的参考书进行研究以后发现，相比随意选取的数量相当的一般人，优秀的人所拥有的优秀亲属要多得多。比如说，在他看来，和普通人相比，一个优秀的裁判官的儿子更容易获得成功。假如有人不同意这种观点，相比大部分人，裁判官的儿子在他的帮助下更易获得成功，那么，我们就可以得出这样的结论，高尔顿的数字也表明，一个裁判官的父亲必定也是优秀的，就像一个裁判官有一个优秀的儿子一样，而裁判官不太可能去对他的父亲进行教育。在这样的论据的帮助下，对于人们指责他的著作的声音，高尔顿给出了公正的驳斥。对于他的数字，我们不能投以过多关注的目光，可是一般的结论还是没错的。尽管不太可能预测个人，可是根据大数目平均来说，才能的遗传是毫无疑问的，天赋才能有很大的差异。假如"人人生而平等"这句话只是针对人的才能而说的，那么明显错得很离谱。

人们通过达尔文的自然选择常说意识到法律、社会或经济环境的变化一定会特别有利于同一批居民的某些特点，所以可以让人们的平均生物特点有所变化。一开始，高尔顿对后天获得性能够遗传是表示质疑的，当获得性能遗传的证据被韦斯曼的研究成果证明禁不住推敲时，高尔顿的原则就得到了增强。显而易见，人们过高估计了环境的影响，教育只能突出已经存在的特点，而让一个种族的优秀特点有机会施展，才能让它的生物特性得以提高。这就非常明显地揭示了育种是非常关键的道理。

诚然，我们必须严格地区分开生物学上的遗传和文化上的遗传，后者通过语言或文字代代相传，民族性因此形成。人们已经清晰地意识到遗传的这一价值，可是人们却时常忽略生物学上的遗传的效果。

第八章 19 世纪的科学和哲学思想

科学思想的一般趋势——物质与力——能量的理论——心理学——生物学和唯物主义——科学和社会学——进化论和宗教——进化论和哲学

科学思想的一般趋势

17 世纪与 18 世纪中，人们开始明显感受到取代了中世纪教会大一统主义的思想的影响。科学和普通的思想都具有了强烈的民族特色，各国的学术活动都割裂开来。拉丁文也被淘汰了，人们开始用欧洲各国的国语进行科学写作。知识分子的四处游走，给至关重要的发现的传播提供了条件，比如说牛顿的天文学、重农学派的经济学、康德与谢林的哲学，正是因为 1726 年，伏尔泰到英国；1765 年，亚当·斯密（Adam Smith）到法国；1798 年，华兹华斯（Wordsworth）和科尔里奇（Colerdige）到德国，而得以在本国以外的国家美名远扬①。

19 世纪初期，巴黎是世界科学的中心。1793 年的法国革命政府砍掉了拉瓦锡、巴伊（Bailly）和库辛（Cousin）的头颅，孔多塞（Condorcet）被迫自杀，而且科学院也被关闭了。可是没过多长时间，法国政府就意识到科学人员的帮助是必不可少的。当人们提出"为了保护国家，一切都必不可少"的口号时，科学就再也不是可有可无的东西了，1795 年，科学院再次开放，隶属于法兰西学院。拉普拉斯、拉格朗日和蒙热（Monge）的数学，拉瓦锡所提倡的新化学，还有阿雨（Haüy）创立的几何晶体学，共同构成了物理科学这座璀璨的宝塔。

---

① J. T. Merz, *History of European Thought in the Nineteenth Century*, 4 vols. Edinburgh and London, 1896 – 1914, Vol. 1, p. 16. ——原注

拉普拉斯把帕斯卡和费马在17世纪创立的概率理论发展成一个体系,不仅可以用来对物理测量的误差进行估算,还可以从理论的角度对关系到大数目的人事问题,像保险、政府管理和商业管理的统计进行解释。居维叶仔细研究了比较解剖学,而且用科学院常任秘书的身份,让科学精神在所有学科中都处于最高的水准。

18世纪中,科学和文学相融合只发生在法国,"其他国家中,像丰特奈尔(Fontenelle)那样的人,像伏尔泰那样的人,以及像布丰那样的人根本不存在"。科学与文化的融合直到19世纪初期依然水平较高,这主要归功于科学院隶属于法兰西学院了。

科学院是法国科学的中心,而大学是德国科学的中心。巴黎的人们早就把缜密科学的方法派上用场了,而德国大学之所以声名卓著,是因为古典学术和哲学研究,可是讲授的却依然是一种混为一谈的"自然哲学",这种自然哲学的结论是以值得怀疑的哲学理论为依据得到的,而不是通过细心对自然现象进行研究而得到的。直到1830年左右,这种影响才消散,高斯的数学和李比希的化学工作功不可没。李比希在巴黎旅居,曾经接受过盖-吕萨克的训练,1826年,他在吉森(Giessen)开办了一个实验室。从那时开始,直到1914年,德国的学术研究的有系统组织工作,发展到一个巅峰,其他各国都望尘莫及。德国有关世界科学研究成果的摘要和分析也是名声在外。此外,德语中Wissenschaft(科学)一词也拥有非常广泛的含义,把所有有系统的知识都囊括进去了,有我们所谓的科学,也有语言学、历史和哲学。如此一来,对于这几门学科相互之间保持联系大有裨益,对于拓宽这几门学科的眼界也有很大的帮助。

个人主义的精神,也许是英国科学最为明显的特点,灿烂的研究成果通常出自非学院出身的人物——像波义耳、卡文迪什和达尔文。尽管牛津和剑桥两大学在19世纪前半期,就已经是高等普通教育首屈一指的学府,可是却仍然缺乏欧陆的研究精神。当时,时常可以听到有人批评英国的科学状况非常不乐观的声音,后来,在巴贝奇(Babbage)、赫舍尔和皮科克(Peacock)所组织的学生团体的促进下,剑桥大学才有了欧陆的数学。尽管是牛顿发明了这种数学,可是它的广为发展却是在欧陆。

可是,牛津大学和剑桥大学在19世纪中期都迈进了改革的行列,没过多久,在传统的古典学术研究和现代学术研究方面都取得了显著的成效。而所有科学之首的数理物理学,再次在剑桥安家,之后,在麦克斯韦、雷利爵士和汤姆生(J. J. Thomson)、卢瑟福等人的提议下,闻名于世界的卡文迪什实验室的实验学派再次成立。在福斯特、兰利(Langley)和贝特森等人的提议下,生物学学科被创立,剑桥就这样成为如今众所周知的科学研究的核心。

所以,到了19世纪下半期,曾一直绵延到19世纪上半期的欧洲各国学术活动相互割裂的现象就消失了。因为交通越发便捷,个人间的接触变多,所有研究者都可以借助科学期刊和学会会议的方式,随时了解到新的成果,而科学再次具有了全球属性。

此外,尽管国际间的藩篱被突破了,可是知识的分科越来越专业,各部门又增加了新的隔阂。德国各大学在19世纪初期还可以对百科全书式的课程进行传授,让人觉得知识是一体的,在统一课程里都可以找到①。受康德、费希特(Fichte)和施莱尔马赫(Schleiermacher)等人的影响,哲学仍然涵盖了知识的所有部门,而且还朝科学思想迈进。

之后,我们将阐述科学与哲学曾经是如何断了联系的。毫无疑问,因为一门科学被分成几门科学,这一过程就会变得很快。知识的发展真是太快了,以至于它的所有进程没有人能一一赶上。过去,所谓实验室只是个别自然哲学家的个人房间,这时的修建主体却是各大学,或者别人给各大学投资兴建,最后的结果是,实验研究方法不仅被推动学术的研究者掌握了,也被初学者掌握了。这样一来,就有了更多更完全地对每一学科进行研究的机会,没有再花那么多时间在一般性研究上面,科学家便倾向于一叶障目。最近几年以来,各科学间的相互关系愈加清晰,而数学和物理学也正在指出把一种新哲学的渠道创立起来。可是一般情况下,直到19世纪末,依然存在这种各自为政的倾向,除了少数概括性的结论以外,像能量守恒的原理,不仅在物理上有用,而且在化学和生物学上有用。

要想对19世纪科学的进步是如何影响其他学术尤其是哲学思想的进行探讨,就必须牢记数学和物理的进展产生了什么样的影响,相比之前三个世纪,这一时期只是受到了很小的影响。相比之前,从数量上来说,数学和物理学研究明显增多了不少,在1800年和1900年间,科学的观点也发生了巨变,可是站在哲学的角度来说,在物理学方面,19世纪并没有取得像牛顿和哥白尼那样的具有颠覆性的研究成果。人们看待人类世界和人本身在宇宙中所处的地位和重要性的态度也曾深受那些研究成果的影响。在19世纪中,生物学方面也取得了同样具有颠覆性的研究成果,生理学和心理学对心和物的关系进行了研究,达尔文以自然选择为基础,把进化论创立起来了。

我们曾经说过,因为科学家把适合对自然进行研究的新的汇总方法和实验方

---

① Merz,上引书 Vol. 1,p. 37. ——原注

法创建出来了,所以在文艺复兴和牛顿时代,科学和哲学之间的联系越发不紧密了。哲学家依然想在整个知识范畴的法律上占据主导权,可是,他们其实已经失去了很多主导知识范畴的权力。哲学家在康德的时代以前仍然想办法让他们的体系囊括物理科学的成果。

可是,在我们现在所说的时期中,哲学和科学之所以越发分离开来,主要就是因为受到后期黑格尔派的影响(不是来自黑格尔本人的影响)。

赫尔姆霍茨很好地阐述了这一事实①。他在1862年创作很靠近当代,所以对当代的影响了如指掌。他说:

> 最近几年以来,有人对自然哲学提出批判,说它离共同的语文和历史研究结合起来的其他科学越来越远,而独辟蹊径。事实上,很久以前就存在这种清晰的对抗了,我觉得这主要仰仗于黑尔格派哲学的影响,最起码也是在黑格尔派哲学的映衬下才越发明显。康德哲学在上一世纪末流行时,从来没有听说过这种分裂的局面。反之,康德哲学的基础和物理科学的基础完全一样,从康德自己的科学著作中,尤其是他的天体演化理论中,完全可以看出这一点。他的天体演化理论建立的基础是牛顿的引力定律,而在这以后,世人都认可了拉普拉斯的星云假说的名义。康德的"批判哲学"只是为了对知识的来源和威信进行考验,并确定相比其他科学,它的哲学研究的范围和标准。以他的学说为依据,一条发现于纯粹思想"先验地"的原则,是一条和纯粹思想方法相适应的规则,而和其他的无法比。它里面没有任何真实的、确定的知识……黑格尔的"同一性哲学"(因为它不仅认为主客观是同一的,而且认为存在与非存在一类对立面也是同一的,所以它被叫作同一性哲学)更干脆、利落。这种哲学,立足于一种假说,觉得精神世界和现实世界——自然和人——也是创造性的心灵的一个思想活动的结晶,在它看来,从种类上来说,这个创造性的心灵类似于人的心灵。以这一假说为依据,哪怕缺乏外界经验的指导,人的心灵好像也可以对造物者的思想进行揣摩,并借助它自身的活动,再次把这些思想挖掘出来。"同一性哲学"就是立足于这一观点,用先验的方式把其他科学的成果创建出来。这种方法在神学、法律、政治、语言、艺术、历史问题上,总的来说只要其题材确实是源于我们的道德本性的,也就是说统称为道德科学的所有

---

① H. Helmholtz, *Popular Lectures on Scientific Subjects*, Eng. trans. E. Atkinson, London, 1873, p. 5. ——
原注

科学中都是有用的。可是，哪怕对于黑格尔用"先验方法"创建道德科学的重要结果基本上是没有问题的，我们表示认可。对于他的"同一性假说"依据，却没有任何有效的证明。原本检验的标准是自然界的真实情况。我们可以肯定地说，在这一点上，黑格尔的哲学是完全站不住脚的。他的自然体系太狂放了，最起码自然哲学家是这样认为的。和他同时期的知名科学家都不支持他的观点。所以，黑格尔自己觉得，他一定要让他的哲学在物理科学的领域里，像他的哲学在其他领域一样，得到非常果断的承认。于是，他就毫不留情地抨击自然哲学家，尤其是牛顿，因为物理研究的首个，同时也是最杰出的代表就是牛顿。哲学家批判科学家眼界狭隘，科学家反讽哲学家精神不正常。最后的结果就是，在某种意义上，科学家开始重视扫清自己工作中所有哲学的影响，其中有些科学家，反应最敏锐的科学家也包括在内，甚至开始责难整个哲学，不仅说哲学是毫无价值的，还说哲学是有害的、虚无的。如此一来，我们就不得不承认，不仅黑格尔体系要让所有其他学术都在自己的狂想中俯下身来被嫌弃，而且没有人关注哲学的合理要求，也就是指责认识来源，以及定义智力的功能。

大概在长达半个世纪里，科学和哲学就一直处在这种分开的状态，特别是在德国。黑格尔派像希腊的哲学家一样，不重视实验家。科学家则对黑格尔派厌恶至极，最后完全对他们置之不理。包括赫尔姆霍茨在内，在感慨这种态度时，也觉得哲学只有指责的作用——论述认识论，它无权去对其他思辨性更强的问题加以解决，像确实的本性和宇宙的意义等更深不可测的问题。

在自己这方面，哲学家也一样摸不着头脑。他们肆无忌惮地对实验家进行抨击。在动植物的比较解剖学领域，诗人歌德曾经做过一些有价值的工作。事实在这个领域内是非常明显的。可是，歌德的方法在需要更深入研究的领域中，比如说在物理学中就没用了。因为他是一名诗人，所以他具有敏锐的观察力，这一点让他坚信，相比有色光，白光一定要纯粹一些、简单一些，所以，牛顿有关色彩的理论一定是不正确的①。对于严谨的实验所揭露出来的事实，他不想考虑过多，对于以这些事实为依据所得出的推论，他也不想思考。在他看来，感官一定可以马上把自然的真相揭露出来，而事物的内在本性的显露，只能通过直接的审美想象来实现。所以，他创立了一种与色彩有关的理论，把白光当作基本色。即便在最简单的物理学

---

① Helmholtz，上引书 p. 33. ——原注

的分析下,这种理论都不成立,也只有歌德侮辱牛顿的话和黑格尔派的调解帮助对这种理论表示支持而已。所以,这也难怪科学家对哲学家的著作不屑一顾。可是科学和哲学不能一直处在分离状态,没过多久,科学就开始重新对当代的一般思想进行影响了。

一场旧论战的新表演正在英国上演。论战的双方分别是觉得数学的性质是先验的惠威尔,和觉得欧几里得的公理,像二平行线即便再延长也是不可能相交的这一结论是源于经验的总结的约翰·穆勒(J. S. Mill)①。就像对待其他科学概念一样,康德在对这些公理的有效性的原因进行追溯时,觉得我们的心灵的性质就是原因所在,而到了如今,我们可以这样说,这些公理只是我们要研究的几何学里的那一种空间的概念而已。我们还可以把另一套公理创建出来,从而得出非欧几里得空间的几何学。洛巴捷夫斯基、波约、高斯和黎曼的研究成果,其实正逐渐显示出我们所谓的空间,只是一般可能的流形(可有四或四以上的维数)的一种非同寻常的情况而已。我们的心灵可以把另一套公理创立出来,而对其他各种“空间”的属性进行研究。没错,从经验的角度出发,我们所观察的空间接近三维,而且是欧几里得的,可是爱因斯坦经过严密论证以后,发现它并不是完全如此,只是受限于现有的精准度,和很多也许存在的空间中的一种相合。从这里可以看出,就像其他诸多争论一样,惠威尔和穆勒的争论已被一种新的解决方案取代,这种新方案要囊括之前两个方案的精髓。

在惠威尔看来,数学的公理是必不可少的,而自然科学的假说却来自经验的总结,并不是绝对的,二人是有本质上的不同的。可是,惠威尔又沿着康德的步伐,觉得不管在哪种认识的活动里,一种形式的成分都是必不可少的,那就是心理的成分和直接来自感觉的成分紧密合作。从很大程度上来说,穆勒的态度还是因为当时的经验派依然和“内在理论”(innate ideas)的旧日幽灵——柏拉图式的超感官世界的启发唱反调,不管是有意的,还是无意的。看上去,宇伯威格(Ueberweg)在和康德论战时走偏了②,也正是因为这种遗留的倾向。其实上,我们不可能经由经验的指点,而抵达事物的真相,经验只是在我们的心灵表现出事物的外观的一种过程,所以,我们所创建的自然界的场景,一部分由我们心灵的结构来决定,另一部分由我们终归还有经验这一事实来决定。19 世纪的经验论者,对这种看法的力量或

---

① W. Whewell, *Phlosopy of the inductive sciences*, London, 1840, and *History of the Inductive Science*, London, 1837, J. S. Mill, *Iogic*, London, 1843. ——原注

② 参看 F. A. Lange, *Geschichle des Materialismus*, English trans. E. C. Thomas, Vol. II, 3rd ed. p. 173. ——原注

影响好像还没有察觉到。

其实,在19世纪的大半时期中,大部分科学家,尤其是生物学家,都觉得他们已经把形而上学抛得远远的了,所以直接接受了科学所打造的自然界的模型,而觉得这种模型是最后的真实。可是有些物理学家和哲学家则不是这样,他们要小心翼翼得多。即便自己的工作是以当代科学为基础的斯宾塞,也觉得物理学的根本概念,像时、空、原子之类把心理上的冲突涵盖其中,再明白不过地告诉我们,现象后面隐藏的真实是未知的。斯宾塞就武断地下结论说,科学就应该在这里和宗教肩并肩,因为把所有值得怀疑的成分去除以后,宗教只是一种信仰,觉得万物都只是表现出我们不可能了解到的一种伟大力量。

在英国,还有下面这些人研究了科学的哲学:1854年,布尔(G. Boole)在逻辑学上加上了符号语言和记法;在他的《科学原理》(*Principles of Science*,1874年)中,杰文斯(W. Stanley Jevons)非常肯定地说,直觉在科学的发现中占有举足轻重的地位;克利福德(W. K. Clifford,1845—1879年)觉得康德为了对几何学的真理具有普遍性和一定性进行证实,所提出的论据是具有极强的说服力的,完全可以把休谟的经验论打倒,可是洛巴捷夫斯基和黎曼的研究却证实,尽管用先验的方法可以规定并研究理想的空间,而我们所了解到的现实的空间和其几何学却是来自经验。达尔文的自然选择理论和这个问题有很大的关联。本章中,我们会再进行论述。

可是,布尔、杰文斯和克利福德这三人却只是对科学家产生了微乎其微的影响。包括物理学在内,都和哲学没有了关联。1883年,当马赫请求人们对力学的哲学基础加以关注时,先是遭到了一部分物理学家的忽视,之后又遭到了一部分人的鄙视,只有少部分物理学家研究了他的观点,并向他竖起大拇指,可是又过高地估计了他的观点的独特性[1]。

马赫在力学方面的著作,所运用的方法是当时鲜少被人使用的历史方法。在本书的第六章,我们已经论述过他批判牛顿的质量定义的话,还有他论述的已被人们所知的动力学的基本原理。

马赫将洛克、休谟和康德的传统很好地传承下来了,觉得科学只能将我们感官了解到的自然界组成模型,力学只是对上述模型进行观察的一个角度,并不是像有些人所认为的是自然界的终极真理。其他角度,像化学、生理学之类,也一样是非常根本、非常重要的。我们没有权力假设我们了解了绝对空间或时间,因为空间与

---

[1] Dr Ernst Mach, *Die Mechanik in ihrer Entwickelung Historisch-Kritisch Dargestellt*, 1st ed. 1883, 4th ed. 1901, Eng. trans. T. J. McCormack, Chicago, 1883, 2nd ed. London, 1902. ——原注

时间只是一种感觉,空间只能以恒星的间架为参考,时间只能以天文运动为参考。因为黎曼和其他数学家将其他空间或类空流形设想出来了,所以我们所认识到的空间,只是来自经验的一种定义。"所谓物体只是综合了触觉和视觉感觉的相对恒定。"自然律是"简单的规则"。它只将过去经验的结果展现出来,以对将来的感官知觉进行指引。在过去的哲学家的著作中,我们可以找到马赫的大部分意见,可是,19世纪后期的缺乏哲学意识的科学家却非常好奇这些观点。

物质与力

也许站在哲学的角度上来说,拉瓦锡对物质经过一系列化学变化常存不灭以后所带来的影响进行的证实,是物理科学新发展的最早的,也是仅有的一个重要影响。常识带给科学的最早的概念之一就是通过触觉得到的物质概念,由此又出现形而上学的概念,觉得物质这种东西既在空间里延展,又在时间里传承。我们在前面数章中说过,对于物质的刚性的经验,在历史上的某些时期曾经不止一次带来唯物主义的哲学。拉瓦锡通过科学的方式,对物质经过化学作用,尽管表面上发生了变化,消失了,可是通过测定其重量,发现其总质量是不变的事实进行了证实,如此一来,他就让物质是终极实在的约定俗成的看法得到了极大的巩固,因为人们从自身的经验出发,觉得永恒不变是实在的一个标志。

可是在19世纪前三分之二的时期中,物理科学的成功所带来的普通印象给哲学思想带来了很大的影响。道尔顿的原子理论,电磁现象统称为数学的定律,光的波动学说是吻合实验的,光谱分析告诉我们太阳和恒星的组成成分是什么,通过构造式对大群有机物的结构、新化合物甚至新元素的发现进行说明,而且在发现前,它们就被预言是真实存在的——这所有成果,以及其他成果,都让人觉得打败了一切,觉得人类更有力量对自然和控制自然力进行解释了。人们是健忘的,所谓让一个谜团的谜底揭晓,事实上只是用了另一个谜团来解释它。最后经过分析,发现实在的基本问题依然没有取得任何进展。可是实际情况是什么样的呢?人们在19世纪的前六七十年间,通常把这一事实忘记了,没有批判精神的人一开始愈加笃定最后的解释是物与力,后来又愈加笃定最后的解释是物质和运动。

之所以后来人们觉得掌控一切的是物质与力,中间是存在一些思想上的变化历史的,在这里,我们更应该好好探讨一番。牛顿本人在创立万有引力的假说时,压根儿没有对引力是物质固有的最终本性表示过认可,也没有认可超距作用可以从物理学上对它进行解释。他说他之所以无法完美地阐述引力的原因,只是怀疑它可能要追溯到以太,相比在物质附近,这种介质更多存在于自由空间,因此可以对有引力的物体形成压迫作用,让其彼此靠近。牛顿并没有对这种观点进行突出说明,可是,显而易见,他觉得还需要好好解释引力,就让后人来研究其中的原因吧。

可是在18世纪和19世纪初期,不少哲学家和少部分物理学家都觉得牛顿的体系(伽利略的力的概念的传播)关系到超距作用,在这方面是不同于从笛卡儿发源的另一学派的。在对物质间的相互作用进行解释时,他们想采用某种可认知的机械方式,像法国物理学家安培和柯西(Cauchy),以牛顿的平方反比律为依据,用数学方法来对电力进行分析,英国的法拉第和之后的威廉·汤姆生、麦克斯韦,则对中间介质的效应进行了研究,想要认定电子就是凭借一种机械作用在介质中传播的。

类似的问题也出现在原子和分子的研究方面。古代的人觉得,伽桑狄和波义耳其实也觉得原子彼此间发生作用,只能通过冲撞和接触。他们假定原子的表面是非常粗糙的,甚至有齿和钩,以对物质的黏着和其他性质进行解释。可是假如原子的相互作用是可以超距的,那么就不需要这些概念了。运动说只是从表面上回到原子或分子通过直接冲撞而产生作用的观点那里去,这是毫无疑问的。可是这个学说一定要以分子要想发生作用,只能在相互接触时为前提,而且因为它们在冲撞后可以返回,所以分子一定要被视为有弹性的,而且一定要有更微小的部分所组成的结构。哪怕从现实上来说,原子是无法分割的,可是在想象中,我们却可以毫无限制地分割原子,最后就可以得到一个更小的质点,因为可以对其他类似的质点产生影响,所以这个质点一定是一种力的核心。18世纪的一个耶稣会士波斯科维奇(Boscovitch)就以这种推理为依据,觉得非物质的力的中心是原子自身,而19世纪逻辑头脑清晰的法国物理学家,像安培和柯西,却经过分析认为,他们时代的原子已经无法承载广延性的力了,只是哲学头脑缺乏的人,才会以他们唯物主义的本能为依据,依然觉得原子是刚硬质点。直到今天,原子已经不是非广延的了,即便是电子,也有更精细的结构展现出来,所以在有些人眼里,它就成了辐射的一种来源,或一种缺乏具体状态的波系。当我们盯着电子以外看时,好像仍然需要在这两种观点中做抉择,一是觉得物质的终极单位是非广延的力的核心,二是觉得物质是一个无限序列的精细的结构,内外都涵盖其中,越朝内,越精细。

虽然波斯科维奇、安培和柯西觉得原子只是一个力的核心,牛顿的科学建立的基础却是物质是微粒的观点,拉瓦锡在化学上也应用了类似的观念,这就让很多喜欢这类东西的人得到一种反方向的哲学,觉得刚硬的物质是有且仅有的一种存在,而它们仅有的一种作用方式就是刚硬物质之间的力。赫尔姆霍茨和其他物理学家，觉得只要用物质和力来总结问题就万事无虞了。在这方面，他们是紧跟牛顿的脚步的。这是从数学上加以解答，如果只是从数学的角度来看，无疑是可行的，尽管不能称之为物理学的解释，可是，对物理学不了解的人，就觉得他们将数学上的答案视为最终的解释了。

18世纪时，在法国又再次出现了第五章所描述过的唯物主义的哲学，19世纪时，又再次在德国出现①。像摩莱肖特（Moleschott）、毕希纳（Buchner）和福格特（Vogt）这样的早期领袖，都在科学成果的基础上建立他们的哲学，尤其是生理学和心理学的研究成果。毕希纳的书名《力与物质》（*Kraft und Stoff*, 1855年）就说明，将力和物质视为终极的存在的看法组成了这个唯物主义运动，而且是其中必不可分的部分。在神秘的黑格尔唯心主义流行了半个世纪之久以后，有这样的唯物主义学派，督促人们去关注自然科学的明确成果，尽管其影响是不错的，可是不得不提醒大家注意的是，当这种唯物主义哲学产生时，科学家已经用明确的量"质量"，将物质淘汰了，而且指出"力"这个词不仅有"力"的意思，也有"能量"的意思，所以极易混淆其意义。而且这些德国作家，还混合了他们的唯物主义和感觉论、怀疑论。因为非常吻合夸张的达尔文主义，所以唯物主义的旧观点再次焕发了生机，有些共产主义者觉得它是经济学和政治学的根基。

能量的理论

就像上节所说的那样，在人们普遍认可了物质守恒的原理以后，一种朴素的唯物主义诞生了。随之确立的还有能量守恒的原理。尽管哲学上的唯物主义不能将这一原理强行采用过来服务于自身，可是视它为哲学上的机械论和决定论的联合理论的依据却是可以的。

首先，这一原则让人开始怀疑生物学所风靡的活力论。这种活力论觉得有一种生命力存在于生物体内，可以对物理和化学的定律进行掌控，甚至让其停下来，让机体和环境相适应，并对机体起到决定性作用。这时的人们已经知道动物也如同机器，能量——食物和氧气时只有来自外面时，才可以发生作用，假如起到控制作用的是一种生命原质，相比之前的假设，其方式要复杂得多。还可以想象在回避热力学的第二定律（统计学定律）时，可以用麦克斯韦假设的"鬼魔"的作用这一类

---

①　F. A. Lange，上引书 Vol. Ⅰ, Chaps. Ⅱ, Ⅲ.　——原注

东西,可是,第一定律(也就是能量守恒的原则)已经对可以有效作用于有生命的和无生命的体系进行了验证。

其次,假如宇宙间的能量是有限的,那么,太阳活动就有可能停止,我们就要面对地球过去存在了多久以及将来还能存在多久等问题。人们已经了解到,是不能把太阳视为一个慢慢降温的热体的,哪怕它是一团纯炭,它也会快速被烧完,可是这些新的物理学原理还对这样一个事实进行了证实,那就是当原始的星云慢慢凝聚到一起,星云的几个部分共同形成太阳时,就会储存足够多的能量转化成热。而且太阳持续不停地收缩的话,热量还会持续产生,太阳可能会一直存在。1854 年,赫尔姆霍茨的计算告诉我们,太阳收缩其半径的万分之一产生的热量,可以辐射两千多年还不止。

威廉·汤姆生(也就是凯尔文爵士)以同样的计算为依据,对地球的年龄进行了推测,用来对其他人以下面的情况为依据推测出来的数字进行补充说明:(1)地壳传热;(2)让日夜变长的潮汐的摩擦作用。1862 年,他推测地球在不到二亿 (2×10^8) 年前还是一团溶液,1899 年,他又对这一年限进行了缩短,变成介于二千万至四千万年的一个数字。这时的地质学家和生物学家都提出要求,要尽量延长地球和地球上居住者的存在时间。于是,一种争论就不可避免地发生了,可是没过多久,物理计算的依据就有问题了,一开始是因为放射物质的发现,一种新的热源出现,后来是因为新的原子和宇宙的理论产生了。如今人们秉持这样的观点,物质在太阳和恒星的高温作用下,会发生嬗变,也就是在不同的元素间转化,甚至可以直接变成能量,所以,提供的能量的保存量就远远比旧有观念所想象的多得多。对宇宙和有机演化进行研究的化学家,时间这个问题可以排除了。

早期计算出的数字并没有多大的意义。不管太阳和地球过去有多大的年龄,它们的一致性经由能量守恒和散佚的原理都可以得到论证,所以这种研究也就属于科学的范畴了。

在对这个问题进行研究时,威廉·汤姆生还把热力学的第二原理派上用场,运用了另一种方式。只有当热量从一热体传到冷体时,来自热量的机械功才能得到。这一过程总是朝温度的差距变小的趋势发展,因为热的传导、摩擦和其他无法逆转的过程,这种温差还会变小。可用的能量在无法逆转的体系里总是直线下降,而与之相反的量(克劳胥斯用熵称呼它)则总是朝一个最大值的方向发展。因此在一个与周围毫不相关的体系里,以及人们想象中的宇宙里,能量慢慢变成热,变得越来越平均,不能生成有用之功。因此,当时的人们觉得,在这种能的散佚下,宇宙最终会变得安静下来。

那些混淆了物理科学和机械哲学，混淆了我们所制定的自然模型和终结实在的人们，就像利用牛顿的研究成果一样，也利用了汤姆生的研究成果。"宇宙的寂灭"被视为论证无神论和哲学上的决定论的另外一个依据。可是以相反的有神论学说为依据，如果创造世界的是上帝，那么上帝为什么在不喜欢这个世界时却没有将它一手摧毁，也就没有什么理由可言了。而且，假如以这一假说为依据，人具有充满灵性和永恒的灵魂的话，它自然可以无视物质世界的变换，因为它已经早就没办法被这个物质世界关禁闭了。更何况，最起码从19世纪的证据出发，在宇宙理论中运用热力学的原理的有效性值得怀疑。在宇宙上运用这种来自有限例证所推导出来的结果毫无道理可言，哪怕过去把这些结果派上用场，去对有限的独立的或等温的体系的情况进行预测取得了显著的效果。如今我们了解到，这个问题的复杂程度远远超过一开始提出这个问题时人们所知道的内容。不仅仅是这样，哪怕科学已经论述了如今存在的太阳和地球的始末，我们也不得不提出这样一点，对于整个宇宙的起源、意义和目的这一形而上学问题，这一结果的关系也不大。在对太阳和地球，甚至全银河星系的生命进行探索时，也许我们可以立足于最初的星云，直到对最后的寂灭境界进行探索。可是，哪怕如此，我们也只是对宇宙演化过程的几个阶段进行了探索，我们依然没办法把这个伟大存在的秘密揭开，这一点和过去没有区别。

心理学

借助理性和经验两种方法，我们可以对人们的心灵进行研究。我们可以先对某种形而上学的宇宙体系表示认可，像罗马教会体系或德国唯物主义哲学的体系，之后根据理性，把人的心灵在这个体系中处于什么位置，以及人的心灵和这个体系的关系推导出来。此外，我们也可以不对任何这样的体系表示认可，而通过经验的观察和实验的方式，对心灵的现象进行研究。这种以经验为媒介展开的研究又可以采用这样两种方式进行，那就是我们的自我反思，以及像一个旁观者一样观察和实验自己或别人的心灵。心理学之所以成为自然科学的一部分，就是凭借后面一种方法。

19世纪初期，在大学里，德国所特有的理性的心理学和宇宙论、神学相结合，成为一门广义上的形而上学的学问。在英格兰和苏格兰，早就出现了经验的心理学，所采用的还是在19世纪三分之二时间内风靡一时，特别是在詹姆斯·穆勒（James Mill）和贝恩（Alexander Bain）手中更加盛行的内省的方法。法国的人们在对心理的外在表现进行研究时,将其视为生理和病理的问题,而且开始对心理的外部符号,像语言、文法和逻辑进行研究①。

当科学方法在产生这种方法的学科以外的学科中开始传播时,经验的心理学很快在各国取代了理性的心理学。在德国,海尔巴特把经验的心理学派上用场,和当时盛行的系统的唯心主义哲学相对抗,尽管他的心理学建立的基础不仅是经验,而且是形而上学。此外,尤其是在洛采(Lotze)的著作中,对于唯物主义假设的探讨却是以它为前提,相比在福格特、摩莱肖特和毕希纳等人的著作里可以找到的探讨,这种探讨要深刻得多。对于这种经验的"无灵魂的心理学"(德语的心理学是Seelenlehre,原义本是灵魂学)是没有一个提前设定好的形而上学体系的心理学,德国人难免会感到惊讶,因为德国思想界自从莱布尼茨以来,一直想在对宇宙的任何部分进行研究以前,就把一个有关宇宙的广泛理性理论制定出来。可是英国人和苏格兰人的"常识"性的观点却觉得经验派的心理学再自然不过了。他们可以只沿着一种思路前进,只要可以证实它是有利于实践的,而对于这种思路会明显从逻辑上影响其他学科却完全不放在心上,过去这种情况人们已经司空见惯。大部分英国心理学家,让神学家去研究神学,让形而上学家去研究形而上学,哪怕他们所用的方法有内省的属性(尽管也是经验性),他们依然如此。当他们采用实验的方法时,就愈加表明了这种态度。在法国,主要是生理学家和医生对心理学进行研究,所以,在科学实验方法的层面,法国的心理学当然名列前茅,而屏蔽掉了形而上学体系的影响的风险。法国大概是在心理学转变成为国际性科学的过程中做出了最大贡献的国家。

物理科学,包括生理学和实验生理学在内,其一直秉承的是分析的态度,在对问题进行考察时,往往会从多个角度——机械的、化学的或生理的——进行,而且研究的主题都会被分析成简易的概念,像细胞、原子、电子和其彼此间的关系,不管从哪个角度来说都是如此。可是生物学解释说每个生物都是一个有机的整体,而且更明显的是,每个人都深刻地意识到其自身存在的一致性。任何一个能力卓越的观察者都可以论证科学所解决的关系,可是确实只有本人才能完全实现每个人的心理。所以,科学方法不可能完全研究这种统一性的意识。在生理学和实验心理学中,一定要先假设这样一个前提,动物一定受物理学和化学的定律所约束,而且可以用这些定律进行说明,如果是人,则一定要以他是一架机器为前提,原因是,假如以别的假设前提为依据,那么就无法取得进步。可是,当欧陆上的伪逻辑学家

---

① J. T. Merz,上引书 Vol. Ⅲ,p. 203. ——原注

将这一有意义的假设认定为实在的代表,而人只是一架机器时,英国人则以他们的常识为依据,觉得这一主张尽管符合另一种事实,可是却不符合另一种事实。在生理实验室中,人被当作机器,而在平常生活中,人又被看作拥有独立自由的个人,而在教堂参拜,人又被视为一个永恒的灵魂,他们非常满意这些说法。既然所有看法都是和其特殊用途相吻合的工作前提,那么选择一个合适的时间和地点,将它们合并使用,难道不行吗?也许终有一天,未来的知识可以调和这些假设,可是如今这些假设却对于工作的开展是有利的。不仅在牛顿的时代和现代心理学创立之初,英国人的这种特殊心理态度尽显无遗,而且在 19 世纪的和其后的很多科学和哲学问题上,也可以明显看到这种态度。欧陆的人也许觉得这种态度和逻辑是不符的,可是依然是真正科学的态度。只要某些理论可以产生有价值的结果,就被视为工作前提,而且只要它们可以将有价值的结果展现出来,他们也会果断地将在当时的知识情况下看上去相互冲突的两种理论一并派上用场。假如其中之一证明是不符合事实(或信念)的,他们可以马上放弃。一直以来,物理学都被看作理性最强大的科学,如今却仍然将从表面上看去有很大冲突的两大基本理论派上用场,也许这就可以对英国人的心理习惯是有道理的加以证明。

在率先采用现代科学知识,用内省法经验的研究心理过程的人中,亚历山大·贝恩(1818—1903 年)是其中之一。他以洛克的理论为依据,觉得对心理现象进行追溯时,可以一直追溯到感觉,而且又将从休谟到詹姆斯·穆勒的英国作家所提倡的"联想心理学"派上用场,觉得简单元素通过想象就组成了更加高级和更加复杂的理念。贝恩用生理学上的证据对这些原理进行证实,可是法国人有关变态心理的研究是如何影响正常心理理论的,他并没有完全领悟到,在进化论的时代,当人还不知道遗传和环境这两种不同的因素的影响时,他的主要工作就已经完成了。

各国的心理学有一时期即便在心理学请求自然科学伸手援手时,其应用方式也有自身的特点。法英两国对科学的方法——观察、假说、推论的演绎,而且对比推论和深入的观察和实验——非常看重。在德国,尽管黑格尔的唯心主义哲学没有从前那么高的威望,没有再被人们视为前提,可是心理学家依然想以一个形而上学的体系为基础,做出一番成绩来。这时自然科学正在向前发展,弥勒和李比希在医学和工业上采用了生理学和化学,并因此取得显著成效,所以,心理学家不仅将科学的方法派上用场了,还将科学的概念也派上用场了。他们想要"提升自然科学中常用的所谓基本概念,像物质和力,使之成为心理科学的根本原则,甚至成为新的信仰"。结果人们就"用一种抽象和简单化的态度对待心理现象,仓促总结出一些结论,最后则只是区分了言辞①"。

可是大概就在这时候(19世纪中期),心理学因为将各方面引用来的物理学方法派上用场,也发生了一场革命。让人匪夷所思的是,贝克莱主教竟然是心理物理学的源头。在《视觉新论》(*New Theory of Vision*)一书中,他指出其对于空间和物质的知觉,究其根本是从触觉中来的。心理学后来的发展源于伽凡尼发现让两种金属和蛙腿相接触时,蛙腿会产生痉挛。不仅伟大的电流科学是从这一发现开始的,而且在生理学和心理学方面,很多荒诞的玄想也源于这一发现。科学素质缺乏的癫狂者把伽凡尼的发现与麦斯美(Mesmer)和催眠现象有关的研究(这种现象被他们称之为"动物的磁性")派上用场,使有关电在生理学中的作用的研究变得俗不可耐。科学方法直到一代以后,才被赫尔姆霍茨和杜·博瓦·雷蒙(du Bois-Reymond)重新派上用场。

在前面我们说过,有关感觉在大脑中的部位的研究成果,在浅薄无知的人手里,它是如何变成了荒谬的"骨相学"的,而在细致的研究者手里,它又是如何让和大脑作用相关的知识得到提升的。下面这些人从物理方面对特殊的感官进行了研究:托马斯·杨对牛顿有关色彩视觉要仰仗三种原色感觉的理论进行修订,赫尔姆霍茨率先提倡生理声学,对音乐和言语的生理基础进行了阐述;赫尔姆霍茨还对生理光学进行了研究,不仅让我们加强了视觉和色彩感觉,而且对于我们研究空间的知觉也大有裨益。惠斯通(Sir Charles Wheatstone)之前发明的体视镜就是他所用的方法之一。

而莱比锡的韦伯(E. H. Weber)才是当之无愧的现代实验心理学的创始人。而他对感觉极限的观察就是他的突出贡献。比如说,他用两针同时对皮肤的不同部位进行触刺,当我们觉得两处都有压力袭来时,对两点间的距离进行测量。他还对必须增加多少刺激,才能增加感觉进行了研究。他在这里发现有一种非常肯定的数学关系,那就是以每一环节开始的强度为依据增加刺激,也就是,呈倍数增长刺激。

这一新观点早就被哲学头脑发达的人士发现了。比如说,在发表于1833年的《自然科学的心理学》(*Psycholgie als Naturwissenschaft*)中,贝内克(Beneke)就意识到了这一点,1852年,数学的方法可以在心理学的几个部分加以使用得到了洛采的认可。1860年,费希纳(Fechner)率先将"心理物理学"一词派上用场。在冯特(Wundt)的著作中,早就出现了现代学派。他的测量是大批量的,比如说对我们感

---

① Merz,上引书 Vol Ⅲ, p.211. ——原注

觉到的时间进行了测量,而且还对很多研究的线索进行了整理,使之成为一个逻辑清晰的体系。尽管冯特意识到在研究特殊问题时,分析方法所起到的作用,可是对于内心生活的基本一致性,他也一直很重视。达尔文的研究成果也在这个问题上掀开了一个新的篇章。达尔文所研究的人和动物的情绪表现,开创了现代比较心理学,对于认识人的心理,这种研究有莫大的功劳。

19世纪后期,心理物理学上的身心平行的理论是对心理学问题——也就是身心的关系的问题——最具有特色的贡献。这个理论的雏形可以追溯到笛卡儿、斯宾诺莎、莱布尼茨、韦伯、洛采、费希纳和冯特。显而易见,生理的现象和心理的现象是并驾齐驱的,哪怕互相之间没有关联,也是同时进行的。在这个理论看来,意识这个外部现象的出现是和神经系统内尽管复杂却能够被研究的变化而同时出现的。这一点对于心理物理学来说足矣,我们不需要再刨根问底,这一外部现象是不是自成一体。可是意识的生活有能力持续发展,在语文、文学、科学、艺术和所有社会活动中——一个心理价值上升的过程中表现出来。所以心理学不仅和语言、科学、语文学、语音等息息相关,而且让这些科学拥有新的能量,而且以这些科学为媒介,从外面的世界向内在世界探索。

如今,通过精密科学的方法,还无法对自觉生活的统一性的中心问题加以研究,因为它依然属于形而上学的范畴。统一性的感觉是真实的反映吗?内部心灵是(或称灵魂)自成一体吗?此外,像"联想心理学"后期的学说所想象的那样,这只是一种来自后天的,由感觉、知觉和记忆等一起构成的心理状态吗?身体是受心灵的掌控吗?它只是大脑的外部现象吗,还是存在级别更高的某种统一性呢?在卡巴尼斯(Cabanis)看来,在研究和思想息息相关的大脑的作用时,应该像研究其他身体器官的功能一样。福格特更加粗暴地说,大脑将思想分泌出来的过程和肝把胆汁分泌出来的过程有异曲同工之处。这种唯物主义的观点不仅无知,而且效果并不令人满意,可是它却让人关注到心理学向哲学提出的最大问题。

生物学和唯物主义

假如人们将物质和能量守恒原理、原子论视为唯物主义的依据的话,那么,机械论哲学的地位就因为19世纪前半期生理学和心理学的齐头并进而得到了增强。当时,人们混淆了这种机械论哲学和唯物主义,尽管和逻辑不符,可是却是难以规避的。在德国,率先在生理学上采用科学方法的是弥勒和韦伯,而前者著有《生理学手册》(*Handbuch der Physiologie*,1833年)。之后就被法国所影响,尤其是在大脑和神经系统的生理学以及以大脑和神经系统生理学为基础建立的精神病的心理学和治疗上。之后又有奎特勒在人的活动研究引入了统计学。科学发展至新领域的事实，被德国的福格特、摩莱肖特、毕希纳和其他唯物主义者派上用场，用来对他们形而上学的理论加以支持。这时，曾经在一个世纪前风靡的论调得益于新的物理学、生理学和心理学的支持，再次复苏并发展，在一部分欧陆国家，这些观点遭到了教会的守旧派的强烈反对，后来，想要获得政治自由的斗争就和想要获得学术自由的斗争相结合，1848 年的革命因此爆发。

在这之后的几年，欧陆也开始有了早就在英国发展得如火如荼的工业革命。科学，尤其是化学，和日常生活息息相关。英国是一个非常关注现实的国家，因此，这一过程并不怎么影响到宗教信仰，可是法国是一个注重逻辑的国家、德国是一个推崇形而上学的国家，所以，这个过程必定推动了机械论哲学和唯物论哲学的发展。与此同时，相比唯心主义体系，唯物主义有一种无知的简单性。在《力与物质》(1855 年)一书中，毕希纳说："但凡受到教育的人都没办法看懂的论著，都没有印刷的必要，完全是浪费纸墨。"因此，"唯物主义的争论"就在德国大范围推广开去，在其他国家，这是根本不可能实现的。就像朗格(Lange)所说："世界范围内，也只有德国的药剂师在开处方时，必须意识到他的活动是关系到宇宙结构的。"①

当我们对 19 世纪中期声称自己为唯物主义者的德国人的著作进行阅读时，我们必须注意到这样一点，他们的唯物主义和笛卡儿的二元论的一面类似的、完全的、和逻辑相吻合的唯物主义并不一样。摩莱肖特、福格特和毕希纳总是弄混唯物主义和自然主义、感觉论，甚至不可知论。其实唯物主义一词基本上将所有与流行的德国唯心主义和教会正式教义相反的观点都囊括进去。这是一种反叛的哲学，会随时利用手中的武器开战，哲学上的唯物主义觉得成团的死物质才是终极的有且仅有的一个实在。这种哲学不能对意识进行说明，一经批判性分析就会露馅。可是，在条顿民族的氛围里，不可能一下子就能打倒和这种唯物主义相混淆的很多哲学体系，所以这场讨论旷日持久，而且在通常情况下，不会有什么结果。

达尔文的研究成果在这一思想领域中，尤其是在德国，是一个至关重要的分水岭。《物种起源》流行开来以后，在海克尔的领导下，德国哲学家将达尔文的学说发展成一种哲学信仰。他们以这种达尔文主义为基础，将一种关系到唯物主义的新的一元论建立起来，自此以后，各国这类争论的核心就是进化概念。

达尔文建立在自然选择说基础上的进化论得到普遍认可以后，不仅让与其发

---

① Lange，上引书 Vol. Ⅱ，p. 263. ——原注

生直接联系的科学得到了重大改变,而且在其他思想领域中,也掀起了轩然大波。

科学和社会学

科学甚至在 19 世纪的上半期就开始对人类的其他活动和哲学产生影响了。将情感隔离在外的科学研究方法,在其他学科中,也特别适合采用这种有效地结合了观察、逻辑推理和实验的科学方法。人们在 19 世纪中期就开始对这种趋势有所意识。赫尔姆霍茨说:

> 我觉得从物理科学中,我们的时代获益颇深。本世纪不同于之前几个世纪的地方,像完全尊重事实,忠诚地对事实进行收集,严格怀疑表象,在所有情况下都尽力对因果关系进行研究,并假设其是真实存在的,我觉得完全可以对这一种影响进行说明。

假如我们对截至现在的政治史进行一下研究,就会觉得赫尔姆霍茨的看法太乐观了。可是相比之前的时代,就可以知道他的话不无道理。直到 19 世纪,用数学方法最起码可以处理经济学问题中的不少部分才被人们知晓,无论什么时候,这种把感情隔离在外的专业的研究都是有好处的,尽管有时其结果会出现偏差,可是最起码在真诚地寻觅真理。

统计学中的数学方法和物理学方法在保险问题和社会学问题中得到了切实的应用。我们在前面说过,原本最先采用数学方法和物理学方法的是人类学。在 17 世纪和 1835 年以后,佩第和格龙特以及奎特勒先后开展了这项工作。奎特勒对或多或少具有某种特点——像身长——的人数的分布始终以一个平均值为中心进行了证实,所以,概率理论可以派上用场。他得到的结果类似于赌博的可能性或分子速度的分配,用类似的图解可以表示出来。在英国的法尔(William Farr,1807—1883 年)的努力下,社会统计学得到了很好的发展。他在登记局工作,致力于医药和保险统计的提升,而且让人口统计有一个切实的基础。

19 世纪末期,人们看待人类社会的态度被进化哲学深刻地影响了[1]。其实,它将终极目的论的观念彻底摧毁了,终极的目的将不复存在,不管是在如今的国家中,还是在将来的乌托邦。政治制度就像生物一样,必须和环境相适应。二者都处

---

[1] 参看 *Cowles on Malthus*,Darwin and Bagehot,*Isis*,No. 72,1937,p. 341. ——原注

于动态,它们一定要规规矩矩地前进,以为社会谋福祉。某个制度,也许在一个种族中特别有用,而换了一个种族,也许就完全失去了效用。英国式的代议政府对其他国家不一定适用。身心方面与生俱来的差异得到证实以后,就将从生物学角度来说"每个人天生都是平等"的观点打破了。

经济学发生的变化也是一样的。科学时代早期的、对形式极为看重的政治经济学,试图找出这样一些社会规律,不仅存在广泛性、永久性、超脱时空,且适用于所有民族。经济学的历史早就对这种绝对定律产生了质疑。他们从多个方面证实每个社会都有其独特的经济规律,而且当环境改变时,这种规律的表现形式也会发生变化。

和生物学上缓慢的变化不一样,政治制度和经济情况的改变要快得多。可是即便是在这种快速的变化中,也无法抄近路快速抵达下一阶段,或者提前知道我们将在下一阶段的引领下去向哪里。我们面前同时出现旧时代的遗留和新生事物的萌芽。社会制度的研究对社会制度过去的种种的揭示,就如同形态学对动物经历的有机演化历程中曾经有用的器官的痕迹的揭示一样。科学地解释这种痕迹,时常可以对它们的过往进行推断。而把过往了解清楚了,想要了解它们如今的价值和重要性也就易如反掌了,甚至可以对将来的前景进行预测。

假如人类进化到现在也经历了和动物一样的过程,那么如今的人们也依然会被变异和选择所制约。1869 年左右,高尔顿从这一观点出发,对人类生理和心理特点的遗传进行了研究,他得出一个结论,一定要让选择持续产生作用,这样在让种族发展至文明人统一认为的前进方向的同时,也预防种族的退化。对人类可遗传的天赋特点进行研究和将这种知识派上用场,让人类福利有所提升的学问,被高尔顿称作优生学。

在现在的文化大背景下,疾病很可能是自然选择最强大的因素。对某种疾病特别缺乏免疫力的人通常死得比较早,而且没有后代,如此一来,种族中就不存在极易感染这种疾病的遗传特性了。在混合的种族中,第七章所说的环境改变,无论是何种原因造成的,一定会特别有利于某些特性,如此一来,居民的平均生物特性就得到了改变。在高尔顿的研究成果的帮助下,人们对社会问题就了解得更加透彻了。在政治学、经济学和社会学上也可以运用生物学的知识。可是和 19 世纪的平等思想相比,他的观点很另类,一时之间想要产生显著的效果是不太可能的,直到 19 世纪,才得到了部分认可。

而达尔文的研究成果对政治学说产生了什么影响,观点各异。布尔热(Vacher de Bourget)、阿蒙(Ammon)和尼采(Nietzsche)等人把适者生存的原理派上用场,再次主张贵族主义的思想。可是,在某些人眼里,曾经遭到嫌弃的特性,如今看来也并非一无是处。贵族的地位太稳固了,以至于缺少了竞争,选择也就不复存在了,而达尔文式进步的实质就是"机会均等"。社会主义者更是声称,为了相互给予扶持,动物组成的社会,给人们提出了这样的要求,要对这种社会的强大的生存意义予以关注,如此一来,共产主义社会的论据就可在蜂和蚁的社会中找到了。可是这种社会发展到最后,往往是原地踏步。人们已经观察蜂的世界两千年了,而在这么悠久的岁月里,蜂的世界根本没有发生任何进步。这种社会是呆板的、利益至上的、自给自足的——它完全摧毁了人的欲望和主动性的共同生活的模型。从达尔文理论推导出来的结果竟然有如此大的冲突,最起码对这样一个事实进行了说明:在社会学上采用自然选择的原理太复杂了,不管哪个思想学派为了证明自己的学说,几乎都可以从这里面找出强有力的论据。

有一种非常怪异的心理事实,那就是不管是对家族的历史进行研究时,抑或是对人类的起源进行思考时,人们都喜欢这样想象:相比他们自己,他们的祖先要尊贵得多,不管是在社会水平上,还是在种族水平上,他们都觉得自己的祖先要更胜一筹。和其他先入之见一样,这种相信遗传价值的观点有其自身的价值,相比19世纪的人所愿意相信的东西,应该还要有意义得多,我们给予尊重是理所应当的。因此我们完全可以谅解,当自然和纹章院没有给人们尊贵的祖先时,人们就自发地找到了一些尊贵的祖先。这种情况也类似于原始种族深信自己是神的直系后代或者是神特别制造出来的。文明人不也是如此吗?当他们不得不在《创世记》和《物种原始》中做出选择时,一开始,他们也是遵循迪斯累利(Disraeli)的脚步,大叫:他是"和天使并肩的"。

可是我们却可以找到充分的论据,以证实人和动物是有亲属关系的,没过多久,有理性的少数人士就对这一点表示认可。就像哥白尼和伽利略驳斥了地球是宇宙中心的观点一样,达尔文也驳斥了人类是孤单天使的观点,让他们不得不对他们和鸟曾有亲属关系加以了解。就像牛顿对地上力学可以在天空和宇宙的深处加以运用一样,达尔文对我们用来改良家畜的常见的变异和选择方法,也可以用来解释物种产生的过程和人类是如何从低等动物开始演化的过程加以证明。也许在对如今的世界里不同物种之间的转化进行说明时,我们不能采用达尔文的自然选择假说,可是进化的一般概念却得到了新近的知识的完全证实。就像无机世界一样,有机世界可以立足于这一观点,将其视为一个整体,这点很好地启发了人类心灵。

进化论和宗教

假如说达尔文对社会学产生了莫大的影响,那么他就更加深刻地影响了宗教理论和神学当时为宗教所创立的教义。上帝分别将万物创造出来的教义遭到了毁灭。如今看来,尽管这是多种结果中最浮于表面的结果,可同时也是最显而易见的结果,矛盾的生发也是源于这个问题。

中世纪,时常有人关注这样一个问题,那就是对各种生命的源头进行设想。①新教改革者对《圣经》文义特别看重,所以人们就更从表面上解释《圣经》了。到18世纪时,人们认为《创世记》第一章所记录的有机创造的各种细微之处是非常正统的观点。这样的信仰似乎存在于19世纪整个基督教人士的心中。地质学的研究,一定会让人怀疑厄谢尔主教(Archbishop Ussher)的年代学。在他看来,公元前4004年,世界就被创造出来了,可是到了1857年,任何一位有识之士都依然觉得上帝是有意将化石放在岩石内的,以对人类的信仰进行检验。我们不可能从逻辑上把这种说法推翻,其实人们也可以说世界创造于上星期,所有化石、记录、记忆都有,可是尽管是这样,这一假说也是谬论。

之前,一般人对于物种分别创造的观点都是持认可的态度,可是1859年《物种起源》发表后,争论频发,人们也变得没有那么笃定。越来越多进化的证据出现,越来越多的对自然选择最起码的是进化的一个因素加以证明的证据出现,各国知识界开始关注这一点。此外,自然选择的原理好像强烈挫败了基督教旧教派的"天意说"。在经过自然科学的说明以后,尽管表现在动植物身上的方式和目的的吻合还无法很好地解释问题的秘密,最起码对于表面上解决问题还是有帮助的。这样再假设有一聪慧的造物主来对身体构造的细节进行说明,或蝴蝶为什么有保护色,就没有必要了。假如一位造物主仍然显得有必要,那只是说明他早就和这部巨大的机器离得远远的,任由其运动了,不需要再关注它了。

可是人们慢慢清晰地发现,其实对神学来说,进化论摧毁了这些矛盾的信条,是有功的,没过多久,神学家的领袖和懦弱的教士们都陆续意识到世界的创造必须被视为一个接连不断的过程,而从本质上来说,生命是一体的,远胜于他们之前所想象的。尽管进化论可以对生物是如何从早期的形态发展到复杂的物种进行说明,却不能解释生命的起源和根本意义,或意识、意志、道德情绪和审美情绪等现

① *Darwin and Modern Science*, Cambridge, 1909, Rev. P. N. Waggett, *Religious Thought*, p. 487. ——原注

象。就更不用说"存在"这个大问题了(有物和无物为什么会存在)。如今,人依然惊叹、敬畏不少东西——其实是整个宇宙,让人忠诚地去研究,对无法看到的东西心生敬仰。尽管已经没有人相信上帝在短短六日内就把天地万物创造出来的天真故事了,可是巨大的"存在"问题却出现了。

当进化论和《创世记》引发了赫胥黎、阿盖尔公爵(Duke of Argyll)和主教们之间的激烈争论时,另一边却悄然出现了比他们探讨的问题重要一百倍,同时也更加本质的变化。我们如今的正统宗教信仰和仪节中的一些来源于原始的崇拜。少数思想家像休谟和赫德(Herder)早就持有这种观点,可是受益于达尔文的研究成果,比较宗教学研究将其当作有用的起点。20 世纪,这种研究有了新进展。可是在 19世纪末期,就有一些令人震惊的事实被发现了。人类学家之一泰罗(Dr E. B. Tylor)是率先进行这种研究的人之一,1871 年,他发表了一部对原始文化(Primitive Culture)进行探讨的著作。对于这本书,达尔文作出过这样的评论:

> 作者真是太伟大了,从低级种族的精灵崇拜到高级种族的宗教信仰,作者都进行了探讨。自此以后,在看待宗教——对于灵魂等等的信仰,我都要换一种眼光了。

之后还有其他人从这方面努力,让人类学的研究有所发展。1887 年弗雷泽(J. Frazer)的《图腾主义》(Totemism)一书发表,对图腾与婚俗进行了阐述,征引极为丰富。图腾信仰的核心理念是图腾,其来自精灵崇拜,可是礼节要繁复得多,而图腾其实就是一种充满神秘色彩的动物,和根据这种动物命名的部族或个人息息相关。野蛮人时刻都处在危险的状态中,灾难不知道什么时候就会降临,而他们还要想方设法避免一些难测的厄运。所以,一些在他们看来可以帮助他们避免灾祸的风俗就形成了,只要谁和这种风俗对抗,就会天降横祸。

1890 年,弗雷泽的《金枝集》(Golden Bough)第一版问世。作者对意大利阿里恰(Aricia)附近奈米(Nemi)地方的礼节进行了阐述。那里的执政者一直是个僧侣,就像君王一样,之后另一个僧侣会杀掉他,然后取代他的位置,从很早的时候到古典时代都是如此。所谓交感巫术就是所有原始或野蛮民族的类似风俗产生的源头,这种巫术的表演形式是多样化的,每年的季节交替的戏剧,丰收季节万物的凋零,新春佳节万物的复兴等都包括在内,在他们看来,人类会因此得到庄稼的好收成、家畜的兴旺。交感巫术还混淆了对死者的害怕和其他因素,超脱的神或魔鬼的观念因此产生,在新的意义下,崇拜自然的仪式,入教和通神的仪式都包括在内,也就有了继续下去的理由。率先把进化观念派上用场的人类学家发现就是通过这样的形式，野蛮人的心理才发挥作用，这个过程也是原始宗教体系的形成过程。他们的发现和文明种族的宗教早期历史有着非常明显的关系，可是一段时间以后，大家才知道这种关系。也许这个问题的关注度没有万物分别创造的所争论的那么高，可是到20世纪，它的影响却大多了，以后就更不用说。

如此一来，当人们认可了建立在自然选择基础上的进化论以后，一开始尽管宗教的神学体系或教条体系（人们时常混淆这个体系和宗教本身）的很多方面都因此有所动摇，可是，后来，这个神学体系又因此大大获益。基督教思想界基本上都对进化论表示了认可，而且对于一般的现代观点也慢慢接受了，除了愚民主义派以外。他们不得不再次对基督教思想的前提进行探讨，已经具备一种忠诚探讨和思想自由的新精神。宗教家知道了，在历史发现的碰撞下，一套呆板的、完备的、向圣徒一代代传下去的、不变的教义极易发生错乱，于是他们就改弦易辙，觉得宗教观念也在进化，上帝在持续地告诉世人，只有到了一定的时候，才有最高级别的显示，可是一直都在把神的旨意解释给世人听。此外，这种现代精神还强迫他们将经过科学证明非常有必要的观察方法运用到宗教的研究中。因为这个方法的使用，就必须将各种宗教经验考虑在内，并对神秘性的观察力的价值予以认可，因为这种个人经验可以弥补团体崇拜的仪式和保持传统的权威。

在进化观念的作用下，在宗教的现实方面（伦理方面），科学和道德的基本问题率先产生紧密的联系。假如道德律真如《圣经》上所记录的那样，是上帝在西奈山雷电中告诉人，而亘古如此的话，那就没什么好说的了。人完全可以对其行为的理想进行确定，不仅自身严格执行，而且从自身能力出发，要求他人严格执行。

假如我们不太肯定《圣经》上西奈山的说法，我们就必须再次寻找更牢固的出发点。我们有这样两个选择，一是对康德的观点表示认可，将我们的良心道德律视为天赋的一种"崇高的指令"，人要想认可它，就只能把它看作无法解释的、必须相信的最后事实。二是对某种自然科学的解释进行寻找。

在边沁（Bentham）、穆勒和功利主义者看来，这样一种自然科学的基础就是寻求"大部分的最大幸福"。在他们看来，假如像宗教教育那样，从很小的时候就开始进行同类相亲的教育，而且让其有机会付诸实践，那么就完全不用怀疑这种利他行为的推动力的作用。西奇威克（Henry Sidgwick）批判并调和了直觉学派和功利学派南辕北辙的论点。在他看来，道德的过程就是转移关注的焦点的过程，先是聚焦到暂时的和个人的利益，之后是聚焦到更长远、更广泛的社会福利。

可是功利主义的伦理开始和根本原则相接触，只是在以进化哲学为依据加以修订以后。斯宾塞是率先系统地试着对功利主义伦理学进行修订的人,可是在德国的达尔文主义的新发展中出现更极端的进化派伦理学。

不可否认,道德的本能是由自然选择加以保存和深化的偶尔的变异是主要论点。相比没有这种本能的家族和种族,拥有这种本能的家族和种族可以精诚团结,彼此协作,当然要略胜一筹。这样代代遗传下去,人类身上就有了道德的本能。

这只是一种说明,只是以自然选择为依据所产生的假设,表明只要存在道德的本能,力量就会持续上升。可是生存竞争不仅发生在种族之间,也发生在个人之间,而自私性对于生存竞争来说是必不可少的,正好和道德律背道而驰。相比只有经过深入探讨才能发现的社会团结,大部分作家都对这种矛盾印象更深。在他们看来,"自然的齿爪上都鲜血淋漓",道德只有极小的可能会成功。比如说,赫胥黎就觉得宇宙的秩序和道德的秩序时常在永久的矛盾中存在,而善良或美德,完全可以让人在生存竞争中取得成功的特性的反面。

有一个时期,伦理学的内容是达成共识的。对于传统的道德,也就是基督教的道德,直觉派、功利派和进化派都持认可的态度,他们唯一担心的是,撤销宗教教义这种驱动力以后,传统道德也将难以支撑下去。三派在伦理学的实际方面的意见是统一的,而在思辨领域,则存在不少分歧。①

可是,当自然选择的观念被关注形而上学的德国和注重逻辑的法国掌握以后,就有人极端化了生存竞争的教训。假如对于进化哲学丝毫不存疑的话,那对适者生存有好处的品质,难道和道德的品质不相符吗?尼采特别提倡基督教的道德是一种奴隶的道德,不仅毫无用处,而且已经被时代远远抛在了后面,世界应该要求"超人"来对他们进行启迪和管理,这些约束对于"超人"来说毫无用处。政客和军国主义者利用了这一常说,再加上1866年和1870年两次战争告捷,德意志帝国的心理状态因此形成,1914年和1939年的灾难因此发生。在法国,这种影响只涉及个人,而没有关系到政治,可是各时代想要对传统道德的无耻之徒加以鄙视时,常会用到"生存竞争"这一美丽的理由。

对这一套特殊的概念进行批判是再简单不过的事情。假如拥有生存意义的品质只有暴力和自私,那么,以进化论为依据的假设就没办法对大部分心中一定有的道德感或良心进行解释,此外,假如用人群间自然选择的结果来对道德感的发展进行解释,那也不能说道德感是没有意义的,只是在少数人看来,因为基础不再是天

---

① A. J. Balfour, in *Mind*, Vol. III, 1878, p. 67; T. H. Huxley, in *Nineteenth Century*, Vol. I, 1877, p. 539. —— 原注

启宗教的武断戒律,而是拥有生存意义的社会本能,难免会削弱这种道德感。

在英国,很多学者,特别是华德(James Ward)和索利(W. R. Sorley)都批判性地研究了自然主义伦理学的完备理论。[1] 这两位作家都声称支持自然主义的人想要仅仅以进化论为基础,把一种伦理理论建立起来纯粹是在做无用功,不仅仅理性的形而上学需要对于宇宙的唯心主义的解释,而且稳固的伦理学也需要这一点。

原本在对宗教进行探讨的本节中,可以一并对达尔文是如何影响形而上学的进行探讨,因为从武断性这个角度来说,宗教也是一种形而上学,可是因为它关系到的问题并不在宗教范围以内,因此我们还是在下节中,对这个问题进行整体探讨。

进化论和哲学

我们需要先对上面各节所阐述的历史进行一下梳理,才能对进化论的确立对哲学思想产生了什么样的影响进行估计。

当人们的思想随着时代发展向前时,在如何解释宇宙这个问题上,机械论和唯灵论你方唱罢我登场,好不热闹。截至现在,对于认识的完善来说,这种转换好像还是必不可少的。每当科学取得明显的进步时,每当自然律之下(人们如今对这种过程是持这种态度)又有了一个新领域时,因为新方法的力量必然会夸大,所以人类心灵总是觉得马上就可以完美地机械解释宇宙了。希腊原子论者猜测了物质的构造,而这种猜测和现代的理论正好是相符的,可是站在科学的角度来说,他们实在太缺乏证据了。当原子论哲学家在无机世界上运用了他们的理论以后,不满足的他们还以"原子的偶然集合"观念为依据,从多个方面解释了生命和生命现象。他们不仅对无机世界的复杂性一无所知,也不明白还有很多新现象需要探讨,之后才说到去靠近他们坚信地要解决的生命问题。可是原子论者总归还是做出了很大的贡献的,而且他们做出这种贡献的前提是受到一种唯物主义哲学的启发。柏拉图和亚里士多德早就指出他们缺乏证据。可是这两位哲学家也以还有待探讨的观点为前提,把两种唯心主义的哲学建立起来了,基督教神学先后使用了这两种哲学,传到中世纪以后,被视为完全可以把古代希腊特色表现出来的思想。

知识的发展到了文艺复兴时代再次掀开了新的篇章,观点重新变得清晰。哥白尼的胜利和牛顿对天体现象进行解释所取得举世瞩目的成功,让他们的方法在

---

[1] James Ward, *Naturalism and Agnosticism*, 1899, W. R. Sorley, *Ethics of Naturalism*, 1885, 1904. ——原注

人们的眼里变得力大无穷。在拉普拉斯看来，只要组成宇宙的各质量的瞬刻构形和速度被我们所知晓，那么一个心思缜密的人就可以把宇宙从古代到未来的历史都算出来。当代思想已经有这样一个特点：只要科学向前发展了，人们都会过高估计机械论的力量。事实上，当人们完全理解新知识以后，就会发现，旧问题本质上还是老样子，而诗人、先知和神秘主义者也就再次跳出来，用新的言语以更领先的位置把他们的永恒的启示告诉人类。

总体来说，再次掀起的机械论哲学的浪潮，就是达尔文成功的首个主要结果。我们可以这样说：因为进化论的确立，自然界可以了解的感觉被增强了不少，而且那些将他们的生命理论建立在科学基础上的人们更有信心了，我们这样说是完全符合实际的，一点儿都没有夸大其词。当代物理学中出现的一些趋势，在进化论确立以后，和生理学和心理学一起，使其生物学方面更加充实了。这些趋势让人觉得要不了多久，用永恒的质量和有限的数量和完全不变的能量，就可以完美地解释无机世界了。

因为在生物现象中可以套用质量和能量守恒原理，所以人们就过度相信用分子运动的方式和机械的或化学的能量的表现来对生物机体的各种活动进行说明，无论是物理的，还是生理的、心理的。进化论的流行让人们恍惚间觉得既然我们已经知道进化的运行方式，那么问题不就都解决了吗？既然我们已经对人类的发源和历史了如指掌，那么就可以揭示出人的内在精神的属性和从外部看到的人体的结构了。达尔文主义的这一发展在德国的流行最广。

在海克尔的《宇宙之谜》①一书中，这种情况非常突出。达尔文不仅对动物和人的身体的进化进行了证实，最起码用自然选择可以说明一部分，而且还对动物的本能进行了证实，和其他生命的过程一样，其发展也受到选择的影响，而人的心理机能是类似于动物的本能的，也要经历与之差不多的变化。在达尔文的研究成果的基础上，海克尔把一种完善却有所冲突的一元论哲学建立起来。在他看来，有机和无机世界是完全一致的。生命之所以会运动，唯一的解释就是碳的化学性质，有生命的原形质的最简单的形态必然来源于碳与氧的无机化合物在经历了自然发生的过程以后（遗憾的是，这个结论缺乏直接证明）。心灵的活动只是一组完全由原形质的物质变化来决定的生命现象。每个活的细胞都有心灵的特点，而源于单细胞原生动物的简单"细胞心灵"的人类心灵的巅峰能力，只是脑细胞心灵功能的汇总而已。

这种观点完全可以媲美克利福德的观点。克利福德对贝克莱的观点表示认

---

① Ernst Haeckel, Die *Welträtsel*, 1899, Eng. trans. London, 1900. ——原注

可,他也觉得心灵是最终实在,可是对于一种唯心主义的一元论,他也是接受的,而且觉得意识的组成部分是"心质"(mind-stuff)的原子。

海克尔告诉人们,他的完备体系是以达尔文的理论为基础建立起来的,而且还说明了达尔文是如何对这种类型的哲学产生影响的。①

> 如今,一种对于自然界的一元论的观点,我们是表示完全地认可的,也就是说,全宇宙这个神奇的统一体,人类也不例外,都受到固定不变的定律的掌控……我已经尽我所能在告诉大家,这种纯粹的一元论是有着稳定的基础的,而我们既然对宇宙被同一进化原理的全能规律所掌控是认可的,就必须提出一个单一的最高的定律,也就是把所有"物质定律",或质量守恒与能量守恒都包括在内的联合定律。正是因为这个真正的"一元哲学家"查理·达尔文一开始把用自然选择对人类起源进行说明的学说创建出来,让我们走上一条康庄大道,而且在他卓越的工作以外,他还将他的学说和自然主义的人类学紧密联系起来,我们才能实现这一最高的广泛的定义。

对于海克尔的知名的德国门生的观点,达尔文本人也许不会同意。达尔文为人谦虚,对于他的研究成果的哲学意义,他其实经常是沉默的。相比达尔文的狂热信徒所设想的,人类起源的问题要复杂得多。人的整个本性就更难以说清楚了,我们无法肯定地说,将来,它能不能得到一个自然主义的解决。可是有一点是毋庸置疑的:直到现在,这个问题还悬而未决,而且在得到解决以前,还必须反复经历很多回到机械论哲学和离开机械哲学的过程。其实,进化论和19世纪物理学联合打造的一种非同一般的思潮已经成为历史。进化原理自身就对思想潮流一直在跟随时代变化进行了说明,而且过去的经验也显示,这种发展过程是间歇性的、摇摆不定的,是不稳定的、没有连续性的。

后期德国的唯物主义者和机械论者的学说主要是以生物学的基础建立的。柏林的生理学家雷蒙兄弟(Emil and Paul du Bois-Reymond)批判了他们的教条。② 他们声称哪怕可以用物理学和化学的问题总结生命的问题,物质和力也只是一种抽象的概念,并不能最终对人作出解释。他们还声称有些问题是不在人类认识的领域以内的。

---

① E. Haeckel, chapter on "Darwin as Anthropologist", in *Darwin and Modern science*, Cambridge, 1909, p. 1511. ——原注

② E. du Bois Reymond, *Ueber die Grenzendes Naturerkennens*, Leipzig, 1876; P. du Bois Reymond, *Ueber die Grundlagen der Erkenntniss in den exacten Wissenschaften*, Tübingen, 1890. ——原注

这种认为人类智力并不是无限的观点,类似于赫胥黎和斯宾塞的不可知论。可是皮尔逊(Karl Pearson)觉得这样限制认识太不安全了。在《科学规范》(*The Grammar of Science*)①中,他觉得只要不是通过科学方法得到的结果,都不能归为知识的范畴,可是他把伽利略的话引用过来提问:"谁愿意限制人类的智力啊?"尽管他承认还有很多事物未被人类所了解,可是他却不承认这些事物是永远不会被了解的,是不在科学研究能力范围以内的。

斯宾塞和皮尔逊在认识论上采用了自然选择的原理。通过自然选择和遗传的过程,我们可以得到基本概念,或者最起码以那个过程为方式发展。在将来的过程中,会确立最适合对从感官中得来的经验进行描绘的各种看法和公理,却要摒弃其他看法和公理。所以,对于个人来说,数学的基本概念可以是"天赋观念",对于种族来说,却是经验之谈。这个理论太动人了,可是,我们几乎看不出来,天然了解欧几里得几何公理或黎曼几何公理,为什么可以带来这么多"生存价值"或这么多"配偶选择"的益处。也许在他们看来,这和其他更吸引人的特性息息相关也是有可能的。

弗朗西斯·培根所开始和设计的哲学工作的大功告成,从某种程度上来说,是自然选择理论得到普遍认可的标志,因为在培根看来,经验的实验方法是达到认识自然的仅有的一个渠道。达尔文在对大自然自己在动植物世界进行证实时,也是采用了经验的实验方法,这和德谟克利特和卢克莱修所猜度的结果相符。大自然对一切可能的变异都进行了试验,经过了若干实验以后,才在为数不多的情况下将生物与其环境之间新的更大的和谐成功建立起来,自此绵延下去。

假如在最完全的意义上予以认可,自然选择就是否定了所有目的论。什么终极的目的,人们根本就看不到:只有个体和环境持续的以及偶然的变化,二者之间有时是偶然统一的,从表象上来看,这时好像暂时有了某种最终目的。

斯宾塞在对自然选择进行阐述时,用了"适者生存"这个词。如果单独看这句话,这完全是一种循环论证:最适者的概念是什么? 答:"最适者是指最能和生存环境相适应的人。"这种最适者的类型可以比之前的类型高级,也可以低级。在自然选择的过程中,进化或退化都是有可能的。就像鲍尔弗伯爵所说,以极端的选择论哲学为依据,存就是适的论据——适者生存,而存者适合。可能我们想把这种循环论证彻底打倒,从整体的角度上来说,进化将更高级的类型创造出来,相比他们的猿猴的祖先,人类要高级多了。可是这样一来,我们自己就成为权威的决定者,高级和低级的责任各是什么? 而彻底的选择论可以这样回答:我们的决断原本就来源于

---

① 1st ed London,1892. ——原注

自然选择,所以,我们的决断会对那些其实只是拥有生存价值的东西表示赞赏,并视它为高级的东西——其实,所谓生存价值就是支撑我们活下去的东西。站在纯粹自然主义的角度,好像是没有前途可言的。假如我们想要找出另一种观点来,就一定要对以某种其他的高低善恶标准所得出的绝对判断表示认可。

其实,我们完全可以这样说,在很大程度上,我们被天地万物规定的高低顺序是一个种族问题和种族的宗教的问题。东方佛教徒觉得生存便是灾祸,而意识这个灾祸更进一步。他们觉得站在逻辑的层面上,觉得潜藏在安静的海底的原形质的单细胞是生命的最高形式,在这以后,从这种安静的理想境界往下堕落就是各时代的所有进化,而和之前的无机物质相比,这种境界又是一种堕落。

在达尔文本人看来,自然选择说并不能对进化的过程进行完整说明。自然选择说也没有提到任何变异或突变的原因。这种变异或突变极有可能来自机体内单元成分的偶然结合。就像我们所看到的,个体依照概率,以一个平均数值为中心分布就是因为这种偶然的结合。否则的话,变异或突破就有其他不可知的原因。自然选择不会产生变异,而只能将没用的变异淘汰掉。它也不能对更深刻的生命问题:像生命存在的意义,生命处处繁殖的原因,以至达到和突破了给养的范围进行解释。

站在分析生理学和生物物理学以及生物化学的角度,可以说,人是一种被理化的原理掌控的机器:新旧活力论都没有安身立命之地。可是就像在自然历史中那样,作为一个整体来说,不管什么机体,都是一个大一统的综合体,来将它特有的生命表现出来。人类通过发展在其他动物身上看到的特性,而将他们的心灵和意识更统一的一面展现出来,这是生命的一个新角度。这一综合过程在进化论的作用下,又往前走了一大步,把整个有机创造的大体一致揭示出来了。宇宙过程的表现之一就是生命。不管从哪个部分来说,原形质单细胞的生命,和打造得既神奇而令人惊叹的复杂的结构——我们所谓的人——之间,都在进化上存在关联。这就形成了一个问题,而在研究这个问题时,不能将科学的分析方法完全派上用场,因为用科学的分析方法对它进行研究时,必然要从不同角度持续进行,而且不管在哪个角度上,都要想办法用最简单的成分进行总结。在研究这个问题时,哲学上的整体观点也要派上用场,从这种观点出发,我们就可以"注视生命,将生命的整体都映入眼帘"。假如我们给出这个问题的答案,其他问题也就很好解决了,对于真、善、美的内在价值,我们也就自然而然了解了,进而让伦理学、美学和形而上学拥有一个牢不可破的根基。而用达尔文的自然选择原理来对进化理论进行说明,就是让这个问题迎刃而解的一个方向。

第九章　生物学和人类学的发展

生物学的地位——孟德尔和遗传——遗传的统计研究——人们后来是如何看待进化的——遗传与社会——生物物理学和生物化学——病毒——免疫——海洋学——遗传学——神经系统——心理学——人是不是机器——体质人类学——社会人类学

生物学的地位

有关生命和其现象的知识自从 19 世纪末以来取得了很大的进展,可是 1901 年以前就已经形成了对人们取得这些进展进行指引的主要观念。20 世纪的数学和物理学,和牛顿的体系脱离了关系,引发了思想史上一次真正的革命,如今正在对哲学造成深刻的影响。20 世纪的生物学的前进方向依然是上一世纪构造的主要路线。

达尔文的研究成果得到 19 世纪生物学家的认可,几乎把实验育种和遗传这一可将达尔文特色完全表现出来的实验方法放弃了。自然选择式的进化论被人奉为真理,甚至可以说是科学信仰。从胚胎学中,我们应该可以找到当时觉得是进化的更多细节。这个信仰是以梅克尔和海克尔的一个假说为依据的,那就是个体的历史再现了种的历史。

当然也不是全部如此。那时的德·弗里斯就已经开始对变异进行实验了,1890 年贝特森(William Bateson,1861—1926 年)对海克尔的所谓定律的依据的逻辑基础进行了批判,提议将达尔文的方法再次派上用场[1]。于是,在贝特森的策划

---

[1]　William Bateson, *Naturalist*, Memoir by Beatrice Bateson, Cambridge, 1928, p. 32.　——原注

下,变异和遗传的实验开始了,后来还取得了不错的成绩。在物种起源的问题上,当时非常风靡的达尔文学说遭遇了不少瓶颈,最为严重的是下面两点:

> 首先是变异要必须多大才算发生新种?在对进化论进行探讨的更加古老的著作中,总是给定这样一个前提(尽管有时表达得有点模糊):累积起来形成新种的变异不大。可是假如变异不大,这种变异怎么能有效作用于生物,而使拥有这种变异的生物的优越性远在它们的同类之上呢?所谓变异太小的难题或一开始变异的难题就在于此。
>
> 其次是另一个难题与之类似。如果发生了变异,而且假设这种变异可以一直保持下去,并因此形成持续性存在的新种,那么要想让它们一直持续下去,需要用什么办法呢?变异的个体和没有发生变异的同类交配时,会不会消灭变异?这第二个难题有"杂交的淹没效应"之称①。

贝特森继续指出,尽管不同于常态的小变异比比皆是,可是大的变异也一点儿都不稀罕,这是任何一个植物或动物育种者所心知肚明的。1900 年,德·弗里斯和贝特森已经对这个问题进行大规模研究了,并证明大且不连续的突变出现的频率其实很高,而且最起码有一部分突变在后代的身上传承。因此,哪怕新的种还不能如此,却可以快速确立起新的品种。当时变异的原因还没有找到相关的证据,人们只是不得已地接受变异的存在这个冷冰冰的事实。可是假如变异的存在得到人们的承认的话,那么,它们的不连续的现象,好像可以让达尔文式进化的难度变小一点。而且人们又在同年(1900 年)发现了一些新的事实(或者说早就被人们遗忘的旧事实)。

孟德尔和遗传

在达尔文展开后期工作时(1865 年),在布吕恩(Brunn)修道院,有人开展了很多研究。如果达尔文知道了这件事,也许他的假说发展就会面目全非。奥地利的西里西亚人、奥古斯丁教派的僧侣、最后出任康尼格克洛斯特(Köligskloster)修道院院长的孟德尔(G. J. Mendel),都怀疑新种的形成仅通过达尔文自然选择的理论就可以得到说明。他开展了很多豌豆杂交实验。在当地科学学会的丛书中,他的

---

① W. Bateson, 上引书 p. 162, 这一段引自 *Journal of the Royal Horticultural Society*, 1900. ——原注

研究成果发表了，在长达四十年里都寂寂无闻。1900 年，由于德·弗里斯、科伦斯（Correns）和切玛克（Tschermak）等的再次发现，再经由这些生物学家和贝特森等人的扩展，现代遗传学的研究才拉开了序幕，这门学问才因此发展成为精准的实验和实用科学。

孟德尔发现的实质是，它把遗传里的某些特征可以是统一的、固定的单元揭示出来了，如此一来，就在生物学中引用了原子或量子的概念。一个机体不是总有这些单元之一，就是没有这些单元之一。具有这些单元与不具有这些单元，其特点是正好相反的。如果高茎或矮茎的豌豆与其同类交配，那么其特点还会在其后代的身上找到。可是假如让它们彼此杂交，其后代杂种似乎有高茎的亲体，依然有高茎。于是，高茎就有了"显性"特点之称，而矮茎则有了"隐性"特点之称。可是，假如让这些高茎杂种按照以往的方式彼此交配，它们的遗传情况却不同于它们表面上的亲体。它们后代彼此不一样，一大半是高茎，一小半是矮茎，并不是纯种。矮茎的依然有纯种产生，可是高茎的只有一小半产的是高茎纯种，剩下的一大半，让第一代杂种的现象再次在下一代上演，又让拥有纯的矮茎、纯的高茎和混种高茎三类再次出现。

如果我们假设原祖植物的生殖细胞不仅有高茎的特点，也有矮茎的特点，就能很好解释上面所说的关系了。高矮杂交以后，尽管所有的杂种的外表类似于高的亲体，也就是拥有显性特点的亲体，可是其生殖细胞兼具高茎特点和隐性的矮茎特点。所有生殖细胞不可能同时具备两种特点，要么只有高这种特点，要么只有矮这种特点。所以，从高和矮这两个特点来说，当这些杂种的雄雌二细胞偶然配合，使得新个体产生时，同类或异类细胞就有同等的机会相配合。假如是同类，那么拥有高茎特点的细胞的彼此配合就有着和拥有矮茎特点的细胞彼此配合的同等机遇。所以当第二代的高纯种和矮纯种分别占到1/4，则其余1/2为杂种。可是因为高茎特点是表露在外的，从外表上来说，这些杂种都类似于高的纯种，所以从外表的角度来说，3/4 是高茎的。

这件事立足于物理学最近的发展形势来看特别有意思，因为生物的特性在这一理论的作用下，被简单化表示为原子式的单元，而概率定律又掌控着这些单元的出现和组合。我们无法预测单个原子或电子的运动，也无法预测单个机体内孟德尔单元的出现。可是我们可以对其所具的概率进行计算，所以，我们的预言从大数目平均来说是能够被验证的。

以后，我们还要对显性特点和隐性特点这两种情况下不同的遗传方法进行说明。尽管某一个体拥有某一显性特点时，可以传承下去的只有这一显性特点，可是在其世系里,却会有一隐性特点出人意料地出现。假如在它们的生殖细胞内,对于表面上无法看到的隐性特点,交配的两个个体都拥有,那么,一般情况下,这个特点大概有 1/4 的概率会在它们的后代中出现。可是在大部分情况下,相比上面所说的豌豆里两个大致对比的特点,遗传的条件要复杂多了。比如因为性别的不同,显性特点或隐性特点会不同;特点有时可以成对出现,有时又必须一起出现,有的相互排斥,不可能一起出现。

在动植物中,已经发现了不少孟德尔式的特点,人们将这种方法派上用场,来对育种进行现实指导所取得的成效也是惊人的,不仅可以想办法在一个新品种内聚焦某些和需要相符的特点,还可以摒弃具有有害倾向的特点。这些原理被动植物的育种者采纳,纯经验方法已经被科学部分取代了。比如说比芬(Biffen)得到的品质上乘的小麦新种,就是借助的选种法,不仅不会被锈病所侵袭,而且产量还非常惊人,某些烘烤特性也可以在它的身上找到,正是因为以孟德尔的遗传定律为依据,在通过很长时间的实验以后,才让一个新种同时具有这几种优点。

当人们再次发现孟德尔的研究成果时,每一细胞核内都有相应的丝状体,名为"染色体"①的东西被人们在对细胞构造进行分析时发现了。在最不复杂的情况下,两个生殖细胞合并到一起时,受精的孕卵会含有双倍的染色体,每种染色体都是成双成对的,分别来自父母的细胞。每个染色体会在孕卵分裂时重新分成两个,分别进入两个子细胞。也就是说原来的每个染色体中都有一个染色体进入新细胞。只要发生分裂,这种情形就会出现,因此植物或动物的每一细胞分别有一组成对的染色体,分别来自父母双方,而且数量一样。

一开始,生殖细胞也有一组成对的染色体,可是染色体在其成为精子细胞或卵细胞的后期也成对出现。那时有着不一样的分殖法:染色体不向下分裂,每对的两成员彼此拉开距离,一个子细胞接收一个成员。所以每对染色体的一个成员就会进入每一成熟的生殖细胞中,染色体数量只有原来的二分之一。

很多人开始关注细胞现象和孟德尔式的遗传事实之间的相似性。可是萨顿(Sutton)却是率先阐述这个关系,并得到人们认可的人。他指出染色体和遗传因子都在分裂,而且无论什么时候,这个分裂都和别对没有关联,只是各对遗传因子或染色体自主分裂。

可是,按照道理来说,因为遗传因子的数量要远胜于染色体的对数,几个遗传因子应该和一个染色体发生关联,进而相互结合。1906 年,这种关联现象被贝特

---

① T. H. Morgan, *The Mechanism of Mendelian Heredity*, New York, 1915, 特别是第一章。——原注

森和庞尼特（Punnett）在豌豆内发现，比如说颜色和花粉的形态等某些因子在遗传时总是一起。这一发现和染色体理论之间有什么关联，洛克（Lock）作出了说明。

自从 1910 年以后，摩尔根（T. H. Morgan）与其纽约同事，借助快速繁殖的果蝇，更仔细地研究了这些关系。他们发现，在数目上，可遗传的特点的群数和染色体的对数确实是相对应的，也就是说都是 4。这个数字一般情况下比较大，豌豆为 7，小麦为 8，鼠为 20，人为 24。

即便出现 20 对染色体，生殖细胞也有可能会超过一百万种，这样的两套也许会出现更大的组合数量。据此我们也就不难明白，混种中为何没有两个个体完全一样了。

遗传的统计研究

当孟德尔的研究如火如荼地进行时，还有人统计了大数字，来对遗传问题进行研究。在人体的变异上，奎特勒和高尔顿采用了概率理论和误差的统计定律。20 世纪，这样的研究还在持续进行着，尤其是皮尔逊和他的伦敦同事。

一般情况下，只要统计一次大数目，就可以将误差的常态曲线，或像这一样的曲线求出来，可是德·弗里斯在对月见草进行研究以后，解释说这种曲线并不太安全。图 11 将三个品种的果实长度的变化显现出来了。横标是长度的意思，纵标是拥有某长度的个体的数量的意思。A 和 C 两品种的平均大小是有其自身特色的，曲线非常类似于常态分配。可是 B 曲线说明最起码可以一分为二。假如一起测量三个品种的种子，这三个曲线合并到一起，而和常态形式无限靠近。以大致数据为

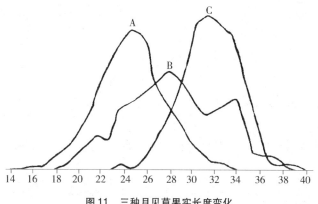

图 11　三种月见草果实长度变化

依据,想要对材料到底属于一类还是和这个例子相同,包括两群或多群进行判断是有很大的难度的。

约翰森(Johannsen)意识到:假如一个单豌豆种被视为一个自交世系的首创者,那么这一"纯种"个体的变异(像种子的重量),必然不会偏离误差定律。可是这种变异不能代代传承下去,假如重点培育重的种子,其后代的种子的重量也不会超过平均值。

一般情况下的混种都会因为祖先特点相融,而发生可遗传的变异,当然,这种同祖的纯系被排除在外。将双方都具有某种特性的亲体选出来,像高速奔跑的跑马,一种品种往往是可以得到的,让其性质比平均值高。高尔顿指出,平均水平下,个子高的父母所生的孩子哪怕不能赶上父母的身高,也往往要高于种族内的平均高度。皮尔逊更详细地研究了这些现象。假如一个种族的男人平均身高为 5 英尺 8 英寸,那么相比平均值,6 英尺的人就高了 4 英寸。根据大数目平均来说,6 英尺高的人的后代的平均身高大概是 5 英尺 10 英寸,也就是说,相比平均值,要高 2 英寸,而相比其父亲,则要矮 2 英寸。用统计术语,就是所谓"相关系数"来表示这一结果,就是二分之一。假如父亲和儿子身高一样,那么这个系数就是 1,假如儿子的身高和种族的一般高度相同,那么关系就不存在,这个系数为 0。再举例来说,如果儿子的身高不如其种族的一般高度,那么这个系数就是负数。植物和动物的他种特点之间的关系都和这个类似,而且不管是哪个特性,亲子间的相关系数都大于 0.4,小于 0.6。研究变异和遗传的还有法国的一代世代选种者德·维莫兰(R. L. de Vilmorin),可是当时的生物学家并没有关注到他的工作,就像他们没有关注到孟德尔的工作一样。他对于育种时最重要的在于对平均表现良好的一种植物世系进行选择,而将单个的亲体选择出来作为亲体并不是最重要的进行了证明。达尔文微小变异的遗传观并不能因为这个结果而得到证实。

孟德尔派曾经和"生物测量派"——以达尔文的概念为依据,将统计方法派上用场——之间发生了些许纷争。事实上,这两派在完善性研究遗传时好像都不可缺少。①

人们后来是如何看待进化的

当越来越多的证据出现在古生物学上时,作为一般性说明地上生命过程的进

---

① R. H. Lock, *Recent Progress in the Study of Variation, Heredity and Evolution*, London, 1907;并看 William Bateson,上引书第 12 章。——原注

化论也愈加牢不可破。比如说,石炭纪被证明并没有被子植物,直到后来,地球上才有新种与新类的生物。

有些生物学家依然持有这样的观点:假如对小的变异发挥作用的自然选择一直持续下去,就可以对进化进行解释。而在另一些生物学家看来,在孟德尔的变异中,一定有新的品种产生,因此新的物种形成于孟德尔的变异中。更有甚者,其中还不乏一些现代思想界的领袖持犹豫不决的态度,甚至表示质疑。比如说,1922年,贝特森说:

> 从整体的结构上来说,进化是再明显不过的。从事实的角度来说,是不容置疑的结论。可我们依然不清楚进化论中和物种的起源和本性有关的那一具体的本质部分。[1]

对于分界线清晰的物种的存在,系统论者依然持肯定的态度,达尔文的变异也好,应用到遗传学的实验中的孟德尔的突变也好,似乎都无法对物种的本质差异进行说明。早期的生物机体可能有比较大的可能性,如今已经不会再变了,所以只可能在表面上发生变化。有证据显示,即便是现在,物种进入突变的阶段也是有可能的。在人们看来,这种情况就发生在德·弗里斯所研究的月见草身上。

第七章描述的后天获得性能否遗传的问题仍然没有定论,为了对这种遗传进行证实所引用的事例,毫无疑问地还没有得到人们的广泛认可。发现于动物身上的那种体细胞分裂成生殖细胞的过程,不会那么早发生在植物体内,因此后天性质的遗传很有可能发生在植物体内。鲍尔(F. O. Bower)收集的一些证据可以作为最新的证据。这些证据好像说明了这样一个事实,在较长时间内一直存在的不同的环境可以作用于羊齿植物,使其具备遗传的特性。[2]

在这里,另一个困难又出现了。变异之所以会发生,似乎是因为一些因子的减少,而不是因为一些因子的增加。贝特森说:

> 新的显性特点,也就是新增加的正的因子,几乎不会在果蝇身上,在众多遗传因子中出现,而且我相信,这些特点都不属于可以在自然情况下存活下去的一类……可是我们并不是对进化的实在性或真实性表示怀疑,而是对物种

---

① William Bateson,上引书 p.395. ——原注
② F. O. Bower, *The Ferns*, Cambridge,1923 – 1928, Vol Ⅲ, p.287. ——原注

的起源表示怀疑,这个问题属于技术层面的问题,甚至可以说是驯化的问题。随时都可以揭开这个秘密。这二十年以来的研究成果让我们首次有可能以事实为基础,来对这个问题进行科学地探讨。分析会产生综合,这是我们坚信不疑,也无法质疑的事。①

与此同时,尤其是美国的古生物学家,将很多成套的有机体的、数量远比之前多得多的,而且很多地质时期都包括在内的化石遗迹都收集到一起,以对生命的持续是以不同生命形态形式进行的加以证明,生命的形态不止一种,好像说明进化的进行是沿着相应的路线的。和半个世纪以前想象的相比,现在这个问题要复杂多了,也要难多了。如今我们已经知道进化的总体方向了,可是还需要了解更多的知识,我们才能更好地描述进化的具体情况。

遗传与社会

因为孟德尔的研究之功,人类身上已经被应用了越来越多的遗传和变异的知识。很多缺乏病和疾病,像色盲,内特尔希普(Nettleship)研究的先天白内障和血友病,遗传的规律都是孟德尔定律。在赫斯特(C. C. Hurst)的研究下,有一种常态特性(眼中的棕色素)被证实一定是沿着孟德尔定律进行的,可是人身的很多可遗传的特点,和很多植物和动物的可遗传的特点一样,也有证据显示,是孟德尔单元。其实,男孩和女孩有着几乎一样的出生数量不也正好说明性别也是这种单元特性吗?为什么会出现这样的现象呢?假如所有的雌性细胞都有雌性,而雄性细胞中有一半是雌性,一半是雄性,便可以对此加以解释。

众所周知,成对的单元特性经常会接连不断地出现在动物和植物身上,要么融为一体,要么互相排斥。在人类身上,不仅不能进行这样的实验,而且通过观察,也发现不会超过数代。可是,假如扩大了研究的能力,我们也将发现人类仍是结合了很多单元特性的,这一点是毋庸置疑的,这些单元特性来自双亲,彼此都有关联,更何况,和内分泌腺体在血浆内融入的各种分泌物的化学性质也有关系。而以后,我们还需要研究,这些孟德尔特性,到底是组成人的基本结构呢,还是只是以更进一步的非孟德尔下层结构为基础建筑起来的表面形式呢?

1909 年,有人做了这样的尝试,让高尔顿的意见适应 1869 年高尔顿发表他的

---

① Wiliiam Bateson,上引书 pp. 395 – 398. ——原注

著作以后所累积的知识。① 高尔顿原本是个对遗传非常关注的人,研究孟德尔派的人,像赫斯特、内特尔希普等人的研究以及毕尔生和其门人的数学工作,也都对遗传的重要性进行了说明,皮尔逊和他的门生还大范围拓展了高尔顿的生物测量方法。这样一个假设当时好像得到了不少的证据支持:现代国家里各种各样的居民里面,一定也有一些含有不同先天特性的混合世系包含其中,在法律、社会、经济因素和变革所掌控的自然选择下,它们也被持续影响着。所以,居民里的各种世系的相对数量也一直处于动态。尽管先天性格在环境、训练和教育的作用下会得到发展,并有机会表现自己,可是这种性格却不能因此被创造。才能卓越的人或天才是与生俱来的,而不是后天造就的,自然的确会约束一个民族所蓄积的能力。

既然适者生存,假如适者的子孙太少,那么对于种族来说,适者并没有什么意义。所以人们的脑海里就蹦出来这样一个想法,应该对一个社会中各阶级的家庭的规模进行一下研究。有人曾经统计研究过档案,得出这样一个结论:英国两代以上的世袭贵族,从 1830 年开始以后的十一年间,每对育龄夫妇平均生育 7.1 个后代,可是从 1881 年开始后的九年间,已经下降到 3.13。1870 年以前,其他可以在《名人录》上占据一席之地的名声在外的人中,每对育龄夫妇平均有 5.2 个子女,可是 1870 年以后,这个数字下降到 3.08。而在教士的家庭里,与前一个数字对应的是 4.99,与后一个数字对应的则是 4.2。而在大尉以上的军人那里,这两个数字分别是 4.98 和 2.07。尽管从事其他职业的人的具体情况不太一样,可是趋势却是一样的,有地产的阶级、自由职业者阶级,还有高等商人阶级的子女的生育量都下降为之前的一半以下。技术工人所组织的友谊会经过统计,发现他们所生育的子女数量也大体上减少了同样的量。其实,要想保持人口的数量,每对育龄夫妇平均要育有四个子女才行,从这里可以看出,即便在 1909 年,社会中的精英阶层已经减少了不少。此外,把天主教当作信仰的家庭、矿工、无一技之长的工人(更让人震惊)低端人们的生育量依然和以前一样,并没有下降。

只需要稍稍计算一下,便可以发现这种差异的后果有多么严重。假如勤勉向上的家庭,每对育龄夫妇只有 3 个子女,而死亡率为 15‰,那么一个世纪以后,1000 个后代中,存活下来的就只有 687 人。此外,在懒惰骄奢的 1000 人中,假如他们有着 33 的出生率和 20 的死亡率,那么一个世纪以后,存活下来的后代就有 3600 个。如果在 1870 年时,出生率就已经开始出现明显的差异,双方人口数量一样,那

————————

①　W. C. Dampier Whetham and Catherine D. Whetham, *The Family and the Nation*, London, 1909. ——原注

么一个世纪以后,就只有 1/6 勤勉向上的精英活下来,再过一个世纪以后,就只有之前的 1/30 了。如此一来,相比大量繁殖的懒惰骄奢者,勤勉向上的人就被掩盖了。

当这个问题得到人们的重视以后,在这以后的二十年间,两个比较有希望的征象:"制裁低能的立法",已经开始逐步控制(尽管力度还欠缺)精神有缺陷的人的出生。其次,伍兹(F. A. Woods)指出:相比"惰富",英美的上层社会中有利于社会的人士的子女更多,二者的平均数字之比为 1.95∶2.44[1]。节制生育的优势似乎通过这一结果可以得到说明。但凡不想在生育孩子上花心思的人,是不被其种族所接纳的。英国政府于 1909 年宣称[2],健康、贤能的公民有责任生育更多子女,希望所有人都能遵照执行。

可是从现阶段的结果来看,趋势依然不太好。如今这个世界,正是因为知识分子的功劳,才能保证社会的持续进步,包括一般生活水准的维持在内。一直以来都只有少数人从事这种工作。他们的出身往往都是子孙数量一步步下降的阶级,尽管如今他们的子女还没有跌到最低点。这一不足之处也许通过奖学金和其他从各阶级中选择能人志士的方法可以得到暂时的缓解,可是一国的才智并不是无限的,而且越到下层社会就越少。既然这些人成了有学识的人,而且他们的生育率还在下降,最后就只有没有学识的无产阶级留下来而已。如此一来,国家的优秀分子将愈来愈少,文明前景堪忧。

现时起作用的不仅仅有出生率不同这一因素,还有其他因素。疾病也许依然可以把易感染者消灭掉,而将免疫者保留下来。尽管有些法律的制定,是为了实现其他的宗旨,可是却往往会出现选择的效果:比如遗产税就快速淘汰掉了有产的旧家族,而国家维持地方公益事业、教会、海陆军中的公益事业,却都要仰仗这些家族。在英奇(Inge)看来,近来的立法似乎想要让中等知识阶级逐步瓦解。因为纺织工厂一直习惯于雇用女工,所以纺织工人的出生率一直不高,而矿工都是男子,所以其出生率仍然居高不下。最起码在 1925 年经济没有复苏以前是这样。19 世纪的观念——国家包括不少同等有潜在能力的个人,只等着一有机会就接受教育,一定要被我们摒弃掉。国家应该被我们视为拥有各种天赋遗传特点的家系的交织网,不管是在人性上,还是在价值上,这些家系的差异都非常大,它们是出现,还是

---

[1] *Journal of Heredity*(American Genetic Association), Vol XIX, Washington, D. C., June 1928. ——原注

[2] 参看 *The Family ar. d the Nation*, p. 228. ——原注

消失,是由自然的选择或人为选择所决定的。不管是社会的,还是经济的、立法的行动,都要对其中某些家系有利,而对其他家系不利,从而让国家的平均生物特性有所改变。

知名生物学家贝特森在 1912 年和 1919 年所发表的论文,强有力地论证了这些一般的理念。[①] 假如旧的出生率和新的死亡率都没有降低,那么数个世纪以后,地球上将人满为患。所以,有必要限制出生数,可是对一国内低劣的群体进行约束才是更重要的,而不是对杰出的家系进行限制。不仅如此,竞争不仅在个人间存在,也在社会间存在,劣等的家族和种族都是存在的。贝特森说:

> 哲学家声称每个人生来就是平等的。而生物学家却深知这句话有不科学性。不管是对人的体力进行测量,还是对人的智力进行测量,我们都发现差异非常大。而且我们深知,正是因为少部分非常优秀的人的工作,才有了文明进步,其他的人只是模仿者而已。这里所说的文明并非社会的理想,而是指人类在掌控自然方面所取得的成绩。国家之间和个人之间一样,差别也是一样的。……在生物学上,有这样一个事实:各国间名人分配不平均。自从文艺复兴以来,法、英、意、德和其他几个小国出现了不少蜚声学术界的名人。在特殊的艺术和科学,像绘画、音乐、文学、天文、物理、化学、生物学或工程方面,他们都各有各的特色。可是从整体上来说,并不能对这些国家进行好与坏的划分。

贝特森指出另外一些国家并没有出现什么大人物。他说正是因为它们的生物学特点,所以才出现这样的结果。可是这个困难如今悬而未决。有些国家可能是因为它们还没有工业化,所以看起来比较低端,可能是因为缺少在历史上发展的机遇,现在又没有机会出现有才能的人,所以它们才会变得困顿。尽管环境不是才能的源头,可是却极易对才能造成摧残。总的来说,直到现在为止,社会学家依然鲜少研究生物学因素,而政治家根本就是置若罔闻。

> 透过遗传学的研究结果,我们可以知道,假如人类社会愿意的话,是可以对自己的成分进行掌控的。这件事并没有想象的那么难做。我们可以采取相

---

① William Bateson,上引书 p.359. ——原注

关举措,将那些人口中不良成分的家系排除掉。[1]

种族中杰出分子有多大的责任意识就是将来的希望所在。假如他们可以多孕育后代(伍兹的研究结果告诉我们,现在正朝这个方向发展),那么世界各国就可以将近七十年以来的不良选择的趋势弥补回来,而慢慢让他们的健康、美丽和才能的平均水平得到提升。

生物物理学和生物化学

将物理和化学的方法派上用场,对生理的问题加以研究,是 20 世纪初的生理学最明显的特点。其实生理学基本上已经分成两派,一派是生物物理学,另一派是生物化学。[2]

对于生物学来说,胶体的物理学和化学的重要性可见一斑,因为胶体是构成生活细胞的内容的原形质,和其他部分相比,其核心要坚硬一些。对于农业科学,胶体的重要性也日益凸显出来,因为过去人们秉持这样的观点:土壤是来自岩石风化出来的固体粒子和腐败的动植物质料的混合,如今人们的观点却变了:土壤包括机体和无机胶体,是非常复杂的结构,其中微生物的重要性也不可忽视。我们脚踩的土地是有生命力的,而不是死的,土壤和其中诸多生物的作用在于,对其中所含的或者来自外界的原料进行分解,让土壤上面的植物可以食用。

1850 年,格雷厄姆已经对晶体和胶体的差异性有所了解,后来,他又意识到二者在本质上是不同的,最起码其中存在这样一个原因:相比晶体的分子,胶体的分子要大得多。晶体像糖或盐的溶液是均匀体,可是胶体的溶液是双相系,在二相间存在一个确定的分界面,而且面积足够大,将表面张力的现象都彰显出来了。

通过显微镜,我们可以看到一些比较大的胶体分子。1828 年,布朗(Robert Brown)观测过这些分子奇特而缺乏规律性的振动,1908 年,贝兰(Perrin)对这种布朗运动是源自相邻分子的碰撞进行了证实。假如真是如此,那么胶体粒子所具有的功能就应该和这些分子一样。从这些粒子的分布和运动出发,通过三种方法得到的数字,是完全吻合以贝兰的假设所得到的推论的。

---

①   William Bateson, *Merdel's Principles of Heredity*, Cambridge, 1909, pp. 304 – 305. ——原注

②   Sir W. M. Bayliss, *Principles of General Physiology*, 4th ed. London, 1924. W. R. Fearon, *Introduction to Biochemistry*, 2nd ed, London, 1940. ——原注

1903年,当"超显微镜"被西登托夫(Siedentopf)和席格蒙迪(Zsigmondy)发明出来以后,对小的胶体粒子的性质进行研究的步伐就加快了。可见光的波长大于400毫微米,小于700毫微米(一毫微米相当于百万分之一毫米),没办法清楚地看到比这一波长还要小的粒子。可是在这些粒子上打上一道强光,散射现象便出现了,当观测者以镜轴和光线正交的显微镜为媒介,来对这些粒子进行观察时,粒子的大小和波长基本上是一样的,在布朗运动中,粒子就形成一些耀眼的光轮;假如粒子大小远远小于波长,那么粒子就会一片模糊。后面,我们还会再叙述先进的电子显微镜。

因为对胶体的电荷性质进行了研究,所以胶体理论得到了很大的发展。在电力场里,胶体粒子左右乱窜,表明这些粒子也许是因为选择性吸附离子,所以带有正电荷或负电荷。哈迪(W. B. Hardy)爵士发现,当周围的液体从略微带有酸性变得略微带有碱性时,某些胶体的电荷就会"倒行逆施"。当电荷位于中性的"等电点"上时,体系便开始动摇,溶液中就会沉淀出胶体。

由此可见,在胶体粒子的溶解中,粒子所带的电荷发挥了至关重要的作用。比如说:当牛乳变酸时,乳酪就会凝结。很早以前,法拉第就意识到盐可以凝结胶体黄金的溶液,这个现象,格雷厄姆也曾经做过研究。1882年,舒尔茨(Schultze)发现,当盐的离子的化合价不同时,凝结力也会有所不同。1895年,林德(Linder)和皮克顿(Picton)发现,一、二、三价离子的平均凝结力之比大概是:1:35:1023。1900年,哈迪对活跃的离子所拥有的电性和胶体粒子所拥有的电性是背道而驰的进行了证实。1899年,本书作者以概率的理论为证据,对这个问题进行了研究,当时所依据的假设是这样的:只有将最低限度数目的单位电荷一起带到一定空间以内,才能让胶体粒子所带的异性电荷予以中和,凝结起来。离子所带的电荷和其化合价成正相关的关系,所以结合时必须是两个三价的,或三个两价的,或六个单价的离子,之后相同的电荷才能具备。从数学计算出来,$1:X:X^2$ 就是凝结力之比,这里的 X 是一个未知数,当系统的属性不同时,它也会不同。假设 X = 32,那么就是1:32:1024,非常接近上面所说的观测的数值。[1] 这个理论只是接近而已,因为它没有讨论反荷离子的稳定作用和其他干扰因素。可是所采用的方法却是值得借鉴的,好像可以在相似的现象中加以运用,其实还可以对其进行延伸,在化学化合上加以使用,如今在化学的热力学上也开始采用与之相似的概论的思考,成为量子物理学

---

[1] *Phil. Mag.* (5), Vol. XLVII, 1899, p. 474; also, Hardy and Whetham, *Journal Physiology*, Vol. XXIV, 1899, p. 288. ——原注

的根基。

对重土壤的物理性质起到决定性作用的是黏土内胶体的集合情况,当土壤的柔软成分聚集到一起时,这种土壤才能变得丰饶。而且因为原形质有胶体的结构,而胶体的带电性和其他性质与生物学息息相关。比如说,从迈因斯(Mines)于1912年发现的一个例子中,我们就可以看出化合价关系对于生理学有多么重要:相较于对二价离子(如镁)的作用的感知度,角鲛的心脏对各种三价离子的作用的感知度要强多了。胶体凝结时,往往会摧毁包含这种胶体的组织,幸运的是,又可以给这些胶体提供保护,使其不受电解质的影响。

法拉第已经了解到,只要把一点"胶冻"加进去,就可以不让盐类对胶体黄金的沉淀效应显现出来。从那以后,迈因斯(1912)和其他生理学家就对很多这类自身形成乳胶的保护性的液体进行过研究。这种乳胶质好像形成一种薄膜,很多胶状质点覆盖在上面,不让它们接触活动离子。

经过一而再、再而三的蒸馏,水的纯度会上升,其导电度下降到一个极限值,等同于每公升内大约 10^{-7} 克分子的氢(H^+)和羟(OH^-)离子的浓度。[①] 把酸加到水里以后,氢离子的浓度当然就会上升,这个量常用来对一种介质的酸度进行测量,在物理化学中不仅时常会用到这个量,在土壤科学和生理学中就更不用说了。比如说,在物理化学上,蔗糖的反转率(从葡萄糖变成果糖的变率)就关系到氢离子的浓度。在农业上,是否需要用石灰处理土壤,其标准就是土壤的酸性程度。在生理学上,人类血液内生命生存的氢离子浓度的最大区间约大于 $10^{-7.8}$,小于 $10^{-7.0}$,常态区间为 $10^{-7.5}$ 和 $10^{-7.8}$。从常态反应变化到将最大可能度的酸都涵盖进去,只相当于把一份盐酸注入五千万份水中的微弱浓度。

动物体内错综复杂的机制,都是为了对生命所必需的确切的调节加以保持。比如说,霍尔丹(Haldane)和普利斯特列就曾经证实(1905),对于血液内二氧化碳的略微上升,呼吸神经中枢的感觉非常灵敏,这时呼吸作用会突然加快,将多余的二氧化碳排出去。后来更是对起决定性作用的因素是受溶解的碳酸影响的血内氢离子浓度进行了证实。与此同时,直接的化学控制也存在。血液和细胞组织内各种物质,像重碳酸盐、磷酸盐、氨基酸和蛋白质等和各种酸发生反应,形成中性的盐。如此一来,细胞组织就在这些物质的保护下,不受酸的影响,而保持近似的中性,因此这些物质有"缓冲剂"之称。

---

① 为便利计,氢离子的浓度常写为 pH,而以其对数的负值表示。例如纯水的氢离子的浓度为 10^{-7},其时 pH 便是 7。——译者注

在 20 世纪头 25 年,在营养问题的研究方面取得了很大的成绩,尤其是这样一种发现,一种饮食尽管可以将所需要的全部能量都供应出来,可时却无法保持发育。1902 年,霍普金斯(Frederick Gowland Hophins)爵士开展了他的标准的实验。他对这样一个结果进行了证明:假如给幼鼠喂食化学上纯净的食物,它就不会再发育,可是加一点新鲜牛奶到食物中,它又会重新开始发育。因此霍普金斯所说的"附属的食物因素"在新鲜的牛奶中是可以找到的。对于生长发育来说,这种因素是必不可少的。后来的研究者对这些物体进行了划分,用维生素统称。动物脂肪,像乳酪和鱼肝油、绿色植物体内是维生素 A 和 D 的主要栖息地,可是二者的分布有细微的差别。维生素 A 可以预防感染,还可以对一种眼病(编按:夜盲症)起到预防作用,后来我们才知道,它和维生素 D 是有根本性的差别的。对于处于生长发育期的动物来说,其骨骼的钙化是不能缺少维生素 D 的。之后又有一种令人震惊的结果出现了,证明:让儿童身体或其食物接受紫外线照射,其效果和维生素 D 一样,都可以预防佝偻病。1927 年,有几个自成一体的研究者将可以产生这种效果的化合物从食物中提取出来,并对其是如何受到紫外线的影响而变成维生素的过程进行了研究。这是一种名叫麦角醇的复杂醇类,不久就从酵母中被制造出来了,它可以发光,进而将一种"盛在瓶内的日光"提供给人们。在各种谷类的外皮和酵母内部,可以找到维生素 B 的身影,它可以预防神经炎和一种脚气病。这种病的易感染人群是东方吃精米的人。新鲜绿色植物的组织和几种水果(尤其是柠檬)内是维生素 C 的栖息地,可以对坏血病进行防治。近年来,还有关系到生殖维持的第五种维生素被美国发现了。几乎所有的维生素都可以产生特殊效果,哪怕量非常少。这些维生素中有几种已经进行了进一步的细分,所以让已知的维生素的总量增加了。

经过证实,内分泌器官对于动物机体有多么重要,已经远不止前人所想象的。除了将我们肉眼可以看到的分泌物分泌出来的腺体以外,像唾液腺,还有多种腺体在血液中注入其分泌物,把人体部位所需要的营养物质提供给它们。

一直以来,人们都不知道这些内分泌腺是如何工作的,都有哪些作用。1902年,贝利斯和斯塔林发现,前人曾经觉得胰脏分泌是因为神经反射作用造成的,后来才发现是源于肠内酸质作用产生,再经过血液运输到胰脏的一种化合物的诱导。他们把这种物质叫作内分泌刺激物,一般情况下,是当胃内的酸性物进入肠内,对胰液的作用提出了刚性需求时,才产生于消化过程中。当这种内分泌刺激物被发现以后,人们开始关注其他类似的分泌物。每种内分泌物都产生于一个器官,通过血液输送到其他部分,才能让其作用显现出来。哈迪提倡用"激素"这个总名称来冠名这些物质。后来,贝利斯和斯塔林采用了这个名称,如今在生理学上,这个名词已经很常用了。

1922年初,班廷(Banting)和贝斯特(Best)将一种物质从羊的胰脏中提取出来,注入患有糖尿病却没有了胰脏的狗身上,结果发现,其血液中糖的浓度下降,而有能力再次消化糖了。这种提取物是一种名叫胰岛素的激素。现在被大规模生产出来,在缓解糖尿病方面效果不错。

对于身心健康来说,甲状腺激素都是必不可少的。幼年人如果缺乏这种激素,生长发育就会变缓,而且会变成一种患有被称为克汀病的低能者,患者的面貌变得很不一样。假如成年人所含的这种激素不足,那么就会出现所谓黏液性水肿。借助甲状腺提取物,可以医治这种病,我们已经在第七章讲过了。此外,假如激素过量,就会患上所谓格雷夫斯病,也就是突眼性甲状腺肿。1919年,肯德尔(Kendall)分析出甲状腺素是甲状腺内的有效成分,1926年,哈林顿(Harington)测定了其化学构造。他还在实验室中合成了甲状腺素。甲状腺素内含很多碘,食物中如果碘质不够,会让人得病,只需要服用碘盐,有时就可以起到和甲状腺提取物一样的效果。通过饲养牛羊和其他牲畜的实验,已经对动物的机体也需要碘和食物中的其他矿物质进行了证实。

几个世纪以来,对于性腺被割掉以后的效果,人们已经了然于心了,可是直到最近几年,才有人精细地研究这个问题。而1910年斯坦纳赫(Steinach)的实验称得上拉开了这种工作的序幕。他对把别的青蛙睾丸物质注入阉割后的蛙内,可以让其恢复其所缺乏的特点进行了证实。其后更有实验对阉割或衰老的动物身上被移植生殖腺以后,最起码可以让其青春的力量暂时得以恢复进行了证实。

我们还可以举例说明内分泌有什么作用。尽管大脑垂体不大,可是当其活跃得非常过分时,却可以过度膨胀身体,相貌不同以往,这就是肢端肥大病。此外,假如这种内分泌物不足,那么身高就会小于常人,则得了侏儒症。还有一种藏在肾上腺中、名叫肾上腺素的激素,当惊悸及失却知觉之时,产生的分泌物就会注到血液中,对所谓内脏神经产生刺激作用。相反,假如将肾上腺素注射进去,就会带来一些往往在感到害怕或激动时才会出现的生理现象。人们已经分离出了这种激素,而1901年,日本人高峰(Takamine)对其化学结构进行了测量。

过去,生理学对生物化学方面的问题研究得比较多,而对生物管理学方面的问题研究得比较少,如今物理学方法得到了更广泛的使用。[①] 比如说,有人把对渗透

---

① Schmidt,*Chemistry of the Amino-acids and Proteins*,Springfield and Baltimore,1938. ——原注

压和沉淀率进行测定的方法派上用场，来对蛋白质的分子量进行大致推算。

在纤维素、丝蛋白、发角质和肌凝蛋白等丝状体上，已经开始采用布拉格爵士父子（Sir William and Sir Lawrence Bragg）对晶体结构进行研究的方法（我们将在下一章阐述这个问题）了。阿斯特伯里（Astbury）等人发现，这些东西的线状性质和延伸时肌蛋白和角质的可逆变化，可以在 X 射线的照相图的基础上，用分子来说明。兰格缪尔（Langmuir）将有机物的结构式派上用场，对它们的物理性质进行解释。亚当（N. K. Adam）进一步发展了这一方法。他发现，原子在空间的排列完全可以说明表皮膜的各种分子的情况。

1911 年，唐南（F. G. Donnan）发表了和平衡膜相关的理论。他用薄膜分开一个电解溶液系统，而这薄膜属于一种离子——往往是一种胶体——是无法渗透的。以这一理论为依据，可扩散的离子往往不均匀地分布在薄膜两边，所以两边的溶液之间会在电位和渗透压上存在不同。在生物学上，这一理论应用得很广。1924 年，洛布（Loeb）在这一理论的支持下，对蛋白质的胶体性进行了成功的阐述，在这以后，范·斯莱克（Van Slyke）的团队对血流里的离子事实进行了说明。

最近几年来，人们更加了解血液的化学过程和物理过程了。经过证实，血红蛋白分子中的非蛋白部分（或血红素）有四个吡咯环，连接纽带是一个铁原子，在很多生物的呼吸物质中，它都是存在的。它在很多脊椎动物和某些其他动物的血液里和血球蛋白相结合，变成血红蛋白质，对氧气进行运输。在所有的活细胞里，在所谓细胞色素的呼吸酶系里，几乎都可以看到它的身影。维尔斯塔特（Willstätter）证实，植物里的叶绿素分子的核和血红素几乎是一样的，只是铁被镁原子取代了。他发现了两种成分略有不同的叶绿素，并于 1934 年把结构式写出来了。其他金属也可以进入呼吸物质中，像在软体动物和甲壳动物中，就可以看到多肽类的铜化合物，而在被囊类海生动物体内就可以看到钒蛋白化合物。

在对血液里氧运输的问题进行研究的同时，人们还对组织里的氧化问题进行了研究。这些变化有着不一样的复杂程度，可是酶对底物分子的作用存在于每种变化中，让氢分子可以挣脱。维兰德（Wieland）验证，很多在所有活组织中存在的特殊酶，也就是脱氢酶会对这个过程产生影响。最简单的情况就是，当脱氢酶影响到了一个分子以后，氢就会被释放出来，直接和氧结合在一起。在这个过程中，往往会有一个或多个氢载体的参与。这些物质还原和氧化都不成问题，所以它们可以对氢原子进行接收并传输。这些物质中存在：瓦尔堡（Otto Warburg）发现的组织氧化酶、"黄酶"（这是维生素 B_2 和蛋白质的化合物）、辅脱氢酶、森特－乔尔吉（Szent-Györgyi）发现的琥珀酸（丁二酸）、霍普金斯发现的谷胱甘肽和抗坏血酸（维生素 C)等。

一般情况下，当发现某种特殊毒物对某种酶有作用时，呼吸酶研究方面就会取得主要进步。比如说，氰化物让氧化酶失去效用，麻醉剂让脱氢酶不起作用，而遇到胡萝卜酸(丙二酸)以后，琥珀酸的氧化就会受阻。

除了因为持续脱氢，食物分子会发生氧化以外，组织里还会有水解作用的出现，这就对分解提出了要求，增加水分并让氨基分裂开来。最近几年以来，克雷布斯(Krebs)研究了这些化合物是如何变成尿素被排到体外的。一直以来，人们都觉得尿素来自氨和二氧化碳的简单凝固。他发现，一个复杂的化学反应循环其实可以在这里找到。而这些过程结束以后，所残留下来的小碎块是如何氧化而产生其他有利用价值的能量的，还有待继续研究。似乎是因为羧化酶从—C—COOH群里把二氧化碳释放出来的原因，所以细胞里才出现了二氧化碳。它们在活动时，辅羧化酶(维生素 B_1 的磷酸盐)是必不可少的。在血液里，二氧化碳是以重碳酸盐的身份运输。梅尔德伦(Meldrum)和拉夫顿(Roughton)把碳酸酐酶从血红蛋白里分离出来，在这种酶的作用下，肺内含重碳酸盐的血会快速把二氧化碳释放出来。

细胞获取能量，可以不经过氧化这一过程，而依靠发酵——也就是分子的无氧分解而来。巴斯德发现，这两个过程在酵母细胞里是彼此冲突的：无氧时出现发酵，氧化出来时它就停下来。这一类型的反应还包括肌肉内糖原分解为乳酸的过程。正是因为这一过程，才形成了肌肉的收缩。1907 年，霍普金斯和弗莱彻(Fletcher)两位爵士发现了这一情况。最近几年以来，这个过程又几经分析，变成八个化学过程，有两种物质必不可少，因为要用来承载磷酸盐，而且最起码是在十种酶的催化下。在这一领域中，最主要的研究者有迈耶霍夫(Meyerhof)、埃姆登(Embden)和帕纳斯(Parnas)。人们还对淀粉在酵母的作用下变成酒精的复杂发酵过程进行了研究，发现某中某些阶段和肌肉反应是统一的。

我们在呼吸载体和细胞酶中已经提过维生素。在 1993 年的战争以前，因为很多国家的研究工作者的共同努力，人们已经慢慢了解了这些物质当中某些物质的化学结构，以及在细胞代谢的复杂过程中，它们所发挥的作用是什么。可是，在这些维生素被发现以后，在一段时间内，只对一种维生素——防治佝偻病的维生素D——的化学结构是明了的，还不太清楚这种维生素是如何发挥调节钙和磷的代谢作用。1929 年，冯·欧勒发现维生素 A 和植物里的胡萝卜色素之间息息相关。这是一种复杂的不饱和醇类，对于某些组织的保持，像中枢神经系统、视网膜和皮肤的健康来说，它是必不可少的。对于维生素 A 缺乏的病人来说，最早出现的症状就是夜盲。这种维生素是如何让视网膜的感光色蛋白形成的，瓦尔德(Wald)已经给我们阐述清楚了。同时，人们也查明了和哺乳动物的繁殖有关的维生素 E 的化学结构和可使血液凝固，以免出血的维生素 K 的化学结构。它们都是醌的衍生物。

经过证实，"维生素 B"是混合了不少物质的复合体。维生素 B_1，又有抗神经炎素之称，在酵母和植物种子内都可以找到，它的结晶已经被很多研究者分离出来了，而它也被认为是嘧啶—噻唑类的化合物。前面我们已经说过，它属于脱羧酶，可以对所氧化了的碳水化合物进行一定程度的分解。而多发性神经炎和脚气病的特有症状的出现，就是因为在这种维生素缺乏的情况下，这些化合物集中到了一起。有些病人要想痊愈，纯化的 B_1 是必不可少的。在化学上，维生素 B_2 又有核黄素之称，和细胞的氧化息息相关。复式维生素 B 还有一个成分叫烟草酸，人们早就知道它在烟草内存在，和其他物质一起组成了辅脱氢酶，可以对吃玉蜀黍的人时常会得的一种名叫陪拉格拉病（pellagra，又名糙皮病）的缺乏症起到预防作用。一种吡啶化合物，维生素 B_6 可对老鼠经常会得的和陪拉格拉病相似的皮炎起到预防作用。人们还在对 B_3、B_4 和 B_5 进行研究，一个非常有意思的物种差异是：雀鸟对 B_3 有需求，而哺乳动物则对 B_4 有需求。

对于动物和植物来说，B_1 都是必不可少的，特别是在植物种子内。植物可以自己把 B_1 制造出来，而和动物一样的有些细菌、酵母和真菌的 B_1 则需要从外界摄取。维生素 C，即抗坏血酸，似乎在大部分动物体内，都是可以实现合成的。如今的研究结果显示，当这种维生素不足时，只有人、猴和豚鼠会得坏血病。从化学结构的角度来说，C 这种维生素是非常简单，且极易变化，还原能力非常强的化合物，在结构上和糖密不可分，写出来则为 $C_6H_8O_6$，在细胞代谢中，基本上扮演的氢递体的角色。在叶绿素和发芽种子里的胡萝卜素还没有形成以前，它便形成了，所以有非常大的可能，维生素 C 是对这些基本物质的机制进行汇总的一个部分。在动物体内的两种内分泌腺里，也就是垂体和肾上腺皮质里，可以大量找到它。

一直以来，维生素都被人们视为必不可少的微量食物。它们也可以被我们视为机体无法自行制造的激素，因为和维生素一样，对于人体各部位的健康和发育来说，激素也是不可或缺的微量物质。研究内分泌腺制造的分泌物或激素，已经发展成为一种名叫内分泌学的专门的学科，是介于生理学和病理学之间的一种边缘性学科[①]。

近年来，在了解性激素方面，我们取得了很大的进步。早期研究过睾丸激素以

---

① Cameron, *Recently Advances in EndocrInology*. 4th ed. London. 1940. ——原注

后，一些新方法又被阿伦（Allen）和多伊西（Doisy）发现，把卵巢提取物注入卵巢被割掉的老鼠身上，其雌性周期可以恢复。1927 年，阿舍姆（Aschheim）和宗德克（Zondek）发现雌性激素有个非常便利的源头，那就是怀孕动物的尿。人们已经分离出四种有着紧密关系的雌激素，而且对它们的化学结构进行了确定，还把第五种最活跃的雌二醇从卵巢里提了出来。一种相关的名叫孕酮的物质在黄体内被发现，排卵后，它就形成于卵巢内，和妊娠的准备和保持都有关系。人们还对四种化学性质相似的雌激素的结构进行了确定。马里安（Marrian）于 1930 年指出，雄雌两种激素存在于所有动物体内，不管是雄性动物，还是雌性动物，而且在植物内也可以找到这种激素。当然，要看具体的情况，才能确定一种物质不仅可以作为雌性的激素，也可以作为雄性的激素。这些性激素都是甾醇，也就是菲化学式为（$C_{14}H_{10}$）的碳氢化合物的衍生物，和稍微带一点雌激素性质的维生素 D 息息相关，而且还关系到肯纳韦（Kennaway）等人从煤焦油中提取出来的致癌物质。可是，对于提高雌性性欲的活动来说，甾醇结构并不是必不可少的，因为多兹（Dodds）和他同事已经对一种非常简单的碳氢化合物进行合成，生成了一些可以让雌性性欲大力提升的物质。

性激素和脑垂体分泌的研究，让我们对雌性周期的复杂的激素模式有所了解，有意义的治疗方法因此问世。意义非常大的妊娠试验，就是靠在尿中把胎盘释放到血液里去的激素物质找出来的。

近些年来，人们将肾上腺皮质的激素制成了非常有价值的药物，肯德尔发现这种药物来自和甾醇相似的物质的混合，这些物质的仓库好像就是皮质。如果肾上腺皮质不足，就是得了艾迪生病，假如在实验中割掉皮质，要不了几天，就会死亡。

1924 年，副甲状腺激素的有效成分率先被科利普（Collip）提出来，他还发现它表面上有蛋白质的属性。它可以钙和磷的代谢进行调节。假如这种激素不足，血钙就会下降，手足抽搐的现象就会出现，也就是神经系统兴奋过度，导致肌肉痉挛的发作。在手术过程中，假如把患病的甲状腺割除时，因为同时把不认识的副甲状腺割除了，这种痉挛现象就会时常发生。

人们对垂体具有掌控和一体化调节作用有所了解，可能是激素研究方面最有意思的一件事了。垂体激素负责对性激素的分泌和黄体的形成起到刺激作用，这样就对青春期的开始、女性的月经周期的保持和妊娠的过程都起到了决定性作用。垂体对授乳的开始加以掌控，它的作用在缺失卵巢的雌性动物（甚至是雄性动物）的乳腺上得到证明。垂体分泌物还会对甲状腺和肾上腺皮质产生影响。垂体提取物（垂体素），通常能对身体的代谢起到推动作用，让脂肪的氧化增强，而让碳水化合物的损耗下降。虽然我们现在还不太清楚垂体激素的化学结构,可是它们好像都有蛋白的性质。

激素类被一些作者延伸到另一类所谓"神经分泌"的物质。它们借助化学反应方式,对刺激进行传播,从神经末梢传递到有反应的细胞[①]。1867 年,一种这样的名叫乙酰胆碱的物质就被发现了。1906 年,乙酰胆碱可让血压得到明显的暂时性降低的作用更是被发现,因为有人做了这样一个实验,将乙酰胆碱注入血循环内,可让小动脉暂时扩张。乙酰胆碱的这一和其他反应,类似于刺激迷走神经或副交感系统其他神经所带来的反应。所以,洛伊(Loewi)和纳夫腊迪耳(Navratil)就得出这样一个结论:神经活动的化学传导物也许就是乙酰胆碱。乙酰胆碱受到一种特殊水解酶的作用,只会在组织里停留非常短的时间,一直都无法从动物身上提取出来。直到 1929 年,戴尔(Dale)和达德利(Dudley)才从脾内提取到。刺激交感神经系统就像副交感神经系的末梢可以释放出乙酰胆碱一样,也可以产生一种传导物质。坎农(Cannon)在这方面取得了丰硕的研究成果,并用"交感素"给这种物质命名。它和肾上腺素(也就是肾上腺的髓质所分泌的激素)在很多方面都很类似,比如升高血压和心率,可是在人们看来,这是两种不同的物质,只是有合作关系而已。

现代生理学和生物化学正在逐步向医学渗透。临床医学在提出问题的同时,也给基础医学提供了线索。举消化现象的例子来说。我们要好好感谢博蒙特(William Beaumont),正是因为他认真观察了一位被子弹射中胃的人的消化过程(1833 年),我们才了解到消化现象。而伯纳德(Bernard)研究了消化道,巴甫洛夫之后做了和消化腺有关的实验,生理学、病理学和治疗学才有机融合到一起。[②] 如今,临床医学家之所以可以对消化道进行观察,正是因为放射技术的出现,以及 1897 年坎农将一种含钡的不透光食物派上用场,我们才做到了以前做不到的事。

哈佛的迈诺特(Minot)通过研究,告诉我们饮食有治疗作用。他发现如果病人患有之前在人们看来无法治愈的贫血症,只要让病人吃动物肝脏或者将肝提取物注入病人体内,就可以使其疾病得到根治,或者不继续恶化。1928 年,卡斯尔(Castle)发现这样的作用在用好胃制成的肉类产品中也有。1935 年,梅伦格拉奇(Melengracht)证实这种预防贫血的物质在猪胃的幽门腺中也可以找到,正常情况下,这种物质是形成于胃里,吸收于肠里,而在肝内储存的。而矿工痉挛病是实践医学

---

① 上引 Lovatt Evans 的书。——原注
② J. A. Ryle, *Background to Morden Science*, Cambridge, 1938. ——原注

和理论生物学彼此推动的另一个例子。在高温下从事重体力劳动的人大汗淋漓，因此流失过度的盐，假如他们喝的只是淡水，体液遭到过度稀释，就会因为出现痉挛而无法正常工作。这就是为什么矿工、火夫和冶炼工人都对重盐食物爱不释手的原因所在。最近几年以来，在生理学家的建议下，把这些人之前饮用的淡水换成盐水，这种痉挛病就被控制住了。

病毒[1]

在本书前几版发行以后，超显微镜的病毒研究就取得了很大的突破。经过坚持不懈的研究，人们已经意识到很多疾病，像天花、麻疹、黄热病、流行性感冒和普通感冒都是归咎于病毒。如今人们发现因为病毒带来的感染的几个比较典型的例子就有：牲畜的口蹄疫、大瘟热、植物的郁金香折断病、马铃薯卷叶病、烟草斑纹等。

里面含有细菌的液体如果用没有涂釉的瓷器或压实的浸渍的泥土过滤，可以过滤出细菌，可是却无法过滤出病毒。1892年，这个事实得到了伊凡诺夫斯基（Ivanovski）的烟草斑纹病的验证，七年后，这个事实又再次被贝兹林克（Beizerinck）发现。莱夫勒（Löeffler）和弗罗施（Frosch）对口蹄疫也有同样的现象进行了证实。可是，如今，我们可以把火棉胶片派上用场，制作出一种特别的滤器。硝化纤维经过戊醇和丙酮处理后，就可以把这种胶片制出来了，胶片上面有大大小小的微孔，它们非常有规律，通过测定水流从胶片上的一定面积穿过的流速，就可以得到微孔的大小。

凭借这种胶片，我们就可以对病毒粒子的大小进行估计，可是困难依然没有解决，因为病毒形状有异，有棒形、球形等。还有照相、紫外显微镜、高速离心机或让磁场作用于真空里的电子射线的电子显微镜这几种方法，所得出的结果基本上是一样的。病毒有大有小，大的和小的细菌（300毫微米）接近，小的和口蹄疫病毒接近，只有10毫微米，而一毫米是一毫微米的一百万倍。

病毒的本质是我们所遇到的主要障碍。它究竟是细小的生物还是较大的化学分子？美国普林斯顿（Princeton）的斯坦利（Stanley）采用化学方法，将一种高分子量的蛋白质从烟草斑纹病病毒的悬浮液中提取出来，病毒的所有属性它都具备。这种蛋白质有晶体的亲合力，而有些病毒是比较规则的晶体，而且，生物的某些性质在它们身上又可以找到，病毒会带来有传染性的病，在新寄主身上，病毒粒子会

---

[1]　Keneeth M. Smith, F. R. S, *The Virus*, Cambridge, 1940. ——原注

开始繁殖。戈特纳(Gortner)和莱德劳(Laidlaw)都认为寄生物高度分化以后,就会形成病毒。也许,病毒可以被我们视为一种利用寄主的原形质的无包被之核。

病毒的化学说和生物说看上去都言之凿凿,所以,也许我们可以学着肯尼思·斯密斯(Kenneth Smith)说:"如今,生物的准确定义或衡量生命的准确标准都还没有出现。我们在这里只能把亚里士多德曾经说过的一句话引用过来作为例证:'大自然是慢慢发展的,从没有生命的王国发展到有生命的王国,至于其中的分界线是什么,现在还不太清楚。'"如今,让我们先不急着将这个悬而未决的问题解决掉,先视病毒为存在于生命和无生命之间的模糊实体吧,直到更多的证据出现。

病毒有多种转移方式。在动物寄主身上,通过血液、神经或淋巴,病毒都可以发生转移,当然这取决于病毒的种类。而从一个寄主身上向另一个寄主身上转移,具体是如何完成的,则是一个错综复杂的过程。也许我们要进行大量的实验,才有可能对这个问题进行研究,有时还根本得不到任何结果。有些病毒生活在水中,有些生活在空中。流行性感冒病毒在空气中的水滴里漂着时,还可以在长达一小时的时间里保持其传染性。在空气中生活的一个比较典型的例子就是烟草斑纹病的病毒。有时病毒要想进入新寄主的身体,新寄主的身上必须有伤口才行,像动物身上的抓伤、植物根毛上的裂缝等。有些病毒通过昆虫传播,像以玫瑰为食的蚜虫。大部分带病毒的昆虫感染毒素的途径是吸取花液时通过它们长长的吸嘴而感染的。番茄和观赏植物的病毒是依赖牧草虫传播的。绵羊的狂跃病毒和牲畜的红孢子病病毒是通过蜱传播的。史密斯发现一种植物病,要想患上这种病,必须有两种病毒才行,其中一种的传播途径是昆虫,另一种是采用其他方式传播。这里只是举例说明期间的关系是多么复杂。

如今,我们还不太了解很多动植物的疾病的传染方式。特别是口蹄疫向我们提出的问题。某些传染病的两次流行之间貌似不存在什么机械上的关联。普通昆虫好像不是纽带。病毒可以逆风传染,所以,病毒通过风媒传染不太可能。也许某些动物,像兔、鼠或獾有时会带来祸患。也有人觉得正是欧椋的候鸟群将病毒从大陆带到了英国。苏格兰因为没有这种候鸟,所以那里几乎不会发生什么突然的流行病,可以给这个事实做证。

免疫

尽管某些早期的经验方法也并不是没有效果的,可是,有关病毒的性质和其传播方式的实验,让人们可以对它们的危害进行更有针对性的预防和掌控。本书第七章内已经讲过，杰斯提率先试验了天花病毒的移植和之后的牛痘的接种，之后詹纳又做了更加完整的研究。人们时常发现病人只要得过某种传染病以后，这种疾病以后就跟他绝缘了。詹纳所用的牛痘或疫苗是一种非常微小的天花病毒，可以带来一种比较柔和的局部损害，也许是因为形成了保护性的"抗体"（或"免疫体"），所以才能帮助身体和病毒的感染相对抗，这种抗体和感染过天花以后体内所产生的抗体是没有区别的。一样的道理，巴斯德将感染狂犬病的家兔的脊髓派上用场，将狂犬病的弱化病毒制作了出来。假如在刚得病的病人身上注射这些弱化病毒，在有的病毒还没有来得及繁殖生长时，这种防护性的抗体就已经出现在病人体内了。

如今，我们还不是特别清楚这种名叫"免疫"的复杂过程有什么性质。1890年，在对破伤风有免疫性的动物血清里，贝林（Behring）、北里柴三郎（Kitasato）发现了"抗毒素"，没过多长时间，通过观察，他们又发现动物有能力制造抗毒素，而且不是个别现象。

对于早期的免疫学，化学家兼细菌学家欧立希（P. Ehrlich）可谓是功不可没。1891年，他就对在动物体内注射植物蛋白，像蓖麻子和相思豆以后，都会推动产生特殊的抗毒素进行了证明。

19世纪末，人们才发现，当体内被注入了细菌和很多蛋白性的物质以后，会有一些新化合物产生，和注入体内的物质产生中和作用。这些在血液或组织里出现的新物质就叫作"抗体"，而对抗体起到刺激作用的物质则叫作"抗原"。

最近几年来，兰德斯坦纳（Landsteiner）又对抗原的特殊性质的化学基础进行了阐述。他综合重氮化的芳香胺和蛋白，将人造抗原制造出来，而且证实这一特异性的产生是因为重氮化胺，而不是分子的蛋白部分（1917年）。1923年，海德尔伯格（Heidelberger）和艾弗里（Avery）又往前深入发展了一步。他们发现从化学结构的层面来说，肺炎球菌无氮的多糖"可溶物"有抗原作用。

现在还不好说抗原和抗体之间的反应，而免疫反应也众说纷纭，有人说这是组合了带相反电荷的胶体质点，也有人说这是一种吸附现象。在欧立希看来，抗原和抗体根据相应的比例产生化学变化。而海德尔伯格和肯德尔之后的研究（1935年）则为此提供了非常具有说明力的依据，所以海德尔伯格说这些化学反应很可能沿着经典的化学定律前进。

有些病毒疾病也许是源于几种不同的病毒，像牲畜的口蹄疫、人的流行性感冒等。可免疫某一种病毒，不代表可以免疫其他品种的病毒。近来，哥本哈根已经把一种疫苗研制出来，人们对它寄予厚望，希望它可以对三种主要品种的口蹄疫病毒起到预防作用。

邓金(Dunkin)和莱德劳发现,被甲醛弱化以后的犬瘟热病毒依然可以让人有一定的防疫能力,之后再将活性病毒注射进去,就可以对这一点加以验证了。此外,还有一种双重注射法,也就是在动物体上注射活性病毒的同时,也注入免疫血清。

海洋学

第七章所说的海洋学的研究在持续向前发展着,尤其是鱼类的生态学。在生物学上,鱼类的洄游有研究价值,而对于水产的打捞,它的现实意义就更大了①。我们时常发现鱼类产卵时会到达某些特定的区域,一般是游向上游,之后再向下游分散。比如北海的鳕鱼和板鱼的卵和鱼苗都位于深海,而鲑鱼则在江河上游产卵,幼鱼游到下游的海里去生活,等长大以后再回到之前出生的地方产卵,似乎它们的记忆力都非常好。

施米特(Johannes Schmidt)证实,欧洲鳗鱼的成年时期是在淡水里度过的,而产卵则要移居到遥远的北大西洋西部马尾藻海的深水里。施米特还发现在苏门答腊居住的另四种鳗鱼,产卵的位置则在西海岸的深海沟里,因为那里的海水深度合适(五千米深),而且盐度也合适。

许多海鱼都是吃硅藻和其他小生物的。在第七章我们讲过,这些小生物有个共同的称号,叫作浮游生物。要想对食物的所在处,也就是鱼类的所在处有所了解,我们就必须对浮游生物的聚焦和漂移进行研究。第七章完成以后,又积累了不少这方面的知识。哈尔的哈迪(A. C. Hardy of Hull)教授也研究了很多北海上空昆虫的飞行。

遗传学

自从发现了细胞学和染色体方面的早期以后,科学家就在遗传学的推进方面做了大量工作,也在影响植物和动物育种家的实用技术方面做出了突出贡献。

在细胞里,我们可以看到成对的负载遗传因子或"基因"的染色体,而且在细胞分裂时,每个染色体也是一分为二,从而在两个新细胞核里再形成一样的对数。

---

① E. S. russell, "Fish migration", *Biological Rev.* Cambridge Phil. Soe. July, 1937. ——原注

可是每对染色体的两个成员却在生殖细胞形成时分开,各自进入新细胞,而减数分开或成熟分裂就是这样的过程。生殖细胞里染色体的数目是根本的,有"单倍体"数目之称。因为两个细胞核的结合,两个单倍体数目在受精时结合到一块,从染色体的数目的角度来说,如此形成的新个体就是"二倍体"。可是,染色体也有可能会出现多倍性增加的情况,所以两套以上的单倍体就有可能出现在新的营养细胞里。如此一来,当细胞里的染色体数目是单倍体染色体数目的三倍、四倍,甚至是多倍时,三倍体、四倍体或多倍体就有可能出现。比如说,在小麦、燕麦和栽培的水果中,就会看到多倍性。樱花是二倍体,梅是六倍体,苹果也许是复杂一些的二倍体或三倍体。多倍体的情况会严重影响到不孕的问题,假如在其营养细胞里,多倍体有单数的染色体,当形成生殖细胞时,不能平均划分,那么,就一定会出现染色体分配方面的不规律现象,通常就会造成不孕。比如说,在桃属植物中拥有单数染色体的多倍体,经常会造成不孕,所以无法结果,只是因为可以作为观赏植物,所以才被培育。很多果实品种,像苹果的一个品种 Cox's Orange Pippin。而桃和樱要想结果,周边得有某种其他的品种才行,它自身是无法受孕的。

我们已经在关系到两个遗传因子和发育因子的性别决定问题的解决方面取得了很大的成绩。如今,我们觉得我们前面所提到对男女出生数几乎一样的解释是没错的。不管是人身上,还是在很多动物身上,雌性生殖细胞只有雌性,而雄性生殖细胞兼具雄性和雌性。而这种关系到了另外一些动物身上则要颠倒过来,两类生殖细胞在雌性动物身上都可以找到。在某些情况下,通过显微镜,已经可以辨别出对性别起到决定作用的染色体了。比如说,遗传研究时所广泛使用的果蝇身上,雄性细胞里的性别染色的对数是不相等的,其中一对是钩状的。

还有人,尤其是克鲁(Crew)研究了对性别起到决定性作用的发育因子[1],他对家禽性别的颠倒进行了描绘。在这里,性激素发挥了相应作用。我们可以提一下和牡犊孪生,可是生殖器却不完全的牝犊的例子,将同胎的牡犊的性激素注入这个未生犊的牝牛体内,它就会不孕。一种叫作螠蚊(Bonellia)的海生物的幼虫既可以长成雄性,也可以长成雌性,这取决于它在发育时到底是以另一雌体为依附的,还是以海底为依附的。站在化学的层面上,它们和病毒一样,染色体的组成因素是核蛋白,而染色体内的基因也和病毒一样,可能生殖它们的是自身生殖,抑或是劝诱细胞的其他部分。

在某些例子里,我们已经很清楚被基因影响的代谢的明了的化学阶段。比如

①　F. A. E. Crew, *Genetics of Sexuality*, Cambridge. 1927. ——原注

说,在鼠身上,人们发现一种导致矮小的基因。矮小的老鼠身上没有将两种垂体激素制造出来的细胞,假如将这种激素注入它体内,它就可以正常发育。蒙克里夫(S. Moncrieff)小姐立足于生物化学,对造成花的颜色的 35 种基因的作用进行了解释。白化病的形成基因,会让色素缺乏的动物的细胞里没有色素酶的出现。有很多基因已经被人们发现是有害于机体的,不是对发育造成阻滞,就是造成早夭。比如说,有些植物就带有抑制叶绿素形成的基因。

遗传学和生物化学在这方面互相扶持。在遗传学家的帮助下,生物化学家对代谢的过程进行了划分,分成各种连续的阶段,而在生物化学家的帮助下,遗传学家知道了发挥作用的是什么基因,最后可能还会知道到底是哪些基因。生物物理学家和生物化学家的责任就是在对生命现象进行描绘时,尽可能站在物理学和化学家的角度,可是也不排除还有很多其他的领域,这些解释最起码在那里依然显得不足。比如说,谢林顿(Sherrington)就说:"身体的各种器官在器官的功能发挥作用以前,就开始在胚胎里发育。在眼睛看东西以前,眼睛的复杂结构就已经形成了。用物理学和化学也是无法解释感觉和意识的。"[1]

在对生殖进行研究时,人们发现受精有两个过程:那就是卵受刺激、卵和精核的结合。1875 年,赫特维希(Oscar Hertwig)率先对这种过程进行了描绘。他对海胆的精子进入卵中的情况进行了仔细观察,发现了两个细胞核的结合。生物学家对刺激有时可以产生单性生殖的过程进行了很多研究。比如说,施佩曼(Spemann)就进行了人工双生。假如一个卵正在发育时被分成两半,那么"同样的双生"就形成了;假如两个卵一起受精,那么"兄弟式双生"就形成了,也就是说,和同双亲的两个子女相同,也许不会特别像。

为了开展这一研究工作,施佩曼将显微镜下的外科手术派上用场,对水蜥进行了观察,因为从技术的角度来说,很难在哺乳动物身上进行这样的观察。施佩曼用"组织中心"称呼胚胎中某些特殊部分的几小块组织,它们可对发育过程起到决定性作用。它们似乎把可以提供必需刺激的活性化学物质都涵盖在内了。比如说存在于两栖类身上的一个"组织导体"是一种像性激素、维生素 D 和某些致癌物质那样的甾醇。

苏黎世的福格特(Vogt)等人对胚胎的继续发育进行了观察。他把原肠胚染上颜色,进而对其着色细胞的变化加以观察。在《化学胚胎学》[2]一书里,李约瑟

---

① Sir Charles Sherring ton, *Man on His Nature*, Cambridge, 1940. ——原注

② J. Needham, *Chemical Em bryology*, Cambridge, 1931. ——原注

（Needham）对胚胎的食物供给情况方面已经掌握的事实进行了简要阐述。

1900年左右，孟德尔的研究成果被再次发现以后，一系列争论就随之出现了，发生争论的两方是贝特森所领导的孟德尔主义者和皮尔逊、韦尔登（Weldon）所领导的生物测量派。生物测量派坚持严格的达尔文主义观点，在他们看来，进化来自持续的微小变异。之后，在费希尔（R. A. Fisher）的努力下，这两派互相对立的意见又融合到一起。他把他在数理统计学上所取得的成果派上用场，将一种新的研究工具提出来。要对一组事实是否和孟德尔的规律相符进行测试，我们如今所采用的判定标准就是皮尔逊所发明的数学。我们以皮尔逊所搜集的数据为借鉴，从而找到人身上的孟德尔式遗传的例子。诺顿（Norton）、霍尔丹、费希尔和赖特（Wright）采用数学方法，以达尔文主义和孟德尔主义为基础，将一种一定程度上有诡辩性的进化学说创建起来。主要的遗传单元是基因而不是个体是他们的主张。泽维里科夫（Tsetverikov）创立的和自然群落有关的遗传的研究，对各种族里也许存在着看上去好像同质的大数目的隐性基因进行了证实。群落中的品种的多少和自然选择的速度是成正比的，因为不适应者则会被最快淘汰，以费希尔为依据，适者的增长率越高，遗传性的差异度就越大。

在正常情况下，也时常会出现孟德尔式发育的基础的突变，用染色体的事实可以对其中一些进行说明。可是弥勒发现，对于果蝇而言，X射线可以增加突变的数目。

近来，人类的进化因为类人猿和类猿人的化石的发现而有了依据。[1] 发现于爪哇和中国的化石有诸多相似之处，可是在发展上，中国的北京猿人所处的阶段要高一点。和人类起源相关的其他古生物学证据以及新生代的中新世和鲜新世地层里的森林古猿化石，从特征上来说，这些化石的某几种已经和现代的类人猿非常接近，从这里可以看出，一定在鲜新世的早期，向人科发展的线索和向类人猿发展的线索就背道而驰了。

最近发现于南非洲的猿化石，就给森林古猿极有可能是人类的祖先提供了依据。尽管古生物学家还需要继续努力，对其中的一些空白进行填补。猿人化石的新材料可以给猿人具有人类的身材提供充分的证据，尤其是它们的肢骨，已经完全可以和现代人相提并论。后期各型人也许就是在猿人的基础上发展起来的，而穆斯特期的尼安德特人就是其中一个旁支。

---

[1]　W. E. Le Gros Clark, "Palaeontological evidence bearing on human evolution", *Biological Rev*, Cambridge Phil, Soc. April, 1940. ——原注

在对一般化石进行深入探讨时,我们发现尽管已经有很多不同种类的化石出现在寒武纪岩层(像在威尔士北部所发现的)里,可是在寒武纪开始以前,化石的记录却根本找不到。在寒武纪(可能在5亿年前)和最古的岩石(从放射物可以看出,应该是20亿年前)两个时期之间的某个时候,生物就已经出现在地球上了[①]。生命起源的问题仍然悬而未决。斯帕朗扎尼和巴斯德已经否认了细菌和其他微生物的自然发生说。有人认为生命也许来自其他行星。可是在宇宙空间杀伤力极强的短波辐射里,有生命的机体几乎活不下去。人类之所以没有遭到这些辐射的危害,是因为受到了大气中的氧的保护。所以生命一定是从地球而来。因为病毒这种体积小于细菌、比细菌简单、几乎和分子一样大的生物的发现,一个旧问题被再次抛出来:"像病毒那样简单的物体要在什么样的环境下生存?在原始的无机物里是不是也存在病毒?"电子显微镜也许会有助于解答这问题,可是现在还是只能先说到这儿。

神经系统

神经系统的研究是生理学最重要的分支之一。和国家一样,机体的单元间动作一定要统一,这样才会带来效率和进步,神经就是单元间的交通枢纽,所以对于生理综合来说,它是非常重要的一个因素。1906年以后,谢林顿爵士在这一领域中做了开拓性的工作,亚德里安(Adrian)博士将这样一节贡献给了作者:

> 神经系统和从神经细胞拓展出去的纤细的原形质,在最复杂的动物体内形成一个中心团块,以附近的神经纤维为媒介,和其他部分彼此连通。信息从感官(接收器)传到中枢神经系统,再传到肌肉和腺体的通道就是如此。神经纤维活动时,电位差时常会在表面发生极细微的变化。在对这些改变进行研究(最近几年以来,真空管放大装置还给其提供了帮助)以后,纤维所传达的信息种类已被我们所了解。感觉信息和运动信息都是一串快而有力的"脉冲",彼此之间没什么不同,二者之间相距多远,取决于刺激的强弱。可是,我们还是不知道中枢神经系统里到底是如何变化的,发现进去的消息是如何在那里集中而又如何变成出去的信息,以让动物通过合适的方式来应对外界的刺激,才是我们要解决的问题。

---

① C. F. A. Pantin,*Nature*,12,July 1941. ——原注

要想把这个问题完全解决掉，我们就要站在心理学的立场，对动物的所有行为进行解释，可是谢林顿证实，只需要对简单反射和其相互作用进行一下研究，就可以把神经系统的很多"整体性的作用"搞清楚。比如说，有秩序的运动只出现在一群肌肉的收缩伴有对抗的肌肉的松弛的时候，而之所以会发生这种情况，则是由于进入的信息起到了两种作用，那就是不仅刺激了某些神经细胞，而且对其他神经细胞起到了"抑制"作用。他还对抑制和兴奋两种状态的时间关系可以解释一个反射能够源于另一反射进行证实。在这方面的研究被谢林顿创造出来以后，大家都把目光放在反射上，觉得这是对神经组织进行认知的通道，再和巴甫洛夫的工作结合在一起，现代心理学机械论的趋势就形成了。

对于中枢神经系统来说，最高的部分就是脑，它和视觉、听觉齐头并进，和远处物体相互呼应，谢林顿则用"超距接收器"称呼它。心理功能存在于大脑，而且尤其是在大脑皮层。对大脑皮层的有限区域进行刺激，四肢等部分便会做出一些动作。1870年，弗里奇（Fritsch）和希齐格（Hitzig）率先研究了电刺激的效应，之后又有些人将大脑皮层各区域图形绘制出来了，还对各区域的反应进行了研究。其中做出了卓越贡献的有霍斯利（Horsley）、谢林顿、布朗（Graham Brown）和黑德（Head）等人。

小脑是脑的另一部分，人们发现它和身体的平衡、姿势和运动以及三者所需的复杂调节都有关联。肌肉和内耳的刺激会传到小脑，进而给出反应。

不随意神经系统对身体无意识的机能加以控制。加斯克尔（Gaskell）和兰利（Langley）是率先完整研究不随意神经系统的人，并证实这一神经系统尽管有相应的补助的独立作用，可是从根本上来说，它依然是脑脊髓系统的支脉，而且处于它总的控制下。

1910年，巴甫洛夫指出，在对高级神经作用进行研究时，不必像传统做法，引进心理学的概念。被其他因素制约的更复杂的反射，可以取代较简单机能的确定的无条件反射，但是观察刺激和反应的方法依然可以使用。假如一种现象时常和食物相关，只是这种现象自身就可以让食物产生反射动作，比如开饭的铃声响起，人们就会表现出饥渴的样子。这个研究方法没有把居间的意识的终极本性问题牵涉其中。可是对于一个心理学派的出现，它却起了推动作用：和生理学一样，行为主义的心理学在自己的研究中,是不关注意识的。[1]

心理学

在 19 世纪,韦伯(Weber)等率先在心理学领域使用实验方法。因为将实验方法运用到了心理学中,之后的研究者就把一种可以列入自然科学系列的心理学创建出来了。用机械的方式,可以对视、味、嗅、触等感觉的敏锐度进行测量。复杂一些的同类测验,可以对记忆、注意、联想、推导和其他心理功能进行预估,还有一套实验可以对疲惫、刺激的反应、手眼间动作的协调性进行研究。比如说,芝加哥凯洛尔(Kellor)女士就用实验的方法对情绪是如何影响呼吸的进行了研究,并得出这样的结论:相较白种女人,黑种女人受影响的程度要低一些。在这种研究中,心理学都将自然科学的客观的和分析的方法派上了用场。

纯粹生理学家对肌肉收缩、内分泌、神经冲动的传输和神经冲动与中枢神经系统的联系的物理学和化学进行研究,心理学家在对这些身体上的表现进行研究时,则是站在精神的立场。比如说,黑德爵士所研究的失语症一类病症,就已经远远超出了医学上的价值。1914—1918 年第一次世界大战中,神经病学家因为对局部创伤给心理带来的影响进行研究,而发现了不少心理学上的新观念。

在海尔巴特、穆勒父子(Mills)和贝恩等联想学派看来,自我形成于不同的观念的联想关系,而和之前的正统观念所想象的不一样,不是心理表象提前存在的源头。这种想法更是受到了巴甫洛夫所提倡的"条件反射"的生理学的推动,必然会让所谓行为主义的心理学出现。在 1914 年和以后的年份中,沃森创建了行为主义的心理学。1894 年和 1914 年,英国心理学家摩尔根(Lloyd Morgan)就已经提出了这个学派的基本理念。他还创立了动物心理学的美国学派。

这些研究者把用意识去对动物的行为进行解释的流行观点抛到一边,而像理性地观察物理和化学的事实那样,对动物的行为和人的行为进行解释。他人的意识、感觉、知觉或意志,外人从外面是发现不了的。在对刺激和反应进行研究时,必须先抛开这些。只要碰触到人眼的角膜,人就要眨眼,观察者却无从了解刺激所带来的感觉。

新生的婴儿几乎没有什么不学就会的反应,只有呼吸和哭泣这样的基本动作。而会让他害怕的只有大叫或者突然失去依靠。可是只要某种条件几次都和这些事

---

[1] Pavlov, *Conditional Reflexes*, Eng. trans. Oxford, 1927. ——原注

件一起出现，要不了多长时间，在面对这种条件时，小孩就会本能地感到害怕，而不论其间是不是真的有关系。也就是说，条件反射已经建立起来了。只要建立了这种条件反射以后，要想废除，就必须将自动的联想的"非条件化"的缓慢过程打破才可以。

沃森说思想这种源于语言的习惯，是慢慢形成的第二性产物，就像打网球和高尔夫球的技巧源于肌肉的活动一样。小孩轻声嘀咕着什么，是被外界刺激引发的一种反射行为，这个词是建立心灵形象的基础，以后小孩才慢慢明白小声说话更好一些。可是在他的思想里，刺激一定会带来某种安静或半安静的言语。假如我们真的要思想的话，确实是说在前面，想在后面。

这一理论也不是完全值得诟病。只要是对饭后闲聊或政治辩论认真聆听过的人，就不能完全否定这一点。站在心理学的立场，这一理论可借鉴的地方也不少。可是从哲学角度却不能过高地评价它。假如从机械学的定义的角度出发，我们可以将人视为一架机器的话，那么，行为主义者就会认为人只是刺激和反应的关系，因为从行为主义的概念和定理来说，行为主义只是一门对刺激和反应之间的关系进行研究的学问。站在行为主义的成功角度来说，它对它的假设进行证实，让符合事实的结果出现，可是这些假设的最后实在性的证据是形而上学的，不是科学的，无论它具有什么样的价值。

在工业问题上，现代心理学可以真正起到作用。工业活动是由人来完成的，而人是有七情六欲的，要他们遵从理智或"开明的自我利益"，基本上很难做到。工业心理学家的任务就是对这些因素和更简单的因素，像疲惫之类的因素进行研究，以此来对工序活动进行调整，让工作不会过度令人感觉劳累。

每个人的活动节奏不一样，周期活动速度也不一样，要想让最后的结果最好，这种个人特点就必须考虑在内。为了让工人的动作更简单，或者更有节奏，避免疲惫，让生产效率得到最大幅度提升，工厂里体力劳动的程序都不是随意安排的，而是经过缜密分析的，特别是在美国。

一样的道理，教育心理学在对儿童心理进行研究时，也开始将观察和实验的方法派上用场。对儿童的心理活动和反应程度进行测试的方法已经被发明出来了，还有更多现象显示，可以想出一些办法将特殊才能挖掘出来，以对儿童的前途起到决定性作用。

在医学上，心理学也变得越来越重要。过去，人们从来没有中断过对和心理变化相适应的脑内的物质变化进行研究，可是成功率却低得可怜，即便是在失去理智的病人的观念和情绪都错位的情况下，通过生理和病理的测验方式也完全无法发现一丁点儿不正常的状况。毫无疑问,当心理状态或思想发生变化时,物质变化确实出现了,可是在对其没有更透彻认知以前,在对心理和其错乱进行解释时,我们只能站在心理学的角度。现代精神病理学涉及了比其名称更广的范围,因为变态的研究对了了解常态是有帮助的。正是因为弗洛伊德(Freud)的研究成果,人们开始关注精神病理学。他对无意识的行动及其原因进行了研究。他所用的正是后来形成的一种对心理进行观察的方法,名为"心理分析"法。在现代心理学里,决定论的理念因为弗洛伊德的研究成果而得到巩固。在他看来,从最微小的失误到最珍贵的理念,这一切都要归因于强大的本能的作用。当身体成长时,这些本能也跟着成长,假如它们的发展受阻或者被扭曲,那么精神不健康的原因很可能就是它们。

灵魂的研究是心理学的另一种应用,这种研究会不会有科学意义,我们尚且不能下结论。在"唯灵论"的现象中,有很多诈骗现象,有的是自欺欺人,有的是故意为之。可是在一个称职的观察者看来,哪怕除去所有欺骗成分,依然无法解释一些现象,还需要后续研究。研究者一定要有特殊才能,在歇斯底里和邪术家的法术方面有相应的经验,才能对这些现象进行考察。很多细致化的研究都刊载在灵魂研究学会的刊物中,可是有资格评判唯灵论的解释合不合理的人,意见还不统一。我们最好不要在得到更多用更严格的方法检验过的知识以前下决断。

人是不是机器

活力论和机械论在近三个世纪的生物学史上此消彼长。笛卡儿的二元哲学觉得肉体和灵魂是背道而驰的,完全是机械的、是唯物主义的。18世纪中期和末期,法国百科全书派更深入地阐述了这一点。他们在牛顿的动力学的基础上建立起了自己的哲学,觉得人(肉体和灵魂)只是一架机器。不仅正统派的神学家严厉批评了这种观点,其他作家也在科学上对其提出了更严厉的批评。18世纪末,活力论在比夏的影响下再次复苏。在伯纳德领导下的19世纪的生理学和自然选择的进化论,对一种发展至决定论的反动起到了推动作用,这种倾向在德国的哲学上的唯物主义学派和生物学家(如海克尔等)中更加明显。

对这场争论的最近历史,诺登许尔德(Nordenskiold)[1]和李约瑟[2]进行了简要

---

[1]　C. S. Myers and F. C. Bartlett, *Text-Book of Experimental Psychology*, Part 1 and 2, Cambrideg, 1925, 603 页及以后各页。——原注

[2]　Joseph Needham, *Man a Machine*, London, 1927. ——原注

的阐述。实验生理学家和心理学家以力学物理学和化学定律也对有生命物质的委婉假设适用为依据,对研究范围持续扩大,以为在这种范围内,机械论好像完全可以对生命现象进行解释。可是有些生物学家觉得不可知的领域还非常广阔,或者非常感慨于有生命的机体的表面上的宗旨,所以又觉得要想对事实加以说明,只有将有生命的物体视为有机的整体才行。

我们可以列举出这些研究者中的几个:冯·魏克斯库尔(Von Uexküll),1922年觉得有生命的机体的特点是因为它们不仅是时间中的单元,也是空间里的单元;霍尔丹(1913年)觉得动物在外部和内部环境都发生变化的关口,会倾向于守常不变;杜里舒(Driesch)觉得,要想对胚胎的早期发展进行解释,必须用到一种非物质的引导力量。和汤姆生、罗素(E. S. Russell)和麦克布赖德(W. MacBride)一样,他也在生命的复杂现象中,列举出了一个或几个没办法用机械予以解释的例子。

而哲学家里格纳诺(E. Rignano)则觉得有生命的物质的本质就是不乏目的性——有相应的目的,尽力想要实现某个宗旨。这种目的性对身体和心灵的生长和作用都加以掌控,机械和化学的盲目力量是根本比不上的。[1] 比如他说:

> 从在营养液里溶解的非常复杂的化学物质中,有生命的物质可以非常完全地将能够再次创建其机体、让其原本面目一点儿都不变的化合物或化学基吸上来。这个过程之所以说目的性非常强,就是因为有选择。

新活力论的很多论据,都是以如今生物物理学和生物化学知识的不可知为基础的。以这种暂时无知为仰仗真是太危险了。最新的一些研究成果已经推翻了这些论据。而其他论据在发表时就已经被推翻了,比如说上面所引用的里格纳诺的话。我们只需要指出这样一点:有生命的物质不仅可以把重建其机体的化合物吸取出来,还可以把侵害它的毒物也吸收进去。

在洛采看来,世界上的机械作用是具有完全普遍性和附属性的。实验者可用的工作假设只能来源于机械论的观点。这只是"一种观点",可是在它的范围以内是具有绝对的权威的。物理科学在看待自然时,是站在数和量度的立场进行的,而心灵的机杼则将机械论的思想线索纺织到它的基本框架中去。尽管目的论也许也属于实在的精神方面,或者整个过程中有价值的部分,可是目的论的方面是完全不同于科学的,也一定是不同的。

---

① E. Rignano, *Man a Machine*, London, 1926. ——原注

韩德逊(L. Henderson)给出了另外一种答案。他指出，和机体一样，环境也有目的论的踪迹。[1] 只是因为碳、氢和氧的特殊化学性质和水的物理性质，所以生命，最起码是我们所了解的生命才能够存在。生命也只能在我们这个世界上的温度、湿度等情况都比较合适的范围内存在。所以，有机目的论应该属于宇宙目的论的一部分。

虽然生物物理学家和生物化学家用物理学和化学的概念对生命现象作出了解释，而且取得了不小的成绩，且发展得越来越好，可是站在哲学的角度来说，机械论也并不是完美无缺的。机械论者从笛卡儿开始就觉得物理科学将实在揭露出来了，事实上，它只是从某个方面来看待确实的抽象理念。所以，人们才逐渐意识到机械论并没有完全解释实在，活力论自然就要被导进来了，而觉得存在一种可以控制或停止物理定律的、与肉体有关的暂时或恒久的精神或灵魂，以实现某种初衷。

活力论者的问题在于他们好像想在生理学上有限度的科学问题上应用目的论的概念。根据这些问题的性质，其解决方法只能是物理学的分析方法，而目的(假如存在所谓目的的话)只能作用在整个机体中，而且可能只有在将形而上学的方法派上用场，来对实在进行研究时，才能揭示出这种目的，原因是，只有这种研究才关系到存在的全体。[2]

我们还不得不指出这样一点：开始于1925年的物理学的新近改变，从表面上来看，好像让机械决定论的证据没有那么充分了。哲学一向是从物理学中找到科学上的决定论的强有力的依据的，因为在人们看来，物理学中一定存在有数学必然性的体系。可是就像后章所描述的，新的波动力学似乎说明物质的基本单元即电子的基础是测不准原理，所以不可能同时对电子的方位和速度进行准确测量。于是有人就提出了这样的观点，现在已经不存在什么哲学上的决定论的科学依据了，还有一些人则觉得测不准原理只是表现出了我们的测量系统没办法对这类实体进行处理而已。

体质人类学

就像化石记录的持续研究让我们对动植物进化的一般学说的准确性的信念更加坚定一样，20世纪早期的古生物学的发现，也对赖尔、达尔文、赫胥黎等人有关

---

① *The fitness of the Environment.* ——原注

② J. S. Haldane, *The Sciences and Philosophy*, London, 1929. ——原注

人在自然界的地位的一般结论的真实性进行了证明。此外，还出现了不少和猿人、各类人种的起源相关的很多新证据。我们慢慢了解到，可能早在第三纪的新生代中期，猿和人就已经彼此分化了。而且和他们的血液很像的新资料则将生理证据提供给了人们，表明现阶段，他们依然有着强烈的亲缘关系。

1901年，安德鲁斯（C. W. Andrews），在埃及法尤姆（Fayum）发现的化石可能是如今哺乳动物的祖先的象征，他还预测在那里还可以发现早期类型的类人猿。1911年，施洛塞尔（Schlosser）证实了这个预言。皮耳格林（Pilgrim）在喜马拉雅山麓找到猿化石，其结构可以证明它们是人类的祖先。1912年，在英国苏塞克斯郡（Sussex）的辟尔唐（Piltdown）地方，道森（Dawson）和伍德沃德（Woodward）发现类人的遗骸，就在新生代第四纪岩石中掩埋着，而且还有笨重的火石工具。

1856年，尼安德特人的骸骨首次在德国尼安德特（Neanderthal）山谷中被发现，以后在其他地方又有了同样的发现，所以我们更加了解尼安德特人了。从这些化石可以看出，尼安德特人头大而扁平，眉峰隆起，面孔粗糙，尽管脑很大，可是前部却没有发育完整。尼安德特人所代表的种类的年代应该先于包括现在所有种族的所谓智人，而且要残暴得多。

个高、头颅椭长的克罗马农人（Cro-Magnon）是尼安德特人之后出现的人种，确实属于智人。这种人的火石工具比较完备，其洞穴壁上的图画比较有艺术色彩。其他同时或之后出现的人种，不同于克罗马农人，分别被叫作索鲁特里安（Solutrian）人、马格德林尼安（Magdalenian）人等。在这之后，新石器时代的各族人民出现。在四处迁徙的过程中，埃及和美索不达米亚的杰出文明被他们带到西欧。

20世纪初，英法两国的人基本上都相信，在世界各种族里都可以独立发生类似的文化，这信仰反倒让人无视有启迪性的相似之点。另外，1886年，拉采尔（Ratzel）创立了一个重要的德国的学派，之后，又得到了施米特（Schmidt，1910）和格雷布纳（Graebner，1911）的研究的支持。这个学派觉得相似的艺术文化是从各民族的融合中来的。里弗斯（W. H. R. Rivers）研究了太平洋岛屿民族的各种关系、社会组织和语言，也得出同样的观点。对于人类学来说，里弗斯英年早逝实在是一大损失。1911年，他提请人们对德国人的研究成果予以关注[1]。后来，研究他种艺术的人也采用了他的这一理论。史密斯（Elliot Smith）在对用香料保存尸体的技术进行研究时更是如此。其实，建立独石碑柱和其他石结构的风俗比比皆是，它们的位置不仅和太阳、星星有关系，而且类似于埃及的模型，由此可见，哪怕种族的起源

---

[1] *Presidential Address*, Section H. British Association, 1911. ——原注

不一,文化也有着同样的源头。

社会人类学

20世纪内,假如说体质人类学基本上都是沿着达尔文和赫胥黎所确定下来的路线走的话,那么社会人类学就开拓出了新渠道。有这样几个因素:一是像里弗斯那样的人一直在原始民族中居住,更深刻地了解原始民族的心理;二是哈里森(J. E. Harrison)和康福德(F. M. Cornford)等人研究了希腊宗教;三是弗雷泽、里弗斯、马林诺夫斯基等人类学家将全世界的大批资料都搜集起来了。之所以说里弗斯的工作极其重要,是因为他不但将很多和原始生活有关的事实都收集起来了,而且一场方法上的革命也是因他而起。他发现原住民根本不了解之前探险家用来提问的总结性话语。比如说,你根本不需要问某人能不能或者为什么可以和他的亡妻的妹妹结婚。你必须先提出这样一个问题:"你可以和那个女人结婚吗?"然后再问:"你和她和她与你的关系如何?"一定要由单个的例子慢慢汇总成一般性的规则才可以。以他在大洋洲的研究为依据,里弗斯肯定地说,存在一种敬畏和神圣的不清晰的感觉,一般用"马那"(mana)来称呼,巫术和宗教就来源于此,相比泰罗所说的精灵崇拜,这个还要再往前追溯。

经过长此以往的研究之后,对依然在野蛮地区存在的原始形式的宗教,人们已经彻底改变了观念。过去,信徒也好,怀疑者也好,都觉得宗教是一组教义,假如他们相信,那么就被称为神学,假如是其他民族的宗教,则被称为神话。即便仪式在人们的考虑范围内,人们也觉得仪式只是将已经确定下来的信仰公开表示出来的一种形式。而站在另一个角度上来看,人们却在很大程度上忽视了组成宗教本质的"内在精神祈祷",或者没有和教义划清界限。不仅是这样,宗教信条还形成一套完善、不能被改变的教义,始终告诉世人,其在一部神圣的经典和教会的庇护下。人们只有一个责任,那就是接受信条、遵守规则。

可是哈里森女士说[1]:

> 有两个因素一直存在于宗教内:一是理论的因素,也就是对于不可见者——他的神学或神话,人的态度是什么样的。二是对于不可见者的行

---

[1] *Darwin and Modern Science*, Cambridge, 1909上引书 p. 498. ——原注; Jane Ellen Harrison, *The Study of Religions*, p. 494. ——原注

为——他的宗教仪式，人的态度是什么样的。这两个因素几乎不会彻底分离，它们总是以不同的比例融合在一起。上一世纪的人总是站在理论的立场，视宗教为教义。比如很多接受过教育的人都觉得希腊宗教是希腊神话。可是只要大致考察一下，便会发现希腊人和罗马人根本没有信条和教条，没有什么强制性的信仰条目。我们只有在希腊的祭仪里才能找到所谓"忏悔式"，可是并不是对信仰进行表白，而是对自己所举行的仪式进行表白。我们在对原始民族的宗教进行研究时，不久就会发现，尽管有很多不确定的信仰，可是却几乎没有确定的信仰。仪式占据主导地位，而且是强制性的。

我们之所以会发现仪式在信条和先于信条中占据上风，是因为我们对原始民族进行了研究，可是没过多久，这种现象就吻合了现代心理学。在一般人看来，我思故我行，而现代科学的心理学则认为我行（或者可以说是对于外界刺激，我做出了反应）故我思。所以出现了一系列的循环现象，新的行动和思想又刺激了行动和思想。

真正"盲目的异教徒"并不膜拜木石，而只是忙着将巫术派上用场。他并不祈祷神下雨或出太阳，他希望天降大雨时，他就会跳一次"太阳舞"，或学青蛙叫，因为他已经知道如何联系大雨和青蛙叫。在很多图腾信仰中，人因为觉得自己和一种动物息息相关，而觉得它是非常神圣的。有时候，人们会觉得这种动物是"禁物"，是不可触摸的，有时候，原始民族把它的肉吃了以后，会觉得特别有力气。有节奏的舞蹈不管有没有借助酒力，都可以让人热血沸腾，得到意志上的自由，让人觉得自己获得了超能力。尽管原始民族不懂得祈祷，却有自己的希望。

巫术究竟和宗教、科学之间有着什么样的关系，直到现在依然争论不休。巫术想要强制性要求外界事物以人的意志为转移。原始形态的宗教想以上帝和多神的帮助为依靠，对外界的事物产生影响。相比巫术，科学的洞察力更清晰，它努力学习自然的法则，通过对这些法则唯命是从，进而有能力掌控自然，这种能力刚好是巫术原以为自己已经得到的。不管这三者之间究竟有着什么样的关系，归根结底，宗教和科学似乎都源于巫术。

因为原始民族希望让自己的意志变成现实，于是创建了一种仪式，之后就将这种仪式派上用场，融合他们的原始观念，变成一种神话。他们不能将主客观联系到一起，他们觉得他们经历的任何事，感觉也好，思想也好，梦幻也好，甚至记忆也好，都是客观的、实在的，尽管可能实在的程度有异。

斯宾塞认为原始民族想解释自己梦见死了的父亲一事，所以把一个灵魂世界创造出来了。可是斯宾塞所拥有的复杂的推导能力,原始民族并不具备。对于他来说,梦境是实在的,尽管其实在程度也许比不上他如今还在世的母亲,可是实在性却不容置疑。他并不想要找到一个解释,而认为梦境就是实在,从某种意义上来说,他的父亲还在世。他觉得有一种生命力在他的身体里面蓬勃生长,尽管他无法触摸到,可是,它却是实在的,所以这种生命力也一定可以在他那已经去世的父亲身上找到。父亲去世以后,这种生命力不再以他的肉体为寄主,可是在梦中,它又回来了,这是一种气息、形象、幻影或鬼魂。这个物体混合了生命本质和能够脱离的幽灵。[1]

泰罗指出,原始民族想要划分常见的物体,以实现分类的概念,所以他们对同种之物属于一家深信不疑,它们得到了一个部落守护神的庇护,还有一个名称以某种神秘的方式将它们共同的本质涵盖在内。[2] 原始民族觉得,数字也属于超感觉世界,而且从本质上来说,它是不可测的、宗教的。"我们可以触碰到七个苹果,也可以看到这七个苹果,可是七本身非常神奇,从这个物体转移到下一个物体,让七拥有意义,所以,它是上界的仙人无疑了。"

仪式、巫术和有节奏的舞蹈等神秘经验,和这种梦、鬼、名、影、数等混乱的超感觉境界就合并到一块。这些因素彼此作用,可能就是以这种混合到一起的感觉和行动为媒介,一种神的概念在原始部落的人的脑海中形成。

《金枝集》——弗雷泽的主要著作——是最令人震惊的社会人类学资料汇编。这部书一开始出版了二卷,于1890年刊行,1900年扩大成十二卷再版。弗雷泽在这部巨著中对原始的风俗、仪式和信仰进行了描绘,从各种价值不一的来源中得到例证,像石刻铭文、古代和中世纪的史籍、现代旅行家、传教士、人种学者和人类学者的记载。有些权威学者觉得宗教和科学都来源于巫术,而弗雷泽却觉得它们是依次出现的。当巫术在直接控制自然方向以失败告终以后,人们就通过敬仰和祈祷的形式向神发出请求,请求神赐予他们这种能力;而当人们发现这样做毫无效果,又意识到天律依然和以前一样时,他们就开始研究科学。

此外,马林诺夫斯基[3]觉得,原始部落的人完全可以区分开以经验性为媒介进行观察处理、可以因袭相传的简单活动,和需要向巫术、仪式和神话求助、他们没办法直接掌控的出人意料的事件。马林诺夫斯基说:应该到人对于死亡的反应中去

---

① Köperseele or Psche. 参看 Wundt, *Völkerpsychologie*, Leipzig, Vol. Ⅱ, 1900, p. 1; Jane Harrison, *Prolegomena to Study of Greek Keligions*, Cambridge, p. 501. ——原注

② *Primitwe Culture*, Vol. Ⅱ, 4th ed. London, 1903, p. 245. ——原注

③ *Foundations of Faith and Morals*, Oxford, 1936. ——原注

寻找宗教的起源,把一个伦理的神灵奉为信仰,希望其复活,是它的根本性内容。科学来源于人们在各种生活技术和手艺中得到的越来越多的经验。可是也有人觉得原始部落的人的心灵没办法对自然和超自然的界限辨别清楚。人觉得自己有能力控制自己的思想,原始部落的人扩大了这种能力,觉得外物也能被自己掌控。当他们在梦中看到自己已经去世的双亲时,梦境中模糊的影子就被他们视为模糊的神。这些神一定也可以对万物进行掌控,这种能力甚至大过他自己的能力。受到酒和舞蹈的刺激,他觉得自己的能力又比以前大了,这些神在召唤他的灵魂。他的君王和祭司是受到更大神感召的人,基本和神无异。

交感巫术想要通过对自然现象或其效果进行模仿的方式,来对自然现象进行复制,并持续向下发展,成为原始宗教的很多具有代表性的仪式。每年季节循环的戏剧堪称延伸最广的仪式:播种、发育、收割时节的摧毁、新春时节的大地春回——在代表这些时,采取了若干方式,在很多时代和地方都风靡。一开始,人们是通过仪式诵念、符咒,以实现下雨、日出、生物的繁衍。后来人们又觉得后面存在某种更神秘、更深入的原因,在默默地发挥作用,而且人们还觉得一定是神的力量的消长在影响生命的生长和枯萎。

在地中海东部各地,这些神和祀神的仪式非常风靡,主要有这样一些神:沃西里斯(Osiris)、塔穆兹(Tammuz)、阿多尼斯(Adonis)和阿提斯(Attis)。巴比伦和叙利亚人的塔穆兹摇身一变,成了希腊人的阿多尼斯。塔穆兹是司丰产的女神伊什塔尔(Ishtar)的丈夫。阿多尼斯是阿斯塔尔特(Astarte)或阿弗罗狄特(Aphrodite)的爱人。对于大地丰收来说,他们的结合是必不可少的,所以在他们的庙中,为了庆祝他们结合在一起,上演了不少仪式和神秘剧。阿提斯的母亲是众神之母西伯耳(Cybele),之前住在弗里季亚(Phrigia)国的她后来被带到罗马去了。比如说,这样一种祭仪从发现于叙利亚的拉斯珊拉(Ras Shamra)地方的古物中就可以看出来。这种影响似乎也波及了巴勒斯坦。[①] 可是在《创世记》的作者看来,既然上帝在天上放虹,就不需要这样的仪式了:"只要地还在,稼穑、寒暑、冬夏、昼夜就不会停歇。"

这些巫术祭仪的祀神仪节基本上都一样。每年都要以一个人或一个牲畜的死去作为象征,以对神的去世进行哀悼,并于第二天或另一季节庆祝其获得新生。在有些祭仪里,举行祭礼是在冬至日这一天,以对新年、太阳或象征太阳的为处女所生的神的出生表示庆贺。

---

① *The Retigious Background of the Bible*, J. N. Schofield, London, 1944. ——原注

普鲁塔克和希罗多德有关埃及的神爱西斯(Isis)和沃西里斯的故事还要复杂一些,可是其本质理念却是同于象征意义的。在希腊化时代,爱西斯、安努比斯(Anubis)(引导灵魂到永生界的神)和塞拉皮斯(Serapis)是主要的埃及神,这是"埃及王托勒密一世故意为之,是现代人造成功的仅有的一个神"。塞拉皮斯就是沃西里斯,将希腊的元素加进去,就是为了让希腊人和埃及人一起在共同崇拜中结合在一起。埃及人对他弃如敝屣,于是,他就成了亚历山大里亚的希腊神,而托勒密皇帝和皇后就是他和他的妻子在地上的化身。[①]

把古波斯米思拉神当作信仰的祭仪宗教,不仅非常类似于地中海边信奉西伯耳神的宗教,而且也类似于基督教。早期,基督教祖父很可能觉得是妖魔似是而非的阴谋,才形成了这种相似性。当时,基督教的强敌就是这个以米思拉为信仰的宗教,它的仪式非常盛大,还有纯洁的道德和永恒的希望。其实这两种宗教在某个时期为了争夺罗马世界,似乎不分伯仲。

对于古典神话的信仰在基督出现的前后几个世纪以内就已经衰落了,而类似于米思拉神教的其他祭仪宗教帮助米思拉神教弥补了这种衰落。这些宗教都想要以入教和神交的仪式,来和神合二为一。很明显,这种入教和通神的仪式来源于更原始的祭仪。弗雷泽爵士对若干神交仪式的例子和这种神交仪式与各地原始人民的图腾主义、敬仰自然的祭仪之间的联系进行了事无巨细的探讨。之后,他写下了如下一段话:

> 从这里,我们极易发现野蛮人如此喜欢吃他们奉若神灵的人或兽的肉体的原因。因为把神的身体吃了以后,就可以得到神的性质和能力。如果是谷神,他的身体就是谷;如果是酒神,他的血就是葡萄汁,因此信徒把面包吃下去,把酒喝下去以后,就得到了神的真实肉体和血液。所以在祀酒神[如第沃力索斯(Dionysos)]的仪式里,喝酒是严肃的圣礼,而不是一种放荡的行为。[②]

尽管信仰会随着时代的变化而变化,可是古代的仪式却一直没有消失,而且上升为高级宗教的圣礼。之后,罗马哲学家或新教改革者的批判精神就出现了。西塞罗说:

---

① W. W. Tarm, *Hellenistic Civilization*, London, 1927, p. 294. ——原注

② *The Golden Bough*, 3rd ed. Part v; *Spirits of the Corn and Wile*, Vol. Ⅱ, p. 167; Primitive Sacramentalism, by H. J. D. Astley, Modern Churchman, Vol. ⅩⅥ, 1926, p. 294. ——原注

当我们有谷神、酒神的称号时，我们只是将一种譬喻手法派上用场，我们可以想象有那么愚蠢的人存在吗，居然相信他吃的是神？

这种批判精神的不恰当之处在于，在它看来，人们的宗教信仰和仪节的成立，只是以理智为基础，而并不知道人们的本能来源于百万年来相信巫术和敬仰精灵的祖先的遗传。在现实中，这样的错误，罗马教会从来没有犯过，尽管它在理论方面建立自己的哲学时——中世纪后半期和 19 世纪的——是以阿奎那的唯理论为基础。

将公元第一世纪的正式的宗教和哲学排除在外，这些更原始的异教仪节和信仰私下里还非常流行，而且，存在于这些信仰中和《旧约》所记载的希伯来人的某些祭仪中的那种牺牲理念也糅合在其中。要想对基督教发展初期一般人的心理状况有所了解，就应该关注这种原始的和东方的观念的暗潮。

弗雷泽是这样描述基督教里所夹杂的东方因素的：

> 野蛮时代是被错误地看作神灵附体的失去理智的疯癫、肢体的残毁重生的理论与流血赎罪的源头，当然可以把野性本能还比较强大的民族吸引过去……信奉大母（地神）的宗教，将粗鲁的野蛮性和精神希望神奇地结合在一起，在众多和东方信仰类似的宗教中，它只是其中一种。后来，当异教风靡时，这些信仰传播到罗马帝国，让欧洲民族心里有了这种异教的生活理想，并逐步把整个古代文明的大厦推翻。希腊和罗马社会的建立基础是个人服从集体、公民服从政府的理念，个人行为的最高宗旨是国家的安全，远比个人安全要高得多，不管是这辈子，还是下辈子，都是如此……这一切都要归因于东方宗教的传播有所变化，这些宗教提倡生活的唯一宗旨，就是灵魂和神交通，与永远得救；相比这种目的，国家的兴盛，甚至国家的存在，都显得无足轻重了……这种观点在长达一千多年的时间里俘获了人们的心灵。直到罗马的法律、亚里士多德的哲学和古代文艺在中世纪末振兴起来，欧洲才重新拥有稳定的生活和行为的理想，在看待世界时才更加完善、更和人性相符。文明才开始发展，东方入侵的潮流才被停下来。

持有不同意见的人，可能有充分的理由指出这节论证还有待完善。假如神秘主义者的基本假设无误，那么相比政府和民族，人的灵魂和神的交通确实重要得多。在这两种截然不同的生活理想之间，不管人们选择哪一个，都要关注并尊重像弗雷泽这样一位对这门知识贡献颇大的专家的意见。

现代历史研究和人类学研究是如何影响基督教的起源和意义的,这是一个更加重要,也更加隽永的问题。直到现在,这个问题都还没有定论。在这一讨论里,因袭的和先入为主的成见通常都会以不同的方式对理性的运用产生影响。显而易见,传统的基督教义有很多地方都类似于之前或同时期的宗教的类似信仰,而基督教的仪式也有诸多地方类似于异教的祭仪。有人觉得这些相似的地方,充分说明将基督教列入第一世纪祭仪宗教之内也是可以的。又有人提出,最近的人类学的推论可能过于夸张了。如今,祭仪宗教和早期更原始的祭礼间的关系也更加清晰了,可是,史学家和神学家早就非常熟悉祭仪宗教的存在和属性。尽管形式类似,并不代表着来源和意义就一样。

不管我们对基督教是否采取正统的观点,都不得不承认这样一点:现代人类学不仅在我们更好地认识心理学和基本宗教(对于未知的神力的直接的感悟)的联系方面对我们有帮助,而且对于我们更好地认识原始信仰和比较进步的神学的联系方面,也有帮助。

第十章 物理学进入新时代

新物理学——阴极射线和电子——阳极射线和原子射线——放射性——X 射线和原子序数——量子论——原子结构——玻尔学说——量子力学——相对论——相对论和万有引力——物理学近况——核型原子——化学

新物理学

物理科学在 1890 年之前一直沿着第六章所介绍的方向发展着。那时的人们认为物理学的基本架构已经完全建立,之后需要进行的工作,只剩下补充精确测量的内容(将物理常数的小数点再向后推进一位),和将几乎已经定论的光以太结构进一步发展。在 20 世纪的前三十年间,新物理学说吸收了牛顿提出的知识架构。最初,独立的牛顿体系可以解释各种现象,后来就需要联合其他学说一起进行解释。再后来逐渐发现,尚且缺乏一些未知的新观念。

1895 年,慕尼黑伦琴教授发现了 X 射线,我们或许可以将这一事件看作新物理学的开端。其实很多先辈,比如法拉第、希托夫、盖斯勒、戈尔茨坦、克鲁克斯等人都做过气体放电实验,后来 J. J. 汤姆生(约瑟夫·汤姆生爵士,曾担任剑桥大学三一学院主任教授)也进行过这一实验。不过这些实验只被那些有长远眼光的人所重视,而伦琴的发现,最早吸引了物理学家对这种试验的关注。

就普通人的观点来说,伟大的发现一般不太可能源自偶然。但伦琴发现 X 射线的事件却实属巧合,尽管这一事件是必然会被发现的结论,但它的发现过程却非常偶然。伦琴注意到,虽然被密封得很好的底片接触不到光,可将其放在真空放电管旁边,它依然会变黑,变成废片。这证明了一点:放电管发出的某种光线,能够穿过密封底片的外包装。

他还发现,将铂氰酸钾屏幕放在真空放电管旁边,那么这个带有磷光质的屏幕就会亮起来。在屏幕和放电管中间放上厚厚的金属片,就能看到金属片投射的影子;在其间放上质地轻薄但不透光的铝或木片时,其投影则非常浅。物体自身的厚度和密度越大,能够被物体吸收的射线就越多。而真空管内的气体量则与射线的穿透能力成反比。这种射线具备很强的硬度,能穿透肌肉在磷光屏幕或照片上显示骨骼图。所以,当具备实际运用的技术后,这一科学发现成为外科医学上的宝藏。

在单纯的科学领域,J. J. 汤姆生在 X 射线发现之后还获得了另一个开创性的结论:这种射线的经过会让气体导电。在相关领域,液体电解质离子已经证明了液体导电的机制跟这种现象很相像。法拉第提出了"液体电解质离子"的说法,此后由科尔劳施、范特 – 霍夫和阿累尼乌斯发扬光大。如今已经证实,气体离子的说法是比较可信的。

让 X 射线穿透气体,接着断开射线,一段时间内气体依旧具备导电性,但其带电现象会逐渐消失。汤姆生和卢瑟福进一步发现:将被 X 射线照射后而导电的气体放在玻璃棉中,或者放在两个电极不同的电板中,气体就不再具备导电性。这证实,气体导电只是因为其内部的质点荷电,遇到玻璃棉或电板之后,气体中的质点就会放电。卢瑟福还证实,最初的时间内,导电气体中电子运动趋势越高,电流强度越大;但随着电子运动趋势的增高,电流强度会缓慢增加直至稳定在某个饱和状态。实验证明,离子普遍存在于液体电解质中,是其基本构造;但气体中的离子,只有在被 X 射线照射或被其他电离成分影响时才会形成,而且,在不施加外力的情况下离子会逐渐复原消失。大表面的玻璃棉能为离子的复原提供助力。若外界的电子运动趋势非常高,离子出现后会立即吸附到电极上,所以不会增强电流。

伦琴的这项发现,直接启动了对放射现象领域的探索。既然 X 射线跟磷光质之间存在这种明显的特性,那么科学家们自然而然地考虑到:磷光质本身是否能创造出 X 射线呢?是否有其他自然物质能够产生这种作用呢?亨利·柏克勒尔率先获得了成功。1896 年 2 月,他从钾铀的硫酸复盐中发现了一种能够穿过不透光物体的射线,可以改变底片的性质。之后他还证明了铀和铀化合物都有类似的特性。

第二年,也就是 1897 年,震惊世人的超原子微粒被发现,它是一种比所有原子都轻的质点。自此开启了新物理学的崭新征程。

阴极射线和电子

在玻璃管中装上铂电极，并将管子抽成真空，这一过程中，玻璃管内会多次发生放电反应，最终会在玻璃管等固体上形成磷光效应，X 射线就是此效应所产生的。希托夫于 1869 年证实，当在阴极和对面玻璃壁之间放置障碍物时，玻璃壁上就会出现障碍物的投影。1876 年，戈尔茨坦再次印证了希托夫的实验，并创造性地称呼这种射线为"阴极射线"，他觉得这一射线就是以太波，与一般光线的特性相同。此外，伐利和克鲁克斯指出，这些射线会被电场或磁场偏转，所以它们是阴极发出的带电质点，磷光只是在撞击中出现的。1890 年，舒斯特则对这些射线在磁场中偏转的角度进行了测量，根据荷电质点的假设估算其质量比率，得出其比率大约是液体和氢离子比率的 500 倍。他假设这种质点跟原子相等，推算出气体中的离子电荷比液体中的离子电荷大得多。1892 年，赫兹证明阴极射线可以穿透金属箔薄片。鉴于此，阴极射线的质点就不符合一般原子流或分子流的说法了。贝兰于 1895 年提出，阴极射线的质点如果朝着绝缘导电体偏转，那么其负电荷就会被导电体全部吸走。到了 1897 年，在几位物理学家的共同努力下，确定了质点的速度，以及质点电荷 e 和质量 m 之间的比例关系，其具体特性才被人们认识到。1987 年 1 月，维歇特算出阴极射线的速度等于光速的十分之一；e/m 的比值大约在电解液体中氢离子比值的 2000～4000 倍，他的估算主要借助电容器的振荡周期得出质点速度，并根据磁场偏转角度算出 e/m 的比值。7 月，考夫曼给出了新的实验结果：他结合电极中的电位差和磁场偏转，算出了质点的能量。同一时期，J. J. 汤姆生继续采用绝缘圆柱来做射线实验，观察射线电荷和其给予温差电偶的热量，算出了射线的动能。最终 10 月的时候他证实，在更高程度的真空状态中，磁场和电场都可以导致阴极射线偏转，他还对两种偏转角度都做了测量[1]。

汤姆生就是使用图 12 中显示的工具，完成了上文所说的影响巨大的科学实验。这个玻璃管是高真空的，内部安装了两个金属电极：阴极 C 和阳极 A，阳极开有小缝。射线从阴极 C 处发出，经过小缝，再被另外的小缝 B 变成更细的小束射线，接着从绝缘片 D 和 E 中间穿过，射向放在玻璃管另一边的荧光屏幕或底片。将高压电池的两极分别连接绝缘片，就能构造出电场；若将强力电磁体的两极放在

---

① *Phil. Mag.* Vol. XLIV，1897，p. 293. ——原注

仪器的两边,磁场就会影响到射线的变化。

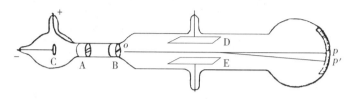

图12　汤姆生阴极射线实验

　　我们先假设,阴极射线是荷电的质点流,通过简易的运算可以得出,射线在电场中偏转的角度,是根据质点的速度 v 和电荷质量比 e/m 而变化的,其在磁场中偏转的角度也是如此。因此,只需要对阴极射线在电场和磁场中的偏转角度进行测量,就能得出其速度和电荷质量比。

　　汤姆生算出,质点的速度大致在十分之一光速附近浮动,但阴极射线的 e/m 比值不会因为气压或电极的特性而变化。氢离子是液体电解质中 e/m 比值最大的,大约在10000(也就是 10^4)左右。汤姆生计算出,气体中离子的 e/m 比值约为 7.7×10^6,也就是说,其 e/m 比值约是液体中氢离子的770倍;1897年12月,考夫曼算得,1.77×10^7 才是更精确的电荷质量比(e/m)。上述实验结果证实,气体当中的阴极射线质点的特性跟舒斯特提出的猜想并不相符,与氢原子相比,其电荷更大而质量更小。他借用牛顿提出的"微粒"为之命名,并认为它就是我们长期以来探索的普遍存在的物质组成因素。不过那时候,无法直接证实这种微粒荷载的电量小于电解质中单价离子所负载的电量,所以无法确定微粒的质量。因此,接下来迫切需要解决有关电荷的疑难问题。

　　1898—1899年,汤姆生针对X射线穿过后的气体做实验,对其中的离子电荷进行了测量。测量方法沿用了1897年威尔逊的发现:在潮湿的空气中,尘埃会变成蒸汽凝结水滴的核心,离子也一样;可以通过水滴滴落的速度,配合空气阻力数据算出水滴的大小,接着测量水的体积来算出水滴数量,随后就能根据电动势的电流强度,算出总电荷。很快,汤姆生通过离子进入气体后扩散的速度推算出了离子负载的电荷量。1899年,汤姆生结合云室法及磁场偏转法,对同一种质点的电荷 e 和电荷质量比 e/m 进行了测量(他采用的是紫外线射在锌片上所产生的质点)。测量数据一致显示:除却误差,气体质点中的电荷等同于液体单价离子中的电荷。其实,最近米利根也做过类似的实验,两个实验的误差还不到1/4000。

　　以上事实证明,微粒比液体氢原子的质量小得多,而不是因为其电荷比液体氢离子的电荷大。原子包含着微粒,不论物质表现出怎样的特性,微粒都是构成原子的更小单元。汤姆生最早的实验显示,氢原子质量大约是单个微粒的 770 倍。根据考夫曼测量的 e/m 比值能得到更精确的数值。此后,出现了很多有关微粒电荷和 e/m 比值的测定,米利根的测量结果最广为人知。1910 年,他对威尔逊云室测量法进行了改造;1911 年,他对电离空气中的小油滴进行了测量,获得了其滴落的速度。油滴与某个离子相遇时会突然改变初始速度。依据这一办法测得的离子电荷,大约是 4.775×10^{-10} 静电单位。由此证实,氢原子的质量是这种微粒或电子的 1830 倍。[①] 根据气体分子运动理论显示,单个氢原子的质量是 1.66×10^{-24} 克,那么单个电子的质量差不多在 9×10^{-28} 克左右。

古希腊时期留下的难题——不同物质是否存在相同的成分基础?——被这一伟大的科学发现解决了。而且,这一发现对"带电"的概念和作用进行了解释。那时,汤姆生给出了他自己的看法:

> 我相信,单个的原子当中还存在着很多极小的成分,我将其命名为微粒。每个微粒都是相等的,单个的微粒质量差不多是 3×10^{-28} 克,跟低压气体中阴离子的质量相等。一般情况下,原子中的微粒集合起来,形成电荷平衡的中性系统。尽管某些微粒的运动很像阴性离子,可当它们存在于平衡的原子当中时,阴性的电效应就会被消解,就像在布满微粒的空间里存在着某些阳性的电荷一般,而且这些阳性电荷与阴性电荷的总量相等。我觉得气体当中的带电现象,是由于气体中的原子分裂开来,微粒被迫从原子中析出。那些脱离原子内部的阴性离子,都荷载了一定量的阴电荷,我们为方便计算将其称作单位电荷。原子中剩余的那部分阳性离子,每个都荷载了一个单位的正电荷,而且它们的质量要比阴性电子大。因此,原子内部的分裂是带电现象出现的主要原因,有一部分质量从原子中脱离出来了。[②]

这种新理论的发现,跟之前的科学探究之间似乎存在着某种联系。麦克斯韦认为,既然光属于电磁波系,那么它一定是从振荡的电体中发出的。而光谱是元素的特殊性质,元素化合物则不具备这种性质,因此可以断定这些振荡的物质(振子)就是原子,或者组成原子的部分元素。洛伦兹(Lorentz)就依据这一推测提出

① R. A. Millkan, *Trans. American Electrochemical Society*, Vol. XXI, 1921, P185; Townsend, *Electricity in Gases*, p. 244. ——原注

② *Phil. Mag. Ser.* 5, Vol. LXVIII, 1899, p. 565. ——原注

了物质的电学说,比汤姆生的发现还早几年。洛伦兹的电学说认为,磁场会对光谱产生作用——塞曼(Zeeman)已经证实了其真实性。1896 年,塞曼发觉,将光源放置在强烈磁场中,钠的光谱线就会变宽。后来他则利用强磁场实验,从单一光谱线中分离出了两条以上的光谱线。他对这些线条进行了测量,并从洛伦兹的论点入手,重新求得振荡质点的电荷质量比 e/m。其数值为 10^7 电磁单位,并通过测量给出了更精确的数值——1.77×10^7,非常符合对阴极射线的观测和其他计算法得出的结论。

洛伦兹沿用了斯托尼(J. Stoney)的"电子"一词来为这些振动的荷电质点命名,塞曼效应相关的研究使人们确信,它们跟汤姆生所指的微粒是同一种东西,类似于单个独立的阴电单位。拉摩(Larmor)认为,电子中有电能的话,肯定存在等同于它本身质量的惯量。于是,洛伦兹的研究成果就跟汤姆生的观点互相融合,变成了物质的电子学说。不同点仅在于,汤姆生从物质的角度去阐释电,洛伦兹则从电的角度对物质加以解释。

另外,那时还有一个约定俗成的推论,后来被证明不符合事实。这一推论的观点是,原子中的电子(微粒)的运动方式符合牛顿的动力学说,人们最初还认为,电子在质子中的运动方式就像缩小版的太阳系中行星绕日公转一样。1930 年之前,人们才意识到行星轨道的说法可能是错的,就摒弃了这一观点。

随后,人们找到了更多获取电子的方法,比如,物质经过高温后,或者金属被紫外线照射后都会产生电子。勒纳德、埃尔斯特、盖特尔、理查森、拉登堡等人对这种电子的热效应进行了探究,后来就将其应用在热离子管作用下的无线电报与电话上,发掘了其实用价值。

阳极射线和原子射线

前文可知,真空管放电过程中,阴极会射出阴极射线。与之相对应地,1886 年戈尔茨坦发现了从阳极射出的阳极射线。具体的方法是,将中部带孔的阴极安装在阳极的正对面,放电时射线的光会从孔里经过,观测者从阴极对其进行观测。1898 年,韦恩和汤姆生先后对这一射线(又称极隧射线)的磁场偏转和电场偏转进行了测量,通过 e/m 的比值发现,这一阳极射线中的阳性质点质量跟一般的原子或分子质量几乎相同。

1910—1911 年,汤姆生进一步推进了对阳极射线的探索。他弄来一个大型的高度真空仪器,将一个细长的导管装在阴极上,以便获取极细的射线光束,并通过仪器内的底片记录光束的位置。他先将磁力和电力偏转的角度设为垂直。原本，磁偏转角度与质点速度成反比，电偏转角度与质点速度的平方也呈反比关系，若射线中的相同质点速度不同，那么底片上显示的曲线就应该是抛物线。可事实上，底片上曲线的形状跟仪器中的气体密切相关。若仪器中残存的气体是氢，曲线给出的 e/m 数值等同于液体电解质中的氢离子数值 10^4，或 m/e 是 10^{-4}。从第二条曲线当中得出的数值比前一条曲线的数值大一倍，也就意味着，某种氢分子的质量是单位电荷氢原子质量的二倍。关于其他元素的实验则获得了许多条抛物曲线，形成了一个繁杂的系统。汤姆生将每个元素的 m/e 与氢原子的 m/e 之间的比值命名为"电原子量"。

在对氖元素（原子量为20.2）的观测中，汤姆生得到了两条不同的曲线，分别显示氖元素原子量是 20 和 22。这一发现证明，一般情况下获得的氖气或许是一种混合物，由两种同样化学性质的、不同原子量的元素混合而成。一些放射现象中也显示，确实存在这种元素，这种说法说得通，索迪（Soddy）将其命名为"同位素"（希腊文中意为"周期表同一位置"）。

阿斯顿①继续了汤姆生的研究。他对实验仪器进行了改造，并找到了元素之间的规律"质谱"。氖的同位素就得以证实了。化学家们长期以来困扰于氯的原子量是 35.46，如此也得以证实，那是因为 35 和 37 两种原子量的氯原子混合在了一起。阿斯顿在其他元素中也证明了这一理论。若假设氧的原子量是16，那么实验得出的其他元素的原子量都近似于整数，氢的原子量是与整数差别最大的，不是1，而是 1.008。原子量与整数有细微差异的原因主要是，原子核中阴阳单位体都紧密地合在了一起。这个我们后面再细讲。

如此，阿斯顿就终结了过去的这一难题。纽兰兹与门捷列夫提出：不同元素的性质不同，主要跟其原子量的增加有关，所以原子量本身必然存在简单的递增序列。普劳特提出的假设是：不同元素的原子量都是氢原子量的倍数。这些说法都符合真相，即便稍有误差，在现代原子论上也能找到有趣的理由。

放射性②

柏克勒尔开创性地发现铀具备放射性之后，又注意到，铀射线跟 X 射线一样能

---

① F. W. Aston, *Isotopes*, London, 1922, 1924, 1942. ——原注
② E. Rutherford, *Radio-activity*, Cambridge, 1904 and 1905, J. Chadwick, Radio-activity, London, 1921. ——原注

让气体导电。还有人发现钍的化合物也有相似的特性。1900年,居里(Curie)夫妇对这一效应进行了系统探索,开始研究各类元素、元素化合物和天然物中的类似情况。他们找到了几种比铀元素更活跃的诸如沥青铀矿之类的铀矿物,接着运用化学放射的办法对沥青铀矿进行了分离,学者们就得到了镭、钋与铜三种活跃物质。居里夫妇与贝蒙特(Bémont)共同发现了活跃性最强的镭。镭盐的获取极为不易,经过长时间艰苦的化学实验之后,成吨的工业沥青铀矿废渣中仅能提纯出一克而已。

蒙特利尔的卢瑟福教授(后来担任剑桥大学教授,被称为卢瑟福爵士)在1899年发现,铀的辐射中有两部分,一种连1/50毫米厚度的铝片都穿不透,另一种从半毫米厚的铝片中穿过后会降低一半强度。穿透性小的射线可以显著放电,卢瑟福称呼其为α射线;穿透性强的射线可以贯穿不透光的黑幕,改变底片显像,被他称作β射线。后来又发现了一种穿透力更强的γ射线,这种射线透过一厘米厚的铅片之后还能对底片产生作用,甚至引起电器放电。这三种射线,镭都比铀放射得多,而且跟其有比例关系,因此用镭射线来研究最为方便。

β射线的穿透性适中,磁铁能引起其偏转,柏克勒尔还证实它也会在电场中偏转,并且还给出了它们就是荷电质点的有力证据。深度研究表明,β射线跟阴极射线非常相像,其速度只有光速的60% ~ 95%,可这已经大过了所有已知的阴极射线的速度,因此可以判定β射线就是阴性电子。

能够使β射线产生偏转的磁场和电场力度还不足以对α射线产生影响,因为它非常容易被吸收。人们在1900年左右就猜测,α射线可能是荷载着阳极的质点,比β射线的阴性质点质量大,可直到好几个历史时期之后,才有实验证实,原来α射线也会在磁场和电场中产生偏转,其偏转方向刚好与β射线相反。1906年,卢瑟福针对α射线的实验算出其e/m数值是5.1×10^{3}。已知电解液中氢离子的e/m数值是10^{4},此后已经证明α射线是氦的组成成分,所以,α射线中的质点就是负载了单价离子两倍电荷的氦原子(原子量为4)。其速度大约等同于十分之一的光速。

γ射线的穿透性最强,不会受到磁场和电场的影响偏转。它不同于另外两种镭射线,反而近似于X射线,是一种类似于光的波,康普顿、埃利斯与迈特纳测出,其波长小于光波。而且γ射线似乎跟X射线一样带有发射体的单色成分。

威廉·克鲁克斯爵士1900年在实验中发现,将碳酸铵放在铀溶液中使其沉淀,再将沉淀物放到远超所需的试剂里使其溶解,之后仍会有部分渣滓不会溶解。克鲁克斯将这些不溶的渣滓命名为铀-X,实验观察会发现其内部运动异常活跃,会引起照相底片变化,而溶解后的铀不会对底片产生作用。柏克勒尔实验后也发现:不活跃的铀被搁置后,反而会恢复辐射性质;将活跃的渣滓搁置,一年后就不再有活动性。

1902 年,卢瑟福与索迪也发现了钍有类似的实验效果:钍被氨沉淀后就会失去部分活动性,滤液蒸干后存留的渣滓极具放射性;一个月之后,渣滓失去活动性,钍则重归活跃。活跃的渣滓被称作钍 X,已经被证明是一种新的化合物,由于钍虽可以与其他试剂化合出沉淀物,但唯有氨才能将钍全部分离成钍 X。所以那时候的科学家们认为,这些新出现的 X 化合物是独立的物质,从母体中化合而成后会逐渐让母体不再活跃。

卢瑟福于 1899 年发现,钍的辐射没有规律,很容易受到其周边细微气流的影响。他提出,这是因为它放射出了一种物质,这种物质类似于比较重的气体,具有短暂的放射能力。那时一度被命名为"射气"。但这种射气跟前文所提到的高速直线辐射有着明显区别,射气会像液体水蒸气一样逐渐在大气中挥发。它似乎是一种直线的辐射源,但时间越久其活跃性就越差。镭和锕都会发出类似的放射性气体,铀和钍则不会。镭的射气跟氖、氩一样都是惰性气体,如今我们将其称作氡。

放射物发出的放射气体非常少。拉姆塞与索迪于 1904 年,借助几分克溴化镭化合出了一个极小的射气泡。正常状态下,射气量极小,不会改变真空器中的压力状况;除了放射性方法之外,它不能被其他方式测得。正常情况下化合出来的射气中含有大量的空气,也只能和空气一起被转移进仪器。

1899 年,居里夫妇又有新的发现:在镭的射气环境中放一根棍子,棍子也会具备放射性。同一年,卢瑟福对钍的研究也获得了同样的结论,他还进一步将其深化:将处在放射气体中的棍子取出放进检验筒,筒内的气体就会被电离;若将铂丝放进钍的射气中使其具备放射性,随后用硝酸清洗也不会使其放射性丧失;但被硫酸或盐酸清洗过的铂丝放射性消失,酸溶液被蒸干后残留的渣滓则有放射性。以上研究证明,铂丝之所以具备放射性,是因为它表面积攒了一些从射气分裂出来的新的放射物,这类放射物质能够跟其他试剂产生化学反应。

1902 年,卢瑟福与索迪在钍 X 放射性的衰变率上获得了惊人发现:较短的时间段内,其衰变率跟最初放射物的强度呈比例关系。铀 X 也是如此,具体过程见图 13。这种变化符合化合物单个分子被分解为简单物质时量会减少的定律。不过当两个以上的分子产生化学反应时,这种定律就不适用了。

1903 年,居里与拉波尔德(Laborde)被一个特别的现象吸引:镭化合物会持续性发热。他们甚至测得,一克纯镭可以放出热量 100 卡/小时;随后又证实,一克镭产物平衡时可发热 135 卡/小时;而且,即便将镭盐放在极高或液体低温状态下,热

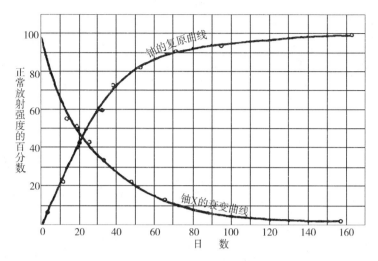

图 13　铀的衰变与复原曲线

能发射依然存在,并且在液体氢温度下发射的热量依然保持不变。

卢瑟福提出,这种热能量的发射可能是因为受到放射性的影响。以电的方法对不含有放射气体的镭进行测量后发现,其热能发射的能力随着其恢复放射性的速度变化。α射线是放射物产生电效应的主因,放射物的热效应也由α质点的发射所决定。上文提到其每小时放射出的135卡热量中,β射线仅贡献了5卡,γ射线仅贡献了6卡。很明显,射出质点的动能决定了α与β射线的热效应。

人们竭力对镭化合物的持续发热现象进行研究,试图弄清楚,为何其放热的过程永不停止?为何其发热源似乎不会枯竭?而大部分的研究都主要针对放射性。

其实,亟待解决的问题主要有几个答案:(1)出现化学变化或放射性的时候,新的物质体就会产生;(2)此类化学反应不是化合,而是单个质点间的分离;(3)其放射性跟单个或化合放射元素的质量相关,所以其过程中是原子分离而非分子分离;(4)它放射出的热能非常高,比已知最剧烈的化学放热高了万倍。

1903年,卢瑟福与索迪综合过去对放射性气体及其残留物的研究,提出了一个试图对此进行解释的理论:放射性来源于基本原子的爆炸与分裂。几百万原子之中会有一些原子突然爆炸或分裂,会将α质点、β质点、γ质点随机地甩出去,剩余的部分就形成了新的原子。假设某原子中的一个α质点被甩了出去,那么新形成的原子质量,就比之前少了4个氢原子的量。

下面将最早制定的镭族的系谱列出(现代系谱有些微调整),系谱中的第一个是铀,它属于重元素,原子量238,原子序数92,这一数字是指原子外存在的电子数目,后面我们会进行介绍。具体见下表:

表1：铀的衰变历程与各阶段产物

	原子序数	原子量	半衰期	放射物
铀 I	92	238	4.5×10^9 年	α
铀 X_1	90	234	24.5 日	β，γ
铀 X_2	91	234	1.14 分	β，γ
铀 II	92	234	2.45×10^5 年	α
钍	90	230	7.6×10^4 年	α
镭	88	226	1600 年	α
镭射气	86	222	3.82 日	α
镭 A	84	218	3.05 分	α
镭 B	82	214	26.8 分	β，γ
镭 C	83	214	19.7 分	α，β，γ
镭 C′	84	214	10^{-6} 秒	α
镭 D	82	210	25 年	β，γ
镭 E	83	210	5 日	β，γ
镭 F（钋）	84	210	136 日	α
铅	82	206	无放射性	

铀原子失去一个 α 质点，也就是失去一个氦原子（质量4，阳电荷2）之后，剩下的则是铀 X_1 原子，可以算得其原子量是234（238 减去4），原子序数是90（92 减去2）。铀 X_1 仅能放射出 β 射线与 γ 射线。β 射线负载阴电荷，质量极小，因此，铀 X_1 增加一个阳电荷就能变成铀 X_2，所以铀 X_2 的原子序数是91，原子量依旧是234 不变。铀 X_2 也仅能放射出 β 射线与 γ 射线，则其下属的铀 II，原子序数是92，原子量是234。

按照表格依此类推，放射 α 射线的时候，剩余原子量要减去4 个单位，原子序数减去2 个单位。而放射 β 射线的时候，其原子量不变，原子序数增加1 个单位即可。

目前已经研究到镭族序列最终的子元素是铅，理查兹（Richards）和赫尼格斯密特（Hönigschmit）测定其原子量是206，一般铅的原子量是207；钍族的最后已知子元素也是铅，索迪经过实验判定其原子量是208；阿斯顿测定锕铅的原子量是207，与普通的铅原子量相同；铀族中还有一种被称作镭D 的放射性铅元素，原子量是210；这4 种铅就是同位素，因为其化学特性是一样的。

尽管道尔顿的化学研究确立了原子学说，可是几百年间，都无法对单个原子的存在进行证明；我们在研究过程中，只能将原子成万成亿地集合起来进行整体研究。但如今通过放射性的原理，我们可以获知单个 α 质点会产生的效应。最初，克鲁克斯在微量溴化镭上方架设了用一个硫化锌做成的荧光屏幕，观察屏幕在放大镜下的闪光。现在我们已经可以采用更多的观察方式。

用不致产生火花的电场强度作用于气体，采用毫米计量的指针对其进行观测，会发现气体变得异常活跃。单个 α 质点速度极高，于是在与气体中的分子碰撞时会出现数以千万计的离子。离子在强电场影响下继续高速运动，经对撞产生更多离子。因此，单个 α 质点产生了成倍增长的作用，以至于灵敏的静电计会出现 20 毫米以上的偏转。卢瑟福利用放射性物质薄膜控制静电计保持在每分钟转动 3 ~ 4 次，以计算发射出的 α 质点的数量，并据此算出镭的寿命——1600 年后，镭的质量会比现在少一半。

威尔逊创造了另一种方法，α 质点会在经行的路径使饱和的水蒸气凝结成小雾珠。所以，空气中的雾气将会将单个 α 质点的轨道显示出来，并被照相机记录下来。

在对放射性的探索方面，卢瑟福认为的确存在物质转化的可能，实现了中世纪点金术士们的幻想。只是，人工干预促使物质蜕变（尤其是人为控制物质反应）的方法一直到很久后才被发现。原子内部的某种巧合决定了物质间发生的反应，而出现物质反应的频率也符合概率理论。1919 年，卢瑟福用 α 射线轰击几种元素（比如氮），发现其内部原子会产生变化。氮的原子量是 14，内部由三个氦核（总重 12）和两个氢核构成，其被 α 粒子击中后内部氦核破裂，氦核被高速射出。这是我们第一次亲眼看见人工干预分裂原子，也就是单项转化的尝试，后来，这种方法被发扬光大。但毁灭总是简单的，重建却异常艰难：我们依然无法通过简单而质量小的原子，塑造出复杂而质量重的原子。那时候的研究都证实，复杂的放射性原子能放射能量，于是人们都觉得物质演化的过程是从复杂到简单，高级别的原子裂变为低级别的原子，并辐射出能量。此后人们才发现，不管是轻原子还是重原子，它们的分裂都辐射能量。

X 射线和原子序数[①]

伦琴发现了 X 射线，但这种射线不具备普通光线的折射特性，也不存在反射

---

① Sir Willia and W. L. Bragg, *X-Rays and Crystal Structure*, London, 1915, 5th ed. 1925; G. W. Kaye, *X-Rays*, London, 1914, 4th ed. 1923. ——原注

或偏振的规律;而且,X 射线在磁场或电场中也不会被偏转,这跟阴极射线和 α 射线、β 射线也不一样。所以,一时间大家都热衷于探讨 X 射线的特性。但直到1912 年,劳厄才提出相关理论:假设 X 射线是以太波中的短波,那么 X 射线通过晶体时会产生衍射现象,因为晶体中的原子排列规整的平行面,这跟普通光通过光栅产生衍射的现象相同。劳厄给出的复杂数学理论被弗里德利希(Friedrich)和基平的实验完美印证。人们这才明白 X 射线是一种电磁波,只是波长短于光波,这一理论的发现使得物理学迈入晶体研究的新大陆。威廉·布拉格和劳伦斯·布拉格父子率先开始探索这一领域。他们从岩盐的衍射现象入手,证实平行于这一正六面晶体的原子距离是 2.81×10^{-8} 厘米,阴极射线在靶子上留下的特殊 X 射线,波长为 0.570×10^{-8} 厘米,钠光波的波长比其大一万倍。从此,就证实辐射的波长范围很广,可见光只有 1 个倍频程,而较长的无线电通信波和 X 射线、γ 射线的短波之间有 60 多个倍频程(60 翻或 260 个频率倍数的范围)。

威廉·布拉格爵士、莫斯利、C.G. 达尔文和凯的研究显示,晶体可以作为 X 射线的空间衍射光栅,据此产生的衍射光谱中包含满足某些条件的一切波长的漫射辐射,与光谱重叠的某些强烈频率的"谱线"也在其中。这种特殊的线辐射是一种衍射现象,跟可见光的线光谱类似。这一理论出现后,牛津大学的年轻学者莫斯利,在 1913—1914 年获得了巨大的新成就。不久后他在欧洲战争中逝世,无疑是物理科学界的巨大损失。[①]

莫斯利用阴极射线撞击不同的金属靶,采用亚铁氰化钾晶体光栅观测其产生的 X 射线光谱,发现光谱中的某些特殊谱线的振荡频率会因金属变化而产生简单的变化。假设将 X 射线光谱中最强的谱线振动频率设为 n 次/秒,那么依照元素周期表中的顺序,每个元素的 n 的平方根依次增加的数值相同。若将这规律的增加变成单位,用一常数与 $n^{\frac{1}{2}}$ 相乘,就获得了一组原子序数的序列。其中,所有实验中使用过的固体元素,从铝的 13 到金的 79,其原子序数都呈现出一定的规律。若我们将其他元素补全,那么自氢的 1 到铀的 92,中间仅缺少两三个未知元素。后来这些元素也都被发现了。

---

① *Phil. Mag.* 1913,1914,Ser. 6,Vol. XXVI,pp. 210,1024 and Vol. XXVII,p. 703. ——原注

表2:已知元素表

原子序数	元素	符号	原子量	原子序数	元素	符号	原子量
1	氢	H	1.0080	39	钇	Y	83.9059
2	氦	He	4.00260	40	锆	Zr	91.22
3	锂	Li	6.941	41	铌	Nb	92.9064
4	铍	Be	9.01218	42	钼	Mo	95.94
5	硼	B	10.81	43	锝	Tc	98.9062
6	碳	C	12.011	44	钌	Ru	101.07
7	氮	N	14.00067	45	铑	Rh	102.9055
8	氧	O	15.994	46	钯	Pd	106.4
9	氟	F	18.9984	47	银	Ag	107.868
10	氖	Ne	20.179	48	镉	Cd	112.40
11	钠	Na	22.9898	49	铟	In	114.82
12	镁	Mg	24.305	50	锡	Sn	118.69
13	铝	Al	26.9815	51	锑	Sb	121.75
14	硅	Si	28.086	52	碲	Te	127.60
15	磷	P	30.9738	53	碘	I	126.9045
16	硫	S	32.06	54	氙	Xe	131.30
17	氯	Cl	35.453	55	铯	Cs	132.9055
18	氩	A	39.948	56	钡	Ba	137.34
19	钾	K	39.102	57	镧	La	138.9055
20	钙	Ca	40.08	58	铈	Ce	140.12
21	钪	Sc	44.9559	59	镨	Pr	140.9077
22	钛	Ti	47.90	60	钕	Nd	244.24
23	钒	V	50.9414	61	钷	Pm	145
24	铬	Gr	51.996	62	钐	Sm	150.4
25	锰	Mn	54.9380	63	铕	Eu	151.96
26	铁	Fe	55.847	64	钆	Gd	157.25
27	钴	Co	58.9332	65	铽	Tb	158.9254
28	镍	Ni	58.71	66	镝	Dy	162.50
29	铜	Cu	63.546	67	钬	Ho	164.9303
30	锌	Zn	65.37	68	铒	Kr	167.26
31	镓	Ga	69.72	69	铥	Tm	168.9342
32	锗	Ge	72.59	70	镱	Yb	173.04
33	砷	As	74.9216	71	镥	Lu	174.97
34	硒	Se	78.96	72	铪	Hf	178.49
35	溴	Br	79.904	73	钽	Ta	180.9479
36	氪	Kr	83.80	74	钨	W	183.85
37	铷	Rb	85.4678	75	铼	Re	186.2
38	锶	Sr	87.62	76	锇	Os	190.2

原子序数	元素	符号	原子量	原子序数	元素	符号	原子量
77	铱	Ir	192.22	85	砹	At	210
78	铂	Pt	195.09	86	氡	Rn	222
79	金	Au	196.9665	87	钫	Fr	223
80	汞	Hg	200.59	88	镭	Ra	226.0254
81	铊	Tl	204.37	89	锕	Ac	227
82	铅	Pb	207.2	90	钍	Th	232.0381
83	铋	Bi	208.9806	91	镤	Pa	231.0359
84	钋	Po	209	92	铀	U	238.029

量子论[1]

1923 年,X 射线被物质散射后的波频率会变小的现象被康普顿发现。对此,他的解释是辐射的光子单元理论,认为光子单元类似于物质或电荷的电子与质子。根据牛顿力学的规律,电子在原子中运动会放出辐射能,势必会缩小其在原子内的运动路线,接着转动周期变短,发射频率增加。整个过程都涉及原子,因此可以在所有的光谱中观测到全部辐射频率,跟我们观测到的元素线状光谱中存在少数固定频率辐射的现象不符。

白炽固体发出的连续光谱中,能量分布也不均匀,部分频率间光谱最强。最强辐射区受温度影响,高温下光谱则从红端移向紫端。原子和电子辐射的理论无法解释这些现象。实际上,从数学运算得出的结论是,高频率的振子会比低频率的振子放能更多,也就是紫外线放热最多,可见光次之,不可见的红外线放热最少。可实际现象刚好与之相反。

1901 年,普朗克针对这些难题提出“量子论”一说[2],认为辐射并不连续,而是像单个原子或单元体一样发生变化,类似于物质。这种单元吸收发射的过程符合物理学、化学等学科上常用的概率理论。被辐射出的能量有着不同大小的单元体,辐射能量越大,振荡频率则越高。因此,唯有能量足够的时候,振子才能发射高频紫外线;只是振子很少拥有非常多的单元体,因此发出高能量的机会很少。反过来说,小单元体射出的辐射频率低,振子中常有很多小单元体,其发射机会也很多;只是过小的单元体发出的总能量值也非常小。唯有频率在合适的范围内时,适当大

---

[1] J. H. Jeans, *Report on Radiation and the Quan tum Theory*, 2nd ed. London, 1924. ——原注

[2] *Annalen der Physik*, Vol. Ⅳ, 1901, p. 553. ——原注

小的单元体得到良机,能发出大量的单元体,此时发出的总能量值最大。

为探求其中真相,我们假设普朗克提出的能量子 ε,跟频率成正比,跟振荡周期成反比。公式为:

$$\varepsilon = hv = \frac{h}{T}$$

v 代表频率,T 代表振荡周期,h 代表常数。所以,普朗克常数 $h = \varepsilon T$,也就是能量跟时间的乘积,就被命名为作用量。它是一个恒定的单位,不会跟随频率或任何东西而变化。它跟计算而得的电子中的物质和电一样,就是真正的自然单位。

虽然可以将某种从一部分实际现象中获得的理论稍作调整,使其更符合普遍的真相,可即便调整后的理论变得更新颖、更适合了,我们也不能说它就是普遍适用的,毕竟证据不足。但如果另外一套独立的现象能被此理论做出完美且唯一的阐释,那么就为这理论提供了更为充分的证据,我们就能相信,这一理论或许适用于更多类似的关系。

原本,普朗克的理论是为了对辐射现象进行说明。它跟旧有的动力学之间存在矛盾,因此普通学者都非常谨慎地看待这一理论。不过,后来爱因斯坦、奈恩斯特与林德曼[1]等人,尤其是德拜[2]用这一理论证明了比热现象,它就更有可能被应用于更广泛的范畴中去了。

一般的分子运动理论中认为,固体当中的单个原子分子发出的原子热量大约是每度 6 卡,三倍于气体常数,不会随温度变化。金属中含有的单个原子分子发出的原子热量,在常温下大约保持在 6 卡,可低温条件下小于这个数值。

爱因斯坦针对这一现象进行的理论阐释率先获得了成功。他认为,倘若能量被吸收时只能通过单元体或量子进行,那么单元体的大小会影响到能量被吸收的速度,因此振荡的频率和温度也必然会影响到其吸收的速率。德拜根据量子论,提出了一个符合实验结果的公式,碳元素表现得尤其特殊——正常温度下,其原子热也会受温度影响而变化,只是小于金属的数值很多。

量子论认为,弗雷内尔提出的稳定以太波理论,和麦克斯韦与赫兹提出的连续电磁波理论,都不足以对光的吸收和发射现象做出合理的解释,它实际上近似于细微的能量团形成的急流,而那些细微的能量团则很像牛顿提出的微粒(二者不属于同一类),可以将其当作光原子。与这一现象相关的干涉问题要到以后才能解

---

[1] *Solvay Congress*, Brussels, 1912, pp. 254, 407. ——原注

[2] *Annalen der Physik*, Vol. XXXIX, 1912, p. 789. ——原注

决了。若将光线分成两束,并使其分别射向长短不同的路径,在这两个路径之间相差有几千个波长的情况下,两束光汇合后依旧能看到干涉的条纹。从大望远镜中观测星象衍射出来的纹理,可以看到每个原子发出的光都充斥在望远镜的空间中。过去人们以为这种现象是光稳定以波的形式进行传播的有力证据,光均匀地充斥在数千个波长的距离中,能够横向延伸填满望远镜的整个视野。

但是,若用钾做成的薄膜接住星星射出的光线,那么星光中发射出的每个电子的能量,都跟这星光的量子能量相同。在这种情况下,光不是以波的形式运动,更像是以能量集中的枪弹的形式运动。距离变大,枪弹射在部分面积上的量会变少,可其冲击的能量还是一样的。此外还有一个事实,用旧有的光理论无法解释 X 射线能电离气体的现象。若波是均匀的阵面,那么在它的路径中的分子都会被电离,但现实是,数百万分子中可能只有 1 个被电离。而且很多证据显示,这可能并不是因为不稳固的分子比较少。J. J. 汤姆生等人对此的解释是,X 射线和光沿着部分以太丝(也就是法拉第力管)运动,并不沿较宽的波阵面前进。

随后,量子论又证实了光不连续的另一种情况。汤姆生试图统一这些矛盾的事实,他给出的解释是:"像闭合的电力圈一样的质点组成了光,每一个质点都有一列波。"德·布罗意利用近代理论提出了新的观点,他利用微粒的特性阐释波的特点,并建立了"波动力学"新理论:一个运动的质点跟波群有着相同的特点,其波长与速度、质量的关系是 $\lambda = h/mv$,其中 h 是普朗克常数,m 是质点的质量,v 是质点的速度。而波的速度是 c^2/v,其中光的速度是 c,质点和波群的速度是 v。从中可以发现,现代的光理论,很像牛顿所想象出的微粒和波的综合概念。

原子结构[①]

1897 年,现代原子理论才得以建立,那时的研究发现,每个元素中都含有阴电微粒(也就是电子),证实原子带电是因为其内部的电子数量比正常原子多或者少,而其具备光的特性则是电子振荡产生的。

勒纳德很早前就研究过,阴极射线能穿透真空管内的铝窗。于是 1903 年他进行了吸收实验,证实高速的阴极射线能穿透几千个原子。那时非常流行半唯物主

---

① N. Bohr, The Theory of Spectra and Atomic Constitution, Cambridge, 2nd ed. 1924; A. Sommerfeld, Atombau und Spekrallinien, 4th ed. 1924; E. N. da C. Andrade, The Structure of the Afoms, London, 1923, 3rd ed, 1927; B. Russell, The A. B. C. of Atoms, London, 1923. ——原注

义的观点,认为原子内部大部分都是空荡荡的,其中实际存在的刚性物质仅占原子体积的 10^{-9},也就是十亿分之一。勒纳德推测"刚性物质"是原子内部散落的阴电和阳电结合起来的产物。

这一说法认为必须存在阳电荷,而 J. J. 汤姆生并不赞同,所以他对原子结构进行了进一步的探索。

汤姆生认为,原子中的一些阴性电子围绕着一个均匀的阳电球体运动。他借鉴了迈耶尔(Alfred Mayer)对浮置磁体平衡的研究,指出:一定数目内的电子形成的运动环肯定是稳定的,若电子量超出这个限定的数目,就会分裂成两个或很多个运动环。如此一来,电子增多的现象就表现出了其结构周期相似之处,或许可以对门捷列夫周期表重复出现的物理化学特性现象进行解释。

不过,1911 年盖格(Geiger)和马斯登(Marsden)进行了实验,发现用 α 射线撞击物体会产生散射。据此,卢瑟福选择从另一角度看待原子的特性。一般情况下,α 质点都依照直线路线行进,偶尔也会突然变向。阴电子发出的力非常小,即便作用于 α 质点也不会导致散射现象发生。可若假设原子是松散的复合体,其内部的阴电子围绕着阳电荷这一小核心转动,那么就能解释以上现象了。而且原子一般都是中性的,阳电荷核心一定等同于所有阴电荷的总量。另外,电子的质量比原子质量小太多,那么可以断定原子的质量几乎都来自原子核。

人们得到这一结论后普遍认为,原子类似于太阳系,就像行星围绕太阳公转一样,质量较轻的电子围绕原子核运动。1904 年,长冈(Nagaoka)首先对相似系统的稳定性进行了探索,不过卢瑟福最先用实验将其证实。勒纳德继续研究阴极射线的吸收,后来他类似的实验和研究证实,若假定原子就是电子行星公转的微型太阳系,那么原子中的空间比例,一定跟广阔太阳系的空间有着一样大的比例尺。牛顿物理学先入为主,或许让我们对这一行星电子理论的猜想太过超前,很难得到实际的印证。不过,仅从阴极射线和放射质点的穿透性看来,原子的内部结构的确很空。

运动的电荷都带有电磁力场,有能量就一定有惯性,因此电荷中存在的某种类似于质量的物质可能就是物质基本成分的本原。若以电荷为中心将电子画成小球体,那么电磁质量就联系着球外的力场。J. J. 汤姆生根据数学运算得出,在电荷速度并非过大的时候,用 e 表示电荷,r 表示其半径,则其电性质量是 $2e^2/3r$。所以,若假设电磁能量只存在于电子外部,那么已知质量和电荷值,就能得出电子的半径是 10^{-13} 厘米。假如 r 半径非常小,也就是说,电荷聚集得比较紧密的情况下,其有效质量也会变大——这点可以参看下面提到的新研究。跟电子一样大的阳性单元被称作"质子",也就是氢的原子核,其质量跟原子的质量相差无几,几乎是阴电子质量的 1800 倍。所以,若假设其内部质量都带电,原子核这个绕点状阳电荷运转的球的半径大约是 5×10^{-17} 厘米,也就是电子半径的 1/1800。不过此处需要指明,以上只是对电荷分布的武断猜测。如今这些猜测都变得备受质疑了。

这些定义在那时非常有益,如今也对其进行过修正补充。不过我们依然要假设氢原子的内部结构是,1 个阴电子绕着 1 个单位的阳电核心运动。氦原子核的结构是 4 个质子与 2 个电子紧密相连。氢原子量是 1.008,但阿斯顿测出氦原子量是 4.002,也就是说,这个复核代表着 $4 \times 1.008 - 4.002 = 0.03$ 的质量及其所能释放的能量消失了。重原子放射性分裂的过程会放能,所以我们认为原子内部会存储能量,分裂时放出能量(比如铀原子分裂放能)。但上面的推论则显示,氦需要吸收能量才能还原为氢,也就是要对氦核做功。如此一来,重的原子核分裂放能,轻的原子核则吸收放能。而这些就能对较重的原子核具有放射性、铀是自然界中最重的原子(它非常不稳定)等问题作出解释了[①]。α 射线是运动的氦原子群,那么氦原子可能是某些较重的原子的组成成分。四个质子(氢核)牢固结合组成了氦原子,即便在 α 质点它们也不会分离。因此可能其他原子,是由少量的阴电单位和部分阳电单位(或许是氦核,偶尔带氢质子)结合而成的复核构成的。核内的电子很少,于是表现出,纯阳电荷的数目 n 跟莫斯利的原子序数相同,剩余的电子则围绕在核外。原子是中性的,因此外围电子荷载的阴电总量一定跟核内的纯阳电相等才能中和,也就是说,原子外围的电子总量也是 n。

电离后的原子可以按照化合价得到 1—4 个单位不等的电荷,因此,在某个原子中少量增减电子并不会改变其特性。我们可以猜想,这些可增减的电子存在于原子外围,而还有些电子在原子内圈,甚至可能是原子核的固定组成成分。

上面提到,大部分的放射反应会放出 α 质点,也就是负载两单位阳电荷的、质量为 4 的氦原子。因此这种反应代表着原子核的根本崩溃。剩余的物质比之前少了四个单位的质量,而且反应时为恢复中性状态会甩出两个阴性电子,于是就变成了新的原子和元素。

---

① E. Rutherford, *Proc. Roy. Soc.* A. CXXIII, 1929, p. 373. ——原注

玻尔学说

1913年，来自哥本哈根的玻尔（N. Bohr）在曼彻斯特的卢瑟福实验室任职时，率先在对原子结构的理论研究中，引入了普朗克的量子论学说。他的研究建立在物理学界统一认可的行星电子论上。

那时的研究已经发现：若只观测光谱在一厘米中的波数，而不是其常见的谱线波长，那么就能发现氢的复杂光谱中存在某些规律。当时已经证实可以用两个项数的差来代表"振荡数"，里德堡常数是发现的第一个项数，因发现者而得名，其每厘米109678个波[①]。

这些关系最初都来源于经验性的猜测，后来终于得到了一项能适用于实验的运算规则。不过玻尔从量子论入手，给出了新的解释：若"作用量"唯有在单位整倍的情况下才能被吸收，那么电子可能运行的轨道只有一部分。电子最小的运行轨道上有一个单位或 h 的作用量，第二个运行轨道上有 $2h$ 的作用量，依此类推。

玻尔猜测氢原子的每个电子有4种可能的固定轨道，类似于作用量的单位递增。如图13所示，圆圈代表4种固定轨道，半径则代表电子在不同轨道间跳动时有可能出现的6种跃迁。玻尔在此并没有利用牛顿的动力学理论，只是电子绕原子核运动的轨道仍符合平方反比定律，却又显示出非常新颖的关联。行星在绕太阳运行时可能有无穷多个轨道，但它的速度决定了它实际选择的轨道。但玻尔假设，一个电子运行在固定的几个运动轨道上，它更换不同轨道时似乎立刻就跳转过去了，仿佛并未从两个轨道间的空间经过。这一假设的理论推测非常符合振荡数的实验的结果[②]。并且据这一理论推测出常数 R 的绝对值是每厘米109800波，也

---

① 可以用 (2×2)、(3×3)、(4×4)，也就是4、9、16等数除里德堡常数 R 算出其他的项。若用 R 减去这些项数，得到振荡数是：$R - R/4 = 3R/4$，$R - R/9 = 8R/9$，这些数字跟氢的紫外谱线振荡数相同。若从109678的1/4或27420减去其他更高项，就能得到另外一组数，例如 $R/4 - R/9 = 5R/36$，$R/4 - R/16 = 3R/16$ 等，目前已经证实，这些数符合氢的可见光谱线（也就是巴尔默系）。另外，从 $R/9$ 中也导出了一系列数目，是帕申从红外光谱中发现的。——原注

② 通过数学运算获得的电子运动的能量，在第二轨道是第一轨道的四分之一，在第三轨道的是九分之一，在第四轨道的是十六分之一。电子自外轨道（能级）进入内轨道（能级）的时候损失位能，但动能增加。可以证实其能量损失的增量与动能增加相符。若假设电子在最内能级的动能是 ε，则从第二、三层级进入第一层损失的能量各为：$\varepsilon - \varepsilon/4 = 3\varepsilon/4$，$\varepsilon - \varepsilon/9 = 8\varepsilon/9$。而更长的跃迁能得出另外一组数字，比如自第三层进入第二层，损失的能量是 $\varepsilon/4 - \varepsilon/9 = 5\varepsilon/36$。电子从轨道上跃迁时会吸收或发射能量 hv，h 代表普朗克作用单位，v 代表振荡频率。其损失的能量是 $3\varepsilon/4$、$8\varepsilon/9$ 等，那么 v_1、v_2 的频率比则是3/4、8/9等，符合紫外光谱中的谱线频率比。与此同时，电子跃迁到第二轨道时得到的另外一组频率从5/36开始，也符合巴尔默系。——原注

非常符合测量出的里德堡常数值。玻尔的学说在这一时期非常成功且影响深远。

可以用原子结构不同来解释不同类型辐射出现的原因。温度和原子的状态不会影响到 X 射线的光谱,却会影响到可见光和红外光、紫外光的光谱。前面提到过,原子核的爆裂产生了放射现象。如今已有证据显示,距离原子核比较近的外部电子造成了 X 射线的产生,而其最外层的电子则引发了可见光和红外及紫外光线产生;最外层的电子在受到凝聚力和化学作用影响下,很容易从原子核脱离。

我们可以这样解释化合作用:或许产生化合反应的两个原子中,同时存在着若干个电子。但化合作用却很难从电子围绕原子核转动的原理中得到解释。1916—1921 年,一些学者,尤其是科塞尔、刘易斯与兰格缪尔等人尝试建立静止的原子模型,这种理论可以完美阐释原子价和化学特性,却无法如实地对光谱等进行说明。不过,玻尔的动力原子模型当时深受物理学家们青睐。

不管怎样,电离电位现象所揭示出的能级基本概念,都不会由于原子模型的不同说法而改变。勒纳德于 1902 年首次证实,从气体中经过的电子必须超过一定的数量,才会引发电离现象。电子获得速度时电位下降。因此可以通过对下降电位的伏特数进行测量,得到其具体的能量数值。近来有一些研究,譬如弗兰克和赫兹对汞蒸气所做的实验中证实,在呈现倍数关系的电位伏特数上,电离才会到达顶点值,并造成气体光谱变化。比如在弗兰克赫兹的实验当中,电位为 4.9 伏特时,电子的速度会使低压汞蒸气出现清晰的光谱。据此可以猜测,这一谱线的变化跟玻尔提出的原子内的电子自第一外层返回正常状态时进行的跃迁很相像。从此,玻尔理论中所猜测的很多"临界电位",跟突然出现的若干谱线一起都被发现了。萨哈(Saha)、罗素、福勒(Fowler)及米尔恩(Milne)等人还对温度和压力进行了研究,探求其与光谱之间的关系。他们的研究成果对天体物理学意义重大,甚至开辟了对恒星温度测量的新历程。

如图 14 所示,图中圆形的轨道,只是氢原子的简略模型。玻尔和索末菲(Sommerfeld)的研究都证实,椭圆的轨道也会导致相同系线光谱的产生。他们还对另外一些更为复杂的原子系统进行了探索,只是很难用数学证明,因为有限的项很难反映出互相吸引的三体之间的运动。

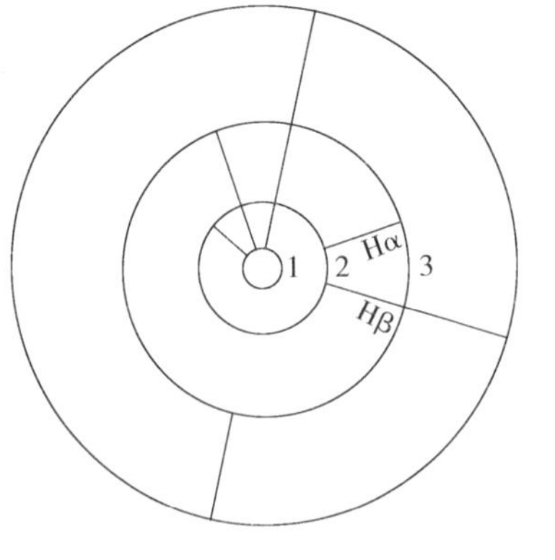

图14 玻尔的电子轨道假设:以氢原子为例

与玻尔原子学说相关的研究非常多,并且取得了一定的进展。通过这个学说也能得到跟光谱大致相当的结构理论,所以很多人都相信这一学说绝对正确。不过虽然玻尔学说能够对氢和电离氦的线状光谱进行解释,但在结构更复杂的中性氦的原子光谱及其他重原子的结构的解释上,这一学说就显得力不从心了,电子在能级上跃迁的数目不再符合谱线的数目了。所以,到 1925 年的时候,盛极一时的玻尔原子学说就逐渐显示出不足,而被淘汰掉了。

量子力学

玻尔提出的原子模型认为电子运动就类似于行星公转。只是这一学说很难从现实中观察到,所以并不是绝对正确的。我们只能在原子外部进行观察研究,观测原子所吸收和放射出的辐射或放射质点等东西。玻尔提出的理论,可能是原子获得某些性质的其中一种原理,还可能存在一些能达成同样效果的原理。假设我们只能从外面去观测时钟,那么可以猜测其内部存在着一套齿轮,我们所看到的指针运动就是由它们决定的。但其他人的脑海中,也可能存在着另外一套能产生同样显示效果的齿轮。任何人都没法判定其对错。并且,热力学对某一系统中热量和能量变化的探究,也不能采用原子观念的内部架构来进行。

海森堡于 1925 年依据自己观测到的现实,也就是原子吸收发射辐射的事实,提出了崭新的量子力学理论。由于我们无法确定玻尔学说中提到的行星轨道确实存在,因而也就无法确定某一时刻某个电子在空间或者轨道中的位置。我们仅能观测到辐射频率、振幅,以及原子系统的能级等一些基础的数据。量子力学新理论的数学公式就建立在这种数据基础上。海森堡、玻恩和约尔丹(Jordan)迅速对这一理论进行了发展,并从中证实了巴尔默的氢光谱公式,还对氢光谱的电场和磁场效应进行了观测。

1926 年,薛定谔找到了这一问题的另一个解决办法。他借鉴德·布罗意的相波和光量子理论,吸收了"质点本身就是波动体系,或者说波动体系构成了质点"的观念,提出了能与海森堡理论比肩的数学新理论[1]。他认为,波的运载介质具备散射性,跟光的运载介质——透明物质,和无线电波的运载介质——高空电离层一

---

[1] 海森堡和薛定谔的数学方程式类似。都依据哈密顿原理得出,$q \times p - p \times q = ih/2\pi$。其中 h 是作用量子,i 是 -1 的平方根,q 与 p 则是坐标和动量,这两个名词的意义非比寻常。玻恩和约尔丹认为,p 是一个矩阵,也就是无限的量排列而成的对称阵列;狄拉克则认为,虽然方程后面出现了数字,但 p 不具备数的含义。薛定谔认为,动量 p 是一算子,也就是一个可以对后面的量进行数学运算的符号。不论它们代表着怎样的物理含义,就跟爱丁顿对上面方程式的评论一样,接近了物理世界中每一现象的根源。——原注

样。因此,波的周期越短则速度越大,而且即便两种波频率不同,也能同时存在。

　　水中的波群和单独的波速度不同。薛定谔认为,对频率不同的两个波群的运动进行运算的数学方程,等同于具备动能和位能的质点的运动方程。所以,我们面前的波群就可以用质点表示,频率则可以用能量表示。于是,最早出现在普朗克常数 h 中的能量和频率存在固定关系。

　　两个看不见的振荡很快的波,会在相互作用下表现出光“拍”,就跟两个调子相近的音能够混合出一个比二者都低的音拍一样。由一个质子和一个电子组成的氢原子中,可以通过方程式推测出波的存在形式。薛定谔还证明,方程式唯有在频率固定的时候才能有解,也就是观测到相同谱线频率的时候才能运算出结果。玻尔学说原本无法解释那些复杂的原子状态,薛定谔却依旧能算出足以对光谱现象加以说明的合理频率数目。

　　若薛定谔指出的波群非常小,则能找到其内部电子的位置。但波群变大的情况下,电子在波群中随意运动,不太能推测出其准确位置。1927 年海森堡发展了这一理论,后来玻尔又对此进行了探究和推广。他们发现了一种现象:若力图测量出质点的精密位置,那么对其速度或动量的测量就不准确;反过来说,若力图测量出精准的质点速度或动量,那么无法测量出其精确的位置。总而言之,我们若用质点位置的必然不确定度乘以动量的必然不确定度,得出的结果总是与量子常数 h 近乎相等。似乎很难从自然界中找到能对二者加以解释的理论或物质。爱丁顿认为这一现象跟相对论一样重要,并为之命名为“测不准原理”。

　　尽管物理科学领域始终处在革新中,但新量子力学又推动了新的浪潮产生。海森堡、薛定谔等学者们得出了等价的数学方程式。倘若这些数学方程式能让我们完全满意,那么我们一定会非常信任这一理论。可这些方程式的基础理论完全不同于部分人对其的释义。我们不知道这些理论阐释以后是否会被推翻,不过将它们表现出来的数学方程式却是永恒的成果。

　　传统的古典力学似乎已经变成量子力学在某种极限状态下才会出现的情况。传统的古典力学很难对原子结构进行阐释,主要是因为波长跟原子基本相等,而光束的宽度或者其行进路径中遇到的阻碍物跟波长相等时,几何光学上所指的直线光束就变成无意义的概念了。即便如此,依然存在将量子力学、传统古典动力学、麦克斯韦电磁方程式及万有引力相对论等理论统一起来的可能。若这种广泛的知识综合能够实现,那么其生成的理论将变成自然科学界最伟大、最具影响力的汇总。

　　而薛定谔提出的观点,一定要跟电子实验联合在一起进行探讨,他所做的这些实验跟德·布罗意提出的理论一样,能够证明运动着的电子也被波环绕着。最初汤姆森提出的微粒概念被当作是没有结构的质点;后来被认定是具备阴电单位的电子,虽然这似乎并没什么意义。而 1923 年戴维森和昆斯曼(Kunsman),以及 1927 年戴维森和戈尔莫(Germer)先后进行实验,让慢速运动的电子从晶体表面经过,并发现它们能够像波动系统一样发生衍射。[1] 稍晚一些时候,J. J. 汤姆生爵士的儿子乔治·汤姆生也做了一个实验,他向一个比金箔还薄的金属片发射了一束电子。我们已经证实,质点流会在金属薄片后的底片上投射出混沌的阴影,若波的波长跟金属片的厚度接近,那其投射下的阴影就会是一个明暗相间的圆环,类似于光线从薄薄的玻璃或肥皂膜中穿过时所产生的衍射纹理。乔治·汤姆生的实验中确实出现了这种圆环阴影,足以证明运动中的电子周围伴有一系列的波,其波长接近穿透力极强的 X 射线,仅有可见光的百万分之一。[2]

已知理论告诉我们,电子一定会跟围绕在其周边的波之间产生协调的振荡。所以电子一定是有内部结构的,不可能是使物质带电的最小成分单位,而且实验结论也应该与之相符。所以人们普遍猜测还存在更小的结构成分。通过数学运算证实,电子的能量跟波的频率呈正比例关系,电子的动量与波长相乘则得到一个常数。并且,原子内只会出现部分波长和频率,那么电子的动量肯定只是几个不连续增加的数值,只能进行突然跃迁。通过这一不连续的特性,我们的理论再一次绕回了量子论。

想要为乔治·汤姆森得到的实验现象找到合理的原因,就必须假设电子既是质点(电荷)也是波列,同时具备两种特性。之前提到过薛定谔的理论更为超前,他认为电子是一种波系。我们无法得知波的确切特性,波或许并不符合机械运动,不过一定适用于某些方程中。这些方程或许仅能说明概率上的变化,是对正常波中的位移量进行测量,从而得出电子在某一个给定点中的出现概率。

因此,从原子中析出电子概念后,过了三十多年,电子的定义又被概括成了未知的辐射源或无形的波动系统。过去提出的电子是坚硬且有质量的质点的理论似乎完全不见踪影了,物理学中的基本概念,也都被并入数学方程式中了。那些重视实验的物理学家们,尤其是英国物理学家,对这种抽象的方程式理论惶恐不已,试图创造一种能从机械或电的角度去解释的原子模型以替代方程式理论。可是很久

---

[1] *Physical Review*, XXII, 1923, p. 243. and Nature, CXIX, 1927, p. 558. ——原注

[2] G. P. Thomson, *Proc. Roy. Soc. A* CXVII, 1928, p. 600; J. J. Thomson, *Beyond the Electron*, Cambridge, 1928. ——原注

之前牛顿就预想到了,力学的根本基础绝不可能是机械的。

相对论[1]

1976 年,丹麦天文学家罗默(Olaus Römer)发现,光线的传播需要时间。他发现,地球和木星运动的过程中,木星的一个卫星会被遮挡两次,但是,当地球与木星背道而驰时,木星卫星被遮挡的时间比较长;而地球朝着木星运转时,木星卫星被遮挡的时间较短。据此,他初步估算光速是 192000 英里/秒。

英国皇家天文学家布莱雷德在 50 年后借助恒星光行差,得出了与勒麦相同的结论。若从与地球同轨道面的远星观测,似乎地球每年都会分别向左右摆动一次,而且,它在两个半年内的摆动方向刚好相反。若想使那颗远星上发射的光线能射中地球,那么必须瞄准地球前面一点的地方,这跟射击时要瞄准飞鸟前方一点的地方是一样的道理。因此,经过 6 个月后远星在地球上照射到的位置,会比现在它照射到的位置偏左。也就是说,我们每个季节所看到的远星光线都不是平行的,而一年中看到的远星光线似乎在进行空间往返的运动。通过其表面运动,可以推算出光速和地球轨道运行速度的比值。

1849 年,斐索(Fizeau)率先测量了光从地球上经过的短距离速度。他将光束射向齿轮间的凹槽,使其射向三四英里外的反光镜并产生反射。若齿轮固定不动,那么在对面就能看见,被反射回来的光束将会射在与发出光束的相同的齿轮凹槽处。若迅速调节齿轮的转速,找到能使反射的光束刚好被齿轮遮住时的速度,那么光束在齿轮和反光镜间传播的时间,就等于齿轮以这一速度转过小角度的时间值。

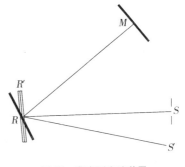

图 15　斐索测光速装置

傅科的办法更方便。如图 15 所示,从 S 缝隙中射出光束汇聚在平面镜 R 上发生反射,接着射向凹面镜 M 处,光束再从 M 处返回原点。若使 R 静止不动,那么由 S 缝发出的反射影像将与 S 缝重合。接着按照某一设定的速度急速转动 R 镜,光线在

① A. Einstein, *Vier Vorlesungen über Relativitatstheorie*, Braunschweig, 1922; *The Meaning of Relativity*, London, 1922; A. S. Eddington, *The Mathematical Theory of Relativity*, Cambridge, 1923 and 1924. ——原注

RM 间往返之时,*R* 镜就会转过一个较小的角度,所以光束返回的 *RS'* 跟射出的 *RS* 线路不会重合,而其转动角度则是 *R* 镜旋转角度的二倍。这样测出 *SS'* 之间的距离,就能算出光束在 *RM* 之间往返的时间。

目前最新测量到的光速稍微比过去的数值小一些,也就是说,光在真空中以 186300 英里/秒,或 2.998×10^{10} 厘米/秒的速度前进,在千分之一的误差内,也就是 3×10^{10} 厘米/秒。

假如类似于以太的物质的确存在,那么它必然会影响到从它内部穿过的光的运动,自然也就能测量出以太的运动。若不改变地球在以太中的运动状态,那么地球和以太之间一定是相对运动着的。因此,若光顺着以太运动,那么顺时光速肯定会比逆着以太运动时的速度大;综上所述,当光从以太流中往返时,其速度一定比顺流、逆流同等距离时的速度大。这跟游泳的原理很像,从对岸往返一次,速度也肯定大过在同样距离顺流、逆流的状态。

1887 年,迈克尔逊和莫利就是针对这些理论,进行了著名的实验。为避免振动产生误差,他们在水银中浮置一块石头,将仪器安置在上面。如图 16 所示,光束 *SA* 射向 *A* 处的玻璃片,部分光穿过玻璃,部分则被反射出去。这两束被分开的光到达 *B* 和 *D* 点的时候,各自被两处的镜子反射回去。使 *AB* 和 *AD* 之间的距离相等,那么光束被分开后行走的路径也相等,那么通过放置于 *E* 处的望远镜一定能观察到干涉效应的发生。现在,我们不将以太的同行速度算在内,只假设地球单独沿着 *SAD* 的方

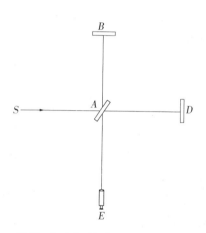

图 16　迈克尔逊与莫利的测光速装置

向运转,那么以太将会像风掠过树林一样经过实验室,改变光束从 *ABA* 路径和 *ADA* 路径经过的时间,望远镜中观测到的干涉条纹肯定不会跟相对静止的以太在相同位置。倘若将仪器转动 90 度,将 *AB* 作为运动的方向,*AD* 则与方向垂直,如此得到的干涉条纹一定会反向移动,并且其移动总量是之前移动量的两倍。

可是通过实验,迈克尔逊和莫利并未发现干涉条纹有明显的移动和变化,所以他们断言,地球和以太之间不存在可见的相对运动。他们反复进行了这项实验,原本他们猜想,这种相对运动的速度一定比地球在以太轨道中运动的速度小,甚至连地球速度的十分之一都达不到,仿佛以太被地球拖着行进一般。

但是,利用光行差的方式测量光速的时候,假定以太不会被地球的运动干扰。1893年,洛奇用重钢板测量光速,在保证安全的前提下,他让两个以上的重钢板以最高速度转动,测得的光速也没有差别。因此可以推测,很大质量的东西也不能拖着四周的以太一起运动。这样,光行差理论和洛奇的实验结果,就跟迈克尔逊和莫利的实验大相径庭。

在我们依旧相信自然统一性原则的条件下,得到了这样完全不同的实验结论,我们差不多就能确定:要么是实验中出了错,要么是我们推测出的原因不正确;显露在我们面前的,是一个等待着我们领悟的,非常有趣的基础理论革命。

针对这一矛盾,菲茨杰拉德(G. F. Fitz-Gerald)提出了第一个有益的论点,后来拉摩和洛伦兹对其进行了优化发展。倘若物质本身带电,或者电力才使得物质结合成形,而以太中具备电磁性,那么物质在以太中运动的方向可能是收缩的。但这种收缩只能借由上述现象发现,一方面是因为收缩效应本身太过微小,很难测量;另一方面是因为我们的测量工具也会同等收缩,所以在运动方向上的长度单位也缩小了。因此,迈克尔逊和莫利改变了实验的仪器,自然也更改了其大小,所以地球从以太中经过时产生的干涉条纹就被抵消掉,无法观测到了。

很容易算出具体收缩的状态,顺着以太流的运动方向,物体收缩的比例是$(l-v^2/c^2)1/2$,其中v代表物体与以太间的相对速度,c代表固定的光速。

地球轨道运行速度是光速的万分之一。假如某一年的某个时刻地球从以太中经过时就以这个速度运行,那么转成直角的情况下,迈克尔逊和莫利的实验仪器将会收缩两亿分之一,因此他们的实验结果可以解释为这一细微的误差。

好多年间,这个问题都没有获得实质性的进展。不知道出于什么原因,所有试图测量光速的实验不论是顺以太运动还是逆以太运动,其结果都是一样的,根本观测不到其运动速度上的变化。

直到1905年,爱因斯坦从另一个全新的角度对这一问题进行了诠释。他认为:所谓的绝对空间和绝对时间,只不过是虚构出来的、形而上学的东西,并不是物理学直接观察或借助实验证实获得的概念。我们实际能接触到的唯一空间,唯有采用尺子的长度进行测量;而我们所说的唯一时间则来自天象观测所设定的时钟。即便我们的度量标准会像菲茨杰拉德的实验一样产生收缩,我们也不会感觉到,毕竟我们也处在这种运动中,会跟这些标准一样变化,只不过,若有一些观察者跟我们的运动方式不同,那他就能感觉到这种变化。因此时间和空间的概念并不绝对,而是相对于观测者而言的。

如此一来,根本不需要解释为何不同仪器在不同情况下测得的光速都是固定的了。我们必须说,这是新物理学的第一个新发现。因为时间和空间的独特性质,所有的观察者测量出的光速都是恒定的。

虽然我们测得的光速始终恒定,但若针对空间、时间和质量进行单个的测量,那么它们都不会像我们一直认为的那样,是恒定不变的。迈克尔逊和莫利的仪器以恒定光速做了检验,其转动长度不变是因为我们跟它处在一样的相对运动中。可是,若我们能准确测量出枪弹飞驰过的长度,那么就能发现,它比静止时的长度短,并且随着它的速度跟光速越接近,长度就变得更短。

这一理论很难从实验中得到证实,但用相对性原理则能轻易推导出来:在静止不动的观测者看来,射出的子弹质量变大,并根据长度变短的比例持续增大。将其低速运行时的质量设为 m_0,光速固定为 c,那么其以高速 v 运行时的质量就是 $m_0/\sqrt{1 - v^2/c^2}$。所以其速度跟光速相等的时候,质量变成无穷大。并且我们可用通过实验证实这种质量变化,测量出以近光速运行的子弹质量,着实是我们现代科学创造的某种奇迹。放射性原子爆裂时将 β 质点甩出,可采用测量阴极射线的方式,让 β 质点从电场和磁场经过,以求得质点的速度和质量。我们将低速运动的 β 质点的质量设为1,那下面表格里的第二行表示的是,从相对论理论得来的,β 质点的速度接近光速时的质量;第三行表示的是考夫曼利用实验对 β 质点质量测量后得到的数据。

表3:考夫曼测速 β 质点的实验结果

质点的速度:每秒厘米数	质量与缓行质点质量之比	
	计算值	实验值
2.36×10^{10}	1.65	1.5
2.48×10^{10}	1.83	1.66
2.59×10^{10}	2.04	2.0
2.72×10^{10}	2.43	2.42
2.85×10^{10}	3.09	3.1

β 质点本是阴性电子,其运动时跟电流特性一致,因此它们可以形成电磁力场,具备能量和惯性。J. J. 汤姆生和西尔根据这一推理逻辑,算出速度增加时质量的变化数值,证实了表中的数据。因此,就像菲茨杰拉德的收缩理论一样,质量增加也符合电磁理论的原则。

并且,从相对性原则中我们可以知道,质量等价于能量。质量 m 用能量表示

是 mc^2，其中 c 代表光速。这用麦克斯韦的电磁波理论解释也行得通：电磁波的动量是 E/c，E 代表能量，由于动量是 mc，还是能得出 $E = mc^2$ 的结论。

我们可以发现，上述原理引发了奇妙的结果。假如我们在飞机或以太内部以接近光速的速度飞行，那么地上观测者似乎就会发现，我们在运动方向上的长度变短，质量变大，我们的时间也会变慢。但我们不会感觉到这种变化，我们自己的度量尺也跟我们周围的所有物质一起收缩了。或许我们用以称重的砝码加重了，但我们自己本身的重量或质量也变重了。或许时钟变慢了，但我们大脑中的原子运动也变缓了，因此我们感觉不到时钟的变慢。

不过运动是相对的，所以地上的观察者也在用跟我们一样的速度，相对于我们进行运动。因此若我们测量观察者的尺度、质量和时间，会发现对方也有变化，就像我们的量会相对他们变化一样。我们互相观察对方，会发现在运动的方向上彼此都出现了变形和收缩，彼此的身体和质量都不再协调，看上去滑稽又迟钝。双方都无法察觉自己身上的变化，反而能清晰地看到对方的惨象。

彼此观察的双方都没有错，而且，双方观察到的都是事实。长度、质量和时间并不是绝对的，它们只是物理上实际用以量度的数值。这一实际现象表明，这些物理数值都是相对于某个观测者的，是相对概念。现实观察或实验根本无法证明绝对长度、绝对空间、绝对时间的存在，它们都是形而上学的概念，甚至时间流动的概念也是如此。

即便这样，就像柏格森（Bergson）说的，从哲学角度来看，处在某一系统内部运动中的人，总认为他所经历的时间是特殊的，认为这整个系统中存在的、用以量度事件的时间是独一无二的。可从物理学角度看来，单个的时间和空间是相对的，随着观测者的位置改变而变化。不过，1908 年明可夫斯基（Minkowski）提出，时间和空间在变化中互为补偿，所以在新物理科学范畴中，对观测者来说，二者的结合是固定的。过去我们习惯于想象出有长、宽、高的三维空间；但明可夫斯基认为，在"时空结合体"中，我们需要将时间当成第四维度，一秒钟的时间就类似于光速运行的距离，也就是 186000 英里。这跟欧几里得几何中的连续空间有点类似，两点之间的距离是绝对的；而新的时间—空间形成的连续区间里，两个"事件"之间的时间、空间间隔（距离）也是绝对的，不管怎样测量都保持不变。我们认为，这是存在于变化纷纭的世界之中的固定量，因此希望能在这个由相对性构造起来的国度里，找到其他绝对的量。我们认为，在已知的所有量中，数、热力学中的熵、作用（量子能量与时间的乘积）这三者现在依然算作是绝对的量。

过去的世界中，人们认为时间和时间之间不存在联系，于是普遍认定，整体的三维空间会跟着时间消失,成为过去。似乎在未来和过去之间存在这一个"当下的平面",在一瞬间延伸填满现在的全部空间。不过,1676 年罗默证实光的速度是有限的,之后科学家们肯定能猜测到,即便在同时出现的星辰之间,也会因其距离不同而存在不同的过去时间,只不过在同一时间被人们观测到了;如此一来,"同时"就没有存在的意义了,过去人们相信"此时"是绝对概念,但现在也只能认为它是相对的"被看见的此时"。

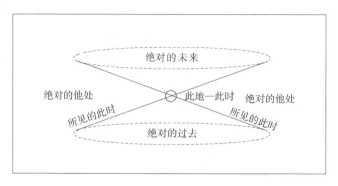

图 17　漏斗型时空:时间与空间的相对性

　　近来,科学界的发展着重对相对性的概念进行了增强。假定某个人以光速进行星际旅行,一年后返回地球。那么对我们来说,他光速飞行时的质量无穷大,但他的反应变得无穷慢。我们感觉到时间过去了一年,可他却感觉时间没变化,还留在我们去年的"此时"中。因此我们要抛弃这种观念,即认为过去和未来被同一个平面所划分,而这一平面在任何地区的任何人看来都是相同的。但是要借鉴爱丁顿提出的"此时此刻"概念,在空间中与时间轴成一角度,画出几条"所见的此时"的轴线,并保证其角度的正切值与光速相等。[①] 这样画出的三维面,跟二维中的一对锥形或滴漏形曲面很相似,而且可以将绝对过去和绝对未来确定下来。除此之外,物质也能同时存在于对不同观测者来说的不同时间中。我们可以将劈开未来和过去的中间面称作绝对的现在,或者绝对的他处,这种叫法主要取决于我们看待它的角度是从时间还是从空间出发。

　　我们的主观感觉,让我们产生了时间从过去流向未来的感受,但这种感受在物理学当中并没有相应的说法。物理学是可逆的,普通动力学系统里出现的运动方程不管是从正面还是反面去理解,其意义都一样。因此牛顿提出的公式,无法解释行星绕太阳运行的方向。

---

① 　A. S. Eddington,The Nature of the Physical World,Cambridge,1928. ——原注

可是我们可以从热力学第二定律,以及独立系统中的熵沿着某个方向朝无穷大增加的例子,发现物理过程产生的先后顺序。毕竟分子之间的碰撞会导致无规律的散射,这些分子只能在误差范围内按照既定速度运动,这个混杂的过程是不能逆转的,除非让时间逆转,或者让麦克斯韦的魔鬼将各个分子聚集在一起,又或者等待分子在很长时间内巧合性地集聚起来。所以时间倒流的一个表现就是,某些相同速度的分子渐渐地聚集起来变成了分子群。这一重要的自然过程,类似于人类主观认为的"时间一去不复返",热力学的第二定律以及熵不断增大的原理都是其明证。

相对论和万有引力

菲茨杰拉德曾在 1894 年说过:"可能是以太结构因物质而产生了改变,因此才产生了重力。"[1]这一传统物理学观点,跟 1915 年爱因斯坦将广义相对论引入万有引力定律后所获得的结论相同。

他指出,空间的特性,特别是光传播的特性显示,除去无穷小的空间内的情况,明可夫斯基提出的时间—空间构成的连续区域跟黎曼提出的空间非常类似,却跟欧几里得提出的空间观点完全不同[2]。

这种时间—空间的区域里本就存在一些固定的规律,跟我们在三维空间里认为物体在不受到外力作用的情况下会直线运动的观点一样。既然在地球上,抛出的物品会垂直落下,行星围绕太阳公转,那么很明显,这些路线会弯曲地朝物体贴近。所以我们可以断定,物质的四周一定围绕着某种跟"时间—空间曲率"类似的东西。当有另外一种物质进入这一弯曲的轨道,则一定会依照轨道围绕原有的物质团运转。确实,若我们在考虑物质意义的时候,抛开当下电的观念,而从质量入手的话,会发现其不过是存在着曲率的时间—空间的区域罢了。若我们对第二物体施加外力,改变它的自由活动轨道,比如让它和椅子、地面的分子之间产生碰撞,停止它原本的运行轨道;而这一物体却会认为这种作用只是由于它本身具备"重量"。

我们可以用电梯原理来对这一现象进行简单的说明。电梯往上升的时候会受

---

① *Scientific Writings*,p. 313. ——原注

② 两点之间的距离根据坐标 dx,dy 的差变化,若将其变化形式写作:$ds^2 = g_{11} \cdot dx^2 + 2g_{12} \cdot dxdy + g_{22} \cdot dy^2$,这就是黎曼度规。还有一个特殊的情况:$ds^2 = dx^2 + dy^2$,在连续区为欧几里得空间时,这就是毕达哥拉斯定理。g_{11},g_{12},g_{22} 等数量不仅规定了连续区的度规形式,还规定了万有引力场。正是从这些数量间的最简单数学关系式中,爱因斯坦得到了重力新定律。——译者注

到加速度的影响。电梯中的乘客会觉得,这种加速度好像似乎是他本身的体重短暂地增加了,而且新增加了重量似乎跟普通重量一样,能够用秤称得出来。万有引力场中暂时增加的作用和加速度的作用是一样的,只是我们现在没办法采用实验将这两个原因进行区分。

但是,若让电梯从高处下落,那么乘客不会觉得自己在运动。譬如说某一乘客将手中的苹果松开,那么苹果将留在乘客身边,而不会比电梯掉得更快。1911 年,爱因斯坦首次利用相对论的原理对万有引力的等价原理进行阐释,这是理论上的率先尝试,一直到几年之后,才解决了数学运算的难题①。

所以牛顿的万有引力猜想并无必要。可能物体会坠向地球或者绕地球运转,只是因为它在弯曲的时间—空间中自由依照自己的路径运转罢了。

通过运算可以证实,这一理论得出的结果,跟牛顿理论得出的结果基本上是一致的。也就是说,在普通精确度上其观测结果都是相同的。不过,在一两个特殊的现象中却能采用决定性的实验来进行证明。其中,最为著名的当属观测到太阳使光线发生的偏折。爱因斯坦的相对论算得的偏折度,大约是利用牛顿理论得出的偏差度的两倍。而若想印证这种微小的偏折,唯一的办法就是在日全食发生时拍下太阳附近的星象图。1919 年,爱丁顿、克罗姆林在日全食期间到几内亚湾的普林西比岛和巴西分别进行了观测,观测结果证实,比之距离太阳更远的星象,距离太阳更近的星象发生了细微的移动,而且其移动量跟爱因斯坦理论中提出的移动量一致。

第二著名的是,每 100 年水星的轨道都会产生 42 角秒的变化,牛顿理论难以对此作出解释,但爱因斯坦对此进行了证明,并算出实际变化的数字是 43 角秒。

第三有名的是,依照相对论观点,在万有引力场内发生的原子振荡,应是比较缓慢的。因为太阳的重力比较强,所以跟地球相比,太阳光谱中的谱线平均算来会偏向红色的一端移动。这种猜测很难被证实,可根据对实验数据的仔细比对,也的确证实了这一现象是存在的。密度较大的恒星光谱内产生的位移会比较大,甚至已经有人假设这一学说是正确的,并利用它为前提,对恒星密度进行了测量。

综上所述,牛顿的理论在得到更精确的运算和结果方面,比不上爱因斯坦的相

---

① 见本书第六章有关拉格朗日、拉普拉斯和哈密顿的内容。爱因斯坦提出了一些普遍的方程式,在特殊状况下,即某点上没有物质也没有能量的时候,这些方程式能够被简化成拉普拉斯方程;而能量全是物质形式时,方程式则变成珀松方程。广义相对论中,静力场中小质点的运动,被拉格朗日微分方程式限定:$\frac{d}{dt}\left(\frac{\delta L}{\delta x_r}\right) - \frac{dL}{dx_r} = 0$,其中 l 跟古典动力学中的动能和位能的简单差数不同。——原注

对论。现代物理学,借助量子论和相对论这两个角度,逐渐从伽利略时代以来传承的基础历史概念中解脱出来,崭新的思想迫切需要采用新的工具来阐释和传播。我们可以清楚地看到,牛顿动力学引导现代科学发展了 200 多年,那光辉荣耀的历史已经不在了,如今,它已经不能承担当今已知的知识赋予它的使命了。即便是传统古典力学中最基本的物质概念,如今也逐渐消失了;因为时间和空间并不是绝对的,也不是实在的,因此,过去被普遍认识的物质永恒和物质客观存在的基本概念,都没有现实意义了;如今,我们谈到的物质只不过是在时间和空间当中所发生的事件串,它们之间的联系方式可能是基于因果律,也可能是未知的。从中我们可以发现,最前沿的原子理论也吸收了相对论,并由此得到了验证和发展。牛顿提出的动力学,依然能够非常准确地对物理现象进行预测,或者解决天文学家、物理学家和工程师所面临的现实困难,但它已经不再是终极的物理概念,其理论的荣耀全部归于历史了。

1915 年,希尔伯特采用了最小原理推论,这可能是利用广义相对论来推测自然定律的绝佳办法。亚历山大里亚的希罗曾发现一种现象:反射光线行走的路径,通常是其进行路径的最小距离。17 世纪时,费马根据这一原理提出具有普遍性的最短时间原理;大约 100 年之后,莫佩屠斯、欧勒与拉格朗日又在动力学中引入了这一原理,并推测出动力学的最小作用。1834 年,哈密顿发现,所有与万有引力动力学和电相关的定律都能用最小值的原理来表示。希尔伯特提出,从相对论的原理来说,万有引力之所以存在,就是为了保证时间—空间的总曲率固定在最小值上,或者又跟惠特克提出的那样:"万有引力只是意味着宇宙努力地想将自己身子伸直罢了。"①

广义相对论出现后,由万有引力原理引申出来的机械力观念立刻就被人们抛弃了,在时间—空间区域中,重力变成了量度工具,只是依然要将带电或被磁化的物体当作受到外力影响产生的作用。韦尔等人想利用广义相对论来对电磁体进行阐释,但其尝试并没有获得全盘成功。1929 年,爱因斯坦向世界宣告,他新发现了统一力场理论,这一理论认为,空间就存在于欧几里得提出的空间概念和黎曼提出的空间概念之间,如此,又将电磁力变成了时间—空间区域内的度规性质。

爱丁顿于 1928 年宣布,他在其他问题上将不同的观点进行了协调。② 电子的电荷 e 在两个电子的波动方程式里组合出现,也就是 $hc/2\pi e^2$ 的组合形式,其中,h

①　*British Association Report*,1927,Address to section A,p.23. ——原注

②　A. S. Eddington,*Proc. Roy. Soc. A*,Vol. CXXII,1928,p.358. ——原注

代表量子的作用量，c代表光速。爱丁顿从量子论和相对论的理论入手，算出这个组合公式的最终数值是136，而近来米利根对这一数值的测量是137.1。虽然此处误差已经超出了实验允许的范围，但这种近似性也很有意思。确实，所有与之相关的现代物理学概念，很有可能在新的物理学时期被汇总统一了。

物理学近况

本书第六章谈到，汤姆生和焦耳根据热力学的基础理论，进行了气体的自由膨胀实验。其结果促进了绝对温标、液化氢和液化氦的产生。之后的很多年，这种方法被引入工业，工业提取大量液态空气和气体都是以这种方法来进行的，而且这一方法还为物理学家、化学家和工程师提供了极低的温度。一般气压下，氢的沸点是零下252.5摄氏度，氦的沸点是零下268.7摄氏度。此处还发生过一件非常有意思的趣事，1931—1933年，卡皮查专门发明了一种新型的隔热仪器，目的是液化氢和氦。这种往复机器上的活塞很松，将需要液化的气体放在液态空气或液态氮中进行冷却，并往机器内部增加20—30个大气压，将其从活塞和圆筒间的缝隙中挤压出去。如此机器中的气体就能被冷却得更彻底，容易在汤姆生和焦耳的实验过程中进一步被液化。现代仪器创造出的低温非常接近绝对零度，只有几分之一度的误差。

泰勒爵士利用数学运算和实验，给出了一种近乎完美的理论。研究湍急液体在管道中流动和晶体的受范形变等，都会运用到他的研究成果，尤其在气象和航空上，他的理论大放异彩。

1924年、1927年及之后的很多年份，卡皮查先后有理论问世。他起先在剑桥，后来辗转到莫斯科，提出了能够对金属和其他磁效应进行探测的新型方法。[1] 具体操作办法是，在几分之一秒的时间内给实验线圈接通非常强的电流。之所以这样迅速，主要是为了防止线圈过热。整个实验主要依靠自动装置完成通电的过程。最初，他选用一组充电较慢放电较快的蓄电池来进行实验；随后选用了2000瓦单相交流发电机应用于实践，发电机跟测试线圈进行短暂接触时通过发电机内部储藏的电量供能。自动开关会在电动力等于0的时候接通电路，同时在电动力再次恢复0的时候自动断开电路。如此，起作用的仅仅是半周波交变电流，充电时间约为1/100秒。由于实验中的发电机绕组经过特殊处理，能够制造出顶部平坦的电

---

[1] *Proc. Roy. Soc. A*, 1924, 1927. ——原注

流脉冲波,所以极短的时间内磁场是稳定的,几乎能达到几十万高斯。整套实验装置花费很高,对大规模工艺设备制造也有要求。这些装置都被安放在经过特殊处理的实验室中。线圈距离发动机 20 米,短路冲击会以每秒 2000—3000 米的速度从地面转向实验装置,但往往在其还未到达的时候实验就完成了。

卡皮查和斯金纳(H. W. B. Skinner)在一个厂房内建造了 13 万高斯的磁场,并据此对塞曼效应进行了研究。卡皮查还设置了第二个厂房,用以测量铋和黄金晶体的电阻率。他们在研究中发现,磁场依照平方律产生弱变化,依照线性律产生强变化;在他设定的温度范围内,也就是在室温和液态空气出现的温度之间,他对 35 种金属元素进行了测量。1931 年到 1933 年,卡皮查设计出液化氢和氮的新型仪器,对极大温度范围内的物质磁化率进行了测定。

本书前面章节也曾对热离子学的早期探索进行过简略的说明。理查森爵士,是第一个针对电子从真空里出现热气体逃逸的现象进行系统说明的人。与此同时,他还致力于研究光致发射,这一理论也能对物质和辐射的作用进行解释和说明;他还对某些化学领域的电子发射进行了探究,补充了紫外光谱和 X 射线光谱之间的部分内容。近来理查森将新量子理论运用到分子结构上,用于探索氢光谱和氢分子的结构。

为了更好地探索现代物理学,人们发明了许多新型的仪器,而仪器本身也牵涉到很多新问题和新的思路。其中,电子显微镜是我们必须探讨的对象。之前我们曾介绍过,电子流会受到磁力的影响,在直线路径上出现偏折,就跟光线的折射一样,并且,正向的透镜能够通过光线产生放大作用,磁力也能因此在照片底片上显影。由于电子波的波长很小,大约是光波波长的百万分之一,因此,电子波能够让细微的物体清晰地显影。比如,人们已经拍出了病毒的照片,甚至还有人试图将分子结构拍下来。

对电磁波理论贡献最大的应该是麦克斯韦。赫兹发现了电磁波,而将电磁波运用在无线电报和电话上则主要借助于两大发明,一是马可尼(Marconi)采用天线收发信号,以获取充足的能量产生作用;二则是上面提到的,对热离子管的探索和运用。

赫兹和早期的实验者采用感应圈发出的电磁波来进行实验。可这些电波的阻尼很大,因此,电振荡不久后就会消失。无线电波,通过连续而无阻尼的列波进行传递。倘若将热灯丝连接在电池的阴极,再用灯泡中的金属板连接阳极,那么灯丝发射的电子就会产生连续的阴性电流;可换过电极之后,就不会出现明显的电流。由此可见,热离子管能够被当作整流管,一半的波从中通过,一半的波受到阻力。

若在热灯丝和板极之间放上铁丝网做成的栅极,并且让它带有阳电就能使电子发射的力度更强,使得热离子流增加;但反过来说,若是铁丝网上带有阴电,那么热电子就会变少。电位出现逆转时,电流就会往返地在上面振荡,交流电就跟直流电重合。而借助变压器的原始电路将这些来回变动的振荡接回复电路,好让栅极得到固定的交流电位,如此一来就能保证仪器持续地产生作用。因此我们能看出,热离子管有两种作用,一种是发射稳定的无阻尼列波,并在接收时调整电流,调整后的电流会出现每秒 100 到 10000 次的断续,通过电话机就能使其出现声音,这就是无线电话的来源。

能量从天线被发射出去之后,可以分为地波和天波,地波在地面传播,天波则在地平线上方的空气中传播,天波携带能量传播的距离,比其在空间中自由传播时要大很多。电波能够长距离传递,主要是因为地球高层大气被太阳光电离变成了导体,这一大气层被人被命名为电离层,也被称作肯涅利 - 赫维赛德层(Kennelly-Heaviside layer),很明显,它的名称来源于初次发现它的那两个人的名字。电波进入电离层后会产生反射和折射作用,进而回到地面上,假如传递的距离太长,电波会再次从地面回到电离层,反复在通道中折射传递。人们通过对长距离无线电波形态的探索,得到了许多电离层的相关知识。阿普顿爵士和巴尼特(Barnet)二人率先在这一领域进行探索,之后在 1925 年,美国的布莱特(Breit)和图夫(Tuve)采用短暂的脉冲波对无线电波进行研究。1926 年,阿普顿证实,在距离地面 150 英里处还存在一个反射或者折射层,其电性远高于其他大气层。在这一反射层当中,无线电波的路径不会产生弯曲,所以能够实现环球传递的可能,并且也可以用无线电进行定位(也就是用雷达技术)。

电波会在固体上产生反射,所以其反射的地方就会出现回波。因为这一原理在战争时具备极大潜力,因此,1939—1949 年,对雷达的探索取得了令人惊叹的成就[①]。

脉冲方法运用的领域非常广泛。采用电振荡器进行猝发辐射的过程,只不过仅有百万分之一秒,而磁控电子管则能充分供能。伯明翰大学的一个工作组,发明了这种磁控电子管,他们采用天线将能量聚集在一个固定的波束中,用这一波束搜索空间,仿佛用探照灯探测较远的物体,所以能够侦察到远处的船只、飞机、炮弹和地形等,甚至能够监测出即将到来的风暴中心。这种波束发出的回波则被接收机获取,进而用阴极示波器上进行显示和分析。1940 年,英国运用雷达来对敌方的空袭进行监测,在不列颠战役中成果卓著,少数人得以拯救了很多人的生命;接着

---

① Radar, *Governments of the United States of America and Great Britain*, 1945. ——原注

又在与美国的合作中,显现出了雷达的卓越贡献,对赢得最终胜利贡献甚大。

据此,海上战役和航海技术也出现了巨大的变革,雷达能够对远处的船只进行定位,所以能够在还未看到敌方舰队的情况下,率先发动攻击。黑暗并不会影响雷达的效果,所以,它能够带领船只从迷雾中穿过,保证船只安全到港;通过雷达也能够引导飞机对目标进行轰炸并返回。

核型原子

前文我们提到过,一般通过云室法追踪到的放射物质发出的阳电荷质点,大都呈现直线型运动,但偶尔也会出现方向突变的情况。卢瑟福于 1911 年间接地测量到了这些不常见的偏折现象。所以,据他猜想,原子的最中心存在着一个很小的阳电荷组成的核心,遭遇碰撞时会将 α 质点甩出。

最初人们认为,原子的结构就类似于微型星系,阴电子围绕着原子核心依照牛顿提出的轨道原理运转。可前文也曾提到过,量子论出现之后被运用在了原子概念上,引发了原子理论上的变革。在我们之前提到的那一时期中,新的理论已经被确定下来。可随后,又出现了另外一场思想革命,其原因是因为,在原子内部发现了新型的粒子,并找到了创造、计算和运用这些粒子的办法。

在我们开始讲述新出现的例子之前,还是先对阿斯顿等人的研究进行一下回顾,他们在元素和同位素原子量的探索方面获得了卓越的成就。[1] 阿斯顿发明了质谱仪,目前,第一部质谱仪陈列在南肯辛顿科学博物馆。阿斯顿从 J. J. 汤姆生对阳射线进行研究的仪器上得到了启发,创造出了质谱仪。如图 18 所示,玻璃球 B 被放在低压下的水银唧筒中,需要探索的挥发性元素化合物就被放置在其中,也可以放置此元素的卤盐形成的阳极。A 点是阳极,C 点是阴极,中间有一个缝隙 S_1,阳射线从阳极出发经过阴极缝隙,并从第二道缝隙 S_2 中经过,形成非常细的阳射线光束。这一狭窄的光束从绝缘板 E_1 和 E_2 中间通过,这两个绝缘板的两极分别连接着 200—500 伏的电池组,于是,这一个射线束就被变成了电波谱。与此同时,再采用两个光缆隔离部分波谱,并使之从电磁铁 M 的两极间通过,用铜板 F 接地以避免这些射线被偶然电场所影响。接着射线从缝隙中形成的聚焦图像就留在相机底片上。射线的电荷质量比相同,尽管速度不同,也会因电磁力引起的偏折在照相底片的同一点上汇聚。

---

① F. W. Aston, *Mass Spectra and Isotopes*, London, 1933. ——原注

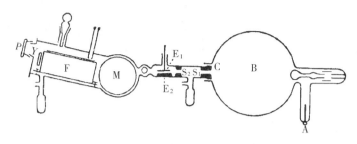

图 18　阿斯顿质谱仪

可以提前设置好一条已知谱线,用以跟未知磁场中的谱线相比,确定原子射弹的相对质量;也可以保持磁场稳定不变,对电场进行调整,让未知的线谱覆盖已知线谱的位置,并据此配合电场强度,得出相对的质量;这两个办法都是对已知和未知粒子的质量进行比较的办法。这仪器被称为质谱仪是理所当然的,因为它所能测量的仅限于质量,第一台问世的质谱仪测得的质量误差在千分之一左右,第二台质谱仪则将误差控制在万分之一;后来芝加哥的登普斯特(Dempster)又发明了一种内含磁场会将射线变成半圆曲线的质谱仪;另外,哈佛的班布里奇(Bainbridge)也设计了一种质谱仪,那已经是相对来说比较精密的仪器了。

自从阿斯顿 1919 年应用第一台质谱仪进行实验以后,获得了非常多的研究成果。并通过对两条已知谱线的探究,对汤姆生的氖的研究成果进行了证实;甚至在某一时间段,几乎每个星期都会发现新的同位素。1933 年,阿斯顿出版了《质谱与同位素》一书,其中提到:"所有已知的巨大元素当中,只剩 18 个没有得到分析。"1935 年的时候,人们了解到的同位素已经稳定在 250 种左右了。锡好像是最复杂的,它的同位素有 11 种,质量数从 112—124 不等。而且普劳特从这些试验数据中总结出的一个原理,也就是原子量是整数的这一定律也被证明了。差不多在小于 210 的数字范围内,几乎每一数字上都有基本原子存在。甚至很多原子的位置会被同位素重复 2—3 次,这种也被称作"同量异位数",也就是说,这些原子的重量相同,但化学性质却不一样。[1]

综上所述,卢瑟福早期对放射性现象的探索已经确定了 α 和 β 粒子的特性,α 粒子其实就是氦原子核,阿斯顿的测量结果显示,α 粒子由一个质量是 4.0029(氧取为 16)的内核和一个两倍于电子阴电荷 −e 的阳电荷 +2e 组成。α 粒子按照每

---

[1] 　F. W. Aston,"Forty Years of Atomic Theory",in *Background to Modern Science*,Cambridge,1938. ——原注

秒 2×10^9 厘米,也就是大约一万英里/秒的速度运行。而氢原子核或质子由 1.0076 的质量和一个阳电荷 $+e$ 组成。伯奇(Birge)认为,氢有重同位素,与此同时,吉奥克、约翰逊,以及后来的梅克通过对带状光谱的观察,发现的确存在着质量是 17 和 19 的重氧。

1932 年,尤雷利用分馏法获得了氢的同位素,质量是 2,二倍于正常的氢,一般在氢元素里仅有 1/4000 的含量。这种重氢(^{2}H)被称作"氘"(D),若使电荷从氘中通过,部分原子会失去电子变成正离子,也就是人们定义的"氘核"。它们的内部结构,似乎由质子和中子互相联系在一起。瓦什伯恩通过电离普通的水,获得了新物质——重水,这一物质中的氢被变成了同位素氘。刘易斯最终分解出了重水,其密度比普通的水密度高了 11%,其冰点和沸点也跟普通的水不一样,如今我们已经能够制造出重水。也能够更精确地测量出中性氢(1H)的质量,大约是 1.00812。

通过威尔逊的云室法,还能探测出其他一些穿透力更强、能够从大气中通过的射线,它们似乎来源于太空宇宙。多年来有不少人,尤其是米利根和他的同伴们,都致力于对其进行探索和研究。[1] 1909 年,这个问题才初次被发现。最先发现的格克尔和之后的海斯、科赫斯特(Kolhörster)等人都注意到,若让验电器搭载气球升上天空,那么其放电的速度比在地面上快得多。这就证实,位置越高,该处会产生电离的射线也更多。1922 年,包温和米利根将实验室转移到了 55000 英尺的高空,而 1925 年米利根又联合卡梅伦将验电器实验安排在 70 英尺深的水下,并排除了镭的干扰,检测到验电器的放电率逐渐变少。此后,更多观测者进行了深入的探究。这些射线比地上任何射线的穿透性都更强。我们可以通过地磁对这种现象的反应,来证明其并不是高层大气原有的成分;并且,不管在白天还是黑夜,这些射线都是稳定的,因此它们也不是太阳射线;当从南半球地平线的视野中看不到银河的时候,这些射线也没有消失,所以它们很可能不是来自我们所在的星系,而是从银河系外的其他天体或其他自由空间射出的。

我们可以依据这些射线的穿透能力,对其携带的能量进行粗略的估算。安德生和米利根率先对其进行了准确测量,他们让这些宇宙射线从强磁场中穿过,观察其偏折的角度,发现这些射线能量变化的区间是 60 亿电子伏特上下,也就是在 60×10^9 电子伏特范围内变动。1932 年,安德森利用仪器,发现某些阳性粒子具备阴电子的质量,这些阳粒子就是后来的正电子。很早之前,狄拉克就通过理论预测了这种阳电子存在的可能。想必大家都还记得,过去我们得到的最小的阳性粒子

---

[1] Phys. Review, XL, 1932, p. 1. ——原注

就是氢原子的质子,也就是核,其质量大约是电子的 2000 倍。而发现了正电子,则促使我们在对物质的认知出现了颠覆性的观念变化。

正电子跟其他带电的粒子很像,从物质中穿过时会导致电磁波的出现。用能量与普朗克常数 h 的比值,我们可以算出宇宙射线的频率高过 X 射线和 γ 射线,差不多在每秒 10^{22}—10^{24} 周的范围内,而可见光的频率只不过是 10^{14} 而已。所有这些频率都是理论推算,并没有经过直接的测定。

1923 年,康普顿引入量子理论,提出辐射单位的概念,并称呼其为"光子",这个概念足以与电子和质子相提并论。假如一个光子的能量非常充足,可以达到对原子核或重原子核进行打击的程度,那么云室中就会出现一对正—负的电子。1933 年,布莱克特和奥基亚利尼率先提出了这一观点,很快就得到了安德生的印证。这种电子成对运行,大约会发出 160 万电子伏特动能,而入射光子则有 260 万电子伏特的能量。中间相差的 100 万电子伏特,或许能够对电子内部存在的"固有能量"进行解释,光子携带的辐射能量转化成了物质,证实辐射变成了物质。与之相反,假如正负电子之间彼此湮灭,那么一定有两个各自携带了 50 万电子伏特能量的、具备电磁辐射的光子从相反的方向发射出来。1933 年,提博和约里奥用实验证实了这个猜想。

我们目前在海平面对宇宙射线的检测中发现,存在携带有 30 亿—40 亿,也就是 10^{9} 电子伏特的能量射线。经常会出现这些射线的簇射阵雨,这是它们的出现方式。在 14000 英尺高的尖峰山上经常能观测到。贝特－海特勒(Bethe-Heitler)曾对簇射的形成进行了理论分析,他认为,某个入射高能电子会首先将自身携带的能量变成冲击光子,使得光子中出现电子对,每一个电子都会经历这种转变,以使其自身能量降低,变成低能光子和低能电子。来自地球之外的正射线或许不能直接抵达海平面,我们之所以能在云室中观察到这种高能正负射线,是因为我们观测到的是其在大气中转化而成的次级宇宙线。安德森和尼特迈耶尔于 1934 年提出猜想,认为粒子的质量介于电子和质子质量之间,它运动的踪迹造成了这种具备高度穿透性质的运动轨道,安德森将这一粒子称作"介子"。1938 年,这两位物理学家对他们的猜想进行验证并获得了成功,他们测量了这种粒子,发现其质量是电子质量的 220 倍,1939 年,另外一些观测者也测量出,此粒子的质量是电子质量的220 倍,而质子质量大概是它的 2000 倍左右。所以,想要对物质结构加以解释,就必须描绘出如此繁杂的图景!

普遍情况下,宇宙射线当中的粒子大部分是电子,质子很少。也就是说,在宇宙射线到达太阳系之前,并没有经过太多的物质。这样一来就证明,这些宇宙射线可能并不来自银河系中的某个恒星,而一定在银河系之外的宇宙当中。

目前我们还不知道宇宙射线的具体成因和来源,只能对其加以猜测。人们针对这一谜题给出的猜想主要有以下几个:(1)电子降落论,在天空中某一个静电场经过的电子降落,导致这一射线出现;(2)从双星磁场中经过论;(3)依据爱因斯坦 $E = mc^2$ 方程式得来物质质量转化为宇宙辐射的猜想。蕴藏能量最丰富的元素或许能释放出 110 亿—280 亿电子伏特的能量,也就是 1.1×10^{10}—2.8×10^{10} 电子伏特,这些能量一半直接射向某个方向,另外一半则射向与其相反的方向。因此这些元素能释放的半数能量,大概在 5×10^9—14×10^9 电子伏特能量,通过观测得出的数据也与此大致符合。

之前我们提到过,卢瑟福于 1919 年证实,若采用 α 粒子对某些元素进行轰击,比如用 α 粒子轰击氮元素的情况下,会导致其原子发生变化,将高速运动的氢原子核,也就是质子抛射出来。没过多久,布莱克特就证实了这一发现。他借助威尔逊的云室法对质子的行动轨迹进行了拍摄。这一发现直接开启了受控原子变化实验,并促使这一实验获得卓越的成果。

确实,通过这些实验得来的成果举世震惊。波特用 α 粒子轰击了质量为 9 的铍元素,从而发现了一种新的辐射,这种辐射的穿透力比铀发射的 γ 射线还要强。1932 年,查德威克爵士对这一辐射进行了研究,证实它并不属于 γ 射线的范畴,而是急速运动的不带电的粒子流,质量跟氢原子的质量大致相等。要获取这些粒子,可以采用一个非常简便的方法:取出几毫克的铀盐,将其与铍的粉末一起放置在密闭试管内进行混合,这些粒子就会自动逸出管壁。这些粒子被称作中子,因为它们本身不带电荷,且运动的过程中能够自由无碍地从原子中通过,不会发生电离现象。

1944 年研究发现的粒子如下表,毫无疑问,此后类似的发现将会越来越多。

表 4:1944 年发现的微粒子

名　　称	质量(单位:电子)	电　　荷
电子(β 粒子)	1	− e
正电子	1	+ e
介子	200	± e
质子	1800	+ e
中子	1800	0
氘核	3600	+ e
α 粒子	7200	+ 2e

宇宙当中不只存在着这些物质粒子,还存在着光子这一辐射单元。宇宙是多么神秘,多么复杂啊!

费瑟(Feather)、哈金斯(Harkins)和费米(Fermi)对中子进行了研究,证实即便中子(尤其是慢中子)不会导致电离现象发生,可却会对原子核产生明显的影响。带有正电荷的原子核会排斥α粒子,却不会对它们发出攻击,所以,中子很容易进入紧密的原子核内部改变其性质。比如,用锂盐将底片浸透进行实验,通过显微镜就能观察出两种相反的运动轨道。用轻质同位素针对硼进行的实验中也会出现类似情形。

居里－约里奥夫妇,则直接用α射线对轻粒子进行了轰击,获取了新类型的放射物质。比如,用α射线轰击硼之后没过多久就出现了正电子流,其放射衰变呈现出跟正常放射性类似的状态,11分钟内就衰变了一半,跟时间呈几何级数变化。我们可以用化学方程式对这种物质转变进行表示:

$$^{10}B + {}^4He \rightarrow {}^{14}N \rightarrow {}^{13}N + 中子$$

^{14}N代表着氮核,它内部能量过多,非常不稳定,因此就会通过分裂变成比较稳定的^{13}N和中子的结合。随后,^{13}N会缓慢地朝着稳定碳原子和正原子的方向进行转变,其方程式是:

$$^{13}N \rightarrow {}^{13}C + \Sigma^+$$

我们可以采用具备氮特性的放射气体,来对这种放射性的氮进行收集。

目前人们利用α射线、高速运动质子,以及慢中子的特性,探索了很多物质转变成放射物质的过程,而慢中子在将重元素变成放射物质的过程中也尤其有效。上面的内容,主要集中在利用从放射物质得来的各种粒子进行元素轰击,以达成人工改变元素物质反应的状况。而能从放射物质中直接或间接获得的粒子很少,所以,一直以来物理学家都迫切希望能够经过人工干预,创造出有效的极强粒子流。这种希冀在未来的确成为现实。

我们可以通过对氢或者其同位素氘放电,获取数量较多的质子和氘原子核,但想要使其达到能引起物质嬗变的程度,就一定需要在强磁场中将它们的速度提高到极快。因此,若想发出百万伏特的高电压,就要依赖大型的工艺设备及现代的高速唧筒,还要确保绝对的真空才能实现。

科克拉夫特和瓦尔顿在剑桥进行了类似的实验,开创了这一领域的许多新发现。他们首先采用电容器和整流器的方法,增高了变压器的电压,他们的目标是采用大型的设备获得200万伏特电压的直流电,这种直流电能直接引起20英尺范围内的火花产生。华盛顿的范·德·格拉夫还发明创造了一种静电装置,这一装置内部安装了一个传输器,以便将电荷源源不断地送进金属绝缘球的中空内部去,以此来获得 500 万伏特的高电压。

来自加利福尼亚的劳伦斯教授则创造了"回旋加速器",将离子放进这一装置中,使其从交流电场和与之相交的磁场中经过。这一装置会使质子和氘核依照螺旋路径运动,间断地在电场中持续进出。为获得某一特定频率的交流电位,要将离子控制在电力处,等待能将离子深度加速的运动方向转过来时将离子投入电场。通过这种办法,劳伦斯就创造出由质子和氘核组成的大约有 1600 万伏特能量的强粒子流,还具备 100 微安的电流。这几乎等同于从 16 公斤纯镭中所发射出的 α 粒子所能达成的效果。

借助于这一类先进的实验装置,实验者得到了非常强大的新武器。科克拉夫特和瓦尔顿用实验证实,采用 10 万伏特的质子就能人工干预锂和硼的物质转变。借助于这些电压和回旋加速器所能增加的几百万伏特能量,当代的实验室已经获得了广泛引发物质嬗变的射弹。

锂有两种同位素,其原子量分别为 6 和 7。质子对这两种同位素进行攻击的情况下,偶尔会有某个质子进入 ^7Li 的原子核中,进而产生不稳定的 ^8Be,随即一个快速的 α 粒子,也就是氦核,立刻被分裂出来并朝着不同的方向被甩出。倘若将质子射弹换成氘核,那么 ^6Li 跟某个氘核相遇反应,产生出另一个 ^8Be 的核,还会遗留非常多的能量,^8Be 的核会跟前面提到的反应一样,分裂成两个高速运动的 α 粒子,其速度比质子进入 ^7Li 中产生的粒子速度高得多。而 ^7Li 跟某个氘核相遇反应产生 ^9Be,随即又转变成两个 α 粒子和一个中子。

上面提到的,只是奥利芬特和哈特克率先对物质转变进行研究的实例。两万伏特就能导致这种物质转化,进而加速氘核射弹。之后,科学家们进行的研究远比这复杂得多。通过实验,我们也发现了许多新的同位素,比如质量都是 3 的氢(^3H)和氦(^3He),我们可以通过这两种同位素所释放的能量算出其质量:

$$^2H + {}^2H = {}^1H + {}^3H + E$$

$$2.0147 + 2.0147 = 1.0081 + {}^3H + 0.0042$$

阿斯顿曾用质谱仪计算出氢和氘的原子量数值。而上述公式中,被释放出的能量 E 的数值,则是通过对质子在空气中行进的路径(14.7 厘米)进行观察后运算得出的,证实质子的能量是 298 万伏特。质子的动能可以释放出总能量的 3/4,所以 E 的总量等于 397 万伏特。我们知道爱因斯坦的理论中提出,质量等价于能量,那么减少 dm 的质量,就等同于释放了 c^2dm 的能量,此处 c 是光速,按照每秒 3×10^{10} 米来计算。因此可以算出,397 万伏特能量相当于 0.0042 的质量,也就是说，^{3}H 的质量等于 3.0171。

劳伦斯及他的同事充分运用回旋加速器，创造出了 1600 万伏特的高速氘核，并用这一高速氘核对铋进行攻击，由此产生的放射性同位素跟天然放射性产品镭 E 非常类似。这个研究结果非常有趣，同理，用高速氘核轰击质量是 23 的钠或者钠盐，能得到一个质量为 24 的放射性同位素。而这种放射性同位素钠分裂时会发出 β 粒子，变成镁（质量是 24）的稳定内核，有 15 小时的半衰期。据此，劳伦斯获得的放射性钠就替代了镭，在医疗界投入运用。

查德威克和戈德哈伯（Goldhaber）采用 γ 射线对氘核（^{2}D）进行分裂，使其变成质子和中子。齐拉德则将铍（原子量是 9）分裂成一个中子和 ^{8}Be。而这种分裂方式是否能够获取进一步的发展与进步，则由未来是否能获得更高能的强 γ 射线所决定了。

总之，在这个时期中，人们获得了 250 多种新型放射性物质。可能很久之前太阳或者刚从与太阳分离开的地球上也存在着这种不稳定的同位素，但地球冷却之后，它们就转变成了衰变期非常长的铀和钍等元素了。

某些人工干预产生的放射性分裂，比天然放射分裂得到的能量大得多。比如，用 21000 伏特的氘核分裂一个锂原子，能获得 2250 万伏特的能量。据此看来，似乎我们可以这样获取无限的原子能。可我们需要先从大约一亿（10^8）个氘核中筛选出一个能够起作用的氘核，因此我们的供能和放能相对能够抵消。并且，在对中子的获取上，我们采用的方法效率非常低。这么看来，1937 年的时候似乎通过人工干预从原子中得到能量，并将其付诸使用的愿景并不现实。不过我们也应该记住，我们目前能达到这样卓越的成就，其实也远超过去对科学运用的想象，而宗教预言家们面对此情此景也一定会非常恐慌。实际上，哈恩和迈特纳在 1939 年就证实，中子撞击铀原子的时候，会将铀原子的原子核分裂成质量差不多相等的两半，而且会再次产生 2—4 个中子。初步看来，似乎这可以满足我们对累积过程的寻找，可实际上，唯有原子量是 235 的铀的轻质同位素，才能通过这种方式被分解并产生实用效果，但能获取的量也是极其微少的。登普斯特是发现这种 235 质量铀的第一人，明尼苏达的尼尔和纽约哥伦比亚的布斯、邓宁与格罗斯等人，也对这一铀的分解过程进行了研究[①]。钍这一物质也会产生类似的情况。当时有很多的实验室都在竭力地对这些同位素进行分离。尽管他们面临的困难不小，可受当时战争的影响，马上就使得这项工作获得了巨大的成功。最初，人们只能采用小孔弥散

---

① Aston, *Mass Spectra and Isotopes*, London, 1942; *The Atomic Bomb*, Stationary Office, 1945. ——原注

的方法，或者阿斯顿的质谱仪方法，来从成分很大的铀238中分离出质量较轻的铀235。少量的物质聚集时，会因为中子的逃逸，免除元素间连锁的化合反应，所以，这一物质非常稳定，不会造成负面影响。但如果这种物质的聚集超过了一定的分量，就会逐渐累积分解并产生巨大爆炸。

原子外围的电子的运动导致了化学反应的产生，可这种爆炸却是原子内部原子核的爆炸，自然比化学反应严重得多。一磅铀能发出的核能，比好几吨煤燃烧时放出的热能还要高得多。

原子量238的铀能够吸附中等能量的中子，并射出电子。在这一过程中出现了新型的元素——钚（Pu）。

在核反应实验中，需要使用缓和剂控制核反应的过程尽量缓和地发生，缓和剂主要吸收核反应过程中释放出的部分中子来减慢反应。像石墨的碳、之前提到的重水氢同位素等比较轻的原子，都能被当作缓和剂来使用。而且，也可以将238质量的铀放进缓和剂"堆"，利用其释放的热能发电。

1939—1945年的战争时期，在与德国人进行的原子弹制造竞赛中，英美两国的物理学家、化学家和工程师们联合起来，协力共进，成功地先于德国制造出了原子弹。并在美国建立了结构复杂的大型原子工厂，1945年，两颗原子弹在日本爆炸，就此宣告了战争的结束。世界各国所有的政治家们都在为核能的运用而奔走，力求使其能够充分地造福人类，避免核能隐患。我们面临着可怕的灾难，或许是因为核能的威力过于强大，让各个国家都感受到了危机，于是世间的和平发展才成为可能。不得不说，现代科学取得的最大成就就是消灭了战争。

与此同时，戴尔爵士等人开始针对原子的和平应用进行探索和研究。其中最引人关注的表现就是对示踪元素的研究。可以利用此类元素的特性，观测其运动轨迹和存在状态，而其中某一部分放射物质的作用最为显著。如今人们已经通过对原子堆的研究，得到了相当数量的同位素，因此，近些年来示踪元素的应用发展迅猛。而且还可以在有机物（动物饲料）中混入放射原子，通过采用盖格－弥勒计数器对放射原子的追踪，来观察食物在动物体内的运动状态。毫不夸张地说，在生物物理学和生物化学方面，放射性示踪元素可谓是开辟了新世界的大门，并且在医疗诊断的实际运用效果也很显著。

此外，通过大量催生放射物质，并将其运用在放射性治疗中，能使医疗过程变得更加简单，也减轻了经济压力，比如，可以采用放射性物质治疗癌症。

将示踪剂混合在农业肥料当中，观察农作物吸收肥料而具有的放射性，可以检测出不同肥料对于农业生产的作用。总而言之，示踪元素的用途非常广泛，几乎能在所有领域中得以运用。

　　一般情况下,物理理论出现的新观点经常会促使人们对这一现象进行数学探索,可以用方程式的形式做出比物理学更加简单的阐释。比如海森堡和薛定谔曾经提出量子力学的时候,先借助于对简单事例的处理,来创造出具有普适性的数学公式,在那之后才出现了类似于状态叠加和测不准原理等物理学上的解释,甚至,还促使了一种完美的、超越相对论的量子理论的出现。

　　狄拉克认为,若想将相对论的特性引入量子论,那么首先从数学方面入手会比较简单,不过依然无法对其作出准确的解释。他认为,这是初始和过渡之间出现的概率和巧合事件。[①] 所以物理学还跟过去一样,在概率演算的领域停滞不前。

　　而在物理学的汇总方面,爱丁顿则不负众望地获得了一些研究成果。他将一些物理常数,如电子、质子的质量及电荷等理论数值等,与实际的观测实验结合起来详加分析,发现其中存在着明显的联系,于是,他这样就将万有引力、电力和量子理论进行了汇总。关于现代物理学的理论汇总,可以参考弗伦克尔(I. Frenkel)的一篇综合论述文章。[②]

化学[③]

　　在现代,化学动力学一直是科学家们辛勤追寻的主题,阿累尼乌斯率先提出了他的化学看法,认为:物质当中产生的化学反应,只是由一定数目的分子参与而发生的,并且温度越高,参与化学变化的分子数目越多。现代化学理论普遍提出了对这一看法的质疑。现在人们认为,化学分子是经过碰撞才产生反应,变得活跃起来;化学单分子反应中,也是通过分子的碰撞来进行的。

　　氨和硝酸盐是农业肥料中的必需品,而开矿时用到的炸药和军用炸药都离不开硝酸盐,某一时期,科学家们,尤其是克鲁克斯,非常担心一旦智利的硝酸盐矿被开采完以后,化学肥料将会严重不足,因而导致世界小麦减产,供应不足。现在我们已经知道,这种现象只可能发生在战争年代,而和平年代不可能出现这一情况。育种科学家们培养出了不同的小麦品种,使其可以在寒冷的北方种植,小麦的种植面积进一步扩大了,而化学家们也能合成出氨和硝酸盐。

---

　　① Royal Society, Bakerian Lecture, 1941. ——原注

　　② *Nature*, Sept. 30 and Oct. 7, 1944. ——原注

　　③ Alexander Findlay, *A Hundred Years of Chemistry*, London, 1937; A. J. Berry, *Modern Chemistry*, Cambridge, 1946. ——原注

卡文迪什曾经利用电火花从空气中通过的反应,发现了酸的存在。大约 100 年之后,挪威的伯克兰、艾德大规模推广了这一化学方法。奈恩斯特、约斯特,以及后来的哈伯、勒·罗西诺尔等人,针对氨、氮和氢在不同温度、不同压力下的稳定状态进行了研究,并于 1905 年左右,借助于不同催化剂的作用,开创性地发明了一种化学实验法,从空气中提取了氨。到 1912 年的时候,哈伯提出的这一方法,在工业和军事上广为运用。这主要是因为 1914—1918 年战争爆发期间,德国对硝酸盐的需求倍增。这一方法的具体操作是:保证 200 大气压以上的压强下,在某种催化剂上面放上氮和氢,并将其加热到 500 摄氏度,使得氨和硫酸(或硫酸钙)之间产生化学反应,生成硫酸铵;或者在加热后的氨中放入空气和类似于铂绒的催化剂,使之产生化学反应,这样氨就能转化为硝酸铵。

人们 100 多年前所发现的催化剂,在当今的化学动力理论和化学工业中,有着非常重要的地位。一直以来,像哈伯实验法一样的化学反应都会用到催化剂,而近些年来催化剂的使用范围更加广泛。在热油液体中放入镍屑,并向其中注入氢气,油就会被氢化成一种高熔点的美味脂肪。在高压状态下,将氢气引入碳粉与煤焦油混合而成的热糊状剂中,加入合适的催化剂,就能产生氢化效果,对氢化后的产物进行蒸馏,就形成了汽车会用到的轻油、中油和重油等。催化剂的用处非常之多,很难全部列举出来。

之前莫斯利给出的元素周期表中缺少的部分,如今也几乎都被补充完毕了。W. 诺达克和 I. 诺达克于 1925 年借助 X 射线发现了 43 号与 75 号元素,也就是锝与铼。而 B. S. 霍普金斯于 1926 年发现了 61 号元素钷(Pm),这或许还没有被全部证实。1940 年,加利福尼亚大学的科森、麦肯齐和西格雷发现了一个被称为砹(At)的碘类元素,补上了元素周期表倒数第二位的空白。他们获取这一元素的办法主要是:利用回旋加速器,用 α 质点对铋进行轰击。

我们对化学结构中电子概念的理解,来源于发展后的卢瑟福 – 玻尔原子理论。代表地壳层内电子数目的主要量子数 $n = 1, 2, 3$ 等,决定了电子的能级或者轨道。而这些能级上能够存在的最大电子数值,则是通过以下里德堡级数得出的:2×1^2,2×2^2,2×3^2 等,最外层电子数最大取 8。而当电子数值满足 8 的情况下,其结构将非常稳定;除了氦气之外,其他的惰性气体都符合这一原则。$n = 1$ 时,氢有 1 个核外电子,氦有 2 个核外电子。从钠开始,出现了新的电子壳层,其量子数为 3,一直到量子数满额的氩为止,氩的电子结构是 2, 8, 8。

原子价学说就是借助这一原子理论,获得了物理学上的支持。我们可以将化合过程,看作电子在不同原子间的迁移。某一个原子必须得到或放出的电子数目,就采用原子价来表示。也就是说,该原子必须得到或放出一定量的电子,才能建立起最接近惰性气体的稳定体系——具备 8 个电子壳层的内在结构。也存在两个原子共用一部分电子的化合现象,我们将这种结构下的原子价定义为"共价"。牛津的西奇威克曾对原子的共价理论进行了详细的说明。

若两个原子在共用两个电子的情况下运动,那么它们就被共价键结合在一起。倘若原子对这两个电子的分配不平均,那么其中某个原子的阳电就多一些,另一个原子的阴电多一些。于是分子就会含有电极,并具有偶极矩——一般等于一个电荷跟两电荷之间距离的乘积。我们可以通过电容率(介电常数)算出极矩,也可以借助不均匀磁场内磁束的偏转度得出同样的结果。雷德、德拜、西奇威克和包温都认为,偶极矩是研究化学结构的指南针,他们也都对其进行了深入的研究和探讨。像 H_2、O_2 之类的单质分子中不存在偶极矩,其内部电子是均等的;不过跟其他化合物一样,HCI 有一个极矩,大概是 1.03×10^{-18} 个静电单位,其原子距是 1.28 埃。

波动力学在化学上的重要性不亚于其在物理学上的地位,其共振理论的影响尤其深远。共振是指,由于一个分子在不同电子结构中的迁移和变化,导致两者都具备了某种特性。

原子发射出的光谱是线状的,从分子结构观察到的则是带状光谱,因而也能测量出其分子组态。斯梅卡耳 - 拉曼效应认为,散射介质的特点是:单色光束从透明物质中经过会出现散射现象,从而发出不同频率的辐射。最近,哈特利等人则证实,化合物结构相似,那么它们在紫外区的吸收光谱也是相似的。他们还利用分子结构理论,对红外吸收光谱进行了研究。

最先将 X 射线用于研究晶体结构的是劳厄,后来弗里德里希、基平和布拉格父子(见 384 页)先后对此进行了深化。他们的研究证实,氯化钠这一立方晶体中包含着钠离子,其内部结构是,每一个钠离子都被六个氯离子包围着,而每一个氯离子同样被六个钠离子包围着。金刚石中的结构非常紧密,每一个碳原子都被包裹在四面体的中心,跟四个角上的碳原子彼此束缚着,这恰好是其质地坚硬的有力证据。采用 X 射线观察到的二苯基晶体的结构,跟凯库勒从苯及苯化合物中推算出的结构相符,其内部主要由六个碳原子组成了环状结构。最近,罗伯森等人在研究萘与蒽的过程中,采用了傅立叶级数方法,测量出了很多化合物的原子排列顺序及其化学键特性。在对合金、无机物和有机化合物的研究中,采用 X 射线的方法也都获得了良好的结果。

前面我们介绍过电子衍射理论:运动中的电子会携带一系列的波,进而出现干涉现象。所以,不仅能运用 X 射线研究晶体结构,电子衍射的方式对其具体分析也非常有效。通过电子衍射得出的结果跟 X 射线得到的结果是一样的。德拜最初采用 X 射线对晶体粉末进行分析,之后发现通过电子衍射方法可以观测到液体和气体产生的干涉纹理,并据此测出原子距离。维尔于 1930 年进行试验的时候,则再次采用了改良后的办法。

之后,凯库勒发现了苯的环形结构理论,范特－霍夫和勒贝尔发现了碳原子结构的正四面体理论,这两个理论是立体化学的两大支柱。如果碳原子的四个价电子符合四面体排列方式,那么电子键之间的角度就是 109 度 28 分;倘若碳原子的四个价电子呈现环状结构,正五角形内角是 108 度,那么五个碳原子组成一列,其首尾两端一定是相互连接形成闭环的。电子键之间不会变化,所以是非常稳定的结构。W. H. 珀金(Perkin)(子)制造出一些环状化合物,分别具有 3—6 个碳原子不等,最近这些年,索普和英戈尔德(Ingold)等化学家们证实,某一碳原子内部的两个价电子间的自然角度会明显地被其附属的基团所改变,比如甲基团。因而其变化的可能就会显著减少,更加稳定。很多天然物质里都存在类似的环状结构。就像范特－霍夫曾预言的那样,不对称的分子中出现旋光性,但是碳原子却都是对称的。梅特兰和米尔斯通过实验证实了丙二烯化合物就符合这一状况,其分子间并不对称。X 射线这一分析法的运用,极大地促进了化学学科的发展。毕竟这一分析法,能够清晰地显示出原子和分子的内在结构。

化学工业涉及的内容非常广泛,主要建立在煤焦油的化学基础上。它是依据理论科学而产生的实践,但后来竟对科学理论起到了重大的促进作用。瓮韦多本和霍夫曼在煤焦油实验中,分离出一种苯胺物,也就是安尼林油。霍夫曼还证实,煤焦油里含有苯这一物质。1856 年,W. H. 珀金(父亲)将重铬酸钾和硫酸苯胺进行反应,化合出紫红色的安尼林(苯胺)——这是科学史上第一次发现的安尼林染料,以后许多类似染料都借助这一办法得以发明出来。1878 年,E. 费舍和 O. 费舍,依据库珀、凯库勒提出的理论基础,率先对其内部化学结构进行了解释,他们证实,一品红(也就是玫瑰苯胺)、洋红等主要来源于碳氢化合物和三苯甲烷。他们的这一观点,直接引发了更多新染料和间接染料化合物的发现与合成。此后,格里斯又研制成功了一种具备偶氮基团的化合物,直接开辟了新系列的偶氮染料。

1868 年合成了茜素染料,也就是土耳其红,随后,蒽醌等很多衍生化合物随之被研发出来。大约在 1897 年,科学家们能够通过苯基甘氨酸提取工业蓝靛,于是,印度的天然蓝靛逐渐失去了市场。

虽然对工业来说,染料非常重要,但药物对人们的健康的贡献更加卓越。退热药品掀开了合成有机药物新时代的面纱,这些药品有:1883 年合成的安替比林,1887 年合成的止痛剂非那西汀和水杨酸,1899 年合成的阿司匹林。以上这些药物直接影响了现代化学医疗学派的诞生,而欧立希是这一医学派的主要创始人。他通过化学手段合成了一种给马治病的药物,还合成出一种砷化合物被称为盐酸二氨基联砷酚,也就是六〇六,对人体内的梅毒螺旋体病菌有很好的疗效,这是发生在 1912 年的事情。1924 年,富尔诺(Fourneau)制成了尿素,这种化合物非常复杂,其作用是杀死引发昏睡病的寄生虫。此后的好几年,一大系列以磺胺类药物为合成基础、依据氨苯磺胺和磺胺吡啶等被合成出的新药都出现了。梅(May)和贝克(Baker)也在这种基础上合成了一种新药,并将其命名为 M. B. 693,在对人畜健康影响危害较大的链球菌和肺炎球菌的治疗上都取得了很好的效果[1],磺胺胍这种药品则对治疗痢疾有奇效。

最初,这些合成药品并没有医学理论基础,一直到 1940 年,菲尔兹、伍兹和塞尔比提出,磺胺类药物发生效用的原理,在于它们能够切断病原菌跟其生长必需的同族物质——对氨基苯甲酸——之间的联系。这一伟大的研究成果,为科学下一步的发展指明了方向:对细菌的代谢进行探究,找寻细菌生长必备的物质,并在细菌生长过程中对这一必备物质进行控制。[2]

1929 年,弗莱明(A. Fleming)爵士从笔毫霉中提取了青霉素并为之命名,是发现这一药物的第一人。之后,牛津的弗洛里等人对青霉素进行了深入的研究,发现其比磺胺类的药物效果更好。

1945 年,着重于化学工业研究的曼彻斯特实验室,发现了一种对疟疾有奇效的药品,并为之命名"白乐君"。科学家们还成功地研制出了能够杀灭昆虫,但对人体和对人畜无害的杀虫药,也就是六氯化苯(六六六杀虫药剂)。

虽然维生素所获得的前沿研究成果属于生物化学的总范畴,不过我们自然也可以在化学学科里探讨维生素的结构,以及如何对维生素进行合成。维生素 A 是一种生长中不可或缺的成分,其成分结构是 $C_{20}H_{30}O$,卡勒(Karrer)指出了维生素 A 的结构公式,以对它的化学反应和其跟胡萝卜色素之间的关系进行解释;维生素 B_1 的作用是抗神经炎症,是哥伦比亚大学的威廉斯的合成成果;维生素 C 的主要作用是抵抗坏血病,一般在绿色蔬菜或柑类水果中含量较高,其内部结构如图 19 所示,非常简单。1933 年,伯明翰的霍沃斯(Haworth)提取并合成了维生素

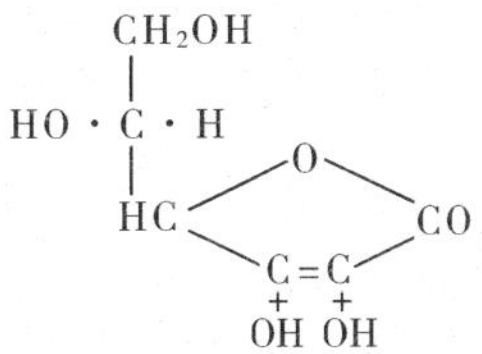

$$
\begin{array}{c}
CH_2OH \\
|\\
HO \cdot C \cdot H \\
|\quad\quad O \\
HC \quad\quad CO \\
C = C \\
|\quad | \\
OH\ OH
\end{array}
$$

图 19　维生素 C 化学结构

① *Reports of Medical Research Council*,1930—1940;*J. R. Agric. Soc*,1940. ——原注

② Britain Today,Vol. LXXIX,1942,p. 5. ——原注

C,现在人们将其称作抗坏血酸。

前文我们提到过,有机化学建立在碳原子能够相互结合成复杂结构的前提下。而硅也有类似的特性,所以这些年来硅的影响力也在逐步提升。

冯·拜尔(Von Baeyer)于1872年发现了石炭酸(酚),他将其与甲醛进行化合,得到了一种树脂状的物质。巴克兰特(Baekeland)于1908年发现,这一树脂被碱性催化剂加热后,会成为一种塑性物质,也就是"电木"。科学家们在与甲醛相关的化学反应中还得到了不少其他的塑料制品,它们能够做漆和釉料,也可以用来制造唱片、建造飞机,其用途非常广泛。

1892年,蒂尔登(Tilden)用异甲基丁二烯合成了橡胶。1910年,马修斯证实,可以用金属钠促进异甲基丁二烯聚合,只不过如今碳氢化合物、丁二烯或氯丁二烯等替代品纷纷出现,异甲基丁二烯也被取代了。而这些合成物,一般都能在天然物质当中找到。

化学家们在照相术方面也贡献卓著,最初他们只是制作成功了显影剂,也就是焦性没食子酸之类,接着又制造出一些能让胶卷对光谱中的可见或不可见光都产生感光作用的染料。还据此发明了能够感知红外光的照相乳胶,能拍摄几里之外的清晰画面,普通底片达不到这种效果。而照相术的发展又对很多学科产生了促进作用,上到天文学,下到微生物学的诸多领域,都很有益处。

费舍曾对单糖进行了基础的研究,后人在他的基础上继续探索。费舍认为,单糖的结构是敞开的链形;但如今人们普遍认可霍沃斯的观点,认为单糖是六成分型环形结构的。伊尔文、霍沃斯及美国的赫德森等人,将甲醚引入对双糖(蔗糖)的研究之中[1]。费舍也是第一个对氨基酸进行现代探究的人。但是直到现在,通过合成办法所能制作出的最为复杂的多肽类合成物,其分子量只超过1300,远远达不到蛋白质的标准。蛋白质主要有两种类别,其内部分子量主要是35000和40000的简单倍数。如今尽管用X射线对动物纤维进行了探索,观测到了蛋白质分子的结构画面,但此时人们距离成功地合成蛋白质,还有很长的路要走。[2]

现在,我们在物理和化学中所应用到的仪器,远比50年前先进得多。现在个人根本无法单独成立实验室进行研究。过去,那些热衷于科学的人们贡献卓著;但他们的黄金时代已经逝去。如今几乎大部分文明国家的政府,都会出资支持科学研究。英国各个大学和皇家学会都会收到英国政府赞助的基础科研补助金,而具体的工艺方面的探索,主要由科学工业研究部、医学研究会或农业研究会等各自进行管理。

---

① Irvine,Chem,*Rev.* 1927;Haworth,*B. A. Report*,1935. ——原注

② Vickery and Osborne. *Physiol. Rev.* 1928;Astbury. *Trans. Faraday Soc*,1923. ——原注

第十一章　恒星宇宙

太阳系——恒星——双星——变星——银河系——星的本性——星的演化——相对论和宇宙——天体物理学现状——地质学

太阳系

我们之前提到过,开普勒在观测太阳和行星的基础上建立了太阳系的模型,只是必须用地球单位测量出行星之间的距离,才能将这个模型的比例尺确定下来。1672—1673 年,里希尔致力于此类工作,并且他的某些测量成果很精确,非常具有现代意义:(1)布莱德雷于 1728 年注意到远星"光行差"这一现象:地球从星光中经过时所观测到的星光方向,跟半年后地球反方向运动再次经过该星光时观测到的星光方向不同。那时人们根据这一发现,证明光有运行速度。如今光速已经被测量出来了,因此能借助光行差原理逆向推算地球的运转速度和运转轨道。(2)金星处在太阳和地球之间的时候,能根据地球上某两个站点的不同时刻,采用三角运算的办法得出太阳的距离。(3)1900 年小行星(爱神星)行经地球附近,曾采用三角测量法对其距离进行了测量。

运用上面的三种办法,得到的太阳系测量结果是一样的:地球和太阳之间有 9280 万英里(后来修订为 9300 万)的距离,也就是说,要以每秒 186000 的光速行驶 8.3 分钟;测得太阳直径是 865000 英里,太阳质量约为地球的 332000 倍,地球的平均密度是每立方厘米 5.5 克,太阳的平均密度是 1.4 克。

1930 年,汤姆保(Tombaugh)在海王星轨道外侧发现了一颗新行星,于是,我们对太阳系的了解进一步加深。美国亚利桑那州旗杆天文台缜密地对天空中可能存在的行星进行了地毯式搜索。他们在几天时间内连续对天空的固定区域拍照,并对照片进行比较；如果照片上显示的光点产生了位置移动，则证明那个光点就是一颗行星。汤姆保发现的这颗行星需要用 248 年才能围绕太阳公转一圈，跟地球间的平均距离差不多是 36 亿 7500 万英里。人们称呼这颗星为冥王星，其轨道直径是 73 亿 5000 万英里，那是 1946 年及之前，人们所能探测到的太阳系的最外围。

　　人们经常会探讨其他星球是否也有生命存在，而在太阳系中被经常探讨的问题，则是其他行星状况。[①] 行星外围大气的性质则是对行星状况进行观测的最重要因素。一般来说，大气跟脱离速度密切相关，也就是说，当气体分子运动的速度能够摆脱行星引力的控制，就是所谓的脱离速度。其速度数值是 $V^2 = 2GM/a$，其中 G 代表引力常数，M 则代表行星质量，a 则是其半径。我们按照英里/每秒的单位来计算，地球上的 $V = 7.1$，而在太阳上这个数值达到 392，极端条件下，这速度在月球上仅有 1.5。氢分子的运动速度是最快的，零摄氏度的情况下，其速度是 1.15 英里/每秒，秦斯对此进行过运算：倘若大气的脱离速度达到了分子平均速度的 4 倍，那么整个大气完全逃逸，只需要 5 万年；倘若脱离速度达到分子平均速度的 5 倍，那么其逃逸率非常小，根本没有计算的必要。所以，月球是没有大气的，较大些的行星，如木星、土星、天王星和海王星的大气比地球要多，而火星和金星的大气跟地球大气类似。金星上的二氧化碳充足，可上面没有氧气和植物条件，生命不能在那里存活；而看上去火星上似乎曾经存在过生物，或者说其适合生命生存的机会已经过去了。

恒星

　　在冥王星的轨道外面，就是苍茫无际的宇宙空间。地球沿着自己的运转轨道，用半年的时间，从轨道的一侧行进到另一侧，而我们可以通过精密的观测发现，在相对比较远的恒星所构造的星空图上，距离我们最近的恒星会产生细微的位移。假设我们忽略这些恒星的细微运动，那么在经历 6 个月的时间之后，这些恒星就会再次回到它原来的位置。现在我们已经知道地球轨道的直径，只需考虑到将恒星自转和光行差控制在误差范围内，就能依据同一颗星星在 6 个月内所产生的视觉差和三角测量法，来推算出这一恒星的距离。

　　1832 年，韩德逊在好望角观测恒星视差，而 1838 年，贝塞尔（Bessel）和斯特鲁维（Struve）对此进行了精确的测量。他们的测量显示，距离我们最近的恒星，那个

---

　　① 　H. Spencer Jones. *Life on Other Worlds*, London, 1940. ——原注

非常微弱的细小光点——半人马座比邻星,距离地球 24 万亿英里,也就是 2.4×10^{13} 英里,以光速要行走 4.1 年才能到达,几乎是冥王星轨道直径的 3000 倍左右;而更亮一些的天狼星,距离地球有 5×10^{13} 英里,大约 8.6 光年。目前,借助于这一精确的测量方法,我们已经对 2000 多颗恒星的距离进行了测定,不过,这一办法只能测量距离我们 10 光年以内的恒星。

在晴朗的夜晚,肉眼可见的恒星有好几千颗。采用望远镜来观测的话,望远镜口径越大,能观测到的星则越多,但星星的实际数目跟望远镜的口径之间并没有正比例关系,所以或许我们可以这样界定:恒星并非无穷多。1928 年,美国威尔逊山天文台的 100 英寸反射望远镜是当时全世界最高倍数的望远镜,其能观测到的星星大约有 1 亿颗;根据各种不同的推测,银河系中的恒星有 15 亿—300 亿颗。目前,正在制造 200 英寸的高倍反射望远镜[①]。

以前,希帕克按照星星的亮度将其分成 6 个等级,也就是"星等",而如今,这种等级尺度已被我们扩展到包含 20 等之外的微弱星,这种星星的亮度只能达到一等星亮度的一亿分之一。自然,这种测量的方法主要以从地球上所能观测到的恒星亮度为标准。而我们也能根据它的已知距离推测其绝对星等,也就是它在某一个标准的距离时对应的视觉星等。

依照绝对星等的分类方法,所有星等中都会存在有恒星。赫兹普隆(Hertzsprung)提出的理论被罗素验证:高星等的星和低星等的星都比中星等的星多。高星等的星是"巨星",低星等的星是"矮星"。这个我们会在后文详加介绍。

可以从光谱型相同,而已经确定了距离的恒星中发现,绝对星等跟某些谱线的相对强度之间存在某种关联。所以,对这些具备决定意义的谱线进行探讨和研究,就能获得某一未知恒星的绝对星等,接着依照视觉星等,估算出其距离,即便其距离超出了视差法的测量尺度,也依然能够被测量出。这是现代科学界对恒星距离进行测量时,常用的一种间接办法。

双星

我们肉眼看到的很多单个的星星,在望远镜中看来都是成对的。而这些成对的双星之间的距离也可能非常遥远,它们之所以看上去很近,只是因为它们接近同

[①] 这座大望远镜在 1948 年就已经制造完成,通过它能拍摄到微弱到 23 等的恒星和星云,估计恒星数目可达千亿颗。——译者注

一视觉直线。不过双星的数目非常多,仅仅用巧合的同一视线观点来解释,不能对一切双星的成因进行说明。绝大部分情况下双星之间一定存在着关联。1782年,威廉·赫舍开始着手于对双星的观测和研究,1793年时,他通过已经观测到的足够数量的双星运动轨迹证实,双星运行在椭圆的轨道上,围绕着椭圆中的某个焦点上的公共重心不断运动。所以,他提出,牛顿从太阳系中得出的引力定律,也能用以解释双星的运动轨道。

我们可以根据某些双星的已知距离和既定轨道,来推测其质量,正常情况下这些双星的质量是太阳的0.5—3倍不等。采用其他观测方法获得的结论也与此相符。各类星的质量差异并不大,但其大小和密度却差异极大。

有时某些双星中两个星体距离得非常近,通过望远镜无法分开观测,不过我们依然可以利用分光的方法去对它们进行辨识。假如我们的视线正好处在双星的轨道平面上,两星之间的连线跟我们的视线垂直,那么其中一颗星会朝向我们而运动,另外一颗星则背向我们运动。所以可以根据多普勒定理:某一颗星的光谱移向蓝色端点,另一颗星的光谱线则必然朝红端移动;在双星关系中,其光谱数目一定成倍增加。如果两颗星一前一后,它们就在我们的视线方向上横向运动,在光谱中观测不到谱线倍数递增的情况。我们能够通过这种光谱变化,来对双星的公转周期和运行速度进行估算,而且能得出双星之间的质量比。如果双星能同时被分光和目视测量到,那么也能得出这两颗星的质量。

皮克林(E. C. Pickering)于1889年率先利用分光的观测方法,发现了一对双星。他从大熊座ζ星光谱中观察到谱线加倍的情况,也就意味着这颗星是双星,其运行周期是104天。从此开始,美国和加拿大的天文工作者采用大型望远镜和摄谱仪,用分光法观测晴朗的夜空,发现了数百对双星。

变星

大多数恒星的亮度都会发生变化。如果其变化没有规律,那么可能是受到炽热气体多次爆发的影响。可是在我们所观测到的多数情况中,恒星的光强出现变化都发生在一定的周期内。所以,可以做出这样的推论,引起恒星亮度变化的原因,可能是由于在一段时间内,比较亮的恒星被围绕着它运动的伴星遮去了部分或全部的光,出现了星食现象。偶尔从光谱中也能证实这一猜测,因为比较亮的恒星在经过或离开地球时,其谱线也会产生周期性的变化。通过对比恒星亮度变化的观测曲线及测量其光谱谱线,经常能够清晰地了解部分双星系的状况。比如通过这种办法,能对大陵变星和天琴座 β 星深入了解。

宇宙中存在的双星很多,甚至像聚星一样的双星,其内在构成体系更复杂。那么借助上述办法也能对其进行辨别和探索。举个例子,我们通过分光测量法对北极星的研究发现,其星系中存在着 4 日公转一周的两星、12 年公转一周的第三星,以及两万年公转一周的第四星。

另外的一些变星,譬如仙王座 δ 星(造父变星),就不是因星食出现的。它们大约几个小时或几天为周期,发射出比其最小亮度强好几倍的光。这种造父变星属于周期较短的类型,1912 年,哈佛大学勒维特(Leavitt)女士发现,这一变星的周期跟它的光度和绝对星等之间存在某种关系。赫兹普隆及当时在威尔逊山天文台工作的夏普勒(Sharpley)立刻就意识到这一发现非比寻常,有着极高的价值。变星的周期现象非常有规律,能够借助这一规律推测出其他相似变星的光变周期,进而推测出相似变星的绝对星等,结合视觉星等就能得出其距离。这也是对距离远、难以得出视差的星星进行测量的间接办法。

银河系

银河是一个宽度不定的亮带,围绕整个天穹形成巨大的环带,带中布满数量众多的恒星。银河中有些部分密集地汇聚着很多星星,形成了恒星云,要用最先进的望远镜才能观测到其中的某些恒星。还有很多不规则的未知星云穿斥其中。在恒星紧密汇聚的最中心,有一个将银河分为两半的大平面,人们称之为银道面,可以将其看作整个恒星系的对称平面,恒星仿佛在朝着这一平面上汇聚,尤其是那些比较热的星或较远而暗的星,都紧密地聚集在其中。

这代表着我们整个恒星系都在银道面上,是扁平的,组成了一个透镜形的庞大恒星体系,我们的太阳系就在这个体系之中,但并不是银河系的中心。我们从太阳系向银河系看去,能够看到很多很多星星,这是因为我们好像从透镜的边缘往周围看去,恒星在空间中散布的厚度很大,而这一角度上的恒星投影就最为密集。

银河系中,在恒星云和不规则星云以外,还存在着大约 100 个球状的恒星团,"球状星团"大多分布在银河系中间稍微偏向外侧的区域。造父变星也包含在内。夏普勒从这些星团的光变周期入手,结合其他一些间接的测量方式,算出球状星团跟我们之间的距离在 2 万—20 万光年。

据此我们可以发现,我们身处的恒星系的最长直径起码有 30 万光年,而我们的太阳位于整个银河系中央平面偏北的地方,距离星系中心大约有 6 万光年。长期以来对恒星运动轨迹的观测显示,太阳按 13 英里/每秒的速度向武仙座方向而去,若参照这一运动方向,整个空间会途经两个主要星流。

最令人震惊的,是天体空间里存在着一些巨大的旋涡星云。它们可能是尚未完全成形的星系或银河系,后面我们还会再谈到。这些旋涡星云蔓延的区域极为广阔,虽然其内部大多是稀薄的气体,可一个星云中所包含的物质几乎相当于十亿个太阳所包含的物质。这种星云非常多:加利福尼亚的哈勃(Hubble)博士认为,仅在他自己工作的威尔逊山天文台,能用 100 英寸望远镜观测到的星云大约就有两百万个。这些星云距离我们非常远,可能有 50 万—14000 万光年的距离,或许可以推测其并不在我们所在的星系。似乎在宇宙空间里,像这样聚集了众多恒星的银河系还有很多很多,我们所在的星系也只不过是夏普勒所说的"岛宇宙"之一罢了。

荷兰格罗宁根的卡普登(Kapteyn)在 1904 年进行恒星统计研究的时候,发现我们所在的星系里存在两个方向稍有不同的主星流。现在我们对这两个星流的讨论,需要结合莱登的奥尔特的发现——这是银河系围绕着人马星座方向上的中心进行的自转,那个距离我们一万秒差距①。依照引力原则,银河系自转的速度向外减少。在我们所处的位置,自转轨道的速度大约是 250 公里/秒,需要两亿五千万年(2.5×10^8)才能自转一周。银河系的整体质量大概等于 1500 亿(1.5×10^{11})个太阳,我们假设银河系中的恒星平均质量跟太阳质量相等,那么银河系中的恒星差不多也是 1500 亿个,大概十倍于外推运算法所算得的结果。

星的本性

1867 年,赛奇(Secchi)神父在罗马提出,可以通过光谱来给恒星分类;哈佛天文台改进和补充了这一分类法。肉眼看到的星也有颜色差异,但照相机对偏向紫色的光谱感应更敏锐,因此根据相片划分的星等,跟肉眼推测的星等不同,二者的差异成为辨别星色的度量方式。不同恒星的光谱中也存在这种差异。从恒星光谱中,能够找到一系列渐变的谱线,自然地对不同恒星的性质加以表现。哈佛大学将其划分为 $O, B, A, F, G, K, M, N, R$ 的类型以作区分,在这一系列中,靠前的项表示偏蓝色的星。

O 型星的光谱会在较暗的连续背景上显现出几条明亮的线。一些光谱中的氢

---

① 秒差距相当于视差为 1 角秒的距离,大约是 3.26 光年(2×10^{13}英里)。——译者注

和氦谱线非常强。B 型星的光谱会显现出较暗的线,能明显地看到氦线。A 型星的光谱中会包含氢、钙和其他金属的谱线,而 F 型星的光谱里靠后的谱线会增强;太阳就是 G 型星,是黄色的,其光谱会在比较亮的背景上出现暗线。在 K 型星的光谱中,初次发现了碳氢化合物的谱线。M 型星的吸收谱带比较宽,尤其是氧化钛的谱带。N 型星是红色的,光谱中包含一氧化碳和氰(CN)的宽谱带。虽然 R 型星没有 N 型星那么红,但也包含 N 型中的吸收谱带。

人们通过观察光谱的方法,来对各类型恒星的有效温度进行推测。假设存在一个黑色的完全辐射体,这一黑色物质温度逐渐升高,那么其辐射性质和辐射强度也会发生变化。同一温度下,辐射能量和波长会产生一种特殊的曲线联系,并且在某一特殊波长上,其能量达到最高值。随着黑体的温度增高,这一波长上的最大值就会从原有位置移向光谱蓝色的一端,故而能够证明温度变化。在能量的分布方面,人们还有好几种办法能够对其进行测量,比如可以采用照相法,比对辐射性质变化等。并且,我们还能在人力所及干预下,研究温度和电离对光谱产生的作用。1920 年,萨哈通过对恒星光谱中一些吸收谱线的状态,来推测产生吸收作用的原子温度。1923 年,福勒和米尔恩也都利用过这种办法。

而利用各种估算恒星温度的方法得出的结果都能彼此印证。能够被看见的星,其表面辐射温度能达到 1650 度,而目前已经探明的最热的星,表面辐射温度能达到 23000 度。毫无疑问,星的内部温度肯定高于外部温度,所以其内部可能有着几千万度的高温。

之前,在对绝对星等的讨论上,我们曾提到过,大部分的恒星属于巨星和矮星这两大分类,也存在某些中等光度的星。而巨星的光度远大于矮星。不过我们需要注意的是:这种分类只针对 K 型星以下的、温度低于 4000 度的冷星才有明显的区别。在比较热的星上很难看到效果,并且,这一分类完全不适用于 B 型星。这些被分类的恒星都属于巨星类,光度大概在太阳的 40—1600 倍。

人们通过这些事实明确地得出了一个结论:几乎所有的恒星都会经历相同的演变,不管任何恒星,它最开始一定是比较冷的物体,接着其温度逐渐增高,直至达到其本身所能达到的极限高温(跟恒星大小有关),接着需要经历一个反向的冷却过程,其温度会逐渐下降。

恒星的温度升高时会发射出大量的光,这表示它本身体积非常大,所以会被划分成巨星。但恒星在冷却的时候,周围的大气温度会逐渐降低,恒星冷却时的光谱渐变大致跟其温度升高时的光谱渐变相同,只是部分细节略有变化。但此时,这颗星的光度比之前小很多,它的绝对星等也比之前小很多。这一恒星的温度并未上升,所以其体积就比之前小,变成了一个"矮星"。

上面就是罗素对恒星演化过程进行的解释,这跟勒恩和利特尔通过动力学气体团的概念进行的解释是一致的,假如这团互相吸引的气体质量非常大,那么一定会因重力而收缩,它就会释放能量,温度升高。而当它进行收缩的时候,收缩速率一定是逐渐变小的,等到达某一临界密度时,这个庞大而炽热的气体团所产生的热量无法支撑其辐射作用,这团物质就会进入冷却过程。在探讨太阳的年龄时曾经提过,这一过程无法对其释放的全部热量进行明确的阐释,当时或认为其有类似于原子蜕变之类的其他能量来源,被温度决定,也进行类似的演化。

近来,人们已经根据前沿的研究成果修正了这一恒星演化的理论,并将原子结构的新知识引入了天体物理学领域。人类处在原子和恒星之间的最有利地位①,因此能够从一方获得知识,并将其作为对探究另一方知识的线索。

在知道太阳或某颗星的尺寸和平均密度的情况下,假设其内部充满了气体,就能计算出,深度增加的过程中其表面压力的变率,爱丁顿就据此进行了运算。他发现,气体恒星的光度,主要跟质量一起变化,在一定程度下,光度大致跟质量呈正比例关系。不管在恒星中的哪一层级,下层的气体弹力和辐射压力都需要支撑其上层的压力。以分子运动理论来说,气体分子之间的碰撞造成了它自己的弹性,而如果温度变化,那么气体分子的速度也会变化。那么太阳或其他相似恒星的温度必须达到4000万—5000万摄氏度的数量级,才能够支撑起内部存在的巨大压力。爱丁顿的运算结果显示,假如存在一个比太阳还要大很多的星,那么其内部辐射一定大到会导致它自身状态不稳定,很容易产生爆炸。所以,星的大小必然是有上限的。

恒星内部,有一个很大的区域是恒温的包壳,这里所能发出的总辐射,会根据绝对温度的四次方发生变化。那按照我们已知的规律推算,温度增高,光谱上能量的辐射就会逐渐缩短波长。当其温度变成了数百万度的高温时,其能辐射出的最大能量,就不能在可见光谱的波段中显示,而很可能会出现在 X 射线或其他波长更短的辐射区域内,而且这些辐射即便在向恒星外部发射的过程中,依然会跟原子产生碰撞,进而转化成波长较长的辐射,于是最终依然是以光和热的形式被释放的。不过我们需要注意一个实际现象:麦克伦南(McLennan)、米利根、科赫斯等人已经发现了宇宙线,它是一种穿透力极强的射线,分量非常小,似乎是从宇宙空间

----

① 爱丁顿认为人的身体大约需要 10^{27} 个原子,而建造一个恒星系需要的原子数,大约是构成人所需要原子数的 10^{28} 倍。——译者注

里射向我们大气的。秦斯曾对此提出过他的看法："从某种含义上来讲，这种辐射其实是发生在整个宇宙空间里非常普遍的基础物理现象，宇宙空间的大部分都充斥着这种辐射，远比可见光和热要多得多。这些辐射，每天都从我们身体中穿过……以数百万个/每秒的速度，摧毁我们体内的原子。或许这是生命形成的某种必要元素，也或许是杀害我们的凶手。"[①]有些人认为，这种穿透力极强的辐射，或许是质子和电子互相湮灭时发出的，也可能是在氢聚合成重原子时发生的，但其发射地点很有可能是星云或宇宙空间等非常稀薄的地方，毕竟，从那种地方射出的能量能毫不费力地从恒星外部的物质中穿过。

我们都承认，X射线和更具穿透力的 γ 射线，都能起到极强的电离效果。因此，形成恒星内部的原子也是高度电离的，也就是说它们没有外部电子，秦斯于1917年提倡这个概念之后，被很多学者所探究。一个普通原子的体积，也就是其他原子无法穿透的体积，就等于这些外部电子的轨道的体积。假如外部电子不存在，那么这些原子的体积肯定会大量减少，缩小成原子核或距其最近的电子环的体积，电子环的轨道自然比外部电子轨道小很多。如此一来，既然恒星最内的原子非常小，那么，它们之间的干扰现象，也肯定比我们在实验中所观测到的小。所以，虽然恒星物质的密度很高，也依然符合玻尔定律，类似于"理想中的气体"。

我们假设恒星是气体，那么就能通过数学公式算出某颗星的质量，跟其发出的光与热之间存在的联系，也就是确定其光度到底是什么。1924年，爱丁顿通过运算得出：质量越大的星，辐射也越大。他得出了一个理论关系，并且将某个数学元素进行了调整，以保证这一关系符合实际事实，这个公式也适用于某些恒星。1924年之前，人们普遍认为恒星的密度很大，因此可能是液体或固体，所以这一理论公式无法对星的现象做出解释。可爱丁顿觉得，虽然太阳比水要重，也存在其他比铁重的恒星，但它们本质上都是气体，因为它们没有外部电子，使得这些恒星的原子体积变得极小，所以，原子间几乎不会产生互相接触。

并且，崭新的发现，使得密度的可能范围变得更加广阔了。1884年，贝塞尔发现，整个天空中最亮的天狼星沿着椭圆轨道运行，所以他猜想有一颗绕天狼星运行的伴星，并估算其质量大概等于太阳质量的五分之四。克拉克（Alvan Clark）18年后的确发现了这一伴星。借助现代望远镜，很容易观测到它，它的光大概是太阳光亮度的1/360。那时人们普遍认为这是一颗红热的、即将衰落的星。但亚当斯从威尔逊山

①　Sir J. H. Jeans. *Eos or the Wider Aspects of Cosmogony*, London, 1928, p. 46; also The Universe Around Us, New York and Cambridge, 1929, p. 134, also 1944. ——原注

观测到这颗星是白热的,因为它体积小,所以其发射的总光量也非常小;它的体积稍微比地球大一点点。当时根据这一巨大的质量和极小的体积,算得这颗星的密度大概是每立方英寸一吨,实在太令人匪夷所思了,所以当时的人根本不认可这结论。

可没过多久,人们就找到了新的证据。爱因斯坦的理论提出,物体发出辐射的频率会因为质量和体积的变化而产生不同;所以谱线会以半径除质量的比例,朝着红色一端移动。亚当斯对天狼伴星的光谱进行了观测,也得出了一致的结论,即其密度大约是铂的 2000 倍。我们现在观测到的其他几颗高密度星差不多也是如此,甚至比这一密度还要大些。秦斯提出,这些星中的物质已经超出了气体范围,而接近于液体了。其内部的原子连最内层电子都失却了,仅留下原子核的概率非常大。而那些像天狼星和太阳一样比较正常的星,可能其原子的原子核外还包含一层电子。所以我们可以通过原子结构理论来对这一现象进行解释:很明显,恒星被分为几个清晰的大类,并且在每一个类别中,都只包括了部分体积限度下的恒星。那种高温会让地上的原子全都破碎,而恒星为保证这一体积,则其内部的未知原子一定比地球上的原子重得多,但就像地球上的轻原子一样漂浮在辐射表层。

我们有三种估测恒星年龄的方法:(1)最初双星运转的轨道应该是圆形路径,之后,被经过的星的引力影响,逐渐改变,所以能够根据双星现在实际轨道的形状,以及从此处途经的行星的可能频率,来推测出恒星的可能年龄。(2)较为明亮的星团在宇宙空间中运动,其中较小的成员会逐渐逸散在空间中,我们可以通过计算,得出当下形成的分散状态必须经过多长时间才能达成。(3)恒星的运动能量跟气体分子一样,肯定会出现平均分配的倾向;西尔斯曾经对太阳附近的恒星进行过测量,发现那些恒星几乎已经进入这种状态。我们通过分子运动理论就能算出需要用多长时间就能让这种平均分配动能的现象出现。以上指出的三种方法都显示,我们所在的星系中,恒星的平均年龄大约在 5 万亿—10 万亿年,也就是 5×10^{12}—10×10^{12} 年。

要保证如此长时间的存在,一定需要大量辐射能量供应,仅靠引力收缩或放射性物质,远不能达到其要求的程度。爱因斯坦的理论,自然而然地让人们产生了这种观念:这种能量可能来自阳性质子和阴性质子(反质子)间产生的湮灭,这种说法,是 1904 年秦斯对放射物能量的阐释[①]。如今这一理论已经完全成型,变成了系统理论。我们可以绝对肯定地说,恒星的质量是不断在减少的。辐射会带来一定的压力,所以,我们就得到了一个能够被计算的动量,也就是质量和速度的乘积。

---

① *Nature*,Vol. LXX ,1904 ,p. 101. ——原注

太阳的表层,每英寸会辐射出 50 马力,这意味着每一天太阳都会损失 3600 亿吨质量,而唯有质子和电子互相湮灭的理论才能对这一质量损失出现的原因加以解释。过去,太阳拥有更大的体积,也更年轻,那么,它的这种质量损失的过程一定比现在更快,我们据此能够推算出,太阳年龄的上限大约是 8 万亿年,也就是 8×10^{12} 年。我们利用其他方法估算得的恒星年龄,与这一数字吻合,但从以后的研究看来,这又是存疑的。

星的演化

估算出恒星的年龄之后,我们自然而然地会好奇——恒星是如何出现的呢?即便我们采用最高倍数的望远镜,也无法观测到恒星的体积,毕竟距离我们最近的恒星也实在太遥远了。但早在望远镜被发明出来之前,人们就能通过肉眼看到仙女座中的大星云。而 1656 年的时候,惠更斯则发现了猎户座内的另一团星云。

星云主要分为三种类型:

(1)不规则的星云,以猎户座星云为例;

(2)行星状星云,这些星云有规则,结构比较小;

(3)旋涡星云,看上去就跟明亮的大旋涡一般。

其中旋涡星云的数量是最多的,我们前面提到过,能用现代望远镜观测到的星云大约有 200 万个。这些星云的光谱都是连续的,会跟吸收谱线重合,跟 F-K 型的星(包含太阳)有着类似的光谱。有的星云是炽热气体团的聚集区,有的星云内部则含有形状已固定的恒星。星云处在高速转动中。我们可以借助光谱学研究轨道平面上能直接观测到的星云;而还有一些星云与我们的视线相交,每年记录的照片显示它们也会转动,只是大概要好几百年才能转出完整的一圈。似乎这些证实了星云运动的速度很缓慢,可在我们的实际观测中发现,星云的线速度非常高,也就是说,它的转动周期之所以这么长,不是因为运动速度慢,而是因为其体积极其庞大。

我们假定不同的星云转动的速度大体上是一样的,那么综上所述,能够借助光谱学,获得在轨道平面边缘能够平视到的星云的线速度,也能测量出那些与我们视线垂直的星云每年的角速度,将这两个速度进行比较,就能估算出其距离。造父变星位于旋涡星云的旋臂处,我们还可以假定,变星的光变周期跟绝对亮度间存在某种关联。所以只要测出它的亮度,就能以另一种方法估算出具体距离。从这两个方法中得来的数值,大约是几十万光年到几亿光年不等。所以大部分的旋涡星云距离我们的星系都非常遥远。

康德首先提出了恒星演变的星云学说,18世纪末,拉普拉斯阐释太阳系起源时,引用了他的学说。他以气体星云的概念说明,星云填满了海王星轨道内部的空间,并且一直在旋转。星云也会受自身引力产生收缩,可它的角动量固定不变,因此旋转速度越来越快。在星云收缩的整个过程结束之后,有一些环形物质被留存下来,并逐渐凝结成行星和卫星,围绕着太阳这一中心物质公转。

这一学说有几个说不通的地方。1900年莫尔顿提出,环形的遗留物质不可能变成球状;张伯林(T. C. Chamberlin)则证实,在星云的气体团中,引力作用并不能控制其分子的高速扩散效应,而使星云产生收缩;秦斯则采用其他的一些论点说明,行星的产生不是通过凝结而来的。

不过,旋涡星云非常庞大,远超拉普拉斯的想象。在这么庞大的规模下,星云的演变过程也非常与众不同。此时,星云中的引力效果,远比气压和辐射压更为显著地发挥效用,星云不仅没有扩散,反而开始了收缩,其旋转速度也比拉普拉斯猜测的要快很多。或许在规模比较小的太阳系,这一解释无法成立;但在规模如此之大的星系上,却是一种有效的说法。

秦斯利用数学方式证实:某个有引力的气团,在受到其他物质团的潮汐和引力影响时,会逐渐开始转动,其形状将逐渐类似于一对凸透镜。如果引力团的旋转速度进一步加快,那么其边缘就会因为不稳定而分裂出两个旋臂,每一个旋臂上都会出现部分凝结,而且这些凝结块都有一定的体积,能够符合构成恒星的狭小体积限制,进而逐渐演变成恒星。哈勃已经证明了这个理论中提出的猜想。而且哈勃进行了仔细观察,将星云按照秦斯提出的猜想进行了分类。因此,我们得以在旋涡星云中发现,我们所在的星系之外的超远空间里,有其他的星系正在逐渐形成。

在旋涡星云臂上运动的那一小块,是否将会形成类似于我们太阳系一样的星系呢?秦斯通过数学公式证实,这种情况不一定会发生。假如,旋涡星云臂上的这一小块物质转动的速度非常快,从而产生了分裂现象,那么它们就有可能通过分裂形成互相绕转的双星系统。因此,恒星演化的一个常规的结果就是双系统,而另外一个结果则是单个的孤独的星球。

在对太阳系起源的推论上,莫尔顿、张伯林和秦斯都提出了自己的猜想和诠释。假如在很早之前的某一阶段,有两个气体行星在运动中逐渐靠近彼此,那么二者之间就会出现潮汐波。待两星之间的距离达到某一临界点,二者之间的潮汐波就会放射出长臂状的物质,并从中分裂出大小适当、具备某些特质的物体,从而逐渐演化成地球和其他的行星。但这属于小概率事件,依照秦斯的数学计算,估计

10 万个恒星里面,才会有一个恒星会像我们的行星系一样,发生这种状况。

我们可以对恒星演变的最新学说进行概括,其内容是:恒星就是从旋涡星云的旋臂中被甩出的、体积相近的气体团,它们发出辐射,因而会损失质量。体积越大,其发出辐射的速度就越快,因此这些气体团之间的质量才渐渐地趋向于一致。

不需要考虑温度和压力的影响,我们可以判定,诞生最晚的星最重,其所能发射出的辐射也最多。假如它们跟地球上的原子一样,温度增高或压力变大的情况下,辐射也随之增加,那么就不同于上面提到的状况了。通过这一种现象则证实,大部分的辐射能量,都来自我们所不知道的几种非常活跃的物质,当恒星衰老的时候,这些物质也随之消失了,有很大概率是因为原子转变导致物质湮灭,并转化成了电磁辐射。这种能量的释放非常巨大,依照相对论中提到的,质量 m 能够与能量 mc^2 互相转化,此处 c 代表光速,也就是 3×10^{10} 厘米/每秒,因此,一克质量的物质转化成辐射之后会发出的能量,接近于 9×10^{20} 尔格。因为物质湮灭或者物质恰当转化的过程中释放出的能量非常巨大。

我们在天体物理学上发现的这一崭新的理论,让人不得不联想到牛顿在《光学》一书中,质疑第三十中谈到:"难道庞大的物质和光之间不是相互转化的吗?物质转化成光和光转化成物质,非常符合变化多端的自然程序。"

或许,恒星正在逐渐地变成辐射,宇宙当中所有的物质,要么直接变成空间辐射,要么就变成某种跟我们生存的世界相类似的惰性物质。地球上有 92 种元素,自原子序数为 1 的氢算起,到原子序数是 92 的铀为止。其他的元素要么是同位素,要么是更高级别的原子序数,其结构一定比铀要复杂得多。

目前我们起码已经发现了一个叫钚的高级元素。因为它们本身一定具备很强的放射性,因此,绝不是稳定存在的。其中大多数元素在很早之前都已经消失掉了。过去我们以为光谱证实了物质的演变是从简单趋向复杂的,就像老年星中的氢日益地趋向青年星中的钙发展。但如今我们对待这一事实的看法,却完全不同了。人们觉得这种证据,仅代表着各个恒星中的情况利于氢或者钙从大气中或表层辐射中被释放。还有一些天文学家认为,恒星演变的过程中,还存在有复杂的原子分裂,分裂的大部分直接变成辐射,小部分则成为惰性的灰分;尽管这些灰分是整个宇宙变化产生的作用,最终却组成了人类的身体和我们所在世界的一切物质。可能铀和镭就是存在于原始遗留的活跃原子和构成现在的惰性元素之间的中间物质。

唯有跟我们现在所处的环境非常相似的星球,似乎才有可能存在有生命。或许行星系非常罕见,而我们的行星也不能让"其他世界"上的生命存活。

凯尔文提出的能量逸散原理,则对事物的最终状态进行了解释,其中指出,在这最终状态中,物质和能量都是均匀分布着的,不会再产生运动。尽管现代理论修改了这一原理的某些过程,但其最终的结论是相似的。宇宙最终走向的结局就是,从活跃的恒星原子转化成空间辐射,或者变成衰灭的太阳或冷冻的地球中所含有的某种不活跃的物质。即便毁灭整个宇宙中的所有物质,其产生的辐射也不过只能将宇宙空间的温度提高几度而已。秦斯运算出,唯有在温度增高,达到7.5×10^{12}的高温时,空间才会被辐射和再次沉淀下来的物质充满,达成饱和状态。活跃物质的原子能够存留的概率非常小,而浓烈地聚集在一起的辐射导致物质再次发生沉淀的概率也相当渺茫。不过,不管要等待多久才能等到这种巧合和概率事件发生,永恒本身总比等待要更久一些。霍尔丹曾经提出过一种观点——爱丁顿提过:汉堡的施特尔内(Sterne)教授在讨论中也曾提及类似的观点——如果确实发生了巧合性的辐射浓聚,那么极有可能在当下的宇宙被毁灭之后,再创一个崭新的宇宙,就像我们当下所生活的宇宙,就是经过极长时间的辐射之后才得以产生的。不过秦斯和爱丁顿则告诉我,他们对这一说法抱怀疑态度。发生其他事件的概率更大,比如说,很可能发生某种会阻止这一偶然事件出现的其他情况。

　　我们似乎无法找到恰当的证据来证实这些问题。历史的经验告诉我们,要学会小心谨慎地处事。天体物理学的现代观念只不过才开始了数年之久,我们需要学习的东西远比目前已知的东西多得多。

相对论和宇宙

　　相对论给我们指明了一种新的自然观,在其发展优化的过程中,一定会极其深刻地影响我们对于物质宇宙的看法。用相对论诠释万有引力的时候,引力场中弯曲的自然路径理论取代了吸引力的概念,这不仅仅让我们在精密的实验中获取了不同的结果,就像我们之前提到的,也完全变革了我们对于广阔无垠的宇宙的看法。

　　若我们继续运用欧几里得提出的空间和牛顿提出的时间概念,那么我们肯定会觉得存在是无穷的,空间无限延伸,即便最遥远的恒星也被包含在内,时间则连通过去和未来,恒久地匀速流逝。

　　可是,如果我们所构想的新的时间—空间的连续区域,因为物质的存在而出现弯曲,那么我们的认知就达到了另一种境地。时间有可能依然永恒,永不停止;而弯曲的空间,则表现出了一个有限的宇宙空间。假设我们以光速向前运行,最终一定会到达有限宇宙的终点,或者再次回到出发的地方。哈勃预测,将威尔逊山天文台的大望远镜所能观测到的那一部分宇宙放大到十亿倍,或许就是整个空间的范围了,实际上借助这个望远镜,我们甚至能够看到,在我们星系之外还存在着200多万个星云。这证实,光线在宇宙中转一周则需要千亿年,也就是10^{11}年。爱因斯坦曾介绍过这样一个弯曲的三维空间,就跟类似于我们在二维空间里看到的圆柱面一样。时间就是圆柱的轴。德·西特则想象存在一个球面时空,假如我们去外太空旅行,力求发现更大的球,那么我们肯定会到达那个最大的球。以在地球的视角看过去,那里的时间似乎是静止不动的。就跟爱丁顿说的那样:"这就好比疯人院茶会永远在六点钟开始,我们等的时间再长,也瞧不见有什么变化。"可即便我们能进入这个类似的天堂,我们也一定能感觉到那里时间的流动,只是其时间流动的方向跟地球不同罢了。

德·西特认为,这一地球视角中的时间变慢,拥有一些可能的证据。我们已知的最遥远的物体就是某些旋涡星云,它们光谱中的谱线,跟地球上光谱的同一谱线相比,其位置是有变化的,就像哈勃所说的,它们光谱中的谱线大部分都向红色一端移动。人们经常认为这一现象是因为旋涡星云的退行速度非常大,甚至高过任何天体的运行速度,有时,科学家们也将这一现象称作宇宙的膨胀。或许,我们目前所观测到的现象,也就是以地球视角看过去,会发现原子振动变慢,可能是因为大自然的时钟速度,或者时间尺度发生了某些改变。

天体物理学现状

目前我们已经得到了很多证据,证实宇宙空间中存在着稀薄的物质。猎户座的δ星是双星系统中的一个,跟其他双星系统表现出来的特点相同,在围绕着伴星旋转时谱线会发生位移。1904年哈特曼发现,K和H两条钙的谱线并不受这种周期性位移的影响,并且在另外一些双星的光谱中,钠的D谱线也是固定不变的。不过,普拉斯基特和皮尔斯最终观测发现,这些谱线并非绝对意义上的固定不变,只是会像我们的星系一样进行自转。这种近似于固定不变的谱线只能在1000光年之外的恒星光谱里才能观测得到,而恒星距离越远,这些谱线就越强;很明显,它们的出现是因为空间中的钙和钠所造成的影响,并且某些地方,它们还会凝聚成宇宙云或者气体状的星云的形态。这种星际物质的密度平均算来就是10^{-24},也就是说,每立方厘米内只存在一个原子,密度非常小;在较为典型的星云中心,譬如在猎户座大星云,其密度也是10^{-20},其密度仅有运用在实验中的"高度真空"的百万分之一。由于宇宙云中不会产生碰撞冲突,所以其中的质点不会释放太多热量,能将内部温度维持在 15000 摄氏度;但空间里的陨石温度在零下 270 摄氏度左右,仅比绝对零度高 3 摄氏度。

气体星云本身是不发光的,而依靠其范围内的极热星发光。极热星发出的光会对星云内部的质点进行刺激,使其产生荧光效应,也就是让质点射出周期不同的光。还有一种被称作暗星云的物质,它能够挡住从它身后射来的远星光芒。暗星云和亮星云的特性可能是相同的,区别在于暗星云的周边没有能够激发其发光的热星。这种星云中的质点,大小近似于光波的波长,吸光能力很强。

亮星云的光谱中可以看到明线,主要是由电离氢和氦的谱线显示出来的,还包含一些实验并未发现过的谱线,譬如,有两条绿色的谱线,我们猜测其来源于一种未知的元素氢,鲍温于 1927 年发现这种未知谱线来自双电离氧原子,这种双电离氧原子就是让卫星电子跃迁到另外一个轨道。地球上的环境比较复杂,拥挤且充满扰动,所以这些轨道之间的路径走不通;但在静谧的星云当中,很长一段时间内这些路径都是开放的。而且单电离的氮发出的谱线中,其卫星电子也按照“禁戒跃迁”规律运动。由此可知,空间中存在着氧、氮、钠和钙这几种元素。

勒恩于 1869 年假设太阳上的质点跟理想气体中的质点同样活跃,并假定太阳内部存在物质热量。他据此算出了太阳的理论温度。但是爱丁顿认为,辐射的意义十分重大,它主要来源于内部,跟外层的原子和电子发生作用后,被 X 射线变成可见光,这是降级的过程,所以它的能量只能缓慢逸散出去。因此,近来人们也发现,高温情况下,辐射热量和物质热量的比值,比预测中的结果大,实际上这两者应该大致相等。5000 摄氏度的高温条件下,每平方英尺上的辐射压大约为 1/20 英两;但是太阳中心的温度高达两千万摄氏度,其每平方英寸上的辐射压甚至达到了 300 万吨。[①]

我们知道,太阳要维持其体积,就要保证一定的内部温度,而利用太阳内部自由运动的质点所受到的压力,就能够大致推测出太阳内部温度的数值,最初,人们觉得在太阳中自由运动的质点只不过是一般的原子和分子,但此时我们最好在这一问题的探讨上引入新的原子理论。

纽沃尔(Newall)跟爱丁顿说过,太阳和恒星中的高温一定会让原子发生电离现象,也就是原子将失去外围电子。比如,氧原子的原子量是 16,它有 8 个外围电子和 1 个原子核,也就是 9 个质点,因此其平均量是 16/9 = 1.78。从 1.75 的锂一

---

① Eddington, *Internal Constitution of the Stars*, 1927. ——原注

直到 2.46 的金,它们的平均量都接近 2;但是仅就氢原子而言,其原子分裂成质子和电子,质点的平均量是 1/2,根本不接近 2。所以,从温度入手,我们能够将质点划分成氢与非氢两类,恒星中的氢含量越高,理论上它的光度会越小。根据能够被观测到的光度,似乎大部分恒星的比例都满足 1/3 氢或者 2/3 非氢的特性。阿特金森与霍特曼斯在 1929 年提出,太阳内部温度极高的情况下,无外部电子保护的裸露原子核也可能会被高温破坏。

在量子理论的支持下,1919 年埃格特率先提出了恒星的物质电离概念,1921 年,萨哈利用这一概念对恒星外层进行说明,随即促成了现代恒星光谱理论的诞生。

天文学家在对新的原子理论进行研究后,再次绕回到勒恩的观点,坚持认为,即便在上文提到的密度极大的恒星中,其内部质点跟理想气体的作用也是一致的。原子在高密度的恒星中运行时失去外围电子,因此原子核就变成了独立的质点,不受电子作用的影响。

在遥远的银河系之外的广阔空间里,还存在有其他的星系,我们能看到的只是其藏身的旋涡星云。通过威尔逊山天文台的 100 英寸反射望远镜观测太空,抽样推测,能被观测到的旋涡星云大概有数千万个;而最遥远的星云可能距离我们有五亿光年的距离。现在我们正在制作 200 英寸的反射望远镜,这一仪器能观测到两倍远的地方,在空间中没有吸光物质且星云分布均匀的情况下,能观测到八倍多的星云。在此顺便提一下:上文提到的宇宙射线,就是从这些外部区域的星际空间或旋涡星云中发出的。

之前我们也提到,与地面上对应的谱线相比,旋涡星云的谱线会更偏向于红端。这一现象证明,星云中存在着退行现象,而且退行速度随着距离的增大而增加,我们现在将其视作宇宙持续膨胀的证据。德·西特提出的空间理论——弗里德曼和勒梅特曾采用数学办法将此理论与爱因斯坦学说联系起来——也赞同这一宇宙膨胀的说法,这说明实际观测结果跟理论取得了一致。

米尔恩认为,倘若星系的初始速度跟其现在的速度相同,那么在很小的致密范围中以最高速运行的,此时将位于最远距离;据此我们或许能够获悉其距离和退行速度的关系。1932 年,爱丁顿推测这一速度是每百万秒差距每秒 528 公里,15 亿(1.5×10^9)年后,宇宙将比现在增大一倍。按这一说法,宇宙的初始半径就等于 328 个百万(3.28×10^8)秒差距,也就是或 10 亿 6800 万(1.68×10^9)光年;宇宙的总质量是 2.14×10^{55} 克,相当于 1.08×10^{22} 个太阳的质量,宇宙的质子数或电子数为 1.29×10^{79}。可能 528 这一数字或许还要减小。这一过程在猜想中是单向不可逆的,跟热力学第二定律熵的不断增加一样,造成了同样的问题;二者都是从确定处开始,随着供给能量的减少,逐渐陷入枯竭状态。有的人认为,热力学或许也是宇宙膨胀过程中显示出来的某种性质。而实际上,托尔曼(Tolman)曾提出了一种引入相对论的热力学理论,他指出:第二律在持续收缩的宇宙状态下反向起作用。能量变得更多了,因此或许可以将辐射转化成物质。关于这些思考,或许我们也可以引入一种脉动宇宙的猜想,可能我们恰好在宇宙膨胀的过程中出现,如此一来,不管是开始还是结束都不重要了。

有一个终极问题,太阳和恒星辐射出的能量从哪里来?恒星必须维持几千摄氏度的内部高温,因此,这些能量可能源自外界,而似乎只存在于某些原子的内部。爱因斯坦给出的质量和能量关系显示,一克物质具有 9×10^{20} 尔格的能量,太阳本身储藏的能量总量是 1.8×10^{54} 尔格。依照当前输出的速度来算,其本身的能量可以供给 15 万亿年,随着太阳质量变少,其输出率也会下降,因此实际上其供能时间还会比这一数据更长。因此,这样就能推测出太阳的年龄是 5 万亿(5×10^{12})年。这种结果的前提是质子、电子湮灭理论猜想,我们之前也提到过,阿斯顿的研究成果及正电子的发现都推翻了这一猜想。

1920 年,阿斯顿阐释了对氢原子量精确测量的过程,指出在氢转变为其他元素时会大量放能,这就是可能的另一种能量来源。最近这些年,这一能量来源的可能性得到了更多人的认可。其化合过程就是,氢被碳和氮催化后分解成氦[1]。

通过物质嬗变得到的能量,肯定少于通过湮灭理论获取的能量,毕竟物质湮灭将太阳的整体质量都算在内,而氢这一物质的嬗变过程,只不过牵涉了相当于10% 太阳质量。据此可以推测出,太阳辐射能够持续放能 100 亿年。这是一段相当长的时间,尽管比湮灭理论中认为的万亿年短很多,但地质学家已经非常满意了。似乎恒星的年龄必须几倍于星系退行的时间,我们算出其能量级,大约是几十亿年,比如 2×10^9 年。若将引力收缩放能和放射物质放能的情况算在内,这一能量级数值还会更大。这个理论证实,太阳和恒星是稳定的。人们愿意相信这个理论也是因为这个。

将这些数字跟地球年龄结合起来进行分析。我们已经能够通过对岩石中各类放射元素中的成分进行测量,得出其铀和钍的含量。据此推算出,地壳早在 16 亿年前就形成了。

从相对论的角度来看,空间或时空之中存在着某种自然曲律,只有在物质附近

---

① G. Gamow, *The Birth and Death of the Sun*, London, 1941. ——原注

或电磁场中,曲率才会增加。这一自然曲率的概念是相对于宇宙斥力而言的,二者是等价的。单位距离内,常用 λ 来表示宇宙斥力,它是一个固定的宇宙常数。我们可以综合行星的退行速度和万有引力,来大致估算出这一常数的数值。爱丁顿算得的速度是每百万秒差距每秒 500 公里,而星系退行速度越大,其距离越大。也就是说,在 1.5 亿光年的位置,其运行速度是 15000 英里/秒;在 19 光年的地方,其速度是 190000 英里/秒。可是,显而易见这是错的,因为这速度比光速还大。或许爱因斯坦或者德·西特提出的闭合时空理念,也就是任何距离都不会超过某一数量的观点,能够保证我们的理论依旧有效。

地质学[①]

这些年来,因为地球物理学的发展,地质学也获得了巨大的进步。借助物理学的方式得到的地质学结论显示,地球并不是一个规则的球体,而是不规则的"大地水准面"(geoid)形状。借助于物理学的方式,也对海陆底下进行了勘测,并得到了相应的研究成果。

科学家们选择在不同地方对重力进行准确测量,但其结果存在特殊差异。杰弗里斯(Jeffreys)指出,这种特殊情况的出现,说明岩石和地壳一同支撑并作用于山脉。有些时候,地壳会受到极大的应力影响。明内兹(Meinesz)等人潜入东印度海底进行水下地壳观测,发现海底存在一个狭窄带,在不连续的平衡状态下会明显朝下方弯曲。布拉德(Bullard)认为,非洲大裂谷附近的特殊重力现象显示,地壳中的轻物质受到了两侧山谷向内的挤压推力。

在对地震的观测上也发现了两种类型的地震,一种是远震,另一种是近震。而一般情况下,近震波在地球表层和地壳内横向传播,远震波则向地球深层垂直传播,有时甚至从地心经过。杰弗里斯指出,对于地震的研究发现,地壳很薄,大约只有 25 英里的厚度,地壳的不同地层中分布着的物质各不相同。而且对波的研究发现,在已知的凝结波和畸变波之外,还观测到了另外的低速波。

对这些波进行的观测和分析证实,在不同地区上会产生反射和折射的现象,也就意味着地壳内部间断分布的状况。根据从地球中心经过远震波,证明地核的半径大于地球半径的二分之一。而地核当中不能观测到固体介质传播时才会出现的畸变波,所以,地核或许是液态的,杰弗里斯说,地核可能是铁或铁镍溶液。

---

① H. Jeffrrys, *The earth*, Cambridge, 1929; *Earthquakes and Mountains.* ——原注

在地层之下几英尺的地方引爆强烈的火药,能够造成跟天然地震相似的波动。选取几个地点,用地震仪记录震波分别到达几个地点的时间,就能够测量出震波的传递速度。有一些波向下传递时不能从未凝固的结构中透过,只能产生反射,出现回声,我们可以根据具体的反射时间算出该处的地层深度。这种办法还能用在油层勘探上,并利用其发展海洋地质学,绘制海底地形地貌图等。美国地质调查学会创造性地发明了一种方法,用固定的浮标测定船只距离,从船上扔出一枚小炸弹,记录好具体时间;带有扬声器和无线电发射机的浮标会观测爆炸声音在海面上的传递,并向船只回传信号,船只收到信号后记录下确切时间;由此,就能通过时间差算出距离。美国沿海地区的大部分地形地貌图都是这样绘制而成的。大陆架和外侧的斜坡之间界限清晰。可以通过向岩层分界区域发出观测波,根据其反射情况就能获得所需的结果,波在较软的岩层里行进缓慢,在较硬的岩层中行进速度比较快。不列颠群岛的陆地由火成岩和早期水成岩构成,其附近海底的结构则大多是质地较软的晚期水成岩构成的,用600英尺的测索测量距离岸边150英里的海底岩石,会发现其深度差甚至超过8000英尺。

第十二章　科学的哲学与愿景

20世纪的哲学——逻辑和数学——归纳法——自然律——认识论——数学和自然界——物质的消灭——自由意志和决定论——机体概念——物理学、意识和熵——天体演化学——科学、哲学和宗教

20世纪的哲学

我们在第八章中已经谈及19世纪哲学思想的种种概念，下面将对20世纪的哲学加以介绍。

原本，法国百科全书派哲学起源于牛顿的科学思想，后来结合了达尔文的学说，形成了德国的唯物主义哲学。不过此前，唯心主义学派就已经在康德、黑格尔和他们的追随者们手中得以建立。这一学派得到了诸多经院哲学家的认可，但是科学家普遍很排斥它，在长达100多年的时间里，哲学一直被主流科学界所鄙夷。

1879年，罗马教皇列奥八世将圣托马斯·阿奎那的学说定义为罗马教会正统哲学，并发表公告通谕全国，由此，托马斯学说借助天主教哲学派重新焕发了生机。那时还有人尝试用神学家们所能理解的现代科学来重新诠释中世纪经院哲学①。这样的尝试也达成了一定的成果，使得经院哲学和部分科学得以融合，虽然经院哲学依然并未完全兼容所有科学。不过这种融合的成果不是我们讨论的课题，我们将从其他方面来进行探究。

20世纪初，大部分科学家都不由自主地倾向于朴素唯物主义哲学的理念，换

---

① *A Manual of Modern Scholastic Philosophy*, chiefly by Cardinal Mericier, Eng. trans. 2nd ed. 2 vols. London, 1917. ——原注

句话说,假如他们的确主观考虑过的话,就一定会倾向于支持马赫和皮尔逊的现象论哲学观,或者支持海克尔、克利福德的进化一元论哲学观。

达尔文自己谦逊地认为,进化论只不过是一种科学假说,这种假说提出的自然选择,或许可以尝试对自然作出部分诠释;可到后来,竟然演变为一种哲学观,更有甚者竟变成某些人的生存理念和人生信条。哲学思想界可以从生物学的进化论上借鉴的真正思想应该是:万事万物都处在连续不断的变化当中,如果这些变化不能适应环境,或许就会被淘汰掉,不再产生新的变化。我们可以看到,思想界的各个派别是怎样依次从这一思想中借鉴并进行延伸发展的。可就这一科学假说本身的影响来说,并不能成为一个基础完备、意义完整的哲学体系,用以对现实进行如实的阐释。从生物学、古生物学的研究中都能发现,最初简单的始祖经过数百万年间的演化,进化出了许许多多复杂而又各不相同的种属。可从斯宾塞之后,所有信仰进化论的哲学家们,都觉得进化是现实世界的普遍真理。尽管最开始的时候,进化论是跟唯物主义决定论相联系而出现的,但到此时竟然变成乐观主义哲学理念了。即便每个人生命的最终依然会面临死亡,但人类或许觉得,他自己始终会循环地存在于有机体系或宇宙结构中,是连续的进化当中不可或缺的一环。

信仰进化论的哲学派中近年来出现了一些新的倾向,尤其想借助生物学来开辟一条道路,借以避开机械物理学的思想观念。柏格森的观点更为极端,他不仅要避开物理学,而且要将逻辑以及其中的固定原理全部打破,弃置不用。[①] 他认为,生命就是不停进化着的宇宙,其中区分的各个阶段全都是虚妄的,不存在的。从生活中可以得到真实,但真实却不能通过理性推测得来。他同意终极原因的学说,不过他信仰的终极原因是在创造性的进化当中不断形成的,跟宿命论所认为的终极原因大相径庭。

所以柏格森对理性的对立面,也就是本能和直觉,大加赞赏,他认为,理性只是人们在生存的竞争中,通过自然的优胜劣汰所养成的一个实用优点。而这种观点,在本能方面更有说服力。事实上,在原始的生存竞争和现实中,人们对本能有着更强烈的需要。理性促进知识升级,包括理性与本能直接结合的过程,大部分发生在后期,且大多发生在无关自然选择的目标上才有效果。比如,在对科学的研究上、在对柏格森所借鉴的自然选择学说的建立上、在对哲学的研究上,甚至在他对创造进化论哲学的制定方面,都确实需要理性与直觉的作用。

进化论哲学还有一种形式,就是威廉·詹姆斯提出的实用主义哲学。这种哲

---

①   Evolution Créatrice, Paris, 1907; Eng. trans. London, 1911. ——原注

学认为,实用是检验某种学说是否是真理的唯一标准。实用主义哲学避开了科学和宗教上的不可知论。一直以来,归纳法是否可靠,都是科学界的一大难题。实用主义对这一难题的解决办法是:为了获得生存,我们必须相信归纳法是可行的。如果我们不以过去的经验来指导未来的生活,那就一定会遇到灾难。从自然选择学说的观点来说,既然宗教流行的范围很广泛,那大概率上某些宗教信仰就有指导生存的价值,所以从实用主义的学说来看,所谓的宗教信仰就可以被当作"真理"。或者我们可以这么说,假如某位实用主义者为了在亨利八世、爱德华六世、玛丽及伊丽莎白这四个朝代统治下生存下来,而选择改变自己的信仰,那么他所认为的"真理"则是经过有效扩充的。或许,就像詹姆斯说的那样,科学和现实生活中的很多思想观念都必须符合实用意义,在现实中可以实践,才可以被称为真理。不过,也的确存在一些其他的思想需要另一种试金石,也就是直接观察和实验来进行检验;如此一来,那些未曾被实用主义者狭隘的眼光所认识到的标准,也就能够被检验了。

尽管,进化论借助科学和哲学演变成为历史学、社会学和政治学的普遍真理,但每个时代当中大部分的经院哲学家身上还留存着某种古典思想,那思想源自柏拉图,借由德国唯心主义康德学派和黑格尔学派得以传承。黑格尔认为,采用逻辑的方式可以推导出现实世界的知识。他的这一学说,被英国的布莱德雷赋予了现代化的内涵。1893 年,布莱德雷出版了《外观与实在》一书。他认为,科学当中借助于时间和空间所描绘出来的现象世界,是充满各种矛盾的虚假世界。而现实世界一定存在逻辑上的统一,最终变为超越时间和超越限制的绝对世界。他的这些观点其实源自巴门尼德、芝诺和柏拉图。

大概在 1900 年的时候,反对黑格尔学派思想的倾向日益显著,甚至在哲学家中也形成了浪潮。首先,逻辑学家胡塞尔找到了黑格尔的错误之处,并据此否认了布莱德雷提出的关系与多数、时间与空间互相矛盾的观点。他们还联合了数学家,因为数学家们也和他们得出了相同的观点。此外还有一些人,因不满于理性的束缚而掀起了反抗运动,他们抗议古典形式主义认为世界是逻辑的这一观点,又吸收了柏格森提倡的直觉本能说,还有的跟随詹姆斯的观点相信实用主义,演化成了激进经验论。这种观点认为,人们有关于现实的思想唯有在过去的经验上才能够得以建立。激进经验论学派的观点跟数学家们的观点一致,非常清晰地倾向于现代科学的思想,就这样,物理科学和哲学再次汇合到一处,携手开始了新的发展历程。

詹姆斯的激进经验论,吸收了马赫对过往经验进行分析时的观点。这一思想又融合了逻辑学、认识论和数学原则等诸多方面的新思想,促成了新的思想学派——新实在论学派的诞生。这一哲学根源于哈佛大学,它不再试图建立一个广泛的以宇宙整体学说为基础的统一的系统概念,简直跟 17 世纪的科学发展选择摒弃这一观念摆脱经院哲学派思想的做法不谋而合。在对普遍问题的探讨上,它选择了和科学同样的方法论,将碎片化的知识拼凑整合起来,如果观察或实验数据不够充分时,则以假设作为补充。这一观点认为,物质现实必定跟随人们的思维进行变化的想法是不对的:它与唯心主义的最大不同就在于这一点。不过,这一哲学学派的思想超越了马赫提出的纯粹现象论,他认为科学研究的对象不仅包括感觉和心理的种种观点,而且会以特别的方式对永久存在的现实进行探索。新实在论学派在逻辑方面的观点是,事物的内在属性并不能帮我们直接推导出它与外界的关系。因此这个崭新的哲学,在逻辑和认识论方面依然采用了原来的分析法。不过,它在数学原理相关的运用上成效最大。罗素说:

> 从埃利亚的芝诺往后的唯心主义学派哲学家,费尽心思地破坏数学的好名声,意图用各种人工故意挑出来的矛盾,来说明数学不能求得现实的形而上学的真相,而唯有哲学家才能给出更好的答案。像这种风气,在康德学派里有很多,到黑格尔这一学派就达到鼎盛。19 世纪的时候,数学家们已驳斥了康德哲学的这部分观点。洛巴捷夫斯基创造性地用非欧几里得几何学,为康德的先验美学的数学论挖掘好了坟墓。魏尔施特拉斯则证实了无穷小并不包含在连续性当中;坎托创造出的一连续性和一无穷大的观点,终结了自古以来哲学家们所热衷于探讨的一切疑难问题。包括康德认为算术并非来自逻辑的学说,也被弗雷格证明其并非真理。上述提到的结果,都是从普遍的数学方法论中得出的,真实性可以与乘法口诀相媲美。而哲学家们对待这一现象一筹莫展,唯一的办法就是故意不看相关的书籍。只有最前沿的哲学才能将这些新的发现和创造融入自身,进而才能一举战胜那些乐于愚昧的辩论对手。①

关于这次哲学思想革命的详细内容,唯有那些对数学非常精通的人才能了解得比较清楚。不过最终的结果却一清二楚。如今哲学不能单独依靠自己本身而存在了;它又一次与其他学科产生了关联。在中古时期的哲学体系,以及很多当代的哲学思想当中,由哲学家预测出固定的宇宙结构就是其他学科的基础,而其他学科

---

① Sceptical Essay, p. 71; Russell, Our Know ledge of the External World, Chaprters V and Ⅵ. London, 1914;2nd. ed. 1926. ——原注

的推论,也必须符合这一预测。而新实在论的观点,则明确地告诉哲学家们,要想像牛顿时代所做的那样,建立哲学的体系之前需要先学会去理解数学和科学。而且,这哲学的庙堂,一定是从真实当中片砖垒瓦地建造起来的,而非来自虚幻的理想。

新实在论选用的方法和工具是数学逻辑,所以能够超越过去的哲学论,发掘出科学新理论的哲学含义。所以,这一新的工具尽管大部分得益于数学的发展,但也需要承认,其中着重的数据,则是通过物理相对论、量子论和波动力学来获得的。下面我们将试着避开专业术语,介绍下这一立足于科学基础之上的哲学流派中最新的一派。

逻辑和数学

逻辑学是一门普遍运用推理法的科学,所以几乎一切推理方式都在其范畴当中,但因为历史上的某些奇妙的偶然,它实际上是自演绎法演变而来。希腊学者在演绎几何学方面的创造性观点,影响了亚里士多德对逻辑学所开创的定义,使得其更侧重于推理和演绎的方式。与之相反,弗朗西斯·培根的观点则认为,归纳法至关重要,是不可替代的。拥有这样的观点非常正常,这是他在发现了崭新的实验方法具备长远的潜力时,自然而然产生的抵抗。不过他依然归纳了三种推理方法,也就是:从特殊到特殊,从特殊到普遍,和从普遍推导特殊。穆勒认为,归纳和演绎都从属于真正的科学方法,由此,亚里士多德和培根各自对科学方法的研究成果就结合在了一起。

形而上学这门学科,研究的是普遍存在,也就是意识当中已经了解,或者有可能认识的事情。而心理学研究的对象则是普遍意识,也就包含着意识的运转,推理就属于意识的一种形式。因此,若依照这种方式分类,逻辑学应该算作心理学的一个从属,但它的地位又至关重要,加上这一学科独立于心理学其他学科之外,所以就逐渐演变成了一门独立的逻辑学。

从亚里士多德和中古时代的学者们那里传承来的专业术语和三段论,组成了近代形式逻辑学的绝大部分内容。幸好,非形式逻辑推理方法论在实用主义科学家当中得以发展演变出来,这一方法同时融合了归纳法和演绎法,起源于伽利略,并把演绎法运用得出神入化,比之三段论方法不知高明了多少,不过,逻辑学者们依然坚持老方法,并没有对此法进行广泛运用。

1920 年时,坎贝尔(N. R. Campbell)发表了他的看法:在科学家的眼中,包括逻辑学运用的三段论方法似乎也离不开归纳法。[1] 说一个耳熟能详的例子——人都会死，苏格拉底也是一个人，因此，苏格拉底也会死。通过科学的观察和实验，我们探索出，某些身体和心灵的规律都是有一定普遍联系的，存在固定的定律，我们称呼这一定律为"人"。我们还发现有关"人"的定义，其实与"死亡"的特点存在普遍联系，故此，我们获得了另外一个普遍联系的规律——人都会死。从这个规律可以推导出：此规律对每个人都生效，而且可以证明苏格拉底也是会死的。可是假如依照这样的方式去进行论证的话，那论证过程中就含有归纳法的特点。的确，一些纯粹的逻辑学家会指出这不过是假设给出的前提条件，逻辑学牵涉到的部分，不过是通过前提条件来演绎出结论罢了。不过坎贝尔觉得，假如推理过程中不含有一丁点归纳法的因素，那最终推理出的结论必定很难得到科学家们的认可。

过去普遍的逻辑学认为，任何一个命题都一定有一个宾语附从于一个主语。依据这个假定的前提条件，黑格尔、布莱德雷等哲学家们得出了一些特殊的论点，比如命题当中只能存在一个真正的主语词，而且是绝对存在的，因为若有两个主语的命题存在的话，就没有必要指定一个宾语附属于这两个主语词中的某一个。所以，某一些感受就是虚假的，淹没在绝对的唯一主语中。而又因为主词—宾词的假设符合逻辑的普遍关系，就有人选择否认关系的现实性，而将关系的特点归纳为表面上存在联系的名词。如此一来，科学这一作为探究事物之间关联的学科，也就跟感受一般，变成了虚假的定义。

物体之间的对称性关系，比如，二者是否相等的关联，或者也能视作某一种特征的外在表现。可在非对称性关系的事物之中就不存在这种联系，有可能一种物质比另一种物质大，也或许二者的位置前后不一。所以我们必须认同，关系是确实存在的，由此就可以推论出，假设"世界不存在"的那种纯粹的逻辑观点，是站不住脚的。

也许对于那些普遍认同要采用更详细的科学方法进行推理的人们来说，仅仅寻求文字上的论证并不能说服他们，不过，正是因为这种字面上的争论，才促使人们转而在数学上寻找相关的证据。下面我们将对此加以介绍。

1854 年，布尔开启了现代数学理论逻辑的先河。他创造性地引入了数学符号以表示从前提推导结论的过程。之后，皮诺和弗雷格也利用数学分析的方法证实了，在过去的逻辑学当中被定义为同一命题形式的很多命题，其实存在着根本性的差异。比如，"这个人会死"和"人都会死"两个命题其实大不一样。过去的逻辑学

---

[1]　N. R. Campbell, *Physics*, *The Elements*, Cambridge, 1920, p. 235.　——原注

混淆了事物之间的关系和事物本身的特性,也混淆了实际存在和抽象思维之间的定义,甚至也将感觉世界和柏拉图的理想国混为一谈。

数学理论逻辑帮助学者们简便地理解那些抽象的定义,而且会提醒学者们注意一些很容易被忽略的新推论。它引导了物理学定义的新观点出现和数论的新学说诞生。1884 年,弗雷格发现了这个数论的新学说,20 年后,罗素自己又开创地发现了这一理论。罗素认为[①]:

> 大部分哲学家都觉得,仅依靠物理和心理学所涉及的内容就能涵盖大千世界中的一切,某些人说过,数学所要研究的东西很明显并非出于主观,因此,一定更偏向于物理和过去的经验之谈;还有一些人说过,很明显数学并不属于物理的范畴,因此一定是偏向于主观和心理层面;我们仅从双方否认的方面去看的话,两者说的都是对的。可就他们对此所下的论断来讲,却全都是谬误至极。弗雷格的优秀之处,就在于他接受并相信了两方都不认可之处,而且坦然地接受逻辑学是独立的范畴,并不从属于心理学和物理学,这是他给出的第三种定义。

弗雷格区分了客观事物——比如地球的轴线,和既客观而现实存在的东西——比如地球本身。从这一层面上来讲,数字包括一切的数学和相关的逻辑学,都不是现实的,也不是物理学层面的,更不是完全主观的东西,反而是一种不能感知,但的确是客观存在着的东西。因此,我们可以给出这样的观点:要把数字普遍当作类别来看,比如,数字 2 就是指代双数的类别,数字 3 则指代成叁的类别。就像罗素对此所作的定义一样:"某一类别的项,就指代了跟此类别相似的一切类别的类。"这一观点已经被证实符合算术当中的原理,同时适用于 0 和 1,以及其他很难被其他学说所概括的无穷大的数字。而至于这些类是否是假设的,其实完全不重要。上面的定义不但适用于类别,即便采用其他具备类别定义特性的东西也一样适用。由此我们可以发现,尽管数字变成了并非真实存在的东西,但它们依然具备同等的逻辑学效用。

世界可以被感知,但是某些哲学家之所以会质疑世界的真实存在,其中的一个原因是,有观点认为无穷大的概念和连续性的概念是互相矛盾的,因此世界不可能存在。我们虽然无法从过去的经验中获取物理世界存在着无穷大和连续特性的真

---

① *Our Knowledge of the External World*,p.205. ——原注

实证据,可在数学推理方面,这二者却是不可或缺的,至于哲学家们口中说到的矛盾之处,我们现在已经证明那是个假命题了。

连续性和无穷大这两个问题在本质上是一样的,那是由于,一个连续的级数当中一定会含有无穷无尽的项。毕达哥拉斯曾遇到过一个很难的问题:他发觉,直角三角形的两条直角边的平方之和,等于斜边弦的平方;若三角形的两条直角边相等,直角边平方的二倍就等于斜边的平方。不久之后,毕达哥拉斯学派又证实,整数的平方不能与另外一个整数的平方成二倍关系,若是三角形则边和弦的长度则不能用整数相约。原本毕达哥拉斯学派信仰数字就是世界的本源和真相,听说他们证实了这一结论之后就颓丧地隐藏了真相,没有公布出来。几何学主要沿袭着欧几里得的研究基础才得以建立,发展的过程中不牵涉到数字,因此并未遇到这一难题。

笛卡儿重新将算术的方法引入几何学当中,"无理数"随之迅速发展起来,因为它可以代指不能互相约分的长度之间的比数关系。经过证实,无理数符合算术的基本原则和公理,因此,在过去尚未被完整地定义之前,它就一直被人们用以解决不能约分的问题了。

我们还能简略地讨论一下,现代的数学家是如何将无穷大的理论给定义下来的,这一定律,使得从芝诺往后的哲学家们争论不休的难题全都烟消云散。无穷大的问题,实际上就是数学本源问题,在未曾发现精深的数学方法论之前,这一问题没有办法解决。甚至学者们都不知道问题所在。

到现代数学的初期发展阶段时,无穷级数和无穷大的概念就已经出现了,它们的特性虽说有些奇怪,不过科学家们并不觉得无穷大的观点是错的,所以继续采用这一概念,最终数学家们为这一方法论寻求到了逻辑学方面的证据。

有关无穷大所导致的问题,很大部分原因是因为字面上产生的歧义。这种歧义是因为将数学上所指的无穷大,以及不理解数学的哲学家们所想象出的模糊的无限观点混淆在了一起,实际上这二者根本毫无关联。依照字体本源的释义来讲,无穷大所指代的含义,就是指没有停止的地方。可是,部分无穷级数的存在是有限度的,可以停止,比如此时、过去等此类级数,又如线段是无穷个点组成的级数。但某些级数是无止境的,还有一些数字的集合尽管是无穷无尽的,但算不上是级数。

还有一些难题在于,因为想要将某些有限数字的特性套用到无穷数上面,比如有限数可以数清。而无穷级数,尽管它的各个项数是无法数清的,不过,依据它自己本身的特点能够辨别出来。而且任何一个无穷数不会因为加减乘除而改变它的大小。现在按我的说法,将所有的数字写在纸上,写一横排,按照 1、2、3……的顺序;接着,在它下面另起一行,横着写上所有的偶数 2、4、6……这两行数字最终的数目是相等的,但是下面那一行,则是从所有数字无尽的集合当中删除了无穷的奇数,最终获得的无穷集合。这样来看的话,即便是数字的整体,也很明显不比其中的一部分更大。就是这样的矛盾,让哲学家们觉得无穷数的存在其实是谬误矛盾。可仔细探讨一番就可以知道,“大于”一词的含义非常含混,所谓的“大于”用在这里的含义包含“含有更多的项数”这样的意义,依照这种含义来解释的话,全体数目可以与其部分数目相等,并不会出现矛盾的地方。

1882 年,坎托提出了关于无穷大的现代观点。他证实了在无穷数当中,也存在无穷个各不相同的数字,因此无穷数也符合数字的大小原理。如果这种观点不曾问世,那一定会出现更多新问题。比如,较长的线段上含有点的数目,等同于较短的线段含有的点的数目;此处所指的大小包含几何学上的新观点,而不仅仅是算术意义上的。

哲学家面临的难题,大部分都是因为他们假设无穷数的特性与有限数相同。假如有限的顷刻或者点最终构成了时间与空间,那么它们也是有限的,这样看的话,芝诺提出的论点可能也不算错。想要从芝诺论点的困难上避开,主要有以下几种方式:(1)不承认时间和空间的现实存在;(2)不承认时间顷刻和点组成了时间和空间;(3)相信是无穷的时间顷刻和点最终组成了时间和空间的概念。芝诺和他的追随者们走的是第一条路,柏格森等人则走上了第二条路。

可是因为其他某些原因,又必须承认无穷数、无穷级数及不符合连续项的无穷集数的存在。比如,依照 1/2、1/4、1/8……的顺序列出一个比 1 小的分数集合,但这些分数之间还穿插着像 7/16、3/8 等其他的分数。在这一级数当中,分数的总数是无穷的,但任何两个分数都不是连续的。而且,在所有这些分数以外,还存在 1 这个数字。所以毋庸置疑的是,在某个无穷级数的整体之外还存在其他的数。芝诺提出的很多与“线段上点的数目”相关的观点都符合这分数集合的整体结论。想要在必须承认分数存在的前提下,避开芝诺面临的难题,我们就必须拿出一个确实的无穷数原理来。

无穷数在数学领域是不能被计数的。用数字连续地数的方式去计算无穷数是不现实的。它们的确是数字的某一类别,但只有数学方面的定义,也只能以数学方法论验证出来。所有数学权威们都坚信,数学理论逻辑和无穷数的原理都是正确的发展方向。过去那种迂腐的试图证实科学原理和感觉都是虚假幻觉的旧逻辑学已经不再是无懈可击的真理了;这样的问题并没有被解决,还需要进一步的探究。不论有再多的唯心主义哲学家口沫横飞地坚持,用心理学先验论推导出世界特性的方法都是不现实的。而必须采用科学的观察和归纳，才能获得有效的结果。

归纳法

归纳法就是一种借助于某一特殊的现象来概括整体定律的方法。在实验科学当中，逻辑归纳法的地位可谓重中之重。综合前面的章节内容我们可以了解到，很多哲学家都在探索这种方法，其中最为著名的，就是亚里士多德和弗朗西斯·培根二人对它的探讨。

培根推崇实验的方法，觉得用类似于机械式的方式就能推导出普遍规律。休谟则对此持怀疑的态度，他认为使用归纳法来获取新的定律时，虽然归纳法也能推导出相应的结论，但有些时候这结论也有可能是错的，所以，采用归纳法获得的定律和论断只不过是多多少少有这种可能，却不能推断为绝对正确。不过休谟的想法并没有掀起多大波澜。大部分的科学家和一些哲学家们依然坚信，归纳法就是探求真相的绝对正确方法，包括穆勒也是这样认为的。他采用归纳法来诠释因果定律，认为因果定律确有其实例，已经被证明是实际的真相。惠威尔认为，单凭经验可以推导出一般性质，但却不是普遍的性质，假若在推导中再运用一些绝对的真理，如算术定律、几何公式和几何演绎法等，就能够运算出事物的普遍性规律。很明显地，诸如此类的观点都出现在非欧几里得空间被人们发现之前。那时候尽管惠威尔给出了提醒，但穆勒的观点成为当时主流的信仰。亨利·彭加勒（Henri Poincaré）就说过：

> 那些浅薄的观察者认为，科学真相是毋庸置疑的，逻辑上也绝不会出现谬误，而如果学者出错的话，只不过是他对原则和定律认识不清。①

科学的作用是探索各类现象之间存在的联系，换句话来说，就是在探索各种现象的定义之间的联系。可是，比如，我们发觉气压增大，但是体积变小的情况时，也可以把这句话换成：气体的体积变小导致压力变大。我们自己的主观意识认为，那些首先被考虑到的变化因素就是事实发生的原因。由此我们可以发现，原因和结果这两种概念之间的定义是非常混乱暧昧的。唯有在其中包含时间因素的时候，也就是，某件事情发生在另一件相关的事情之后，这样我们才会主观地把发生在前

---

① H. Poincaré, La Science et e'Hypothèse, Paris, p. 1. ——原注

面的事件当作原因。可是这样也没办法将事情的真正起因和其他很多发生在之前的必要条件进行区分。更深入地来说，相对论的观点证实，在这个时间里发生在这里的一件事，只能变成绝对未来的某件事情的原因和绝对过去中某件事情的后果。如在第 16 图中，中间部分发生的事情，与当下的时间在这里发生的事件之间，不可能存在因果关系，假如一定要它们之间存在因果关系，那起因到结果传递的速度必须超过光速才可能实现①。而且，如果想用因果定律来证明归纳法是寻求绝对真理的有效方法，那么按照逻辑关系来看，归纳法就不能证实因果定律本身。这样，穆勒的观点就立不住脚了。

确实，采用归纳方法来进行说明是比较简单的，但想利用逻辑证实归纳法的作用则很难。归纳法与培根式的方法不同。惠威尔认为，想要成功使用归纳法的前提条件，就是最初坚持的观点正确。而且需要洞察力、想象力，甚至一部分天赋：起初要先选定一个非常优秀的基础定义，这对各种现象进行合理的归纳分类；接着还要建立一个假设的规律，已进行深层次的观察和实验，好对此进行检验。

以下便以实际的例子来进行证明：亚里士多德提出的物质和物质特性，自然的位置等相关的观点并不能成为动力学上的定义，假如说这些观点也能推论些东西出来的话，那些结论也只不过是虚妄的，就跟较重的东西下落速度会更快一样是伪命题。从他往后没有任何实质进步。一直到伽利略和牛顿时代，整个亚里士多德的知识体系被抛弃掉，从混杂的知识中选取了距离、长度、时间、质量等新的科学定义，对物质和物质运动才算有了真切的思考和探究。

伽利略引用了距离和时间以推测速度，经过多次失败以后，终于猜测到正确的自由落体速度和时间关系，接着实现了其在数学上的论证，还做了具体的实验来证明。到了牛顿这里重新增添了质量的定义——虽然伽利略的探索也包含着质量这一概念——建立了运动定律，接着延伸出动力科学领域。而且他建立的动力学，普遍符合观察和实验数据的论证。

引入正确的定义至关重要，给予正确的定义以恰当解释的重要性也是毋庸置疑的。因此，彭加勒认为，在测量时间的时候我们会自然而然地选择两个正午之间的时间段，而不是两个日出之间的时间段，也因此，牛顿才能提出动力学。② 至于那些不同意这种观点的人，比如怀海特及里奇之所以会反对这种论点，就是因为他

---

① A. S. Eddington, *The Nature of the Physical World*, Cambridge, 1928, p. 295. ——原注
② *La Veleur de la Science*, Chap. Ⅱ. ——原注

们用主观来裁断,依据人类对时间段的主观感受来进行测量。[1]

把合理的定义选择出来之后,人们就能跟伽利略一样,观察出某些定义之间存在的关系。接着就能对它们的关系和逻辑定律进行实验和检测,部分结论就会被证实了。接着简易的规律因此得以建立,接着形成了崭新的学科。每一次只要证明出新的关系就一定会引发新的实验形式,伴随着人们对实验知识的认识加深,迫切需要提出新的关系假设。科学的预测离不开洞察和想象;而要证实预测和推论,则离不开逻辑方法和数学方法;对预测正确性的验证,离不开坚忍毅力和充足的实验办法。确实就像坎贝尔说的那样,归纳就是艺术,科学则是最高形式的艺术。

通过第九章的描述,我们获知了一些生理学和心理学最新的研究结论,在某些抱着"行为主义"观点的人看来,归纳法中的基本内容,跟心理学上讲的"条件反射"密切相关。婴儿被火焰灼伤,就会知道再也不去触碰它。假如他被火炉中的火烧伤,那将来哪怕火炉是空的他也会避开。其实,前面的命题正确,后面的命题则不正确,尽管按照逻辑关系来讲,两个命题都是借由一个特殊的事例,推测出了不合理的归纳结论。在动物的身上也可以看到类似的现象。只是,不管对人还是动物来说,这些最开始只是本能的反应。直到很久之后才出现了对这一方法的具体理论介绍,或许就是弗洛伊德学派提出的合理化观点的前身——也就是创造出某种理由来证明我们的习惯合理,根本不会考虑到这种理由是否充分。有的人觉得采用这种简单的例证就可以把归纳法讲述清楚了,而科学本身需要用到的归纳法更为复杂得多。这种观点其实是心理学"行为主义"观点的泛滥,也许会跟那种僵化地看待心理过程的观点一起流传或消亡。

下面我们尝试一下,去探索归纳法的正确效果。最近这些年有不少人运用概率的数学原理来解决这个问题,特别是凯恩斯(J. M. Keynes),他主要提出的问题是:归纳法是否跟穆勒所说的一样,仅需要几个实例就可以证实?[2]

凯恩斯给出的观点是:伴随着实例数量的增加,归纳出某个结论的概率会变高。只不过实际原因比穆勒提出的更复杂,因为实际的例子数量越多,那么从最初到结尾就越不可能出现第3种变化因素,所以在各个实际例子之间除了要推论证明的论点之外,其他合适的共同点出现的概率更小了。若想提高归纳法的正确性,则需要让保证每一件例证都是独立的,换句话说,就是要求每个例证不是来源于其

---

① A. N. Whitehead, *Concept of Nature*, pp. 121 et seq. ; A. D. Ritchie, *Scientific Method*, London, 1923, p. 140. ——原注

② J. M. Keynes, *Treatise on Probability*, London, 1921. ——原注

他例证的推理。通过增加实际例证的数量,可以保证归纳结果的绝对准确,但是保证这一说法的前提条件是,我们一定要先确定自己提出的归纳论点本身发生的概率不能太过渺小。

对上述假设进行验证的时候,凯恩斯提出了新的观点:那些对象的不同属性会像孟德尔单元一样集合成群,所以,很有可能那些独立的充满变化的数量,会比具备特性的总数量少得多。这一原理,在应用统计学定律上适用广泛。事实上,几乎所有与科学相关的知识体系都离不开这一原理(除了纯粹的数学体系)。所以按照凯恩斯的看法,我们需要假设某一对象具备有限量独立特性的概率是有限的,而按照尼克德的看法,某一个对象具备这种特性的概率也是有限的。[1]

布罗德也把概率的方法论用入了归纳法中,他试图证实:只有当我们抱有某种现实论学者的信仰时,比如,假设科学当中的规律代指的是某一种客体(这种课题组成了感觉和定义的持久基础),我们才能证实自己可以相信经历过多次检验的归纳法所获取的结果。一个彻头彻尾依靠经验来考虑问题的人,或现象论的支持者,也许会这样说:这种想法虽然可以预知未来某种正确的可能性,但它本身却是错的。

自然律

假如我们采用归纳法获得了正确的结果,我们就得到了一个合理的工作推测,如果是经过了科学实验或观测,最终证实了这一推测,它就会变成公众认可的理论和定律,接着升华为自然律。

过去,因为 18 世纪法国百科全书派的影响,人们曾过于夸大了自然律对哲学的意义。这种夸大一直到 19 世纪末期才结束。

后来因为受到了马赫思想的影响,科学界的思想朝着另外一个潮流前进,自然律则又恢复了它本来的含义,只不过是对经验和感觉进行一般的快速记录。

现代对自然律的看法,在这两个极端的中间,比如 1920 年,坎贝尔在对假说、定律和学说进行批判并分析其意义时,曾经列举证明过人们为什么要信任自然律:虽然对于事实和理论两者,人们往往会轻视理论,只不过,如果这种经验定律只依靠于事实,就很难得到公众的信赖,可是,如果这一定律可以采用众人都认可的理论进行阐释的时候,人们就比较容易相信它。像这种定律并不仅仅是一般的普通

---

①   Bertrand,Earl Russell,*An Outline of Philosophy*,London,1927,p.284. ——原注

感觉而已。

坎贝尔认为,定律分为两种:(1)各种特性公认的一致联想,比如"人""银"的定义中隐含的特点;(2)经常采用数学的办法,来对各个概念之间的联系进行表达。穆勒和他的追随者们通常只研究第2种定律。"他们会长篇大论地来阐释,我们是怎样发现火花会在气体中激烈爆炸的定律,可并不觉得火花、爆炸和气体三者之间存在定律,他们一般会假设这些都是已知因素。可是,很明显在科学范畴中,后面的这种定律意义更重要。"那些并非全身心地投入科学领域的人,很难区分不同定律的重要性。

从休谟到凯恩斯,人们对归纳法进行着批判性的探索和考察,证实了虽然归纳法会经常无视自身的局限性,但某些时候通过其达成的结论也是正确的。某些时候,归纳得出的结论正确的概率很高,但是却永不能达到绝对正确(也就是概率无穷大)。几年前,人们还认为牛顿提出的重力定律绝对精确,觉得化学元素持久不变是毫无疑问的真理,但实际上,这两个原理只不过是正确的可能性比较大而已,因而众人为此进行激烈的辩论,都心甘情愿地拿一文钱来赌这些定律绝对正确。可是最终爱因斯坦和卢瑟福指出了我们的错误,我们的一文钱就输到那些蠢到会跟我们对赌的莽汉手中了。

因此,过去的经验证实,现代的观点非常正确,也证实了即便那些用归纳法总结出来的定律被公认为真理,也只能将其当作概率罢了。哲学上的决定论主要依靠着符合自然律的信仰,因此这一问题对哲学也至关重要。确实,选用"定律"一词来指代很容易产生混淆,而且已经有不好的后果发生了。它让人们无意识地产生了某种道德感,觉得要"听从定律的安排",还让人们产生了一种——只要发现某一定律就找到终极原因——的错觉。

20世纪初,物质不灭和能量守恒的定律在科学界占据主流位置,后来具体的观念发生了变化,我们从著作者1904年初版的另一本书上摘抄了一段很有意思的话。

一方面,如果从物理学的角度来看,这种定律的重要性不言而喻;而另一方面,我们得注意需要赋予它一种形而上学的含义。限定某一条件的状态下,物质和非能量的其他物理量之间也会守恒。比如,我们可以在纯粹的力学当中找到动量(质量和速度的乘积)的守恒。再比如物理和化学领域中,可以朝着任何一个系统进行可逆变化的系统当中,热力学给出了熵(克劳修斯这样称呼)的守恒。在某种特定的条件下,动量和熵才是守恒的;而在物理学体系当中,能够被看见的质量的动量经常会消失,在不能逆转的系统当中,熵的量是固定变大的。

在我们当下所获知的条件下,质量和能量似乎是不会消亡的,而且,我们也有充分的证据,能够将它们的守恒定律延伸到其他条件下可适用的所有情况中去。可是我们却不能给出一个结论说,在未知的条件下物质和能量也是完全守恒的。在海平面上荡漾的波纹看上去一直在运动,没有消亡。它自己的形式不发生变化,那运动的水量也是不变的,或许我们能够称之为波的守恒。而且这种说法,跟"物质的最终质点不会消失"一样几乎是真理。但是,水波不消失只不过是表面上看到的现象。水波的外在形式的确没有改变,但水波内的物质则经常处在变化当中——水波内部连接着的物质一个个连续地采用同样的形式进行了变化。很多证据都证实了,只有在这种类似的内涵上,质量才是恒久存在的。[①]

还有,就如本书作者很多年前在担任热学与热力学教师时经常所说的那样,还有另外一个原因,倘若把能量守恒定律赋予严肃的哲学地位的话,那将会是非常危险的做法。意识在一片混沌当中探索,想要找到一种基本的秩序,很轻易就能考虑到质量和能量这些常量概念,他们在意识中是恒定不变的。因此主观思维就从混沌当中提取了这些概念,以用作简便的物理学定义,接着又依靠这些定义建造起了物理学的知识大厦,这些概念才被引入了物理学理论当中。再接着,那些实验者比如拉瓦锡或者焦耳,借助于天赋和辛勤的实验再次发掘出它们之间存在着守恒性,从而提出了物质不灭和能量守恒的规律。

在当时那个时代,这种观点被视作异端,到如今已是大家公认的常识。其中某些观点到了现代之后,就变成了上面提到的那种形式,另外还有一些支持这些观点的证据写在下面几页。

坎贝尔认为:科学起源研究的对象就是那些能够有普遍共同性的论点,以及有可能获得定律的领域。尽管在科学推论的过程中,任何一个阶段都有可能因为受到个人因素或其他因素的影响而产生误差。但也就是这样,科学才能够像艺术一样,力求精益求精,取得最高的成就[②]。

爱丁顿曾研究过相对论在建构我们内心中的自然模型和自然规律时所发挥的

---

① *Recent Development of Physical Science*, Ist ed. London, 1904, p. 39; 5th ed. 1924. ——原注
② *Physics. The Elements*, p. 22. ——原注

作用,和其必然达成的结果。① 我们依靠事物之间的联系来对自然界的架构进行描画,别人采用了几个坐标来表示其有可能出现的形态。我们认为,要从这样一种坐标的方程中,得出符合人类意识的物质世界的模型,最便捷的方法就是哈密顿建立的数学运算法。爱丁顿说过:"这几乎等同于在一个混乱的大背景当中,建造出一个生机勃勃的世界模型。"最基础的关系看上去好像用不着这一奇特的方法,只是依照这种办法,我们可以建造出符合能量守恒定律的东西。而此类东西则是主观意识的产物,毕竟意识永无止境地追求恒久的东西,由此,世界的本质、能量,以及波的定义就出现了。

这种做法并不牵涉到原子、电子和量子学概念,但仅就物理学来说,这已经是一个非常完备的结构体系了。那些定律都依照它们原本被建立起来的方式来对现实加以描述,比如场的定律,能量、质量、动量及电荷之间守恒的定律,万有引力定律,包括电磁方程规律等。它们是不言而喻的道理,或者是恒定相等的公式。因此爱丁顿用一种更为深刻和普遍的论证,再次证实了著作者很多年前所提出的质量与能量守恒特例的观点。

爱丁顿认为,自然律分为三个种类:

(1)恒等定律:是类似于质量或能量守恒的定律。这种定律按照它建立起来的方式,与数学上的恒等公式一样。

(2)统计学定律:是对群体性质和行为进行表述的定律,描述的对象包括原子群或人类群。我们之所以会习惯性地产生机械的必然性,很大一部分原因是因为,直至现在我们也只能采用统计方法来对数量庞大的原子进行研究。自然界的一致就是平均数的一致,这是出于主观意识而被设计出来满足这种定律的自然模型。

(3)超经验定律:指的是那些在我们提出的设计模型之外的能够清晰辨别的恒等式定律。具体牵涉到原子、电子和量子的个性与状态。由它们引导出来的东西并不完全具备恒久性,只是一种类似于作用量的东西,以引起我们的注意。只是,它不能被主观意识所领会,因此常会给人不太融洽之感。

爱丁顿提出:我们的心里存在着一些类似于作用量的概念,它们非常粗糙,而且很难被理解,或许这些就是我们最终触碰到的真相的表征。如果真的如此,那么,我们的科学差不多又退到"信其不可能者",也就是与德尔图良学派的神学格言相似的那种观点中去了。

---

① A. S. Eddington, The Natare of the Physical World, Cambridge, 1928, p. 295. ——原注

认识论

传统意义上的逻辑学和数学理论逻辑学,都在引导着我们去探究归纳法,以及采用归纳法概括所得的定律是否绝对正确。此时我们必须依照之前提到的知识返回来,对认识论进行一番讨论了。第八章提到过马赫和毕尔生在让科学家重新对认识论产生兴趣的方面做了怎样的努力,他们甚至尝试将那个时代流行的浅薄的实在论引向现象论,他们倡导的现象论就是感觉论,这种观点认为,认识就是诸多感觉组合而成的,科学只不过是某种让我们用以觉察感受的常规概念模型罢了。

很明显,这种观点只是对洛克、休谟和穆勒的观点的照搬,可当时那个时代许多人都觉得,这是崭新的发现。对哲学不屑一顾的科学家中,有很大一部分人抱着常识性实在论的简单想法进行科学探索,但也有一些吸纳了诸如马赫和皮尔逊这些物理学和数学家的观点,所以 19 世纪末 20 世纪初的时候,现象论成为科学界流行的新风潮。

只是那个时代,也不是所有人都跟马赫一样走极端路子,比如,1904 年本书作者就曾提出观点,尽管科学依照本身的方法无法从现象论中跳脱出来,可是科学的结论却能被形而上学应用,成为实在论的有力证据[①]。

科学本身在观察和测量的时候,只能依靠于我们感官的感受:

> 比如电流计这种东西,乍一看仿佛为我们提供了一种崭新的可以感受电流的感官,但仔细一想就明白了,光点在尺子上产生变化,电流计采用的办法,只是将我们不知道的东西翻译成我们能够理解的语言表达出来罢了[②]。

用现代话说,物理科学的研究对象只不过是指针给出的数字,或者可以理解为类似等同于指针数字的东西。它采用实验或者数学推理方法所研究的相关对象,只不过是某一个指针的数据与另外一个指针数据之间产生的关联罢了。

将科学区分为好几个学科,其实比较牵强。不同种类的学科,基本上有点儿像我们建立的自然模型的各个断面,用更精确的话来讲,就是我们探求立体模型理念时,所用到的平面图。可以从各个角度来观察同一个现象。比如说一根手杖,在小

---

① *Recent Development of Physical Science*,1st ed. 1904,pp. 12 et seq. ——原注

② 上引书第 14 页。——原注

学生看来就是一根长的带弹性的棒子;而植物学家看到的则是一把纤维质和细胞膜;化学家看到的则是分子的复杂集合体;物理学家则会觉得手杖是原子核跟电子的聚合体。可以采用物理、生理或心理等种种方式来对神经冲动进行探索,但却不能评价说,其中的某一种观点更贴近事实。人们觉得,所有的现象都有可能采用力学的办法来进行根本的解释,这是因为物理科学中,力学是最先发展起来的,力学的方法论和原理普遍被大众所接受和理解。其实,跟其他科学学科相比,力学并不能算作最基本的学科,事实上,物质能够被析成电,早在 1904 年就已经实现了。

至此我们应该明白,归纳科学的任务只在于形成一个概念化的自然模型,而科学本身的方法论实在难以触及形而上学的现实难题。可是,只要存在能够为种种现实现象塑造出统一自然模型的可能,这就能算作形而上学方面的实力论证,可以证明出现实存在也是统一的,而且是各类现象发生的根本原因,尽管真正本质上的现实与我们心中描绘的自然模型大相径庭,毕竟我们受自身能力所限和主观意识束缚,所能创造的模型一定是假设的约定,并不是真实的。尽管很长一段时间以来,有人锲而不舍地想利用语言上的逻辑来证实感觉对象以及科学模型都是虚假的,但事实已经证实了这种观点不正确;而朴素的实在论观点则认为科学和常识所探讨到的事情就是世界的本源,很明显,这也不正确。可是就跟坎贝尔的观点一样,在科学范畴中关于实在的概念和形而上学范畴中两者的概念是完全不同的;而就科学本身来说,它算得上是非常真实的概念了。

过去,实在论和现象论之间的辩论主要涉及知觉与对象的混淆,穆尔曾在《驳唯心论》一书中这样说过。穆尔坚信一个不言而喻的现实观点:我们所说的感知,是指对某种物质产生的感觉;但那个给我们以感觉的物质本身,不可能完全等同于它给我们留下的感觉。他还指出,这一不需要证明的观点可以驳斥大部分唯心论的论点。布罗德曾说过:"我们能够感受到的东西是的的确确存在着的,而且我们感知到的它的特性,也是真实存在着的……我们最多只能否认其现实存在,换句话说,就是当它未曾被某个人感知到的时候就是不存在的,但事实上它本身是存在着的。"我们能够感知到的可能就是一根手杖,但物理学家们经过严肃的分析后会认为它是电子或者波的集合;可是物理学上提出的这些概念,并不是手杖带给我们的如实感受。小学生的确会感知到长而有弹性的棒子。因此,穆尔和布罗德带着我们走上了另外一条避开黑格尔唯心主义和马赫现象论的道路,只不过并未回溯到常识之路,或 19 世纪朴素实在论的路上去,这条路上的实在论观点更为广泛,它认可被感知的对象确实存在,而且符合现代数学和物理学基础上的哲学观。

1910—1914 年,罗素与怀特海发表了《数学原理》一书,这是极其伟大的一部著作,随后他们在接下来出版的书籍中,以数学的角度对自然界的观点进行了发展。具体的观点内容可以简略地概括为:我们认识到的物质世界只是出于我们抽象的认知。我们能够将那个世界的模型建造出来以探求其中的联系和规律。但是我们却无法利用这些方式将"现实"的本来面目揭露出来,我们可以推测出物质的存在,它不以人的意识为转移,而且其中存在的内部关系跟我们建立的模型之间的关系相同。

这种崭新的实在论观点来源于洛克。他最开始研究心理学,后来着手探究其有限哲学的相关课题。现代信仰实在论观点的学者们,不会再采用先创造出一个完备的哲学体系,接着依次推论出各种特殊运用的办法。他们主要采用数学、物理学、生物学、心理学、伦理学等其他很多与他们的课题相关的任何学科,来对单一的问题进行探究,就类似于归纳科学的发展一样,逐渐地将研究成果细碎地拼凑成整体,据此我们也可以发现,哲学其实跟科学是一致的,确定观念正确性的唯一标准,就是它的本身是否统一协调。

数学和自然界

如果要详细对科学所使用的认识论的作用加以介绍,那我们就不能仅仅从归纳法来考虑了,还要探讨数学演绎法才行。数学是怎样借助于粗浅的实际测量和不存在点、面、质点和暂时集合的死板技术,来探求理想状态下点、面、质点和暂时集合的抽象形式呢? 数学又是怎样将分析抽象获得的数据应用到对现实世界的解释中,导致数学物理学获得了如此巨大的成就呢?

怀特海在这个自然科学界当中的哲学问题上有很大的贡献,尤其是他所写的《外延的抽象原理》[1]贡献卓越。此处,我们会对这本书进行简短的介绍。这部分内容是穿插补充的内容,如果对数学原理不好奇,读者可以跳过这一节。

科学研究的对象是项与项之间的关系,并不是所有项的内部特性。所以只要某一组项的相互关系等同于其他组数项,那这两组项就是相等的。无理数在数学上也能被视作数字,比如$\sqrt{2}$和$\sqrt{3}$,它们符合整数的加法和乘法定律。因此,从这个方面来说,它们也是数。

另外,$\sqrt{2}$和$\sqrt{3}$的一般内涵是:由平方比2小或者比3小的有理数集合而成的级数极限。可是这个定义毫无意义,因为我们无法证明这两个级数是否的确有极

---

① *Principles of Nature Know ledge*, *Concept of Nature*; Broad, *Scientific Thought*, pp. 39 et seq. ——原注

限。从另一个角度来说,假如我们将$\sqrt{2}$和$\sqrt{3}$定义为级数本身,而不是级数极限,那我们最终得到的量会含有意外的内构造,这是现实存在的,并且还可以证实,普通意义上$\sqrt{2}$和$\sqrt{3}$之间存在的相互关系与其他数量之间存在的关系是一致的。所以,可以采用这一新定义取代原本的概念。

怀特海最初因证明无理数才发现的这个原理同样适用于几何学和物理学。比如那个老生常谈的点的问题:可以把一个点定义为一组套在一起逐渐变小的同心球所组成的级数极限。这个定义在好几个方面都有特别的作用。只不过,同心圆的体积可以小到何种地步,或者说是不是体积,依照这样下定义的话,也会免不了跟其他的定义方式产生冲突,毕竟一个点是不存在大小而只有位置的。

假如我们对这一点作定义的时候,不将其看作体积级数极限,而定义它本身就是级数,那么它就是普遍意义上这一体系的中心点。这样我们获得的数量及两者之间的关系,都等同于依照两个老办法定义的点。这样就避开了定义引发的冲突,至于那些新的点内部包含的复杂结构也算不上难题,毕竟科学的研究对象是各部分的关联,不考虑内部结构。

怀特海就是采用这种办法,证明了两种概念之间的联系。这两种概念,一是数学无法使用但却可以被感知的东西,比如实际的体积、棍棒、微小的粒子等;二是无法被感知但却可以用在数学上的东西,比如没有体积的点、没有宽度的线段等几何学和物理学上必要的概念。

这种思维方式跟早已确定下来的热力学方法论很类似。热力学排除了某一系统的内部结构与变化(这也的确不重要),仅仅探讨该系统吸收和放出热量与能量的过程。关于分子的理论出现后,算是对该系统的内部特点进行了说明阐释,但热力学对这一说法表示中立。假如,有另外一个阐释外部关系的理论出现,那估计热力学也是同样的反应。有关溶液的理论中其实有一个优秀的例证,可以对此证明。

范特·霍夫通过热力学提出了一种观点:溶液的渗透压,等同于普通的气体压力,且它们都符合相同的物理定律。为此,不少物理学家和化学家都认为范特·霍夫的观点有一个前提条件——压力产生的原因相同,都是因为分子冲击而产生。事实上,不管是什么样的原因——化学亲和力或分子冲击都无所谓,热力学的关系都与之不相干。

还有另外一个例子,近来才出现的物理学研究范畴当中,即海森堡采用的数学办法和薛定谔所采用的数学办法,虽然看上去不一样,但实际上本质相同。海森堡抛弃了玻尔的电子轨道论,而用了电子及能级的方式探究原子结构;薛定谔则利用基础波动力学,他们探究的实际上是同一个问题。而且,关于原子内部特性的看法都以类似的数学方程式加以表达,尽管采用了不同的物理学概念,可它们的科学目标是完全一致的。

这种现象给我们以哲学上的启发:一方面,一定要保持谨慎小心的态度去接触人们提出的物理关系量的模型;另一方面,因为科学带给我们越来越多的物理关系知识,我们可以随意信任这些关系并加以运用。这一科学知识偏向于概率学,只是正确的概率足够高,而且其中的大部分定律,也都在迅速地提升正确的概率,它已经正确到可以投入具体的运用了;我们从中获取的关系定律都是客观实在的,跟关系量本身是否真实存在不相干。

物质的消灭

麦克斯韦认为,牛顿所提出的质点有硬度和质量的说法,就跟 19 世纪的原子概念一样,是已经被印证的绝对真理,可到了 19 世纪末期,这一概念就难以适应现实需要了。凯尔文提出旋涡原子理论,拉摩提出的以太应变中心理论,都试图通过更基本的办法去表达科学的本质,也就是终极概念。

麦克斯韦证实,光是一种电磁辐射。这一论点直接引发了后来弹性固体光以太学说的没落;另外 J. J. 汤姆生的质点理论与洛伦兹、拉摩的电子理论也结合起来,形成了物质就是电的新观点。毫无疑问,整个世界已经变得更加复杂了。那时候的人原本觉得自己对质量原子、空间以太横波等都理解得比较透彻了;可是如今,他们必须认识到,在对电的内部特性及电磁振动的性质的探究上,才刚刚入门而已。

在接下来的发展阶段,新物理学说充分引入和运用了电子与质子理论。人们的大脑已经习惯了这一普遍被认知的概念,甚至玻尔和索末菲提出的原子模型几乎要让我们觉得那并不是形而上学的,而是真正的物理存在。不过由于基础理论的垮台,他们的努力失败了;与此同一时间,海森堡的研究发现,行星的电子观念中存在的很多推论都没有实际的证据;而我们只是先入为主地将牛顿提出的天文学观念,直接照搬到原子物理学领域。我们对原子的真实认知,只不过局限于从原子里经过的物质。在我们看来,电子可以发出和吸收辐射,我们能做的不过是在其放射能量的短暂时间段内进行观察探索,而且这一过程还并不是连续的。我们所了解到的全部内容只是辐射罢了。从另一角度看,德·布罗意和薛定谔采用了与海森堡类似的办法,判定原子及其内部结构是波动系统,但或许波动的表现也只是某种概率的结果。

我们不能遗忘历史的警示。原子理论在热力学中被废除了,但在新物理学运用极端原子理论之后没过多久，奥斯特瓦尔德就提出，要用唯能论替代这一理论。或许将来的某一天，我们会对原子构造有更深入的研究和认知。只是现在已经有不少蛛丝马迹显示，我们距离自然界物理模型的边界越来越近了。起码现在的科学界还是新量子力学的天下，我们必须用数学方程来对现场进行阐释。

过去的物质概念认为，物质由分子和原子构成，原子则由质子和电子构成。如今我们却将其概念定义为发出辐射的源头或者波的集合：将其析出为从中心向外界发散的一组物质结构。可我们却对物质中心、承载波运动的介质（假设波动方程就代表着介质中存在着波）等概念一无所知。而且，这种电子波系的观点也存在准确象限，好像只在一定范围内有效。如果利用数学方程计算出某个电子所在的准确位置，那么其速度就不固定。而如果能确定速度的话，其位置又难以准确测定了。之所以会测量不准，是因为电子的大小与观察光波的长短之间存在某种关系。采用波长较长的光很难观察出电子的准确位置；而采用能够确定精准界限的较短的光波则会产生辐射，会改变电子原本的位置。此处仿佛存在一个难以精确抵达的知识极限，测不准性变成了难以解决的根本问题。人类似乎已经快要触碰到科学的知识极限了。

相对论中也有类似的情况。以前，哲学家们认为物质是实际存在于空间之中，空间在时间中是永恒不变的。可如今哲学家们认为，空间和时间只不过是观察者的相对概念，根本不存在宇宙空间和宇宙时间。三维空间中不存在永恒不灭的物质集合或者电子，但却存在四维时空中的"事件"串；这些事件之间存在着某种联系，因此呈现的外在形态就是恒久不变，如海面上的某个波，或者某一个乐音。超远距离的力不存在了，像万有引力定律及对此进行的阐释也都不存在了。唯有关联着时空里相邻事件的微分关系存在着。物理现实用一组哈密顿方程就能概括起来。原有的唯物论思想随之消亡；甚至曾代替物质微粒的电子理论也沦落为幽灵一般的概念——不过是波动的外在表现罢了，它跟我们耳熟能详的空间之波完全不同，跟麦克斯韦提出的以太里的波也不是一回事，而是一种概率公式中存在的波，是四维时空的波——我们主观上很难理解和表达。

而且，即便电子理论沦落成为无实质根据的幽灵观念，它们也仅在很短的时间内发挥了作用。而质子和电子的对抗消亡，以及氢质变化成原子——这是目前可以对太阳和其他恒星发射巨大辐射能量的原因进行阐释的唯一原因。我们身处的地球上，燃烧殆尽的灰烬组成了物质，不会再复燃，可恒星上或星辰之间的空间当中存在这种变化的可能，或许宇宙当中存在某些正在被辐射化的物质。所以，在我们过去的经验里习以为常的、不可摧毁的、永恒的物质，如今已经包含了极其复杂的内涵。它或者以细微电子或粒子的状态围绕在空间和原子核四周；或者以波群的状态从原子的整体结构中经过，并转化成辐射逐渐消亡；而太阳本身也正以每分钟两亿五千万吨的速度逐渐消失。

自由意志和决定论

我们已经在第九章当中探讨过人是否是机器的问题。部分生物学家依然坚信，力学、物理学和化学并不能如实对全部的生命活动进行阐述，而只是显示了生物本身所具备的某种附属的功能。机械主义者对此的解释是：生物物理学和化学接连地侵占了生理学和心理学的领域，并且似乎这种倾向永远不会停止。还有一种观点认为，想要促进科学进步，就必须将物理和化学的机械主义观点当作默认的前提。但是这些观点所做的，要么是将新活力论的目的论推广到更广义层面的目的论中，那么只依靠主观意识来判定，将物理学、生物学、心理学看作在观察人类各个侧面特征的时候所遭遇的不同问题。

依照历史观我们可以发现，活力论和机械论之间彼此更迭、此消彼长的状态，自希腊哲学时代就已经开始了。尽管并未得到统一的结论，但我们对这一问题的真相已经比以前接近了很多很多；即便我们还未能找到真正的解决之法，起码也能对问题本身认识得更加清楚。

就像里奇提出的，生命怪异地被物理环境限制着，可从某些方面来说，又不会随着物理环境变化，这是它与那些无生命的东西有着本质不同。相信理性的人们，需做到的首要前提就是，承认自己知道的东西少得可怜，而未曾被认识的东西则无比博大：

> 不管是谁，只要他是一个有血有肉的普通人，刚看到生命需要依靠物理环境才能生存的现象时……就会想当然地觉得他自己已经非常接近生命的终极真相了。他觉得，此时他的研究是在对生命真相的最后难题发动总攻，可以毕其功于一役了；但当经历过激烈的战斗以后，他就会发现自己所攻克的所谓艰难堡垒只不过是几个无足轻重的外围工事罢了，防守非常薄弱，而真正的难题依然远远地立在前面，就像过去一样毫无变化。[1]

---

① *Scientific Method*，p.177. ——原注

可是里奇接着又指出："重要的是机械主义的方法,的确帮助我们获得了某些知识,而且我们可以说,过去所获得的全部知识,都是通过机械主义方式得到的。"如果想在生理学或心理学方面有所建树,那么就必须接受将来所遇到的问题都能运用力学、物理和化学的办法来解决,这是一个预测出来的结论,尽管我们在这一结论的前提下的研究,也有可能不会导致哲学以至于生物学方面的偏见出现。但坚持新活力论的学者依旧坚持——生命的过程当中存在着调节方式,能够依照物理学和化学不能解释的方式来维持有机体的正常运转。还有一些人,比如 J. S. 霍尔丹教授等人坚持认为,尽管机械主义的观点难以得出完整的定义,但活力论的信仰者们所相信的调节方式,其实也受到了机械环境的影响。因此,不管是机械论还是活力论,都是说不通的。但"实在"的内部性质则决定,有存在生物层面上的协调与一体化。① 克洛德·伯纳德和他的信仰者们提出,适应环境这一观点有着广泛深刻的影响,生理学当中或许已经证实了这一观念的必要性,它的地位就跟物理学当中的物质和能量守恒定律一样重要②。

面对决定论的问题时,将目光从生物学转移到物理科学上,我们就可以得出崭新的观点。近代建立在牛顿理论上的哲学决定论,经过改造之后在 18—19 世纪风靡一时,但如今也不再借由物理学被证实。我们现在已经证明了,过去人们普遍信仰的科学理论,有的是现在依然沿用的穿插在自然界模型中的定理,有的则是出自概率的原因。就算是建立在很常见的现象或充足的统计数据之上,科学家也不敢断定自己提出的学科推测是否绝对正确,顶多就是一场必胜的赌博罢了,而科学家们根本无法对原子和量子的运动规律加以预测。

即便过去大家所熟识的定理,也可能只是一种发展趋势,但定律当中牵涉到的,并不仅仅是单独的某个分子、原子或者电子,而指代的是统计学上平均的概念。假如我们把气体加热到比它原来高一摄氏度的程度,那么我们能够推测出大部分分子统一增加的平均能量,某一个单个分子的能量却会随着随机的碰撞变化,所以是算不出来的。我们可以推测一分钟之内,一毫克的镭当中会有多少个原子会蜕变,并把结果误差控制在极小的范围内。可是,我们却推测不出某一个原子蜕变的具体时间。我们也能够证实,采用多少个电子才能在一定的温度下将能量发射出去,但却不知道某一个电子会在什么时间抵达新的轨道,并开始产生辐射。或许未来的某天会诞生一种新的力学观点,使得对单个分子、原子和电子的测量成为可

---

① J. S. Haldane, *The Sciences and Philosophy*, London, 1929. ——原注
② C. Lovatt Evans, *Brit. Assoc. Rep*, 1928, p. 163. ——原注

能,不过至今为止,这种观点尚未萌芽。

事实上,如今的发展趋势朝着另外一个方向前进。无法实现准确测量的这一定律,却好像又为自然界蒙上了一种崭新的难以计算的面纱。到目前为止,我们无法进行精准测量,或许是因为缺乏必要的知识,当知识达到一定程度后就能得以解决。但是,在这种理论基础之上去探究自由主义哲学,是非常糟糕且危险的做法。可是依据爱丁顿提出的观点,薛定谔和波尔的工作,结果也证实了,物质的确存在难以被准确测量的特性。如果算出电子的准确位置,那电子速度就无法测量;同理,如果能测量出电子的实际速度,那电子的位置就不准确。在某些人的观念当中,这种一个准一个不准的此消彼长的规律,仿佛已经证明了科学决定论根本是个伪命题。可另外还有些人认为,这种测不准的规律只不过证实了,我们所采用的测量办法不适用于物理学领域之外的其他研究。

我们在探究生命机体过程中遇到的困难跟这种测不准的情况有点类似,所以必须在此加以介绍。我们在预测诸如,英国一年内婴孩的死亡率、某个岁数的人的平均年龄等类似的问题上,可以控制误差小到一定的限度之内。可我们却推测不出某一个小孩是不是会死,或者某一张保险单什么时候能够兑现,这里跟前面所说的一样,或许将来的某天,我们发现了新的科学知识和技巧,就有可能实现在这些领域当中的预测,只不过现在还没有看到类似的萌芽出现。

我们必须铭记:自然界的秩序是获得可行的意志自由的前提条件。世上最悲惨的境地,就是被一个喜怒无常不能预测其状态的暴君所统治。我们想要当家做主,拥有对自己生命的决定权,就一定要具备在已知的航海领域掌控船只航行的实际能力。依照当下我们获知的理论而言,统计学的角度上显示,命运控制了人类。可仅就个人来说,他不得不遵守的机器运转是有规律的,尽管已经被确定了下来,也可能有允许自由意志存在的空间。或许未来会证实这种结论跟普遍的知识背道而驰,就跟或许未来量子力学的研究能够测定原子的一切状态一样。科学继续发展下去,也有可能是朝着机械主义哲学的方向前进。可起码此时此刻,且不论这是否是真相,物理学是朝着另外一个方向发展着的。

这一问题与过去灵魂和物质的探讨观点密切相关。人们在 17 世纪之前普遍认为,灵魂是物质的客观存在,跟气体的性质完全一致。到了笛卡儿,还对灵魂和物质进行了区分。他认为的灵魂和物质是互相平行独立的观念流传到现在。有两条思路可以避开笛卡儿提出的二元论。坚持唯物论的人提出,物质是客观现实,而灵魂则是虚无的;坚持唯心主义观点的人则信奉贝克莱的观点,认为物质是虚假的,灵魂才是客观现实。而休谟和马赫等相关现象论的坚持者们,在书籍中给出了新的思路:灵魂和物质这两种定义,只不过是我们在观察自己心中的自然界的投射时所产生的两种方法,换句话来说,就是科学在研究自然界立体模型时,采用的互不相同的两种图纸。而从威廉·詹姆斯一直到伯特兰·罗素的大部分现代哲学家,都将这一观点视作"中立一元论"。这一学说认为,灵魂和物质都是借由另一种原始的东西组成,这种东西不是物质,也并非灵魂。

我们构建了物质世界的自然模型,假如物质世界真实存在,那我们对它的内部特性一无所知;但我们对灵魂世界的内在属性还算有些微的研究,因此按我们的认识来看,灵魂世界显得更像真实存在的东西。物理学无法探查出物质世界的内部特性,而心灵世界和物质的事件却有机会互为因果。

二者之间毋庸置疑地存在一定的关联。通过神经学和实验心理学的研究发现,神经作用与物理和心灵反应是同时出现的。而通过生物和化学则可以证实,内分泌虽然没有管腺,却能对人的心理和个性产生作用。如果给人注射肾上腺素的话,就会使身体出现恐惧的表征,尽管罗素爵士也对此做过一些具体的实验,且证实了:心灵上的恐惧不一定会引发这种外在的症状。[①] 但是灵魂和物质世界的这种明显的关联,并不是二者之间存在的根本特性。

通过比较灵魂和物质世界,我们知道了不论怎样,物理学能告诉我们的知识只是某一种关系,以及连接两者的关系量概念。而且它告诉我们的知识只能被心灵认识和记录下来。从这个角度上看,灵魂远比物质和机械论要更像客观存在的事实,毕竟机械论运用的范畴只在于宏观方面,要在依靠大量数据的统计学平均中运用,在超微观的概念下,比如涉及单个原子、电子和量子的内涵时,机械决定论就发挥不了作用。

我们看到了恒星发出的光芒,这就是一连串可以依靠物理学来进行探索和研究的整体事件。可在整个的事件串里,我们只能将视觉感受描述出来,而其他的细节唯有采用抽象和数学相结合的方式表达。一个盲人,可能能够理解物理学的所有内容,可却体会不到看到光时的感受。物理学的范畴并不是探究某一件事是否会使人愉快。所以,显而易见,物理学科不包括的内容就是我们的心感受到的东西。

意愿和自由意志是最为生动而永恒的主观感受,直到现在,机械决定论还是能够直接对这种主观感受进行否认的有力证据。有些人觉得,物理科学发展的必然结局一定是决定论。可在爱丁顿的观点中,假如今天还有人想要捍卫哲学上提出的决定论,那么唯有从形而上学的角度来论证了。决定论的拥护者们,无法再从科

---

① *Outline of Philosophy*, London. p. 226. ——原注

学的角度来论证他们的观点,科学决定论已被摧毁了,而且是在原本保护它的堡垒当中——也就是原子的内部结构当中,被摧毁了。[1]

现在还不到让科学家们探究意识作用于物质的具体运作方式的时候,不过哲学家可以对此进行猜测。爱丁顿说,有些人觉得意志能够让某几个原子的量子发生跃迁,凭借神经作用,改变物质世界的运转轨道。爱丁顿觉得这观点根本不现实,宁可承认意识产生作用的办法是借助于对原子群的概率条件进行改变。他提出:

> 我承认且非常重视,有生命的物质和无生命的物质之间存在着严重的差异性;只是我觉得,虽然其中的问题还没有得到完全解决,但起码已经有所推进。不对原子结构进行改变,只是对它产生的不确定概率进行控制,这种改变自然律的方式,比人们认为的意识改变方式更缓和一些。

我们的确应该重视爱丁顿的观点,可是显而易见,意识与大脑之间的系统关联极端复杂。若随便相信通过某一种假设就能完美解决这个问题,那不管这假设多么出色,这做法也过于武断了。现在最好维持这一问题的原本状态。经验由很多内容组成,物理科学、心理学都属于其范畴,而且心理学的资料来源还包含了美学、道德和宗教等领域。

科学依据世界的表面状态来组成了抽象的概念,并为之创造出富含逻辑的定义。所以,这些定义与那些或许正确的预测之间存在着坚不可摧的锁链。科学决定论来源于科学的抽象过程。比如,力学从感觉当中选择了某些观念来将其构造成抽象的定义,比如空间、时间、物质等,接着再依据这些定义成立符合逻辑的决定论系统;这样的系统建立在抽象定义上,自然也只能推导出抽象的概念。力学的基础就是这样,所以力学所发现的自然界肯定也是机械僵硬的;但是从抽象逻辑的科学基础上来看,自然界则是决定论的。其他还有一些未能被精确科学证实的基础存在。

另外,因果关系问题也与之有关联。若相信因果关系是一种必然的先验论思想,那么科学就决定不了因果关系是否正确,也不必为后果负责。从另一角度来说,若觉得因果关系必须来源于经验,那因果定律就仅仅是印证了某些实际的例子。而其他的例子的存在虽然不能彻底地否定这一定律,但也证实了它并非普适的性质,我们也无法确定它需要对人类意识进行绝对控制。人类意识跟那些被因果定律证实可行的现象完全不同。

---

[1] Eddington, *Recent Development of Physical Science*, Ist ed. 1904, pp. 12 et seq. ——原注

罗素认为,人们之所以不喜欢决定论,很大程度上是因为没能对其进行透彻的分析。因此才导致科学上不涉及人力的因果律与人类意识概念之间的混淆。我们都不愿意自己是因外在的迫使才去行动。可是从决定论的角度来看,当我们个人的意识符合行动原因的时候,就不会有这种感觉。就像罗素谈及的那样:"总而言之,自由的宝贵的意义就在于,我们的意志实际上就是我们自我想法的结果,并不是外力强迫我们去做自己不愿做的事情……因此,所谓真实的自由意志,就是在那重要的状态下出现。"①

机体概念

接下来,我们将对这相同问题的另一哲学发展进程进行介绍。自然科学中运用得最普遍的方法就是通过分析简化问题。在进行过分析之后,心理学家会借助生理学的知识来对结果进行阐述;生理学家则会借用物理学和化学知识进行说明;物理学家则进一步将其分析为原子、电子,在这一过程中他们会发现,原本的机械模型都无法运用,仿佛跟基础的测量不准确理论相关。可能他们也构造出一个适合的原子模型,可最终原子模型本身证明了他们的观点无法实现,最终一定会采用数学方程来解释物理学的定义。

只是科学范畴中并不仅仅有一种物理学,而经验也不仅仅有科学这一种形式。确实,生理学包含在生物学之中,竭尽全力地利用分析法简化问题,好便于物理学和化学解决;可与此同时,生物学也探索有生命的机体,并将其当作完整的自然历史。心理学不仅仅通过实验对感觉和情感进行分析,还会对灵魂意识和人格意识进行探究。综合方法力图贴近客观现实,它跟分析法一样卓有成效。怀特海就是因为这些原因才提出,需要存在一个能利用实在论重新对科学系统进行改造的短暂阶段,这一实在论阶段立足于终极概念,也就是机体之上。②

17世纪,人们对世界的解释产生了新的观点,认为世界能够被定义成一连串瞬间物质组合在一起的状态,这状态能够自发地变化,并构成了逻辑严密的机械主义体系。坚持唯心主义的学者们,包括贝克莱、柏格森等都对这个体系持批判的态度;可是他们连辩论的真正论点都没搞清楚,所以落败了。确实,这一体系充满谬误,但并非常规的错误。这其实就是误把科学原本的抽象内需当成了实际存在,跟

①　Bertend Russell, Our Knowledge of the External World, p. 239. ——原注

②　A. N. Whitehaed. *Science and the Modern World*, Cambridge, 1924, p. 80. ——原注

怀特海提出的"具体放置错误"是一回事,本书已经对此指出多次。分析需要依赖于抽象概念,但是对待从自然和过去的经验中提取出来的抽象观念时,则要略过其他与抽象概念不相关的部分。所以,抽象并不能为科学提供完整的图纸,更不可能描绘出客观实在的完整图像。决定论中的机械主义定律适用的对象,是经过逻辑分析得来的抽象实体。那些存在于世界上的具体、永恒的实体都是整体,因此机体整体的布局对其内在部分的性质产生了影响。当一个原子成为构造人体的一分子时,它的行为或许会产生变化;它的状态主要取决于人这一机体的特性。灵魂会参与到机体的整体构造中去,所以会对机体的各个附庸(小到电子)产生作用,改变其行为。电子自由地运动,可当它成为人体的一部分时,身体的整体状态(包括灵魂的影响)会限制它的自由运动。我们还可以给出更有力的论点:存在于原子内部的电子被整个原子的构造控制和约束着,跟存在于原子外部的电子大不相同,后者是自由地在虚无的空间中游荡。所以很明显,怀特海用以取代科学决定论的学说,就是机体论。他对待这一问题的方法跟爱丁顿刚好背道而驰。的确,爱丁顿对科学决定论的批判,主要是从物理分析的基础理论——原子、电子和量子来进行的。怀特海认为,分析法的根本特性导致它容易在哲学上产生谬误,所以,他的观点主要依靠于机体整体的综合概念而形成。事实上,他就是借助于朴素的经验。这种经验阐明:"我们身处于感官世界之中,而且这些诸如声音、色彩等其他的感觉对象永恒地存在于时间和空间之中,跟石头、树木、人体等概念密切相关。我们本身,以及我们感知到的那些东西,在某个意义中看来,仿佛都是构成世界的一部分。"怀特海对新实在论的观点进行了卓越的阐释,而他自己也根据这种理论基础,得出了跟穆尔和布罗德类似的结论,因而为我们重构了一个崭新、优秀的科学理论。贝尔特认为伽利略也利用了我们的理论。怀特海认为,事件就是自然现实的最小单位。他跟柏格森都觉得,客观实在的本质就是不断地变化。也就意味着,实际的存在处在不断的运动中,或处在创造性的进化中。

物理学、意识和熵

爱丁顿就精密科学的意义重点提出:精密科学的研究对象只是物理仪器上的数据。比如,如果要算出物体从山坡上滑落的时间,我们就要在计算中引入物体质量、山坡坡度、重力加速度等相关的仪器数据,只有这样才能获得另外一组有关时间的仪器数据。这种方法的运用,让物理学借助某些相互关联的物理概念,形成了逻辑严密的闭合知识圈。用过去的理论可以阐释为,物质及其内部组成状态与力之间彼此作用,并决定了对方的状态。而现代理论则认为,这个闭合的系列圈子存在这样的顺序:势,间隔,标度,物质,应力,势……如此永恒地循环往复着。如果要跳出这一圈子,唯一管用的办法就是认清确凿无疑的现实——唯有灵魂的主观判断,才能检验逻辑关系是否完全符合实际世界的状况。可能也唯有物理学能够觉察到其闭合知识圈内的变化,并跟随着这些变化产生主观物质变化,接着再如实地从外部对其进行观测。不过,当大脑受到影响并出现了意识的时候,客观存在就被我们触碰到了。"意识客观存在与否,根本无足轻重。意识本身就是自我觉察,'实在'一词并不能赋予它任何新内涵。"

这又涉及我们在第八、第九章谈到的问题,也就是自我的本质。旧的哲学认为,自我是比经验更早存在、独立于经验之外的实体;现代心理学家则认为,自我是一种复杂的第二性结构,依赖于感受、知觉及其他心理变化而产生。这两种观点到底哪一种正确呢? 其实并没有达成一致结论,也不需要达成一致。且不管它是如何出现的,但自我具备意识。爱丁顿对此曾说,因为自我能够意识到本身的存在,所以它是客观实在。

一般情况下,物理学上的可逆方程并未对运动的方向进行说明。所以按照形势动力学的说法,行星的公转方向也有可能是相反的。涉及这一点,世界是可逆的,但唯有我们自己的自我意识才能对过去和未来进行区分。不过物质世界当中存在一个跟意识无关的原则。物质世界是不可逆转的,根据热力学第二定律我们可以知道,在不可逆的系统当中,时间越长,可以使用的能量就会越少,熵则逐渐增加。或许我们也可以猜测一下,是否存在这样一种可能:因为人类大脑中的运动过程不可逆转,所以才会影响到我们的意识感觉到时间的变化。

我们可以利用洗牌机的原理来对熵的增加进行解释。将未洗的纸牌按照花色和数字的顺序排列整理好。洗过的牌,其花色和数字顺序都被均匀混合在一起。除了故意挑选排列,或者极小的概率巧合之外,我们几乎不可能将纸牌的次序恢复原状。洗牌机里的纸牌数量越多,这就需要越长的时间来将它们混合均匀。所以可以采用纸牌机混合均匀的状态,来测定洗牌的时间。这个过程是不可逆的,所以也可以采用指针来表示:纸牌变得越来越均匀,就意味着时间在往前走,如果纸牌在不经外界影响的状态下恢复了原本的顺序,那我们肯定要反方向去计算时间。

因此,就跟爱丁顿提出的那样,熵就是物质世界当中代表时间的指针。例如,温度差逐渐变小,能量逃逸而变得更少,熵则不断增加,那么这一时期,时间就是正向的,我们正在奔向未来;反过来说,假如我们通过方程发觉熵不断缩小,而能够使用的能量变多,那我们就应该明白,这是一个反向探寻的过程。

我们借助于气体分子运动理论,可以将熵的逐渐增加阐释为分子运动的过程。假如存在两个容器,每个容器里的分子数目相同,其中一个容器比较热,另一个容器温度较低,那么,比较热的容器当中,分子的平均能量和速度一定比另一个容器里的分子大。现在将这两个容器打通,那么它们之间分子的互相运动,会导致这两个容器中分子的平均能量大致相同,最终,分子的速度会符合麦克斯韦和玻尔兹曼提出的规律。这个状态是最后的结果,如果要将其变为起始状态,那么唯有依靠主观办法,比如麦克斯韦的魔鬼想象,或者因为某种概率极小的巧合,导致所有运动的比较快的分子都跑到了同一个容器里。时间是无穷无尽的,所以这概率极小的偶然可能也会发生;不过,也有另外一种更可能发生的倾向,那就是整个系统都会被摧毁掉。这种概率还要更大一些。

天体演化学

在证明了地球中心说的谬论之后,人们承认了太阳是恒星的这一结论,推测中的宇宙规模变得更大了,只是这些问题对人类来说并不重要。况且,天体起源本就事关科学而不是哲学。但天体物理学领域获得的知识性发展如此迅猛,让我们印象深刻,因此在此对部分成果加以介绍,或许也有其他用处。

我们身处的银河系,大约有十亿多个恒星,其中相距最远的恒星之间有三十万光年的距离。而在银河系的恒星系统之外的广阔宇宙中,还存在着数百万个有可能诞生新星系的旋涡星云。某些距离我们非常遥远,它的光要经过一亿四千万年才能被我们看见(编按:目前人类的望远镜已能见到130倍光年外的星团)。

过去,牛顿认为空间无限延伸,没有边界,但如今空间却有可能存在边界,因为某些分散的物质而变得弯曲。或许,光持续向外传播数十万万年之后有可能回到原点。

人类的历史到如今仅延续了几百万年。地球可能已经诞生了数十亿年,而或许几十亿以至于万亿年以前,中心炽热的太阳(内部温度有几千万度之高)和恒星辐射的能量就已经出现了。

恒星内部的热度可以摧毁地球上的92种元素。恒星上或许存在着我们还不曾认识到的原子,这种原子是放射性的,经过原子分裂或者质子、电子之间的斗争运动,使得物质产生辐射能量,维持着恒星的生存。而构成地球和人类机体的原子,可能不过是宇宙进化的连带结果,是燃烧殆尽的死灰。

星云假说能够阐明巨大星系产生的原因和过程,但不适用于更小的太阳系。

我们若想知道太阳系诞生的真相,就要仔细对某些特殊的现场进行勘察,比如,两个由气体或者液体构成的天体接近时,所引发的潮汐波现象。因此,在当前的宇宙世界里可以让生命诞生的条件,即便不是唯一的,也一定非常稀有。或许我们可以将生命的诞生看作宇宙演化的过程中随机出现的小概率事件,无足轻重;也可以将生命的诞生视作创造性演化的最高级状态,时间与空间上的偶然随机选中了地球来作为它生存的家园。借助科学可以对时间和空间中最恰当的位置提出各种各样的预测,只是这些预测的真实性,就不是我们如今能够判定的了。

宇宙演变的未来是什么样子的呢?凯尔文爵士的观点是能量逸散;克劳修斯则认为熵会增加到极大,但两种理论都认为,宇宙最终会达到一种死亡的平衡。在那种状态下,物质恒久地静止不动,热量均匀地朝外辐射散发。最近出现的新观点只是稍微修改了细节,最终结果还是一样的。处在运动中的物质会变成辐射,在空间中游荡运动,辐射不能填满如此巨大的宇宙空间以让其出现物质沉淀。秦斯对此进行了计算,提出每一个运动中的原子最终生存下来的概率只有 $10^{420000000000}$ 分之一。看上去,宇宙好像正在转化为均匀的辐射。

不过,假如宇宙的确处在不断向辐射演变的过程中,那这一过程不可能恒久地进行下去,所以一定会停止,换句话说,就是宇宙最后一定会形成某种平衡。秦斯提出:

> 所有这些蛛丝马迹都毋庸置疑地显示出,宇宙演化确有其事,可能会发生一种或一系列的宇宙演化,其具体发生的某个或某段时间并非遥远到不可想象。宇宙绝不会是依靠现有条件而偶然出现的产物,也绝不会恒久不变地保持现在的状态。这是因为在这两种状态下,唯有不能变成辐射的原子存在,宇宙中再无其他原子。届时宇宙中看不到太阳光,也看不到星辰的光芒,唯有辐射产生的冷冽的光芒均匀地遍布在宇宙空间里。如今科学能够预见到的有关宇宙演化的全过程就是这样,最终宇宙一定会达到这个终极结局[①]。

有些人觉得,一想到宇宙会在寂静中死亡的状态,就令人觉得难以接受。不过宇宙很大概率上不会因为想讨他们欢心而保持继续存在,只是,各种自然方法中好像存在一条能够避免宇宙毁灭的道路,也就是霍尔丹及施特尔内提出的:假如时间是无穷无尽的,那么概率极小的事件也一定会发生。分子之间巧合地相遇而构成密集的集合,有可能会对均匀混合的方式产生影响,避免热力学第二定律所引发的

---

① Sir J. H. Jeans, *Eos, or the Woder Aspects of Cosmogony*, London, 1928, p. 55. ——原注

恐怖后果。辐射若能与这些密集的集合相遇，可能会充满某一部分的空间，使其达到饱和状态，这样就有可能结晶出新的物质，也就是某个旋涡星云。或许我们的出现，以及数不清的恒星的诞生，都是这样偶然的小概率事件的例子。

秦斯还计算了这类巧合事件不会发生的概率，尽管其不发生的概率非常大，可它毕竟大不过无穷大。这一巧合事件或许要等上很长很长时间才有可能发生，可是，需要等待的时间长不过永恒。时间无穷无尽地延续着，那些令人难以置信的偶然可能即将发生，也可能只是存在着。"原子巧合相遇的集合"这种崭新的概念，或许可以用来阐释过去宇宙演化的形式，并且，在我们当下的宇宙似乎恒久地被"辐射的清冷光辉"覆盖过后，再次启动一轮崭新的更替。

我们无法判断这种情况的可能性，毕竟这已经超出了我们已知的知识范畴，跨越了知识极限。其实，这很类似于分子群的学说，出现其他一些会让偶然事件不发生的状况的概率更大一些。上述说法仅是本书作者的个人猜测罢了。

科学、哲学和宗教

在本书的前面几个章节，我们对哲学的主要观念进行了介绍，包括 19 世纪物理学的朴素实在论概念、马赫与皮尔逊提倡的感觉论（皮尔逊则认为科学只能给出抽象的模型概念）、最近出现的数学半实在论（由罗素和怀特海提出）。

回溯其历史发展的进程，我们可以发现，近年来的哲学传承自休谟和康德，是他们哲学观的复生。这些哲学观被普遍地引入现代科学，尤其是运用到能够采用数学方法论来表达的科学学科，比如物理学。[1] 不过很多深耕在其他科学和历史领域的人却怀疑这种哲学的正确性，[2]还有人认为，只需把常识系统化就足够了。[3]

物理科学领域的基础观念，被相对论和量子理论全盘颠覆了，1930 年的时候，认识论的基础还普遍建立在物质世界的本质上，1939 年爱丁顿则认为，采用与之相反的做法更为妥当，也就是在物理知识理论的基础上发展对宇宙的认识观念。想要促进现代物质与辐射理论的发展，最好的办法是先给出一个认识论的观点；先了解自己所要探寻的知识具备怎样的特性之后再开始出发去寻找，这样的做法无疑是有益的。但这种做法遭到某些人的批判，认为其又退回到了希腊和中世纪所

---

① Sir Arthur Eddington, *Philosophy of Physical Science* Cambridge, 1939. ——原注
② H. Miller, "Philosophy of Science", *Isis*, Vol. XXX, 1939, p.52. ——原注
③ W. S. Merrill, *The New Scholarsticism*, Vol. XVII, 1943, P.79. ——原注

提出的先验论窠臼中去了。①

我们的感受，以及这些感受引发的意识变化，就是我们获得知识的起源。虽然感官上的认识非常浅薄，但或许通过感官的办法也能获得某些知识。原本意识是一个整体，但我们可以按照自己的意愿将意识区分为各种局部，不过，这些局部的外在表现始终是某个整体的图画或者系统。

有诸多证据可以证实，他人的意识也存在类似的整体结构，这就意味着，在个人意志之外，还存在着某种本源结构。如此，这种综合的整体就被引入了外界，那里遍布着七巧板的碎片，等待着物理学理论将它们进行构造和融合。不过，物理学理论从客观实在和形式上都形成了数学群整体理论，只不过是最近才发生的事情。②

通过新思路我们可以发现，促进科学发展的方法论中也包含着某种哲学。这一方法论提出，实际观测拥有至高无上的地位，不过，也将实际存在但难以被测量的量考虑在内，比如，迈克尔逊·莫利实验提出的以太速度、现代相对论提到的远距离同时性事件，以及海森堡的量子波动力学中电子的测不准特性——位置或速度的不确定。

虽然我们探究物理知识的时候坚持经验数据唯一作用，但也经过了我们的主观选择（我们偏向于比较像物理知识的知识），所以据此得到的宇宙观测并不完全客观。科学认识论的对象并不是假设出来的实体或外部世界，而是知识本身的意义，它选用符号代替知识的各个要素。于是，此时我们的获得带有主观选择，我们所达到的，是完全出于自我意识的自然律和常识。

可我们观测到的，到底是什么东西呢？过去的物理学推测认为，被我们直接观察到的那些东西就是现实存在。相对论的观点则认为，我们观测到的是物理概念之间存在的关系，在物理概念实际上也出于主观意识。量子论的观点认为我们观测到的是概率；我们可以推测出将来的某种可能性，只是，这并不是决定论上的对知识的本质观测，尽管某种特殊事件发生的概率非常高，甚至可能是必然发生的。但是非借助某种机缘巧合的定理的科学，就不能预测未来的事情。

采用观测和实验的方式可以发现科学当中的规律性。白光的运动原本是没有规律的，可采用棱镜或光栅之后就能发现其原本的运动特性。而研究原子规律的话，就只能借助外力对其产生作用，但这种做法毫无疑问会改变它原本的状态。卢瑟福提出，那些被他发现的原子核，很有可能是出于他自己的手笔。当物质消失之

① H. Miller，上引书，p.52.　——原注
② Eddington 上引书，p.209.　——原注

后我们就获取了某种形式。比如量子论中得到了波动的形式,相对论中则获得了曲率这种形式。我们很容易将自己所熟知的自然图景或模型当成是新的发现,这种形式吸收了这些新发现形成了所谓的"自然规律",其实这不过是物理学上的主观臆测而得出来的意识上的规律。因此,认识论可以指导我们去探索的,是一种大众都认可的某种思想框架内的自然。我们可以预测出所有框架之内知识具备的必然特性——仅依靠从前的经验,不过物理学家也可以通过因果论追溯出这些规律。

被我们广为运用的数学亦是如此,数学原本独立于物理学体系之外,并未被纳入物理学科当中。我们进行数学运算的正确性,只依赖于我们过去所获得的经验之间的关系。从纯粹数学的角度来看,群和群理论是数学本身运行的基础观念。

如今被量子波动力学所吸纳的有关原子结构的超微观定理,当质点的数量多到某一种程度的时候,就必然要采用统计学的方法,来探究物体的各种规律,这是古典物理学的观点,现在纳入相对论的范畴。

米勒的观点是,所有建立在意识上的主观哲学的进步,都会对依靠观测的科学造成毁灭性打击。2000多年来,科学从唯理论到经验论的发展总共分为三大阶段。希腊科学家们对科学的定义来自理性。他们觉得,有关一般结构和形式的定义都是正确的,所以希腊科学是先验论,他们并不会将某种普遍结构当作某一现象变化的实际情形。17世纪、18世纪,一直到19世纪初,科学从希腊先验论中跳了出来,对普遍性观点和唯理论进行了加工,力求让其能够涵盖所有的特殊现实。达尔文和赖尔有关有机物进化变异的观点,揭示了自然律并不是普适、稳定的定理,科学界吸收了新型的历史分析方法,因此,有的人提出,依赖经验的真正科学就是此时出现的。所谓的经验论,不过是将这一经验科学放在了最近出现的各哲学认识论的对立面上。进化论对物理学领域的影响比较少,所以,认识论依然有足够的发展空间。

本书写至最后一章,尚未出版之际,美国掀起的以"原教旨主义"为名的反进化论运动,是科学所面临的最大危机。但自那之后,科学还遭遇了更大的难题。德国纳粹党掌权的历史时期中,科学自由和其他自由都不复存在了,德国及其附庸国中盛行的民族主义观念使得科学遭受重创,爱因斯坦和哈伯都被放逐,原因竟然是种族歧视。这些纳粹国家竭力地利用科学进行秘密军事部署和公开战争劫掠,这几乎成为当时科学发展的主要目的。单纯寻求知识的科学不再被重视了。而且更大的影响是,其他国家也受到了这种以经济发展为目的的科学观念的影响,许多国家的科学自由一度陷入危机。科学是一种自由的探索,单纯地只为寻求知识而发生。即便政府的支持让科学获得了能带来实际的利益新发现,但这不过是科学进步的附属品罢了。若忽视科学的自由和追求纯粹知识的根本特性，那科学必定会灭亡。

布里奇曼探讨了相对论和量子论在物理学方面的作用。[①] 通过实验发现了新的真相，而且这真相迫切要求崭新的物理理论出现。这整个过程都依赖于对事实的发现和探索，也就是说，它们的发展依赖于观测者本身。有了这个理论，我们就不会再对未来可能的思想革命产生担忧或恐惧，比如类似于爱因斯坦和普朗克引发的那种革命思潮，我们甚至可以依然对大自然抱着旧有的态度和认知。我们自己一定要明白，有关逻辑学、数学和物理学的观念只是被我们创造出来的，用以表述已知知识的简单工具，它并不能100%获得成功。

在放眼描绘科学未来发展的蓝图时，将其与哲学和宗教放在一起来进行回顾是非常有意义的做法。事实上，不依赖最初的历史探究而直接去描述科学的蓝图的做法是没有价值的。深耕在具体科学领域的人也许用不着探究历史，但倘若想要对科学本身的内涵有更深刻的了解，并深入理解科学与人类意志相关的其他学科之间存在着怎样的联系，那人们就必须对科学发展的历史进行合理的把控和认知。

人们都知道，科学取得了举世瞩目的成就。对于现代国家来讲，科学在工程、工业和医药等多方面的实际运用日益影响着人们的现实生活。我们假设有可能存在第三次愚蠢的世界大战，那么科学所创造出来的毁灭性武器会直接毁灭整个文明。单纯的科学，小到原子，大到我们可观测的旋涡星云和宇宙星系，都在积极对我们本身所建立的自然模型进行改造。这一模型中原本已经探明的部分变得更加清晰，而且迅速增添了新的成分——知识迅速增加的速度，即便是最激进的建筑学家都无法及时地将它们在旧有的模型中建造好。而当这种发展的速度稍微放缓时，身处未来的科学家们则会继承前一代先辈的意志，建造并完善好这座科学的大厦。而当下的科学家们太过匆忙，顾不得将其系统化了。

中世纪时，人们认为哲学和宗教的目的就是获得知识上的完全统一，而且大部分中世纪学者都认为，需要在托马斯·阿奎那所建立的经院哲学基础上达到这一目标。但这一系统的知识体系被伽利略和牛顿提出的物理学所摧毁。科学选择了常识性实在论这一依靠力学理论建立起来的观念，并且证明了哲学上的机械决定主义思想。与此同时，普通人心中仍有着一种坚固的信仰，觉得自己是独立的个体，有独立的个人意志。不少人都试图对这两个大相径庭的观点进行统一，但都没成功。没办法，他们只能要么相信这一理论，要么赞同另外一个理论，或偶尔拾取二者的综合，等待着未来新的发展趋势出现。

---

① *The Logic of Modern Physics*, New York, 1928; *The Nature of Physical Theory*, Princeton, 1936. ——原注

可是我们前面也提到，哲学家们已经意识到，科学只不过能够对客观现实的某几个断面进行表现，描绘出平面的图像，模糊地呈现出自然模型的外观。科学受限于它本身定义、理论和基础推测，所以一定倾向于机械决定论。

之前有一段时间，尽管科学摆脱了经院哲学的窠臼，但其实科学的本身跟经院哲学是相同的概念。确实，就像七巧板的各个碎片一样，它们看起来非常相像，并曾经被当作检验真理的唯一标准。可到如今，我们明显可以看出（尽管这可能只是某一阶段的真相），普通思想界已经发现了科学本身存在的矛盾，不仅在科学的上层结构上，而且其本身所包含的基础物理观念也有些立不住脚了。

最近这些年的物理研究变得非常特别，我们可以说这差不多是 17 世纪以来从未遭遇过的情景。一方面，它沿袭了古典物理学，依旧采纳牛顿的动力学和麦克斯韦提出的电磁学理论，并且持续产生着巨大的成就和影响。可另一方面，在原子结构理论这一当世震惊的发现上，过去的物理学定律已经行不通了，我们必须重新引入相对论和量子论的观点。威廉·布拉格爵士所说的很能代表这种情况："现在的科学状态是这样的，古典物理学观点被用在每周的一、三、五，而每周二、四、六则采用量子论的观点。起码现在我们已经抛弃了'自身一致'的特性，而是依靠所面临的问题来决定具体运动的理论概念，以便得到恰当的结果。"在任何一个风起云涌的科学知识爆发的时代，这样的矛盾都无可避免，这跟不能直接绕开亚里士多德和伽利略之间的观点战争是一样的道理。只是我们当下所面临的问题更加极端。布拉格没有提到，我们周日的时候还会拿出第三种观点。

而且，宗教经验对科学来讲也具有相当的作用，尤其是在心理层面。显而易见，有的人觉得，他们可以直接与神秘的上帝沟通，这就跟他们理解自己人格，或者用感官感觉到外部世界一样，都是客观存在的。这种仿佛能直接与神秘上帝沟通的感受让人们出现了敬畏和崇拜的心理特征，使宗教得以产生。普通人只是觉得那不过是一瞬间的灵感、幻觉，可宗教的信徒们则觉得，那是跟生命一样存在着的、遍布空间的永恒经验。我们无法给上帝这个概念下定义，甚至在了解上帝的人那里也用不着。

人的本性是软弱的，所以需要借助偶像来将自己感受到的东西表现出来，为此他们创立了教会，设定了种种仪式，并建立了教义或者神话、神学来进行普及。这种宗教的教义可能确有其事，也可能根本不存在。但是宗教本身并不会因为教义而被废除。在历史哲学和科学当中，宗教的教义经常遭到毫不留情的批判，甚至毫无立足之地。可是宗教本身则是更加深刻的概念，它建立在坚实的直接经验基础之上。有的人看不到颜色，但依然能看见太阳升起时的光芒；有的人感受不到宗教,但依然沐浴在上帝的荣光之中成长。

　　大部分人都认为宗教必须有它本身的教义。如果创设出来的宗教没有教义,那将毫无意义。但是宗教所涉及的教义经常会与科学、历史或人类学背道而驰,使得矛盾产生:"宗教以为自己阐明的就是真实的意义(尽管这是种误解),但理性主义者非要证实它的说法有误。"①可是即便如此,那些各不相同的思想也逐渐趋同了。基督教神学一直将基督二次出世视作教义中的精华,但如今也逐渐地摒弃了这一观点。再后来,他们又被迫接受了哥白尼的学说,全盘抛弃了宗教教义当中提及的地面中心、天上的天堂之门、地底下的地狱等说法。宗教还被迫接受了达尔文提出的进化学说,被迫承认人类是从猿猴进化而来,并没有天使这样的先祖。假如宗教对现代人类学当中的某些概念有所了解的话,或许也会抛弃其教义当中的另外一些观点——尽管这些观念在软弱的人们看来,就跟过去那些所谓的"地面在中心、上帝创世"的说法一样,是绝不能被取缔的。

　　糟糕的是,每次思想革命的伊始,宗教总会持保守的反对态度。怀海特说过②:

　　　　若宗教不进行建立在科学精神上的变革,那它就不能继续成为权威。可能宗教本身的原理是永恒存在的,但这些原理的外在表现也需要与时俱进。……宗教精神可以排除异己,变得越发清晰精确;但这种发展,离不开宗教和科学之间的相互促进作用。

　　科学朝着宗教方向发展的步子却很缓慢,在某一个很长的历史时期里,它甚至将机械决定论的观点强加在哲学之上。19世纪盛行的决定论受到那时"人类一定会前进"的思潮影响,成为一种很浅薄的乐观主义观点。但到了20世纪,决定论却明确地转向了悲观主义思潮。罗素曾经说过:

　　　　人的起源有着多种多样的原因,但其原因并未能揭示人类的最终走向,人类的诞生和发展、愿景与担忧、经历的爱情和某种观念,只是原子偶然间的运动造成的;不论再怎么热情勇敢,有着多么坚韧的精神和情感,人类始终免不了一死。在太阳系最终消灭的时候,所有伴随着时代所产生的辛勤劳动、坚定的信心、所有灵感,以及人类的天赋和成绩都会消失殆尽,人类所能创造的成

———————————

①　R. G. Collingwood, *Speculum Mentis*, p. 148. ——原注

②　A. N. Whitehead, *Science and the Modern World*, Cambridge, 1927, pp. 234, 236. ——原注

就毋庸置疑地会在宇宙废墟之中被淹没。上面所提到过的状况，即便达不到100%的正确，但其发生的可能性也非常大，其他反对这一观点的哲学，也都没有任何可能筹得充足的证据，来对此进行抗议。①

从另一个角度来看，这种悲观决定论的观点让那些信仰宗教现实意义的人更愿意投身于宗教了。的确，我们可以找到许多传统神学家的观点来对此加以证明，不过我们涉及的只是科学思想的作用和意义，因此还是引用伟大的哲学家和数学家——怀特海的看法吧：

> 宗教为我们构造的某种有可能的现实及其逐渐发展的历史，可以让我们更乐观一些。除此之外，人生不过是一道顷刻之间的亮光，照亮了一瞬间的苦痛哀愁，偶尔才会欢乐罢了。②

另外一些像爱丁顿等的哲学家则认为，人们对认识论的理解越发加深，基本物理学近来也得到了一定的发展，这些都证实，科学对哲学决定论的影响似乎已经减弱了。

不管怎样，如今我们对科学的边界了解得更清楚了，或许，科学在原子理论和量子力学的范畴以外本就是一种决定论。但是，之所以会发生这种变化，是由于科学本身是探究自然界规律的工具，唯有运用在它可以探索到的规律范围内。之前我们已经多次证实，科学这一概念不是客观存在，只不过是某种模型。这里再次引述爱丁顿的观点：

> 物理学当中，已经公认了很多客观实体外在表征的特性。如今的物理学架构，可以让人非常清晰地理解，这一物理体系，只是描绘了更广泛的物质世界的截面。……科学所要解决的问题只是局部问题，还有更广泛的问题存在，其整体是所有与经验相关的问题。如我们所知，人类灵魂方面的某些问题就超出了物理学的范畴。我们对身边万物的奇妙感受，艺术的各种形式和对上帝的信仰当中，灵魂积极地成长着，以满足其原本天性当中的渴求……不管是科学研究寻求知识，还是跟随精神上神秘的渴望，光明的目标在前方朝我们发

---

① Mysticism and Logic, p. 47. ——原注
② Whithead, 上引书, p. 238. ——原注

出呼喊,我们本性当中的目的对此作出积极的回应。难道我们不能就这样任凭其发展吗?或者还是一定要把"客观存在"那一名词引入进来,对我们自己加以安慰呢?

我们自己借助科学塑造出来的自然界模型非常成功,所以我们自己越来越相信,客观实在跟我们创造的模型很相似。可是模型永远不是真正的客观存在,只能在我们的意识中对其各个截面加以剖析。在机械主义看来,人就是自然的机器。可从精神层面来看的话,人则具备理性之心和活的灵魂。科学已经指明了自身的根本内涵,不愿意再以科学定律来对人的思想进行约束,任凭人类依靠灵魂当中潜在的所有形态来贴近神的领域。

现代科学知识对神学体系信仰下的各个教会产生了很大的影响,但这种影响远没有另外一些问题重要——我们前面已经谈过,就是客观实在与宗教之间深刻的内涵问题。本书原不该探讨此类与现实相关的辩论,只是过去也没能避免类似的争论。所以,尽管我们无法全部避免个人偏见的影响,但也可以简略地将看法表述出来,免得将来引发歧义。

科学中的知识和思维方式,可以促进宗教本身的进步,却不符合宗教信仰者们的心理预期。科学思想和知识的迅猛发展,的确增强了特殊的现代潮流——摆脱基督教会的控制。越来越多的人具备了批判精神,不再关心教会的教义。而那些依旧坚信宗教的人们依然按照自己内心的想法,咬文嚼字地传承着过去流传下来的教义。与此同时,由于自治制度和人民议政体制的风行,愚昧而文化水平低的社会大众越来越多地在民政和教会当中掌握了控制权。① 因此,两种观点朝着相反的方向逐渐拉开距离。甚至如今就连盎格鲁‐撒克逊国家也发生了这种变化。而以前这些国家中的观点差异,并不像被天主教会所统治着的国家那样大。如果有人想在神学和现代科学中寻求一个平衡,那么他就会同时被神学和科学共同批判。卓越的英式天主教徒会大声疾呼:"过去所传授给圣徒的信仰跟现代的科学知识之间,怎么可能存在什么联系呢?"而另外一些非天主教徒则坚信原教旨主义,激烈地发问:"他们只不过在表面的含义上对部分信仰有所了解,怎么能就自命不凡地觉得自己就是真正的基督教徒了呢?"由此可见,想要在其中寻求平衡,是被现代学者视作艰苦且毫无意义的苦活儿。

不过要想将科学思想解放和人类信仰的宗教之间加以协调,还存在另外一种

---

① 参看 Kirsopp Lake,*The Religion of Yesterday and Tomorrow*,1925,p. 63.——原注

方式。我们甚至也可以尝试,同时自然而然地承认科学和宗教这两者的本质,等待时间为我们带来答案。实际上,持这一观点的人多到远超我们想象。想要维护这一观点,也可以从逻辑学和历史经验出发。现代科学认为,人类学和心理学已经证明了祭祀礼仪和教会礼仪远比教义重要得多,而且这种礼仪在精神层面的作用非常巨大。依照这一说法,只要教堂里有严肃圣洁的宗教仪式就行了,根本没必要挖掘宗教教义的真正含义。教义会随着时代变化,缓慢地进行自我修订。从历史经验来说,静置分歧等待时间检验的做法,即便在任何科学领域,以及最自由的神学宗教领域,都有着绝对可行的根据。英国人经常持有这种等候的态度,这是他们重要的思维特性。还有,我们最好在宗教仪式上采纳权威的观点:"不能全盘否定改革,但也不能轻易地接受它,而应该折中处理。"这样说来,我国人都有自由信仰的权利,这的确是一种极致的幸运。英国的教会被赋予了职能,制定了严肃的礼仪,并将其确立为国家机构。若想让宗教在整个人日常生活中发生作用,这是必然的办法。它规定,不能单一地坚持一种观念的控制,需要允许天主教、基督教、现代学派思想及不可知论思想的宗教存在和运转。或许有的人会觉得这种全面的方法不太恰当,但另外一些人则觉得在保障宗教自由方面,这种方法是顶级的。

科学和宗教之间也曾出现过冲突和危机。美国曾经盛行过"原教旨主义",并掀起了禁止进化论在学校传播的运动;英国还经过了人为引导,再次兴起了中古思想的浪潮。很多欧洲国家存在宗教压迫,禁止思想和言论的自由传播;还有一些国家的人们抵制科学本身的概念。确实有不少人讨厌追求冷静的科学思维。那些人在证据不足的情况下也必须坚持做出决断。假如世界上的人们都依据自身感受而不是理性来做决定,那么就将面临更大的危险。

不考虑愚昧和偏见的话,还存在另外一个能够被理解的观念分歧。某些学者和神学家觉得,科学家有时只用一些非常浅薄的办法,匆忙地去探究一些并不重要的事情。与之对应,哲学家和科学家则认为,他们必须从基本的真相出发,如果仅局限于文字的话,将会陷入休谟所提到的困境:"只有通俗神学,可以容纳很多毫无根据的荒谬观点。"此时我们可以借助历史的方法,来探究那些琐碎的表象底下包含的自然界奥秘,比如电流指针数据变动,甚至蝴蝶翅膀上的纹理所揭示的本质,并且可以通过天主教闭塞的自我修炼,或者原教旨主义匪夷所思的信仰,得以探寻到灵魂和真正意义上的宗教。"想要饶恕,必须首先了解。"

科学方法无视愚昧人类的看法,从伽利略时代直到如今,已经攻克了许多难题。科学逐渐循序渐进地熟悉了原本未知的力学、物理学、生物学、心理学等诸多范畴。科学的研究似乎永没有边界。有人说:知识面的逐渐扩大,则预示着其涉及的未知领域更为辽阔。

由于物理学家经常接触到科学的最终概念,因此最能理解这种黑暗的未知。当生物学家们能够采用物理学名词对自己接触到的现象加以解释,比如将其释义为物质、力、能量等概念的时候,他们就认为自己已经获得了真相;但物理学家们所面临的难题才就此起步,他们还需要对此作出解释。生物学家们能够将其范畴内牵涉到的问题转化成物理学问题,这很正常,不过生物学家也有自己的用以解释现象的基础因素。怀海特曾指出,机体概念在物理学和生物哲学上都意义重大。过去的自然历史和近代的进化论都运用过这一概念。机体是生物学的基础因素;只是物理学、化学上的定律会对机体产生约束,因此必须对此加以分析探索,并采用适当的物理学概念来对其运动状态加以描述。

另外,如今物理科学已经比以前更加接近其最终概念的终极奥秘,对其能够发挥的作用有了更加深入的理解和把控。有的时候,物理学概念甚至会像热血的年轻人一样,一下子冲进未知的领域占领了新的据点,只是尚未得出统一的秩序。所以,看上去很快就会出现一个知识大汇总的局面。这一知识综合会协调各种各样混乱的观点,将其统一起来。如此,物理科学就深化了我们对自然世界的认知,也增进了我们对概念(不论其与自然现象有多少相似性)的理解。它在人们心中开辟了新的领地,并建立出更多的科学大厦。现代人甚至已经发现,它的地基深不可测,似乎已经深深穿透原本的基础,抵达了与当下基础的构造和性质都不同的更深层次的未知领域。牛顿说过:"自然哲学的目标是通过现象找到结论和证据……由结果追溯起因,直到探索到最原始的起源。而我们可以断定,这一起源绝不会是机械的。"我们已经在电子、波群和量子运动当中发现了某些东西,并可以确定它们是非机械性的。我们不愿意将沿袭了250多年的机械论概念弃置不用,它一直被我们熟练地运用在对自然界结构的阐释上,并取得了巨大的成就。在机械论可以适应的范围内,科学会继续沿用其观点,来更好地控制自然,以更广大的视角去探究自然现象中存在的使人震惊的复杂联系。或许物理学家可以攻克目前的难题,可以在短暂的一段时期内,建立符合我们内心意愿的崭新电子模型。可浅显的机械主义理论早晚都会消失,我们依然不得不直面那神秘而恐怖的真相——客观存在。